数学名著译丛

微积分和数学分析引论

第一卷

〔美〕R.柯朗
〔美〕F.约翰　著

张鸿林　周民强　刘嘉善　等　译

Introduction to Calculus and Analysis

Vol. I

科学出版社

北　京

图字: 01-98-2681 号

内 容 简 介

　　本书系统地阐述了微积分学的基本理论. 在叙述上, 作者尽量做到既严谨而又通俗易懂, 并指出概念之间的内在联系和直观背景. 原书分两卷, 第一卷为单变量情形; 第二卷为多变量情形.

　　第一卷包括九章, 前三章主要介绍函数、极限、微分和积分的基本概念及其运算; 第四章介绍微积分在物理和几何中的应用; 第五章讲述泰勒展开式; 第六章讲述数值方法; 第七章介绍无穷和与无穷乘积的概念; 第八章为三角级数; 第九章是与振动有关的最简单类型的微分方程. 本书包含大量的例题和习题, 有助于读者理解本书的内容.

　　读者对象为高等学校理工科大学师生、数学工作者和工程技术人员.

Translation from the English language edition

Introduction to Calculus and Analysis. Volume 1

by Richard Courant and Fritz John

Copyright ©1989 Springer-Verlag New York Inc.

All Rights Reserved

图书在版编目 (CIP) 数据

微积分和数学分析引论. 第一卷/(美) R. 柯朗, (美) F. 约翰著;
张鸿林等译. —北京: 科学出版社, 2001
书名原文: Introduction to Calculus and Analysis, Volume 1
ISBN 978-7-03-008469-9

Ⅰ. 微⋯　Ⅱ.①柯⋯②约⋯③张⋯④周⋯　Ⅲ. 微积分　Ⅳ. O17

中国版本图书馆 CIP 数据核字 (2000) 第 07145 号

责任编辑: 陈玉琢　李欣/责任校对: 彭珍珍
责任印刷: 吴兆东/封面设计: 有道文化

科学出版社 出版
北京东黄城根北街 16 号
邮政编码: 100717
http://www.sciencep.com

北京中科印刷有限公司印刷
科学出版社发行　各地新华书店经销
*
2001 年 3 月第　一　版　　开本: 720×1000　1/16
2025 年 1 月第十九次印刷　印张: 37 1/4
字数: 750 000

定价: 99.00 元
(如有印装质量问题, 我社负责调换)

本 卷 译 者

张鸿林、周民强 (第一～三章)

刘嘉善 (第四章)

张文岭 (第五章)

冯　泰 (第六章)

王文娟 (第七章)

戴中维 (第八章)

于秀林 (第九章)

参加部分校阅的还有林建祥、韩厚德和应隆安

序　言

　　17 世纪后期, 出现了一个崭新的数学分支——数学分析. 它在数学领域中占据着主导地位. 这种新数学思想的特点是, 非常成功地运用了无限过程的运算即极限运算. 而其中的微分和积分这两个过程, 则构成系统微分学和积分学 (通常简称为微积分) 的核心, 并奠定了全部分析学的基础.

　　当时的知识界人士立即觉察到了这些新发现和新方法的重要性, 并深感震惊. 然而在开始时, 要掌握这一强有力的技术, 是非常艰难的任务. 因为那时可见到的出版物又少又不完整, 还往往阐述得不清楚. 所以, 新领域的先驱们很快就认识到必须编写教科书, 以便使更多的读者能易于接受这门学问, 而不像早期只是少数知识界名流熟悉它. 这件事对于数学乃至一般科学来说, 确定是大有好处的. 近代最大的数学家之一——L. 欧拉 (Euler), 在他的一些导引性的著作中, 就曾建立起牢固的传统体例. 后来虽然在内容的清晰和简化方面作了许多改进, 但是 18 世纪的那些著作至今仍然具有启发性.

　　自欧拉以后, 继起的著作家总是把微分学与积分学分开来论述, 从而就掩盖了一个关键性问题, 即微分和积分之间的互逆关系. 只是到了 1927 年, R. 柯朗的 *Vorlesungen über Differential und Integalrechnung* 一书德文第一版 (Springer 出版社) 发行以后, 这种隔离才消除了, 微积分才成为一门统一的学问.

　　现在这本书的由来, 要从上述德文著作及其相继的版本谈起. 由于詹姆斯 (James) 和 V. 麦克沙恩 (Mcshane) 的合作, 对原著作了重大增订后的英文版 *Calculus* 一书, 自 1934 年起由格拉斯哥的 Blackie and Sons 出版社编辑出版了, 并经 InterScience-Wiley 出版社大量翻印在美国发行.

　　这些年来, 由于美国的大学和学院教学上日益明显的需要, 期望对此著作进行改写. 但是, 因为原书至今仍在使用和保持着生命力. 所以修补原来的译本看来并不是一个好方案.

　　更为可取的做法是不去试图改编已有的原著, 而是用一本全新的书来补充它. 这本新书应在许多方面都同欧洲的原著有关联, 但要更加明确地针对美国目前的和将来的大学生的需要. 当 F. 约翰答应同 R. 柯朗一起来写这本新书时, 这一计划才成为现实. (在编辑前书的英文版时, F. 约翰曾给予过很大的帮助.)

　　本书在形式和内容方面虽与原书显著不同, 但都产生于同一的意愿, 即直接把学生引向这门学科的核心, 并为他们去积极运用所学到的知识做好准备. 本书避免教条式的文风, 因为那样的文风不利于揭示微积分在直观现实中使之发生的动力和根源. 同时, 阐明数学分析与其各种应用之间的相互作用, 并强调感性认识的意义, 仍然是我们这本新书的重要目的. 当然, 我们也希望能稍微加强一些严格性, 这并不妨碍前一目的.

数学, 作为一种自封的、一环接一环的真理系统, 而不涉及其起因和目的, 也是有着它的诱惑力的, 并且还能满足某种哲学上的需要. 但是, 这种在学科本身中作内省的态度和方法, 对于那些想要获得独立的智能而不要训条式的教导的学生们是不适宜的; 不顾及应用和直观, 将导致数学的孤立和衰退, 因此, 使学生和教师们不受这种自我欣赏的纯粹主义的影响, 看来是非常重要的.

本书是为各种程度的学生、数学家、科学家和工程师而写的. 我们并不想掩饰困难, 以造成这一门学问不难掌握的假象, 而宁可从整体上阐明其内在联系和总目的来试图帮助真正有兴趣的读者. 由于对基本性质的冗长讨论会妨碍读者接触丰富的事实, 我们有时将这种讨论推置于各章的补篇中.

本书附有大量的例题和问题, 有些一时不易解答, 有些甚至很困难; 其中大多数是对正文材料的补充. 在附加部分, 收集了更多的一般常用的问题和习题, 并且给出答案或解法提示[1].

许多同事和朋友对本书都曾给予帮助. A. A. 布兰克 (Blank) 不但提出过许多尖锐而富有建设性的批评, 并且在整理、增加和精选问题与练习时也起了重要作用. 此外, 他还承担了编写附加部分的主要任务. 在本书各方面的准备工作中, A. 斯洛蒙 (Solomon) 曾给予大量的无私而有效的帮助. 还要感谢 C. 约翰 (John), A. 拉克斯 (Lax), R. 理奇特米厄 (Richtmyer), 以及其他朋友, 包括詹姆斯和 V. 麦克沙恩.

第一卷主要论及单变量函数, 而第二卷将讨论多变量函数的微积分的各分支理论.

最后有一点请学生读者注意, 要想一页一页地、毫不费力地学习这样一本书来精通这一学科, 可能遭到失败. 只有首先选择一些捷径, 再反复地回来钻研同样一些问题和难点, 才能从更高的观点得到较深刻的理解.

有些段落, 读者在第一次学习时可能会遇到障碍, 我们均用星号标出以示提醒. 还有些比较困难的问题, 也加上星号予以指明. 我们希望目前这本新的著作, 对于年轻的一代科学家将有所助益. 我们深知本书有许多不足之处, 因此, 诚恳地欢迎批评指正, 这对于本书今后的修订会有好处.

R. 柯朗　F. 约翰
1965 年 6 月

1) 这部分内容, 由 A. A. 布兰克写成单行本 *Problem in Calculus and Analysis* 出版.——译者注

目　　录

第一章 引　言

自古以来, 关于连续地变化、生长和运动的直观概念, 一直在向科学的见解挑战. 但是, 直到 17 世纪, 当现代科学同微分学和积分学 (简称为微积分) 以及数学分析密切相关地产生并迅速发展起来的时候, 才开辟了理解连续变化的道路.

微积分的基本概念是导数和积分: 导数是对于变化速率的一种度量, 积分是对于连续变化过程总效果的度量. 正确理解这些概念以及由此产生的大量丰富成果, 有赖于对极限概念和函数概念的认识, 而极限和函数的概念又基于对数的连续统的了解. 只有越来越深刻地洞察微积分的实质, 我们才能逐渐地赏识其威力和价值. 在引言这一章里, 我们将阐明数、函数和极限的概念. 首先作一简单而直观的介绍, 然后再仔细论证.

1.1　实数连续统

正整数或自然数 $1, 2, 3, \cdots$ 这些抽象的符号, 是用来表示在离散元素的总体或集合中具有 '多少个' 对象的.

这些符号完全不涉及所计数的对象的具体性质, 不管它们是人, 是原子, 是房子, 还是别的什么.

自然数是计算一个总体或 '集合' 中元素的一种合适工具. 但是, 为了达到一个同等重要的目的, 如度量曲线的长度、物体的体积或重量等这样一些量, 自然数便不够用了. 我们不能直接用自然数来回答 '是多少?' 这一类的问题. 由于极其需要用我们称为数的事物来表示各种量的度量, 我们就不得不将数的概念加以扩充, 以便能够描述度量的连续变化. 这种扩充了的数系称为数的连续统或 '实数' 系. (这是一个未加说明但一般都认可的名称.) 数的概念向连续统概念的扩充是如此自然而令人信服, 以致所有早期的大数学家和科学家都毫无疑义地予以采用. 直到 19 世纪, 数学家们才感到必须为实数系寻求一个比较可靠的逻辑基础. 随后产生的对上述概念的正确表述, 反过来又导致数学的进步. 我们将首先从不难理解的直观描述入手, 然后给出实数系的比较深入的分析[1].

---

1) 更全面的解释见 *Courant and Robbins, What is Mathematics* (《数学是什么》)? Oxford University Press, 1962.

a. 自然数系及其扩充. 计数和度量

自然数和有理数. 对于我们来说, "自然" 数序列 $1, 2, 3, \cdots$ 认为是已知的. 我们不需要从哲学的观点来讨论这些抽象的事物 —— 数 —— 究竟属于怎样的范畴, 对于数学工作者, 以及对于任何同数打交道的人来说, 重要的只是要知道一些规则或定律, 根据这些规则或定律可将一些自然数组合起来而得到另一些自然数. 这些定律构成在十进位制中那些熟知的关于数相加和相乘的法则的基础; 它们包括交换律: $a+b=b+a$ 和 $ab=ba$, 结合律: $a+(b+c)=(a+b)+c$ 和 $a(bc)=(ab)c$, 分配律: $a(b+c)=ab+ac$, 相消律: 如果 $a+c=b+c$, 则可推出 $a=b$, 等等.

逆运算 —— 减法和除法 —— 在自然数集合中并不总是可能的; 从 1 减去 2 或者用 2 来除 1 所得的结果不能仍属于自然数集合. 为了使这些运算能够不受限制地进行, 我们不得不发明数 0, "负" 整数和分数来扩充数的概念. 所有这些数的全体, 称为有理数系或有理数集合; 有理数全都可以由 1 经过 "有理运算", 即加法、减法、乘法和除法而得到[1].

有理数总可以写为 $\dfrac{p}{q}$ 的形式, 这里 p 和 q 都是整数, 并且 $q \neq 0$. 我们还能使这种表示是唯一的, 只需要求 q 是正的, 而 p 和 q 没有大于 1 的公因子.

在有理数域内, 一切有理运算 —— 加法、乘法、减法和除法 (用零作除数除外) —— 都能够实行, 而且得到的仍然是有理数. 正如我们从初等算术所知, 有理数运算所服从的定律同自然数的运算是一样的. 因此, 有理数是以完全直接的方式扩充了正整数系.

有理数的图形表示. 有理数通常可用直线 L —— 数轴 —— 上的点形象地表示出来. 将 L 上的任意一点取作原点或点 0, 将另外任意一点取作 1, 这时, 我们采用这两点之间的距离作为度量的尺度或单位, 并且将从 0 到 1 的方向定义为 "正方向", 并称这样规定了方向的直线为有向直线. 习惯上, 画数轴 L 时应使得点 1 在点 0 的右边 (图 1.1).

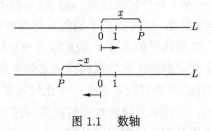

图 1.1   数轴

L 上任何一点 P 的位置由两个因素 —— 由原点 0 到 P 的距离和由原点 0

---

1) "有理" (rational) 一词, 在这里不是指理或合逻辑的意思, 而是从 "比" (ratio) 一词派生出来的, 即关于两个量的比.

到 P 的方向 (指向 0 的右边还是左边) —— 完全确定. L 上表示正有理数 x 的点 P 是在 0 的右边与 0 的距离为 x 个单位之处. 负有理数 x, 则由 0 的左边距离 0 为 $-x$ 个单位的点来表示. 在上述两种情况下, 从 0 到表示 x 的点之间的距离均称为 x 的绝对值, 记为 $|x|$, 于是我们有

$$|x| = \begin{cases} x, & \text{如果 } x \text{ 为正或零}, \\ -x, & \text{如果 } x \text{ 为负}. \end{cases}$$

我们注意, $|x|$ 绝不会是负数, 并且仅当 $x = 0$ 时才等于零.

由初等几何我们想到, 用直尺和圆规作图, 可将单位长度分割为任意个相等的部分. 由此可见, 任何用有理数表示的长度都能画出, 所以, 表示一个有理数 x 的点能用纯几何方法找到.

按这种方式, 通过 L 上的点 —— 有理点, 我们得到有理数的一种几何表示. 同对于点 0 和点 1 的表示法相一致, 我们可采用同样的符号 x 既表示有理数, 又表示它在 L 上所对应的点.

两个有理数的关系式 $x < y$, 其几何意义是: 点 x 处于点 y 的左边, 在此情况下, 这两点之间的距离是 $y - x$ 个单位. 如果 $x > y$, 则距离是 $x - y$ 个单位. 无论哪种情况, L 上的两个有理点 x, y 之间的距离均为 $|y - x|$ 个单位, 并且仍然是有理数.

L 上端点为 a, b 的线段, 这里 $a < b$, 称为区间. 端点为 $0, 1$ 的特定线段称为单位区间. 如果两端点包括在区间之内, 我们就说该区间是闭的; 如果两端点不包括在内, 就说该区间是开的. 开区间用 (a, b) 来表示, 是由满足关系式 $a < x < b$ 的点 x, 即处于 a 和 b '中间' 的那些点组成的. 闭区间用 $[a, b]$ 来表示, 是由满足关系式 $a \leqslant x \leqslant b$ 的点组成的[1]. 在上述两种情况下, 区间的长度均为 $b - a$.

对应于整数 $0, \pm 1, \pm 2, \cdots$ 的各点, 将数轴分割为一系列单位长度的区间. L 上的每一个点, 或者是这样分割的区间之一的端点, 或者是其内部的点. 如果再把每一个区间分割为 q 个相等的部分, 我们就把 L 分割成一系列长度为 $\frac{1}{q}$ 的区间, 区间的端点为 $\frac{p}{q}$ 的有理点. 于是, L 上的每一点 P, 或者是形式为 $\frac{p}{q}$ 的有理点, 或者处于两个相继的有理点 $\frac{p}{q}$ 和 $\frac{p+1}{q}$ 之间 (见图 1.2). 因为相继的两个分点距离为 $\frac{1}{q}$ 个单位, 所以, 我们能够找到一个有理点 $\frac{p}{q}$, 这个有理点同点 P 的距离不超过 $\frac{1}{q}$ 个单位. 我们只要将 q 取成足够大的正整数, 则能使数 $\frac{1}{q}$ 想要多么小就可

---

[1] 我们将关系式 $a \leqslant x$ (读作 "a 小于或等于 x") 解释为 '或者 $a < x$, 或者 $a = x$'. 对于二重符号 $\geqslant$ 和 $\pm$, 我们也用类似的方式来解释.

多么小. 例如, 取 $q = 10^n$ (这里 n 为任一自然数), 我们就能求得一个 "十进小数" $x = \dfrac{p}{10^n}$, 同 P 的距离小于 $\dfrac{1}{10^n}$. 至此, 虽然我们并未断言 L 上的每一个点都是有理点, 但是至少我们已看到, 能够求得一些有理点, 任意地接近 L 上的任何一点 P.

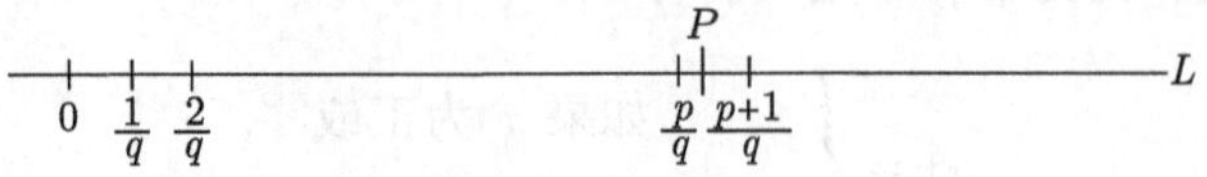

图 1.2

稠密性

L 上的给定点 P 能够用有理点来任意逼近这一事实, 可以用一句话来表达: 有理点在数轴上是稠密的. 显然, 甚至一些较小的有理数的集合也是稠密的, 例如, 所有形如 $x = \dfrac{p}{10^n}$ 的点, 其中 n 为自然数, p 为整数.

稠密性表明, 在任何两个不同的有理点 a 和 b 之间, 存在着另外的无穷多个有理点, 特别是, a 和 b 之间的中点, $c = \dfrac{a+b}{2}$, 即数 a 和数 b 之间的算术平均值, 仍是有理点. 再取 a 和 c 的中点, b 和 c 的中点, 并且按这种方式继续进行下去, 我们能够在 a 和 b 之间求得任意多个有理点.

我们可以用有理点来接近 L 上任意点 P 的位置, 并且能够达到任何精确度. 因此, 初看起来, 似乎是只要引入有理数, 用数来确定点 P 的位置这个任务便已完成. 在物理的现实中, 各种量毕竟不能绝对精确地给出或求得, 而总会带有某种程度的不确定性; 所以, 也就可以认为各种量可用有理数来度量.

不可通约量. 虽然有理数是稠密的, 但是, 作为用数来建立度量的理论基础, 有理数还是不够的. 两个量, 如果其比是有理数, 则称为可通约的, 因为可将它们表示为某同一单位的整数倍. 早在公元前五或六世纪, 希腊的数学家和哲学家已经有了惊人的、影响深远的发现: 存在着一些量, 这些量同给定的单位是不可通约的. 特别是, 存在着一些线段, 这些线段不是一个给定单位线段的有理数倍.

不难给出与单位长度是不可通约的线段长度的一个例子: 各边为单位长度的正方形之对角线 l. 因为, 根据毕达哥拉斯 (Pythagoras) 定理[1], 这个长度 l 的平方必须等于 2. 所以, 如果 l 是有理数, 因而等于 $\dfrac{p}{q}$, 这里 p 和 q 均为正整数, 我们将有 $p^2 = 2q^2$. 我们可以约定 p 和 q 没有公因子, 因为这样的公因子在开始时就可以约掉. 根据上述方程, p^2 是偶数, 因此 p 本身也必定是偶数, 譬如说 $p = 2p'$. 用 $2p'$ 来代替 p, 我们得到 $4p'^2 = 2q^2$, 或者 $q^2 = 2p'^2$; 因而, q^2 是偶数, 于是 q 也是偶数. 这就表明 p 和 q 二者具有公因子 2. 然而, 这同我们所作的 p 和 q 没有公因子的约定相矛盾. 这一矛盾是由于假设对角线长能够表示为分数 $\dfrac{p}{q}$ 引起的, 所

---

1) 即勾股定理. ——译者注

以这一假设是错误的.

这一用反证法推导的例子, 表明符号 $\sqrt{2}$ 不能对应于任何有理数. 另一个例子是 π——圆的周长与其直径之比. 证明 π 不是有理数要复杂得多, 并且直到近代才做到 [兰伯特 (Lambert), 1761]. 不难找到其他许多不可通约的量 (见问题 1, 第 87 页); 事实上, 不可通约的量在某种意义上远比可通约的量更为普遍 (见第 81 页).

无理数

因为有理数系对于几何学来说是不够的, 所以必须创造新的数作为不可通约量的度量: 这些新的数称为 '无理数'. 古希腊人并不注重抽象的数的概念, 而是把诸如线段这样一些几何实体看作为基本元素. 他们用纯几何的方法发展出不但用来运算和处理可通约 (有理) 量, 而且用来运算和处理不可通约量的逻辑体系. 由毕达哥拉斯引入而由欧多克斯 (Eudoxus) 大大推进了的这一重要成就, 在欧几里得 (Euclid) 著名的《几何学原本》中有详细的叙述. 现代, 在数的概念而不是几何概念的基础上, 重建了数学, 并且有了巨大发展. 随着解析几何的引入, 在古代的数和几何量之间的关系当中, 强调的重点被颠倒过来了, 而且关于不可通约量的经典理论几乎已被忘记或忽视了. 过去作为一件当然的事情, 曾经认为数轴上的每一个点对应着一个有理数或无理数, 并且全体 '实' 数所服从的算术运算法则同有理数. 后来, 直到 19 世纪, 人们才感到有必要来证明这样的假设, 而在戴德金 (Dedekind) 著名的小册子中终于完满地实现了, 这本小册子至今仍然是引人入胜的读物[1].

事实上, 戴德金证明了这样一点: 从费马 (Fermat) 和牛顿 (Newton) 到高斯 (Gauss) 和黎曼 (Riemann), 一切大数学家实际采用的 '朴素的' 方法, 是沿着一条正确的道路前进的: 实数系 (作为线段的长度或按其他方式定义的一些符号) 对于科学度量来说是一种谐调而完备的工具, 并且在实数系中, 有理数的运算法则仍然有效.

当然, 关于实数系的讨论我们也可以就此止步, 而直接转向微积分本身, 这样做并无大妨碍. 然而, 为了更深入地理解实数的概念, 就应当研究下述内容以及本章的补篇, 这对于我们今后的工作是必要的.

b. 实数和区间套

现在, 让我们把直线 L 上的各点看作为连续统的基本元素. 我们假设, L 上的每一个点有一个 '实数' x 与之相对应, 即此点的坐标, 并且假设, 对于实数 x, y

---

1) R. Dedekind, *Nature and Meaning of Number* (《数的性质和意义》), 载于 Essays on Number, London and Chicago, 1901. (这些短文中的第一篇, '连续性和无理数', 对于实数的定义和运算定律作了详细的说明.) 曾以 *Essays on the Theory of Numbers* 为题重印, Dover, New York, 1964. 这些译本的原文, 是在 1887 年以 *Was sind und was sollen die Zahlen?* (《数是什么和应当是什么?》) 为题发表的.

来说, 前面针对有理数所描述的那些关系仍然保持着原有的意义. 特别是, 关系式 $x < y$ 表示在 L 上的次序, 表达式 $|y - x|$ 指的是点 x 和点 y 之间的距离. 基本问题在于, 去说明实数 (或者关于几何上给定点的连续统的度量) 同原来考虑过的有理数, 因而最终同整数的关系. 此外, 我们还必须阐明如何对这个 '数的连续统' 的元素进行运算, 使其方式同有理数运算一样. 最后, 我们将不依赖于直观的几何概念而独立地表述数的连续统的概念, 不过我们暂且把一些比较抽象的讨论推置于补篇当中.

我们怎样描述一个无理实数呢? 对于像 $\sqrt{2}$ 和 π 这样一些数, 我们能够给出简单的几何表征, 但这并不总是容易做到的. 足以产生每一个实数点的一种通用可行的方法, 乃是通过越来越精确的有理近似值数列来描述数值 x. 特别是, 我们将从左、右两边同时逼近 x, 其精确度逐次增高, 而使得误差的界限趋向于零. 换句话说, 我们采用这样一个包含 x 的端点为有理数的区间 '序列', 其中每一个区间都包含着下一个区间, 而且使得此序列中充分靠后的那些区间, 其区间的长度, 随同其近似值的误差, 小于任何预先指定的正数.

首先, 设 x 含于闭区间 $I_1 = [a_1, b_1]$ 之中, 即

$$a_1 \leqslant x \leqslant b_1,$$

这里 a_1 和 b_1 都是有理数 (见图 1.3). 在 I_1 之中, 我们考虑一个包含 x 的 '子区间' $I_2 = [a_2, b_2]$, 即

$$a_1 \leqslant a_2 \leqslant x \leqslant b_2 \leqslant b_1,$$

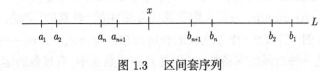

图 1.3   区间套序列

这里 a_2 和 b_2 都是有理数. 例如, 我们可以取 I_1 的某一半作为 I_2, 因为 x 必定处在区间的这一半或那一半之中. 在 I_2 之中, 我们也考虑包含 x 的子区间 $I_3 = [a_3, b_3]$,

$$a_1 \leqslant a_2 \leqslant a_3 \leqslant x \leqslant b_3 \leqslant b_2 \leqslant b_1,$$

这里 a_3 和 b_3 都是有理数, 如此等等. 我们要求区间 I_n 的长度随 n 增加而趋向于零, 即对于所有足够大的 n, I_n 的长度小于任何预先指定的正数. 一个闭区间 $I_1, I_2, I_3, \cdots$ 的集合, 其中每一个都包含着下一个并且其长度趋向于零, 我们称它为 '区间套序列'. 点 x 由区间套序列唯一确定, 即没有另一点 y 能够处于所有 I_n 之中, 因为, 只要 n 足够大, x 和 y 之间的距离就会超过 I_n 的长度. 由于这里我们总是选取有理点作为 I_n 的端点, 又因为具有有理端点的每一个区间由两个有理数

来描述, 于是我们看到, L 上的每一个点, 即每一个实数, 能够由无穷多个有理数来准确地描述. 逆命题并不是显而易见的; 我们将把它当作一个基本公理来接受.

区间套公理. 如果 $I_1, I_2, I_3, \cdots$ 是一个具有有理端点的区间套序列, 则存在一个点 x 包含于所有的 I_n 之中[1].

正如我们将会看到的, 这是一个连续性公理: 这个公理保证实轴上没有空隙存在. 我们将用这个公理作为实数连续统的特征, 并且来论证可进行一切极限运算, 而这些运算乃是微积分和数学分析的基础. (正如我们以后将会看到的, 这个公理还有许多其他的表达方式.)

c. 十进小数. 其他进位制

无限十进小数. 人们熟知的用无限十进小数来描述实数, 乃是定义实数的许多方法之一. 虽然可以用无限十进小数而不是数轴上的点取作为基本对象, 但是我们还是愿意从一种更有启发性的几何方法入手, 即借助于区间套序列来规定实数的无限十进小数表示.

设由整数将数轴分为一些单位区间. 则点 x 或者处于两个相继的分点之间, 或者本身就是一个分点. 在这两种情况下, 都至少存在一个整数 c_0, 使得

$$c_0 \leqslant x \leqslant c_0 + 1,$$

于是, x 属于闭区间 $I_0 = [c_0, c_0 + 1]$. 我们用 $c_0 + \dfrac{1}{10}, c_0 + \dfrac{2}{10}, \cdots, c_0 + \dfrac{9}{10}$ 这些点将 I_0 分为十等分. 这时, 点 x 必须至少属于 I_0 的一个闭子区间 (如果 x 是一个分点, 则可能属于两个相邻的闭子区间). 换句话说, 存在一个数字 c_1 (即整数 $0, 1, 2, \cdots, 9$ 之一), 使得 x 属于由

$$c_0 + \frac{1}{10}c_1 \leqslant x \leqslant c_0 + \frac{1}{10}c_1 + \frac{1}{10}$$

给定的闭区间 I_1. 再将 I_1 分为十等分, 我们可以找到一个数字 c_2, 使得 x 处于由

$$c_0 + \frac{1}{10}c_1 + \frac{1}{100}c_2 \leqslant x \leqslant c_0 + \frac{1}{10}c_1 + \frac{1}{100}c_2 + \frac{1}{100}$$

给定的区间之中. 我们重复进行这一过程. 经过 n 步以后, x 就被限定在由

$$c_0 + \frac{1}{10}c_1 + \cdots + \frac{1}{10^n}c_n \leqslant x \leqslant c_0 + \frac{1}{10}c_1 + \cdots + \frac{1}{10^n}c_n + \frac{1}{10^n}$$

给定的区间 I_n 之中, 这里 $c_1, c_2, \cdots$ 都是数字. 区间 I_n 的长度为 $\dfrac{1}{10^n}$, 当 n 增

---

[1] 对于区间套序列来说, 强调区间 I_n 都是闭的, 这一点很重要. 例如, 如果 I_n 表示区间 $0 < x \leqslant \dfrac{1}{n}$, 这时, 每一个区间 I_n 都包含着下一个区间, 并且区间的长度趋向于零; 但是, 并不存在属于所有 I_n 的点 x.

大时趋向于零. 显然, I_n 构成一个区间套序列, 因此 x 由 I_n 唯一确定. 因为只要给定 $c_0, c_1, c_2, \cdots$ 这些数, I_n 便为已知, 于是我们看出, 任意实数完全能由整数 $c_0, c_1, c_2, \cdots$ 构成的无穷序列来描述, 这里除 c_0 以外, $c_1, c_2, \cdots$ 全都只取由 0 到 9 之中的数值. 如果采用通常的十进位表示法, x 和 $c_0, c_1, c_2, \cdots$ 之间的关系则可写为

$$x = c_0 + 0.c_1 c_2 c_3 \cdots.$$

(如果整数 c_0 是正的, 则 c_0 本身通常也按十进位表示法写出.) 反之, 根据连续性公理, 每一个写成这种无限十进小数的表达式的数都表示一个实数.

对于同一个数, 可能有两种不同的十进小数表示法; 例如,

$$1 = 0.99999 \cdots = 1.00000 \cdots.$$

在我们上面建立的表达式中, 整数 c_0 由 x 唯一确定, 除非 x 本身就是整数. 在 x 是整数的情况下, 我们可以选取 $c_0 = x$ 或 $c_0 = x - 1$. 一旦作出某种选择, c_1 便是唯一的了, 除非 x 是将 I_0 分为十等分时的新分点之一. 继续进行下去, 我们可以看出, c_0 以及所有的 c_k 都由 x 唯一确定, 除非在某一步 x 本身就是一个分点. 如果在第 n 步 x 第一次作为分点, 那么

$$x = c_0 + \frac{1}{10} c_1 + \cdots + \frac{1}{10^n} c_n,$$

这里 $c_1, c_2, \cdots, c_n$ 是一些数字, 并且 $c_n > 0$, 因为否则, 在前面某一步 x 就已是一个分点. 由此可知, I_{n+1} 或者是区间 $\left[x, x + \frac{1}{10^{n+1}}\right]$, 或者是区间 $\left[x - \frac{1}{10^{n+1}}, x\right]$. 在第一种情况下, x 是此后所有区间 $I_{n+2}, I_{n+3}, \cdots$ 的左端点, 而在第二种情况下, 则是右端点. 于是, 我们得到十进小数表达式

$$x = c_0 + 0.c_1 c_2 \cdots c_n 000 \cdots$$

或者表达式

$$x = c_0 + 0.c_1 c_2 \cdots (c_n - 1) 99999 \cdots.$$

因此, 只是对于那些可写成以 10 的幂次为分母的分数之有理数 x, 才会出现存在两种不同表达式的情况. 我们可以去掉那些从某一位以后所有数字都是 9 的十进小数表达式而排除这种不确定性.

在实数的无限十进小数表示法中, 数 10 所起的特殊作用完全是偶然的. 十进位制之所以得到广泛采用, 唯一明显的理由是用我们的手指十个十个地数起来很方便. 其实, 任何大于 1 的整数 p 也都可以起同样的作用. 为此, 我们可以在每一

步都将区间分为 p 等分. 这时, 实数 x 将表示为如下形式:

$$x = c_0 + 0.c_1 c_2 c_3 \cdots,$$

其中 c_0 是一个整数, 而现在 $c_1, c_2, \cdots$ 取 $0, 1, 2, \cdots, p-1$ 之中的一个值. 这个表达式由区间套序列, 即

$$c_0 + \frac{1}{p} c_1 + \cdots + \frac{1}{p^n} c_n \leqslant x \leqslant c_0 + \frac{1}{p} c_1 + \cdots + \frac{1}{p^n} c_n + \frac{1}{p^n},$$

再次表示出实数 x. 如果 x 为正或为零, 则整数 c_0 也为正或为零, 而 c_0 本身具有下列形式的有限展开式:

$$c_0 = d_0 + p d_1 + p^2 d_2 + \cdots + p^k d_k,$$

这里 $d_0, d_1, \cdots, d_k$ 取 $0, 1, \cdots, p-1$ 之中的一个值. 于是 x 的 "以 p 为进位基数" 的完整表达式取下列形式:

$$x = d_k d_{k-1} \cdots d_1 d_0 \cdot c_1 c_2 c_3 \cdots.$$

如果 x 为负, 我们则可对 $-x$ 采用这种表达式.

非 10 基数的系统实际上已得到了广泛采用. 天文学家们仿效古巴比伦人, 在许多世纪中始终把一些数表示为以 $p = 60$ 为基数的 "六十进位" 分数.

二进位表示法. 以 $p = 2$ 为基数的 "二进位" 制具有特殊的理论意义, 并且在计算机的逻辑设计中很有用. 在二进位制中, 各位数字只能取两个值, 即 0 和 1. 例如, 数 $\frac{21}{4}$ 写为 101.01, 它与公式

$$\frac{21}{4} = 2^2 \cdot 1 + 2^1 \cdot 0 + 1 \cdot 1 + \frac{1}{2} \cdot 0 + \frac{1}{2^2} \cdot 1$$

相对应 (见图 1.4).

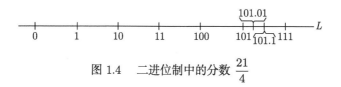

图 1.4　二进位制中的分数 $\frac{21}{4}$

实数的运算. 虽然实数的定义及其无限十进小数表示法或二进位表示法等等都很直截了当, 可是, 要说明完全像有理数的情况那样, 完成有理运算并且仍然遵循诸如结合律、交换律和分配律这些算术运算法则, 也能对实数连续统进行运算, 这一点看来并不是显而易见的. 不过, 其证明仍是简单的, 尽管有些冗长烦琐. 为了不妨碍了解数学分析的生动内容, 我们不在此处处理这个问题, 而暂且承认对于

实数可以进行通常的算术运算. 当我们揭示了极限的思想及其含义时, 对于数的概念所依据的逻辑结构就会得到更深一步的理解. (见本章补篇, 第 72 页.)

d. 邻域的定义

不仅实数的有理运算, 而且实数的顺序关系或不等式, 都服从在有理数系中同样的法则.

由一对实数 a 和 $b(a < b)$ 也能给出闭区间 $[a,b](a \leqslant x \leqslant b)$ 和开区间 $(a,b)(a < x < b)$. 我们常常将点 x_0 同包含着这一点的各种开区间联系起来, 特别是以这一点为中心的开区间, 并且称这些开区间为点 x_0 的邻域. 更确切地说, 对任一正数 ε, 点 x_0 的 ε 邻域是满足不等式 $x_0 - \varepsilon < x < x_0 + \varepsilon$ 的 x 点组成的, 即区间 $(x_0 - \varepsilon, x_0 + \varepsilon)$. 任何包含点 x_0 的开区间 (a,b), 也总包含有一个 x_0 的邻域.

定义了具有实端点的区间之后, 我们就能用如在有理数端点情况时一样的定义来构成区间套序列. 任何具有实数端点的区间套序列, 都存在一个包含于所有区间之中的实数, 这一结论对于微积分逻辑上的相容性来说, 是最重要的 (见补篇第 74 页).

e. 不等式

基本法则

不等式在高等数学中所起的作用要比在初等数学中大得多. 一个量 x 的精确值往往难以确定, 不过, 对 x 进行估值, 即指明 x 大于某个已知量 a 而小于另一个已知量 b, 却可能是容易做到的. 在许多应用中, 重要的只是知道 x 的这种估值. 所以, 我们简略地回顾一下关于不等式的一些基本法则.

两个正实数之和或积仍然是正数, 这是一个基本事实, 即如果 $a > 0$ 和 $b > 0$, 则有 $a + b > 0$ 和 $ab > 0$. 而且, 依据: 不等式 $a > b$ 等价于 $a - b > 0$, 因此, 两个不等式 $a > b$ 和 $c > d$ 能够相加而得到不等式 $a + c > b + d$, 这是因为

$$(a + c) - (b + d) = (a - b) + (c - d)$$

作为两个正数之和应为正数. (不能将上面两个不等式相减而得到 $a - c > b - d$. 为什么?) 不等式能够乘以正数, 即如果 $a > b$ 和 $c > 0$, 则有 $ac > bc$. 为了证明这一点, 我们注意到

$$ac - bc = (a - b)c$$

是正数, 因为它是两个正数之积. 如果 c 是负数, 则我们可以由 $a > b$ 推出 $ac < bc$. 更一般地, 由 $a > b > 0$ 和 $c > d > 0$, 可以得到 $ac > bd$.

不等式具有传递性, 在几何上这是显然的, 即如果 $a > b$ 而 $b > c$, 则 $a > c$. 传递性[1]. 也可由和

$$(a - b) + (b - c) = a - c$$

为正直接推出. 在上述推演中如果我们处处都用符号 $\geqslant$ 代替 $>$, 则各项法则仍然成立.

设 a 和 b 都是正数, 并且注意到

$$a^2 - b^2 = (a + b)(a - b).$$

则因为 $a + b$ 是正的, 从而由 $a > b$ 可以推出 $a^2 > b^2$. 这样, 正数之间的不等式可以进行 '平方' 运算. 类似地, 如果 $a \geqslant b \geqslant 0$, 则有 $a^2 \geqslant b^2$. 由于等式

$$a - b = \frac{1}{a + b}(a^2 - b^2)$$

对于一切正数 a 和 b 都成立, 则可得知逆运算也正确, 即对于正数 a 和 b, 由 $a^2 > b^2$ 可以推出 $a > b$. 把这一结论用于数 $a = \sqrt{x}$ 和 $b = \sqrt{y}$ (x, y 为任意正实数), 我们得到[2]: 当 $x > y$ 时, 则有 $\sqrt{x} > \sqrt{y}$. 更一般地, 如果 $x \geqslant y \geqslant 0$, 则有 $\sqrt{x} \geqslant \sqrt{y}$. 因此, 在非负实数之间的不等式两端能够取平方根.

假设 a 和 b 是正数, 而 n 是正整数. 在分解式

$$a^n - b^n = (a - b)(a^{n-1} + a^{n-2}b + \cdots + b^{n-1})$$

之中, 第二个因子是正的. 因此, $a^n - b^n$ 和 $a - b$ 符号相同; 如果 $a^n > b^n$, 则 $a > b$, 而如果 $a^n < b^n$, 则 $a < b$.

我们将要遇到的大多数不等式, 是以对于一个数的绝对值的估计的形式出现的. 我们回想到当 $x \geqslant 0$ 时 $|x|$ 定义为 x, 当 $x < 0$ 时则定义为 $-x$. 我们也可以说, 当 x 不为零时, $|x|$ 是 x 和 $-x$ 两数中之较大者; 当 x 为零时, $|x|$ 则等于它们二者. 因此, 不等式 $|x| \leqslant a$ 表示: x 和 $-x$ 都不超过 a, 即 $x \leqslant a$ 和 $-x \leqslant a$. 因为 $-x \leqslant a$ 等价于 $x \geqslant -a$, 所以我们看出: 不等式 $|x| \leqslant a$ 意味着 x 位于以 0 为中心长度为 $2a$ 的闭区间 $-a \leqslant x \leqslant a$ 之中. 不等式 $|x - x_0| \leqslant a$ 则表示 $-a \leqslant x - x_0 \leqslant a$, 或者 $x_0 - a \leqslant x \leqslant x_0 + a$, 即 x 位于以 x_0 为中心长度为 $2a$ 的闭区间之中 (见图 1.5). 同样, 点 x_0 的 ε 邻域 $(x_0 - \varepsilon, x_0 + \varepsilon)$, 即开区间 $x_0 - \varepsilon < x < x_0 + \varepsilon$, 能够

---

1) 传递性说明可以用复合公式 "$a < b < c < \cdots$" 来表示 "$a < b$ 和 $b < c$, 等等". 像 $x < y > z$ 这样的非传递的排列应避免; 这样的排列容易引起混淆和误解.

2) 由此以后, 对于 $z \geqslant 0$, 符号 $\sqrt{z}$ 表示一个非负数, 其平方等于 z. 按照这个规定, 对于任何实数 c, 有 $|c| = \sqrt{c^2}$, 因为 $|c| \geqslant 0$ 和 $|c|^2 = c^2$. 由此, 我们得到重要的恒等式 $|xy| = |x| \cdot |y|$, 因为

$$|xy|^2 = (xy)^2 = x^2 y^2 = (|x| \cdot |y|)^2.$$

用不等式 $|x - x_0| < \varepsilon$ 来描述.

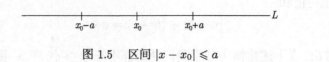

图 1.5　区间 $|x - x_0| \leqslant a$

三角不等式

对于任何实数 a, b 的所谓三角不等式

$$|a + b| \leqslant |a| + |b|$$

乃是关于绝对值的最重要的不等式之一. "三角不等式" 这个名称对于等价的不等式

$$|\alpha - \beta| \leqslant |\alpha - \gamma| + |\gamma - \beta|$$

来说更为合适, 这里我们已令 $a = \alpha - \gamma, b = \gamma - \beta$. 后一不等式的几何解释是: 从 α 到 β 的直达距离小于或等于经过第三点 γ 的两段距离之和. (此不等式还相应于下述事实: 在任何三角形中, 两边之和大于第三边.)

不难给出三角不等式的正式证明. 为此, 我们区别两种情况: $a + b \geqslant 0$ 和 $a + b < 0$. 在第一种情况下, 三角不等式成为 $a + b \leqslant |a| + |b|$, 这显然可由不等式 $a \leqslant |a|$ 和 $b \leqslant |b|$ 相加而得到. 在第二种情况下, 三角不等式化为 $-(a + b) \leqslant |a| + |b|$, 这个不等式由 $-a \leqslant |a|$ 和 $-b \leqslant |b|$ 相加便可得到.

我们可以直接推出关于三个量的一个类似不等式:

$$|a + b + c| \leqslant |a| + |b| + |c|;$$

因为, 应用两次三角不等式, 就有

$$|a + b + c| = |(a + b) + c| \leqslant |a + b| + |c|$$
$$\leqslant |a| + |b| + |c|.$$

同理, 可得更一般的不等式

$$|a_1 + a_2 + \cdots + a_n| \leqslant |a_1| + |a_2| + \cdots + |a_n|.$$

有时, 我们需要 $|a + b|$ 的下限估值. 我们注意到

$$|a| = |(a + b) - b| \leqslant |a + b| + |-b| = |a + b| + |b|,$$

因此, 下列不等式成立:

$$|a + b| \geqslant |a| - |b|.$$

柯西 (Cauchy)–施瓦茨 (Schwarz) 不等式

某些最重要的不等式是利用了下述明显的事实: 实数的平方绝不会是负的, 因而平方之和也不能是负的. 由此所得到的最常用的不等式之一, 便是柯西–施瓦茨不等式

$$(a_1 b_1 + a_2 b_2 + \cdots + a_n b_n)^2 \leqslant (a_1^2 + a_2^2 + \cdots + a_n^2)(b_1^2 + b_2^2 + \cdots + b_n^2).$$

设

$$A = a_1^2 + a_2^2 + \cdots + a_n^2,$$
$$B = a_1 b_1 + a_2 b_2 + \cdots + a_n b_n,$$
$$C = b_1^2 + b_2^2 + \cdots + b_n^2,$$

此不等式则变为 $AC \geqslant B^2$. 为了证明, 我们注意到, 对于任何实数 t, 有

$$0 \leqslant (a_1 + t b_1)^2 + (a_2 + t b_2)^2 + \cdots + (a_n + t b_n)^2,$$

因为右端是一些平方之和. 将每一个平方展开, 并且按 t 的幂次排列, 我们得到: 对于所有 t

$$0 \leqslant A + 2Bt + Ct^2,$$

其中, A, B, C 的含义和上面指出的一样. 这里 $C \geqslant 0$. 我们可以假设 $C > 0$, 因为当 $C = 0$ 时, 必定有 $B^2 = AC = 0$. 于是, 将 t 用特殊值 $t = -\dfrac{B}{C}$ [相应于二次式

$$A + 2Bt + Ct^2 = C\left(t + \frac{B}{C}\right)^2 + \left(A - \frac{B^2}{C}\right)$$

的极小值] 来代替, 我们得到

$$0 \leqslant A - \frac{2B^2}{C} + \frac{B^2}{C} = \frac{AC - B^2}{C},$$

因而, $AC - B^2 \geqslant 0$.

在 $n = 2$ 的特殊情况下, 我们选取

$$a_1 = \sqrt{x}, \quad a_2 = \sqrt{y}, \quad b_1 = \sqrt{y}, \quad b_2 = \sqrt{x},$$

这里 x 和 y 都是正数. 这时, 柯西–施瓦茨不等式成为 $(2\sqrt{xy})^2 \leqslant (x+y)^2$, 或者

$$\sqrt{xy} \leqslant \frac{x+y}{2}.$$

此不等式表明: 两个正数 x, y 的几何平均值 $\sqrt{xy}$ 绝不超过其算术平均值 $\dfrac{x+y}{2}$.

如果直角三角形的高将斜边分为两个线段, 其长度分别为 x 和 y, 则两个数 x, y 的几何平均值就可解释为此高的长度. 因此, 上述不等式表明, 在直角三角形中, 斜边上的高不超过斜边的二分之一 (见图 1.6)[1].

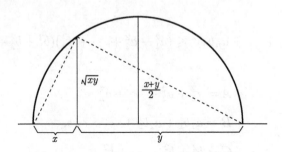

图 1.6　x 和 y 的几何平均值和算术平均值

1.2　函数的概念

自 17 世纪起近代数学产生以来, 函数的概念一直是处于数学思想的真正核心位置. 首先使用 '函数' 一词的看来是莱布尼茨 (Leibniz). 虽然函数关系这一概念的重要意义远远超出了数学领域, 我们自然还是要把注意力集中于数学意义下的函数, 即在数学量之间通过数学关系式, 或某种数学上的约定, 或 '运算子' 而形成的联系. 数学和自然科学的绝大部分都受着函数关系的支配, 因为在数学分析、几何学、力学以及其他学科当中, 函数关系到处都会出现. 例如, 理想气体的压力是密度和温度的函数; 运动着的分子的位置是时间的函数; 圆柱体的体积和表面积是其半径和高的函数. 只要一些量 $a, b, c, \cdots$ 的值由另一些量 $x, y, z, \cdots$ 的值来确定, 我们就说 $a, b, c, \cdots$ 依赖于 $x, y, z, \cdots$, 或者说是 $x, y, z, \cdots$ 的函数. 下面通过表达式来给出函数关系的一些例子.

(a) 公式 $A = a^2$ 将 A 定义为 a 的函数. 当 $a > 0$ 时, 我们可以把 A 解释为边长为 a 的正方形的面积.

(b) 对于一切满足 $-1 \leqslant x \leqslant 1$ 的 x, 公式

$$y = \sqrt{1 - x^2}$$

将 y 定义为 x 的函数. 当 $x > 0$ 时, 此函数表示在斜边为 1 的直角三角形中, 一个直角边 y, 可由另一个边 x 确定.

1) 有兴趣的读者, 可在下列著作中找到更多的资料: E. F. Beckenbach and R. Bellman. *An Introduction to Inequalities* (《不等式引论》). Random House, 1961 以及 N. Karzarinoff. *Geometric Inequalities* (《几何不等式》). Random House, 1961.

(c) 对于每一个 t, 方程

$$x = t, \quad y = -t^2$$

确定了 x 和 y 的值, 于是将 x 和 y 定义为 t 的函数. 如果我们把 x 和 y 解释为平面上点 P 的直角坐标, 把 t 解释为时间, 那么, 上述方程描述了点 P 在时刻 t 的位置; 换句话说, 这些方程描述了点 P 的运动.

(d) 方程

$$a = \frac{x}{x^2 + y^2}, \quad b = \frac{y}{x^2 + y^2},$$

当 $x^2 + y^2 \neq 0$ 时, 将 a 和 b 定义为 x 和 y 的函数. 如果把 x, y 和 a, b 这两对值解释为两个点的直角坐标, 我们则可看出, 上述方程对每一个点 (x, y) [坐标原点 $(0, 0)$ 除外], 确定了一个 '映象' (a, b). 读者不难证明, 像点 (a, b) 和 '原像点' (x, y) 总是处在由坐标原点出发的同一条射线上, 与原点的距离则为原像点与原点距离的倒数. 因此, 我们就说通过上述用 x, y 来表示 a, b 的方程把 (x, y) 映射为 (a, b).

在以上各例中, 函数规律是通过简单的公式来表示的, 这些公式用一些量确定另一些量[1]. 公式左端出现的各量——'因变量', 都是由右端的 '自变量' 来表示的. 对于自变量的给定值确定因变量的唯一值的数学规律, 称为函数. 函数规律不受这些变量的名称 x, y 等等的影响. 在例 (c) 中, 有一个自变量 t 和两个因变量 x, y; 在例 (d) 中, 则有两个自变量 x, y 和两个因变量 a, b.

y 通过函数关系依赖于 x, 常常简单地表述为: 'y 是 x 的函数[2].'

a. 映射 —— 图形

函数的定义域和值域

在几何上, 我们通常把自变量解释为一维或多维空间中一个点的坐标. 在例 (b) 中, 这就是 x 轴上的点, 在例 (d) 中, 是 x, y 平面上的点. 有时, 像在例 (a) 和例 (c) 中那样, 自变量可以随意取所有的值. 可是, 常常存在着一些固有的或附加的限制, 因而我们考虑的函数并不是对于所有的值都有定义. 使得函数有定义的那些值或点的集合, 构成函数的 '定义域'. 在例 (a) 中, 定义域是整个 a 轴; 在例 (b) 中, 是区间 $-1 \leqslant x \leqslant 1$; 在例 (c) 中, 是整个 t 轴, 而在例 (d) 中, 则是 x, y 平面上除坐标原点以外的各点.

对于定义域中的每一个点 P, 函数规定了因变量的确定值. 也可以把这些值解释为点 Q——点 P 的像——的坐标. 于是我们说, 函数将点 P '映射' 为点 Q. 这样, 在例 (d) 中, x, y 平面上的点 $P = (1, 2)$ 被映射为 a, b 平面上的点

---

1) 以后我们将会逐渐认识到, 有必要考虑不能用这种简单公式来表示的一些函数. (例如见第 20 页).

2) 这种说法在自然科学中已随意使用, 而只是在一些比较拘谨的文章中才避免它. 只要是无关大局, 我们都不去过分追求不必要的 '严格' 而来束缚自己的手脚, 因为这样做并无好处.

$Q = \left(\dfrac{1}{5}, \dfrac{2}{5}\right)$. 我们说像点 Q 构成函数的所谓值域[1]. 此值域中的每一个点 Q, 乃是函数定义域中一个 (或多个) 点的像.

在例 (c) 中, t 轴上的各点, 都有在 x, y 平面上的点作为它们的像点. t 轴被映射到 x, y 平面上. 然而, 并不是 x, y 平面上的每一点都作为像点出现, 而只是满足 $y = -x^2$ 的那些点才是像点. 因此, 这一映射的值域是抛物线 $y = -x^2$. 我们说 t 轴被映射为抛物线 $y = -x^2$, 其意义是指其像点充满了这一条抛物线.

在例 (d) 中, 值域是由 a, b 平面上的一些点 (a, b) 组成的, 其坐标可以写为 $a = \dfrac{x}{x^2 + y^2}$, $b = \dfrac{y}{x^2 + y^2}$ 的形式, 其中 x, y 应取 $x^2 + y^2 \neq 0$ 的值. 换句话说, 值域是由使得上述方程具有解 (x, y) 的那些点 (a, b) 组成的. 立即可以看出, 这一值域包括那些 a 和 b 不能同时为零的点 (a, b); 每一个这样的点 (a, b), 是点 $x = \dfrac{a}{a^2 + b^2}$, $y = \dfrac{b}{a^2 + b^2}$ 的像. 于是, x, y 平面上的每一个几何图形都被映射为 a, b 平面上的一个相应的图形, 此图形是由前一图形各点的像点组成的. 例如, 围绕坐标原点的圆 $x^2 + y^2 = r^2$, 被映射为 a, b 平面上的圆 $a^2 + b^2 = \dfrac{1}{r^2}$.

在本章和以后各章中, 我们几乎完全是研究单个自变量 (譬如说 x) 和单个因变量 (譬如说 y) 的情况, 正如在例 (b) 中所表明的那样[2]. 这种函数, 我们通常是按标准方式, 用它在 x, y 平面上的图形, 即用由点 (x, y) 组成的曲线来表示的, 曲线各点的纵坐标 y 同横坐标 x 满足特定的函数关系 (见图 1.7). 对于例 (b) 来说, 其图形是围绕着坐标原点半径为 1 的圆的上半部.

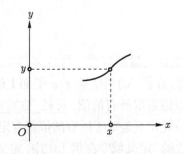

图 1.7　函数的图形

另外, 如把函数解释为由 x 轴上的定义域到 y 轴上的值域的映射, 还可得到函数的另一种形象描述. 这里我们不是把 x 和 y 解释为 x, y 平面上同一点的坐标, 而是解释为两个不同的独立的数轴上的点. 于是, 函数就把 x 轴上的点 x 映射为 y 轴上的点 y. 这种映射在几何学中是常常会出现的, 例如, 把 x 轴上的点 x 投

---

1) 把点 Q 称为 P 的 "函数" 常常是很方便的, 虽然在解析表达式中会出现表示 Q 的不同坐标的几个函数.

2) 然而, 从一开始就应着重指出: 在许多场合多变量函数的出现是很自然的. 在第二卷中, 将系统地讨论多变量函数.

影到平行的 y 轴上的点 y (投影中心 0 处于两轴所在平面内) 时所产生的 '仿射' 映射 (见图 1.8). 不难断定, 这一映射可用线性函数 $y = ax + b$ (其中 a 和 b 均为常数) 解析地表示. 显然, 仿射映射是 '一对一' 的映射, 其中每一个映象 y 反过来又对应着唯一的原像 x. 另一个更为一般的映射是由同一类投影定义的 '透视映射', 只是, 两轴不一定平行. 其中, 解析表达式由形如 $y = (ax + b)/(cx + d)$ 的有理线性函数给出, 其中 a, b, c, d 均为常数.

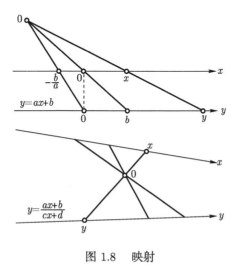

图 1.8　映射

由某一中心 N 将空间中的一个曲面 S 向另一曲面 S' 所做的任何投影, 均可看作为一个映射, 其定义域是 S, 而值域处于 S' 上. 例如, 将球上的每一点 P 通过由北极发出的射线投影到赤道平面上的点 P', 我们便可将此球映射为赤道平面 (见图 1.9). 这个映射就是在画地图时常常使用的 '球极平面投影'. 许多这种类型的例子, 使得我们想到把函数解释为 '映射'.

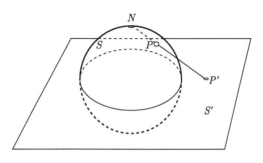

图 1.9　球极平面投影

当包含多个自变量和多个因变量时, 用映射来定义函数, 比用图形来定义, 可以提供更灵活、更适宜的解释. 这一事实, 在第二卷中将会变得十分明显.

b. 单连续变量的函数概念的定义. 函数的定义域和值域

单个自变量 x 的函数, 是讲对于一些 x 值, 确定了一些 y 值. 而函数的定义域就是使得函数有定义的 x 值的全体. 在我们所关心的情况中, 函数的定义域大都是由一个或几个区间组成的 (见图 1.10). 这时, 我们就说 y 是连续变量的函数. (在另一些情况下则相反, 例如, 可能只是对于 x 的有理数或整数值, 函数才有定义.) 这里, 构成定义域的 '区间', 可以包含其端点也可以不包含其端点, 并且可以在一个方向或两个方向上延伸到无穷远[1]. 于是, 函数 $y = \sqrt{1 - x^2}$ 定义在闭区间 $-1 \leqslant x \leqslant +1$ 上, 函数 $y = \dfrac{1}{x}$ 定义在两个半无穷开 '区间' $x < 0$ 和 $x > 0$ 上, 函数 $y = x^2$ 定义在由一切 x 组成的无穷 '区间' $-\infty < x < +\infty$ 上, 函数 $y = \sqrt{(x^2 - 1)(4 - x^2)}$ 定义在两个互相分离的区间 $1 \leqslant x \leqslant 2$ 和 $-2 \leqslant x \leqslant -1$ 上.

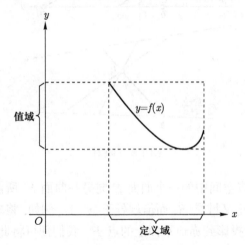

图 1.10   用图形表示的函数的定义域和值域

函数用 f, F, g 等这样一些符号来表示. 而 x 与其相对应的 y 值之间的对应关系则写为 $y = f(x), y = F(x)$ 或 $y = g(x)$ 等形式, 有时还写为 $y = y(x)$ 用以表示 y 依赖于 x[2]. 例如, 如果 $f(x)$ 是由表达式 $x^2 + 1$ 来定义的, 则有 $f(3) = 3^2 + 1 = 10, f(-1) = (-1)^2 + 1 = 2$.

函数关系的性质

在函数 $f(x)$ 的一般定义中, 一点也未说到当给定自变量的值时求因变量所依

---

1) 我们通常只是对于 '有界的' 即 '有限的' 区间, 才使用 '区间' 一词, 其端点为确定的有限值; 因而, 本书中所用的更广泛的概念, 可用 '凸集' 一词来表示, 它指的是这样的集合: 该集合如果包含两个点, 则必定包含两点中间的所有的点.

2) 采用这种写法时, 我们想要强调的是函数本身为变量, 而不是用 f 这样的符号明显地表示出该函数的运算. 对于把 x 映射为 y 的函数 f, 有时会用到下列写法:

$$f : x \to y.$$

据的函数关系的性质. 不过如前所述, 函数常常是用如 $f(x) = x^2 + 1$ 或 $f(x) = \sqrt{1 + \sin^2 x}$ 这样一个简单的表达式以 '封闭形式' 给出的. 在早期的微积分中, 数学家们所说的函数多半指的就是这样一些明显的表达式. 机械装置的运动常常会产生各种几何曲线或几何图形, 而这些曲线和图形就确定了一些函数. 摆线, 即沿 x 轴滚动的圆上的一个固定点所描绘的曲线便是一个著名的例子 (见图 1.11). 摆线的函数解析表达式, 将在第四章中给出.

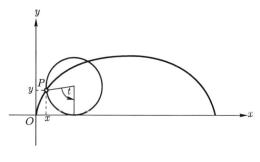

图 1.11

从逻辑上看, 我们并不局限于这种由几何方式或机械方式所产生的函数. 只要对于 x 的值依据某一规则就确定 y 的值, 那么任何这样的规则都可以构成一个函数. 事实上, 在某些理论研究中, 函数概念的这种普遍性或不限定性是一个优点, 然而, 对于应用, 特别是在微积分中, 一般的函数概念不需要那么广泛. 为了使意义重大的数学分支的发展成为可能, 对于 x 值而确定 y 值所依据的 '任意' 对应规律, 必须受到根本的限制. 在前一个半世纪中, 数学家们已经认识到必须用精确的术语对过于一般的函数概念, 加上不可缺少的限制, 以便使所得的函数确实具有人们在直觉上所期望的一些有用的性质.

函数定义域的延拓或限定

即使对于由一些明显的公式给出的函数来说, 函数的任何全面的描述, 都必须包括规定函数的定义域, 认识到这一点是很重要的. 由 '当 $0 < x < 2$ 时, $f(x) = x^2$' 所描述的函数 f, 严格地说, 和由 '在较大的定义域 $-2 < x < 2$ 上, $g(x) = x^2$' 所给出的函数 g, 并不是同样的函数, 尽管 $f(x)$ 和 $g(x)$ 在二者均有定义的区间 $0 < x < 2$ 上取相同的值. 一般说来, 如果在函数 f 有定义之处, 函数 g 也有定义并且取相同的值, 我们就把 f 称为 g 的 '限定' (或者称 g 为 f 的 '延拓'). 当然, 同一个函数 f, 能够由许多不同的函数经过限定来产生. 在刚才讲到的例子中, f 也是下述函数 h 的限定: 当 $0 < x < 2$ 时, $h(x) = x^2$; 当 $-2 < x \leqslant 0$ 时, $h(x) = -x^2$. 事实上, 这个例子说明了与形成限定函数的过程相反的一种过程, 可以将这种过程称为 '逐段相连', 这样, 我们就能够直接定义出新的函数, 即在定义

域的不同部分上, 取不同的明显的函数表达式.

c. 函数的图形表示. 单调函数

解析几何的基本观念是: 对于本来由某种几何性质定义的曲线, 给出解析的表示式. 为了做到这一点, 我们通常把直角坐标之一, 譬如说 y, 看作为另一个坐标 x 的函数 $y = f(x)$; 例如, 一条抛物线由函数 $y = x^2$ 来表示, 围绕坐标原点半径为 1 的圆, 由两个函数 $y = \sqrt{1-x^2}$ 和 $y = -\sqrt{1-x^2}$ 来表示. 在前一个例子中, 我们可以认为函数是定义在无穷区间 $-\infty < x < \infty$ 上的; 在后一个例子中, 我们则必须只限于考虑区间 $-1 \leqslant x \leqslant 1$, 因为在这个区间以外, 函数没有意义[1].

反之, 如果我们不从几何上确定的曲线出发, 而是考虑按解析方式给出的函数 $y = f(x)$, 那么通常采用直角坐标系, 就可以用图形来表示 y 对 x 的函数依赖关系 (见图 1.7). 如果对于每一个横坐标 x, 取相应的纵坐标 $y = f(x)$, 我们便得到函数的几何表示. 在函数概念上所要加的限制, 应保证其几何表示形状是一条 '合理的" 几何曲线. 当然, 这里所说的只是一种直观感觉, 而不是严格的数学条件. 但是, 不久我们将系统地叙述像连续性、可微性等这样一些条件, 它们将保证函数的图形是一条能够在几何上描绘出来的曲线. 如果我们承认一些所谓 '病态" 函数, 则情况并非如此: 例如, 对于 x 的每一个有理数值, 函数 y 的值为 1; 对于 x 的每一个无理数值, y 的值为 0. 这样定义的函数, 对于每一个 x 值, 规定了一个确定的 y 值; 但是, 在 x 的每一个区间上, 无论这个区间多么小, y 值由 0 到 1、由 1 到 0, 跳跃无限多次. 这个例子表明, 一般的不加限制的函数概念, 可以导出这样一些图形, 这些图形我们不会把它们看成是曲线的.

多值函数

我们只考虑对于定义域中每一个 x 值取唯一的 y 值的函数 $y = f(x)$, 例如: $y = x^2$ 或 $y = \sin x$. 可是, 对于几何上描绘的曲线, 例如对于圆 $x^2 + y^2 = 1$, 可能发生这种情况: 曲线的整个图形不是由一个 (单值) 函数给出的, 而是要求几个函数来描述 —— 在圆的情况下, 要求两个函数 $y = \sqrt{1-x^2}$ 和 $y = -\sqrt{1-x^2}$. 对于双曲线 $y^2 - x^2 = 1$, 也是这样, 它是由两个函数 $y = \sqrt{1+x^2}$ 和 $y = -\sqrt{1+x^2}$ 来表示的. 因此, 这种曲线没有明确地规定对应的函数. 我们有时说, 这种曲线是由多值函数表示的; 这时, 表示一条曲线的各个函数, 称为对应于该曲线的多值函数的单值分支. 为简明起见, 今后我们使用 '函数" 一词, 指的总是单值函数. 例如, 符号 $\sqrt{x}$ (对于 $x \geqslant 0$) 总是表示平方为 x 的非负数.

如果一条曲线是一个函数的图形, 则 y 轴的任何平行线同这条曲线最多相交于一个点, 因为定义区间内的每一个点 x 正好对应着一个 y 值. 由两个函数表示的单位圆, 同 y 轴的平行线的交点多于一个. 对应于不同单值分支的曲线的各部

---

1) 我们通常不考虑 x 和 y 的虚数值和复数值.

分, 有时彼此连接着, 使得整条曲线形成一个单一的图形, 例如圆 (见图 1.12); 另外, 曲线的各部分也可以是完全分离的, 例如双曲线 (见图 1.13).

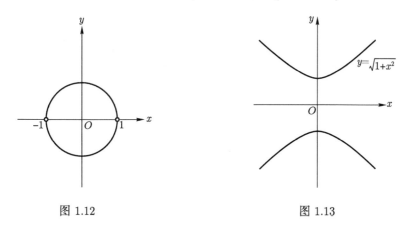

图 1.12   图 1.13

例 让我们进一步考察函数的图形表示.

(a) y 与 x 成正比,

$$y = ax.$$

其图形是通过坐标原点的一条直线 (见图 1.14).

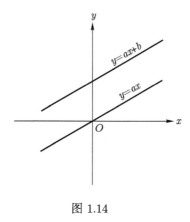

图 1.14

(b) y 是 x 的 "线性函数",

$$y = ax + b.$$

其图形是通过点 $x = 0$, $y = b$ 的一条直线, 其中如果 $a \neq 0$, 这条直线还通过点 $x = -\dfrac{b}{a}$, $y = 0$, 而如果 $a = 0$, 则为水平线.

(c) y 与 x 成反比,

$$y = \frac{a}{x}.$$

特别是, 当 $a = 1$ 时

$$y = \frac{1}{x},$$

于是, 当 $x = 1$ 时 $y = 1$, 当 $x = \frac{1}{2}$ 时 $y = 2$, 当 $x = 2$ 时 $y = \frac{1}{2}$. 其图形是等轴双曲线, 即关于坐标轴夹角的平分线对称的曲线 (见图 1.15).

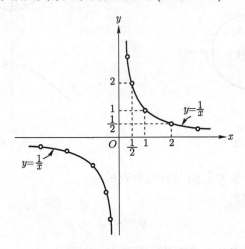

图 1.15　无穷间断性

对于数值 $x = 0$, 这个函数显然没有定义, 因为用零除没有意义. 在这一例外的点 $x = 0$ 的邻域内, 函数具有任意大的值, 既可为正, 也可为负; 这是无穷间断性的最简单的例子, 关于间断性的概念, 我们将在后面讨论.

(d) y 是 x 的平方,

$$y = x^2.$$

众所周知, 这个函数是由一条抛物线来表示的 (见图 1.16).

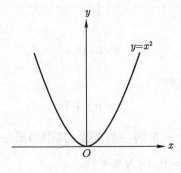

图 1.16　抛物线

类似地, 函数 $y = x^3$ 是由所谓立方抛物线来表示的 (见图 1.17).

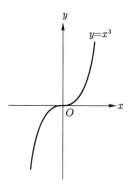

图 1.17   三次抛物线

单调函数

一个函数, 如果对于某一区间内的一切 x 值取相同的值 $y - a$, 则称为常数 (函数); 它在图形上是由一条水平线段来表示的. 如果一个函数, 当 x 的值增加时 y 值也总是增加, 即当 $x < x'$ 时, 总有 $f(x) < f(x')$, 则称为单调增加函数; 反之, 如果 x 值的增加总是使得 y 值减少, 则此函数称为单调减少函数. 在图形上表示单调函数的曲线, 当 x 在定义区间上按增加方向变动时, 总是上升, 或者总是下降 (见图 1.18). 单调函数总是把不同的 x 值映射为不同的 y 值; 也就是说, 这种映射是一对一的映射.

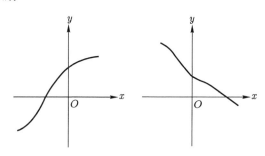

图 1.18   单调函数

偶函数和奇函数

如果由 $y = f(x)$ 表示的曲线关于 y 轴是对称的, 即如果当 $x = -a$ 和 $x = a$ 时, 函数取相同的值

$$f(-x) = f(x),$$

我们将此函数称为偶函数. 例如, 函数 $y = x^2$ 是偶函数 (见图 1.16). 反之, 如果曲线关于坐标原点是对称的, 即如果

$$f(-x) = -f(x),$$

我们则将此函数称为奇函数; 例如, 函数 $y = x, y = x^3$ (见图 1.17) 和 $y = \dfrac{1}{x}$ (见图 1.15) 都是奇函数.

考虑一下不等式的几何表示常常是有益的. 例如, 不等式 $y > x^2$ 是由抛物线 $y = x^2$ 上面的区域来表示的 (图 1.19). 中心在坐标原点的单位圆的内部, 是由不等式 $x^2 + y^2 < 1$ 来描述的 (图 1.20).

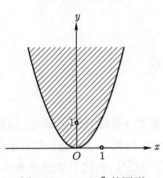
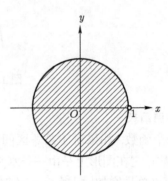

图 1.19 $y > x^2$ 的图形   图 1.20 $x^2 + y^2 < 1$ 的图形

几个不等式常常描述出边界由不同片段组成的比较复杂的区域. 例如, 单位圆内部的 "第一" 象限, 由下列一组同时成立的不等式来描述:

$$x^2 + y^2 < 1, \quad x > 0, y > 0$$

(见图 1.21).

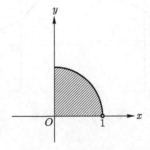

图 1.21 $x^2 + y^2 < 1, x > 0, y > 0$ 的区域

d. 连续性

直观解释和确切表述

上面考察的函数和图形, 展示了微积分中的一种最重要的性质 —— 连续性. 直观地看来, 连续性指的是自变量 x 的微小变化只能引起因变量 $y = f(x)$ 的微小变化而排除了 y 值的跳跃. 因此, 函数的图形是由一条曲线组成的. 反之, 由在

横坐标 x_0 处断开的两条曲线组成的图形 $y = f(x)$, 就在 x_0 处出现跳跃性间断. 例如, 函数 $f(x) = \operatorname{sgn} x^{1)}$: 当 $x > 0$ 时 $f(x) = +1$, 当 $x < 0$ 时 $f(x) = -1$, 以及 $f(0) = 0$, 在 $x_0 = 0$ 处具有跳跃性间断[2] (见图 1.22).

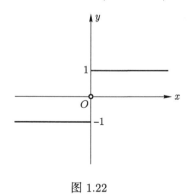

图 1.22

　　在初等数学的日常应用中实际上已隐含着连续性的概念. 每当我们用对数表或三角函数表来描述函数 $y = f(x)$ 时, 只是对于自变量 x 值的 '离散' 值集合, 譬如说其间隔为 $1/1000$ 或 $1/100000$, 才能列出 y 值. 但是, 对于表中未列出的间隔中的 x_0 值所相应的函数值, 也可能是需要的. 这时我们暗中假定, 表中未列出的函数值 $f(x_0)$, 同表中出现的邻近的 x 所对应的函数值 $f(x)$ 近似相等, 而且, 近似的程度想多么精确就可多么精确, 只需表中的 x 值彼此之间充分接近.

　　函数 $f(x)$ 在 x_0 处的连续性指的是: 当 x 充分接近 x_0 时, $f(x)$ 同函数值 $f(x_0)$ 相差任意小. '充分接近' 和 '相差任意小' 这两句话是不大明确的, 而必须用定量的术语予以严格的表述.

　　我们事先指定任何一个 '精确度的界限' 或 '容许界限', 即任一正实数 ε (无论多么小). 为了使得 f 在 x_0 具有连续性, 我们要求对于足够接近 x_0 的一切 x 值 (或与 x_0 在某一距离 δ 之内的一切 x 值), $f(x)$ 和 $f(x_0)$ 之差保持在这个界限之内, 即 $|f(x) - f(x_0)| < \varepsilon$.

　　如果把 f 解释为一个映射, 它把 x 轴上各点 x 映射为 y 轴上的像, 我们就能最容易形象地理解连续性的含义是什么. 取 x 轴上的任一点 x_0 及其像 $y_0 = f(x_0)$ (见图 1.23). 我们在 y 轴上划出以点 y_0 为中心的任意开区间 J. 如果 J 的长度为 2ε, 则 J 中的各点 y 同 y_0 的距离均小于 ε, 或者, 对于这些点来说 $|y - y_0| < \varepsilon$. $f(x)$ 在 x_0 的连续性的条件是: 一切充分接近 x_0 的点 x, 其像都在 J 中; 或者, 能够在 x 轴上划出一个以 x_0 为中心的区间 I, 譬如说区间 $x_0 - \delta < x < x_0 + \delta$, 使

---

1) 读作 x 的 'signum' 或 'sign'.

2) 在数学上, '跳跃' 一词指的是一种特殊类型的间断性: 函数从左、右两边趋近的数值并不都与 $f(x_0)$ 相等. $y = \dfrac{1}{x}$ (当 $x \neq 0$ 时) 和 $y = 0$ (当 $x = 0$ 时) 这一函数呈现出的是 '无穷' 间断性. 还有其他类型的间断性, 以后我们还要讨论.

得 I 中的每一个点 x 的像 $f(x)$ 在 J 中, 因而, $|f(x) - f(x_0)| < \varepsilon$. $f(x)$ 在 x_0 的连续性指的是: 对于 y 轴上点 $y_0 = f(x_0)$ 的任意 ε 邻域 J 来说, 能够在 x 轴上找到点 x_0 的 δ 邻域 I, 使得 I 中的一切点都被映射为 J 中的点[1]. 当然, 这只是对于 x 轴上使得该映射有定义的点, 即属于 f 的定义域的那些点, 才有意义. 于是, 我们得到下述连续性的严格定义.

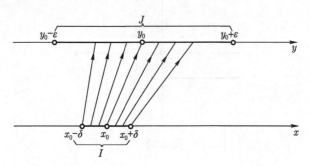

图 1.23　映射 $y = f(x)$ 在点 x_0 的连续性

　　函数 $f(x)$ 在其定义域中的点 x_0 是连续的, 如果对于每一个正数 ε, 我们都能找到一个正数 δ, 对定义域中满足 $|x - x_0| < \delta$ 的一切 x 值不等式成立.

$$|f(x) - f(x_0)| < \varepsilon.$$

　　当我们用 x-y 平面上的图形来表示 f 时, 连续性的几何解释是很有用的 (见图 1.24). 设 $P_0 = (x_0, y_0)$ 是函数图形上的一个点. 这时, 满足 $y_0 - \varepsilon < y < y_0 + \varepsilon$ 的各点 (x, y) 构成一个包含点 P_0 的水平 "长条" J. f 在 x_0 的连续性指的是: 给定任何一个这样的水平长条 J, 无论 J 多么窄, 我们都能找到一个由 $x_0 - \delta < x < x_0 + \delta$ 给出的足够窄的垂直长条 I, 使得处于 I 内的每一个图形上的点, 也在 J 内.

　　作为一个例证, 我们考虑线性函数 $f(x) = 5x + 3$; 这时有

$$|f(x) - f(x_0)| = |(5x + 3) - (5x_0 + 3)| = 5|x - x_0|,$$

此式表明, 映射 $y = 5x + 3$ 把距离放大到五倍. 这里, 对于满足 $|x - x_0| < \dfrac{\varepsilon}{5}$ 的一切 x, 显然有 $|f(x) - f(x_0)| < \varepsilon$. 因此, 如果我们选取 $\delta = \dfrac{\varepsilon}{5}$ $\left(\right.$当然, 任何正数 $\delta < \dfrac{\varepsilon}{5}$ 也都是可以选取的$\left.\right)$, 则 $f(x)$ 在点 x_0 的连续性条件被满足; 这时, 区间

---

　　[1] 在这个连续性的定义中, I 和 J 是两个区间, 它们的中心分别在点 x_0 和 y_0. 在点 x_0 连续性的分析定义用距离 $|x - x_0|$ 和 $|y - y_0|$ 表述是很方便的, 但是, 如果我们把 f 在几何上解释为一个映射, 这个定义就有点不大自然了. 用另一种方式同样也可以定义 $y = f(x)$ 在点 x_0 的连续性, 即要求: 对于 y 轴上每一个包含点 $y_0 = f(x_0)$ 的开区间 J, 我们能够在 x 轴上找到一个包含点 x_0 的开区间 I, 使得 I 中该映射有定义的任何一点 x 的像, 都在 J 中. 这两个定义的等价性的证明留给读者, 作为一个简单的练习.

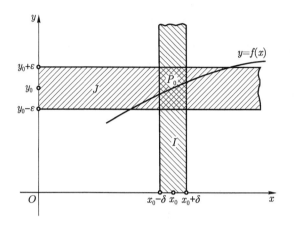

图 1.24 $y = f(x)$ 在点 x_0 的连续性

$x_0 - \delta < x < x_0 + \delta$ 中任何一点的像, 都在区间 $y_0 - \varepsilon < y < y_0 + \varepsilon$ 之中. 在这个例子里, 对于 "充分小的" $|x - x_0|$, 距离 $|y - y_0|$ 是 "任意小的" 这一句话, 能够赋予非常明确的意义; 事实上, 如果这里的 $|x - x_0|$ 不超过 $|y - y_0|$ 之值的五分之一, 那么它就是充分小的.

函数 $f(x) = x^2$ 可以作为另一个例子. 这里, 对于 $|x - x_0| < \delta$, 我们有

$$|f(x) - f(x_0)| = |x^2 - x_0^2| = |x - x_0||2x_0 + (x - x_0)|$$

$$\leqslant |x - x_0|(2|x_0| + |x - x_0|) < \delta(2|x_0| + \delta).$$

于是可以立即证明, 如果我们选取 $\delta = -|x_0| + \sqrt{\varepsilon + |x_0|^2}$, 则满足条件 $|f(x) - f(x_0)| < \varepsilon$.

直观看来, 连续性的概念似乎是显然的而不需要解释, 但是严格的表述在开始可能会感到有点难以领会, 因为要认可像 "能够找到" 和 "任意选取" 这样的一些话. 但是, 最初满足于连续性的一些直观概念的读者, 将会逐渐地学会理解这一分析定义在逻辑上的严格性和普遍性. 这一分析定义乃是为了把直观理解和逻辑上的透彻两方面的需要统一起来而进行长期不懈努力的结果. 归根到底, "连续性" 一词的严格意义是不可缺少的; 这里所给出的分析定义, 便是对函数的一种重要性质的必不可少的表述.

对于初学者来说, 还应强调指出: "小" 并不是一个数的绝对指标; 而 "任意小" 这一术语指的却是这样一个数, 这个数开始时并不固定而可以取任何正值, 并且为了更加逼近 $f(x_0)$, 这个数还可以相继取更小的值. "充分小" 指的是数 δ, 这个数必须进行调整, 以便适应由另一个数 ε 事先决定的容许界限.

　　举例说明连续性和间断性. 我们可以通过不满足上述连续性定义的间断函数的例子来进行对比, 以便进一步说明这个定义. 回顾一下第 23 页上关于函数 $f(x)=$ sgn$\,x$ 的简单例子. 显然, 对于任何 $x_0 \neq 0$, 根据上述 ε, δ 的定义, 这个函数是连续的, 事实上, 不论选定的 ε 多么小, 都可取常数 $\delta = |x_0|$. 但是, 当 $x_0 = 0$ 时, 如果 ε 小于 1, 则根本找不到 δ, 因为对于每一个不等于零的 x, 不论 x 多么接近于零, 均有 $|f(x) - f(0)| = |f(x)| = 1 > \varepsilon$.

　　函数 sgn$\,x$ 一例说明在一点 ξ 间断的一种简单类型称为跳跃性间断, 在这种情况下, 当 x 趋近于 ξ 时, $f(x)$ 从左边和从右边趋近于两个极限值, 但是这两个极限值或者彼此不相等, 或者不等于点 ξ 处的 f 值[1]. 于是在 $x = \xi$ 处图形出现间断. 图 1.25(a) 和 (b) 画出了另一些具有跳跃性间断的曲线; 这些函数的定义由图便可得知[2].

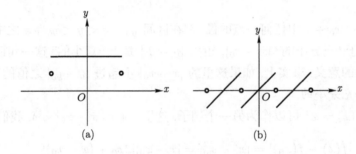

图 1.25

　　在这类跳跃性间断的情形中, 从右边和从左边趋近的函数极限都存在. 现在, 我们来考虑间断性的另一些情况. 其中最重要的是无穷大间断性. 这些间断性正像函数 $\dfrac{1}{x}$ 和 $\dfrac{1}{x^2}$ 在点 $x = 0$ 所显示的那样; 当 $x \to 0$ 时, 函数的绝对值 $|f(x)|$ 增大并超出任何界限. 当 x 从右边和从左边趋近于坐标原点时, 函数 $\dfrac{1}{x}$ 分别取正值和负值, 且其增大的数值超出了任何界限. 另一方面, 函数 $\dfrac{1}{x^2}$ 在点 $x = 0$ 具有无穷间断性, 当 x 从两边趋近于坐标原点时, 函数值增大超出了任何正的界限 (见图 1.26 和图 1.27). 图 1.27 所表示的函数 $\dfrac{1}{x^2 - 1}$, 在 $x = 1$ 和 $x = -1$ 两处都具有无穷间断性.

---

　　1) 极限的严格定义将在 1.7 节给出; 这里对于直观概念所做的描述性的说明已经是足够的了.

　　2) 在所举的这些跳跃性间断的例子中, 在间断点处函数从右边和从左边趋近的极限具有不同的值. 由当 $x \neq 0$ 时 $f(x) = 0$, 当 $x = 0$ 时 $f(x) = 1$ 定义的函数 $f(x)$, 可作为一个浅显的例子来说明另一种跳跃性间断, 这时, 由两边趋近的极限彼此相等, 但是不等于间断点 ξ 上 f 的值. 于是, 我们得到一个可移去的奇点 (通常称可去间断点——译者注). 即我们能够使得 f 在这一点上成为连续的, 只需改变 f 在点 ξ 的值, 使得它同由两边趋近的极限值相等.

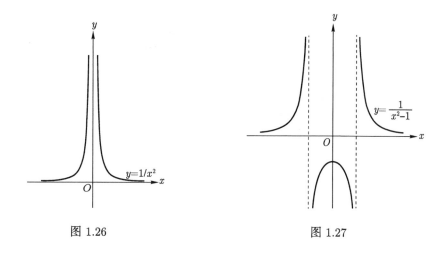

图 1.26   图 1.27

另一种类型的间断性是该点的左、右极限都不存在的情形. 例如图 1.28 所示的 '逐段线性' 偶函数 $y = f(x)$. 它定义如下: 对于形如 $\pm\dfrac{1}{2^n}$ (其中 n 为任何整数) 的 x 值, 交替取值 $+1$ 和 -1: $f\left(\pm\dfrac{1}{2^n}\right) = (-1)^n$. 在每一个区间 $\dfrac{1}{2^{n+1}} < x < \dfrac{1}{2^n}$ 或 $-\dfrac{1}{2^n} < x < -\dfrac{1}{2^{n+1}}$ 之中, 函数 $f(x)$ 是线性的 (取到 $+1$ 和 -1 之间的一切值). 因此, 当 x 越来越接近点 $x = 0$ 时, 这个函数在 $+1$ 和 -1 二值之间越来越快地上下摆动, 且在接近点 $x = 0$ 的邻域内, 这种摆动出现了无限多次. 光滑曲线也会呈现同样的性质 (图 1.29). $\left[\vphantom{\dfrac{1}{x}}\right.$这里, $f(x)$ 实际上是由一个封闭形式的公式 $f(x) = \sin\dfrac{1}{x}$ 给出的, 其中正弦函数我们将在第 38 页中适当地定义.$\left.\vphantom{\dfrac{1}{x}}\right]$

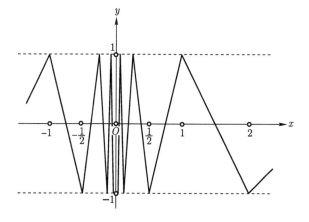

图 1.28

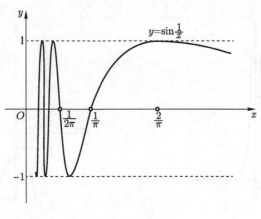

图 1.29

下述的逐段线性函数是与此相反的一个例子: 此函数对于一切整数 n 取值 $f\left(\pm\dfrac{1}{2^n}\right)=\left(-\dfrac{1}{2}\right)^n$, 而对于其间的 x 值则是线性的 (见图 1.30). 这里, 如果我们令 $f(x)$ 在点 $x=0$ 的值为 0, 则 $f(x)$ 在这一点仍然是连续的. 在坐标原点的邻域内, 函数上下摆动无限多次, 而当 x 趋近于坐标原点时, 这些摆动的振幅可为任意小. 又, 对于函数 $y=x\sin\dfrac{1}{x}$ 来说, 情况相同 (见图 1.31).

这些例子表明: 连续性可以有各种各样值得注意的可能性, 而与我们朴素的直觉是不很相同的.

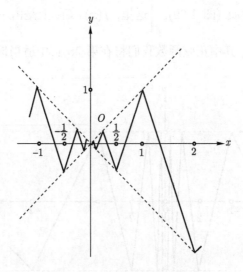

图 1.30　不连续的摆动函数

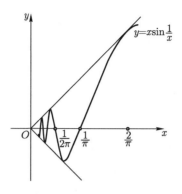

图 1.31 连续的摆动函数

可去间断点

刚才已经指出可能会发生这种情况: 在某一点, 譬如说 $x = 0$, 函数不是按原有的规律定义的, 例如上面讨论中后面一些例子. 在这样的点上如果我们规定函数取任何所希望的值, 那么便可将函数的定义域随意延拓. 在最后一个例中, 我们可以这样来定义, 使得函数在点 $x = 0$ 也是连续的, 即当 $x = 0$ 时, 取 $y = 0$. 事实上, 只要是左极限和右极限二者都存在, 并且彼此相等, 我们就可以定义类似的连续延拓; 此时, 为了使得函数在有问题的点上成为连续的, 只需令这一点上的函数值等于左、右极限. 也就是说, 不论在 $x = 0$ 处的定义所形成的间断性是怎样的, 只要适当规定函数的值 $f(0)$, 这种间断性就是 '可移去的' 了. 然而, 对于函数 $y = \sin \dfrac{1}{x}$ 和图 1.28 中的函数, 这是不可能做到的. 因为在 $x = 0$ 处不论规定函数取什么值, 延拓后的函数都是不连续的.

连续性的模. 一致连续性

在关于函数 $f(x)$ 在点 x_0 连续的定义中, 要求对每一个精确度 $\varepsilon > 0$, 存在量 $\delta > 0$ (所谓连续性的模[1]), 当 x 在 f 的定义域中并满足 $|x - x_0| < \delta$ 时, 有 $|f(x) - f(x_0)| < \varepsilon$. 连续性的模表明了 f 对 x 的变化的敏感度. 显然这样的连续模 δ 绝不是唯一的; 它总是能用任何更小的正值 δ' 来代替 (对于相同的 x_0 和 ε), 因为当 $|x - x_0| < \delta'$ 时也一定有 $|x - x_0| < \delta$, 所以 $|f(x) - f(x_0)| < \varepsilon$. 对于各种实际目的, 如在数值计算中, 我们所关心的可能是 δ 的特定选择, 例如, δ 的最大值. 但另一方面, 如果我们仅仅想要证实 f 在 x_0 是连续的这一事实, 那么只需对于每一个正的 ε 找出任何一个连续模即可.

如前述例中所示, 一般说来, 这个 $\delta = \delta(\varepsilon)$ 不仅依赖于 ε, 而且还依赖于 x_0 的值. 当然, 我们不必考虑所有的正值 ε, 而总可以只限于考虑充分小的 ε, 譬如说 $\varepsilon \leqslant \varepsilon_0$ (对于任意给定的 ε_0), 因为当 $\varepsilon > \varepsilon_0$ 时, 我们可以就取 $\varepsilon = \varepsilon_0$ 时相同的连

---

1) 以下简称连续模. —— 译者注

续模. 类似地, 我们只需考虑 f 的定义域中处于 x_0 的任意邻域里的点 x, 譬如说, 满足 $|x - x_0| < \delta_0$ 的那些点, 因为, 任何连续模 δ, 总是可以用不超过 δ_0 的更小的一个模来代替. f 在 x_0 的连续性是一种局部的性质, 也就是说, 这种性质只同 x_0 的某个无论多么小的邻域内的 f 值有关.

我们已经看到, 函数 f 对于某些点可以是连续的, 而对于另一些点则可能是间断的. 如果一个函数在某个区间的每一点上都是连续的, 则称此函数在该区间上是连续的. 这时, 对于区间的每一点 x_0 来说, 我们都有连续模 $\delta = \delta(\varepsilon)$, 它可能随 x_0 而变化, 并反映了在不同的点 x_0 附近 y 随 x 变化而变化的不同速率.

如果对于某个区间, 我们能够找到统一的 (即不依赖于区间中具体的点 x_0 的) 连续模 $\delta = \delta(\varepsilon)$, 则称 f 在此区间上是一致连续的. 因此, 如果对于每一个正数 ε, 存在一个正数 δ, 使得 $|f(x) - f(x_0)| < \varepsilon$, 其中 x 和 x_0 是某个区间中满足 $|x - x_0| < \delta$ 的任何两个点, 则 $f(x)$ 在此区间上是一致连续的.

对于一致连续函数 $y = f(x)$ 来说, 不论点 x 在区间中位置如何, 只要这些 x 彼此充分接近, 则相应的 y 值之差为 '任意小". 在某些方面, 一致连续性比单纯的局部连续性更接近于直观的概念.

例如, 函数 $f(x) = 5x + 3$, 对于自变量的一切值来说, 是一致连续的, 因为当取 $|x - x_0| < \dfrac{\varepsilon}{5}$ 时, $|f(x) - f(x_0)| = 5|x - x_0| < \varepsilon$, 于是 $\delta(\varepsilon) = \dfrac{1}{5}\varepsilon$ 表示一致的连续模.

函数 $f(x) = x^2$ 在 x 的无限区间上显然不是一致连续的. 因为很清楚, 只要 x 充分大, x 的微小改变能够引起 x^2 的任意大的改变. 看一看整数 x 的平方数表便可得知, 当 x 增加时, 相继的平方数间隔越来越大. 但是, 如果我们只考虑属于固定的有限闭区间 $[a,b]$ 的各对点 x, x_0 值, 则可找到一致的连续模. 事实上, 当 $|x - x_0| < \delta$ 时, 我们有

$$|f(x) - f(x_0)| = |x^2 - x_0^2| = |x - x_0||x + x_0|$$

$$\leqslant 2|x - x_0|(|b| + |a|) < 2\delta(|b| + |a|) = \varepsilon,$$

如果取 $\delta = \dfrac{\varepsilon}{2(|b| + |a|)}$.

对于函数 $f(x) = \dfrac{1}{x}$ (当 $x \neq 0$ 时), $f(0) = 0$, 也会出现同样的情况. 让我们考虑使得此函数在其中处处连续的有界闭区间 $a \leqslant x \leqslant b$. 这样的区间不能包含坐标原点, 因为坐标原点是间断点, 因此 a 和 b 必须具有相同的符号. 假设 a 和 b 都是正值. 那么, 对于属于此区间并满足 $|x - x_0| < \delta$ 的 x 和 x_0, 我们有

$$\left|\frac{1}{x} - \frac{1}{x_0}\right| = |x - x_0|\frac{1}{|x_0||x|} < \frac{\delta}{a^2} = \varepsilon,$$

如果取 $\delta = a^2\varepsilon$. 所以, 此函数在区间 $[a,b]$ 上是一致连续的. 当然, 这也同时证明了函数 $f(x) = \dfrac{1}{x}$ 对于每一个点 $x_0 > 0$ 来说是连续的. 因为, 每一个这样的点 x_0 都能被包含在某个区间 $a < x_0 < b$ 之中, a, b 均为正数. 如果我们将 x 限制在一个属于此区间中的 x_0 的邻域内, 则表达式 $\delta = a^2\varepsilon$ 是函数在 x_0 的连续模.

上述各例中的连续函数, 在定义域中的任何有界闭区间上是连续的. 实际上, 它表明了一个普遍事实[1]:

任何函数, 如果在一个有界闭区间上是连续的, 自然在此区间上是一致连续的.

正如上述函数 x^2 的例子所表明的, 区间有界这个限制是不可缺少的. 同样, 我们必须规定区间是闭的; 例如, 函数 $y = \dfrac{1}{x}$ 在开区间 $0 < x < 1$ 中是连续的, 但是在此区间中并不是一致连续的; 只要 x 充分接近坐标原点, 则 x 的任意小的改变就能引起 y 的任意大的改变. 因为假如说对于区间 $(0,1)$ 来说存在一致的连续模 $\delta(\varepsilon)$, 那么我们就可取例如 $x_0 < \delta, x = \dfrac{1}{2}x_0$; 显然, 只要 x_0 充分小, $\left| \dfrac{1}{x} - \dfrac{1}{x_0} \right| = \dfrac{1}{x_0}$ 便大于任何预先指定的 ε, 结果就与存在着一致的 $\delta(\varepsilon)$ 这一假设相矛盾.

利普希茨 (Lipschitz) 连续性——赫尔德 (Hölder) 连续性

在上述关于区间 $[a,b]$ 上的一致连续函数各例中, 我们找到的是一个特别简单的连续模, 即与 ε 成正比的 $\delta(\varepsilon)$. 这一事实的最一般情况, 就是由所谓按利普希茨连续的函数 $f(x)$ 来表示的. 即对于区间 $[a,b]$ 上的一切 x_1, x_2, 以及固定的值 L, 函数满足如下形式的不等式:

$$|f(x_2) - f(x_1)| \leqslant L|x_2 - x_1|$$

(所谓利普希茨条件). 利普希茨连续性的含义是, 对于区间 $[a,b]$ 的任何两个不同的点构成的 '差商'

$$\frac{f(x_2) - f(x_1)}{x_2 - x_1},$$

其绝对值绝不超过一个固定的有限值 L, 或者说映射 $y = f(x)$ 把 x 轴上点间的距离最多放大到 L 倍. 显然, 对于利普希茨连续的函数来说, 表达式 $\delta(\varepsilon) = \dfrac{\varepsilon}{L}$ 是连续模, 因为当 $|x_2 - x_1| < \dfrac{\varepsilon}{L}$ 时, $|f(x_2) - f(x_1)| < \varepsilon$. 反之, 具有与 ε 成正比的连续模, 譬如说 $\delta(\varepsilon) = c\varepsilon$ 的任何函数, 都是利普希茨连续的, 此时 $L = \dfrac{1}{c}$.

在第二章中将会看到, 我们所遇到的多数函数, 除了在若干孤立点以外, 都是利普希茨连续的, 因为它们的导数在不包含这些孤立点的任何闭区间中都是有界

---

[1] 证明在补篇中给出.

的. 但是, 利普希茨连续性对于一致连续性来说, 只是充分条件, 而不是必要条件.
$f(x) = \sqrt{x}$ (当 $x \geqslant 0$ 时) 和在 $x_0 = 0$ 附近给出了是一致连续函数但不是利普希
茨连续函数的一个最简单的例子. 这里, 当 x 充分小时, 差商

$$\frac{f(x) - f(0)}{x - 0} = \frac{1}{\sqrt{x}}$$

变为任意大, 因而不能以固定的常数 L 为界. 所以不可能选取与 ε 成正比的 $\delta(\varepsilon)$;
但是, 对于这个函数来说, 存在另外的非线性的连续模, 例如 $\delta(\varepsilon) = \varepsilon^2$.

函数 $\sqrt{x}$ 属于称为 '赫尔德连续' 的一类函数, 这一类函数对于在区间上的一
切 x_1, x_2 满足 '赫尔德条件'

$$|f(x_2) - f(x_1)| \leqslant L|x_2 - x_1|^\alpha,$$

其中 L 和 α 是固定的常数, 而这个 '赫尔德指数' α 的取值限于 $0 < \alpha \leqslant 1$. 对于
赫尔德指数的特定值 $\alpha = 1$, 则得到利普希茨连续函数.

显然, $\delta = L^{-\frac{1}{\alpha}} \varepsilon^{\frac{1}{\alpha}}$ 是赫尔德连续函数 f 可能有的连续模; 这里 δ 与 $\varepsilon^{\frac{1}{\alpha}}$ 成正
比, 而不与 ε 本身成正比. 函数 $f(x) = \sqrt{x}$ 是赫尔德连续的, 其指数 $\alpha = \frac{1}{2}$. 这一
点可由不等式

$$|\sqrt{x_2} - \sqrt{x_1}| \leqslant |x_2 - x_1|^{\frac{1}{2}}$$

得知, 因为只要注意到

$$|\sqrt{x_2} - \sqrt{x_1}| \leqslant |\sqrt{x_2} + \sqrt{x_1}|$$

并乘以 $|\sqrt{x_2} - \sqrt{x_1}|$, 便可推出. 于是便得到 $\sqrt{x}$ 的连续模 $\delta(\varepsilon) = \varepsilon^2$, 正如前面所
指出的.

更一般地, 分数幂 $f(x) = x^\alpha$ (当 $0 < \alpha \leqslant 1$ 时) 是赫尔德连续的, 其赫尔德
指数为 α.

赫尔德连续函数, 仍未将一切一致连续的函数包括无遗. 我们不难建立一些连
续函数的例子, 对于它们来说, ε 的幂不能够作为连续模. (见问题 13.)

e. 中间值定理. 反函数

一个连续的、因而就不存在 '跳跃' 的函数, 如果不经过所有中间的值, 就不
能从一个值变到另一个值, 这一点在直观上是没有疑问的. 这一事实, 可由所谓中
间值定理来表达 (定理的严格证明在补篇中给出, 见第 83 页).

中间值定理: 考虑在某个区间的每一点上都连续的函数 $f(x)$. 设 a 和 b 是此区间的任何两个点, 而 η 是 $f(a)$ 和 $f(b)$ 之间的任何一个数. 则在 a 和 b 之间存在数值 ξ, 使得 $f(\xi) = \eta$.

在几何上进行解释时, 中间值定理表示: 如果连续函数 f 的图形上的两个点 $(a, f(a))$ 和 $(b, f(b))$ 位于与 x 轴平行的线 $y = \eta$ 的两侧, 则此平行线同函数的图形相交于某一个中间点 (见图 1.32). 当然, 也可能存在多个交点. 在某些重要的情况下, 即当函数 $f(x)$ 在整个区间上单调增加或单调减少时, 只能有一个交点, 因为这时对于两个不同的 ξ 值, f 不能取相同的值 η.

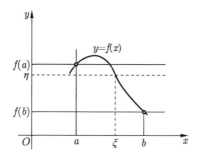

图 1.32　中间值定理

我们取函数 $f(x) = x^2$ 作为一个例子, 这个函数在区间 $1 \leqslant x \leqslant 2$ 上是单调增加和连续的. 这里, $f(1) = 1$, $f(2) = 4$. 取 1 和 4 之间的数值 2 作为 η, 我们看出, 在 1 和 2 之间存在唯一的 ξ, 使得 $\xi^2 = 2$. 当然, 这个数是由 $\sqrt{2}$ 来表示的.

反函数的连续性

对于定义在区间 $a \leqslant x \leqslant b$ 上的任何单调增加的连续函数 $f(x)$ 来说, 我们看出, 对于每一个满足 $f(a) \leqslant \eta \leqslant f(b)$ 的 η, 正好存在一个满足 $a \leqslant \xi \leqslant b$ 的 ξ, 使得 $f(\xi) = \eta^{1)}$. 设 $\alpha = f(a)$, $\beta = f(b)$. 因为 ξ 是由 η 唯一确定的, 所以这就表示出: 一个定义在闭区间 $[\alpha, \beta]$ 上变量为 η 的函数 $\xi = g(\eta)$. 我们称这个函数 g 为 f 的反函数. 因为较大的 ξ 对应着较大的 $\eta = f(\xi)$, 所以函数 g 仍然是单调增加的. 不难证明, 反函数 g 也是连续的.

事实上, 设 η 是 α 和 β 之间的任一值 (见图 1.33). 这时, $\xi = g(\eta)$ 必然位于 $a = g(\alpha)$ 和 $b = g(\beta)$ 之间. 设 ε 是给定的正数, 我们可以假设 ε 是如此之小, 以致 $a < \xi - \varepsilon < \xi + \varepsilon < b$. 我们必须证明, 对于所有充分接近 η 的 y, $|g(y) - g(\eta)| < \varepsilon$. 因为 f 是增加的, 所以 $\eta = f(\xi)$ 位于 $f(\xi - \varepsilon) = A$ 和 $f(\xi + \varepsilon) = B$ 两值之间, 于

---

1) 上述中间值定理, 对于开区间 $f(a) < \eta < f(b)$ 中的 η, 选定了 ξ. 而对于 $\eta = f(a)$ 或 $\eta = f(b)$, 我们当然只需取 $\xi = a$ 或 $\xi = b$.

是我们能够找到如此之小的 δ, 使得

$$A < \eta - \delta < \eta + \delta < B.$$

如果 y 是满足 $\eta - \delta < y < \eta + \delta$ 的任何值, 而 $x = g(y)$, 我们则有 $A < y < B$, 所以 $g(A) < g(y) < g(B)$, 即 $\xi - \varepsilon < g(y) < \xi + \varepsilon$, 或者 $|g(y) - g(\eta)| < \varepsilon$. 当 η 是 g 的定义区间的端点 α 和 β 之一时, 同样的证明, 稍作更动, 仍可采用.

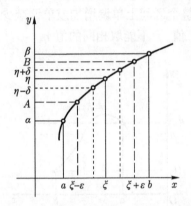

图 1.33　单调连续函数的反函数的连续性

关系式 $y = f(x)$ 和 $x = g(y)$ 是等价的, 并且在 x, y 平面上是由同样的图形来表示的; 在 x, y 平面上满足 $y = f(x)$ 的点 (x, y), 和那些满足 $x = g(y)$ 的点是同样的. 如果按通常习惯的方式将函数 g 表示为 $y = g(x)$, 我们则必须交换 x 和 y 的位置; 这时, 取 $y = f(x)$ 的图形相对于直线 $y = x$ 对称的镜像, 便得到 $y = g(x)$ 的图形. 例如, 函数 $f(x) = x^2$ (当 $x \geqslant 0$ 时) 的图形和反函数 $g(x) = \sqrt{x}$ (当 $x \geqslant 0$ 时) 的图形, 便是如此 (见图 1.34).

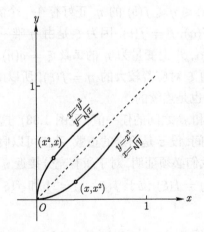

图 1.34　反函数

1.3 初 等 函 数

a. 有理函数

现在我们来简略地回顾一下熟知的初等函数. 最简单的一类函数是通过反复进行初等运算 —— 加法和乘法而得到的. 如果我们把这些运算用到自变量 x 和一组实数 $a_1, \cdots, a_n$ 上, 便得到多项式

$$y = a_0 + a_1 x + \cdots + a_n x^n.$$

多项式是数学分析中最简单的函数, 而从某种意义上来说, 也是基本的函数. 两个这样的多项式组成如下形式的商:

$$y = \frac{a_0 + a_1 x + \cdots + a_n x^n}{b_0 + b_1 x + \cdots + b_m x^m}$$

就是一般的有理函数; 有理函数在分母不为零的所有点上都有定义.

最简单的多项式, 即线性函数

$$y = ax + b,$$

在图上是由一条直线来表示的. 每一个二次函数

$$y = ax^2 + bx + c$$

是由一条抛物线来表示的. 三次多项式

$$y = ax^3 + bx^2 + cx + d$$

的图形, 有时也称为三次抛物线, 等等.

在图 1.35 上给出了函数 $y = x^n$ 当指数 $n = 1, 2, 3, 4$ 时的图形. 当 n 为偶数时, 函数 $y = x^n$ 满足方程 $f(-x) = f(x)$, 因而是偶函数; 当 n 为奇数时, 此函数满足条件 $f(-x) = -f(x)$, 因而是奇函数.

第 22 页上提到过的函数 $y = \dfrac{1}{x}$, 乃是有理函数 (除多项式外) 的最简单的例子, 其图形是等轴双曲线. 另一个例子是函数 $y = \dfrac{1}{x^2}$ (见图 1.26, 第 29 页).

b. 代数函数

为了解决寻求有理函数的反函数问题, 我们就不得不超出有理函数集合的范围. 其典型实例是函数 $\sqrt[n]{x}$ —— x^n 的反函数. 不难看出, 当 $x \geqslant 0$ 时, 函数 $y = x^n$

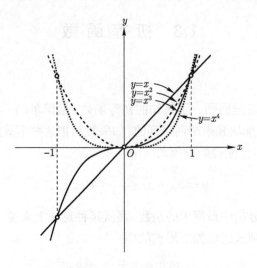

图 1.35　x 的幂

是单调增加的和连续的, 因此, 它具有单值的反函数, 我们用符号 $x = \sqrt[n]{y}$ 来表示, 而如果交换因变量和自变量所用的字母, 则可用符号

$$y = \sqrt[n]{x} = x^{\frac{1}{n}}$$

来表示. 根据定义, 这个根总是非负的. 当 n 为奇数时, 对于所有的 x 值 (包括负值) 来说, 函数 x^n 是单调的. 因此, 当 n 为奇数时, 我们可以把 $\sqrt[n]{x}$ 的定义唯一地扩充到所有的 x 值; 在这种情况下, 对于负的 x 值来说, $\sqrt[n]{x}$ 是负的.

　　更一般地, 我们可以考虑

$$y = \sqrt[n]{R(x)},$$

其中 $R(x)$ 是有理函数. 如果对一个或几个这种特殊的函数进行有理运算, 则可构成更多的同类型的函数. 例如, 我们可以这样来构成函数

$$y = \sqrt[m]{x} + \sqrt[n]{x^2 + 1}, \quad y = x + \sqrt{x^2 + 1}.$$

这些函数都是代数函数的特殊情况. (代数函数的一般概念将在第二卷中来定义.)

c. 三角函数

　　有理函数和代数函数是由初等运算直接定义的, 而几何学则是首次产生另一些函数——所谓超越函数[1] 各种实例的源泉. 这里, 我们只考虑其中的初等超越函数, 即三角函数、指数函数和对数函数.

---

1) "超越" 一词并非意味着任何特殊深奥与神秘, 它仅仅指出这些函数的定义超出了初等运算.

在分析研究中, 一个角不是用度、分和秒来度量的, 而是用弧度来度量的. 我们把要度量的角的顶点, 放在半径为 1 的圆的中心, 而取此角所割的圆弧的长度来度量此角的大小[1]. 因此, 180° 的角同 π 弧度的角是一样的 (即具有 π 弧度), 90° 的角具有 $\frac{\pi}{2}$ 弧度, 45° 的角具有 $\frac{\pi}{4}$ 弧度, 360° 的角具有 2π 弧度. 反之, 1 弧度的角, 如果用度数来量, 则为

$$\frac{180°}{\pi}, \text{或者近似于 } 57°17'45''.$$

今后, 当我们说到角 x 时, 指的则是弧度为 x 的角.

我们简略地回顾一下三角函数 $\sin x, \cos x, \tan x, \cot x$ 的意义[2]. 这些函数表示在图 1.36 上, 其中, 角 x 是从 (长度为 1 的) 线段 OC 量起的, 并且认为反时针方向上的角是正的. 函数 $\cos x$ 和 $\sin x$ 是点 A 的两个直角坐标. 在图 1.37 和图 1.38 上, 给出了函数 $\sin x, \cos x, \tan x, \cot x$ 的图形.

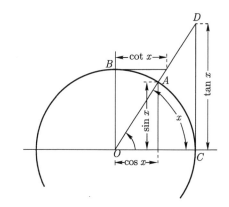

图 1.36　三角函数

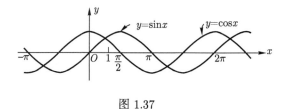

图 1.37

以后 (见第 186 页), 我们还能用分析的定义来代替几何的定义.

---

1) 角的弧度也可定义为单位圆上角所对应的扇形面积的两倍.

2) 引入函数 $\sec x = \dfrac{1}{\cos x}$, $\csc x = \dfrac{1}{\sin x}$, 有时也很方便.

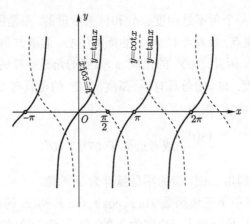

图 1.38

d. 指数函数和对数函数

除了三角函数以外, 以正数 a 为底的指数函数

$$y = a^x$$

及其反函数, 即以 a 为底的对数函数

$$x = \log_a y$$

也属于初等超越函数范围. 在初等数学中, 定义这些函数时所遇到的某些固有困难通常是被略去的; 在这里, 我们也还是要等到有了更好的定义方法以后, 再来详细地讨论它们 (见 2.5 节, 第 125 页). 但是, 在这里我们至少可以指出定义这些函数的一种 '初等' 方法. 如果 $x = \dfrac{p}{q}$ 是有理数 (其中 p, q 均为正整数), a 是正数, 这时, 我们把 a^x 定义为 $\sqrt[q]{a^p} = a^{\frac{p}{q}}$, 按照约定, 这里的根应取为正的. 因为有理数 x 是处处稠密的, 自然可将此函数 a^x 的定义域扩充到无理数上, 而成为一个连续函数, 即当 x 为无理数时, 给 a^x, 使它与 x 是有理数时已有定义的值连续. 这就定义了一个连续函数 $y = a^x$ —— 指数函数, 对于所有 x 的有理值来说, 此函数给出了前述的 a^x 的值. 这样的延拓实际上是可能的, 并且只能按一种方式来实现, 目前我们认为这是当然的; 但是必须记住, 我们仍然需要证明情况的确如此[1].

于是, 当 $y > 0$ 时, 函数

$$x = \log_a y$$

可以被定义为指数函数的反函数: $x = \log_a y$ 是使得 $y = a^x$ 的数.

---

1) 证明在第 133 页上.

e. 复合函数. 符号积. 反函数

通常构成新的函数的方法, 不只是通过用有理运算来组合已知函数的途径, 而还有更一般且基本的方法, 即组成函数的函数或复合函数法.

设 $u = \varphi(x)$ 是一函数, 其定义域为区间 $a \leqslant x \leqslant b$, 其值域处于区间 $\alpha \leqslant u \leqslant \beta$ 之中. 此外, 设 $y = g(u)$ 是定义在 $\alpha \leqslant u \leqslant \beta$ 上的函数. 这时, $g(\varphi(x)) = f(x)$ 在 $a \leqslant x \leqslant b$ 上定义了函数 f, 此函数是由 g 和 φ '复合的' 或 '组成的' 函数. 例如, $f(x) = \dfrac{1}{1 + x^{2n}}$ 是由函数 $\varphi(x) = 1 + x^{2n}$ 和 $g(u) = \dfrac{1}{u}$ 组成的. 同样地, 函数 $f(x) = \sin \dfrac{1}{x}$ 是由 $\varphi(x) = \dfrac{1}{x}$ 和 $g(u) = \sin u$ 组成的.

通过映射来解释复合函数是有益的. 映射 φ 把区间 $[a, b]$ 的每一点 x 转化为区间 $[\alpha, \beta]$ 中的点 u; 映射 g 把 $[\alpha, \beta]$ 中的任一值 u 转化为点 y. 映射 f 是映射 g 和 φ 的 '符号积' $g\varphi$, 也就是依次相继实现 φ 和 g 的映射; 对于 $[a, b]$ 中的任何 x, 我们在映射 φ 之下取它的像 u, 然后, 把 g 作用于像 $u = \varphi(x)$, 便得到 $g(\varphi(x)) = f(x) = y$ (见图 1.39). 对于任何类型的运算来说, 这样的符号积 $g\varphi$ 都是自然的和富有意义的; $g\varphi$ 表示: 首先进行 φ, 然后对所得结果再进行 g[1]. 应注意不要把两个函数的符号积 $g\varphi = g(\varphi)$, 同两个函数的普通的代数积 $g(x) \cdot \varphi(x)$ 相混淆, 在代数积中, $g(x)$ 和 $\varphi(x)$ 二者是对相同的自变量 x 构成的 (即作用于相同点的映射), 并且取两个函数之值的乘积.

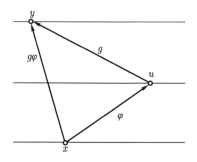

图 1.39　两个映射的符号积 $g\varphi = f$

当然, 不能指望符号积一定是可交换的. 一般说来, $g(\varphi)$ 和 $\varphi(g)$ 是不同的, 即使二者都有定义. 运算进行的次序是关系重大的, 例如, 如果 φ 代表 '在某个数上加 1' 的运算, 而 g 代表 '用 2 来乘某个数' 的运算, 则有

---

[1] 符号积 $g\varphi$ 相当于首先进行 φ 映射, 然后进行 g 映射 (按这样的次序), 这一点初看起来似乎不大自然, 但实际上是符合数学中常用的惯例的, 即把函数 $f(x)$ 的自变量 x 写在函数符号 f 的右边. 例如, 在 $\sin(\log x)$ 中, 我们总是这样来理解: 首先取 x 的对数, 然后再取对数的正弦, 而不是相反.

$$g(\varphi(x)) = 2(x+1) = 2x+2,$$

$$\varphi(g(x)) = (2x) + 1 = 2x + 1.$$

(见图 1.40)

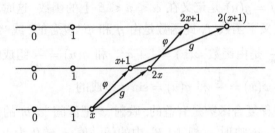

图 1.40　映射的不可交换性

为了能够构成两个映射的符号积 $g\varphi$, '因子' g 和 φ 必须在下述意义下相互适应, 即 g 的定义域必须包括 φ 的值域. 例如, 当

$$g(u) = \sqrt{u}, \quad \varphi(x) = -1 - x^2$$

时, 我们就不能构成 $g\varphi$.

考虑由多次复合而成的函数是需要的. 例如, 函数

$$f(x) = \sqrt{1 + \tan(x^2)}$$

可以通过依次组合

$$\varphi(x) = x^2, \quad \psi(\varphi) = 1 + \tan\varphi, \quad g(\psi) = \sqrt{\psi} = f(x)$$

而构成. 如果用符号来表示, 则可写为 $f = g\psi\varphi$.

反函数

如果从映射之积的角度来看, '反函数' 的概念会变得更为清楚. 我们考虑映射 φ, 它把 φ 定义域中的点 x 变成像 $u = \varphi(x)$, 并且是把不同的 x 映射为不同的 u. 这时, 映射称为 '一对一' 的. 于是, 一个数值 u 至多是一个数值 x 的像. 我们可将 φ 值域中的每一个 u 同数值 $x = g(u)$ 联系起来 (u 是 x 在映射 φ 之下的像). 这样, 我们就定义了一个映射 g, 其定义域是 φ 的值域, 而当此映射作用于映射 φ 的像 $u = \varphi(x)$ 时, 便重新得到原来的数值 x, 即 $g(\varphi(x)) = x$. 我们把 g 称为 φ 的逆 (映射) 或反函数. 这种情况可用符号方程 $g\varphi x = x$ 来表示.

恒等映射

我们定义恒等映射 I, 即将每一个 x 映射到其自身的映射; 如果 g 是 φ 的逆,

则 $g\varphi = I^{1)}$. 映射 I 对符号乘法所起的作用, 与普通乘法中数 1 的作用相同; 用 I 来乘, 不会使映射发生改变. 因此, 方程 $g\varphi = I$ 提示我们对 φ 的反函数采用记号 $g = \varphi^{-1}$. 例如, 函数 $u = \sin x$ 的反函数 $x = \arcsin u$, 也有用 $x = \sin^{-1} u$ 来表示[2].

从 g 是 φ 的反函数这一定义立即可知, φ 也是 g 的反函数, 因而不仅 $g(\varphi(x)) = x$, 而且还有 $\varphi(g(u)) = u$.

* 在区间 $a \leqslant x \leqslant b$ 上定义的单调函数 $u = \varphi(x)$, 显然是在此区间上定义了一个一对一的映射. 此外, 如果 φ 是连续的, 那么正如前面已经讲过的, 从中间值定理 (第 34 页), 我们知道 φ 的值域是端点为 $\varphi(a)$ 和 $\varphi(b)$ 的区间. 这时, 在后一区间上, φ 的反函数 g 存在, 并且仍然是单调的和连续的. 实际上, 单调连续函数是具有反函数或定义一对一映射的唯一的连续函数. 因为, 假设 $u = \varphi(x)$ 是闭区间 $[a,b]$ 上的连续函数, 并把此区间上不同的 x 映射为不同的 u. 则特别是, 数值 $\varphi(a) = \alpha$ 和 $\varphi(b) = \beta$ 是不同的. 譬如说, 我们假设 $\alpha < \beta$. 这时, 我们能够证明, 在整个区间上 $\varphi(x)$ 是单调增加的. 因为如果不是这样, 我们就能找到两个数值 c 和 d, $a \leqslant c < d \leqslant b$, 使得 $\varphi(d) < \varphi(c)$. 如果在这里还有 $\varphi(d) \geqslant \varphi(a)$, 则由中间值定理可知: 在区间 $[a,c]$ 中存在 ξ, 使得 $\varphi(\xi) = \varphi(d)$. 这个 ξ 将不同于 d, 因而这一映射就不能是一对一的. 另一方面, 如果 $\varphi(d) < \varphi(a) = \alpha$, 则可得知: $\varphi(a)$ 是 $\varphi(d)$ 和 $\varphi(b)$ 之间的数值; 这时在 d 和 b 之间将存在数值 ξ, 使得 $\varphi(\xi) = \varphi(a)$, 而这也同 φ 的一对一的性质相矛盾.

复合函数的一个重要的、近于明显的性质是: 如果 g 和 φ 都是连续的, 则 $g(\varphi(x))$ (在有定义处) 是连续的. 事实上, 对于给定的正数 ε, 由于函数 g 的连续性, 我们有

$$|f(x) - f(x_0)| = |g(\varphi(x)) - g(\varphi(x_0))| < \varepsilon,$$

当 $|\varphi(x) - \varphi(x_0)| < \delta$ 时. 可是, 因为 φ 也是连续的, 所以对于满足 $|x - x_0| < \delta'$ (其中 δ' 为某一个适当的正数) 的所有 x, 必定有 $|\varphi(x) - \varphi(x_0)| < \delta$. 因而

$$|f(x) - f(x_0)| < \varepsilon, \quad \text{当 } |x - x_0| < \delta' \text{ 时,}$$

这就证明了 f 的连续性.

借助于这个一般定理来证明像 $\sqrt{1 - x^2}$ 这样的复合函数的连续性, 要比试图直接作出此函数的连续模要容易得多.

---

1) 更确切地说, 在 φ 的定义域中, $g\varphi$ 恒同于 I.
2) 不要把这种写法同代数上的倒数 $\dfrac{1}{\sin u}$ 相混淆.

1.4 序 列

至此, 我们已经考虑了连续变量的函数, 即其定义域是由一个或几个区间组成的. 但是, 在数学上出现许多这样的情况, 其中因变量 a 依赖于正整数 n. 这样的函数 $a(n)$, 把每一个自然数 n 同一个数值联系起来. 函数 $a(n)$ 称为序列, 特别是, 如果 n 遍及所有的正整数, 则称为无穷序列. 通常我们把序列的 "第 n 个元素" 写为 a_n, 而不写为 $a(n)$, 并且认为构成序列的元素是按下标 n 增加的次序排序的:

$$a_1, a_2, a_3, \cdots.$$

这里, 可以按任何规律来规定数 a_n 对于 n 的依赖关系, 特别是, 数值 a_n 不必彼此全不相同. 序列的概念, 通过一些实例是很容易理解的.

(1) 前 n 个正整数的和

$$S(n) = 1 + 2 + 3 + \cdots + n = \frac{1}{2}n(n+1)$$

是 n 的函数, 并给出序列

$$1, 3, 6, 10, 15, \cdots.$$

(2) 另一个简单的 n 的函数是 "n 的阶乘" 的表达式, 即前 n 个正整数之积:

$$n! = 1 \cdot 2 \cdot 3 \cdots \cdot n.$$

(3) 每一个大于 1 的整数, 如果不是素数, 则可为多于两个正整数所整除, 如果是素数, 则只能为其本身和 1 所整除. 我们显然可以把能整除 n 的除数的个数 $T(n)$ 看作为 n 本身的函数. 对于前几个数, 此函数由下表给出:

$$n = 1 \ 2 \ 3 \ 4 \ 5 \ 6 \ 7 \ 8 \ 9 \ 10 \ 11 \ 12$$

$$T(n) = 1 \ 2 \ 2 \ 3 \ 2 \ 4 \ 2 \ 4 \ 3 \ 4 \ 2 \ 6$$

(4) $\pi(n)$, 即小于数 n 的素数的个数, 是数论中的一个非常重要的序列, 对此序列的详细研究, 是最引人注目的问题之一. 其主要结果是: 对于大的 n 值, 数 $\pi(n)$ 可以用函数 $\dfrac{n}{\log n}$ 渐近地给出[1], 这里 $\log n$ 指的是后面 (第 62 页) 将要定义的以 e 为自然基底的对数.

---

[1] 也就是说, 只要 n 充分大, 数 $\pi(n)$ 用数 $\dfrac{n}{\log n}$ 来除所得之商, 同 1 相差为任意小.

1.5 数学归纳法

我们在这里插入一段关于一种很重要的推理方法的讨论, 许多数学思想都用到这种方法.

从数 1 开始并且从 n 向 $n+1$ 过渡, 就产生了整个自然数序列, 这一事实引出了带根本性的 '数学归纳法原理'. 在自然科学中, 我们从大量的事例出发, 希望用 '经验归纳法' 去得出一个普遍成立的规律. 那么这个规律可靠的程度, 取决于这种实例或 '事件' 被观察到的次数以及此规律被证实的次数. 此种归纳法是能够使人非常信服的, 虽然它并不具有数学证明的逻辑可靠性.

我们使用的数学归纳法, 是要对一个关于无限序列的定理, 用确定的逻辑去证明其正确性. 设 A 表示与任意自然数 n 有关的命题. 例如, A 可以是这样一个命题: '$n+2$ 边的简单多边形内角之和是 $180°$ 的 n 倍' 或 $n\pi$. 为了证明这种类型的命题, 用前 10 个、前 100 个甚至前 1000 个 n 值来证明它, 都是不充分的. 相反, 我们必须采用一种数学方法, 现在首先针对此例来说明这种方法. 当 $n=1$ 时, 多边形化为三角形, 三角形的内角之和已知为 $180°$. 对于 $n=2$ 的四边形, 我们画一条对角线, 把它分为两个三角形. 这就说明, 四边形内角之和等于两个三角形内角之和相加, 即 $180°+180°=2\cdot180°$. 进一步考虑五边形的情况, 我们画一条适当的对角线, 便可把它分为一个四边形和一个三角形. 这样做的结果, 就推出五边形内角之和为 $2\cdot180°+1\cdot180°=3\cdot180°$. 仿此, 我们就能够依次地对 $n=4,5$ 等等继续进行证明此一般定理. 显然命题 A 对于任何 n 的正确性, 是由于它对于前一个 n 是正确的; 用这种方法, 便证明了命题 A 对于所有 n 普遍成立.

一般表述法

在上述实例中, 证明命题 A 的实质所在, 乃是依次地对于 $A_1,A_2,\cdots,A_n,\cdots$ 这些特殊情况来证明 A. 实现这一点的可能性取决于下列两个因素: ① 必须给出一个普遍的证明来表明: 只要命题 A_r 成立, 则命题 A_{r+1} 成立; ② 必须证明命题 A_1 成立. 这两个条件足以证明所有的 $A_1,A_2,A_3,\cdots$ 的正确性, 这就构成了数学归纳法原理. 下面, 我们把这一原理作为逻辑上的基本事实而承认其真实性.

数学归纳法原理可以用更一般的抽象形式来表述. '设 S 是由自然数组成的任何集合, 具有下述两种性质: ① 只要 S 包含数 r, 则 S 也包含数 $r+1$; ② S 包含数 1. 这时, 说 S 是所有自然数的集合就是对的.' 如果我们把所有使得命题 A 成立的自然数的集合取作 S, 便得到上述数学归纳法原理的那种提法.

应用数学归纳法时常常并不特别指明, 或者在用到这个原理时只是以记号 'etc' 来表示. 在初等数学中, 这种事特别常见. 但是, 在比较复杂的情况下, 指明应用这一原理则更为可取.

例 下面举出两个应用例子作为说明.

首先, 我们来证明前 n 个自然数平方之和的公式. 对于小的 n (譬如说 $n < 5$). 经过一些试探, 我们发现下列公式 (用 A_n 表示) 成立[1]:

$$1^2 + 2^2 + 3^2 + \cdots + n^2 = \frac{n(n+1)(2n+1)}{6}.$$

我们猜想, 这个公式对于所有的 n 都成立. 为了证明, 我们设 r 是使得 A_r 成立的任何一个数, 即

$$1^2 + 2^2 + 3^2 + \cdots + r^2 = \frac{r(r+1)(2r+1)}{6};$$

在两边加上 $(r+1)^2$, 我们得到

$$1^2 + 2^2 + \cdots + r^2 + (r+1)^2 = \frac{r(r+1)(2r+1)}{6} + (r+1)^2$$
$$= \frac{(r+1)(r+2)[2(r+1)+1]}{6}.$$

然而, 这正是用 $r+1$ 来代替 A_n 中的 n 所得到的命题 A_{r+1}. 因此, 由 A_r 成立便可推出 A_{r+1} 成立. 于是, 为了对于一般的 n 来完成 A_n 的证明, 我们只需证实 A_1 的正确性, 即

$$1^2 = \frac{1 \cdot 2 \cdot 3}{6}.$$

因为这显然是正确的. 所以公式 A_n 对于所有的自然数都成立.

读者可以用类似的步骤来证明

$$1^3 + 2^3 + 3^3 + \cdots + n^3 = \left[\frac{n(n+1)}{2}\right]^2.$$

作为对于数学归纳法原理的进一步说明, 我们来证明

二项式定理. 此定理的命题 A_n, 由下列公式来表示:

$$(a+b)^n = a^n + \frac{n}{1}a^{n-1}b + \frac{n(n-1)}{1 \cdot 2}a^{n-2}b^2$$
$$+ \frac{n(n-1)(n-2)}{1 \cdot 2 \cdot 3}a^{n-3}b^3$$
$$+ \cdots + \frac{n(n-1)(n-2)\cdots 2 \cdot 1}{1 \cdot 2 \cdot 3 \cdots (n-1) \cdot n}b^n.$$

[1] 顺便指出, 这一结果正是希腊数学家阿基米德 (Archimedes) 在他关于螺旋线的著作中用过的.

在习惯上我们把这个公式写为下列形式:

$$(a+b)^n = \binom{n}{0} a^n + \binom{n}{1} a^{n-1}b + \binom{n}{2} a^{n-2}b^2 + \cdots + \binom{n}{n} b^n,$$

这里, 二项式系数 $\binom{n}{k}$ 被定义为

$$\binom{n}{k} = \frac{n(n-1)(n-2)\cdots(n-k+1)}{k!} = \frac{n!}{k!(n-k)!},$$

$$k = 1, 2, \cdots, n-1$$

以及

$$\binom{n}{0} = \binom{n}{n} = 1.$$

(如果我们定义 $0! = 1$, $\binom{n}{k}$ 的一般公式也可应用于 $k = 0$ 和 $k = n$ 的情况.)

如果对于某一个 n 来说 A_n 成立, 那么两边乘以 $(a+b)$, 我们得到

$$(a+b)^{n+1} = (a+b) \left[\binom{n}{0} a^n + \binom{n}{1} a^{n-1}b + \cdots + \binom{n}{n} b^n \right]$$

$$= \binom{n}{0} a^{n+1} + \left[\binom{n}{0} + \binom{n}{1} \right] a^n b + \left[\binom{n}{1} + \binom{n}{2} \right] a^{n-1} b^2$$

$$+ \cdots + \left[\binom{n}{n-1} + \binom{n}{n} \right] ab^n + \binom{n}{n} b^{n+1}.$$

因为

$$\binom{n}{k} + \binom{n}{k+1} = \frac{n(n-1)\cdots(n-k+1)}{k!} + \frac{n(n-1)\cdots(n-k+1)(n-k)}{(k+1)!}$$

$$= \frac{n(n-1)(n-2)\cdots(n-k+1)}{k!} \left(1 + \frac{n-k}{k+1} \right)$$

$$= \frac{(n+1)n(n-1)\cdots(n-k+1)}{(k+1)!} = \binom{n+1}{k+1}.$$

又因为 $\dbinom{n}{0} = \dbinom{n+1}{0} = 1$ 和 $\dbinom{n}{n} = \dbinom{n+1}{n+1} = 1$, 所以我们有

$$(a+b)^{n+1} = \binom{n+1}{0} a^{n+1} + \binom{n+1}{1} a^n b + \binom{n+1}{2} a^{n-1}b^2$$

$$+ \cdots + \binom{n+1}{n} ab^n + \binom{n+1}{n+1} b^{n+1}.$$

这就是公式 A_{n+1}. 又因为当 $n = 1$ 时,

$$(a+b)^1 = \binom{1}{0} a + \binom{1}{1} b = a + b,$$

所以, 对于所有自然数 n 来说, 二项式定理成立.

1.6　序列的极限

　　整个数学分析归根到底所依据的基本概念, 乃是无穷序列 a_n 的极限概念. 数 a 常常用近似值的无穷序列 a_n 来描述, 也就是说, 数值 a 由 a_n 给出, 如果我们把下标取得足够大, 就可达到任何所希望的精确度. 当把数表示为无穷小数时, 我们已经遇到过这种表示法, 即把数表示为序列的极限; 这样, 实数就表现为具有 n 位数字的普通十进位小数的序列当 n 增大时的极限. 在 1.7 节中, 我们将给出关于极限概念的严格的一般论述; 在这里我们先通过一些重要的例子来说明极限的思想.

　　序列 $a_1, a_2, \cdots$ 由一串矩形来描绘是很方便的, 其中元素 a_n 对应于 xy 平面上四周边线为 $x = n-1, x = n, y = a_n, y = 0$ 而面积为 $|a_n|$ 的矩形[1], 或者与此等价地, 由连续变量 x 的、在点 $x = n$ 处具有间断性跳跃的、逐段常值的函数 $a(x)$ 的图形来表示.

a. $a_n = \dfrac{1}{n}$

　　我们考虑序列

$$1, \frac{1}{2}, \frac{1}{3}, \cdots, \frac{1}{n}, \cdots$$

(见图 1.41). 此序列中没有一个数为零; 但是, 当 n 无限增大时, a_n 趋向于零. 并且, 如果我们取任何一个中心在原点的区间 (无论多么小), 那么, 从某一个确定的下标开始, 以后所有的数 a_n 都将位于此区间之中. 这种情形可用一句话来表达:

---

[1] 我们当然也可以选取四周边线为 $x = n, x = n+1, y = a_n, y = 0$ 的矩形来表示 a_n.

当 n 增加时数 a_n 趋向于零, 或者说数 a_n 具有极限零, 或者说序列 $a_1, a_2, a_3, \cdots$ 收敛于零.

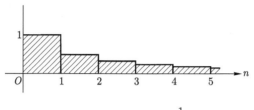

图 1.41 序列 $a_n = \dfrac{1}{n}$

如果把数表示为直线上的点, 那么上述情况就意味着: 当 n 增加时, 点 $\dfrac{1}{n}$ 越来越紧密地聚集于零点.

对于序列

$$1, -\frac{1}{2}, \frac{1}{3}, -\frac{1}{4}, \cdots, \frac{(-1)^{n-1}}{n}, \cdots$$

也有类似的情况 (见图 1.42). 这里, 当 n 增加时数 a_n 也趋向于零. 不同的只是数 a_n 有时大于极限零, 有时小于极限零, 于是我们说, 这个序列在极限附近振动.

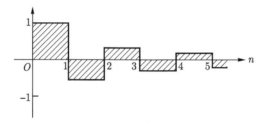

图 1.42 序列 $a_n = \dfrac{(-1)^{n-1}}{n}$

序列收敛于零, 通常以符号形式表示为方程

$$\lim_{n \to \infty} a_n = 0,$$

有时也简略地记为

$$a_n \to 0.$$

b. $a_{2m} = \dfrac{1}{m}$; $a_{2m-1} = \dfrac{1}{2m}$

在上面这些例子中, a_n 同极限之差的绝对值总是随 n 增加而越来越小. 但是, 情况并非一定如此, 正如序列

$$\frac{1}{2}, 1, \frac{1}{4}, \frac{1}{2}, \frac{1}{6}, \frac{1}{3}, \cdots, \frac{1}{2m}, \frac{1}{m}, \cdots$$

所表明的 (见图 1.43); 对于偶数值 $n = 2m$, 由 $a_n = a_{2m} = \dfrac{1}{m}$ 给出, 对于奇数值 $n = 2m - 1$, 由 $a_n = a_{2m-1} = \dfrac{1}{2m}$ 给出. 这个序列也具有极限零, 因为包括原点的每一个区间 (不论多么小), 都包含着从某一个 n 值以后的所有的数 a_n, 但是并非每一个数都比前一个数更靠近极限零.

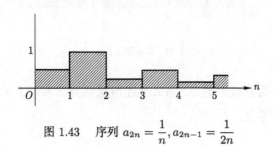

图 1.43   序列 $a_{2n} = \dfrac{1}{n}, a_{2n-1} = \dfrac{1}{2n}$

c. $a_n = \dfrac{n}{n+1}$

我们考虑序列

$$a_1 = \frac{1}{2}, a_2 = \frac{2}{3}, \cdots, a_n = \frac{n}{n+1}, \cdots.$$

将 a_n 写为 $a_n = 1 - \dfrac{1}{n+1}$, 我们就可看出, 当 n 增加时, a_n 趋向于数 1, 其意义如下: 如果我们划出包括点 1 的任何一个区间, 则从某一个 a_N 以后所有的数 a_n 都必须落在这个区间之中. 我们记为

$$\lim_{n \to \infty} a_n = 1.$$

序列

$$a_n = \frac{n^2 - 1}{n^2 + n + 1}$$

的情况类似. 当 n 增加时, 这个序列也趋向一个极限, 事实上, 极限是 1; $\lim\limits_{n \to \infty} a_n = 1$. 如果我们将 a_n 写为

$$a_n = 1 - \frac{n+2}{n^2 + n + 1} = 1 - r_n,$$

则不难看出这一点. 这里只需证明: 当 n 增加时, 数 r_n 趋向于零. 对于所有大于 2 的 n 值, 我们有 $n + 2 < 2n$, 而 $n^2 + n + 1 > n^2$. 因此, 对于余项 r_n, 我们有

$$0 < r_n < \frac{2n}{n^2} = \frac{2}{n} \quad (n > 2),$$

由这个不等式我们看出, 当 n 增加时 r_n 趋向于零. 上述讨论同时也给出了数 a_n (对于 $n > 2$) 同极限 1 之间相差的最大估值; 这个差不能超过 $\dfrac{2}{n}$.

这个例子还说明下述事实: 对于较大的 n 值, 分式 a_n 的分子和分母中含最高次幂的项起主导作用, 并且决定此极限.

d. $a_n = \sqrt[n]{p}$

设 p 为任何固定的正数. 我们考虑序列 $a_1, a_2, a_3, \cdots, a_n, \cdots$, 这里

$$a_n = \sqrt[n]{p}.$$

可以断言:

$$\lim_{n \to \infty} a_n = \lim_{n \to \infty} \sqrt[n]{p} = 1.$$

我们要用下述引理来证明这一点, 并将看到, 此引理还另有用处.

引理 如果 h 是一正数, 而 n 是一正整数, 则有

$$(1+h)^n \geqslant 1 + nh. \tag{1}$$

这个不等式是二项式定理 (见第 46 页) 的自然推论. 因为按照二项式定理有

$$(1+h)^n = 1 + nh + \frac{n(n+1)}{2}h^2 + \cdots + h^n,$$

并且我们注意到 $(1+h)^n$ 的展开式中的各项都是非负的. 同样的论证还可得到更强的不等式

$$(1+h)^n \geqslant 1 + nh + \frac{n(n+1)}{2}h^2.$$

现在回到前面要研究的序列. 我们分别考虑 $p > 1$ 和 $p < 1$ 两种情况 (如果 $p = 1$, 则对于每一个 n, $\sqrt[n]{p}$ 均等于 1, 因而我们的论断显然成立).

如果 $p > 1$, 则 $\sqrt[n]{p}$ 也大于 1, 我们设 $\sqrt[n]{p} = 1 + h_n$, 这里 h_n 是与 n 有关的正数. 由不等式 (1), 我们有

$$p = (1 + h_n)^n \geqslant 1 + nh_n,$$

这意味着

$$0 < h_n \leqslant \frac{p-1}{n}.$$

当 n 增加时, 数 h_n 必定趋向于零, 这就证明了 a_n 收敛于极限 1. 与此同时, 我们还得到了一个估计 a_n 与极限 1 接近到怎样程度的方法, 因为 a_n 同 1 之差 h_n 不大于 $\dfrac{p-1}{n}$.

如果 $p < 1$, 则 $\dfrac{1}{p} > 1$, 而 $\sqrt[n]{\dfrac{1}{p}}$ 收敛于极限 1. 然而

$$\sqrt[n]{p} = \frac{1}{\sqrt[n]{\dfrac{1}{p}}}.$$

$\sqrt[n]{p}$ 是一个趋向于 1 的量的倒数, 本身也就趋向于 1.

e. $a_n = \alpha^n$

我们考虑序列 $a_n = \alpha^n$, 这里 α 是固定数, n 遍及正整数序列.

首先, 设 α 是小于 1 的正数. 于是我们令 $\alpha = \dfrac{1}{1+h}$, 这里 h 是正数. 不等式 (1) 给出

$$a_n = \frac{1}{(1+h)^n} \leqslant \frac{1}{1+nh} < \frac{1}{nh}.$$

由于 h, 因而 $\dfrac{1}{h}$ 仅仅依赖于 α, 当 n 增加时并不变化, 所以我们可以得出, 当 n 增加时 α^n 趋向于零:

$$\lim_{n\to\infty} \alpha^n = 0 \quad (0 < \alpha < 1).$$

当 α 为零, 或 α 为负而大于 -1 时, 同样的关系式也成立. 这是十分明显的, 因为在这些情况下都有 $\lim\limits_{n\to\infty} |\alpha|^n = 0$.

如果 $\alpha = 1$, 那么 α^n 总是等于 1, 于是我们当然把数 1 认为是 α^n 的极限.

如果 $\alpha > 1$, 我们则令 $\alpha = 1 + h$, 这里 h 是正数. 由不等式 (1) 立即可以看出, 当 n 增加时, α^n 不趋向于任何确定的极限, 而是不断增大并超过任何界限. 于是我们说, 当 n 增加时 α^n 趋向于无穷大, 或者说, α^n 成为无穷大量; 用符号来表示, 即

$$\lim_{n\to\infty} \alpha^n = \infty \quad (\alpha > 1).$$

我们必须明确地指出, 符号 ∞ 并不表示一个数, 不能按照通常的法则对它进行运算. 我们断言一个量是无穷大或无穷大量, 其意义与讨论确定的量的论断绝不相同. 尽管如此, 这种表达方式和使用符号 ∞ 是极为方便的, 这一点我们在下文中将会经常看到.

如果 $\alpha = -1$, 则 α^n 之值不趋向于任何极限, 因为当 n 遍及正整数序列时, α^n 交替取值 $+1$ 和 -1. 类似地, 如果 $\alpha < -1$, α^n 之绝对值不断增大可以超过任何界限, 但是其符号交替地为正和为负.

f. α^n 和 $\sqrt[n]{p}$ 的极限之几何解释

如果我们来考察函数 $y = x^n$ 和 $y = x^{1/n} = \sqrt[n]{x}$ 的图形 (为了方便起见, 只限于 x 的非负值), 则上述两个极限分别由图 1.44 和图 1.45 来说明. 我们看到, 在从 0 到 1 的区间上, 当 n 增加时, 曲线 $y = x^n$ 越来越接近于 x 轴, 而在这个区间以外, 曲线越来越陡, 并且趋近于平行 y 轴的一条直线. 所有这些曲线都通过坐标为 $x = 1, y = 1$ 的点和原点.

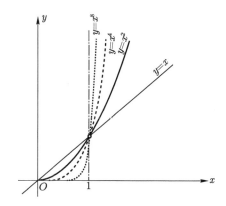

图 1.44　当 n 增加时 x^n 的图像

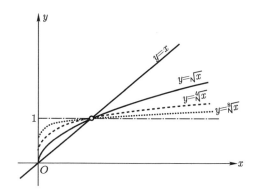

图 1.45　当 n 增加时 $x^{\frac{1}{n}}$ 的图像

至于函数 $y = x^{\frac{1}{n}} = +\sqrt[n]{x}$ 的图形, 当 n 增加时则越来越接近一条平行于 x 轴且在 x 轴上方距离为 1 的直线; 这些曲线也都是通过原点和点 $(1,1)$. 因此, 在极限的情况下, 这些曲线趋近于一条折线: 一部分是 y 轴上原点到 1 之间的一段; 另一部分是平行于 x 轴的直线 $y = 1$. 并且, 这两个图形显然有着密切的联系, 因为函数 $y = \sqrt[n]{x}$ 是 n 次幂 x^n 的反函数, 所以, 对于每一个 n, 若将 $y = x^n$ 的图形对直线 $y = x$ 作镜面映象, 则变为 $y = \sqrt[n]{x}$ 的图形.

g. 几何级数

初等数学中一个熟知的极限的例子, 乃是 (有穷) 几何级数

$$1 + q + q^2 + \cdots + q^{n-1} = S_n;$$

数 q 称为此级数的公比. 众所周知, 只要 $q \neq 1$, 此级数的和则可表示为下列形式:

$$S_n = \frac{1 - q^n}{1 - q};$$

将和 S_n 乘以 q 并从原方程减去这样得到的方程, 便可导出此表达式, 也可用除法来证明这个公式.

当 n 无限增加时, 级数之和 S_n 变成什么? 答案是: 如果 q 位于 -1 和 $+1$ 之间 (不包括端点值), 则和 S_n 的序列具有确定的极限 S, 并且

$$S = \lim_{n \to \infty} S_n = \frac{1}{1 - q}.$$

为了证明这个结论, 我们将和 S_n 写为 $(1 - q^n)/(1 - q) = 1/(1 - q) - q^n/(1 - q)$. 我们已经证明, 如果 $|q| < 1$, 则当 n 增加时, 量 q^n 趋向于零; 因此, 在这个假设之下, 当 n 增加时, $q^n/(1 - q)$ 也趋向于零, 而 S_n 趋向于极限 $1/(1 - q)$.

极限式 $\lim_{n \to \infty}(1 + q + q^2 + \cdots + q^{n-1}) = 1/(1 - q)$, 通常用这样一句话来叙述: 当 $|q| < 1$ 时, 无穷几何级数 (简称几何级数) 之和是表达式 $1/(1 - q)$.

有穷几何级数之和 S_n 也称为相应几何级数 $1 + q + q^2 + \cdots$ 的部分和. (我们应注意将数列 q^n 同几何级数的部分和区分开来.)

当 n 增加时, 几何级数的部分和 S_n 趋向于极限 $S = 1/(1 - q)$ 这一事实也可用一句话来表述: 无穷级数 $1 + q + q^2 + \cdots$, 当 $|q| < 1$ 时, 收敛于和 $S = 1/(1 - q)$.

顺便指出, 如果 q 是有理数, 例如 $q = \frac{1}{2}$ 或 $q = \frac{1}{3}$, 则几何级数之和具有有理数值 (在所指出的这两种情况下, 级数之和分别是 2 和 3/2). 这一点乃是下述熟知事实的依据: 循环小数总是表示有理数[1]. 这个事实的一般证明, 通过一个例子即可看出: 例如数

$$x = 0.343434 \cdots$$

可以这样来求值:

$$
\begin{aligned}
x &= \frac{34}{10^2} + \frac{34}{10^4} + \frac{34}{10^6} + \cdots \\
&= \frac{34}{10^2}\left(1 + \frac{1}{10^2} + \frac{1}{10^4} + \cdots\right) \\
&= \frac{34}{100} \times \frac{1}{1 - 1/100} = \frac{34}{99}.
\end{aligned}
$$

---

1) 见 Courant 和 Robbins. *What is Mathematics?* p. 66.

h. $a_n = \sqrt[n]{n}$

我们来证明序列

$$a_1 = 1, a_2 = \sqrt{2}, a_3 = \sqrt[3]{3}, \cdots, a_n = \sqrt[n]{n}, \cdots$$

当 n 增加时趋向于 1:

$$\lim_{n \to \infty} \sqrt[n]{n} = 1.$$

因为 a_n 大于 1, 所以我们设 $a_n = 1 + h_n$, 这里 h_n 为正数. 于是 (见第 52 页)

$$n = (a_n)^n = (1 + h_n)^n \geqslant 1 + nh_n + \frac{n(n-1)}{2}h_n^2$$

$$\geqslant \frac{n(n-1)}{2}h_n^2.$$

由此得到, 对于 $n > 1$,

$$h_n^2 \leqslant \frac{2}{n-1};$$

因此

$$h_n \leqslant \frac{\sqrt{2}}{\sqrt{n-1}}.$$

于是我们有

$$1 \leqslant a_n = 1 + h_n \leqslant 1 + \frac{\sqrt{2}}{\sqrt{n-1}}.$$

这个不等式的右端显然趋向于 1, 因此 a_n 也趋向于 1.

i. $a_n = \sqrt{n+1} - \sqrt{n}$

在这个例子中 a_n 是两项之差, 其中每一项都不断增加而超过一切界限. 如果试图分别对每一项取极限; 我们则得到无意义的符号表达式 $\infty - \infty$. 在这种场合, 极限是否存在, 以及极限值是什么, 完全取决于特定的情况. 在这个例子中, 我们断言:

$$\lim_{n \to \infty} (\sqrt{n+1} - \sqrt{n}) = 0.$$

为了证明, 我们只需将 a_n 的表达式改写为下列形式:

$$\sqrt{n+1} - \sqrt{n} = \frac{(\sqrt{n+1} - \sqrt{n})(\sqrt{n+1} + \sqrt{n})}{\sqrt{n+1} + \sqrt{n}}$$

$$= \frac{1}{\sqrt{n+1} + \sqrt{n}};$$

立即可以看出, 当 n 增加时它趋向于零.

j. $a_n = \dfrac{n}{\alpha^n}$, 其中 $\alpha > 1$

形式上, a_n 的极限是例 c 中已经遇到过的不定型 $\dfrac{\infty}{\infty}$. 现在我们来证明, 在这个例子中数列 $a_n = \dfrac{n}{\alpha^n}$ 趋向于极限零.

为此, 我们设 $\alpha = 1 + h$, 这里 $h > 0$, 并再次利用不等式

$$
\begin{aligned}
(1+h)^n &\geqslant 1 + nh + \frac{n(n-1)}{2}h^2 \\
&> \frac{n(n-1)}{2}h^2.
\end{aligned}
$$

于是, 对于 $n > 1$, 有

$$
a_n = \frac{n}{(1+h)^n} < \frac{2}{(n-1)h^2}.
$$

因为 a_n 是正数, 而这个不等式的右端趋向于零, 所以 a_n 也必须趋向于零.

1.7   再论极限概念

a. 收敛和发散的定义

从 1.6 节讨论的那些实例, 我们抽象出下述一般的极限概念:

假设对于给定的无穷点列 $a_1, a_2, a_3, \cdots$, 存在一个数 l, 使得每一个包含点 l 的开区间 (无论多么小), 都包含着除去最多为有限个点以外的所有的点 a_n. 这时, 数 l 称为序列 $a_1, a_2, \cdots$ 的极限, 或者我们说, 序列 $a_1, a_2, \cdots$ 是收敛的并且收敛于 l, 记作: $\lim\limits_{n \to \infty} a_n = l$.

下述的极限定义是与此等价的:

对于任何正数 ε (无论多么小), 我们都能找到足够大的整数 $N = N(\varepsilon)$, 使得从下标 N 以后 [也就是说, 对于 $n > N(\varepsilon)$], 总有 $|a_n - l| < \varepsilon$.

当然, 作为一般的规律, 容许界限 ε 之值越小, $N(\varepsilon)$ 必须选得越来越大; 换句话说, 当 ε 趋向于零时, $N(\varepsilon)$ 通常将要无限地增大. 关于极限的这种笼统而直观的概念, 使我们想象到 a_n 将变得越来越靠近于 l. 这一图像在这里可由下述严格的 "定性的" 定义所代替: l 的任何邻域都包含着除去最多为有限个点以外的所有的点 a_n[1].

---

[1] 读者将会发现它与函数 $f(x)$ 在点 x_0 连续的定义之相似之处. 那里足够小的量 $\delta(\varepsilon)$ 所起的作用, 就是这里足够大的数 $N(\varepsilon)$ 所起的作用. 事实上我们将在第 67 页上看到, 函数在一点的连续性能够通过序列的极限来表述.

显然, 序列 $a_1, a_2, \cdots$ 的极限 l 不能多于一个. 因为, 如果有两个不同的数 l 和 l', 是同一序列 $a_1, a_2, \cdots$ 的极限, 我们就能划出分别包含点 l 和 l' 而又不相重叠的两个开区间. 因为每一个区间都包含除有限个点之外所有的点 a_n, 所以序列不能是无限的. 因此, 收敛的序列的极限是唯一确定的.

另一个明显而又有用的推论是: 如果我们从收敛的序列中去掉任何一些项, 则所得序列与原序列收敛于同样的极限.

一个序列, 如果不收敛, 则称为发散的. 如果当 n 增加时, 数 a_n 增大而超过任何正数, 我们就说序列发散于 $+\infty$; 正如前面已经提到过的, 这时我们记为 $\lim\limits_{n\to\infty} a_n = \infty$. 类似地, 如果当 n 增加时, 数 $-a_n$ 在正值方向上增大而超过任何界限, 我们就记为 $\lim\limits_{n\to\infty} a_n = -\infty$. 但是, 发散性也可按另一种方式出现, 例如对于序列 $a_1 = -1, a_2 = +1, a_3 = -1, a_4 = +1, \cdots$, 其各项在两个不同的数值上来回摆动.

显然, 去掉有限多项, 既不会影响序列的发散性, 也不会影响其收敛性.

对序列 $a_1, a_2, \cdots$, 如果存在一个有限区间包含其所有点, 则称此序列为有界的. 任何有限区间都包含在某一个以原点为中心的有限区间之中. 因此, 序列是有界的这一要求, 指的就是存在着一个数 M, 使得对于一切 n, 都有 $|a_n| \leqslant M$.

收敛的序列 $a_1, a_2, \cdots$ 必定是有界的. 因为设 l 是此序列的极限并取 $\varepsilon = 1$, 我们由收敛性的定义可知, 从某一个 N 以后所有的 a_n 都位于以 l 为中心、长度为 2 的区间之中. 在此序列中可能位于此区间之外的那些项, 只有 $a_1, \cdots, a_{N-1}$. 然而, 这时我们可以找到一个更大的有限区间, 使得它还包含 $a_1, \cdots, a_{N-1}$.

b. 极限的有理运算

由极限的定义立即得知, 我们可以按照下述规则进行极限的加法、乘法、减法和除法等初等运算.

如果序列 $a_1, a_2, \cdots$ 的极限是 a, 序列 $b_1, b_2, \cdots$ 的极限是 b, 则序列 $c_n = a_n + b_n$ 的极限是 c, 并且

$$c = \lim_{n\to\infty} c_n = a + b.$$

序列 $c_n = a_n b_n$ 也是收敛的, 并且

$$\lim_{n\to\infty} c_n = ab.$$

类似地, 序列 $c_n = a_n - b_n$ 也是收敛的, 并且

$$\lim_{n\to\infty} c_n = a - b.$$

如果极限 b 不为零, 则序列 $c_n = \dfrac{a_n}{b_n}$ 也是收敛的, 并且具有极限

$$\lim_{n\to\infty} c_n = \frac{a}{b}.$$

总而言之, 我们可以将有理运算同求极限的过程交换次序; 无论是先求极限然后进行有理运算, 还是先进行有理运算然后求极限, 我们将得到同样的结果.

只要证明了这些法则之一, 所有这些法则的证明也就容易做到了. 我们来看极限的乘法. 如果关系式 $a_n \to a, b_n \to b$ 成立, 则对于任何正数 ε, 只要我们将 n 选得充分大, 比如说 $n > N(\varepsilon)$, 便可保证

$$|a - a_n| < \varepsilon \quad \text{和} \quad |b - b_n| < \varepsilon.$$

如果我们写出

$$ab - a_n b_n = b(a - a_n) + a_n(b - b_n),$$

并且考虑到存在与 n 无关的正数 M, 使得 $|a_n| < M$, 则得到

$$|ab - a_n b_n| \leqslant |b||a - a_n| + |a_n||b - b_n| < (|b| + M)\varepsilon.$$

因为如果我们把 ε 选得足够小, 就可使 $(|b| + M)\varepsilon$ 成为任意小量, 所以对于一切充分大的 n 值, ab 和 $a_n b_n$ 之差实际上将会成为任意小; 这正是下列等式所要求的论述:

$$ab = \lim_{n\to\infty} a_n b_n.$$

仿照这个例子, 读者可以证明其余有理运算的法则.

借助于这些法则, 许多极限都能很容易地算出. 例如, 我们有

$$\lim_{n\to\infty} \frac{n^2 - 1}{n^2 + n + 1} = \lim_{n\to\infty} \frac{1 - \dfrac{1}{n^2}}{1 + \dfrac{1}{n} + \dfrac{1}{n^2}} = 1,$$

因为在第二个表达式中, 我们可以直接对分子和分母取极限.

下述简单法则也是经常会用到的: 如果 $\lim a_n = a$, $\lim b_n = b$, 并且对于每一个 n 都有 $a_n > b_n$, 则 $a \geqslant b$. 然而, 我们绝不能指望 a 总是大于 b, 正如序列 $a_n = \dfrac{1}{n}, b_n = \dfrac{1}{2n}$ 所表明的, 对于这两个序列, 有 $a = b = 0$.

c. 内在的收敛判别法. 单调序列

在上述所有例子中, 我们所考虑的序列的极限都是已经知道的. 事实上, 为了应用序列极限的定义, 在我们能够证明序列收敛性之前就必须知道极限是什么. 如

果序列极限的概念仅能给出这样的认识, 即一些已知数能够用另一些已知数的某些序列来逼近, 那么我们从极限概念所得到的东西就太少了. 极限概念在数学分析中的优越性主要在于这一事实: 有些重要问题所具有的数值解, 往往不能用别的方法直接得知或表示, 但能用极限方式来描述. 整个高等数学分析就是由这一事实的一系列实例组成的, 这一点在以后几章中将会变得越来越清楚. 把无理数表示为有理数的极限这种做法, 便可当作第一个并且是典型的例子.

任何收敛的已知序列 $a_1, a_2, \cdots$ 都定义了一个数 l, 即此序列的极限. 然而, 由收敛性定义所引出的关于收敛性仅有的检验法, 在于估计差值 $|a_n - l|$, 而这种方法只是当 l 已知时才能应用. 因而重要的是要有一些收敛性的 "内在" 判别法, 它们不要求预先知道极限值, 而只涉及序列各项本身. 最简单的一种 "内在" 判别法适用于一类特殊的序列 —— 单调序列, 并且包含着大多数重要实例.

单调序列的极限

序列 $a_1, a_2, \cdots$, 如果每一项都大于或者至少不小于前一项, 即

$$a_n \geqslant a_{n-1},$$

则称为单调增加的. 类似地, 如果对于一切 n 有 $a_n \leqslant a_{n-1}$, 则序列称为单调减少的. 无论是单调增加序列还是单调减少序列, 都称为单调序列. 应用这个定义, 我们有下述基本原理.

一个序列, 如果既是单调的又是有界的, 则是收敛序列.

这个原理, 虽然从直观可以令人信服地提出来, 但直观并未能证明它; 它同实数的性质有着密切的关系, 而事实上同实数的连续性公理是等价的.

区间套公理 (见 1.1 节 b), 即每一个区间套序列都包含着一个点, 不难看作是单调有界序列收敛性的推论. 设 $[a_1, b_1], [a_2, b_2], \cdots$ 是一个区间套序列. 根据区间套序列的定义, 我们有

$$a_1 \leqslant a_2 \leqslant \cdots \leqslant a_n < b_n \leqslant b_{n-1} \leqslant \cdots \leqslant b_1.$$

显然, 无限序列 $a_1, a_2, \cdots$ 是单调增加的, 而且是有界的, 因为对于一切 n 有 $a_1 \leqslant a_n \leqslant b_1$. 因此, $l = \lim\limits_{n \to \infty} a_n$ 存在. 此外, 对于任何 m, 以及任何数 $n > m$, 我们有

$$a_m \leqslant a_n \leqslant b_m.$$

因而有

$$a_m \leqslant \lim_{n \to \infty} a_n = l \leqslant b_m.$$

因此, 区间套序列中的所有区间都包含着同一个点 l. (由区间套序列的另一性质 $\lim(b_n - a_n) = 0$ 可知, 这些区间没有另外的共同点.)

柯西收敛判别法

我们知道收敛的序列一定是有界的, 但未必是单调的 (见例 b). 因此, 在研究一般序列时, 最好有一种对于非单调序列也适用的收敛性判别法. 这一需要, 通过一个简单条件——柯西收敛判别准则而满足了 (这个准则是具有极限的实数列的内在特征; 最重要的是它不要求预先知道极限值): 序列 $a_1, a_2, \cdots$ 收敛的充分必要条件是, 序列中具有足够大的下标 n 的各个元素 a_n, 它们相互之间的差为任意小. 确切地说, 如果对于每一个 $\varepsilon > 0$, 存在自然数 $N = N(\varepsilon)$, 使得每当 $n > N$ 和 $m > N$ 时就有 $|a_n - a_m| < \varepsilon$, 则序列 a_n 是收敛的. 在几何上, 柯西条件表明, 如果存在可任意小的区间, 序列中只有有限个点处于此区间之外, 则序列收敛. 柯西收敛判别法的证明以及关于其重要性的讨论, 将在补篇中进行.

d. 无穷级数及求和符号

序列就是无穷多个数的有序排列 $a_1, a_2, \cdots$, 无穷级数

$$a_1 + a_2 + a_3 + \cdots$$

则要求把序列各项按其出现的次序加起来. 为了得到严格意义下的无穷级数之和, 我们考虑第 n 个部分和, 即级数前 n 项之和

$$s_n = a_1 + a_2 + \cdots + a_n.$$

对于不同的 n, 部分和 s_n 构成序列

$$s_1 = a_1, \quad s_2 = a_1 + a_2, \quad s_3 = a_1 + a_2 + a_3,$$

如此等等. 于是, 无穷级数之和 s 定义为

$$s = \lim_{n \to \infty} s_n,$$

如果这个极限存在, 我们称无穷级数为收敛的. 如果序列 s_n 发散, 则此无穷级数称为发散的. 例如, 由序列 $1, q, q^2, q^3, \cdots$ 得到无穷几何级数

$$1 + q + q^2 + q^3 + \cdots,$$

其部分和是

$$s_n = 1 + q + q^2 + \cdots + q^{n-1}.$$

当 $|q| < 1$ 时, 序列 s_n 收敛于极限

$$s = \frac{1}{1-q},$$

这个极限便表示无穷几何级数之和. 当 $|q| \geqslant 1$ 时, 部分和 s_n 没有极限, 因而级数发散 (见第 54 页).

对于 $a_1 + a_2 + \cdots + a_n$, 习惯上使用符号

$$\sum_{k=1}^{n} a_k$$

来代替. 此符号表示 a_k 之和, 其中 k 取遍由 $k = 1$ 到 $k = n$ 的正整数. 例如

$$\sum_{k=1}^{4} \frac{1}{k!} = \frac{1}{1!} + \frac{1}{2!} + \frac{1}{3!} + \frac{1}{4!},$$

$$\sum_{k=1}^{n} a^k b^{2k} = a^1 b^2 + a^2 b^4 + a^3 b^6 + \cdots + a^n b^{2n}.$$

更一般地, $\displaystyle\sum_{k=m}^{n} a_k$ 表示 k 取值 $m, m+1, m+2, \cdots, n$ 时所得到的一切 a_k 之和. 例如

$$\sum_{k=3}^{5} \frac{1}{k!} = \frac{1}{3!} + \frac{1}{4!} + \frac{1}{5!}.$$

在这些例子中, 我们都用字母 k 表示求和指标. 当然, 其和与表示指标的字母无关. 例如

$$s_n = \sum_{k=1}^{n} a_k = \sum_{i=1}^{n} a_i.$$

我们用符号

$$\sum_{k=1}^{\infty} a_k$$

表示整个无穷级数之和. 类似地, $\displaystyle\sum_{k=0}^{\infty} a_k$ 应表示无穷级数 $a_0 + a_1 + a_2 + \cdots$ 之和, 其第 n 个部分和为 $s_n = a_0 + a_1 + a_2 + \cdots + a_{n-1}$.

前面的许多结果都能用这种求和符号写得更为简洁. 第 46 页上前 n 个自然数平方和的公式变为

$$\sum_{k=1}^{n} k^2 = \frac{n(n+1)(2n+1)}{6}.$$

几何级数之和的公式为

$$\sum_{k=0}^{\infty} q^k = \frac{1}{1-q}, \quad \text{对于 } |q| < 1.$$

类似地, 二项式定理则表示为

$$(a+b)^n = \sum_{k=0}^{n} \binom{n}{k} a^{n-k} b^k.$$

因为一个无穷级数不过是序列 s_n 的极限, 所以其收敛性可根据序列的收敛性判别法来判断. 例如, 序列

$$\sum_{k=1}^{1} \frac{1}{k^k} = \frac{1}{1^1} + \frac{1}{2^2} + \frac{1}{3^3} + \cdots$$

的收敛性可由下述事实直接得到: 部分和

$$s_n = \sum_{k=1}^{n} \frac{1}{k^k} = \frac{1}{1^1} + \frac{1}{2^2} + \frac{1}{3^3} + \cdots + \frac{1}{n^n}$$

随 n 增大而单调递增, 并且是有界的, 因为

$$1 \leqslant s_n \leqslant 1 + \frac{1}{2^2} + \frac{1}{2^3} + \frac{1}{2^4} + \cdots + \frac{1}{2^n}$$
$$= 1 + \frac{1}{4} \frac{1 - 1/2^{n-1}}{1 - 1/2}$$
$$= 1 + \frac{1}{2} - \frac{1}{2^n} < \frac{3}{2}.$$

以后在第七章中, 我们将要更加系统地来研究无穷级数.

e. 数 e

作为序列的极限而产生的数的第一个例子, 我们考虑

$$e = 1 + \frac{1}{1!} + \frac{1}{2!} + \frac{1}{3!} + \cdots.$$

于是, e 表示 $\lim\limits_{n\to\infty} S_n$, 这里

$$S_n = 1 + \frac{1}{1!} + \frac{1}{2!} + \cdots + \frac{1}{n!}.^{1)}$$

---

1) 回忆到 0! 定义为 1 这个约定, 我们可将级数的第一项写为 1/0!, 以便同以后各项的形成规律相一致. 应注意: 在我们采用的表示法中, S_n 实际上是无穷级数的第 $(n+1)$ 个部分和, 而不是第 n 个. 然而, 这是无关紧要的.

数 e 和 π 是数学分析中应用最广泛的超越常数. 为了证明极限 e 存在, 我们只需证明序列 S_n 是有界的, 因为数 S_n 单调增加. 对于一切 n 值, 我们有

$$
\begin{aligned}
S_n &= 1 + 1 + \frac{1}{2} + \frac{1}{2\cdot 3} + \frac{1}{2\cdot 3\cdot 4} + \cdots + \frac{1}{2\cdot 3\cdot 4\cdots n} \\
&\leqslant 1 + 1 + \frac{1}{2} + \frac{1}{2^2} + \frac{1}{2^3} + \cdots + \frac{1}{2^{n-1}} \\
&= 1 + \frac{1 - 1/2^n}{1 - 1/2} < 3.
\end{aligned}
$$

因此, 数 S_n 具有上界 3, 又由于数 S_n 是单调增加序列, 所以具有极限, 我们用 e 来表示这个极限.

将 e 表示为级数, 使我们有可能迅速地计算 e 的值到很精确的程度. 以部分和 S_n 来逼近数 e 时所产生的误差, 可用同某一个几何级数相比较的方法来估计, 上面曾用这种方法给出 e 的上界 3. 对于任何 $n > m$, 我们有

$$
\begin{aligned}
S_n &= S_m + \frac{1}{(m+1)!} + \frac{1}{(m+2)!} + \cdots + \frac{1}{n!} \\
&\leqslant S_m + \frac{1}{(m+1)!}\left[1 + \frac{1}{m+2} + \frac{1}{(m+2)(m+3)} + \cdots\right] \\
&\leqslant S_m + \frac{1}{(m+1)!}\left[1 + \frac{1}{m+1} + \frac{1}{(m+1)^2} + \cdots\right] \\
&= S_m + \frac{1}{(m+1)!}\frac{1}{1 - \dfrac{1}{m+1}} = S_m + \frac{1}{m}\frac{1}{m!},
\end{aligned}
$$

因此, 当 $n > m$ 时

$$
S_m < S_n \leqslant S_m + \frac{1}{m}\frac{1}{m!}.
$$

令 n 无限增大, 而 m 保持不变, 我们得到

$$
S_m < e \leqslant S_m + \frac{1}{m}\frac{1}{m!}.
$$

因此, e 同 S_m 最多相差为 $\left(\dfrac{1}{m}\right)\left(\dfrac{1}{m!}\right)$. 因为 $m!$ 随 m 增大而极其迅速地增大, 所以对于适当小的 m, 数 S_m 已经是 e 的很好的近似值了; 例如, S_{10} 同 e 之差小于 10^{-7}. 用这种方法我们求出 $e = 2.718281\cdots$.

e 是无理数. 由 S_n 来估算 e 的上述方法, 也能用来证明这一事实. 实际上, 如果 e 是有理数, 我们就能将 e 写为 $\dfrac{p}{m}$ 的形式, 其中 p, m 都是正整数; 这里 $m \geqslant 2$,

因为 e 位于 2 和 3 之间, 不能是整数. 将 e 同部分和 S_m 相比较, 我们有

$$S_m < \frac{p}{m} \leqslant S_m + \frac{1}{m}\frac{1}{m!}.$$

如果将上式两端乘以 $m!$, 我们就得到

$$m!S_m < p(m-1)! \leqslant m!S_m + \frac{1}{m} < m!S_m + 1.$$

但是

$$m!S_m = m! + m! + \frac{m!}{2!} + \frac{m!}{3!} + \cdots + \frac{m!}{m!}$$

是整数, 因为右端和式中每一项都是整数. 于是, 如果 e 是有理数, 则整数 $p(m-1)!$ 将处于两个相继的整数之间, 而这是不可能的[1].

作为 $\left(1+\dfrac{1}{n}\right)^n$ 的极限的数 e. 前面曾用无穷级数之和定义的数 e, 也可以作为序列

$$T_n = \left(1 + \frac{1}{n}\right)^n$$

的极限而得到. 其证明是很简单的, 同时也是讨论极限运算的一个有启发性的例子. 根据二项式定理, 有

$$
\begin{aligned}
T_n &= \left(1 + \frac{1}{n}\right)^n \\
&= 1 + n\frac{1}{n} + \frac{n(n-1)}{2!}\frac{1}{n^2} + \cdots + \frac{n(n-1)(n-2)\cdots 1}{n!}\frac{1}{n^n} \\
&= 1 + 1 + \frac{1}{2!}\left(1 - \frac{1}{n}\right) + \cdots + \frac{1}{n!}\left(1 - \frac{1}{n}\right)\left(1 - \frac{2}{n}\right)\cdots\left(1 - \frac{n-1}{n}\right).
\end{aligned}
$$

由此, 我们立即看出: $T_n \leqslant S_n < 3$. 此外, 在 T_n 中, 如果用较大的因子 $1 - \dfrac{1}{n+1}, 1 - \dfrac{2}{n+1}, \cdots$ 来代替因子 $1 - \dfrac{1}{n}, 1 - \dfrac{2}{n}, \cdots$, 最后加上一个正项, 则可得到 T_{n+1}, 所以我们推断: T_n 又构成单调增加序列, 由此可知极限 $\lim\limits_{n \to \infty} T_n = T$ 存在. 为了证明 $T = e$, 我们注意到: 当 $m > n$ 时

$$T_m > 1 + 1 + \frac{1}{2!}\left(1 - \frac{1}{m}\right) + \cdots + \frac{1}{n!}\left(1 - \frac{1}{m}\right)\cdots\left(1 - \frac{n-1}{m}\right).$$

现在, 如果固定 n, 而令 m 无限增大, 于是我们在左端得到数 T, 在右端得到表达

---

1) 数 e 是无理数意味着, 不存在线性方程 $ax + b = 0$, 其中系数 a, b 是有理数, 而当 $a \neq 0$ 时以 e 作为解. 一个更强的命题已被证明 (由埃尔米特证明), 即不存在任何 n 次的多项式方程 $a_0x^n + a_1x^{n-1} + \cdots + a_{n-1}x + a_n = 0$, 其中系数 $a_0, a_1, \cdots, a_n (a_0 \neq 0)$ 为有理数, 而以 e 作为根. 数 e 与 "代数" 数 (例如 $\sqrt{2}$ 或 $\sqrt[3]{10}$) 不同, 我们称之为越数, 而代数数则为某些有理系数的多项式方程的根.

式 S_n, 结果 $T \geqslant S_n$. 因此, 对于每一个 $n, T \geqslant S_n \geqslant T_n$. 现在, 我们令 n 增大, 使得 T_n 趋向于 T; 由此双重不等式, 得到 $T = \lim\limits_{n \to \infty} S_n = e$. 这就是所要证明的命题.

以后 (2.6 节) 我们将从另一种观点再次导出数 e.

f. 作为极限的数 π

求极限的过程实质上可以追溯到古代 (阿基米德), 那就是确定数 π 的过程. 在几何上, π 表示单位圆的面积. 我们认为这个面积显然能用一个 (有理的或无理的) 数来表示, 记为 π. 可是, 如果我们想要以任何精确度计算出数 π, 这个定义对于我们来说并没有什么帮助. 这时, 我们必须借助于求极限的过程, 即把数 π 表示为已知并且不难算出的数列的极限, 除此以外别无他法. 阿基米德在其穷举法中已经用过此过程, 即通过正多边形当其边数不断增加时越来越紧密地贴合于圆这种方法来逼近圆. 如果我们设 f_m 表示圆的内接正 m 边形的面积, 那么内接正 $2m$ 边形的面积则由下列公式给出 [由初等几何或由表达式 $f_n = (n/2)\sin(2\pi/n)$ 即可证明 (见图 1.46)]:

$$f_{2m} = \frac{m}{2}\sqrt{2 - 2\sqrt{1 - (2f_m/m)^2}}.$$

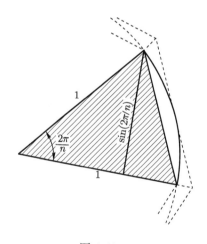

图 1.46

现在, 我们设 m 的取值范围不是一切正整数的序列, 而是由 2 的各次幂所组成的序列, 即 $m = 2^n$; 换句话说, 我们构成这样一系列正多边形, 它们的顶点是通过反复平分圆周而得到的. 由几何图形明显地看出, f_{2^n} 构成递增有界序列, 因而具有极限, 这个极限就是圆的面积:

$$\pi = \lim_{n \to \infty} f_{2^n}.$$

π 的这种极限表示法, 实际上可以作为数值计算的基础; 因为从数值 $f_4 = 2$ 出发, 我们能够依次算出趋向于 π 的序列中的各项. 而只要作出平行于内接 2^n 边形各边的圆的切线, 可得到用任何一项 f_{2^n} 来表示 π 时的精确度的估值. 这些切线构成同内接 2^n 边形相似的更大一些的外切多边形, 两多边形边长之比为 $1 : \cos\left(\dfrac{\pi}{2^n}\right)$. 因此, 外切多边形的面积 F_{2^n}, 可由下式给出的面积比求得:

$$\frac{f_{2^n}}{F_{2^n}} = \left(\cos\frac{\pi}{2^n}\right)^2.$$

因为外切多边形的面积大于圆的面积, 所以我们有

$$f_{2^n} < \pi < F_{2^n} = \frac{f_{2^n}}{\left(\cos\dfrac{\pi}{2^n}\right)^2} = \frac{2f_{2^n}}{1 + \sqrt{1 - (f_{2^n}/2^{n-1})^2}}.$$

例如, $f_8 = 2\sqrt{2}$, 于是我们得到估值

$$2\sqrt{2} < \pi < \frac{4\sqrt{2}}{1 + \dfrac{1}{2}\sqrt{2}}.$$

上述这些内容读者在不同程度上是熟悉的. 然而, 我们要指出的是, 借助穷举法用其面积不难算出的直边图形来计算各种面积, 奠定了积分概念的基础, 这将在第二章中来介绍. 为了实际计算 π 值, 可以采用一些更为有效的方法, 我们将在 6.2b 节中学习它.

1.8　单连续变量的函数的极限概念

至今, 我们所考虑的只是序列的极限, 即整变量 n 的函数的极限. 然而, 极限概念却经常用来研究定义在某个区间内所有 x 上的函数 $f(x)$.

如果对于函数 $f(x)$ 有定义的、与 ξ 足够近的一切 x[1], $f(x)$ 同 η 之差为任意小, 那么我们就说当 x 趋向于 ξ 时函数 $f(x)$ 之值趋向于极限 η, 或者用符号记为

$$\lim_{x \to \xi} f(x) = \eta.$$

极限 $\lim f(x)$ 的定义可以更清楚地表述如下.

每当指定任意的正数 ε 时, 我们总能画出一个小区间 $|x - \xi| < \delta$, 使得对于既属于 f 的定义域又属于这个小区间的任何 x, 不等式 $|f(x) - \eta| < \varepsilon$ 成立, 这时则有 $\lim\limits_{x \to \xi} f(x) = \eta$.

---

[1] 这里假设, 当任意接近于 ξ 时, 存在着使 f 有定义的一些点.

函数极限的概念同连续性的概念之间存在着密切的联系. 如果 ξ 属于 f 的定义域, 也就是说, 如果 $f(\xi)$ 有定义, 那么只要 $\lim\limits_{x \to \xi} f(x)$ 的确存在, 则其值必定为 $f(\xi)$. 实际上, $\eta = \lim\limits_{x \to \xi} f(x)$ 的定义特别意味着: 对于每一个正数 ε, 都有 $|f(\xi) - \eta| < \varepsilon$, 因此 $\eta = f(\xi)$. 现在, 把极限的定义同连续的定义加以比较, 我们便可看出关系式 $\lim\limits_{x \to \xi} f(x) = f(\xi)$ 正是表示函数 f 在点 ξ 的连续性. 因此, 对于 f 定义域中的 ξ, $\lim\limits_{x \to \xi} f(x)$ 的存在, 恰好说明 f 在点 ξ 是连续的. 更一般地说, 如果 $f(x)$ 在 ξ 处没有定义, 而 $\lim\limits_{x \to \xi} f(x)$ 存在并且具有值 η, 那么我们可以把这个 η 取为 f 在点 ξ 之值, 这样构成的函数 f 在 ξ 处将是连续的. (可去奇点. 见第 28 页)

函数的极限也可以完全借助于序列的极限来描述: 命题

$$\lim_{x \to \xi} f(x) = \eta$$

意味着对于每一个以 ξ 为极限的序列 x_n (当然, 这里假设 x_n 属于 f 的定义域), 都有

$$\lim_{n \to \infty} f(x_n) = \eta.$$

因为, 如果 $\lim\limits_{x \to \xi} f(x) = \eta$, 而 $\lim\limits_{n \to \infty} x_n = \xi$, 则对于充分接近于 ξ 的 x, $f(x)$ 可任意接近于 η; 但是, 只要 n 足够大, x_n 便充分接近于 ξ, 因此 $\lim\limits_{n \to \infty} f(x_n) = \eta$. 另一方面, 如果每当 $x_n \to \xi$ 时都有 $\lim\limits_{n \to \infty} f(x_n) = \eta$, 那么我们必定有 $\lim\limits_{x \to \xi} f(x) = \eta$. 否则, 存在正数 ε, 使得对于任意接近于 ξ 的某些 x 有 $|f(x) - \eta| \geqslant \varepsilon$; 于是也就存在收敛于 ξ 的序列 x_n, 使得 $|f(x_n) - \eta| \geqslant \varepsilon$, 而这时 $\lim\limits_{n \to \infty} f(x_n)$ 便不能是 η.

于是, 函数 $f(x)$ 在点 ξ 的连续性也就是意味着: 对于 f 的定义域中的每一个收敛于 ξ 的序列 x_n 有 $\lim\limits_{n \to \infty} f(x_n) = f(\xi)$. 更一般地说, 对于在一个区间上连续的函数 $f(x)$, 并且对于 f 的定义域中收敛于此区间内某一点的任何序列 x_n, 关系式

$$\lim_{n \to \infty} f(x_n) = f(\lim_{n \to \infty} x_n)$$

成立. 我们看到, 对于连续函数来说, 极限符号同函数符号可以改变次序或者说可以交换.

求函数之和、积以及商的极限时所用的法则, 与序列极限运算法则 (见第 57 页) 是一样的: 如果 $\lim\limits_{x \to \xi} f(x) = \eta$ 和 $\lim\limits_{x \to \xi} g(x) = \zeta$, 则存在

$$\lim_{x \to \xi} (f(x) + g(x)) = \eta + \zeta, \quad \lim_{x \to \xi} (f(x) g(x)) = \eta \zeta,$$

而当 $\zeta \neq 0$ 时, 还有

$$\lim_{x \to \xi} \frac{f(x)}{g(x)} = \frac{\eta}{\zeta}.$$

这些法则的证明, 与在序列的情况也是一样的. (如果把函数的极限写为序列的极限, 则这些法则还能从序列运算法则推出.) 因此, 当 ξ 属于 f 和 g 的定义域时, 在点 ξ 连续的两个函数 $f(x)$ 与 $g(x)$ 之和、积以及商, 仍然是连续的 (对于商, 这里必须仍假定 $g(\xi) \neq 0$).

ξ 不属于 f 的定义域的那些情况, 对于微分学来说, 具有特别重要的意义. 作为第一个例子, 我们考虑关系式

$$\lim_{x \to \xi} \frac{x^n - \xi^n}{x - \xi} = n\xi^{n-1},$$

其中 n 为正整数. 当然, 函数 $f(x) = \dfrac{x^n - \xi^n}{x - \xi}$ 仅当 $x \neq \xi$ 时才有定义. 但是, 当 $x \neq \xi$ 时, 代数恒等式

$$\frac{x^n - \xi^n}{x - \xi} = x^{n-1} + x^{n-2}\xi + x^{n-3}\xi^2 + \cdots + \xi^{n-1},$$

作为几何级数求和公式的结果, 是成立的. 为了求极限, 我们只需令 x 趋向于 ξ, 并且按照和与积的极限运算法则来计算右端的极限.

公式

$$\lim_{x \to 0} \frac{\sin x}{x} = 1$$

不如上述公式那么明显 (当然, 正如第 39 页所述, 这里角 x 是按 '弧度" 来度量的). 同样地, 仅当 $x \neq 0$ 时商 $\dfrac{\sin x}{x}$ 才有定义.

但是, 如果我们规定当 $x = 0$ 时 $\dfrac{\sin x}{x} = 1$, 则使得这个商成为在 $x = 0$ 处也连续的一个函数. 这里, 我们通过几何上的讨论来证明上述极限公式.

在图 1.47 中, 我们比较三角形 OAB, OAC 和单位圆中的扇形 OAB 的面积[1], 便可得知: 如果 $0 < x < \dfrac{\pi}{2}$, 则有

$$\frac{1}{2}\sin x < \frac{1}{2}x < \frac{1}{2}\tan x.$$

由此得到: 如果 $0 < |x| < \dfrac{\pi}{2}$, 则有

$$1 < \frac{x}{\sin x} < \frac{1}{\cos x}.$$

---

1) 当然, 我们也可把角 x 定义为扇形 OAB 面积的两倍.

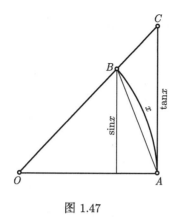

图 1.47

即商 $\dfrac{\sin x}{x}$ 处于 1 和 $\cos x$ 两数之间. 我们知道, 当 $x \to 0$ 时 $\cos x$ 趋向于 1, 因此, 如果 x 足够接近于 0, 则商 $\dfrac{\sin x}{x}$ 同 1 之差只能是任意小. 这正是所要证明的公式的含义.

由上面证明的这个结论, 还可以推得

$$\lim_{x \to 0} \frac{\tan x}{x} = \lim_{x \to 0} \frac{\sin x}{x} \lim_{x \to 0} \frac{1}{\cos x} = 1,$$

以及

$$\lim_{x \to 0} \frac{1 - \cos x}{x} = 0.$$

最后这个极限是由下列公式转换而来的: 当 $0 < |x| < \dfrac{\pi}{2}$ 时,

$$\frac{1 - \cos x}{x} = \frac{(1 - \cos x)(1 + \cos x)}{x(1 + \cos x)} = \frac{1 - \cos^2 x}{x(1 + \cos x)}$$
$$= \frac{\sin x}{x} \cdot \frac{1}{1 + \cos x} \sin x.$$

当 $x \to 0$ 时, 右端的第一个因子趋向于 1, 第二个因子趋向于 1/2, 第三个因子趋向于 0, 所以整个乘积趋向于 0.

用 x 除上述公式, 我们得到

$$\frac{1 - \cos x}{x^2} = \left(\frac{\sin x}{x} \right)^2 \frac{1}{1 + \cos x},$$

由此知

$$\lim_{x \to 0} \frac{1 - \cos x}{x^2} = \frac{1}{2}.$$

当 $x \to \infty$ 时的极限. 最后我们指出, 考察连续变量 x 无限增大时的极限过程, 同样也是可能的. 例如, 方程

$$\lim_{x\to\infty} \frac{x^2+1}{x^2-1} = \lim_{x\to\infty} \frac{1+\dfrac{1}{x^2}}{1-\dfrac{1}{x^2}} = 1$$

的意义是明显的. 它表示: 只要 x 充分大, 左端的函数同 1 之差为任意小. 求这一类和、积以及商的极限的法则, 同前述其他情形一样.

　　* 还有一个进一步的结果, 在计算极限时也常常会用到, 这就是求复合函数的极限法则. 复合函数 $f(g(z))$ 是定义在使得 $x = g(z)$ 位于 $f(x)$ 的定义域中的那些 z 值上的. 函数 $g(z)$ 可以是连续变量的函数, 也可以是整序变量的函数, 而 $f(x)$ 必须是连续变量的函数.

　　如果 $\lim\limits_{z\to\zeta} g(z) = \xi$, 这里 ξ 是在 f 的定义域的某一个开区间之中, 并且如果 $\lim\limits_{x\to\xi} f(x) = \eta$, 则 $\lim\limits_{z\to\zeta} f(g(z)) = \eta$. 作为一个推论, 我们得到, 连续函数的连续函数本身也是连续的 (正如第 43 页上已经证明的).

　　这个结果显然可由下述事实得到: 只要取充分接近于 ξ 的那些 x, 我们便可使得 $f(x)$ 任意接近于 η, 而为了使得 $x = g(z)$ 充分接近于 ξ, 我们只需取充分接近于 ζ 的那些 z. 当其中任何一个变量改为无限增大时, 上述结论稍加变动仍然适用.

a. 初等函数的一些注记

　　迄今, 我们总是不言而喻地假设初等函数是连续的. 而现在这一事实的证明是很简单的. 首先, 函数 $f(x) = x$ 是连续的; 所以, $x^2 = x \cdot x$ 作为两个连续函数之积也是连续的, 并且同样地, x 的任一个幂都是连续的. 于是, 每一个多项式作为连续函数之和, 都是连续的. 每一个有理函数, 作为连续函数之商, 在使得分母不为零的每一个区间上也同样是连续的.

　　函数 x^n 是连续的并且当 $x \geqslant 0$ 时是单调的. 因此, $\sqrt[n]{x}$ 作为 x^n 的反函数是连续的. 由此不难得出下述结论: 有理函数的 n 次根是连续函数 (除去分母为零之处).

　　利用已经建立的各种概念, 现在就能够证明三角函数的连续性了. 但是, 我们不在这里讨论, 因为在第二章中, 一切三角函数的连续性都可以看作这些函数可微性的推论而直接得到.

下面仅对指数函数 a^x、一般的幂函数 x^α 以及对数函数的定义和连续性, 作几点说明. 正如 1.3 节 (第 37 页) 所述, 我们假设 a 是正数, 譬如说大于 1, 而 $r = \dfrac{p}{q}$ 是正的有理数 (p 和 q 都是整数); 那么, $a^r = a^{\frac{p}{q}}$ 是这样一个正数, 它的 q 次方是 a^p. 如果 α 是任何无理数, 而 $r_1, r_2, \cdots, r_m, \cdots$ 是趋向于 α 的有理数序列, 则我们可以断言: $\lim\limits_{m \to \infty} a^{r_m}$ 存在. 这时我们称这个极限为 a^α.

为了用柯西判别法来证明这个极限存在, 我们只需证明, 如果 n 和 m 充分大, 则 $|a^{r_m} - a^{r_n}|$ 为任意小. 例如, 我们假设 $r_n > r_m$, 或者 $r_n - r_m = \delta$, 这里 $\delta > 0$. 于是

$$a^{r_n} - a^{r_m} = a^{r_m}(a^\delta - 1).$$

因为 r_m 收敛于 α, 所以 r_m 是有界的, a^{r_m} 也是有界的; 于是只需证明当 n 和 m 之值充分大时, 正数

$$|a^\delta - 1| = a^\delta - 1$$

可任意小. 然而, 只要 n 和 m 之值充分大, 则一定可以使得有理数 δ 为任意小. 因此, 如果 l 是任意大的正整数, 那么当 n 和 m 充分大时, 就有 $\delta < \dfrac{1}{l}$. 现在, 由关系式 $\delta < \dfrac{1}{l}$ 和 $a > 1$, 便得到[1]

$$1 < a^\delta < a^{\frac{1}{l}},$$

并且当 l 无限增大时 $a^{\frac{1}{l}}$ 趋向于 1, 由此立即得出上述所要求的论断.

还可以证明, 按这种方式把 x 扩充到无理数时的函数 a^x 也是处处连续的, 并且是单调的. 对于负的 x 值, 这个函数自然可由方程

$$a^x = \frac{1}{a^{-x}}$$

来定义. 当 x 取遍从 $-\infty$ 到 $+\infty$ 之值时, a^x 取从 0 到 $+\infty$ 之间所有的值. 因此, 它具有连续的、单调的反函数, 这个反函数称为以 a 为底的对数函数. 同样, 我们可以证明: 一般的幂函数 x^α 是 x 的连续函数, 这里 α 是任何固定的有理数或无理数, 而 x 则在区间 $0 < x < \infty$ 上变化, 并且如果 $\alpha \neq 0$, 则此函数是单调的.

这里对于指数函数、对数函数和幂函数 x^α 所做的 '初等的' 讨论, 以后 (第 128 页) 将被在原则上要简单得多的另一讨论所代替.

---

[1] 这一结论可由以下事实得到: 当 $a > 1$ 时, 如果 $\dfrac{m}{n}$ 是正的, 则幂 $a^{\frac{m}{n}}$ 大于 1. 由于 $a = (a^{\frac{1}{n}})^m$ 为 m 个皆大于 1 的因子的乘积, 因此它也大于 1.

补　篇

　　希腊数学的重大成就之一, 是将许多数学命题和定理按逻辑上连贯的方式化归为为数不多的非常简单的公设或公理, 即熟知的几何公理和算术法则, 它们支配着如整数、几何点这样一些基本对象之间的关系. 这些基本对象是作为客观现实的抽象或理想化而产生的. 各项公理, 或因从哲学观点看可认为是 "显然" 的, 或仅仅因其非常有说服力, 而不加证明地予以接受, 而已定型的数学结构便建立在这些公理的基础之上. 在后来许多世纪中, 公理化的欧几里得数学曾被认为是数学体系的典范, 甚至为其他学科所努力效仿. (例如, 像笛卡儿、斯宾诺莎等哲学家, 就曾试图把他们的学说用公理方式, 或者如他们所说, '更加几何化" 地提出来, 以便使之更有说服力.)

　　经过中世纪的停滞时期以后, 数学和自然科学一起, 在新出现的微积分的基础上开始了突飞猛进的发展, 这时公理化的方法才被人们遗弃了. 曾经极其广泛地开拓了数学领域的有创造才能的先驱们, 并不因为要使这些新发现受制于协调的逻辑分析而束缚住自己, 因此, 在 17 世纪, 逐渐广泛地采用直观证据来代替演绎的证明. 一些第一流的数学家在确实感到结论无误的情况下, 运用了一些新的概念, 有时甚至运用一些神秘的联想, 就像关于 '无穷小数" 或 '无穷地小的量" 等等. 由于对微积分新方法的威力的信念, 促使研究者走得很远. (如果束缚于严格的限制的框架上, 这是不可能的.) 不过也只有那些具备卓越才能的数学大师才有可能避免发生大错.

　　早期的那种不甚加鉴别但卓有成效的积极努力, 逐渐地遇到了对抗的思潮, 这种对抗在 19 世纪时达到高潮, 但是仍没有阻止先前已出现的富于建设性的数学分析的发展. 19 世纪的许多大数学家, 特别是柯西和魏尔斯特拉斯 (Weierstrass), 在致力于严格的重新评价方面, 都曾起过重大作用. 由于他们的努力, 不仅为数学分析奠定了新的坚实的基础, 而且使之更加清晰和简单, 并为进一步重大的发展提供了根据.

　　当时, 一个重要的目标是要用数的运算为基础来作严格推理, 以代替对于含混不清的 '直觉" 的盲目信赖; 因为朴素的几何思想留下了一个令人不满的含混的余地, 正如在以后各章中将会一再看到的那样. 例如, 连续曲线的一般概念, 就避开了几何上的直观. 正如前面定义所给出的, 表示连续函数的连续曲线不需要在每一点上都具有确定的方向; 我们甚至能构造一些连续函数, 它们的图形处处都没有方向, 或者说, 这些曲线的长度都不能确定.

　　但是, 我们绝不能忘记, 抽象的演绎推理只不过是数学的一个方面, 而数学分析的推动力量及其广大的视野, 则来自物理现实和直观的几何.

这些补充材料, 将为本章中已经直观地处理过的各种基本概念提供严格的依据 (某些地方有重复之处).

S1　极限和数的概念

我们首先来考察 1.1 节中那些思想, 较细致地分析一下实数概念及其同极限概念之间的联系. 并通过以自然数为基础的构造性程序来定义数的连续统. 然后, 我们来证明这种推广的数的概念满足算术运算法则以及其他要求, 从而使该数系成为度量的适用工具.

因为全面的阐述需要一本专门的著作[1], 所以我们仅仅指出一些主要的步骤. 通过学习这些有点乏味的材料, 读者将会感到惊异的是, 根据自然数, 人的智力便能够建立起最适宜于科学度量任务的、逻辑上一致的数的系统[2].

a. 有理数

由有理区间定义的极限. 我们首先承认有理数系统以及从自然数的基本性质推出的有理数所具有的通常性质. 于是, 有理数就按数值大小可以给出它的次序, 因而使得我们可将 '有理' 区间定义为位于两个给定的有理数之间的有理数集合 (包括端点的区间称为闭区间). 端点是 a, b 的区间的长度为 $|b - a|$. 如在 1a 节中所述看出, 有理数是稠密的, 而每一个有理区间包含着无穷多个有理数. 我们暂时假设所出现的一切量都是有理数.

在有理数的范围内, 我们来定义序列和极限. 给定有理数的无穷序列 $a_1, a_2, \cdots$ 以及有理数 r, 如果每一个将 r 包含在其内部的有理区间也包含着 "几乎所有的"a_n, 即包含着最多除去有限个数以外的所有的 a_n, 那么, 我们就说

$$\lim_{n \to \infty} a_n = r.$$

由此立即可知: 有理数序列的有理数极限不能多于一个, 而且对于具有有理数极限的有理数序列来说, 和、差、积、商的极限运算的一般法则是成立的.

这个定义的一个十分明显的推论是, 取极限过程使顺序保持不变: 如果 $\lim_{n \to \infty} a_n = a$, $\lim_{n \to \infty} b_n = b$, 并且对于每一个 n 有 $a_n \leqslant b_n$, 则 $a \leqslant b$. 注意, 即使严格地假定 $a_n < b_n$, 我们也只能说 $a \leqslant b$, 而不能排除极限相等的可能性$\left(\right.$例

---

1) 例如, 见 E. Landau. *Foundations of Analysis*. 2nd ed.. New York: Chelsea, 1960 (有中译本: 艾·兰道. 分析基础. 高等教育出版社, 1966).

2) 也可以纯粹按公理方式引入实数, 而将实数的一切基本性质看作为公理. 在本书将要采用的方法中, 原则上我们只承认关于自然数的公理 (包括数学归纳法原理). 这时, 有理数和实数都是在这个基础上被构造出来的. 因此, 关于实数的 "公理", 原则上只不过是有关自然数的一些需要证明的定理. 实际上, 我们已经从认定有理数作为已知元素出发了. 因为由自然数构造有理数, 以及推出有理数的基本性质, 根本不会发生困难.

如, 两个序列 $a_n = 1 - \dfrac{2}{n}$ 和 $b_n = 1 - \dfrac{1}{n} > a_n$ 都具有极限 $1\Big)$.

关于极限的命题, 可以借助于有理数的零序列来表述. 有理数的零序列是这样的有理数序列 $a_1, a_2, \cdots$, 它满足

$$\lim_{n \to \infty} a_n = 0.$$

我们说 a_n '当 n 无限增加时变为任意小", 这指的是: 对于任何正的有理数 ε (无论多么小), 不等式 $|a_n| < \varepsilon$ 对于几乎所有的 n 都成立. 显然, 序列 $a_n = \dfrac{1}{n}$ 是零序列.

因此, 有理数序列 a_n 具有有理极限 r, 其充分必要条件是 $r - a_n$ 为零序列.

b. 有理区间套序列定义实数

在第 4 页上我们直觉地得到: 有理点在实轴上是稠密的, 并且在任何两个实数之间总是存在着有理数. 这使我们想到有可能完全依据有理数的顺序关系来严格地定义实数; 现在我们就来介绍一种方法.

有理区间套序列 (见第 7 页), 乃是具有有理数端点 a_n, b_n 的闭区间序列 J_n, 而每一个区间都包含在前一个区间之中, 这些区间的长度构成零序列:

$$a_{n-1} \leqslant a_n \leqslant b_n \leqslant b_{n-1},$$

并且

$$\lim_{n \to \infty} (b_n - a_n) = 0.$$

因为区间套序列中的每一个区间 $J_n = [a_n, b_n]$ 都包含后面所有的区间, 所以位于任何区间 J_n 之外的有理数 r 也位于后面所有区间之外, 并且在同一侧. 因此, 有理区间套序列将一切有理数分割为三类[1]. 第一类是由位于 n 足够大时的那些 J_n 区间左侧, 或者对于几乎所有的 n 来说有 $r < a_n$ 的有理数 r 组成的. 第二类是由包含在所有区间 J_n 中的有理数 r 组成的. 这一类最多只含有一个数, 因为当 n 增加时区间 J_n 的长度趋近于零. 第三类是由对于几乎所有的 n 有 $r > b_n$ 的有理数 r 组成的. 显然, 第一类中的任何数都小于第二类中的任何数, 而第二类中的任何数都小于第三类中的任何数. 点 a_n 本身不是在第一类中就是在第二类中, 而点 b_n 不是在第二类中就是在第三类中.

如果第二类不是空的, 那么它就是由唯一的有理数 r 组成的. 在这种情况下, 第一类是由小于 r 的有理数组成的, 第三类是由大于 r 的有理数组成的. 于是我

---

[1] 即所谓 '戴德金分割".

们就说, 区间套序列 J_n 代表有理数 r. 例如, 区间套序列 $\left[r-\dfrac{1}{n}, r+\dfrac{1}{n}\right]$ 代表数 r.

如果第二类是空的, 那么区间套序列就不代表有理数; 这时这些区间套序列便用来代表无理数. 对于上述目的, 区间套序列中的特定的区间 $[a_n, b_n]$ 的选择并不重要; 本质只在于用此序列把有理数分割为三类这一点. 因为它告诉我们无理数在何处插入到有理数中去.

因此, 我们称两个有理区间套序列 $[a_n, b_n]$ 和 $[a'_n, b'_n]$ 是等价的, 如果它们将有理数分割为相同的三类. 作为练习, 请读者证明下述等价性的一个充分必要条件: $a'_n - a_n$ 为零序列, 或者对于一切 n 来说不等式

$$a_n \leqslant b'_n, \quad a'_n \leqslant b_n$$

成立.

我们以一个有理区间套序列 $[a_n, b_n]$ 来规定一个实数. 如果两个不同的区间套序列是等价的, 则由它们所确定的实数就认为是相等的. 因此, 由等价的有理区间套序列将有理数划分成的三类, 是代表着一个实数. 如果第二类是由一个有理数 r 组成的, 我们就把这种分类所表示的实数看作为与有理数 r 是同一的.

*c. 实数的顺序、极限和算术运算

定义了实数以后, 现在我们就能够来定义实数的顺序、和、差、积、极限等概念, 并且来证明实数具有通常的性质. 为了与任一种关于实数的定义相一致, 必须使得: ① 在实数为有理数的情况下, 具有通常的意义; ② 与用来代表实数的特定区间套序列的选择无关.

* 以实数为端点的区间

虽然至今为止, 总是假设区间套的端点是有理数, 即使在定义无理数时, 也是如此. 可是现在我们必须去掉这种限制, 并且证明我们能够像运算有理数一样地来运算实数. 在进行证明的过程中, 每一步我们都必须仔细, 要避免依靠那些从我们的基础——有理数出发而尚未通过逻辑推理而证明的事实.

我们用字母 $x, y, \cdots$ 来表示实数. 如果实数 x 是由有理区间套序列 $[a_n, b_n]$ 给出的, 则记为 $x \sim \{[a_n, b_n]\}$. 由前面的实数的定义, 我们可引出关于实数 $x \sim \{[a_n, b_n]\}$ 与有理数 r 之间的顺序的一个很自然的定义, 根据 r 属于该区间套序列形成的有理数分划中的第一类、第二类还是第三类, 我们分别说 $r < x, r = x, r > x$. 显然, 这个定义同确定 x 的特定的区间套序列 $\{[a_n, b_n]\}$ 无关, 并且当 x 为有理数时就是通常的意义. 与此等价地, 如果对于几乎所有的 $n, r < a_n$, 我们就说 $r < x$, 如果对于所有的 $n, a_n \leqslant r \leqslant b_n$, 就说 $r = x$, 如果对于几乎所有的 n, $r > b_n$, 就说 $r > x$.

通过实数同有理数的比较, 我们就能够在实数间彼此进行比较. 设 $x \sim \{[a_n, b_n]\}$, $y \sim \{[\alpha_n, \beta_n]\}$. 如果存在有理数 r, 使得 $x < r < y$, 我们就说 $x < y$. 显然, 这个定义同代表 x 和 y 的特定的区间套序列是无关的, 因为与有理数 r 进行比较, 同特定的区间套序列是无关的. 因此, 如果存在有理数 r, 使得对于几乎所有的 n, 有 $b_n < r < \alpha_n$, 或者简单地说, 如果对于几乎所有的 n, 有 $b_n < \alpha_n$, 我们就说 $x < y$. 关系式 $x < y$ 排除了 $y < x$ 或 $x = y$ 的可能性. 显然, 如果 $x < y$, 而 $y < z$, 则意味着 $x < z$.

对于任何两个实数 x 和 y, 关系式 $x < y, x = y, y < x$ 之一必须成立. 因为如果 $x \neq y$, 而且其中一个数, 譬如说 y, 是有理数, 则 y 必定属于由 x 所代表的分划的第一类或第三类, 也就是说, 不是 $y < x$ 就是 $x < y$. 如果 x 和 y 都不是有理数, 则相应的这两个分划的第二类都是空的, 而且必定存在一个有理数 r, 对于其中的一个数来说, 它属于第一类, 对于另一个数来说, 它属于第三类. 因此, 不是 $x < y$, 就是 $y < x$.

稠密性. 上述这些定义的一个直接推论, 乃是有理数的稠密性. 其意义为: 在任何两个实数 x, y 之间总是存在着一个有理数 r. 我们还看出, 如果实数 x 是由有理区间套序列 $[a_n, b_n]$ 所代表的, 则对于所有的 n, 有 $a_n \leqslant x \leqslant b_n$. 因为, 如果对于某一个 m 来说, $x < a_m$, 则对于几乎所有的 n 来说, $b_n < a_m$, 这与对于所有的 n 都成立的不等式 $a_m < b_n$ 相矛盾. 因此, 每一个实数都能被限制在长度可任意小的有理区间 $[a_n, b_n]$ 之中.

当确定了实数的顺序以后, 我们就能讨论具有实数端点的区间. 有理数的稠密性, 保证每一个具有实端点的区间都包含有理数.

极限. 实数 x 称为实数序列 $x_1, x_2, \cdots$ 的极限, 如果每一个包含着 x 的具有实数端点的开区间, 对于几乎所有的 n, x_n 属于该区间. 这个定义与从前用有理区间给出的定义在下述意义下是一致的: 有理序列的有理数极限乃是同一数列在更一般的实数极限意义下的极限. 作为极限定义的一个推论, 我们看出, 对于由有理区间套序列 $[a_n, b_n]$ 代表的实数 x, 有

$$x = \lim_{n \to \infty} a_n = \lim_{n \to \infty} b_n.$$

算术运算. 下面我们来对实数 $x \sim \{[a_n, b_n]\}$ 和 $y \sim \{[\alpha_n, \beta_n]\}$ 定义算术运算. 最容易做到的是定义加法和减法运算, 我们定义

$$x + y \sim \{[a_n + \alpha_n, b_n + \beta_n]\},$$

$$x - y \sim \{[a_n - \beta_n, b_n - \alpha_n]\}.$$

要证明这些定义有意义是一道简单的练习题, 其细节留给读者 (见第 98 页问题 3).

例如, 对于 $x - y$, 只需证明 $[a_n - \beta_n, b_n - \alpha_n]$ 构成的区间套序列其长度趋向于零, 因此, 它们代表一个实数 z. 直接通过 x 和 y 来刻画有理数被 z 所代表的分割的三类, 便可证明 z 对于 x 和 y 的特定序列表示无关这一事实; 例如, 第一类是由有理数 $r < z$ 组成的, 或者说, 对于某些 n, r 总会被 $a_n - \beta_n$ 所超过; 这些 r 不难看作形式为 $s - t$ 的有理数, 这里 s 和 t 是分别满足不等式 $s < x, t > y$ 的有理数.

两个实数 x, y 之积, 当 $y > 0$ 时, 定义为

$$x \cdot y \sim \{[a_n \alpha_n, b_n \beta_n]\},$$

这里我们已经假设: 所有的 $\alpha_n > 0$; 在 $y < 0$ 和 $y = 0$ 的情况下, 怎样的区间套序列适用于 $x \cdot y$ 是很明白的. 当 y 是正有理数时, 积 $x \cdot y$ 也可表示为下列形式:

$$x \cdot y \sim \{[a_n y, b_n y]\}.$$

对于自然数 $y = m$, 积 $x \cdot y = mx$ 也能通过 x 的反复相加而得到, 即 $mx = x + (m-1)x = x + x + \cdots + x$.

实数的算术运算服从通常的法则. 特别是, 关系式 $x < y$ 等价于 $0 < y - x$. 我们还能引入实数的绝对值, 并且能够证明三角不等式 $|x + y| \leqslant |x| + |y|$ 成立. 于是, 上面通过顺序关系定义的实数序列的极限概念, 可以用一种与之等价的方式来表述: 如果对于每一个正实数 ε, 关系式 $|x - x_n| < \varepsilon$ 对于几乎所有的 n 都成立, 则 $x = \lim_{n \to \infty} x_n$.

现在我们来证明所谓的阿基米德公理.

阿基米德公理 如果 x 和 y 都是实数, 而且 x 为正, 则存在一个自然数 m, 使得 $mx > y$.

实质上, 这意味着: 一个实数同另一个实数相比, 既不能是 "无穷地小", 也不能是 "无穷地大" (除非其中之一为零). 为了证明阿基米德公理 (在我们的论述中, 它实际上是一个定理), 我们注意到, 对于有理数来说, 它乃是整数的普遍性质的推论. 现在, 如果 $x \sim \{[a_n, b_n]\}$ 和 $y \sim \{[\alpha_n, \beta_n]\}$ 是实数, 而且 x 为正, 则对于几乎所有的 n, 有 $a_n > 0$. 因为 a_n 和 b_n 都是有理数, 所以我们能够找到一个如此大的 m, 使得 $m a_n > \beta_n$, 因此 $mx > \beta_n \geqslant y$.

d. 实数连续统的完备性. 闭区间的紧致性. 收敛判别法则

实数使得有理数的极限运算成为可能的了, 但是如果实数也来进行相应的极限运算时, 还需要再引入一种 "非实数" 以填补到实数之间, 并且如此下去没完没了的话, 实数的价值就不大了. 幸好, 实数的定义是如此完备, 以致若不放弃实数系的基本性质之一, 就不可能将它进一步扩充. (例如为引进复数就必须放弃 "顺序".)

连续性原理

实数连续统的这种完备性是通过下述基本的连续性原理来表示的 (参见第 5 页): 每一个具有实数端点的区间套序列都包含着一个实数. 为了证明这一点, 我们来考虑这样一些闭区间 $[x_n, y_n]$, 每一个区间都包含在前一个区间之中, 而它们的长度 $y_n - x_n$ 构成零序列. 我们可以断言, 存在一个实数 x, 它包含在所有的 $[x_n, y_n]$ 之中: 因而, 序列 x_n 和 y_n 都以 x 为极限. 为此, 我们用包含 $[x_n, y_n]$ 的有理区间套序列 $[a_n, b_n]$, 来代替区间套序列 $[x_n, y_n]$. 于是, 这个有理区间套序列将确定一个所需的实数 x. 对于每一个 n, 设 a_n 是小于 x_n 的形式为 $\frac{p}{2^n}$ 的最大有理数, 而 b_n 是大于 y_n 的形式为 $\frac{q}{2^n}$ 的最小有理数, 这里 p 和 q 都是整数. 显然, 这些区间 $[a_n, b_n]$ 构成代表实数 x 的区间套序列. 如果 x 位于某一个区间 $[x_m, y_m]$ 之外, 譬如说 $x < x_m$, 那么就会存在一个有理数 r, 使得 $x < r < x_m$, 于是, 对于所有充分大的 n, 我们有

$$y_n \leqslant b_n < r < x_m \leqslant x_n,$$

而这是不可能的. 因此, 所有的区间 $[x_m, y_m]$ 都包含着点 x.

魏尔斯特拉斯原理——紧致性

上述连续性原理的其他几种形式也是很重要的. 第一种形式是关于有界序列存在极限点或凝聚点的魏尔斯特拉斯原理. 我们说点 x 是序列 $x_1, x_2, \cdots$ 的极限点, 如果每一个包含 x 的开区间, 就有无穷多个 n, 使得 x_n 属于该区间. 请注意这个定义同极限定义之间的差别, 在极限的定义中, 是对于几乎所有的 n, 即对于最多除去有限个数以外的所有的 n, 或者对于所有充分大的 n 来说, x_n 都必须位于开区间之中. 如果序列有极限, 则此极限也是序列的极限点, 事实上是唯一的极限点. 也可能不存在极限点 (例如序列 $1, 2, 3, 4, \cdots$), 也可能存在唯一的极限点 (例如收敛的序列), 也可能存在几个极限点 (例如, 序列 $1, -1, 1, -1, \cdots$ 有两个极限点 $+1$ 和 -1). 魏尔斯特拉斯原理断定: 每一个有界序列至少具有一个极限点.

为了证明这一原理, 我们注意到: 由于序列 $x_1, x_2, \cdots$ 是有界的, 所以存在一个包含着所有 x_n 的区间 $[y_1, z_1]$. 从 $[y_1, z_1]$ 开始, 我们对 n 用归纳法来构造区间套序列 $[y_n, z_n]$, 使得每一个区间都包含着无穷多个点 x_m. 如果 $[y_n, z_n]$ 包含着无穷多个 x_m, 那么我们就用区间的中点把 $[y_n, z_n]$ 分为两个相等的部分. 如此所得到的两个闭区间, 至少有一个必定包含着无穷多个 x_m, 取定它并记作 $[y_{n+1}, z_{n+1}]$. 显然, $[y_n, z_n]$ 构成代表实数 x 的区间套序列, 每一个包含 x 的开区间, 对于充分大的 n 来说, 将包含着区间 $[y_n, z_n]$, 因而必定包含着无穷多个 x_m.

极限点也可用无穷序列 $x_1, x_2, \cdots$ 的子序列的极限来定义. 子序列是从给定序列中抽出来的任一无穷序列, 也就是形式为 $x_{n_1}, x_{n_2}, \cdots$ 的序列, 这里 $x_{n_1} <$

$x_{n_2} < x_{n_3} < \cdots$. 显然, 一个点 x 是序列 $x_1, x_2, \cdots$ 的极限点, 如果它是某个子序列的极限. 反之, 对于任何极限点 x, 我们能够用归纳法来构造收敛于 x 的子序列 $x_{n_1}, x_{n_2}, \cdots$. 如果 $x_{n_1}, x_{n_2}, \cdots, x_{n_{k-1}}$ 已经确定, 那么我们就在 $n > n_{k-1}$ 和 $|x_n - x| < 2^{-k}$ 的无穷多个整数 n 中, 取一个作为 n_k.

这样, 我们可将魏尔斯特拉斯原理用如下形式给出:

定理 每一个有界无穷实数序列, 都具有收敛的子序列.

一个集合称为紧致的, 如果由它的元素构成的每一个序列都包含着收敛于该集合中一个元素的子序列. 现在再重新来叙述上面的定理, 我们可说, 实数集的闭区间是紧致集.

单调序列

上述定理的一个特殊推论是: 每一个单调有界序列都是收敛的. 事实上, 设序列 $x_1, x_2, \cdots$ 是单调的, 譬如说, 是单调增加的. 如果这个序列又是有界的, 那么它就具有极限点 x. 因为序列中相继的各项都是递增的, 所以在这个序列中必定存在着一些点 x_n, 它们可任意接近 x 但都不超过 x; 如果 $x_n > x$, 则对于 $m > n$, 便有 $x_m \geqslant x_n > x$. 由此可知, 每一个包含 x 的区间都包含着几乎所有的 x_n, 或者说, x 是该序列的极限.

柯西收敛判别法

序列是单调有界的这一条件, 对于收敛性来说, 是充分条件这个命题的重要意义在于: 它常使我们能够证明序列极限的存在而不必预先知道极限的值; 并且, 在具体应用时, 序列的单调性和有界性通常是容易检验的. 但是, 并非每一个收敛序列都必定是单调的 (虽然它必须是有界的), 因而更重要的是要有一个较为通用的收敛性判别法则. 这就是柯西的内在收敛判别法, 它是一个序列极限存在的充分必要条件:

序列 $x_1, x_2, x_3, \cdots$ 是收敛的, 当且仅当对于每一个正数 ε, 存在一个 N, 使得对于所有大于 N 的 n 和 m, $|x_n - x_m| < \varepsilon$ 成立.

换言之, 一个序列是收敛的, 如果这个序列中下标足够大的任何两项彼此之差都小于 ε.

我们来证明这个条件对于收敛性来说是必要的. 如果 $x = \lim\limits_{n \to \infty} x_n$, 那么对足够大的 n, 每一个 x_n 同 x 之差都小于 $\dfrac{\varepsilon}{2}$, 因此, 根据三角不等式, 每两个这样的值 x_n 和 x_m 彼此之差都小于 ε. 反之, 我们考虑这样一个序列, 对于任何 $\varepsilon > 0$ 和对于所有充分大的 n 和 m, 有 $|x_n - x_m| < \varepsilon$. 这时, 存在一个数值 N, 使得几乎所有的 x_n 都能够被包括在一个长度为 2 的区间之中. 这样, 我们也就能够作出一个适当大的区间, 使得它还包含可能位于以 x_N 为中心长度为 2 的区间之外的有限个数 x_n. 于是序列是有界的. 因此具有极限点 x. 进一步, 对包含 x 的每一个开区

间, 它也包含着具有充分大下标 m 的那些点 x_m. 这是因为对于充分大的 n 来说, x_n 彼此之差为任意小. 这就得知, 包含 x 的开区间必定包含几乎所有的 x_n, 于是 x 为序列的极限.

e. 最小上界和最大下界

有界的实数集合存在着 "一切可能中的最好的" 上界和下界, 这一点是极为重要的. 实数 x 的集合 S 是有界的, 如果 S 中所有的数都能被包括在同一个有限区间之中. 这时, 存在 S 的上界, 即这样的一些数 B, 使得 S 中的任何数 x 都不超过 B:

$$x \leqslant B \quad 对于 S 中所有的 x.$$

类似地, 存在 S 的下界 A:

$$A \leqslant x \quad 对于 S 中所有的 x.$$

例如, 对于自然数倒数的集合 $1, 1/2, 1/3, 1/4, \cdots$ 来说, 任何数 $B \geqslant 1$ 都是上界, 任何数 $A \leqslant 0$ 都是下界; 这里, 数 1——集合中的一个元素——是最小的上界, 而数 0——虽然不是集合中的元素, 但它是集合元素的极限点——是最大的下界. 实数集合的最小上界通常称为它的上确界, 而最大的下界则称为其下确界. 一般说来, 集合的上确界和下确界, 如果不是集合中的元素, 至少也是集合中元素序列的极限点. 因为, 如果 S 的最小上界 b 不属于 S, 则在 S 中必定存在任意接近于 b 的一些元素, 否则我们就能找到比 b 小的 S 的上界; 因此, 我们能够从 S 中依次地选出越来越接近 b 并且收敛于 b 的数列 $x_1, x_2, \cdots$.

从单调有界序列是收敛的这一事实, 立即可以推知有界集合 S 存在最小的上界. 对于任一 n, 我们定义 B_n 是分母为 2^n 的 S 的最小的有理数上界. 显然, 对于 S 中的任何 x 以及任何 n, 有

$$x \leqslant B_{n+1} \leqslant B_n \leqslant B_1.$$

因此, B_n 构成单调减少的有界序列, 它必定具有极限 b. 不难看出, b 是 S 的上界, 并且不存在更小的上界. 最大下界的存在, 可以用同样的方法来证明.

f. 有理数的可数性

关于有理数的一个惊人的发现是在 19 世纪后期得到的, 这一发现促使 G. 康托尔 (Cantor) 在 1872 年以后创造出集合论. 虽然有理数是稠密的, 并且不能按大小来排列, 但是它们仍然可以排成一个无穷序列 $r_1, r_2, \cdots, r_n, \cdots$, 其中每一个有理数都出现一次. 因此, 有理数可以一一列举, 或者说, 可以这样数出来: 第一个, 第二个, $\cdots$, 第 n 个, $\cdots$ 有理数, 当然, 序列中各数的顺序并不是按照它们大小来

排列的. 这个对于任何区间上的有理数都同样成立的结论, 可以用一句话来表达: 有理数是可数的, 或者说, 有理数构成可数集合.

为了证明这个结果, 我们仅对正有理数给出一个排成序列的方案. 每一个正有理数都能写成 $\frac{p}{q}$ 的形式, 其中 p 和 q 是自然数. 对于每一个正整数 k, 正好存在着 $k-1$ 个分数 $\frac{p}{q}$, 其中 $p+q=k$. 将这些分数按 p 增加的顺序排列起来. 对于 $k=2,3,4,\cdots$ 依次写出不同的数组, 我们便得到 (见图 S.1) 一个包含着所有正有理数的序列. 去掉分子和分母具有大于 1 的公因子的那些分数 (该分数和前面某一个分数表示同一有理数), 我们便得到序列

$$\frac{1}{1},\frac{1}{2},\frac{2}{1},\frac{1}{3},\frac{3}{1},\frac{1}{4},\frac{2}{3},\frac{3}{2},\frac{4}{1},\frac{1}{5},\frac{5}{1},\frac{1}{6},\frac{2}{5},\cdots,$$

其中每一个正有理数正好出现一次. 我们不难构造出包含所有的有理数或某一特定区间上的所有有理数的类似的序列.

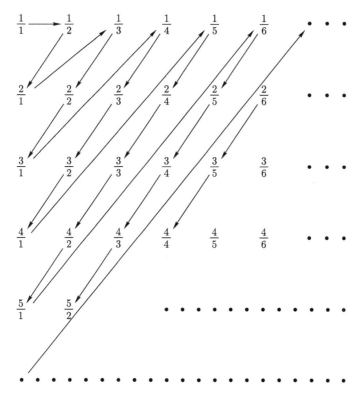

图 S.1　正有理数的可数性

这一结果, 只有补充下面另一基本事实后才能有相当深入的理解, 即一切实

数的集合是不可数的[1]. 这一点说明, 实数集合比有理数集合包含着 "多得多的" 元素, 虽然这两个集合都是无限的. 因此, 可数性实际上是集合的一种限制性很强的性质.

集合论在数学中起着一种重要的澄清作用, 虽然对它无限制的普遍应用导致了一些自相矛盾的结果, 并且引起了争论. 然而, 这种悖论并没有影响富有建设性的数学的实质, 而且在实数的集合论中是不存在的.

S2　关于连续函数的定理

连续函数的一些重要性质, 是建立在实数完备性的基础之上的. 我们回忆连续性的定义: 函数 $f(x)$ 在点 ξ 是连续的, 如果对于任何给定的正数 ε, 不等式 $|f(x) - f(\xi)| < \varepsilon$ 对于充分接近 ξ 的一切 x 都成立, 或者说对于与 ξ 相差小于适当的量 δ 的一切 x 都成立, δ 一般与 ε 和 ξ 的选择有关. 当然, 在这个定义中我们仅考虑使得 f 有定义的那些 x 和 ξ 之值.

连续性的定义可以借助于序列的收敛性更简洁地表达如下: $f(x)$ 在点 ξ 是连续的, 如果对于每一个具有极限 ξ 的序列 $x_1, x_2, \cdots$ 有 $\lim_{n \to \infty} f(x_n) = f(\xi)$ (这里 x_n 和 ξ 之值仍在 f 的定义域中). 这两个定义的等价性在 1.8 节中已经证明过 (第 66 页).

如果 $f(x)$ 在一个区间的每一点上都是连续的, 则称 f 在这个区间上是连续的. 如果对于给定的 $\varepsilon > 0$, 只要 x 和 ξ 充分接近而不管它们在区间中的位置如何, 我们都有 $|f(x) - f(\xi)| < \varepsilon$, 则称 f 是一致连续的; 因此, 如果在连续性定义中出现的量 δ 能够选择与 ξ 无关, 即对于每一个 $\varepsilon > 0$, 存在 $\delta = \delta(\varepsilon) > 0$, 使得当 $|x - \xi| < \delta$ 时有 $|f(x) - f(\xi)| < \varepsilon$, 则 f 是一致连续的. 对于实际应用来说, 这意味着, 如果我们把 f 有定义的区间划分为足够多的等长的子区间, 则 f 在每一个子区间上的变化都小于预先指定的量 ε: 在任何一点上, f 的值与它在同一子区间上其他任何点的值之差都小于 ε.

现在我们来证明: 每一个在闭区间 $[a, b]$ 上连续的函数, 在这个区间上都是一致连续的.

如果 f 在 $[a, b]$ 上不是一致连续的, 则存在一个固定的 $\varepsilon > 0$, 且存在着 $[a, b]$ 上彼此任意接近的点 x, ξ, 使得 $|f(x) - f(\xi)| \geqslant \varepsilon$. 于是对于每一个 n, 就可以在 $[a, b]$ 上选取点 x_n, ξ_n, 使得 $|f(x_n) - f(\xi_n)| \geqslant \varepsilon$ 和 $|x_n - \xi_n| < \dfrac{1}{n}$. 因为 x_n 构成有界数列, 所以我们能够找到收敛于区间 $[a, b]$ 上一点 η 的子序列 (利用闭区间的

---

1) 关于集合论的这一基本事实的证明和简短的一般性讨论, 见 Courant 和 Robbins 的 *What is Mathematics* 一书第 81 页.

紧致性). 这时, 相应的子序列 ξ_n 也要收敛于 η, 因为 f 在 η 处是连续的, 所以当子序列中的下标趋向于无穷大时, 我们就可得到 $f(\eta) = \lim\limits_{n\to\infty} f(x_n) = \lim\limits_{n\to\infty} f(\xi_n)$, 而这是不可能的, 因为对于所有的 n 都有 $|f(x_n) - f(\xi_n)| \geqslant \varepsilon$.

中间值定理断言: 如果 $f(x)$ 是区间 $a \leqslant x \leqslant b$ 上的连续函数, γ 是 $f(a)$ 和 $f(b)$ 之间的任一数值, 则存在 a 和 b 之间的某个适当的数值 ξ, 有 $f(\xi) = \gamma$. 这就是说, 方程 $f(\xi) = \gamma$ 必定存在解 ξ, 如果我们能够指出两个数值 a 和 b, 对于它们分别有 $f(a) < \gamma$ 和 $f(b) > \gamma$. 由此可直接得到, 如果 f 是连续的和单调的, 则存在唯一确定的反函数, 正如我们已经看到过的 (第 34 页).

为了证明中间值定理, 设 $a < b, f(a) = \alpha, f(b) = \beta$, 而 $\alpha < \gamma < \beta$. 设 S 是区间 $[a,b]$ 上使得 $f(x) < \gamma$ 的点 x 的集合. S 是有界的, 因而具有也属于闭区间 $[a,b]$ 的最小上界 ξ. 于是, 对于 $\xi < x \leqslant b$, 则有 $f(x) \geqslant \gamma$. 点 ξ 或者属于 S, 或者是 S 中的点列 x_n 的极限. 在第一种情况下, $f(\xi) < \gamma$, 但因为 $f(b) > \gamma$, 所以 $\xi < b$, 而在 ξ 和 b 之间存在着任意接近于 ξ 的一些点 x, 使得 $f(x) \geqslant \gamma$. 这是不可能的, 如果 f 在 ξ 处是连续的并且 $f(\xi) < \gamma$. 在第二种情况下, $f(\xi) \geqslant \gamma$; 由于 $f(x_n) < \gamma$ 和 $\lim\limits_{n\to\infty} x_n = \xi$, 我们得到 $f(\xi) \leqslant \gamma$; 因为我们已经知道 $f(\xi) < \gamma$ 是不可能的, 所以必定有 $f(\xi) = \gamma$.

闭区间 $[a,b]$ 上的连续函数 $f(x)$ 的第三个基本性质是存在最大值, 即在区间 $[a,b]$ 上存在点 ξ, 使得对于此区间上所有的 x 来说, $f(x) \leqslant f(\xi)$. 类似地, 在此区间的某一点 η 上 f 将取到最小值: 对于此区间上的所有 x 来说, $f(x) \geqslant f(\xi)$. 重要的是区间必须是闭的. 例如, 函数 $f(x) = x$ 或 $f(x) = \dfrac{1}{x}$ 都是连续的, 但是它们在开区间 $0 < x < 1$ 上并没有最大值. 因而最大值可能正好出现在一个端点上, 而如果 f 在端点是不连续的, 则最大值还可能根本不存在.

为了证明这一原理, 我们注意到: 在 $[a,b]$ 上连续的函数 f 必定是有界的, 也就是说, 构成 f 的 "值域" S 的数值 $f(x)$ 都位于某一有限区间之中. 事实上, 由于 f 的一致连续性, 我们能够在区间 $[a,b]$ 上找到有限个点 $x_1, x_2, \cdots, x_n$, 使得 $f(x)$ 在此区间的任何点 x 上的值同数值 $f(x_1), f(x_2), \cdots, f(x_n)$ 之一相差小于 1, 而 $f(x_1), f(x_2), \cdots, f(x_n)$ 全体都能够被包含在一个有限区间之中. 进一步, 因为数值 $f(x)$ 的集合 S 是有界的, 所以它具有最小上界 M. 这个 M 是对于 $[a,b]$ 上所有的 x 来说是使得 $f(x) \leqslant M'$ 成立的最小的数. 当然 M 或者属于 S, 或者是 S 中的某一点列的极限. 对于第一种情况, 则在 $[a,b]$ 上存在点 ξ, 使得 $f(\xi) = M$. 对于第二种情况, 则在 $[a,b]$ 上存在点列 x_n, 使得 $\lim\limits_{n\to\infty} f(x_n) = M$; 于是, 我们能够找到收敛于 $[a,b]$ 上点 ξ 的 x_n 的子序列, 而由于 f 在 ξ 处的连续性, 又有 $f(\xi) = M$. 显然, $f(\xi)$ 是 f 的最大值.

S3 极 坐 标

第一章中, 我们曾在几何上用曲线来表示函数; 而解析几何学则遵循着相反的程序, 即从曲线出发并用函数 (例如用通过曲线上的点的一个坐标来表示其另一个坐标的函数) 来表示曲线. 这种观点自然会使我们想到除了以前所用的直角坐标以外, 可能采用更适宜于表示几何上给定曲线的其他一些坐标系. 最重要的一个就是极坐标系 r, θ; 点 P 的极坐标 r, θ 同直角坐标 x, y 之间的关系由下列方程给出:

$$x = r\cos\theta, \quad y = r\sin\theta, \quad r^2 = x^2 + y^2, \quad \tan\theta = \frac{y}{x}.$$

其几何解释由图 S.2 即可明了了[1].

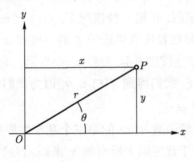

图 S.2　极坐标

例如, 我们考虑双纽线, 双纽线在几何上定义为一切这样的点 P 的轨迹, 点 P 与直角坐标分别为 $x = a, y = 0$ 和 $x = -a, y = 0$ 的两个固定点 F_1 和 F_2 的距离 r_1 和 r_2 之积为常值 a^2 (见图 S.3). 从

$$r_1^2 = (x - a)^2 + y^2, \quad r_2^2 = (x + a)^2 + y^2,$$

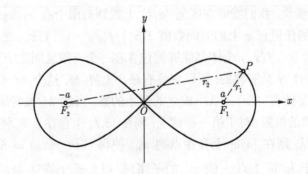

图 S.3　双纽线

---

[1] 极坐标不能由点 P 完全确定. 除了 θ 以外, 角 $\theta \pm 2\pi, \theta \pm 4\pi, \cdots$ 中的任何一个也都能看成点 P 的极角.

经过简单的运算, 我们便得到下列形式的双纽线方程

$$(x^2+y^2)^2 - 2a^2(x^2-y^2) = 0.$$

现在, 引入极坐标, 我们得到

$$r^4 - 2a^2r^2(\cos^2\theta - \sin^2\theta) = 0;$$

除以 r^2 并应用简单的三角公式, 上式化为

$$r^2 = 2a^2\cos 2\theta.$$

因此, 双纽线方程在极坐标中要比在直角坐标中形式简单.

S4 关于复数的注记

我们的研究将主要是基于实数连续统. 但是, 为了便于进行第七、八、九章的各种讨论, 我们请读者注意, 研究代数学中的问题已使数的概念进一步扩充了, 即产生了复数. 由自然数向实数的发展起因于下述要求, 即为了消除例外现象并使得某些运算 (例如减法、除法) 以及点与数之间的相互对应总是可能的. 类似地, 为了使每一个二次方程, 实际上是每一个代数方程都具有解, 我们就不得不引入复数. 例如, 如果希望方程

$$x^2 + 1 = 0$$

具有根, 我们就不得不引入新的符号 i 和 $-i$ 作为根. (如在复变函数论中所看到的, 这就足以保证每一个代数方程都有解[1].)

如果 a 和 b 是普通的实数, 则复数 $c = a + ib$ 表示一对数 (a, b), 它们按下述一般法则进行运算: 我们对复数 (其中包括实数是作为 $b = 0$ 的特殊情况) 进行加法、乘法和除法运算时, 是将符号 i 当作未定的量来处理, 并由此简化整个表达式, 即利用方程 $i^2 = -1$ 去掉 i 的高于一次的幂, 最后只剩下形式为 $a + ib$ 的式子.

我们假设读者已经在某种程度上熟悉了复数. 但是在这里, 我们还要强调指出一个特别重要的关系式, 下面将用复数的几何或三角表示法来加以解释. 假设 $c = x + iy$ 是这样一个数, 它在直角坐标系中我们用坐标为 x 和 y 的点 P 来表示它. 现在借助于方程 $x = r\cos\theta, y = r\sin\theta$, 引入极坐标 r 和 θ (见第 84 页) 来代替直角坐标 x 和 y. 这时, $r = \sqrt{x^2+y^2}$ 是点 P 同原点的距离, θ 是正的 x 轴同线段 OP 之间的夹角. 这样复数 c 就表示为下列形式

$$c = r(\cos\theta + i\sin\theta).$$

---

1) 代数方程的形式是 $P(x) = 0$, 这里 P 是具有复系数的多项式.

角 θ 称为复数 c 的辐角, 量 r 称为复数 c 的绝对值或模, 我们记之为 $|c|$. 这里 '共轭' 复数 $\bar{c} = x - iy$ 显然与 c 有相同的绝对值, 但辐角则为 $-\theta$ (见图 S.4). 显然

$$r^2 = |c|^2 = c\bar{c} = x^2 + y^2.$$

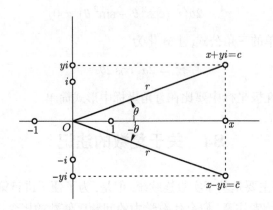

图 S.4　复数 $x + iy$ 及其共轭复数的几何表示

如果我们利用这种三角表示法, 复数的乘法则可取得特别简单的形式, 因为这时

$$c \cdot c' = r(\cos\theta + i\sin\theta) \cdot r'(\cos\theta' + i\sin\theta')$$

$$= rr'[(\cos\theta\cos\theta' - \sin\theta\sin\theta') + i(\cos\theta\sin\theta' + \sin\theta\cos\theta')].$$

利用三角函数的加法定理, 上式化为

$$c \cdot c' = rr'(\cos(\theta + \theta') + i\sin(\theta + \theta')).$$

因此, 复数相乘, 只需将它们的绝对值相乘而将它们的辐角相加便可实现. 著名的公式

$$(\cos\theta + i\sin\theta)(\cos\theta' + i\sin\theta') = \cos(\theta + \theta') + i\sin(\theta + \theta')$$

通常称为棣莫弗 (De Moivre) 定理. 由此我们得到下列关系式:

$$(\cos\theta + i\sin\theta)^n = \cos n\theta + i\sin n\theta;$$

利用此式我们立即可求解方程如 $x^n = 1$, 其中 n 为正整数; 其根 (即所谓单位根) 是

$$\varepsilon_1 = \varepsilon = \cos\frac{2\pi}{n} + i\sin\frac{2\pi}{n}, \quad \varepsilon_2 = \varepsilon^2 = \cos\frac{4\pi}{n} + i\sin\frac{4\pi}{n}, \cdots,$$

$$\varepsilon_{n-1} = \varepsilon^{n-1} = \cos\frac{2(n-1)\pi}{n} + i\sin\frac{2(n-1)\pi}{n}, \quad \varepsilon_n = \varepsilon^n = 1.$$

(见图 S.5).

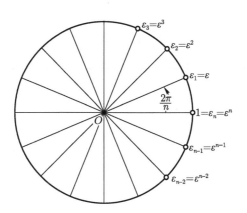

图 S.5　单位 n 次根 (当 $n = 16$ 时)

在几何上, 对应着单位根的各点, 是中心在原点半径为 1 之圆内接正 n 边形的顶点.

最后, 如果我们设想将方程 $(\cos\theta + i\sin\theta)^n = \cos n\theta + i\sin n\theta$ 左端的表达式按二项式定理展开, 那么, 只需将实部和虚部分开, 便可得到 $\cos n\theta$ 和 $\sin n\theta$ 用 $\sin\theta$ 和 $\cos\theta$ 的幂或幂的乘积来表示的表达式:

$$\cos n\theta = \cos^n\theta - \binom{n}{2}\cos^{n-2}\theta\sin^2\theta + \binom{n}{4}\cos^{n-4}\theta\sin^4\theta + \cdots,$$

$$\sin n\theta = \binom{n}{1}\cos^{n-1}\theta\sin\theta - \binom{n}{3}\cos^{n-3}\theta\sin^3\theta + \binom{n}{5}\cos^{n-5}\theta\sin^5\theta + \cdots.$$

问　　题

1.1 节 a, 第 2 页

1. (a) 如果 a 是有理数, x 是无理数, 试证明 $a + x$ 是无理数, 又如果 $a \neq 0$, 试证明 ax 是无理数.

(b) 试证明任何两个有理数之间至少存在着一个无理数, 因而存在着无穷多个无理数.

2. 试证明下列各数不是有理数: (a) $\sqrt{3}$; (b) $\sqrt{n}$, 其中整数 n 不是完全平方, 即不是整数的平方; (c) $\sqrt[3]{2}$; (d) $\sqrt[p]{n}$, 其中 n 不是完全 p 次幂.

*3. (a) 对于整系数多项式

$$a_n x^n + a_{n-1} x^{n-1} + \cdots + a_1 x + a_0 \quad (a_n \neq 0)$$

的任何有理根, 如果写成既约分数时为 $\dfrac{p}{q}$, 试证明分子 p 是 a_0 的因子, 分母 q 是 a_n 的因子. (这一准则使我们能够得到一切有理实根, 从而证明任何其他实根都是无理数.)

(b) 试证明 $\sqrt{2} + \sqrt[3]{2}$ 和 $\sqrt{3} + \sqrt[3]{2}$ 都是无理数.

1.1 节 c, 第 7 页

1. 设 $[x]$ 表示 x 的整数部分, 即 $[x]$ 是满足

$$x - 1 < [x] \leqslant x$$

的整数. 设 $c_0 = [x]$, $c_n = [10^n(x - c_0) - 10^{n-1}c_1 - 10^{n-2}c_2 - \cdots - 10c_{n-1}]$, 其中 $n = 1, 2, 3, \cdots$. 试证明 x 的十进小数表示是

$$x = c_0 + 0.c_1 c_2 c_3 \cdots,$$

并证明这种结构排除了出现一串无穷多个 9 的可能性.

2. 对于两个实数 x, y, 试通过其十进小数表示法来定义不等式 $x > y$ (见补篇, 第 72 页).

*3. 如果 p 和 q 都是整数, $q > 0$, 试证明 $\dfrac{p}{q}$ 展开为十进位小数时或者是有限的 (末位以后的数字均为零), 或者是循环的; 也就是说, 从小数展开式上某一位以后, 是由给定的一组数字相继重复出现而组成的. 例如, $1/4 = 0.25$ 是有限的, $1/11 = 0.090909$ 是循环的. 重复出现的一组数字的长度称为十进位小数的周期; 对于 $1/11$, 周期为 2. 试问在一般情况下 $\dfrac{p}{q}$ 的周期可能是多大?

1.1 节 e, 第 10 页

1. 试仅用不等号 (不用绝对值符号) 来表示满足下列关系式的 x 值, 并讨论所有的情况.

(a) $|x - a| < |x - b|$;

(b) $|x - a| < x - b$;

(c) $|x^2 - a| < b$.

2. 一个区间 (定义见正文) 可以定义为实数连续统的任何连通部分. 实数连续统的子集 S 称为连通的, 如果对于 S 中的每一对点 a, b, 集合 S 就包含整个闭区间 $[a, b]$. 除了已经讲过的开区间和闭区间以外, 还有 '半开' 区间 $a \leqslant x < b$

和 $a < x \leqslant b$ (往往分别用 $[a,b)$ 和 $(a,b]$ 来表示), 以及无限区间——可以是整个实轴, 也可以是射线, 即 '半实轴' $x \leqslant a, x < a, x > a, x \geqslant a$ (往往分别用 $(-\infty,\infty),(-\infty,a],(-\infty,a),(a,\infty),[a,\infty)$ 来表示) (也可参见第 18 页脚注).

　　*(a) 试证明上面所列举的几种区间包括了数轴的连通子集的一切可能情况.

　　(b) 试确定使下列不等式成立的区间:

　　(i) $x^2 - 3x + 2 < 0$;

　　(ii) $(x-a)(x-b)(x-c) > 0$, 其中 $a < b < c$;

　　(iii) $|1-x| - x \geqslant 0$;

　　(iv) $\dfrac{x-a}{x+a} \geqslant 0$;

　　(v) $\left|x + \dfrac{1}{x}\right| \geqslant 6$;

　　(vi) $[x] \leqslant \dfrac{x}{2}$, 见 84 页问题 1;

　　(vii) $\sin x \geqslant \dfrac{\sqrt{2}}{2}$.

　　(c) 试证明: 如果 $a \leqslant x \leqslant b$, 则 $|x| \leqslant |a| + |b|$.

　　3. 试导出下列不等式:

　　(a) $x + \dfrac{1}{x} \geqslant 2$, 当 $x > 0$ 时;

　　(b) $x + \dfrac{1}{x} \leqslant -2$, 当 $x < 0$ 时;

　　(c) $\left|x + \dfrac{1}{x}\right| \geqslant 2$, 当 $x \neq 0$ 时.

　　4. 两个正数 a,b 的调和平均值 ξ 定义为

$$\frac{1}{\xi} = \frac{1}{2}\left(\frac{1}{a} + \frac{1}{b}\right).$$

试证明调和平均值不超过几何平均值, 即 $\xi \leqslant \sqrt{ab}$. 试问两平均值何时相等?

　　5. 试导出下列不等式:

　　(a) $x^2 + xy + y^2 \geqslant 0$;

　　*(b) $x^{2n} - x^{2n-1}y + x^{2n-2}y^2 + \cdots + y^{2n} \geqslant 0$;

　　*(c) $x^4 + 3x^3 + 4x^2 - 3x + 1 \geqslant 0$.

试问等式何时成立?

　　*6. 当 $n = 2,3$ 时, 柯西不等式在几何上如何解释?

　　7. 试证明使柯西不等式中等号成立的充分必要条件是: a_r 与 b_r 成正比, 即对于一切 r 有 $ca_r + db_r = 0$, 其中 c 和 d 与 r 无关并且不全等于零.

　　8. (a) $|x - a_1| + |x - a_2| + |x - a_3| \geqslant a_3 - a_1$, 当 $a_1 < a_2 < a_3$ 时. 试问 x 取

何值时等式成立?

*(b) 试求对于一切 x 使得下式成立的最大的 y 值:

$$|x - a_1| + |x - a_2| + \cdots + |x - a_n| \geqslant y,$$

其中 $a_1 < a_2 < \cdots < a_n$. 试问在什么条件下等式成立?

9. 试证明对于正数 a, b, c, 下列不等式成立:

(a) $a^2 + b^2 + c^2 \geqslant ab + bc + ca$;

(b) $(a + b)(b + c)(c + a) \geqslant 8abc$;

(c) $a^2b^2 + b^2c^2 + c^2a^2 \geqslant abc(a + b + c)$.

10. 假设 x_1, x_2, x_3 和 $a_{ik}(i, k = 1, 2, 3)$ 均为正数, 并且 $a_{ik} \leqslant M, x_1^2 + x_2^2 + x_3^2 \leqslant 1$. 试证明

$$a_{11}x_1^2 + a_{12}x_1x_2 + \cdots + a_{33}x_3^2 \leqslant 3M.$$

*11. 试证明下列不等式, 且给出当 $n \leqslant 3$ 时的几何解释:

$$\sqrt{(a_1 - b_1)^2 + \cdots + (a_n - b_n)^2} \leqslant \sqrt{a_1^2 + \cdots + a_n^2} + \sqrt{b_1^2 + \cdots + b_n^2}.$$

12. 试证明下列不等式, 且给出当 $n \leqslant 3$ 时的几何解释:

$$\sqrt{(a_1 + b_1 + \cdots + z_1)^2 + \cdots + (a_n + b_n + \cdots + z_n)^2}$$
$$\leqslant \sqrt{a_1^2 + \cdots + a_n^2} + \sqrt{b_1^2 + \cdots + b_n^2} + \cdots + \sqrt{z_1^2 + \cdots + z_n^2}.$$

13. 试证明 n 个正数的几何平均值不大于其算术平均值, 即如果 $a_i > 0(i = 1, 2, \cdots, n)$, 则

$$\sqrt[n]{a_1 a_2 \cdots a_n} \leqslant \frac{1}{n}(a_1 + a_2 + \cdots + a_n).$$

(提示: 假定 $a_1 \leqslant a_2 \leqslant \cdots \leqslant a_n$. 先用几何平均值来代替 a_n, 并调整 a_1, 使得几何平均值保持不变.)

1.2 节 d, 第 24 页

1. 如果 $f(x)$ 在 $x = a$ 处是连续的, 并且 $f(a) > 0$, 试证明在 f 的定义域中, 存在着包含 a 的一个开区间使其中的值 $f(x) > 0$.

2. 在连续性的定义中, 试证明有心区间

$$|f(x) - f(x_0)| < \varepsilon \quad \text{和} \quad |x - x_0| < \delta$$

可以用包含 $f(x_0)$ 的任意开区间和包含 x_0 的充分小的开区间来代替, 如第 25 页中所示.

3. 设 $f(x)$ 在 $0 \leqslant x \leqslant 1$ 上连续. 又设 $f(x)$ 只取有理值, 而当 $x = \dfrac{1}{2}$ 时 $f(x) = \dfrac{1}{2}$. 试证明处处为 $f(x) = \dfrac{1}{2}$.

4. (a) 设对于一切 x 值, $f(x)$ 定义如下:

$$f(x) = \begin{cases} 0, & \text{当 } x \text{ 为无理数时,} \\ 1, & \text{当 } x \text{ 为有理数时.} \end{cases}$$

试证明 $f(x)$ 处处不连续.

(b) 另一方面, 考虑

$$g(x) = \begin{cases} 0, & \text{当 } x \text{ 为无理数时,} \\ \dfrac{1}{q}, & \text{当 } x = \dfrac{p}{q} \text{ 表示既约分数的有理数时.} \end{cases}$$

$\left(\text{有理数 } \dfrac{p}{q}, \text{如果整数 } p \text{ 和 } q \text{ 没有大于 } 1 \text{ 的公因子, 且 } q > 0, \text{则称为既约分数. 如} \right.$ $\left. g\left(\dfrac{16}{29}\right) = \dfrac{1}{29}. \right)$ 试证明对于一切无理数来说 $g(x)$ 是连续的, 而对于一切有理数来说 $g(x)$ 是不连续的.

*5. 如果对于一切 x 值和 y 值, $f(x)$ 满足函数方程

$$f(x + y) = f(x) + f(y),$$

试对于 x 的有理值求 $f(x)$ 之值; 如果 $f(x)$ 是连续的, 试证明 $f(x) = cx$, 其中 c 是常数.

6. (a) 如果 $f(x) = x^n$, 试求 δ (它可以与 ξ 有关), 使得当 $|x - \xi| < \delta$ 时, 有

$$|f(x) - f(\xi)| < \varepsilon.$$

*(b) 如果 $f(x)$ 是任一多项式

$$f(x) = a_n x^n + a_{n-1} x^{n-1} + \cdots + a_1 x + a_0,$$

其中 $a_n \neq 0$, 同 (a) 一样, 试求 δ.

1.2 节 e, 第 34 页

1. 如果 $f(x)$ 在 $[a, b]$ 上是单调的, 并且具有中间值性质, 试证明 $f(x)$ 是连续的. 如果 f 不是单调的, 你能得出同样的结论吗?

2. (a) 试证明当 $x > 0$ 时 x^n 是单调的, 从而证明当 $a > 0$ 时 $x^n = a$ 具有唯一的正根 $\sqrt[n]{a}$.

(b) 设 $f(x)$ 是多项式

$$f(x) = a_n x^n + a_{n-1} x^{n-1} + \cdots + a_1 x + a_0, \quad (a_n \neq 0)$$

试证明: (i) 如果 n 是奇数, 则 $f(x)$ 至少具有一个实根; (ii) 如果 a_n 和 a_0 符号相反, 则 $f(x)$ 至少具有一个正根, 此外, 如果 n 是偶数, $n \neq 0$, 则 $f(x)$ 还具有一个负根.

*3. (a) 试证明在每个方向上都存在一条平分任意给定的三角形的直线, 即将三角形分为面积相等的两部分的直线.

(b) 对于任何两个三角形, 试证明存在一条将它们同时平分的直线.

1.3 节 b, 第 37 页

1. (a) 试证明 $\sqrt{x}$ 不是有理函数. (提示: 对于 $x = y^2$, 考察将 $\sqrt{x}$ 表示为有理函数的可能性. 利用非零多项式最多只能有有限多个根这一事实.)

(b) 试证明 $\sqrt[n]{x}$ 不是有理函数.

1.3 节 c, 第 38 页

1. (a) 试证明一条直线同高于一次的多项式的图形最多可相交于有限多个点.

(b) 试证明对于一般的有理函数也有同样的结果.

(c) 试证明三角函数不是有理函数.

1.5 节, 第 45 页

1. 试证明二项式系数的下列性质:

(a) $1 + \dbinom{n}{1} + \dbinom{n}{2} + \cdots + \dbinom{n}{n-1} + \dbinom{n}{n} = 2^n$;

(b) $1 - \dbinom{n}{1} + \dbinom{n}{2} - \dbinom{n}{3} + \cdots + (-1)^n \dbinom{n}{n} = 0$;

(c) $\dbinom{n}{1} + 2\dbinom{n}{2} + 3\dbinom{n}{3} + \cdots + n\dbinom{n}{n} = n(2^{n-1})$; (提示: 用阶乘来表示二项式系数.)

(d) $1 \cdot 2 \dbinom{n}{2} + 2 \cdot 3 \dbinom{n}{3} + \cdots + (n-1)n\dbinom{n}{n} = n(n-1)2^{n-2}$;

(e) $1 + \dfrac{1}{2}\dbinom{n}{1} + \dfrac{1}{3}\dbinom{n}{2} + \cdots + \dfrac{1}{n+1}\dbinom{n}{n} = \dfrac{2^{n+1}-1}{n+1}$;

*(f) $\binom{n}{0}^2 + \binom{n}{1}^2 + \cdots + \binom{n}{n}^2 = \binom{2n}{n}$; (提示: 考虑 $(1+x)^{2n}$ 中 x^n 的系数.)

*(g) $S_n = -\binom{n}{0} - \dfrac{1}{3}\binom{n}{1} + \dfrac{1}{5}\binom{n}{2} - \dfrac{1}{7}\binom{n}{3} + \cdots + \dfrac{(-1)^n}{2n+1}\binom{n}{n} = \dfrac{4^n(n!)^2}{(2n+1)!}.$

(提示: 证明 $\dfrac{2n+2}{2n+3}S_n = S_{n+1}.$)

2. 试证明: 当 $x > -1$ 时, $(1+x)^n \geqslant 1 + nx$.

3. 试用数学归纳法证明 $1 + 2 + \cdots + n = \dfrac{1}{2}n(n+1).$

*4. 试用数学归纳法证明下列等式:

(a) $1 + 2q + 3q^2 + \cdots + nq^{n-1} = \dfrac{1 - (n+1)q^n + nq^{n+1}}{(1-q)^2};$

(b) $(1+q)(1+q^2)\cdots(1+q^{2^n}) = \dfrac{1 - q^{2^{n+1}}}{1-q}.$

5. 试证明: 对于一切大于 1 的自然数 n, n 或者是素数, 或者能够表示为素数的乘积. (提示: 设 A_{n-1} 是对于一切不大于 n 的整数 k 的判断, 即当 $k \leqslant n$ 时, k 或者是素数或者是素数之积.)

*6. 考虑分数序列

$$\frac{1}{1}, \frac{3}{2}, \frac{7}{5}, \cdots, \frac{p_n}{q_n}, \cdots,$$

其中 $p_{n+1} = p_n + 2q_n, q_{n+1} = p_n + q_n.$

(a) 试证明: 对于一切 n 来说, $\dfrac{p_n}{q_n}$ 均为既约分数.

(b) 试证明: $\dfrac{p_n}{q_n}$ 同 $\sqrt{2}$ 之差的绝对值可为任意小, 并证明当它逼近于 $\sqrt{2}$ 时产生的误差其符号正负交替出现.

7. 设 a, b, a_n 和 b_n 均为整数, 并满足

$$(a + b\sqrt{2})^n = a_n + b_n\sqrt{2},$$

其中 a 是最接近 $b\sqrt{2}$ 的整数. 试证明 a_n 是最接近 $b_n\sqrt{2}$ 的整数.

*8. 设 a_n 和 b_n 为

$$a_1 = 3, \quad a_{n+1} = 3^{a_n} \quad 和 \quad b_1 = 9, \quad b_{n+1} = 9^{b_n}.$$

对于每一个 n 值, 试确定使得 $a_m \geqslant b_n$ 的最小的 m 值.

9. 如果 n 是自然数, 试证明

$$\frac{(1+\sqrt{5})^n - (1-\sqrt{5})^n}{2^n\sqrt{5}}$$

是自然数.

10. 试确定一个平面可被 n 条直线分割成的最多块数. 证明最多块数是在没有两条直线平行和没有三条直线共点的情况下发生的, 并确定当允许平行和共点时的块数.

11. 试证明: 对于每一个自然数 n, 都存在自然数 k, 使得

$$(\sqrt{2}-1)^n = \sqrt{k} - \sqrt{k-1}.$$

12. 试用数学归纳法证明柯西不等式.

1.6 节, 第 48 页

1. 试证明 $\lim\limits_{n\to\infty} (\sqrt{n+1} - \sqrt{n})\left(\sqrt{n+\frac{1}{2}}\right) = \frac{1}{2}$.

2. 试证明 $\lim\limits_{n\to\infty} (\sqrt[3]{n+1} - \sqrt[3]{n}) = 0$.

3. 设 $a_n = 10^n/n!$. (a) a_n 收敛于什么极限? (b) 此序列是单调的吗? (c) 此序列从某一个 n 以后是单调的吗? (d) 试给出 a_n 与其极限之差的估值. (e) 从什么 n 值以后这个差小于 $1/100$?

4. 试证明 $\lim\limits_{n\to\infty} \frac{n!}{n^n} = 0$.

5. (a) 试证明 $\lim\limits_{n\to\infty} \left(\frac{1}{n^2} + \frac{2}{n^2} + \cdots + \frac{n}{n^2}\right) = \frac{1}{2}$.

(b) 试证明 $\lim\limits_{n\to\infty} \left(\frac{1}{n^2} + \frac{1}{(n+1)^2} + \cdots + \frac{1}{(2n)^2}\right) = 0$.
(提示: 将和式同其最大项进行比较.)

(c) 试证明 $\lim\limits_{n\to\infty} \left(\frac{1}{\sqrt{n}} + \frac{1}{\sqrt{n+1}} + \cdots + \frac{1}{\sqrt{2n}}\right) = \infty$.

*(d) 试证明 $\lim\limits_{n\to\infty} \left(\frac{1}{\sqrt{n^2+1}} + \frac{1}{\sqrt{n^2+2}} + \cdots + \frac{1}{\sqrt{n^2+n}}\right) = 1$.

6. 试证明每一个循环的小数都表示有理数. (同 1.1 节 (c) 问题 3 进行比较.)

7. 试证明 $\lim\limits_{n\to\infty} \frac{n^{100}}{1.01^n}$ 存在, 并确定其值.

8. 如果 a 和 $b \leqslant a$ 都是正数, 试证明 $\sqrt[n]{a^n+b^n}$ 收敛于 a. 类似地, 对于任何 k 个固定的正数 $a_1, a_2, \cdots, a_k$, 试证明 $\sqrt[n]{a_1^n + a_2^n + \cdots + a_k^n}$ 收敛, 并求其极限.

9. 试证明序列 $\sqrt{2}, \sqrt{2\sqrt{2}}, \sqrt{2\sqrt{2\sqrt{2}}}, \cdots$ 收敛, 并求其极限.

10. 如果 $v(n)$ 是 n 的素因子的个数, 试证明

$$\lim_{n \to \infty} \frac{v(n)}{n} = 0.$$

11. 试证明: 如果 $\lim\limits_{n \to \infty} a_n = \xi$, 则 $\lim\limits_{n \to \infty} \sigma_n = \xi$, 其中 σ_n 是算术平均值 $(a_1 + a_2 + \cdots + a_n)/n$.

12. 试求

(a) $\lim\limits_{n \to \infty} \left(\dfrac{1}{1 \cdot 2} + \dfrac{1}{2 \cdot 3} + \cdots + \dfrac{1}{n(n+1)} \right).$

$\left(提示: \dfrac{1}{k(k+1)} = \dfrac{1}{k} - \dfrac{1}{k+1}. \right)$

(b) $\lim\limits_{n \to \infty} \left(\dfrac{1}{1 \cdot 2 \cdot 3} + \dfrac{1}{2 \cdot 3 \cdot 4} + \cdots + \dfrac{1}{n(n+1)(n+2)} \right).$

13. 如果 $a_0 + a_1 + \cdots + a_p = 0$, 试证明

$$\lim_{n \to \infty} (a_0 \sqrt{n} + a_1 \sqrt{n+1} + \cdots + a_p \sqrt{n+p}) = 0.$$

(提示: 将 $\sqrt{n}$ 作为因子提出.)

14. 试证明 $\lim\limits_{n \to \infty} {}^{(2n+1)}\!\!\sqrt{(n^2 + n)} = 1.$

*15. 设给定的序列 a_n 使得序列 $b_n = pa_n + qa_{n+1}$ 是收敛的, 其中 $|p| < q$. 试证明 a_n 收敛. 又如果 $|p| \geqslant q > 0$, 试证明 a_n 不一定收敛.

16. 试证明: 对于任何非负整数 k, 关系式

$$\lim_{n \to \infty} \frac{1}{n^{k+1}} \sum_{i=1}^{n} i^k = \frac{1}{k+1}$$

成立. (提示: 对于 k 应用数学归纳法, 并应用关系式

$$\sum_{i=1}^{n} [i^{k+1} - (i-1)^{k+1}] = n^{k+1};$$

将 $(i-1)^{k+1}$ 按 i 的幂展开.)

1.7 节, 第 56 页

*1. 设 a_1 和 b_1 是任意两个正数, 并且 $a_1 < b_1$. 设 a_2 和 b_2 由方程

$$a_2 = \sqrt{a_1 b_1}, \quad b_2 = \frac{a_1 + b_1}{2}$$

来确定. 类似地, 设

$$a_3 = \sqrt{a_2 b_2}, \quad b_3 = \frac{a_2 + b_2}{2},$$

一般地,

$$a_n = \sqrt{a_{n-1}b_{n-1}}, \quad b_n = \frac{a_{n-1} + b_{n-1}}{2}.$$

试证明: (a) 序列 $a_1, a_2, \cdots$ 收敛, (b) 序列 $b_1, b_2, \cdots$ 收敛, (c) 两序列具有相同的极限. (这个极限称为 a_1 和 b_1 的算术 – 几何平均值.)

*2. 试证明: (a) 序列

$$\sqrt{2}, \sqrt{2 + \sqrt{2}}, \sqrt{2 + \sqrt{2 + \sqrt{2}}}, \cdots$$

的极限存在, (b) 此极限等于 2.

*3. 试证明序列

$$a_n = \frac{1}{n} + \frac{1}{n+1} + \cdots + \frac{1}{2n}$$

的极限存在; 并证明此极限小于 1 但不小于 1/2.

4. 试证明序列

$$b_n = \frac{1}{n+1} + \cdots + \frac{1}{2n}$$

的极限存在, 并且等于上例的极限.

5. 试证明上两例的极限 L 具有下列上、下界:

$$\frac{37}{60} < L < \frac{57}{60}.$$

*6. 设 a_1 和 b_1 是任意两个正数, 并且 $a_1 \leqslant b_1$. 设

$$a_2 = \frac{2a_1 b_1}{a_1 + b_1}, \quad b_2 = \sqrt{a_1 b_1},$$

一般地,

$$a_n = \frac{2a_{n-1}b_{n-1}}{a_{n-1} + b_{n-1}}, \quad b_n = \sqrt{a_{n-1}b_{n-1}}.$$

试证明序列 $a_1, a_2, \cdots$ 和 $b_1, b_2, \cdots$ 均收敛, 并且具有相同的极限.

*7. 试证明 $\dfrac{1}{e} = 1 - 1 + \dfrac{1}{2!} - \dfrac{1}{3!} + \cdots + \dfrac{(-1)^n}{n!} + \cdots.$ $\left(\text{提示: 考察 } e \text{ 和 } \dfrac{1}{e} \text{ 的}\right.$ 展开式的第 n 个部分和的乘积.$\bigg)$

8. (a) 不利用二项式定理, 试证明 $a_n = \left(1 + \dfrac{1}{n}\right)^n$ 是单调增加的, $b_n = \left(1 + \dfrac{1}{n}\right)^{n+1}$ 是单调减少的. $\left(\text{提示: 考察 } \dfrac{a_{n+1}}{a_n} \text{ 和 } \dfrac{b_n}{b_{n+1}}. \text{ 利用 1.5 节问题 2 的结果.}\right)$

(b) 试问数 $(1000000)^{1000000}$ 和 $(1000001)^{999999}$ 哪一个较大?

9. (a) 由问题 8(a) 的结果, 试证明

$$\left(\frac{n}{e}\right)^n < n! < e(n+1)\left(\frac{n}{e}\right)^n.$$

(b) 当 $n > 6$ 时, 试导出更强的不等式

$$n! < n\left(\frac{n}{e}\right)^n.$$

*10. 如果 $a_n > 0$, 并且 $\lim\limits_{n\to\infty}\frac{a_{n+1}}{a_n} = L$, 则 $\lim\limits_{n\to\infty}\sqrt[n]{a_n} = L$.

11. 利用问题 10, 计算下列序列的极限:

(a) $\sqrt[n]{n}$.　　(b) $\sqrt[n]{n^5 + n^4}$.　　(c) $\sqrt[n]{\frac{n!}{n^n}}$.

12. 试利用问题 11(c) 证明

$$n! = n^n e^{-n} a_n,$$

其中数 a_n 的 n 次根趋向于 1. (见第七章附录.)

13. (a) 试计算

$$\frac{1}{1\cdot3} + \frac{1}{2\cdot4} + \cdots + \frac{1}{n(n+2)}.$$

(提示: 同 1.6 节问题 12(a) 相比较.)

(b) 试由以上结果证明 $\sum\limits_{n=1}^{\infty}\frac{1}{n^2}$ 收敛.

14. 设 p 和 q 是任意自然数. 试计算

$$\sum_{k=1}^{n}\frac{1}{(k+p)(k+p+q)}.$$

15. 试计算

(a) $\frac{1}{1\cdot2\cdot3} + \frac{1}{2\cdot3\cdot4} + \cdots + \frac{1}{n(n+1)(n+2)}$.

(b) $\sum\limits_{k=1}^{n}\frac{1}{k(k+1)(k+3)}$.

(c) 试求上面每一个表达式当 $n \to \infty$ 时的极限.

*(d) 设 $a_1, a_2, \cdots, a_m$ 是非负整数, 且 $a_1 < a_2 < \cdots < a_m$. 试说明如何对

$$s_n = \sum_{k=1}^{n}\frac{1}{(k+a_1)(k+a_2)\cdots(k+a_m)}$$

导得一个公式, 如何求出 $\lim\limits_{n\to\infty} s_n$.

16. 如果 a_k 是单调的, 且 $\sum\limits_{k=1}^{\infty} a_k$ 收敛, 试证明 $\lim\limits_{k\to\infty} ka_k = 0$.

17. 如果 a_k 是单调递减的, 并且具有极限 0, 又对于一切 $k, b_k = a_k - 2a_{k+1} + a_{k+2} \geqslant 0$, 试证明 $\sum\limits_{k=1}^{\infty} kb_k = a_1$.

1.8 节, 第 66 页

1. 试证明: 对于每一个 x 值, $\lim\limits_{m\to\infty} (\cos \pi x)^{2m}$ 存在, 并且根据 x 是否为整数, 此极限等于 1 或 0.

2. (a) 试证明: 对于每一个 x 值, $\lim\limits_{n\to\infty} \left[\lim\limits_{m\to\infty} (\cos n!\pi x)^{2m} \right]$ 存在, 并且根据 x 是有理数还是无理数, 此极限等于 1 或 0.

(b) 试讨论这些极限函数的连续性.

补篇, 第 72 页

1. 设 $r = \dfrac{p}{q}, s = \dfrac{m}{n}$ 是任意有理数, 其中 p, q, m, n 是整数, 且 q 和 n 是正的. 试用整数 p, q, m, n 来定义:

(a) $r + s$.   (b) $r - s$.   (c) rs.   (d) $\dfrac{r}{s}$.   (e) $r < s$.

2. 对于有理区间套序列 $[a_n, b_n]$ 和 $[a_n', b_n']$, 试证明: 下列每一个条件都是等价的充分必要条件:

(a) $a_n' - a_n$ 是零序列.

(b) $a_n \leqslant b_n'$ 和 $a_n' \leqslant b_n$.

3. 给定 $x \sim \{[a_n, b_n]\}, y \sim \{[\alpha_n, \beta_n]\}$.

(a) 试证明加法和减法的定义 $x + y = \{[a_n + \alpha_n, b_n + \beta_n]\}, x - y = \{[a_n - \beta_n, b_n - \alpha_n]\}$ 是有意义的. 具体地说, 证明:

(i) 当 x 和 y 是有理数时, 给出的表达式实际上是对于 $x + y$ 和 $x - y$ 的区间套列;

(ii) 如果 $x < y$, 则 $x + z < y + z$, 其中 z 是任意实数.

(b) 试定义乘积 xy, 并具体地证明所给的乘积定义是有意义的:

(i) 当 x 和 y 是有理数时, 给定的区间套列实际上是对于 xy 的区间套列;

(ii) 如果 $x < y$, 而 $z > 0$, 则 $xz < yz$.

4. 试证明下列各原理是等价的, 也就是说, 任何一个都是另一个的推论.

(a) 每一个具有实端点的区间套序列都包含着一个实数.

(b) 每一个单调有界序列都是收敛的.

(c) 每一个有界无穷序列至少具有一个凝聚点或极限点.

(d) 每一个柯西序列都收敛.

(e) 每一个有界的实数集合都有下确界和上确界.

杂题

1. 如果 $w_1, w_2, \cdots, w_n > 0$, 试证明加权平均值

$$\frac{w_1 x_1 + w_2 x_2 + \cdots + w_n x_n}{w_1 + w_2 + \cdots + w_n}$$

位于 x_1 到 x_n 中最大值与最小值之间.

2. 试证明

$$2(\sqrt{n+1} - 1) < 1 + \frac{1}{\sqrt{2}} + \frac{1}{\sqrt{3}} + \cdots + \frac{1}{\sqrt{n}} < 2\sqrt{n}.$$

3. 试证明: 当 $x, y > 0$ 时, 有

$$\frac{x^n + y^n}{2} \geqslant \left(\frac{x+y}{2}\right)^n.$$

并借助于 x^n 的图形, 在几何上加以解释.

4. 如果 $a_1 \geqslant a_2 \geqslant \cdots \geqslant a_n$, 且 $b_1 \geqslant b_2 \geqslant \cdots \geqslant b_n$, 试证明

$$n \sum_{i=1}^{n} a_i b_i \geqslant \left(\sum_{i=1}^{n} a_i\right)\left(\sum_{i=1}^{n} b_i\right).$$

5. (a) 试证明序列 $a_1, a_2, a_3, \cdots$ 能够写成级数 $u_1 + u_2 + u_3 + \cdots$ 的部分和的序列, 其中 $u_n = a_n - a_{n-1}$ (当 $n > 1$ 时) 和 $u_1 = a_1$.

(b) 试将序列 $a_n = n^3$ 写成级数的部分和序列.

(c) 用上一结论, 试求出级数

$$1 + 4 + 9 + \cdots + n^2 + \cdots$$

的第 n 个部分和的公式.

(d) 由所得的 $1^2 + 2^2 + \cdots + n^2$ 公式, 试求

$$1^2 + 3^2 + 5^2 + \cdots + (2n+1)^2$$

的公式.

6. 一个序列, 如果相继两项之差为常数, 则称为一阶算术数列; 如果相继两项之差构成一阶算术数列, 则称为二阶算术数列. 一般地, 如果相继两项之差构成 $(k-1)$ 阶算术数列, 则称为 k 阶算术数列.

数 $4, 6, 13, 27, 50, 84$ 是算术数列的前六项. 试问此数列最低可能是几阶的? 以这些数为开始项的最低阶算术数列的第八项是多少?

7. 试证明二阶算术数列的第 n 项可以写成 $an^2 + bn + c$ 的形式, 其中 a, b, c 与 n 无关.

*8. 试证明 k 阶算术数列的第 n 项可以写成 $an^k + bn^{k-1} + \cdots + pn + q$ 的形式, 其中 $a, b, \cdots, p, q$ 与 n 无关.

试求问题 6 中最低阶算术数列的第 n 项.

9. 试求以下列各数为开始项的最低阶的算术数列第 n 项的公式:

(a) $1, 2, 4, 7, 11, 16, \cdots$;

(b) $-7, -10, -9, 1, 25, 68, \cdots$.

*10. 试证明 k 阶算术数列前 n 项之和是

$$a_k S_k + a_{k-1} S_{k-1} + \cdots + a_1 S_1 + a_0 n,$$

其中 S_v 表示前 n 个 v 次幂之和, a_i 与 n 无关. 利用这一结果计算问题 9 中的算术数列之和.

11. 试通过将

$$v(v+1)(v+2) \cdots (v+k+1) - (v-1)v(v+1) \cdots (v+k)$$

由 $v = 1$ 到 $v = n$ 求和, 证明

$$\sum_{v=1}^{n} v(v+1)(v+2) \cdots (v+k) = \frac{n(n+1) \cdots (n+k+1)}{k+2}.$$

12. 试利用关系式

$$v^3 = v(v+1)(v+2) - 3v(v+1) + v,$$

计算 $1^3 + 2^3 + \cdots + n^3$.

13. 试证明函数

$$f(x) = \begin{cases} \dfrac{1}{\log_2 |x|}, & x \neq 0, \\ 0, & x = 0 \end{cases}$$

是连续的, 但不是霍尔德连续的. (提示: 通过考虑数值 $x = 1/2^{n/\alpha}$, 证明具有指数 α 的霍尔德连续性在坐标原点遭到破坏.)

14. 设 a_n 是非负数的单调递减序列. 试证明: 当且仅当 $\sum\limits_{v=0}^{\infty} 2^v a_{2^v}$ 收敛时, $\sum\limits_{n=1}^{\infty} a_n$ 是收敛的.

15. 试研究下列序列的收敛性; 如果收敛的话, 试确定其极限:

(a) $n!e - [n!e]$.

(b) a_n/a_{n+1}, 其中 $a_1 = 0, a_2 = 1,$ 而 $a_{k+2} = a_{k+1} + a_k$.

第二章 积分学和微分学的基本概念

积分和微分是微积分学中两种基本的极限过程. 这两种过程的一些特殊的情况, 甚至在古代就已经有人考虑过 (在阿基米德的工作中达到高峰), 而在 16 世纪和 17 世纪, 更越来越引起人们的重视. 然而, 微积分的系统的发展, 只是在 17 世纪才开始, 并且通常认为是两位伟大的科学先驱——牛顿和莱布尼茨的创造. 这一系统发展的关键在于认识到: 过去一直是分别研究的微分和积分这两种过程是彼此互逆地联系着的[1].

公正的历史评价, 是不能把发明微积分这一成就归功于一两个人的偶然的和不可思议的灵感的. 许多人, 例如费马、伽利略 (Galileo) 和开普勒 (Kepler), 都曾为科学中的这些具有革命性的新思想所鼓舞, 对微积分的奠基作出过贡献. 事实上, 牛顿的老师巴罗 (Barrow), 就曾几乎充分认识到微分和积分之间的互逆关系——牛顿和莱布尼茨建立的系统微积分的基础—基本思想. 牛顿将概念阐述得要较清楚一些; 而从另一方面来说, 莱布尼茨所用的巧妙的符号和计算方法则具有很大的启发性, 并且至今仍然是不可缺少的. 他们二人的工作, 立即促进了数学分析的一些较高深的分支学科的发展, 其中包括变分法和微分方程理论, 并且在科学中得到了极其广泛的应用. 然而令人十分奇怪的是, 虽然牛顿、莱布尼茨以及他们的直接继承者, 使得他们所掌握的这种强有力的工具得到了如此多种多样的应用, 但是谁都没有完全阐明他们工作中所包含着的一些基本概念. 他们讨论中所使用的 "无穷地小的量" 这一概念, 在逻辑上是站不住脚的, 也是不能令人信服的. 最后, 直到 19 世纪, 在通过严谨地表述极限概念和分析了实数的连续统后 (像在第一章中说明的那样), 才使微积分的基本概念得到澄清[2].

我们首先来讨论一些基本概念. 这些概念只有通过具体的说明和实例才能充分理解. 所以, 这里我们再次指出, 同在本书的其他许多地方一样, 当读者熟悉了后面一些章节中比较特殊和具体的材料以后, 还要仔细地来研究理论的和一般性的章节.

---

1) 这一事实形成 '微积分基本定理".

2) 微积分的产生过程可追溯到 2000 年以前, 它是科学发明史上最精彩的篇章之一. 有兴趣的读者可以参考 Carl B. Boyer. *Concept of the Calculus*. Hafner Publishing Company, 1949. 也可参考 O. Toeplitz. Calculus. *A Genetic Approach*. University of Chicago, 1963.

2.1 积　分

a. 引言

只是经过长期发展以后, 系统的积分法和微分法才给出了在几何学和自然科学中产生的直觉观念所需要的精确的数学描述. 微分概念的产生是为了需要描述曲线的切线和运动质点的速度, 更一般地说, 是为了描述变化率的概念. 曲边区域的面积的直觉观念, 则在积分过程中得到了它的精确的数学表述. 几何学和物理学中其他许多有关的概念也需要积分, 正如后面我们将会看到的那样. 在这一节中, 我们从计算曲线所围成的平面区域的面积的问题来引出积分的概念.

面积. 我们都有这样一种直觉: 包含在一条封闭曲线中的区域有一个 '面积', 它是由曲线内部正方形单位的数目来计算的. 但是, 对于面积的这种度量怎样才能用精确的术语来描述呢? 回答这个问题, 需要一系列的数学步骤. 直观上可以联想到的面积的一些基本性质是: 面积是一个 (与长度单位的选择有关, 且为正) 数; 对于全等图形来说, 这个数是相同的; 对于一切矩形来说, 这个数是两相邻边长的乘积; 最后, 对于划分成几个部分的某一区域来说, 其整个区域的面积等于各部分的面积之和.

由此, 可以直接得到下述事实: 如果区域 A 是区域 B 的一部分, 则 A 的面积不能超过 B 的面积.

任何一个图形, 如果它能够被划分成有限个矩形, 那么根据上述性质, 我们便可直接计算它的面积. 更一般地说, 为了确定区域 R 的面积之值 F, 我们首先考察另外两个可以划分成一些矩形的区域 R' (内接的) 和 R'' (外接的). 这里, R'' 包含着 R, 而 R' 包含于 R 之中 (见图 2.1). 这时, 我们至少知道, F 必定介于 R' 的面积和 R'' 的面积之间. 如果我们找到了两串能划分成一些矩形的外接区域 R''_n 和内接区域 R'_n 的序列, 并且当 n 趋向于无穷大时, R''_n 的面积和 R'_n 的面积具有相同的极限, 则 F 的值就完全确定. 追溯到古代, 这就是在初等几何中为了描述圆的

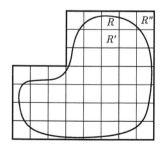

图 2.1　面积的近似法

面积所使用过的 '穷举法'[1]. 现在, 这种直观思想的精确的数学论述便导致积分概念的产生.

b. 作为面积的积分

曲线下的面积

当我们将面积同函数联系起来时, 便产生了积分的分析概念. 让我们来考虑这样一个区域: 左、右以垂直线 $x = a$ 和 $x = b$ 为界, 下面以 x 轴为界, 上面以正的连续函数 $f(x)$ 的图形为界 (见图 2.2). 这种图形的面积简称为 '曲线下的面积'. 我们暂且从直观上接受这样的思想: 这种区域的面积是一个确定的数. 我们将这个面积 F_a^b 称为函数 $f(x)$ 在积分限 a 和 b 之间的积分[2]. 我们利用由一些矩形的面积之和来逼近的方法, 求出 F_a^b 的数值. 为此目的, 我们将 x 轴上的区间 $[a, b]$ 分成 n 个 (小) 部分, 称之为单元, 单元的大小不必相同. 在每一个分点上, 我们画出 x 轴的垂线, 直到曲线 $f(x)$. 于是, 面积为 F_a^b 的区域被分成 n 个小长条, 每一个小长条的边界都是函数 $f(x)$ 的图形的一部分和三个直线段 (图 2.3).

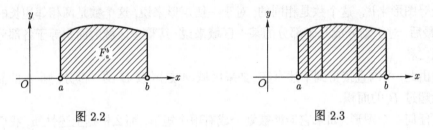

图 2.2   图 2.3

作为和的极限的面积或积分. 计算这种小长条的面积, 显然并不比计算原区域的面积来得容易. 然而, 如果用同底的外接矩形和内接矩形从上面和从下面来近似每一个小长条的面积, 就会前进一步. 这时, 小长条的曲边为水平线段所代替, 此水平线段与 x 轴的距离是 $f(x)$ 在该单元上的最大值或最小值 (图 2.4). 更一般地说, 如果我们用底边相同而顶边是与小长条的曲边相交的任何水平线段的矩形来代替小长条, 则得到中间的近似值 (见图 2.5). 在分析上, 这相当于在每一个单元上都用某一个中间的常数值来代替 $f(x)$. 我们用 F_n 表示此 n 个小矩形面积之和. 直观上可以看出, 如果将区间划分得越来越细, 也就是说, 如果使 n 无限地增大而各单元的最大长度趋向于零, 则数值 F_n 趋向于 F_a^b. 这样 F_a^b 表示这些矩形组成的面积的极限.

---

1) 当然, 我们可以使用任何一种内接的和外接的多边形, 因为多边形能够被划分成一些直角三角形, 而直角三角形的面积显然是具有相同边长的矩形面积之半.

2) 我们把进行积分的区间的边界点称为 '积分限', 这并不会引起混淆.

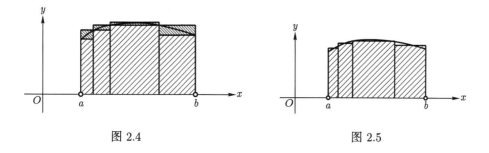

图 2.4   图 2.5

c. 积分的分析定义. 表示法

积分的定义和存在

在上一节中, 我们将曲线下的面积理解为直观上给定的量, 随后又将它表示为极限值. 现在, 我们将这个顺序颠倒过来. 我们不再凭借直觉来认定连续曲线下面的区域的面积; 相反, 我们将首先用纯分析的方式讨论上面已定义的和 F_n, 并且来证明这些和趋向于确定的极限值, 然后将这个极限就作为积分或面积的精确的定义.

设函数 $f(x)$ 在闭区间 $a \leqslant x \leqslant b$ 上是连续的 (但不一定是正的). 我们用 $n-1$ 个分点 $x_1, x_2, \cdots, x_{n-1}$ 将区间分成 n 个相等的或不相等的单元, 其长度为

$$x_i - x_{i-1} = \Delta x_i \quad (i = 1, 2, \cdots, n)^{1)},$$

此外, 令 $x_0 = a, x_n = b$ (见图 2.6). 在每一个闭子区间 $[x_{i-1}, x_i]$ 或单元上, 我们随意选取任何一点 ξ_i, 然后, 作和式

$$F_n = f(\xi_1)(x_1 - x_0) + f(\xi_2)(x_2 - x_1) + \cdots + f(\xi_n)(x_n - x_{n-1})$$
$$= f(\xi_1)\Delta x_1 + f(\xi_2)\Delta x_2 + \cdots + f(\xi_n)\Delta x_n.$$

使用求和记号, 我们可以更简洁地记为

$$F_n = \sum_{i=1}^{n} f(\xi_i)(x_i - x_{i-1})$$

或

$$F_n = \sum_{i=1}^{n} f(\xi_i)\Delta x_i.$$

如果 $f(x)$ 是正的, 则数值 F_n 表示在每一个子区间上用常数值 $f(\xi_i)$ 代替 f

---

1) 记号 Δ 不要看成是 (乘积) 因子, 它只是表示取后继变量之值的差, 因此, 符号 Δx_i 指的是 x 的相继两值之差 $x_i - x_{i-1}$.

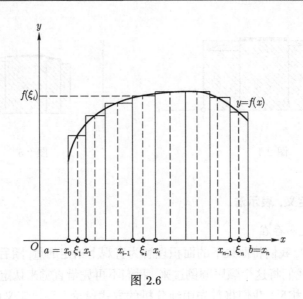

图 2.6

时所得到的曲线下的面积. 当然, 不假设 f 为正, 也能建立起和式 F_n. 当子区间的个数无限增加而同时最大的子区间的长度趋向于零时, 和 F_n 必定趋向于极限 F_a^b. 这在直观上看来确乎有理; 其含义是: 极限 F_a^b 之值与分点 $x_1, x_2, \cdots, x_{n-1}$ 以及中间点 $\xi_1, \xi_2, \cdots, \xi_n$ 的特殊选取方式是无关的. 我们将 F_a^b 称为 $f(x)$ 在积分限 a 和 b 之间的积分.

　　然而, 几何上的直观, 不论多么令人信服, 也只能作为我们在分析上求极限的过程的引导. 因此, 分析证明是需要的, 而且必须证明作为上述极限的积分的存在性. 另外, 正如已经说过的, 我们完全不必要求函数 f 在积分区间上为正的假设.

　　因此, 我们断言:

　　存在定理　对于闭区间 $[a, b]$ 上的任何连续函数 $f(x)$ 来说, 在这个区间上的积分作为上述的和 F_n 的极限是存在的 (与分点 $x_1, \cdots, x_{n-1}$ 和中间点 $\xi_1, \cdots, \xi_n$ 的选取无关, 而只要 Δx_i 的最大长度趋向于零).

　　在证明积分的存在 (见补篇, 第 165 页) 以前, 我们先来取得一些经验和知识.

　　积分的莱布尼茨表示法

　　将积分定义为和的极限, 曾促使莱布尼茨用下列符号来表示积分:

$$\int_a^b f(x)dx.$$

这里, 积分号是莱布尼茨时代所使用的长 S 形的求和号的变形. 而从单元 Δx_i 过渡到极限, 则通过用字母 d 代替 Δ 来表示. 但是, 在采用这种表示法时, 我们绝不要默认 18 世纪的神秘主义的看法, 即把 dx 看成 '无穷地小' 或 '无穷小的量',

而把积分看成 "无穷多个无穷地小的量之和". 这样的概念缺乏明晰的含义, 并且会使我们在前面准确地表述过的内容模糊不清. 从我们现在的观点看来, 单独的符号 dx 并没有定义. 示意性的符号组合 $\int_a^b f(x)dx$ 是这样定义的: 对于区间 $[a,b]$ 上的函数 $f(x)$, 作出的和 F_n 是当 $n \to \infty$ 时所取的极限.

使用怎样的具体符号来表示积分变量, 是完全无关紧要的事 (正像在和式的表示法中, 把什么当作求和指标是没有关系的); 我们可以将 $\int_a^b f(x)dx$ 同样地写成 $\int_a^b f(t)dt$, 或 $\int_a^b f(u)du$. 用 f 表示的被积函数是区间 $[a,b]$ 上的自变量的函数, 而与自变量的名称是不相干的. 只有积分区间的端点 a,b 会影响给定函数 f 的积分之值. 像 $\int_a^x f(x)dx$ 或 $\int_a^b f(a)da$ 这样的表达式, 其中相同的字母既用来表示积分变量又用来表示区间的端点, 在我们的定义下会引起误解, 因此开始时应当避免.

若被积函数 $f(x)$ 在区间 $[a,b]$ 上是正的, 我们就能直接将 $\int_a^b f(x)dx$ 与由 f 的图形和直线 $x = a, x = b, y = 0$ 所围成的面积等同起来. 然而, 在分析上将 f 的积分定义为和 F_n 的极限, 对于 f 的符号并未作任何假定. 如果 $f(x)$ 在我们考虑的整个区间或其中一部分上是负的, 其影响只是使所作的和式中相应的因子 $f(\xi_i)$ 不为正而为负. 这时, 对于位于 x 轴下面的那一部分曲线围成的区域, 我们自然认定是一个负面积. 因此, 积分将是正项和负项之和, 它们分别对应着位于 x 轴上面和下面的曲线部分[1]. (见图 2.7).

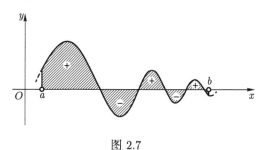

图 2.7

即使函数 $f(x)$ 不是处处连续的, 而是在一个点或几个点上具有间断性跳跃, 上述极限过程也是收敛的, 例如图 2.8 中的曲线所表示的函数, 其曲线下的面积显然存在[2], 这在直观上是可信的.

---

1) 由任意封闭曲线围成的区域的面积将在第四章来讨论.

2) 作为另一个例子, 我们在 $[-1,1]$ 上考虑 $f(x) = \operatorname{sgn} x$: 当 $x < 0$ 时, 我们有 $f(x) = -1$, 当 $x > 0$ 时, 有 $f(x) = 1$ (见图 2.9). 这时 $\int_{-1}^1 f(x)dx = 0$.

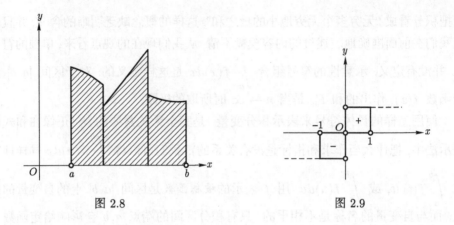

图 2.8　　　　　　　　　　　　　　图 2.9

因此, 对于具有某些间断性的函数来说, 上述极限过程完全有可能使得和式 F_n 存在确定的极限; 我们将这种函数称为可积的, 以表示存在确定极限的可能性. 19 世纪中叶, 大数学家黎曼 (B. Riemann) 首先分析了将积分过程应用于一般函数的情况. 近来, 又引出了积分概念本身的各种扩充. 但是, 这些改进对于针对在直观上可以想见的现象的微积分来说, 没有什么直接的重要性, 而通过强调所考虑的函数的可积性以提示还能够定义不可积的函数, 这对我们来说并不总是必要的.

在高等微积分中, 我们这里定义的积分称为黎曼积分, 这是为了将它同各种推广的积分概念区别开来. 近似和 F_n 称为黎曼和.

2.2　积分的初等实例

有一些基本且重要的函数, 我们现在就能通过规定的求极限过程来计算它们的积分. 为了做到这一点, 我们将适当选取中间点 ξ_i (通常是单元的左端点或右端点) 来直接算出和 F_n. 连续函数的积分存在定理保证: 对于另选的任何中间点 ξ_i 以及区间的任何划分方式, F_n 的极限是相同的.

a. 线性函数的积分

我们首先来验证: 对于在几何学中早已知道的某些简单的图形的面积, 积分的确给出了正确的 (面积) 值.

设 $f(x) = $ 常数 $= \gamma$, 为了计算 $f(x)$ 在积分限 a 和 b 之间的积分, 我们作和式 F_n (见图 2.10). 因为这里 $f(\xi_i) = \gamma$, 我们得到

$$F_n = \sum_{i=1}^{n} \gamma \Delta x_i = \gamma \sum_{i=1}^{n} \Delta x_i = \gamma(b - a).$$

因此, 同样有

$$\lim_{n\to\infty} F_n = \int_a^b \gamma dx = \gamma(b-a).$$

这正是高为 γ、底为 $b-a$ 的矩形面积的公式.

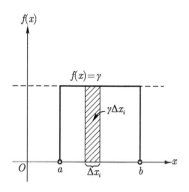

图 2.10　常数函数的积分

函数 $f(x) = x$ 的积分

$$\int_a^b x dx$$

(图 2.11), 正像我们在初等几何中就知道的那样, 具有值

$$\frac{1}{2}(b-a)(b+a) = \frac{1}{2}(b^2 - a^2).$$

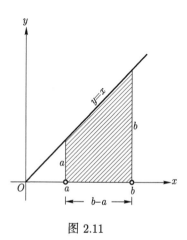

图 2.11

为了证实在分析上通过规定的求极限过程也会得到同样的结果, 我们把从 a

到 b 的区间用分点

$$a+h, a+2h, \cdots, a+(n-1)h$$

划分为 n 等份, 其中 $h=\dfrac{b-a}{n}$. 将每一个子区间的右端点取作 ξ_i, 作出和式

$$\begin{aligned} F_n &= (a+h)h + (a+2h)h + \cdots + (a+nh)h \\ &= nah + (1+2+3+\cdots+n)h^2 \\ &= nah + \frac{1}{2}n(n+1)h^2 \end{aligned}$$

并取当 $n \to \infty$ 时的极限, 我们得到积分, 这里我们利用了熟知的算术 (等差) 级数之和的公式 (见第 93 页, 问题 3). 代入 $h=\dfrac{b-a}{n}$, 我们看出

$$F_n = a(b-a) + \frac{1}{2}\left(1+\frac{1}{n}\right)(b-a)^2,$$

由此, 立即得到

$$\lim_{n\to\infty} F_n = a(b-a) + \frac{1}{2}(b-a)^2 = \frac{1}{2}(b^2-a^2).$$

b. x^2 的积分

用初等几何的方法来求函数 $f(x)=x^2$ 的积分, 即确定由一段抛物线、一段 x 轴和两条垂直线所围成的区域的面积, 并不那么容易. 需要确实进行极限过程. 假设 $a<b$, 我们选取与上例中相同的分点和中间值 (见图 2.12). 由此便可得到, x^2 在积分限 a 和 b 之间的积分是和式

$$\begin{aligned} F_n &= (a+h)^2 h + (a+2h)^2 h + \cdots + (a+nh)^2 h \\ &= na^2 h + 2ah^2(1+2+3+\cdots+n) \\ &\quad + h^3(1^2+2^2+3^2+\cdots+n^2) \end{aligned}$$

的极限; 利用上式各括号中求和公式, 我们得到

$$\begin{aligned} F_n &= na^2 h + n(n+1)ah^2 + \frac{1}{6}[n(n+1)(2n+1)]h^3 \\ &= a^2(b-a) + \left(1+\frac{1}{n}\right)a(b-a)^2 \\ &\quad + \frac{1}{6}\left(1+\frac{1}{n}\right)\left(2+\frac{1}{n}\right)(b-a)^3. \end{aligned}$$

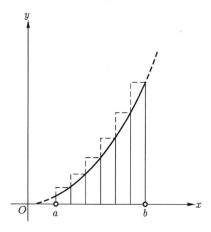

图 2.12 在算术等差级数的分割下抛物线弧下的面积

因为 $\lim\limits_{n\to\infty}\dfrac{1}{n}=0$, 所以有

$$\lim_{n\to\infty} F_n = a^2(b-a) + a(b-a)^2 + \frac{1}{3}(b-a)^3$$
$$= \frac{1}{3}(b^3 - a^3).$$

于是, 当 $a < b$ 时,

$$\int_a^b x^2 dx = \frac{1}{3}(b^3 - a^3).$$

c. x^α 的积分 (α 是不等于 -1 的整数)

在某些情况下, 积分能够用特殊的初等方法来实现, 本节下面的一些例题都是为了说明这一点的构造性的例证. 后面, 在 2.9 节 (d) 中, 我们还要用一般的方法更简单地得到同样的结果.

我们只要把用于 x 和 x^2 的那种推理方法, 同样应用于函数 $x^3, x^4, \cdots$, 便可导出关系式

$$\int_a^b x^\alpha dx = \frac{1}{\alpha+1}(b^{\alpha+1} - a^{\alpha+1}), \tag{1}$$

其中 α 是任何正整数; 为了证明这一点, 只需对于和 $1^\alpha + 2^\alpha + \cdots + n^\alpha$ 找到一些适当的公式, 例如关系式

$$\lim_{n\to\infty}\left[(1^\alpha + 2^\alpha + \cdots + n^\alpha)\frac{1}{n^{\alpha+1}}\right] = \frac{1}{\alpha+1},$$

对于 α 运用数学归纳法便可证明此一般式 (见第 95 页问题 16). 在下一节中, 我们将用不同的方法来证明公式 (1)——这种证法具有更大的普遍性并且要简单得多, 从而表明下面阐述的这些方法的效力. 以后还要将公式 (1) 推广, 使之对于除 $\alpha = -1$ 以外的一切实数 α 都成立.

　　幸好, 在选择区间的划分方式方面, 积分的定义给我们留有很大的灵活余地, 因而为计算上述积分提供了一种非常简单的方法. 我们不一定要根据等距分点来求和. 相反, 我们采用几何级数方式的分点法 (图 2.13):

$$a, aq, aq^2, \cdots, aq^{n-1}, aq^n = b$$

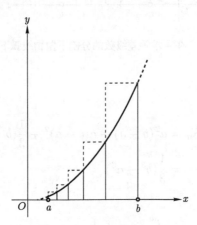

图 2.13　　在几何级数方式的分割下

来划分区间 $[a, b]$, 其中公比 $q = \sqrt[n]{\dfrac{b}{a}}$; 这时, 我们只需计算几何级数之和. 如果取 $x_i = aq^i$ 作为分点, 则第 i 个单元的长度是

$$\Delta x_i = aq^i - aq^{i-1} = \frac{aq^i(q-1)}{q}.$$

而长度最大的 Δx_i 是最后一个单元:

$$\Delta x_n = \frac{b(q-1)}{q}.$$

当 $n \to \infty$ 时, 数 q 趋向于数值 1 (见第一章例 d), 因而最大单元的长度 Δx_n 也就是所有单元的长度都趋向于零. 我们仍取每一个单元的右端点 x_i 作为中间点 ξ_i. 和式

$$F_n = \sum_{i=1}^{n}(\xi_i)^{\alpha}\Delta x_i = \sum_{i=1}^{n}(aq^i)^{\alpha}aq^i\frac{q-1}{q}$$

$$= a^{\alpha+1}\frac{q-1}{q}\sum_{i=1}^{n}(q^{1+\alpha})^i, \tag{2}$$

可由公比为 $q^{1+\alpha}$ 的几何级数之和, 来求得, 即应用熟知的公式 (第 54 页), 我们有

$$F_n = a^{\alpha+1}\frac{q-1}{q}q^{\alpha+1}\frac{q^{n(\alpha+1)}-1}{q^{\alpha+1}-1}$$

$$= a^{\alpha+1}(q-1)q^{\alpha}\frac{(b/a)^{\alpha+1}-1}{q^{\alpha+1}-1}$$

$$= (b^{\alpha+1}-a^{\alpha+1})q^{\alpha}\frac{q-1}{q^{\alpha+1}-1}.$$

因为 $q \neq 1$, 所以可以再次利用几何级数之和的公式, 即将上式末项中因子写成

$$\frac{q-1}{q^{1+\alpha}-1} = \frac{1}{q^{\alpha}+q^{\alpha-1}+\cdots+1}.$$

而当 $n \to \infty$ 时, q 的各次幂都趋向于 1, 于是得到

$$\lim_{n\to\infty}F_n = \frac{1}{1+\alpha}(b^{1+\alpha}-a^{1+\alpha}).$$

因此, 对于 $0 < a < b$ 和任何正整数 α, 我们就证明了 x^{α} 的积分公式 (1).

对于负整数 α, 如果 $\alpha \neq -1$, 仍可应用类似的方法. 同前面一样, 对于和式 F_n, 可得到

$$F_n = (b^{\alpha+1}-a^{\alpha+1})q^{\alpha}\frac{q-1}{q^{\alpha+1}-1}$$

$$= (b^{\alpha+1}-a^{\alpha+1})\frac{q-1}{q(1-q^{-\alpha-1})},$$

这里我们注意到 $-\alpha$ 是正整数并且大于 1. 再用几何级数的公式, 我们得到

$$\frac{1}{q}\left(\frac{q-1}{q^{-\alpha-1}-1}\right) = \frac{1}{q^{-\alpha-1}+q^{-\alpha-2}+\cdots+q},$$

而当 $n \to \infty$ 时, 此式趋向于 $\dfrac{1}{-\alpha-1}$. 结果, 同前述一样,

$$\lim_{n\to\infty}F_n = \frac{1}{\alpha+1}(b^{\alpha+1}-a^{\alpha+1}).$$

当 $\alpha = -1$ 时, 积分公式 (1) 是没有意义的, 因为这时右端的分子和分母都是

零. 对于 $\alpha = -1$ 的情况, 从原来的 F_n 的表达式 (2) 中, 我们算出 $F_n = \dfrac{n(q-1)}{q}$.

注意到当 $n \to \infty$ 时 $q = \sqrt[n]{\dfrac{b}{a}}$ 趋向于 1, 于是, 我们得到

$$\int_a^b \frac{1}{x}dx = \lim_{n \to \infty} n\left(\sqrt[n]{\frac{b}{a}} - 1\right). \tag{3}$$

这里, 右端的极限不能用 a 和 b 的幂来表示, 但能用这些量的对数来表示, 正如后面我们将会看到的那样 (见第 117 页).

d. x^α 的积分 (α 是不等于 -1 的有理数)

前面所得到的结论可以大大推广, 其证明过程并不十分复杂. 令 $\alpha = \dfrac{r}{s}$ 是正有理数, 其中 r 和 s 是正整数. 这时, 在计算上面给出的积分时, 除了计算 $\dfrac{q-1}{q^{\alpha+1}-1}$ 当 q 趋向于 1 时的极限以外, 并没有什么改变. 现在这个表达式不过是 $\dfrac{q-1}{q^{(r+s)/s}-1}$. 让我们设 $q^{1/s} = \tau(\tau \neq 1)$. 于是, 当 q 趋向于 1 时, τ 也趋向于 1. 因此, 我们必须求出 $(\tau^s - 1)/(\tau^{r+s} - 1)$ 当 τ 趋向于 1 时的极限值. 如果将分子和分母同时除以 $\tau - 1$, 并且同前面一样, 用几何级数的公式将它们的形式加以变换, 则这个极限就简化为

$$\lim_{\tau \to 1} \frac{\tau^{s-1} + \tau^{s-2} + \cdots + 1}{\tau^{r+s-1} + \tau^{r+s-2} + \cdots + 1}.$$

因为分子和分母对于 τ 来说都是连续的, 所以代入 $\tau = 1$, 立即得到这个极限, 也就是等于 $\dfrac{s}{r+s} = \dfrac{1}{\alpha+1}$; 所以, 对于每一个正的有理数 α, 我们得到积分公式

$$\int_a^b x^\alpha dx = \frac{1}{\alpha+1}(b^{\alpha+1} - a^{\alpha+1}),$$

同 α 为正整数时完全一样.

对于负的有理数 $\alpha = -\dfrac{r}{s}$, 如果 $\alpha \neq -1$ (当 $\alpha = -1$ 时, 上面所用的几何级数求和的公式失去意义), 这个公式也仍然成立.

对于负的 α, 我们令 $\alpha = -\dfrac{r}{s}$, 设 $q^{-1/s} = \tau$, 仍可算出 $-\dfrac{q-1}{q^{\alpha+1}-1}$ 的极限. 这一点作为练习留给读者.

我们自然会推测到: 使上面这个公式成立的范围, 还能够推广到无理值 α. 实际上, 在 2.7 节 (第 132 页) 中我们将用十分简单的方法, 作为一般理论的结果, 来建立对于一切实数 α 的这一积分公式.

e. $\sin x$ 和 $\cos x$ 的积分

我们在这里要用特殊的方法来处理的最后一个例子是 $f(x) = \sin x$ 的积分. 积分

$$\int_a^b \sin x dx$$

显然是和式

$$S_h = h[\sin(a+h) + \sin(a+2h) + \cdots + \sin(a+nh)]$$

的极限, 这个和式是通过将积分区间划分成长度为 $h = \dfrac{b-a}{n}$ 的单元而得到的. 我们将右端的表达式乘以 $2\sin\dfrac{h}{2}$, 并用熟知的三角公式:

$$2\sin u \sin v = \cos(u-v) - \cos(u+v).$$

如果 h 不是 2π 的倍数, 我们便得到公式

$$\begin{aligned} S_h = {} & \frac{h}{2\sin\dfrac{h}{2}} \left[\cos\left(a+\frac{h}{2}\right) - \cos\left(a+\frac{3}{2}h\right) \right. \\ & + \cos\left(a+\frac{3}{2}h\right) - \cos\left(a+\frac{5}{2}h\right) + \cdots \\ & \left. + \cos\left(a+\frac{2n-1}{2}h\right) - \cos\left(a+\frac{2n+1}{2}h\right) \right] \\ = {} & \frac{h}{2\sin\dfrac{h}{2}} \left[\cos\left(a+\frac{h}{2}\right) - \cos\left(a+\frac{2n+1}{2}h\right) \right]. \end{aligned}$$

因为 $a + nh = b$, 所以积分就成为

$$\frac{h}{2\sin\dfrac{h}{2}} \left[\cos\left(a+\frac{h}{2}\right) - \cos\left(b+\frac{h}{2}\right) \right],$$

当 $h \to 0$ 时的极限.

我们在第一章 (第 68 页) 得知, 当 $h \to 0$ 时, 表达式 $\dfrac{h/2}{\sin(h/2)}$ 趋向于 1. 于是, 所要求的极限就是 $\cos a - \cos b$, 因而我们得到积分

$$\int_a^b \sin x dx = -(\cos b - \cos a).$$

类似地, 有

$$\int_a^b \cos x dx = \sin b - \sin a \quad (见第 \ 169 \ 页问题 \ 3).$$

上面的每一个实例都是用特殊的方法来处理的. 然而, 系统的积分学和微分学的基本点正在于这样一个事实: 我们不是用这种或那种特殊的方法, 而是运用统一的思想方法去直接得到这些结果. 为了介绍这些方法, 我们首先来介绍一下关于积分的某些一般法则, 然后引入导数的概念, 最后建立积分和导数之间的联系.

2.3　积分的基本法则

积分的一些基本性质, 可从和式的极限

$$\int_a^b f(x)dx = \lim_{n\to\infty} \sum_{i=1}^n f(\xi_i)\Delta x_i$$

直接推出, 这里, 区间 $[a,b]$ 被划分成长度为 Δx_i 的子区间或单元, 数 ξ_i 表示第 i 个子区间上的任何值, 并且要求当 $n \to \infty$ 时长度最大的 Δx_i 趋向于零.

a. 可加性

设 c 是 a 和 b 之间的任一值. 如果我们把积分解释为面积, 并且注意到: 由若干部分组成的区域, 它的面积是各部分的面积之和 (图 2.14), 则可得到下列法则:

$$\int_a^b f(x)dx = \int_a^c f(x)dx + \int_c^b f(x)dx. \tag{4}$$

为了进行分析的证明, 我们按下述方式划分区间: 即把 c 取作分点, 譬如说, $c = x_m$ (其中 m 随 n 而改变). 这时,

$$\sum_{i=1}^n f(\xi_i)\Delta x_i = \sum_{i=1}^m f(\xi_i)\Delta x_i + \sum_{i=m+1}^n f(\xi_i)\Delta x_i,$$

其中右端的第一个和对应着划分成 m 个单元的区间 $[a,c]$, 第二个和对应着划分成 $n-m$ 个单元的区间 $[c,b]$. 现在, 当 $n \to \infty$ 时, 我们便得到这一积分法则.

到目前为止, 我们仅对 $a < b$ 的情况定义了 $\int_a^b f(x)dx$. 当 $a = b$ 或 $a > b$ 时, 我们定义积分的方式应使得可加性法则仍然成立. 因此, 当 $c = a$ 时, 我们必须定义

$$\int_a^a f(x)dx = 0, \tag{5}$$

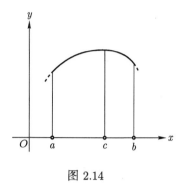

图 2.14

而当 $b = a$ 时, 则推出

$$\int_a^c f(x)dx + \int_c^a f(x)dx = \int_a^a f(x)dx = 0.$$

这就使得我们对于 $c < a$ 的情况, 要按下列公式来定义 $\int_a^c f(x)dx$:

$$\int_a^c f(x)dx = -\int_c^a f(x)dx, \tag{6}$$

其中, 右端具有原来规定的意义. 公式 (6) 的几何意义是: 如果由积分下限向积分
上限移动的方向是使 x 减少的方向, 则将曲线 $y = f(x)$ 下的面积看作为负的.
看一下前面的积分实例便可确信: 将积分限 a 和 b 交换, 结果确实会使积分之值
变号.

b. 函数之和的积分. 函数与常数乘积的积分

如果 $f(x)$ 和 $g(x)$ 是任何两个 (可积) 函数, 则由极限运算的基本定律可知

$$\int_a^b f(x)dx + \int_a^b g(x)dx = \lim_{n\to\infty}\left[\sum_{i=1}^n f(\xi_i)\Delta x_i\right] + \lim_{n\to\infty}\left[\sum_{i=1}^n g(\xi_i)\Delta x_i\right]$$

$$= \lim_{n\to\infty}\left[\sum_{i=1}^n f(\xi_i)\Delta x_i + \sum_{i=1}^n g(\xi_i)\Delta x_i\right]$$

$$= \lim_{n\to\infty}\left\{\sum_{i=1}^n [f(\xi_i) + g(\xi_i)]\Delta x_i\right\};$$

因此对于两个函数之和得到下列重要法则:

$$\int_a^b f(x)dx + \int_a^b g(x)dx = \int_a^b [f(x) + g(x)]dx; \tag{7}$$

对于差, 类似地有

$$\int_a^b f(x)dx - \int_a^b g(x)dx = \int_a^b [f(x) - g(x)]dx.$$

此外, 当 α 为任意常数时, 有

$$\int_a^b \alpha f(x)dx = \lim_{n\to\infty} \sum_{i=1}^n \alpha f(\xi_i)\Delta x_i$$

$$= \alpha \lim_{n\to\infty} \sum_{i=1}^n f(\xi_i)\Delta x_i,$$

于是得到

$$\int_a^b \alpha f(x)dx = \alpha \int_a^b f(x)dx. \tag{8}$$

最后的两个法则, 使得我们能够对于两个或多个可积的函数的 '线性组合' 进行积分. 因此, 对于任何二次函数 $y = Ax^2 + Bx + C$, 其中 A, B, C 为任何常数, 我们可得

$$\int_a^b (Ax^2 + Bx + C)dx = \int_a^b Ax^2 dx + \int_a^b Bx dx + \int_a^b C dx$$

$$= A \int_a^b x^2 dx + B \int_a^b x dx + C \int_a^b 1 dx$$

$$= \frac{A}{3}(b^3 - a^3) + \frac{B}{2}(b^2 - a^2) + C(b - a).$$

用同样的方法, 可将一般的多项式

$$y = A_0 x^n + A_1 x^{n-1} + \cdots + A_{n-1}x + A_n$$

进行积分:

$$\int_a^b y dx = \frac{1}{n+1} A_0 (b^{n+1} - a^{n+1}) + \frac{1}{n} A_1 (b^n - a^n) + \cdots$$

$$+ \frac{1}{2} A_{n-1}(b^2 - a^2) + A_n(b - a).$$

c. 积分的估值

关于积分的另一个可以明显地看到的性质也是很基本的. 即当 $a < b$ 时, 对于在区间 $[a, b]$ 的每一点上为正或为零的函数 $f(x)$, 有

$$\int_a^b f(x)dx \geqslant 0. \tag{9}$$

如果我们把积分写成和式的极限, 并且注意到和式内仅含非负项, 则立即可以推出这一结论.

更一般地, 如果我们考虑两个函数 f 和 g, 它们具有这种性质: 对于区间 $[a,b]$ 上的一切 x 来说, $f(x) \geqslant g(x)$. 则

$$\int_a^b f(x)dx \geqslant \int_a^b g(x)dx. \tag{10}$$

这是因为: $f(x) - g(x)$ 总不为负, 所以我们有

$$\int_a^b f(x)dx - \int_a^b g(x)dx = \int_a^b [f(x) - g(x)]dx \geqslant 0.$$

现在我们将这一结论用于在区间 $[a,b]$ 上连续的函数 $f(x)$. 设 f 在这个区间上的最大值为 M, 最小值为 m. 因为对于 $[a,b]$ 中的一切 x 来说, 有

$$m \leqslant f(x) \leqslant M,$$

所以, 我们得到

$$\int_a^b mdx \leqslant \int_a^b f(x)dx \leqslant \int_a^b Mdx.$$

如果注意到: 对于任何常数 C, 有

$$\int_a^b Cdx = C \int_a^b 1dx = C(b-a),$$

我们还可得到不等式

$$m(b-a) \leqslant \int_a^b f(x)dx \leqslant M(b-a), \tag{11}$$

这个不等式给出了关于任一连续函数的定积分的 (最简单的) 上界和下界.

这个估值在直观上也是很明白的. 如果把积分解释为面积, 则量 $M(b-a)$ 和 $m(b-a)$ 分别表示在长度为 $b-a$ 的公共底边上的外接矩形和内接矩形的面积 (图 2.15).

d. 积分中值定理

作为平均值的积分, 上面所得到的不等式, 当我们用函数 f 在区间 $[a,b]$ 上的平均值来对它作稍不同的解释时是很有意义的. 首先, 对于有限个量 $f_1, f_2, \cdots, f_n$

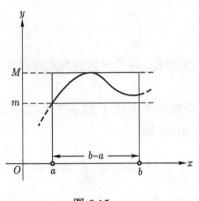

图 2.15

来说, 其平均值或算术平均值乃是数

$$\frac{f_1 + f_2 + \cdots + f_n}{n}.$$

现在, 如果我们想要定义对应于区间 $[a, b]$ 上的任意 x 的无穷多个量 $f(x)$ 的平均值, 那么, 很自然的做法是: 首先取出 (有限的) n 个 f 值, 譬如说 $f(x_1), f(x_2), \cdots,$ $f(x_n)$, 作平均值

$$\frac{f(x_1) + \cdots + f(x_n)}{n},$$

然后, 令 n 无限增大而取极限. 这个极限值 (如果总是存在的话), 在很大程度上取决于点 x_i 在区间 $[a, b]$ 上的分布状况. 如果我们把区间 $[a, b]$ 划分成长度为 $\Delta x_i = \frac{1}{n}(b - a)$ 的 n 个相等的部分, 而将其中的分点取作为求 f 平均值时的点 x_i, 于是就确定了一个 f 的平均值, 即

$$\frac{f(x_1) + \cdots + f(x_n)}{n} = \frac{1}{b-a} \sum_{i=1}^{n} f(x_i)\Delta x_i,$$

而且取当 $n \to \infty$ 时的极限, 则此 n 个量的平均值显然收敛于数值

$$\mu = \frac{1}{b-a} \int_a^b f(x)dx = \frac{\int_a^b f(x)dx}{\int_a^b dx}.$$

我们将 μ 称为 f 在区间 $[a, b]$ 上的 "算术平均值" 或平均值. 这样, 前面的不等式只不过是表明: 连续函数的平均值不能大于函数的最大值, 也不能小于其最小值 (图 2.16).

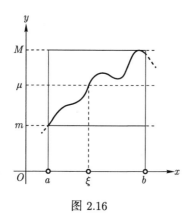

图 2.16

因为函数 $f(x)$ 在区间 $[a,b]$ 上是连续的, 所以在此区间上必定存在着使得 f 取最大值 M 和最小值 m 的点. 根据连续函数的中间值定理, 在此区间上也必定存在点 ξ, 使得 f 在这一点上正好取中间值 μ. 因此, 我们实际上证明了:

中值定理 对于在区间 $[a,b]$ 上的连续函数 $f(x)$, 在此区间上存在点 ξ, 使得

$$\int_a^b f(x)dx = f(\xi)(b-a). \tag{12}$$

这就是既简明然而又是很重要的积分中值定理. 用一句话来概括, 这个定理实质上表明: 连续函数在一个区间上的平均值属于此函数的值域.

这个定理只是保证在区间上至少存在一个 ξ, 使得 $f(\xi)$ 等于 f 的平均值, 而并未进一步说明 ξ 的位置.

注意: 如果将积分限 a 和 b 交换, 则中值定理的公式仍然成立; 因此, 当 $a > b$ 时, 中值定理也是正确的.

广义中值定理 除简单的算术平均值外, 我们还常常需要考虑如下式给出的 n 个量 $f_1, \cdots, f_n$ 的 "加权平均值":

$$\frac{p_1 f_1 + p_2 f_2 + \cdots + p_n f_n}{p_1 + p_2 + \cdots + p_n} = \mu,$$

其中 "权因子" p_i 是任何正值. 例如, $p_1, p_2, \cdots, p_n$ 是分别位于 x 轴上点 $f_1, f_2, \cdots, f_n$ 的质点的质量, 则 μ 表示重心的位置. 如果所有的权因子 p_i 都相等, 则量 μ 恰好是上面定义的算术平均值.

对于函数 $f(x)$, 我们可以类似地建立在区间 $[a,b]$ 上的加权平均值

$$\mu = \frac{\displaystyle\int_a^b f(x)p(x)dx}{\displaystyle\int_a^b p(x)dx}, \tag{13}$$

其中 $p(x)$ ——权函数——是此区间上的任一正函数. p 为正的假设保证了分母不为零.

加权平均值 μ, 也位于函数 f 在该区间上的最大值 M 与最小值 m 之间.

将不等式

$$m \leqslant f(x) \leqslant M$$

乘以正函数 $p(x)$, 我们得到

$$mp(x) \leqslant f(x)p(x) \leqslant Mp(x).$$

然后积分, 得到

$$m \int_a^b p(x)dx \leqslant \int_a^b f(x)p(x)dx \leqslant M \int_a^b p(x)dx.$$

除以正量 $\int_a^b p(x)dx$, 我们便得到上述结果

$$m \leqslant \mu \leqslant M.$$

如果这里 $f(x)$ 是连续的, 由中间值定理 (第 34 页) 我们便可断言: $\mu = f(\xi)$, 其中 ξ 是区间 $a \leqslant \xi \leqslant b$ 上的某个适当值. 由此得出下述广义的积分学中值定理:

如果 $f(x)$ 和 $p(x)$ 在区间 $[a,b]$ 上是连续的, 而且 $p(x)$ 在此区间上是正的, 则在此区间上存在点 ξ, 使得

$$\int_a^b f(x)p(x)dx = f(\xi) \int_a^b p(x)dx. \tag{14}$$

在 $p(x) = 1$ 的特殊情况下, 便得到前面的中值定理.

2.4　作为上限之函数的积分 —— 不定积分

定义和基本公式

函数 $f(x)$ 的积分值依赖于积分限 a 和 b, 即积分是两个积分限 a 和 b 的函数. 为了比较严密地讨论对于积分限的这种依赖关系, 我们设想: 下限是一个固定的数, 譬如说 α, 积分变量不再用 x 而用 u 来表示 (见第 106 页), 上限不再用 b 而用 x 来表示, 以便说明我们把上限看成变量, 并且希望作为这个上限的函数来研究积分之值. 于是, 我们写为

$$\varphi(x) = \int_\alpha^x f(u)du.$$

我们将函数 $\varphi(x)$ 称为函数 $f(x)$ 的一个不定积分. 在 '不定积分' 前面加上 '一个'

二字, 是为了使我们想到: 当下限不取 α 而取任何其他值的时候, 一般就会得到不同的积分值. 在几何上, 不定积分 $\varphi(x)$ 是在曲线 $y = f(u)$ 下并介于 u 轴、直线 $u = \alpha$ 和变动的直线 $u = x$ 之间的面积 (如图 2.17 中的阴影部分所示) 来表示的, 其符号由前面讨论过的规则来确定 (第 106 页).

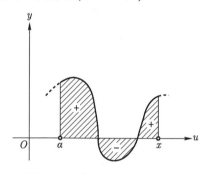

图 2.17　作为面积的不定积分

任何特定的定积分都能由不定积分 $\varphi(x)$ 求得. 实际上, 根据前面讲过的积分的基本法则,

$$\int_a^b f(u)du = \int_a^\alpha f(u)du + \int_\alpha^b f(u)du$$
$$= -\int_\alpha^a f(u)du + \int_\alpha^b f(u)du = \varphi(b) - \varphi(a).$$

特别是, 我们能够通过 $\varphi(x)$ 来表示下限为 α' 的任何其他的不定积分:

$$\int_{\alpha'}^x f(u)du = \varphi(x) - \varphi(\alpha').$$

正如我们所看到的, 任何不定积分与特定的不定积分 $\varphi(x)$ 仅仅相差一个常数.

不定积分的连续性

如果函数 $f(x)$ 在区间 $[a, b]$ 上连续, 且 α 是此区间上的一个点, 则不定积分

$$\varphi(x) = \int_\alpha^x f(u)du$$

仍然表示定义在同一区间上的 x 的函数. 不难看出, 连续函数 $f(x)$ 的不定积分 $\varphi(x)$ 同样是连续的. 因为, 如果 x 和 y 是该区间上的任何两个值, 那么, 根据中值定理, 我们有

$$\varphi(y) - \varphi(x) = \int_x^y f(u)du = f(\xi)(y - x), \tag{15}$$

其中 ξ 是端点为 x 和 y 的区间上的某一个值. 这时, 由 f 的连续性, 我们有

$$\lim_{y \to x} \varphi(y) = \lim_{y \to x} [\varphi(x) + f(\xi)(y - x)]$$
$$= \varphi(x) + f(x) \cdot 0 = \varphi(x),$$

这就证明 $\varphi(x)$ 是连续的. 更具体地说, 在任何闭区间上, 我们有 $|\varphi(y) - \varphi(x)| \leqslant M|y - x|$, 其中 M 是 $|f(x)|$ 在该区间上的最大值, 因此, φ 甚至是利普希茨连续的.

对于 $\varphi(y) - \varphi(x)$ 的公式 (15), 说明当 $f(x)$ 在整个区间上为正时, $\varphi(x)$ 是增函数, 即当 $y > x$ 时,

$$\varphi(y) = \varphi(x) + f(\xi)(y - x) > \varphi(x).$$

建立函数的不定积分, 乃是产生新的函数类的一种重要方式. 在 2.5 节中, 我们将应用这种方式引入对数函数. 这也将使我们初次看到一个事实: 由数学分析的一般定理可以导致许多非常特殊的公式.

正如在 3.14 节 a (第 259 页) 中将会看到的那样, 如果我们希望根据纯分析的方法而不是依靠直观的几何解释来定义新函数 (例如定义三角函数), 那么, 借助于已定义的函数的积分则是一种很好的途径.

2.5　用积分定义对数

a. 对数函数的定义

在 2.2 节中, 我们已经成功地通过 a 和 b 的幂来表示 $\int_a^b x^\alpha dx$, 其中 α 为任一个不等于 -1 的有理数. 当 $\alpha = -1$ 时, 我们只能将这个积分表示为序列的极限:

$$\int_a^b \frac{1}{u} du = \lim_{n \to \infty} n \left(\sqrt[n]{\frac{b}{a}} - 1 \right).$$

现在, 与 2.2 节的讨论无关, 我们引入由不定积分

$$\int_1^x \frac{1}{u} du^{1)},$$

所表示的函数, 或者在几何上, 由如图 2.18 所示双曲线下的面积所表示的函数. 我们将此函数称为 x 的对数, 或者更确切地说, 称为 x 的自然对数, 并且记为

$$\log x = \int_1^x \frac{1}{u} du. \tag{16}$$

---

1) 在本节中, 我们仍随意利用这一事实: 连续函数 $\left(\text{这里是函数 } \dfrac{1}{u}\right)$ 的积分是存在的; 其一般证明在补篇中给出.

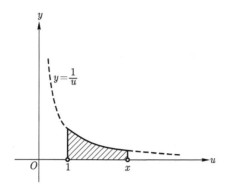

图 2.18   由面积表示的 $\log x$

因为 $y = \dfrac{1}{u}$ 是连续函数, 并且对于一切 $u > 0$ 是正函数, 所以函数 $\log x$ 对于一切 $x > 0$ 有定义, 并且是连续的, 此外还是单调增加的. 将 $\log x$ 的不定积分的下限取为 1 是很方便的, 这意味着

$$\log 1 = 0, \tag{17}$$

并且当 $x > 1$ 时 $\log x$ 是正的, 而当 x 位于 0 与 1 之间时 $\log x$ 是负的 (图 2.19). $\dfrac{1}{u}$ 在正的积分限 a 和 b 之间的任一定积分都能按下列公式通过对数来表示 (见第 125 页):

$$\int_a^b \frac{1}{u} du = \log b - \log a. \tag{18}$$

在几何上, 这个积分表示双曲线 $y = \dfrac{1}{x}$ 下的介于直线 $x = a$ 和 $x = b$ 之间的面积.

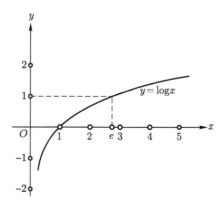

图 2.19   自然对数

b. 对数的加法定理

一个用来解释 $\log x$ 的传统名称的基本性质, 可由下述定理来表述:

加法定理　对于任何正的 x 和 y, 有

$$\log(xy) = \log x + \log y. \tag{19}$$

证明. 我们将加法定理写成下列形式

$$\log(xy) - \log y = \log x$$

或

$$\int_y^{xy} \frac{1}{v} dv = \int_1^x \frac{1}{u} du,$$

这里, 我们有意选用不同的字母来表示这两个积分的积分变量. 这两个积分所以相等可由下述事实推出: 当适当地划分和选择中间点时所得到的两个近似和具有相同的值. 首先假设 $x > 1$. 于是

$$\int_1^x \frac{1}{u} du = \lim_{n \to \infty} \sum_{i=1}^n \frac{1}{\xi_i} \Delta u_i,$$

其中 $u_0 = 1, u_1, u_2, \cdots, u_n = x$ 表示划分区间 $[1, x]$ 时所得到的各点, ξ_i 处于第 i 个单元上. 令 $v_i = y u_i, \eta_i = y \xi_i$, 我们看到; 点 $v_0, v_1, \cdots, v_n$ 对应着区间 $[y, xy]$ 的一种划分, 其中间点为 $\eta_i = \xi_i y$. 显然

$$\Delta v_i = y \Delta u_i,$$

于是

$$\sum_{i=1}^n \frac{1}{\eta_i} \Delta v_i = \sum_{i=1}^n \frac{1}{\xi_i} \Delta u_i.$$

当 n 趋向于无穷大时, 对于 $x > 1$ 的情况, 我们便得到所要求的两个积分之间的恒等式.

当 $x = 1$ 时, 加法定理显然成立, 因为 $\log 1 = 0$. 对于 $0 < x < 1$ 的情况, 为了证明这个定理也是对的, 我们注意到: 这时 $\frac{1}{x} > 1$, 因此

$$\log x + \log y = \log x + \log\left(\frac{1}{x}xy\right)$$

$$= \log x + \log \frac{1}{x} + \log(xy)$$

$$= \log \frac{1}{x} + \log x + \log(xy)$$

$$= \log\left(\frac{1}{x}x\right) + \log(xy)$$

$$= \log 1 + \log(xy) = \log(xy).$$

加法定理的证明到此完成.

加法定理也可根据公式 (3)(第 114 页) 来证明, 按此公式, 有

$$\log x = \lim_{n\to\infty} n(\sqrt[n]{x} - 1).$$

于是

$$\log(xy) = \lim_{n\to\infty} n(\sqrt[n]{xy} - 1)$$

$$= \lim_{n\to\infty} [n(\sqrt[n]{x} - 1)\sqrt[n]{y} + n(\sqrt[n]{y} - 1)]$$

$$= \left[\lim_{n\to\infty} n(\sqrt[n]{x} - 1)\right]\left(\lim_{n\to\infty} \sqrt[n]{y}\right) + \lim_{n\to\infty} n(\sqrt[n]{y} - 1)$$

$$= \log x + \log y,$$

因为 $\lim_{n\to\infty} \sqrt[n]{y} = 1$ (见第 51 页).

将加法定理应用于特殊情况 $y = \dfrac{1}{x}$, 便得到

$$\log 1 = \log x + \log \frac{1}{x}$$

或

$$\log \frac{1}{x} = -\log x. \tag{20}$$

更一般地有

$$\log \frac{y}{x} = \log y + \log \frac{1}{x} = \log y - \log x. \tag{21}$$

对于 n 个因子的乘积, 我们重复应用加法定理, 便得到

$$\log(x_1 x_2 \cdots x_n) = \log x_1 + \log x_2 + \cdots + \log x_n.$$

特别是, 对于任何正整数 n, 我们得到

$$\log(x^n) = n \log x. \tag{22}$$

这个恒等式当 $n = 0$ 时也成立, 因为 $x^0 = 1$; 并且还可以推广到负整数 n 的情况, 只需注意到

$$\log(x^n) = \log\left(\frac{1}{x^{-n}}\right) = -\log(x^{-n}) = -(-n)\log x = n\log x.$$

对于任何有理数 $\alpha = \dfrac{m}{n}$ 和任何正数 a, 我们可做 $a^\alpha = a^{\frac{m}{n}} = x$. 这时, 我们有

$$\log x = \frac{1}{n}\log x^n = \frac{1}{n}\log a^m = \frac{m}{n}\log a = \alpha\log a.$$

因此, 对于任何正实数 a 和任何有理数 α, 恒等式

$$\log(a^\alpha) = \alpha\log a \tag{23}$$

都成立.

2.6　指数函数和幂函数

a. 数 e 的对数

在第 64 页上作为 $\left(1 + \dfrac{1}{n}\right)^n$ 的极限而得到的常数 e, 对于函数 $\log x$ 起着极为重要的作用. 实际上, 数 e 的特征由等式[1)]

$$\log e = 1$$

便可得知. 为了证明这个等式, 我们注意到: 由函数 $\log x$ 的连续性可以推出

$$\log e = \log\left[\lim_n\left(1 + \frac{1}{n}\right)^n\right] = \lim_{n\to\infty}\log\left[\left(1 + \frac{1}{n}\right)^n\right]$$

$$= \lim_{n\to\infty} n\log\left(1 + \frac{1}{n}\right).$$

现在根据积分学中值定理, 有

$$\log\left(1 + \frac{1}{n}\right) = \int_1^{1+\frac{1}{n}} \frac{1}{u}\,du = \frac{1}{\xi}\frac{1}{n},$$

其中 ξ 是 1 和 $1 + \dfrac{1}{n}$ 之间的某一个数, 这个数与 n 有关. 显然, $\lim\limits_{n\to\infty}\xi = 1$, 于是

$$\log e = \lim_{n\to\infty}\frac{1}{\xi} = 1. \tag{24}$$

---

1) 在几何上, 这意味着: 由双曲线 $y = \dfrac{1}{x}$ 和直线 $y = 0, x = 1$ 以及 $x = e$ 围成的面积之值为 1 (见图 2.18).

b. 对数函数的反函数. 指数函数

由关系式 $\log e = 1$, 则对于任何有理数 α, 就可以推出

$$\log(e^\alpha) = \alpha \log e = \alpha.$$

这说明每一个有理数 α, 可以写成某一个正数 x 的 $\log x$ 之值. 因为 $\log x$ 是连续的, 所以它可以取介于两个有理值之间的任何值; 这意味着它可取一切实数值. 由此可知, 当 x 取遍一切正值时, $y = \log x$ 之值遍及一切实数 y. 因为 $\log x$ 是单调递增的, 所以对于任何实数 y 正好存在一个正数 x, 使得 $\log x = y$. 方程 $y = \log x$ 的解 x, 可由对数函数的反函数给出, 我们将此反函数记为 $x = E(y)$. 于是, 我们知道, $E(y)$ (图 2.20) 对于一切 y 有定义并且是正的. 此外, 它仍然是连续的和增加的 (见第 35 页).

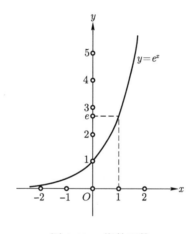

图 2.20　指数函数

因为方程 $y = \log x$ 和 $x = E(y)$ 代表 x 和 y 之间的相同的关系, 所以我们也可将方程 $\alpha = \log(e^\alpha)$ (此方程对于有理数 α 成立) 写成下列形式:

$$E(\alpha) = e^\alpha.$$

我们看出: 对于任何有理数 α, $E(\alpha)$ 之值是数 e 的 α 次幂. 对于有理数 $\alpha = \dfrac{m}{n}$, 幂 e^α 直接定义为 $\sqrt[n]{e^m}$. 对于无理数 α, 这样来定义 e^α 是非常自然的: 即将 α 表示为有理数列 α_n 的极限, 并且设 $e^\alpha = \lim\limits_{n\to\infty}(e^{\alpha_n})$. 因为 $e^{\alpha_n} = E(\alpha_n)$, 且函数 $E(y)$ 连续地依赖于 y, 所以我们可以确信 e^{α_n} 的极限存在, 并且具有值 $E(\alpha)$, 而与用来逼近 α 的特定序列是无关的. 这就证明了方程 $E(\alpha) = e^\alpha$ 对于无理数 α 也成立. 现在, 对于一切实数 α, 我们能够用 e^α 来代替 $E(\alpha)$. 我们称 e^x 为指数函数. 这个函数对于一切 x 有定义并且是连续的, 此外还是单调增加的和处处为正的.

因为方程 $y = \log x$ 和 $x = e^y$ 是表示数 x 和 y 之间的同样关系的两种方式, 所以我们看出, $\log x$——x 的 "自数对数" (正如由积分所定义的) 是代表以 e 为底的对数, 如采用初等数学中的术语; 也就是说, $\log x$ 是 e 的这样一个幂指数: e 的 $\log x$ 次幂等于 x, 或

$$e^{\log x} = x. \tag{25}$$

我们可以写成[1] $\log x = \log_e x$.

类似地, $x = e^y$ 是这样一个数, 其对数为 y, 或

$$\log e^y = y. \tag{26}$$

从微积分的观点来看, 如前所述, 首先作为一个简单的函数 $y = \dfrac{1}{x}$ 的积分引入自然对数, 然后通过取对数函数的反函数来定义 e 的幂, 的确是比较容易的. 这里, 函数 $\log x$ 和 e^x 的连续性和单调性正是作为一般定理的推论而得到的, 并不需要特别的论证.

c. 作为幂的极限的指数函数

原来, 数 e 是作为下列极限而得到的:

$$e = \lim_{n \to \infty} \left(1 + \frac{1}{n}\right)^n.$$

更一般的公式是对于任何 x, 将 e^x 表示为极限

$$e^x = \lim_{n \to \infty} \left(1 + \frac{x}{n}\right)^n. \tag{27}$$

为了证明这一点, 只需证明序列

$$s_n = \log \left(1 + \frac{x}{n}\right)^n$$

具有极限 x 即可, 因为指数函数是连续的, 此时数列

$$e^{s_n} = \left(1 + \frac{x}{n}\right)^n$$

必定趋向于 e^x. 现在

$$s_n = n \log \left(1 + \frac{x}{n}\right) = n \int_1^{1 + \frac{x}{n}} \frac{1}{\xi} d\xi.$$

---

1) 读者可能会感到应该保留 "自然对数" 这一名称给以 10 为底的对数. 然而, 在历史上, 1614 年由纳皮尔 (Napier) 发表的第一个对数表本来给出的是以 e 为底的对数. 以 10 为底的对数是后来由布里格斯 (Briggs) 引入的, 原因是以 10 为底的对数在计算上显然是方便的. (以 10 为底的对数称为常用对数.——译者注)

根据积分中值定理, 我们有

$$s_n = n\frac{1}{\xi_n}\left[\left(1+\frac{x}{n}\right) - 1\right] = \frac{x}{\xi_n},$$

其中 ξ_n 是 1 与 $1+\dfrac{x}{n}$ 之间的某一个值. 因为当 n 趋向于 ∞ 时, ξ_n 显然趋向于 1, 所以我们的确有 $\lim\limits_{n\to\infty} s_n = x$.

d. 正数的任意次幂的定义

现在, 我们能够通过指数函数和对数函数来表示任一正数的任意次幂[1].

我们已经看到, 对于有理数 α 和任何正数 x, 关系式

$$\log(x^\alpha) = \alpha \log x$$

成立. 我们将此式写为下列形式:

$$x^\alpha = e^{\alpha \log x}.$$

对于无理数 α, 我们仍将 α 表示为有理数序列 α_n 的极限, 并且定义

$$x^\alpha = \lim_{n\to\infty} x^{\alpha_n} = \lim_{n\to\infty} e^{\alpha_n \log x}.$$

由指数函数的连续性又可得知此极限存在, 且其值为 $e^{\alpha \log x}$, 因为

$$e^{\alpha \log x} = e^{\lim(\alpha_n \log x)} = \lim e^{\alpha_n \log x}.$$

因此, 对于任何数 α 和任何正数 x 这种极其一般的情形, 关系式

$$x^\alpha = e^{\alpha \log x} \tag{28}$$

都是成立的. 设 $\log x = \beta$, 或者同样地, $x = e^\beta$, 我们推出

$$(e^\beta)^\alpha = e^{\alpha\beta}, \tag{29}$$

更一般地, 对于任何正数 x, 有

$$(x^\alpha)^\beta = (e^{\alpha \log x})^\beta = e^{\alpha\beta \log x} = x^{\alpha\beta}.$$

不难建立幂函数运算的另一个一般的法则, 这就是**乘法定理**

$$x^\alpha x^\beta = x^{\alpha+\beta},$$

其中 x 是正数, α 和 β 是任意数. 为证明这一定理, 只需证明对等式两端取对数后

---

[1] 这就避免了第 70 页上所指出的比较笨拙的 '初等' 定义, 也避免了通过有理指数过渡到极限的方法来证明这些过程.

而得到的公式:

$$\log(x^\alpha x^\beta) = \log(x^{\alpha+\beta}).$$

现在由已建立的法则 (19), (26) 和 (28), 可以推出

$$\log(x^\alpha x^\beta) = \log x^\alpha + \log x^\beta = \log(e^{\alpha \log x}) + \log(e^{\beta \log x})$$

$$= \alpha \log x + \beta \log x = (\alpha + \beta) \log x$$

$$= \log(e^{(\alpha+\beta) \log x}) = \log(x^{\alpha+\beta}).$$

e. 任一底的对数

我们不难通过自然对数来表示非 e 为底的对数. 如果对于正数 a, 方程 $x = a^y$ 成立, 我们则写为

$$y = \log_a x.$$

现在 $a^y = e^{y \log a}$, 因此 $x = e^{y \log a}$ 或 $y \log a = \log x$. 由此推出

$$\log_a x = \frac{\log x}{\log a}, \tag{30}$$

其中 $\log x$ 是以 e 为底的自然对数. 特别是以 10 为底的常用对数由下式给出:

$$\log_{10} x = \frac{\log x}{\log 10}.$$

因为以任何数 a 为底的对数同自然对数成正比, 所以这样的对数也满足同样的加法定理:

$$\log_a x + \log_a y = \log_a(xy).$$

2.7　x 的任意次幂的积分

在 2.2 节中我们曾经得到公式

$$\int_a^b u^\alpha du = \frac{b^{\alpha+1} - a^{\alpha+1}}{\alpha + 1},$$

其中 α 为任一不等于 -1 的有理数. (已经看到 $\alpha = -1$ 的情况得到对数.) 当 α 是无理数时, 为了计算这个定积分, 只需讨论不定积分

$$\varphi(x) = \int_1^x u^\alpha du$$

即可, 因为一切具有正的积分限 a 和 b 的定积分都能从这个不定积分得到. 假设 $x > 1$ ($x < 1$ 的情况, 只要把积分限交换, 便可用同样方法来处理). 这时, 由 (28) 我们有

$$u^\alpha = e^{\alpha \log u},$$

这里, 对于积分区间中的 u 来说, $\log u \geqslant 0$. 设 β 和 γ 是任何两个不等于 -1 的有理数, 并且

$$\beta \leqslant \alpha \leqslant \gamma.$$

于是有

$$\beta \log u \leqslant \alpha \log u \leqslant \gamma \log u.$$

因为指数函数是递增的, 所以由上式可以推出

$$e^{\beta \log u} \leqslant e^{\alpha \log u} \leqslant e^{\gamma \log u};$$

即

$$u^\beta \leqslant u^\alpha \leqslant u^\gamma.$$

于是我们有

$$\int_1^x u^\beta du \leqslant \varphi(x) \leqslant \int_1^x u^\gamma du.$$

u^β 和 u^γ 的积分前面已经算出, 从而得到

$$\frac{1}{\beta+1}(x^{\beta+1} - 1) \leqslant \varphi(x) \leqslant \frac{1}{\gamma+1}(x^{\gamma+1} - 1).$$

现在如果我们令有理数 β 和 γ 都收敛于 α, 那么由于指数函数的连续性, $x^{\beta+1} = e^{(\beta+1)\log x}$ 和 $x^{\gamma+1} = e^{(\gamma+1)\log x}$ 都趋向于 $e^{(\alpha+1)\log x} = x^{\alpha+1}$, 于是我们得到极限

$$\varphi(x) = \frac{1}{\alpha+1}(x^{\alpha+1} - 1).$$

对于 0 和 1 之间的 x, 也有同样的结果. 因此, 对于正数 a 和 b, 一般地有

$$\int_a^b u^\alpha du = \varphi(b) - \varphi(a) = \frac{1}{\alpha+1}(b^{\alpha+1} - a^{\alpha+1}),$$

正如在有理数 α 时一样.

如果 α 是正整数, 那么这个公式甚至在积分限 a 或 b 是零或负数时也仍然成立; 公式的这一直接推广并不困难.

2.8 导　数

　　导数的概念与积分的概念一样, 也有着直觉的起源并且是不难掌握的. 然而, 这一概念却打开了通向数学知识与真理的巨大宝库之门; 读者将会逐渐发现本书中所阐述的这些方法的各种重要应用及其威力.

　　导数的概念首先是由光滑曲线 $y = f(x)$ 在点 $P(x,y)$ 处的切线的直觉观念的启发而提出的. 而此曲线的切线是由切线方向同正 x 轴之间的夹角 α 来表征的. 但是, 我们怎样由函数的解析表达式得到这个角 α 呢? 为了确定角 α, 仅仅知道点 P 处的 x 和 y 之值是不够的, 因为除了切线以外, 还有无穷条不同的直线通过点 P. 另一方面, 为了确定角 α, 我们并不需要知道函数 $f(x)$ 在整个定义域上的性态; 只要知道函数 $f(x)$ 在点 P 的任意的邻域内的性态, 便足以确定角 α, 而不论邻域选得多么小. 这就表明, 我们应当通过极限过程来定义曲线 $y = f(x)$ 的切线方向, 这正是我们下面要遵循的途径.

　　早在 16 世纪, 由于要解决几何学、力学和光学中产生的最优化问题, 即极大值和极小值问题, 在数学家们面前就提出了计算切线方向的问题或 "微分" 的问题. (关于这些问题的讨论, 见 3.6 节.)

　　导致微分法产生的另一个最重要的问题, 是对于任一做非匀速运动的物体的速度的直观概念赋予精确的数学意义的问题 (见第 139 页).

　　让我们首先讨论在分析上用极限过程来描述曲线的切线的问题.

a. 导数与切线

　　几何定义　为了与朴素的直观相一致, 我们首先通过下述几何上的求极限过程来定义给定曲线 $y = f(x)$ 在其一点 P 上的切线 (见图 2.21). 取曲线上点 P 附近的另一点 P_1. 通过这两点 P, P_1 画一条直线——曲线的割线. 现在, 如果点 P_1 沿曲线向点 P 移动, 则可料到这条割线将达到极限位置, 此极限位置与 P_1 从哪一侧面趋向于 P 是无关的. 这个割线的极限位置便是切线; 割线的这种极限位置的存在性这一命题, 与曲线在点 P 处具有确定的切线或确定的方向的假设是等价的 (我们使用 "假设" 一词, 是因为实际上我们已经做了这样的假设). 在曲线的每一点上都存在切线的假设, 绝不是对于所有 (表示简单的函数) 的曲线都成立. 例如, 在点 P 处具有隅角或尖点的任何曲线, 实际上在这些地方都没有唯一确定的方向, 例如 $y = |x|$ 定义的曲线在 $(0,0)$ 处的情形. (见第 143 页上的讨论).

　　因为我们所考虑的曲线是通过函数 $y = f(x)$ 来表示的, 所以我们还必须针对 $f(x)$ 用分析方法来表述这一几何上的极限过程. 这种分析上的极限过程称为 $f(x)$ 的微分法.

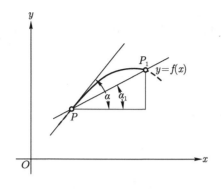

图 2.21　割线和切线

　　我们知道一条直线同 x 轴构成的夹角是这样规定的, 就是把正 x 轴沿正方向即反时针方向[1] 转动, 并在首次变得与该直线平行时所必须扫过的角. (这个角 α 应位于区间 $0 \leqslant \alpha < \pi$ 之中.) 设 α_1 是割线 PP_1 同正 x 轴构成的夹角 (见图 2.22), α 是切线同正 x 轴构成的夹角. 于是

$$\lim_{P_1 \to P} \alpha_1 = \alpha,$$

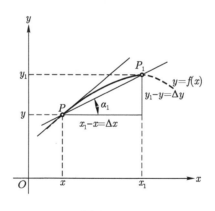

图 2.22

这里所用的符号其意义是明白的. 设 x, y 和 x_1, y_1 分别是点 P 和 P_1 的坐标. 这时, 我们立即得到[2]

$$\tan \alpha_1 = \frac{y_1 - y}{x_1 - x} = \frac{f(x_1) - f(x)}{x_1 - x};$$

---

　　1) 沿这样的方向, 正 x 轴转动 $\dfrac{\pi}{2}$ 就与正 y 轴重合.

　　2) 为了使这个式子有意义, 我们必须假设 x 和 x_1 二者都属于 f 的定义域. 后面, 在进行极限过程的每一步, 我们也都不言而喻地做此相应的假设.

因此, 上述求极限的过程$\left(\text{不考虑垂直切线 } \alpha = \dfrac{\pi}{2} \text{ 的情况}\right)$可由下式来表示:

$$\lim_{x_1 \to x} \frac{f(x_1) - f(x)}{x_1 - x} = \lim_{x_1 \to x} \tan \alpha_1 = \tan \alpha.$$

表示法　我们将表达式

$$\frac{f(x_1) - f(x)}{x_1 - x} = \frac{y_1 - y}{x_1 - x} = \frac{\Delta y}{\Delta x}$$

称为函数 $y = f(x)$ 的差商, 其中符号 Δy 和 Δx 分别表示函数 $f(x)$ 和自变量 x 之差分. (这里同在第 105 页上一样, 符号 Δ 是求差的简写, 不是相乘的因子.) 因此, α 的正切, 即曲线的 '斜率'[1], 等于函数 f 的差商当 $x_1 \to x$ 时所趋向的极限.

我们将这个差商的极限称为函数 $y = f(x)$ 在点 x 处的导数[2], 通常既使用拉格朗日 (Lagrange) 表示法 $y' = f'(x)$ 来表示导数, 也使用莱布尼茨所用的符号 $\dfrac{dy}{dx}, \dfrac{df(x)}{dx}$ 或 $\left(\dfrac{d}{dx}\right) f(x)$[3]. 在第 147 页上我们将要更详细地讨论莱布尼茨表示法的意义; 这里我们指出, 记号 $f'(x)$ 说明这样一个事实: 导数本身是 x 的函数, 因为对所考虑的区间上的每一个 x 值都对应着一个 $f'(x)$ 的值. 有时通过使用导函数、导曲线等术语来强调这一事实. 导数的定义有下列几种不同的表达形式:

$$f'(x) = \lim_{x_1 \to x} \frac{f(x_1) - f(x)}{x_1 - x} = \lim_{h \to 0} \frac{f(x + h) - f(x)}{h},$$

其中第二个表达式里 x_1 为 $x + h$ 所代替, 或者使用莱布尼茨表示法:

$$\frac{dy}{dx} = \frac{df(x)}{dx} = f'(x) = \lim_{x_1 \to x} \frac{f(x_1) - f(x)}{x_1 - x} = \lim_{\Delta x \to 0} \frac{\Delta y}{\Delta x}.$$

如果 f 在点 x 的邻域内有定义, 则商 $\dfrac{f(x + h) - f(x)}{h}$ 对于一切值 $h \neq 0$ (只要 $|h|$ 足够小, 从而保证 $x + h$ 属于所考虑的区间) 就是 h 的函数. 把 $f'(x)$ 定义为极限, 就是要求

$$\left| \frac{f(x + h) - f(x)}{h} - f'(x) \right|$$

对于一切 (正的或负的) 充分小的 $h(h \neq 0)$ 来说为任意小.

导数的计算. 导数的直观概念和一般的分析概念都是比较简单的, 也是不难理解的; 但真正进行这种求极限的过程, 却不十分简易.

---

[1] 有时也称为斜量或方向系数.
[2] 在一些老的教科书中也称为微分系数.
[3] 也使用柯西表示法 $Df(x)$ 和牛顿表示法 $\dot{y}$.

仅仅在差商的表达式中令 $x_1 = x$, 是不可能求出导数的, 因为这时分子和分母二者都将等于零, 我们会得到没有意义的表达式 $\dfrac{0}{0}$. 因此, 在每一种情况下, 向极限过渡都必须经过某些准备阶段 (对差商进行变换).

例如, 对于函数 $f(x) = x^2$, 我们有

$$\frac{f(x_1) - f(x)}{x_1 - x} = \frac{x_1^2 - x^2}{x_1 - x} = x_1 + x, \quad \text{当 } x \neq x_1 \text{ 时.}$$

这个函数 $x_1 + x$ 同 $\dfrac{x_1^2 - x^2}{x_1 - x}$ 的定义域不完全相同: 函数 $x_1 + x$ 在 $x_1 = x$ 这一点有定义, 而商 $\dfrac{x_1^2 - x^2}{x_1 - x}$ 在这一点则没有定义. 对于所有其他的 x_1 之值, 这两个函数彼此相等. 因此, 在求极限的过程中就特别要求 $x_1 \neq x$, 此时对于 $\lim\limits_{x_1 \to x} \dfrac{x_1^2 - x^2}{x_1 - x}$ 和对于 $\lim\limits_{x_1 \to x} (x_1 + x)$ 我们便得到相同的值. 然而, 由于函数 $x_1 + x$ 在点 $x_1 = x$ 有定义并且是连续的, 所以对于这个函数我们只要直接令 $x_1 = x$ 便可得到极限, 而对于商 $\dfrac{x_1^2 - x^2}{x_1 - x}$ 则不能这样做. 于是, 我们得到导数

$$f'(x) = \frac{d(x^2)}{dx} = 2x.$$

作为另一个例子, 我们来微分函数 $y = \sqrt{x}(x > 0)$, 即求这个函数的导数. 当 $x_1 \neq x$ 时, 我们有

$$\begin{aligned}
\frac{f(x_1) - f(x)}{x_1 - x} &= \frac{\sqrt{x_1} - \sqrt{x}}{x_1 - x} \\
&= \frac{(\sqrt{x_1} - \sqrt{x})(\sqrt{x_1} + \sqrt{x})}{(x_1 - x)(\sqrt{x_1} + \sqrt{x})} \\
&= \frac{x_1 - x}{(x_1 - x)(\sqrt{x_1} + \sqrt{x})} = \frac{1}{\sqrt{x_1} + \sqrt{x}}.
\end{aligned}$$

因此 (当 $x > 0$ 时)

$$\frac{d\sqrt{x}}{dx} = \lim_{x_1 \to x} \frac{1}{\sqrt{x_1} + \sqrt{x}} = \frac{1}{2\sqrt{x}}.$$

当 $x = 0$ 时, 出现奇异性: 导数为无穷大. 因为当 $x_1 \to 0$ 时 $\dfrac{\sqrt{x_1} - 0}{x_1 - 0} = \dfrac{1}{\sqrt{x_1}} \to \infty$.

分析定义

对于微分一个函数的过程我们给出一个与切线的几何直观概念完全无关的分

析定义, 这一点是极为重要的. 积分的分析定义与面积的几何视觉无关, 曾使我们能够以积分概念作为面积概念的根据. 按照同样的精神, 我们不去涉及函数 $y = f(x)$ 借助于曲线的几何表示法, 而将函数 $y = f(x)$ 的导数定义为由差商 $\dfrac{\Delta y}{\Delta x}$ 的极限 (如果这个极限存在的话) 给出的新函数 $y' = f'(x)$.

这里, 差 $\Delta y = y_1 - y = f(x_1) - f(x)$ 与 $\Delta x = x_1 - x$ 是变量 y 和 x 的 '相应的改变量". 我们可将比值 $\dfrac{\Delta y}{\Delta x}$ 称为在区间 $(x, x + \Delta x)$ 上 y 对于 x 的 '平均变化率". 这时, 极限 $f'(x) = \dfrac{dy}{dx}$ 则表示 y 对 x 的 '瞬时变化率", 或简称为 '变化率".

如果这个极限存在, 我们就说函数 $f(x)$ 是可微的. 除非特别做了相反的说明[1], 我们将总是假设所讨论的每一个函数都是可微的. 我们强调指出, 如果函数 $f(x)$ 在点 x 是可微的, 则商

$$\frac{f(x + h) - f(x)}{h}$$

当 $h \to 0$ 时的极限必须存在, 其中 h 可以是使得 $x + h$ 属于 f 的定义域的任何不等于零的值. 特别是, 如果 f 在包含 x (在其内部) 的整个区间上有定义, 则上述极限必定存在, 而不论 h 趋向于零的方式如何, 即不论它是通过正值还是通过负值, 其符号不受限制.

有了导数 $f'(x)$ 的分析定义, 现在我们就可以根据方程 $\tan \alpha = f'(x)$ 所给定的 (与正 x 轴而言的方向) 角 α 取作为曲线的点 (x, y) 处的切线方向[2]. 这样, 用分析定义作为几何定义的依据, 我们就避免了由于几何形象的不明确性可能引起的困难. 事实上, 现在我们已准确地定义了 $y = f(x)$ 的曲线在点 (x, y) 的切线指的是什么, 并且我们有了判定一条曲线在给定点 (x, y) 是否具有切线的分析准则.

单调函数

然而, 将导数形象化地解释为曲线切线的斜率, 这对于理解却很有帮助, 即使在纯分析的讨论中也是如此. 基于几何直观的下述命题就是这一种情况:

函数 $f(x)$ 当 $f'(x) > 0$ 时是单调增加的, 而当 $f'(x) < 0$ 时是单调减少的.

事实上, 如果 $f'(x)$ 是正的, 那么, 沿 x 增加的方向来看曲线, 其上的切线均向上倾斜, 即指向 y 增加的方向 (α 是 '锐角"), 因此, 在所讨论的点上曲线随 x 增加而上升; 反之, 如果 $f'(x)$ 是负的, 则切线向下倾斜 (α 是 '钝角"), 曲线随 x 增加而下降 (见图 2.23). 这个命题的分析证明见第 152 页.

---

[1] 不满足这个假设的一些例子将在后面给出 (见第 143 页). 如果说正文中总是保证有这种可微性, 那么这些例子则证明可微性是一种假设.

[2] 角 α 并不完全唯一确定, 而能换成 $\alpha \pm \pi, \alpha \pm 2\pi$ 等等. 除非像上面那样我们指定 $0 \leqslant \alpha < \pi$.

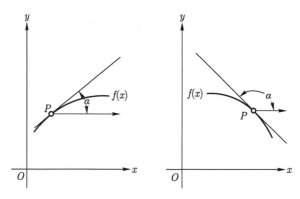

图 2.23　　增加函数和减少函数曲线的切线

b. 作为速度的导数

速度的直觉观念需要由精确的定义来代替, 这再次导致我们曾称之为微分法的完全相同的极限过程.

我们来举一个例子: 一个点沿着平行于 y 轴的直线而运动, 这时点的位置是由单独的一个坐标 y 来确定. 这个坐标就是动点与该直线上的一个固定的初始点的距离, 并带有适当的正负号. 如果我们已知作为时间 t 的函数的 $y: y = f(t)$, 则点的运动就是已确定的了. 如果这个函数是线性函数 $f(t) = ct + b$, 我们就说这是速度为 c 的匀速运动, 此时, 对于每一对不同的值 t 和 t_1, 我们用在此时间间隔中通过的距离除以这一时间间隔的长度, 便得到速度

$$c = \frac{f(t_1) - f(t)}{t_1 - t}.$$

所以, 速度 c 是函数 $ct + b$ 的差商, 这个差商与我们所选定的一对特殊的时刻无关. 但是, 如果运动不再是匀速的, 那么我们将时刻 t 的速度理解成什么呢?

为了回答这个问题, 我们考察差商

$$\frac{f(t_1) - f(t)}{t_1 - t},$$

这个差商称为在 t_1 和 t 之间的时间间隔上的平均速度. 现在, 如果当 t_1 趋向于 t 时, 这个平均速度趋向于确定的极限, 我们就将这个极限定义为时刻 t 的速度. 换句话说, 时刻 t 的速度, 即距离对于时间的瞬时变化率, 便是导数

$$f'(t) = \lim_{t_1 - t} \frac{f(t_1) - f(t)}{t_1 - t}.$$

牛顿曾强调把导数[1] 解释为速度, 他所用的记号是 $\dot{y}$ 或 $\dot{f}(x)$, 而不是 $f'(x)$,

---

[1] 牛顿称之为 '流数 (fluxion)".

牛顿的这种表示法我们有时也会用到. 当然, 如果要使速度的概念有意义, 则必须假设函数是可微的.

一个简单的例子是自由落体运动. 我们从实验中所建立的下述定律出发: 当 $t = 0$ 时处于静止而后开始运动的自由落体在时间 t 内经过的距离与 t^2 成正比; 所以, 这一定律可由下列形式的函数来表示:

$$y = f(t) = at^2,$$

其中 a 为常数. 正如在第 129 页上所述, 这时速度由表达式 $f'(t) = 2at$ 给出; 因此, 自由落体的速度与时间成正比地增加.

c. 微分法举例

现在, 我们通过几个典型例子来说明微分的方法.

线性函数

对于函数 $y = f(x) = c$, 其中 c 为常数. 我们看到, 对一切 x 值有 $f(x + h) - f(x) = c - c = 0$, 因此, $\lim\limits_{h \to 0} \dfrac{f(x + h) - f(x)}{h} = 0$; 也就是说, 常数函数的导数是零.

对于线性函数 $y = f(x) = cx + b$, 我们得到

$$f'(x) = \lim_{h \to 0} \frac{f(x + h) - f(x)}{h} = \lim_{h \to 0} \frac{ch}{h} = c,$$

即线性函数的导数是常数.

x 的幂

下面我们来微分幂函数

$$y = f(x) = x^\alpha,$$

首先假设 α 是正整数. 如果 $x_1 \neq x$, 则我们有

$$\frac{f(x_1) - f(x)}{x_1 - x} = \frac{x_1^\alpha - x^\alpha}{x_1 - x} = x_1^{\alpha-1} + x_1^{\alpha-2} x + \cdots + x^{\alpha-1},$$

这里的最后一个等式我们可以直接除, 也可以利用几何级数之和的公式得到. 这个简单的代数处理, 乃是向极限过渡的关键; 现在因为等式右端最后一个表达式是 x_1 的连续函数, 特别是当 $x_1 = x$ 时是连续的, 所以在这个表达式中, 我们直接将其中的 x_1 都换为 x, 便可实现极限 $x_1 \to x$ 的过程. 这时, 每一项都取值 $x^{\alpha-1}$, 而项数正好是 α, 所以我们得到

$$y' = f'(x) = \frac{d(x^\alpha)}{dx} = \alpha x^{\alpha-1}.$$

如果 α 是负整数 $-\beta$, 我们也可得到同样的结果; 但是, 我们必须假设 x 不为零. 这时, 我们得到

$$\frac{f(x_1) - f(x)}{x_1 - x} = \frac{\dfrac{1}{x_1^\beta} - \dfrac{1}{x^\beta}}{x_1 - x} = -\frac{x^\beta - x_1^\beta}{x - x_1} \cdot \frac{1}{x^\beta x_1^\beta}$$

$$= -\frac{x^{\beta-1} + x^{\beta-2} x_1 + \cdots + x_1^{\beta-1}}{x_1^\beta x^\beta}.$$

再次直接用 x 来代替 x_1, 我们又可实现此极限过程. 同上面一样, 我们得到极限

$$y' = -\beta \frac{x^{\beta-1}}{x^{2\beta}} = -\beta x^{-\beta-1}.$$

因此, 对于负整数 $\alpha = -\beta$, 导数仍然由公式

$$y' = \alpha x^{\alpha-1}$$

给出.

最后, 对于 x 为正数而 α 为有理数的情况, 我们也可导出同样的公式. 设 $\alpha = \dfrac{p}{q}$, 其中 p 和 q 均为整数, 并且是正的. (如果其中之一是负的, 证明只要稍做一些改动; 当 $\alpha = 0$ 时, 结果已经知道, 因为这时 x^α 是常数.) 现在我们有

$$\frac{f(x_1) - f(x)}{x_1 - x} = \frac{x_1^{\frac{p}{q}} - x^{\frac{p}{q}}}{x_1 - x}.$$

如果设 $x^{\frac{1}{q}} = \xi$, $x_1^{\frac{1}{q}} = \xi_1$, 便得到

$$\frac{f(x_1) - f(x)}{x_1 - x} = \frac{\xi_1^p - \xi^p}{\xi_1^q - \xi^q} = \frac{\xi_1^{p-1} + \xi_1^{p-2} \xi + \cdots + \xi^{p-1}}{\xi_1^{q-1} + \xi_1^{q-2} \xi + \cdots + \xi^{q-1}}.$$

在进行最后这个变换以后, 我们即可实现极限 $x_1 \to x$ (或同样地 $\xi_1 \to \xi$) 的过程, 所得到极限值的表达式为

$$y' = \frac{p}{q} \frac{\xi^{p-1}}{\xi^{q-1}} = \frac{p}{q} \xi^{p-q} = \frac{p}{q} x^{\frac{p-q}{q}} = \frac{p}{q} x^{\frac{p}{q}-1},$$

也就是

$$f'(x) = y' = \alpha x^{\alpha-1},$$

这个结论在形式上同前面的一样. 对于负有理指数, 也有同样的微分公式, 这留给读者自己去证明.

以后我们还要来讨论幂函数的微分法 (第 159 页), 并且证明上述公式对于任

意指数 α 普遍成立.

三角函数

作为最后一个例子, 我们来讨论三角函数 $\sin x$ 和 $\cos x$ 的微分法. 首先利用初等的三角加法公式来变换差商

$$\frac{\sin(x+h)-\sin x}{h} = \frac{\sin x \cos h + \cos x \sin h - \sin x}{h}$$

$$= \sin x \frac{\cos h - 1}{h} + \cos x \frac{\sin h}{h}.$$

应用 1.8 节 (第 68—69 页) 的那些公式

$$\lim_{h\to 0} \frac{\sin h}{h} = 1, \quad \lim_{h\to 0} \frac{\cos h - 1}{h} = 0,$$

我们立即得到

$$y' = \frac{d(\sin x)}{dx} = \cos x.$$

对函数 $y = \cos x$ 也可用完全同样的方法来微分. 我们从

$$\frac{\cos(x+h)-\cos x}{h} = \cos x \frac{\cos h - 1}{h} - \sin x \frac{\sin h}{h}$$

出发, 再取 $h \to 0$ 时的极限, 便可得到导数[1]

$$y' = \frac{d(\cos x)}{dx} = -\sin x.$$

d. 一些基本的微分法则

同积分的情况一样, 微分存在着一些基本的法则, 这些法则是由定义直接推出的, 并且可以用来导出许多函数的导数.

1. 如果 $\varphi(x) = f(x) + g(x)$, 则 $\varphi'(x) = f'(x) + g'(x)$.

2. 如果 $\psi(x) = cf(x)$ (其中 c 为常数), 则 $\psi'(x) = cf'(x)$.

这里只需首先把差商写成

$$\frac{\varphi(x+h)-\varphi(x)}{h} = \frac{f(x+h)-f(x)}{h} + \frac{g(x+h)-g(x)}{h}$$

和

$$\frac{\psi(x+h)-\psi(x)}{h} = c\frac{f(x+h)-f(x)}{h},$$

再由此取极限, 即可推得上面两个法则.

---

[1] 如果把 x 解释为角度, 那么在这些 $\sin x$ 和 $\cos x$ 的导数的公式中, 自然要预先假定角 x 是按弧度来度量的.

因此, 例如函数 $\varphi(x) = f(x) + ax + b$ (其中 a 和 b 均为常数) 的导数由下式给出:

$$\varphi'(x) = f'(x) + a.$$

应用这些法则以及幂函数本身的导数公式, 我们也就可以微分任何多项式 $y = a_0 x^n + a_1 x^{n-1} + \cdots + a_n$, 并且得到

$$y' = na_0 x^{n-1} + (n-1)a_1 x^{n-2} + \cdots + 2a_{n-2}x + a_{n-1}.$$

e. 函数的可微性和连续性

可微性是比连续性更强的条件, 知道这一点是有益的.

如果一个函数是可微的, 则它必定是连续的.

因为, 如果当 h 趋向于零时, 差商 $\dfrac{f(x+h) - f(x)}{h}$ 趋向于确定的极限, 则这个分数的分子, 即 $f(x+h) - f(x)$, 必定同 h 一起趋向于零[1]; 这正表明函数 $f(x)$ 在点 x 是连续的. 因此, 对于能够证明是可微的那些函数 (也是我们将遇到的大多数函数) 来说, 通过烦琐的运算分别证明其连续性是没有必要的.

导数的间断性 —— 隔角

然而, 逆命题则不成立, 也就是说, 并不是每一个连续函数在每一点上都有导数. 函数 $f(x) = |x|$, 即当 $x \leqslant 0$ 时 $f(x) = -x$, 当 $x \geqslant 0$ 时 $f(x) = x$, 就是一个最简单的反例, 其曲线如图 2.24 所示. 在点 $x = 0$, 这个函数是连续的, 但是没有导数. 因为差商 $\dfrac{f(x+h) - f(x)}{h}$, 当 h 通过正值趋向于零时, 其极限等于 1, 当 h 通过负值趋向于零时, 其极限等于 -1; 所以如果我们对 h 的符号不加限制, 则极限不存在. 我们说, 这个函数在点 $x = 0$, 右导数和左导数是不同的, 这里右导数和左导数分别指的是当 h 只是通过正值趋向于零和只是通过负值趋向于零时 $\dfrac{f(x+h) - f(x)}{h}$ 的极限值. 因此, 定义在一个区间上的函数在某个点上的可微性, 不仅要求右导数和左导数都存在, 还要求二者必须相等. 在几何上, 这两个导数不相等意味着曲线具有隔角.

无穷大间断性

作为连续函数在一点上是不可微的进一步的例子, 我们考虑导数在该点上变为无穷大的情形, 即右导数和左导数都不存在, 当 $h \to 0$ 时差商 $\dfrac{f(x+h) - f(x)}{h}$ 无限增大的情形. 让我们考虑函数 $y = f(x) = \sqrt[3]{x} = x^{\frac{1}{3}}$, 它在一切 x 值上有定义并且是连续的. 对于非零的 x 值, 其导数由公式 $y' = \dfrac{1}{3} x^{-\frac{2}{3}}$ 给出 (第 141 页). 在点

---

[1] 因为这时 $\lim\limits_{h \to 0}[f(x+h) - f(x)] = \left[\lim\limits_{h \to 0} \dfrac{f(x+h) - f(x)}{h} \right] \left(\lim\limits_{h \to 0} h \right) = f'(x) \cdot 0 = 0.$

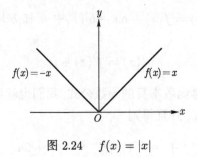

图 2.24　　$f(x) = |x|$

$x = 0$, 可以推得 $\dfrac{f(x+h) - f(x)}{h} = h^{-\frac{2}{3}}$, 我们立即可以看出, 当 $h \to 0$ 时, 这个表达式没有极限值, 相反, 它趋向于无穷大. 这种情况常常简略地叙述为: 在该点, 函数具有无穷导数, 或导数为无穷大; 然而, 正如我们会想到的, 这只不过是说, 当 h 趋向于零时差商无限增大, 而在我们所给的导数定义的意义下, 导数实际上是不存在的. 无穷导数的几何意义是: 曲线的切线是垂直的 (见图 2.25).

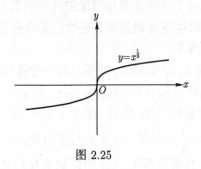

图 2.25

又如函数 $y = f(x) = \sqrt{x}$ 当 $x \geqslant 0$ 时有定义并且是连续的, 但在点 $x = 0$ 也是不可微的. 因为对于负的 x 值 y 没有定义, 所以在这里我们只考虑右导数. 等式 $\dfrac{f(h) - f(0)}{h} = \dfrac{1}{\sqrt{h}}$ 说明右导数是无穷大; 函数的曲线在原点处与 y 轴相贴 (图 2.26).

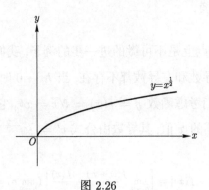

图 2.26

最后, 在函数 $y = \sqrt[3]{x^2} = x^{\frac{2}{3}}$ 一例中, 出现这样的情况: 在点 $x = 0$, 右导数是正的无穷大, 而左导数是负的无穷大, 这由下列关系式便可推知:

$$\frac{f(h) - f(0)}{h} = \frac{1}{\sqrt[3]{h}}.$$

事实上, 连续曲线 $y = x^{\frac{2}{3}}$, 即所谓半立方抛物线或尼尔 (Neil) 抛物线, 在原点处是一个尖点, 其切线垂直于 x 轴 (图 2.27).

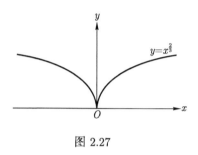

图 2.27

f. 高阶导数及其意义

导函数 $f'(x)$ 的图形, 称为 $f(x)$ 的图形的导曲线. 例如, 抛物线 $y = x^2$ 的导曲线是一条直线, 由函数 $y = 2x$ 来表示. 正弦曲线 $y = \sin x$ 的导曲线是余弦曲线 $y = \cos x$; 类似地, 曲线 $y = \cos x$ 的导曲线则是曲线 $y = -\sin x$. (这些三角函数曲线, 通过沿 x 轴方向的平移可由这一条得到另一条, 如图 2.28 所示.)

我们很自然地会想到, 还可作出导曲线的导曲线, 也就是说, 求出函数 $f'(x) = \varphi(x)$ 的导数. 这个导数即

$$\varphi'(x) = \lim_{h \to 0} \frac{f'(x + h) - f'(x)}{h},$$

如果它存在, 则称为函数 $f(x)$ 的二阶导数, 我们记作 $f''(x)$.

类似地, 我们可以试图求出 $f''(x)$ 的导数, 即所谓三阶导数, 并记作 $f'''(x)$. 对于我们所考虑的大量函数来说, 可将微分过程重复任意多次而不会遇到任何障碍, 这样便定义了 n 阶导数 $f^{(n)}(x)$[1]. 有时将函数 $f(x)$ 本身称为 0 阶导数, 也是很方便的.

如前所述, 如果把自变量解释为时间 t, 点的运动由函数 $f(t)$ 来表示, 则二阶导数的物理意义是速度 $f'(t)$ 对于时间的变化率, 或通常所说的加速度. 例如, 在自由落体的运动中, 在时间 t 内经过的距离由函数 $y = f(t)$ 给出. 我们求出在时刻 t 的速度 $f'(t) = 2at$. 这时, 加速度具有常值 $f''(t) = 2a$ (这个值通常和重力加

---

1) 也使用二阶、三阶、$\cdots$、n 阶微分系数这些术语, 或使用 $D^2 f, \cdots, D^n f$ 这种表示法 (见第 136 页脚注).

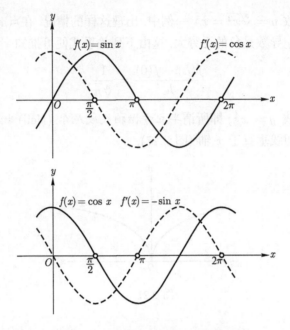

图 2.28 $\sin x$ 和 $\cos x$ 的导出曲线

速度 g 是一样的). 以后 (第 204 页), 我们将要详细地讨论二阶导数的几何意义. 我们在这里只指出下述事实: 在 $f''(x)$ 为正的点上, $f'(x)$ 随 x 增加而增加; 如果 $f'(x)$ 为正, 则当 x 增加时曲线 $f(x)$ 陡度增加. 反之, 在 $f''(x)$ 为负的点上, $f'(x)$ 随 x 增加而减少, 如果 $f'(x)$ 为正, 则当 x 增加时曲线陡度减小.

最后, 我们注意到, 高阶导数也可以用来定义函数. 例如, 我们能够通过含有函数及其二阶导数的所谓微分方程来表征三角函数. 由公式 $\dfrac{d\cos x}{dx} = -\sin x$, $\dfrac{d\sin x}{dx} = \cos x$, 再次微分, 我们立即得到

$$\frac{d^2}{dx^2}\cos x = -\cos x, \qquad \frac{d^2}{dx^2}\sin x = -\sin x.$$

因此, 如果用符号 u 代替函数 $\sin x$ 和 $\cos x$ 中的任何一个, 我们则有关系式 (微分方程)

$$u'' = -u.$$

任何线性组合 $u = a\cos x + b\sin x$, 其中系数 a, b 为常数, 显然也满足这个方程. 在第 272 页上我们将会看到, 这种具有任意常数 a 和 b 的线性组合, 是满足 $u'' = -u$ 的唯一的函数 u.

在涉及振动和波动现象 (例如弹簧运动和水平波的运动) 的各种应用之中, 对

于具有物理意义的变量 u (自变量通常是时间), 我们由物理规律常常直接得到 $u'' = -u$ 这种类型的微分方程. 因此, 认识到 u 能够通过三角函数简单地来表示, 这一点是很重要的 (见第九章).

g. 导数和差商. 莱布尼茨表示法

在莱布尼茨的表示法中, 微分法的求极限过程在符号上是这样来表示的: 即用符号 d 代替符号 Δ, 而在导数的定义中引入下列莱布尼茨符号

$$\frac{dy}{dx} = \lim_{\Delta x \to 0} \frac{\Delta y}{\Delta x}.$$

如果我们希望对于微分的意义得到清楚的理解, 则必须注意原来曾把导数想象为实际上是两个 '无穷地小' 的 '量' dy 和 dx 之商的这种谬见. 差商 $\dfrac{\Delta y}{\Delta x}$ 只是对于不等于零的差 Δx 才有意义. 当建立了这个真正的差商以后, 我们必须通过变换或其他在求极限时也能避免用零除的方法来实现这一极限过程. 下面这样的设想是讲不通的: 首先 Δx 和 Δy 经历了有点像求极限的过程而达到一个无穷地小但还不等于零的值, 于是 Δx 和 Δy 便可用 '无穷地小的量' 或 '无穷小' dx 和 dy 来代替, 然后构成这些量的商. 这种导数概念同数学的明确性是不相容的; 事实上, 这种概念是完全没有意义的. 对于许多人来说, 由于这种概念总是同 '无穷' 这个词相联系而无疑是具有某种神秘感觉的; 在微分学的早期, 甚至莱布尼茨本人也会把这种含糊神秘的概念同极限过程的明确透彻的处理混合在一起. 但是现在, 无穷地小的量的神秘主义在微积分中已没有地位了.

然而莱布尼茨的表示法本身不仅具有启发性, 而且实际上也是极其灵活和有用的. 其原因是, 在许多计算和形式的变换中, 我们可以把符号 dy 和 dx 完全当作普通的数来处理. 在把 dx 和 dy 当作数来处理时, 我们就能更简洁地表示许多运算 (不这样做, 这些运算也是明显地可以实现的). 在以后几章中, 我们将会看到这个事实一再被证实, 并且将发现自由地反复应用这个事实是完全有效的, 只要我们不忽略记号 dy 和 dx 的符号性.

* 对于二阶导数和高阶导数, 莱布尼茨也发明了具有启发性的表示法. 他把二阶导数看作为下述 '二阶差商' 的极限: 除了变量 x 以外, 我们考虑 $x_1 = x + h$ 和 $x_2 = x + 2h$. 这时, 我们取二阶差商——一阶差商的一阶差商 $\left(\dfrac{\Delta y}{\Delta x} \right.$ 为一阶差商 $\Bigg)$, 即表达式

$$\frac{1}{h} \left(\frac{y_2 - y_1}{h} - \frac{y_1 - y}{h} \right) = \frac{1}{h^2} (y_2 - 2y_1 + y),$$

其中 $y = f(x)$, $y_1 = f(x_1)$ 和 $y_2 = f(x_2)$. 记 $h = \Delta x$, $y_2 - y_1 = \Delta y_1$, $y_1 - y = \Delta y$, 我们便可适当地将后面一个括号中的表达式称为 y 的差分之差分, 或 y 的二阶差分, 并用符号记为[1]

$$y_2 - 2y_1 + y = \Delta y_1 - \Delta y = \Delta(\Delta y) = \Delta^2 y.$$

因此, 在这种符号表示法中, 二阶差商写成 $\dfrac{\Delta^2 y}{(\Delta x)^2}$, 其中分母真正是 Δx 的平方, 而分子中的上标 "2" 表示把该取差的过程再重复一次. 于是二阶导数表示为

$$f''(x) = \lim_{x_1 \to x} \frac{\Delta^2 f}{(\Delta x)^2}.$$

这种差商[2] 的符号体系, 使得莱布尼茨对于二阶导数以及高阶导数采用下列表示法:

$$y'' = f''(x) = \frac{d^2 y}{dx^2}, \quad y''' = f'''(x) = \frac{d^3 y}{dx^3}, \text{ 等等},$$

我们将会发现这种表示法也经受住了实用的检验[3].

h. 微分中值定理

差商要涉及不同的 x 值上的函数值, 而在某一点的导数并不反映其他任一点上的函数的性态; 差商反映函数在 "大范围" 的性质, 而导数反映局部的性质或 "小范围" 的性质. 我们常常需要从函数的导数所给出的局部性质. 推出其整体的或 "大范围的" 性质. 为此, 我们利用差商和导数之间的基本关系式, 即通常所说的 "微分中值定理".

这个中值定理在直观上是不难理解的. 我们作函数 $f(x)$ 的差商

$$\frac{f(x_1) - f(x_2)}{x_1 - x_2} = \frac{\Delta f}{\Delta x},$$

并且假设此函数的导数在闭区间 $x_1 \leqslant x \leqslant x_2$ 上处处存在, 而使得其曲线图形处处具有切线. 这个差商是割线 $P_1 P_2$ 的倾斜角 α 的正切, 如图 2.29 所示. 我们想象把这一条割线作与其本身平行的移动, 那么它至少有一次会达到这样的位置, 即在曲线与割线 $P_1 P_2$ 的距离最远的那一点 $P(x = \xi)$ 上, 成为曲线的切线. 也就是说,

---

1) 这里 $\Delta\Delta = \Delta^2$ 只不过是对于 "差分之差分" 或 "二阶差分" 采用的一个符号.

2) 我们必须强调指出, 二阶导数可以表示为二阶差商的极限这个命题是需要证明的. 我们在前面定义二阶导数时用的不是这种方法, 而是把它作为一阶导数的一阶差商的极限来定义的. 如果二阶导数是连续的, 则这两个定义是等价的; 但是, 其证明将在后面给出 (见第五章附录 II), 因为我们并不特别需要这个结论.

3) 这是一种习惯的表示法. 如果加上括号写成 $y'' = \dfrac{d^2 y}{(dx)^2}$, $y''' = \dfrac{d^3 y}{(dx)^3}$, 会更清楚一些, 但是通常并不这样做.

在这个区间上存在中间值 ξ, 使得

$$\frac{f(x_1) - f(x_2)}{x_1 - x_2} = f'(\xi).$$

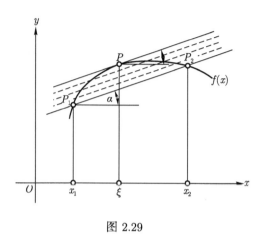

图 2.29

这个命题称为微分中值定理[1]. 如果我们注意到数 ξ 可以写成下列形式:

$$\xi = x_1 + \theta(x_2 - x_1),$$

其中 θ 是处于 0 与 1 之间的某个值, 则上述定理的表达形式可以略有改变. 虽然一般说来 θ (或 ξ) 不能更精确地确定, 但是这个定理在应用中是极为有效的.

例如, 我们来考虑这种情况: x 代表时间, $y = f(x)$ 是汽车从起点沿某一条公路经过的距离. 这时, $f'(x)$ 是汽车在时刻 x 的速度. 譬如说, 如果在前两小时 ($\Delta x = 2$) 司机行驶了距离 $\Delta f = 120$ 英里 (1 英里 = 1.60934 km), 那么由中值定理我们便可断定, 在这两小时中至少有一瞬间司机驾驶的速度正好是每小时 60 英里. 例如, 不能要求司机在这两小时中驾驶速度总是小于每小时 50 英里. 另一方面, 我们并不能明确指出速度正好达到每小时 60 英里的那个时刻 ξ; 它可能是第一个小时中的某一时刻, 也可能是第二个小时中的某一时刻, 也可能存在好几个这样的时刻.

中值定理的精确叙述如下:

如果 $f(x)$ 在闭区间 $x_1 \leqslant x \leqslant x_2$ 上是连续的, 而在开区间 $x_1 < x < x_2$ 的每一点上是可微的, 则至少存在一个值 θ, $0 < \theta < 1$, 使得

$$\frac{f(x_2) - f(x_1)}{x_2 - x_1} = f'[x_1 + \theta(x_2 - x_1)].$$

---

1) 原书称为平均值 (Mean Value) 定理, 并加注指出更合适的名称是中间值定理. 为与习惯一致, 译本一律采用中值定理这一名称. —— 译者注

如果用 x 代替 x_1, 用 $x+h$ 代替 x_2, 我们还可将中值定理用下列公式来表示

$$\frac{f(x+h)-f(x)}{h} = f'(\xi) = f'(x+\theta h), \quad x < \xi < x+h.$$

虽然 $f(x)$ 在区间的所有点上, 包括在端点上, 都必须是连续的, 但是我们并不需要假设在区间的端点导数存在.

如果在区间内部的一个点上导数不存在, 则中值定理不一定成立. 这从 $f(x) = |x|$ 一例中便不难看出.

i. 定理的证明

为了证明中值定理, 通常是把它简化为一种特殊的情况, 我们首先来讨论这种特殊的情况:

罗尔 (Rolle) 定理. *如果函数 $\varphi(x)$ 在闭区间 $x_1 \leqslant x \leqslant x_2$ 上是连续的, 而在开区间 $x_1 < x < x_2$ 上是可微的, 并且 $\varphi(x_1) = 0$ 和 $\varphi(x_2) = 0$, 则在区间内部至少存在一个点 ξ, 在这一点上 $\varphi'(\xi) = 0$.*

几何解释. 这个定理意味着: 如果在区间的两个端点上曲线交于 x 轴, 则它必定在某个中间点上具有水平的切线 (图 2.30).

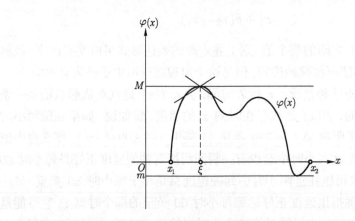

图 2.30

实际上, 因为 $\varphi(x)$ 在闭区间 $[x_1, x_2]$ 上是连续的, 所以在这个区间上存在 $\varphi(x)$ 的最大值 M 和最小值 m (见第 83 页). 又因为在区间的两个端点 φ 等于零, 所以我们必定有 $m \leqslant 0 \leqslant M$. 如果最大值和最小值相等, 则必定有 $m = M = 0$, 而在区间的所有点上 $\varphi(x) = 0$; 这时, 在区间内有 $\varphi'(x) = 0$, 即对于区间内的每一个点 $\xi, \varphi'(\xi) = 0$. 因此, 我们只需考虑 m 和 M 不全等于零的情况. 特别是, 如果 M 不等于零, 则 M 必定大于零. 由连续性我们知道, 在区间 $[x_1, x_2]$ 上存在点 ξ, 使得 $\varphi(\xi) = M$. 但因为 $\varphi(x)$ 在区间的端点等于零, 所以 ξ 必须是一个内点. 而

且, 对于 $[x_1, x_2]$ 上的一切 x, 有 $\varphi(x) \leqslant \varphi(\xi) = M$. 因此, 对于其绝对值充分小的 h, 不等式 $\varphi(\xi + h) - \varphi(\xi) \leqslant 0$ 成立. 这意味着差商

$$\frac{\varphi(\xi + h) - \varphi(\xi)}{h}$$

当 $h > 0$ 时为负或为零, 而当 $h < 0$ 时为正或为零. 如果令 h 通过正值趋向于零, 我们则得到 $\varphi'(\xi) \leqslant 0$, 如果令 h 通过负值趋向于零, 则得到 $\varphi'(\xi) \geqslant 0$. 因此, $\varphi'(\xi) = 0$, 这样, 在 $M \neq 0$ 的情况下我们证明了罗尔定理. 当 $m \neq 0$ 时, 也可同样地进行论证.

现在来证明中值定理. 我们将罗尔定理应用于函数

$$\varphi(x) = f(x) - f(x_1) - \frac{f(x_2) - f(x_1)}{x_2 - x_1}(x - x_1),$$

这个函数[1] 表示曲线上的点 $(x, f(x))$ 同曲线的割线之间的竖直方向的距离, 它显然满足条件 $\varphi(x_1) = \varphi(x_2) = 0$, 并且是形式为 $\varphi(x) = f(x) + ax + b$ 的函数, 其中系数 $a = -\dfrac{f(x_2) - f(x_1)}{x_2 - x_1}$ 和 b 都是常数. 由第 143 页我们知道

$$\varphi'(x) = f'(x) + a,$$

于是根据罗尔定理, 必定存在中间值 ξ, 使得

$$0 = \varphi'(\xi) = f'(\xi) + a;$$

因此,

$$f'(\xi) = -a = \frac{f(x_2) - f(x_1)}{x_2 - x_1};$$

于是中值定理得证.

中值定理的意义

我们曾经把函数的导数定义为某个区间上的差商当区间的端点相互趋近时的极限. 中值定理建立了可微函数的差商同导数之间的联系, 这里并不要求收缩为一点. 每一个差商都等于一个适当的中间点 ξ 处的导数.

例　同在积分学中值定理中完全一样, 这里除了 ξ 位于区间内部这个事实以外, 对于 ξ 的位置也并未作出任何明确的断言. 例如, 对于二次函数 $y = f(x) = x^2$, 其导数为 $f'(x) = 2x$, 我们得到

---

[1] 这个函数的值同曲线上的点 $(x, f(x))$ 到曲线的割线之间的距离成正比; 这个结论读者自己不难证明, 例如利用初等解析几何中的一个事实: 表达式 $\dfrac{1}{\sqrt{1+m^2}}(y - mx - b)$ 表示点 (x, y) 与方程为 $y - mx - b = 0$ 的直线之间的 (带有正负号的) 距离. 因此我们发现, 在与割线距离最远的曲线的点上, 其切线的确平行于割线.

$$\frac{f(x_2)-f(x_1)}{x_2-x_1}=x_1+x_2=f'(\xi),$$

其中 $\xi=\frac{1}{2}(x_1+x_2)$ 是区间 $[x_1,x_2]$ 的中点. 然而, 一般说来, 根据不同的情况, ξ 可以取为 x_1 和 x_2 之间的任何其他值. 例如, 如果 $f(x)=x^3$, 我们则有 $\frac{f(1)-f(0)}{1-0}=1=f'(\xi)=3\xi^2$, 其中 $\xi=\frac{1}{\sqrt{3}}$.

单调函数. 作为微分学中值定理的许多应用之一, 我们来证明如果 $f(x)$ 的导数不变号, 则 f 是单调函数. 具体地说, 假设 $f(x)$ 在闭区间 $[a,b]$ 上是连续的, 而在开区间 (a,b) 中的每一点上是可微的. *这时, 如果对于 (a,b) 内的 x, 有 $f'(x)>0$, 则函数 $f(x)$ 是单调增加的; 类似地, 如果 $f'(x)<0$, 则函数是单调减少的*, 其证明是很明显的: 设 x_1 和 x_2 是闭区间 $[a,b]$ 上的任何两个值. 于是在 x_1 和 x_2 之间, 当然也是在 a 和 b 之间, 存在 ξ, 使得

$$f(x_2)-f(x_1)=f'(\xi)(x_2-x_1).$$

如果在 (a,b) 内处处有 $f'(x)>0$, 则特别有 $f'(\xi)>0$. 因此, 当 $x_2>x_1$ 时 $f(x_2)-f(x_1)$ 为正; 也就是说, $f(x)$ 是单调增加的. 类似地, 如果在 (a,b) 内 $f'(x)<0$, 则 f 是单调减少的.

我们可用同样的方法来证明: *在闭区间 $[a,b]$ 上连续而在开区间 (a,b) 内可微的函数 $f(x)$, 如果在 (a,b) 内处处有 $f'(x)=0$, 则必定是常数*. 因为, 这时

$$f(x_2)-f(x_1)=f'(\xi)(x_2-x_1)=0.$$

这个重要的命题对应着直观上十分明显的事实, 即如果曲线每一点上的切线都平行于 x 轴, 则该曲线必定是平行于 x 轴的直线.

可微函数的利普希茨连续性. 我们在前面已经讲过, 具有导数的函数 $f(x)$ 必定是连续的. 现在微分学中值定理则提供了一个更为精确的定量描述, 即*连续模*. 我们考虑函数 $f(x)$, 它定义在闭区间 $[a,b]$ 上, 并且在这个区间的每一个点上都具有导数 $f'(x)$. 假设 $f'(x)$ 在这个区间上是*有界的* (如果 $f'(x)$ 在闭区间 $[a,b]$ 上有定义并且是连续的. 则必然如此); 于是存在数 M, 使得 $|f'(x)|<M$. 对于 (a,b) 内的任何两个值 x_1,x_2, 我们由中值定理推知

$$|f(x_2)-f(x_1)|=|f'(\xi)(x_2-x_1)|\leqslant M|x_2-x_1|.$$

于是, 对于给定的 $\varepsilon>0$, 我们有一个简单的连续模 $\delta=\frac{\varepsilon}{M}$, 使得

$$|f(x_2)-f(x_1)|\leqslant\varepsilon,\quad \text{当 } |x_2-x_1|<\delta \text{ 时}.$$

例如, 在区间 $-a \leqslant x \leqslant +a$ 上考虑函数 $f(x) = x^2$. 因为

$$|f'(x)| = |2x| \leqslant 2a,$$

我们看出, 这里

$$|f(x_2) - f(x_1)| \leqslant \varepsilon, \quad \text{当 } |x_2 - x_1| \leqslant \frac{\varepsilon}{2a} \text{ 时.}$$

我们已经说过, 如果存在常数 M, 对于所讨论的区间上的一切 x_1, x_2, 使得

$$|f(x_2) - f(x_1)| \leqslant M|x_2 - x_1|,$$

我们就说函数 $f(x)$ "满足利普希茨条件", 或者说是 "利普希茨连续的", 这意味着一切差商

$$\frac{f(x_2) - f(x_1)}{x_2 - x_1}$$

的绝对值, 具有同样的上界 M. 我们看出, 任一个函数 $f(x)$, 如果在闭区间上具有连续的导数 f', 则是利普希茨连续的. 但是, 即使并不是在每一点上都具有导数的函数, 也可能是利普希茨连续的, 例如 $f(x) = |x|$. 读者可以自己证明, 对于这个函数, 总有 $|f(x_2) - f(x_1)| \leqslant |x_2 - x_1|$.

　　另一方面, 并不是每一个连续函数都是利普希茨连续的. 这一点由 $f(x) = x^{\frac{1}{3}}$ 一例便可证明; 这时

$$\frac{f(x) - f(0)}{x - 0} = x^{-\frac{2}{3}}$$

当 x 很小时是无界的; 因此, $f(x)$ 在 $x = 0$ 处不是利普希茨连续的. 这同下述事实是一致的: 导数 $f'(x) = \frac{1}{3}x^{-\frac{2}{3}}$ 当 x 趋向于零时是无界的. 利普希茨连续的函数, 构成了介于只是连续的函数与具有连续导数的函数之间的重要的一类函数.

j. 函数的线性近似. 微分的定义

　　定义. 我们曾将 $y = f(x)$ 的导数定义为

$$f'(x) = \lim_{h \to 0} \frac{f(x+h) - f(x)}{h} = \lim_{\Delta x \to 0} \frac{\Delta y}{\Delta x},$$

其中 $\Delta x = h$. 如果对于固定的 x 和变量 h, 我们定义量 ε:

$$\varepsilon(h) = \frac{f(x+h) - f(x)}{h} - f'(x) = \frac{\Delta y}{\Delta x} - f'(x),$$

则 $f'(x)$ 是 f 在点 x 处的导数这一事实相当于等式

$$\lim_{h \to 0} \varepsilon(h) = 0.$$

量 $\Delta y = f(x+h) - f(x)$ 表示当自变量 x 之值改变 $\Delta x = h$ 时所引起的因变量 y 之值的改变量或增量. 因为

$$\Delta y = f'(x)\Delta x + \varepsilon \Delta x,$$

所以量 Δy 是作为两部分之和出现的, 即与 Δx 成正比的一部分 $f'(x)\Delta x$ 以及另一部分 $\varepsilon \Delta x$, 且只要让 Δx 本身充分小便可使得后一部分与 Δx 相比为任意小. 我们将 Δy 的表达式中起主要作用的线性部分称为 y 的微分, 并记作

$$dy = df(x) = f'(x)\Delta x.$$

对于任何可微函数 f 和固定的 x, 这个微分是 $h = \Delta x$ 的一个完全确定的线性函数. 例如, 对于函数 $y = x^2$, 我们有 $dy = d(x^2) = 2x\Delta x = 2xh$. 对于特殊的函数 $y = x$, 其导数为常数值 1, 这时我们有 $dx = \Delta x$. 因此, 当 x 为自变量时, 将 Δx 写成 dx, 这同我们的定义是一致的; 所以, 任何函数 $y = f(x)$ 的微分也可写成

$$dy = df(x) = f'(x)dx.$$

因变量的增量

$$\Delta y = f'(x)dx + \varepsilon dx = dy + \varepsilon dx$$

与微分 dy 相差量 εdx, 一般说来, 这个量不为零. 例如, 对于函数 $y = x^2$, 我们有 $dy = 2xdx$, 而

$$\Delta y = (x+dx)^2 - x^2 = 2xdx + (dx)^2 = 2xdx + \varepsilon dx,$$

其中 $\varepsilon = dx$.

从前我们使用符号 $\dfrac{dy}{dx}$ 来表示商 $\dfrac{\Delta y}{\Delta x}$ 当 Δx 趋向于零时的极限, 这纯粹是在符号上的一种规定. 按照现在我们对 dy 和 dx 的定义, 导数 $\dfrac{dy}{dx}$ 确实可以看作为 dy 和 dx 的普通的商. 然而, 这里 dy 和 dx 在任何意义下都不是 '无穷地小的量" 或 '无穷小"; 这样来解释是没有意义的. 相反, dy 和 dx 是 $l_1 = \Delta x$ 的完全确定的线性函数, 对于大的 Δx 值, 这些函数可以取大的数值. dy 和 dx 的商 $\dfrac{dy}{dx}$ 和导数 $f'(x)$ 具有相同的值, 这并没有什么值得奇怪的地方; 这不过是反复说明我们把 dy 定义为 $f'(x)dx$[1].

---

1) 类似地, 可将高阶微分定义为 $d^2y = f''(x)h^2 = f''(x)(dx)^2$, $d^3y = f'''(x)(dx)^3$, 等等, 这同高阶导数的莱布尼茨表示法是一致的.

将 f 的增量和微分之间的关系改写为下列形式

$$f(x + h) = f(x) + hf'(x) + \varepsilon h,$$

还可看出, 当我们把表达式 $f(x + h)$ 看作为 h 的函数时, 它可用线性函数 $f(x) +$ $hf'(x)$ 来表示, 而当 h 充分小时, 两者的误差 εh 同 h 相比为任意小. 这种用线性函数 $f(x) + hf'(x)$ 来近似表示 $f(x + h)$, 在几何上意味着, 我们是用曲线在点 x 处的切线来近似代替曲线 (见图 2.31).

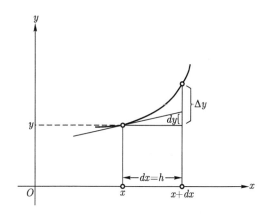

图 2.31　　增量 Δy 和微分 dy

线性近似

由微分学中值定理, 我们可以得到函数 $f(x)$ 同表示其切线的线性函数之间的 '误差' (即偏差) 大小的更精确的估计. 对于 x 和 $x + h$ 之间的适当的 ξ, 我们有

$$f(x + h) - f(x) = hf'(\xi),$$

于是

$$\varepsilon = \frac{f(x + h) - f(x)}{h} - f'(x) = f'(\xi) - f'(x).$$

正像通常在应用中那样, 如果函数 $f'(x)$ 本身具有导数 $f''(x)$, 那么再次应用中值定理, 我们得到

$$f'(\xi) - f'(x) = (\xi - x)f''(\eta),$$

其中 η 是在 x 和 ξ 之间, 因而也是在 x 和 $x + h$ 之间的一个中间值. 由此推出

$$|\varepsilon| = |(\xi - x)f''(\eta)| = |\xi - x||f''(\eta)| \leqslant hM,$$

其中 M 是 f 的二阶导数的绝对值在区间 $[x, x + h]$ 上的任一上界. 因此, 度量 $f(x + h)$ 和线性函数 $f(x) + hf'(x)$ 的偏差 $|\varepsilon h|$, 它的最大值为 Mh^2. 当 h 充分

小时, 表达式 Mh^2 当然要比 $f'(x)h$ 小得多, 除非 $f'(x)$ 之值为零. 于是在一个小区间上用线性函数这样来近似函数, 无论是对于实际应用还是对于高等数学分析, 都具有极其重大的意义. 在后面的几章中, 我们还要返回来讨论这个论题, 并且同时给出更好的估值 $|\varepsilon h| \leqslant \dfrac{1}{2} Mh^2$.

插值法

＊当采用数表来求函数 $f(x)$ 之值时, 对于处在表中已列出 f 值的那些自变数之间的 x, 其上之 f 值通常是按线性插值法来确定的. 这种方法也相当于在一个区间上用线性函数来代替函数 f. 不过, 在这种情况下, 线性函数的图形不是由曲线 f 的切线而是由曲线 f 的割线给出的. 譬如说, 在两个点 a 和 b 上 f 之值已知, 那么对于中间的 x, 我们用下列表达式来代替 $f(x)$:

$$\varphi(x) = f(a) + (x-a)\frac{f(b)-f(a)}{b-a},$$

这个表达式对于 x 来说是线性的, 并且在区间的端点 $x=a$ 和 $x=b$ 上给出 f 的精确值 (见图 2.32). 如果再次应用中值定理, 我们可以估计出这种近似方法的误差. 这里, 首先得到

$$f(x) - \varphi(x) = (x-a)\left[\frac{f(x)-f(a)}{x-a} - \frac{f(b)-f(a)}{b-a}\right]$$

$$= (x-a)[f'(\xi_1) - f'(\xi_2)].$$

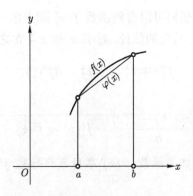

图 2.32　线性插值法

由于 ξ_1 位于 a 和 x 之间, 因而和 ξ_2 一样也位于 a 和 b 之间. 这时, 再次应用微分学中值定理我们得到

$$f(x) - \varphi(x) = (x-a)f''(\eta)(\xi_1 - \xi_2),$$

其中 η 位于 ξ_1 和 ξ_2 之间, 因而也位于 a 和 b 之间, 因此, 如果用 M 表示 $|f''|$ 在

区间 $[a, b]$ 上的上界, 则我们有

$$|f(x) - \varphi(x)| \leqslant |x - a| |\xi_1 - \xi_2| |f''(\eta)| \leqslant M(b-a)^2.$$

这样, f 与其线性近似的偏差, 又一次可由区间长度的平方来估计.

作为一个数值例子, 我们从用弧度表示的三角函数表查出下列数值:

$$\sin 0.75 = 0.6816, \quad \sin 0.76 = 0.6889,$$

这里误差不超过 0.00005. 如果我们想要知道对于中间的自变量值 0.754 的正弦函数之值, 那么按线性插值法, 便得到

$$\sin 0.754 \approx 0.6816 + \frac{4}{10}(0.6889 - 0.6816) \approx 0.6845.$$

对于函数 $f(x) = \sin x$, 一阶导数是 $f'(x) = \cos x$, 二阶导数是 $f''(x) = -\sin x$. 显然 $|f''(x)| \leqslant 1$, 于是作为线性插值法的结果而得到的 $\sin 0.754$ 之值, 其误差不超过 $1 \times (0.01)^2 = 0.0001$. 对于这个误差估计, 我们还必须加上表内所列的数值和插值运算中可能会有的舍入误差.

我们可以把由线性插值法所得到的这个值, 同在点 $x = 0.75$ 处用切线来代替正弦曲线时所得到的值进行比较. 从表中查出 $f'(0.75) = \cos 0.75 = 0.7317$, 我们得到

$$\sin 0.754 \approx f(0.75) + f'(0.75)(0.004)$$

$$= \sin 0.75 + 0.004 \cos 0.75 \approx 0.6845.$$

顺便指出, $\sin 0.754$ 精确到六位有效数字的值是 0.684560.

k. 关于在自然科学中的应用的一点评述

当把数学应用于自然现象时, 我们所处理的一些数量绝不会是绝对精确的量. 一个长度是否正好是一米, 这个问题不能用任何实验来判断, 因而是没有物理意义的. 而且, 我们说一个杆件的长度是有理数或无理数, 这句话也没有直接的物理意义; 我们总是能用有理数来度量其长度而达到任何所要求的精确度, 而唯一有意义的问题是我们能否用分母比较小的有理数来设法完成这种度量. 正像在 "精确数学" 的严格意义下有理性或无理性的问题没有物理意义一样, 在应用中实现求极限的过程通常只不过是数学的理想化而已.

这种数学理想化的实际 (和重大的) 意义在于这一事实: 通过理想化, 解析表达式实质上变得非常简单而比较容易处理. 例如, 瞬时速度仅仅是一个确定的时刻的函数, 这个观念比两个不同时刻之间的平均速度的观念简单得多, 使用起来也比较方便一些. 如果没有这种数学的理想化, 对于自然现象的每一项科学研究都肯定

会复杂得没法处理, 并且在一开始就会陷于困境.

我们不想对数学与现实之间的关系进行哲学上的讨论. 为了更好地理解这一理论, 应当着重强调的是在应用中我们完全可以用差商来代替导数, 反之亦然, 只要二者之差小到能够保证足够精确的近似. 因此, 物理学家、生物学家、工程师以及在实际工作中必须同这些概念打交道的任何其他人, 完全可以在自己所要求的精确度的范围内, 把差商同导数等同起来. 自变量的增量 $h = dx$ 越小, 用微分 $dy = hf'(x)$ 来代替增量 $\Delta y = f(x + h) - f(x)$ 便越精确. 只要着意于保持在问题所要求的精确度范围内, 那么他甚至可以说 $dx = h$ 和 $dy = hf'(x)$ 这些量是 "无穷小". 这些 "物理上的无穷小" 量具有极其明确的含义. 这些量是经常变动的, 在所进行的研究中取有限的但不等于零的, 且选得足够小的值, 例如小于波长的若干分之一, 或小于原子中两个电子之间的距离, 一般说来, 比所要求的精确度还要小.

2.9　积分、原函数和微积分基本定理

a. 不定积分的导数

正如前面已经讲过的, 积分和微分之间的联系乃是微积分学的基础.

在 2.4 节中, 我们曾将连续函数 $f(x)$ 的不定积分按下列公式定义为上限变量的函数 $\varphi(x)$:

$$\varphi(x) = \int_{\alpha}^{x} f(u)du,$$

其中 α 是 f 的定义域中的任一值. 现在我们来证明:

微积分基本定理　(第一部分). 连续函数 $f(x)$ 的不定积分 $\varphi(x)$, 总是具有导数 $\varphi'(x)$, 并且

$$\varphi'(x) = f(x).$$

也就是说, 对连续函数的不定积分进行微分, 总是还原成被积函数, 即

$$\frac{d}{dx}\int_{\alpha}^{x} f(u)du = f(x).$$

微分运算和积分运算的这种互递性质乃是微积分的基本性质, 其证明则是积分学中值定理的一个直接推论. 因为根据中值定理, 对于 f 的定义域中的任何值 x 和 $x + h$, 我们有

$$\varphi(x + h) - \varphi(x) = \int_{x}^{x+h} f(u)du = hf(\xi),$$

其中 ξ 是端点为 x 和 $x+h$ 的区间上的某一个值. 当 h 趋向于零时, 数值 ξ 必定趋向于 x, 于是有

$$\lim_{h\to 0}\frac{\varphi(x+h)-\varphi(x)}{h}=\lim_{h\to 0}f(\xi)=f(x),$$

因为 f 是连续的. 因此, 正如定理所讲的, $\varphi'(x)=f(x)$.

应用　(a) 我们可以应用这个基本定理求得前面已经介绍过的那些函数的导数. 如自然对数曾被定义为不定积分 (当 $x>0$ 时)

$$\log x=\int_1^x \frac{1}{u}du.$$

由此立即得到

$$\frac{d\log x}{dx}=\frac{1}{x}.$$

(b) 一般, 以任一数 a 为基底的对数可以表示为下列形式:

$$\log_a x=\frac{\log x}{\log a}.$$

应用常数与函数之积的导数法则, 我们得到

$$\frac{d}{dx}\log_a x=\frac{1}{x\log a}.$$

(c) 当指数 α 为整数或更一般地为有理数时, 我们曾经得到

$$\frac{d}{dx}x^\alpha=\alpha x^{\alpha-1}.$$

现在我们可将这个公式推广到任意的 α. 为此, 我们想到积分公式

$$\int_a^b u^\beta du=\frac{1}{\beta+1}(b^{\beta+1}-a^{\beta+1}).$$

对于任何正数 a,b 和任何 $\beta\neq -1$, 我们已证明这个公式. 在这里, 如果我们将上限 b 换成变量 x, 并且将等式两端对 x 微分, 便可推出

$$x^\beta=\frac{d}{dx}\frac{1}{\beta+1}(x^{\beta+1}-a^{\beta+1}),\quad \text{当 } x>0 \text{ 时}.$$

利用求函数之和的导数以及求常数与函数之积的导数法则, 我们可将这个结果写为下列形式:

$$x^\beta=\frac{1}{\beta+1}\frac{d}{dx}x^{\beta+1}.$$

用 α 代替 $\beta+1$, 当 $\beta \neq -1$ 即 $\alpha \neq 0$ 时, 我们得到公式

$$\frac{d}{dx}x^{\alpha} = \alpha x^{\alpha-1}.$$

然而, 当 $\alpha = 0$ 时, 这个公式当然也成立, 因为这时 $x^{\alpha} = 1$, 而常数的导数为零.

b. 原函数及其与积分的关系

微积分基本定理说明, 函数 $f(x)$ 的不定积分 $\varphi(x)$ 即上限为变量 x 的积分, 是下述问题的解: 给定 $f(x)$, 试确定函数 $F(x)$, 使得

$$F'(x) = f(x).$$

这个问题要求我们进行微分过程的逆运算. 这是一个典型的反问题, 它在许多数学领域中都会出现, 并且我们已经看到, 这是导致产生新概念的一种卓有成效的数学方法. (例如, 由于要求进行某些基本算术运算的逆运算, 才提出把自然数的概念加以初步扩充. 另外, 求已知函数的反函数, 便会得到新的类型的函数.)

使得 $F'(x) = f(x)$ 成立的任何函数 $F(x)$, 都称为 $f(x)$ 的原函数; 这个术语会使我们想到函数 $f(x)$ 是由函数 $F(x)$ 导出来的.

这个微分的逆运算问题即求原函数的问题, 乍看起来, 同积分的问题性质完全不同. 但是, 微积分基本定理的第一部分断言:

函数 $f(x)$ 的每一个不定积分 $\varphi(x)$ 都是 $f(x)$ 的原函数.

但是, 这个结论并没有完全回答求原函数的问题. 因为我们还不知道是否由此就得到了问题的所有的解. 下述定理, 有时称为微积分基本定理的第二部分, 回答了求所有原函数的问题:

同一个函数 $f(x)$ 的两个原函数 $F_1(x)$ 和 $F_2(x)$ 之差总是一个常数

$$F_1(x) - F_2(x) = c.$$

因此, 从任何一个原函数 $F(x)$, 只要适当选取常数 c, 便可以得到所有其他的原函数, 其形式为

$$F(x) + c.$$

反之, 对于每一个常数值 c, 表达式 $F_1(x) = F(x) + c$ 都表示 $f(x)$ 的原函数.

显然, 如果 $F(x)$ 本身是原函数, 则对于任何常数 c, 函数 $F(x) + c$ 都是原函数. 因为我们有 (见第 152 页)

$$\frac{d}{dx}[F(x) + c] = \frac{d}{dx}F(x) + \frac{d}{dx}c = F'(x) = f(x).$$

所以, 为了完成上述定理的证明, 剩下的只是要证明两个原函数 $F_1(x)$ 和 $F_2(x)$ 之

差总是常数. 为此, 我们考虑差

$$F_1(x) - F_2(x) = G(x).$$

显然,

$$G'(x) = F_1'(x) - F_2'(x) = f(x) - f(x) = 0.$$

然而, 在第 143 页上我们由微分学中值定理已经证明: 其导数在一个区间上处处为零的函数是常数. 因此, G 是常数, 于是定理得证.

把上面证明的微积分基本定理的两部分合并起来, 我们便可将整个定理叙述如下:

微积分基本定理 在一个区间上给定的连续函数 $f(x)$ 的每一个原函数 $F(x)$, 都能表示为下列形式:

$$F(x) = c + \varphi(x) = c + \int_a^x f(u)du,$$

其中 c 和 a 都是常数, 反之, 对于随意[1] 选取的任何常数值 a 和 c, 这个表达式总表示一个原函数.

表示法

我们可能会想到, 常数 c 通常可以略去, 因为通过改变下限 a, 我们便可使原函数改变一个附加常数; 也就是说, 所有的原函数都是不定积分. 但是, 如果我们略去 c, 则往往不能得到所有的原函数, 例如 $f(x) = 0$. 对于这个函数, 不论下限如何其不定积分总是等于零; 但是, 任何常数都是 $f(x) = 0$ 的原函数. 第二个例子是函数 $f(x) = \sqrt{x}$, 这个函数只是对于非负的 x 值才有定义. 其不定积分是

$$\varphi(x) = \frac{2}{3}x^{\frac{3}{2}} - \frac{2}{3}a^{\frac{3}{2}},$$

在这里我们看到无论怎样选取下限 a, 不定积分总是可以由 $\frac{2}{3}x^{\frac{3}{2}}$ 加上一个小于或等于零的常数 $-\frac{2}{3}a^{\frac{3}{2}}$ 而得到; 但是像函数 $\frac{2}{3}x^{\frac{3}{2}} + 1$ 也是 $\sqrt{x}$ 的原函数. 因此, 在原函数的一般表达式中, 我们不能略去这一任意附加常数.

由上面求得的关系式使我们想到将不定积分的概念加以扩充, 使之包括所有的原函数. 今后我们将把每一个形如 $c + \varphi(x) = c + \int_a^x f(u)du$ 的表达式称为 f 的不定积分, 并且不再区分原函数和不定积分. 但是, 如果读者需要正确理解这些概念之间的关系, 则必须记住: 微分的逆运算和积分本来是两回事, 而只是在知道了它们之间的关系以后, 我们才有理由也使用 '不定积分' 这个术语称为原函数.

---

[1] 只要 a 处于 f 的定义域之中.

使用下述表示法完全是一种习惯, 在不加以解释时是不十分清楚的: 我们记

$$F(x) = \int f(x)dx,$$

指的是: 函数 $F(x)$ 是形如

$$F(x) = c + \int_a^x f(u)du$$

的函数, 其中 c 和 a 是适当的常数, 也就是说, 我们略去其上限 x、下限 a 以及附加常数 c, 并使用字母 x 来表示积分变量. 当然, 严格说来, 使用同一字母既表示积分变量, 又表示上限即 $F(x)$ 的自变量 x, 是不大合理的. 因为当使用 $\int f(x)dx$ 这种表示法时, 我们绝不要忘记它本身的不确定性, 也就是说, 这个符号总是仅仅表示 f 的原函数之一. 公式 $F(x) = \int f(x)dx$ 只不过是表示关系式

$$\frac{d}{dx}F(x) = f(x)$$

的一种符号记法.

c. 用原函数计算定积分

假设我们已知函数 $f(x)$ 的任何一个原函数 $F(x)$, 并且想要计算定积分 $\int_a^b f(u)du$. 由于我们知道不定积分

$$\varphi(x) = \int_a^x f(u)du$$

也是 $f(x)$ 的原函数, 同 $F(x)$ 只能相差一个附加常数. 因此

$$\varphi(x) = F(x) + c,$$

并且立即可以确定附加常数 c, 因为当 $x = a$ 时不定积分 $\varphi(x) = \int_a^x f(u)du$ 必须等于零. 于是我们得到 $0 = \varphi(a) = F(a) + c$, 由此 $c = -F(a)$, $\varphi(x) = F(x) - F(a)$. 特别是, 对于值 $x = b$, 我们有基本公式

$$\int_a^b f(u)du = F(b) - F(a),$$

如果

$$F'(u) = f(u).$$

因此, 只要 $F(x)$ 是连续函数 $f(x)$ 的任一原函数, 则 $f(x)$ 在下限 a 和上限 b 之间的定积分等于差 $F(b) - F(a)$.

如果我们利用关系式 $F'(x) = f(x)$, 则基本定理的这个结果还可以写为下列形式:

$$F(b) - F(a) = \int_a^b F'(x)dx = \int_a^b \frac{dF(x)}{dx}dx = \int_a^b dF(x), \tag{31}$$

其中 $F(x)$ 现在可以是具有连续导数 $F'(x)$ 的任一函数, 并且这里我们使用了莱布尼茨的具有启发性的符号表示法 $dF(x) = F'(x)dx$.

在应用上述法则时, 我们常常用一条竖线来表示端点处函数值之差, 记为

$$\int_a^b \frac{dF(x)}{dx}dx = F(b) - F(a) = F(x)|_a^b.$$

另外, 公式 (31) 又可写为下列形式:

$$\frac{F(b) - F(a)}{b - a} = \frac{1}{b - a}\int_a^b F'(x)dx. \tag{32}$$

如果回忆起第 120 页上关于函数在一个区间上的平均值的定义, 则上述公式说的是: 函数 $F(x)$ 对于点 a 和点 b 构成的差商, 等于 $F(x)$ 的导数在端点为 a 和 b 的区间上的算术平均值. 当我们考虑一个质点在直线上的运动时, 曾将距离 s 的改变同时间 t 的改变之比称为 '平均速度'. 现在我们看到: $\frac{\Delta s}{\Delta t}$ 的确正好是速度 $\frac{ds}{dt}$ 在给定的时间间隔上的平均值, 如果 t 是构成平均值时所用的自变量.

积分学中值定理同微分学中值定理之间的关系

对于任何连续函数 f 和它的一个原函数 F, 公式

$$F(b) - F(a) = \int_a^b f(x)dx \tag{33}$$

都成立, 这个公式也说明了积分中值定理 (第 119 页) 同微分中值定理 (第 148 页) 之间的关系. 由 (33), 根据积分学中值定理, 我们推出

$$F(b) - F(a) = (b - a)f(\xi).$$

因为 F 是 f 的原函数, 所以我们可以用 $F'(\xi)$ 来代替 $f(\xi)$, 从而对于函数 F 得到微分学中值定理. 当然, 要求 F 具有连续导数这一条件, 比微分学中值定理中仅仅要求导数存在的条件是要强了些.

d. 例

在第三章中, 我们将广泛应用基本定理来计算积分, 现在, 我们通过几个例子来说明使用公式

$$\int_a^b \frac{dF(x)}{dx} = F(b) - F(a)$$

的方法.

在第 140 页上, 对于正整数 n, 我们曾经推出公式

$$\frac{d}{dx}x^n = nx^{n-1}.$$

这个公式实际上是二项式定理的一个明显的结果, 因为

$$\begin{aligned}
\frac{d}{dx}x^n &= \lim_{h \to 0} \frac{1}{h}[(x+h)^n - x^n] \\
&= \lim_{h \to 0} \frac{1}{h}\left(x^n + nhx^{n-1} + \frac{n(n-1)}{2}h^2 x^{n-2} + \cdots + h^n - x^n\right) \\
&= \lim_{h \to 0}\left(nx^{n-1} + \frac{n(n-1)}{2}hx^{n-2} + \cdots + h^{n-1}\right) = nx^{n-1}.
\end{aligned}$$

在下限 a 和上限 b 之间进行积分, 我们便得到

$$\int_a^b nx^{n-1}dx = b^n - a^n.$$

将 $n-1$ 写为 m, 对于整数 $m \geqslant 0$, 我们得到公式

$$\int_a^b x^m dx = \frac{1}{m+1}(b^{m+1} - a^{m+1}).$$

对 x^m 的积分的表达式的这种推导方法, 比在第 111 页上给出的基于区间 $[a,b]$ 的几何划分的推导方法简单得多; 而且, 现在的结果实际上更为一般, 因为我们可以去掉 a 和 b 为正的假设.

在第 142 页上, 我们应用三角函数的加法公式并利用

$$\lim_{h \to 0}\left(\frac{\sin h}{h}\right) = 1,$$

曾得到公式

$$\frac{d\sin x}{dx} = \cos x, \qquad \frac{d\cos x}{dx} = -\sin x.$$

现在进行积分, 我们立即得到

$$\int_a^b \cos x dx = \sin b - \sin a, \quad \int_a^b \sin x dx = \cos a - \cos b.$$

这样, 由基本定理推导上述积分公式, 也要比根据定积分作为和的极限的定义所进行的推导来得简单.

补篇　连续函数的定积分的存在性

我们尚须证明: 只要函数 $f(x)$ 在闭区间 $[a,b]$ 上是连续的, 则 $f(x)$ 在下限 a 和上限 $b(a < b)$ 之间的定积分存在. 其证明主要是根据 $f(x)$ 的一致连续性 (见第 31 页): 对于任何给定的正数 ε, 如果区间上任何两点 ξ 和 η 彼此充分接近, 则在 ξ 和 η 上 f 值之差小于 ε, ξ 和 η 需要接近到怎样的程度, 仅仅依赖于 ε 而与 ξ 和 η 的位置无关; 换句话说, 存在一致的连续模 $\delta(\varepsilon)$, 使得对于 $[a,b]$ 上的任何值 ξ 和 η, 只要 $|\xi - \eta| < \delta$, 则有 $|f(\xi) - f(\eta)| < \varepsilon$.

将积分定义为和的极限, 这要求我们用相继的一些点 $x_0, x_1, \cdots, x_n$ 把区间 $[a,b]$ 划分为 n 个部分, 其中 $x_0 = a, x_n = b$, 并且 $x_0 < x_1 < \cdots < x_n$. 设 S_n 表示如上的一个特定分划 (n 表示个单元数). 分划的粗细程度由所得到的最大单元的长度, 即量 $\Delta x_i = x_i - x_{i-1}$ 中的最大者来衡量, 我们称之为 S_n 的 '跨距 (span)'. 由于 f 的一致连续性, 所以同一单元中的任何两点上的 f 值之差小于 ε, 只要 S_n 的跨距小于 $\delta = \delta(\varepsilon)$. 在每一个单元 $[x_{i-1}, x_i]$ 上选取值 ξ_i, 构成

$$F_n = \sum_{i=1}^n f(\xi_i)\Delta x_i,$$

我们便得到基于分划 S_n 的近似和.

我们需要证明的是, 对于分划序列 S_n, 如果其跨距趋向于零, 则近似和 F_n 收敛于某一极限, 我们用 $\int_a^b f(x)dx$ 来表示这个极限, 进一步还需要证明这个极限值与分划 S_n 以及中间点 ξ_i 的选择是无关的. 为了进行证明, 我们首先将分别属于两个分划 S_n 和 S_N 的值 F_n 与 F_N 加以比较, 这里 S_n 的跨距小于 δ, 而分划 S_N 是分划 S_n 的 '加细'; 也就是说, 所有 S_n 的分点都是 S_N 的分点. 适当地改变一下写法, 我们有

$$F_N = \sum_{j=1}^N f(\eta_j)\Delta y_j,$$

其中数值 y_j 是 S_N 的分点, $\Delta y_j = y_j - y_{j-1}, \eta_j$ 在区间 $[y_{j-1}, y_j]$ 上. S_n 的两个相继

的分点 x_{i-1} 和 x_i 也在数值 y_i 之中出现, 譬如说, $x_{i-1} = y_{r-1}, x_i = y_s$. 在 S_N 中, 单元 $[x_{i-1}, x_i]$ 可能被分成一些更小的区间, 譬如说分成 $[y_{r-1}, y_r], [y_r, y_{r+1}], \cdots,$ $[y_{s-1}, y_s]$, 此时, 它们在 F_N 的组成部分是

$$\sum_{j=r}^{s} f(\eta_j)(y_j - y_{j-1}).$$

我们把它与单元 $[x_{i-1}, x_i]$ 在 F_n 中的部分 $f(\xi_i)(x_i - x_{i-1})$ 加以比较, 因后者可以写成

$$\sum_{j=r}^{s} f(\xi_i)(y_j - y_{j-1})$$

(见图 2.33), 此时求得两个部分之差的绝对值为

$$\left| \sum_{j=r}^{s} [f(\eta_j) - f(\xi_i)](y_j - y_{j-1}) \right| \leqslant \sum_{j=r}^{s} \varepsilon \cdot (y_j - y_{j-1}) = \varepsilon(x_i - x_{i-1}).$$

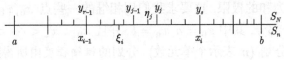

图 2.33

因此, 对于 S_n 的一切单元 $[x_{i-1}, x_i]$, 把在 F_n 中的部分和对 F_N 的相应部分之差全部加起来, 我们则得到估值

$$|F_N - F_n| \leqslant \sum_{i=1}^{n} \varepsilon(x_i - x_{i-1}) = \varepsilon(b - a),$$

只要 S_n 的跨距小于 $\delta(\varepsilon)$, 且 S_N 是 S_n 的加细.

　　现在如果 S_n 和 S_m 是任意两个分划, 我们则可考虑由 S_n 的一切分点和 S_m 的一切分点合在一起构成的分划 S_N. 这时, S_N 既是 S_n 的加细又是 S_m 的加细. 假设 S_n 和 S_m 的跨距都小于 $\delta(\varepsilon)$. 我们任选 S_N 的各单元的中间点 η_j 来给出 F_N, 便得到

$$|F_n - F_m| = |(F_n - F_N) + (F_N - F_m)|$$

$$\leqslant |F_n - F_N| + |F_m - F_N| \leqslant 2\varepsilon(b - a).$$

　　于是我们看到, 如果任给两个分划, 它们跨距都充分小, 那么与此相应的近似和彼此相差可任意小. 现在我们考虑任何的分划序列 S_n, 当 $n \to \infty$ 时其跨距趋向于零. 设 F_n 是对应的近似和, 则当给定任何 $\varepsilon > 0$ 时, 对于一切充分大的 n, S_n

的跨距都小于 $\delta(\varepsilon)$, 因此, 当 n 和 m 都充分大时, 有

$$|F_n - F_m| < 2\varepsilon(b - a).$$

由此可知, 序列 F_n 满足柯西收敛判别法 (见第 79 页); 于是

$$\lim_{n \to \infty} F_n = F$$

存在.

剩下的是要证明 $\lim\limits_{n \to \infty} F_n$ 之值与分划和中间点的选择无关. 这时, 如果 S_n' 表示跨距趋向于零的任一其他的分划序列, 则对应的和 F_n' 具有极限 F'. 因为只要 S_n 和 S_n' 的跨距都小于 $\delta(\varepsilon)$, 就有

$$|F_n' - F_n| < 2\varepsilon(b - a),$$

所以当 $n \to \infty$ 时, 我们也会得到 $|F - F'| \leqslant 2\varepsilon(b - a)$. 既然这里 ε 是任意正数, 就可以推出 $F = F'$. 因此, 极限 F 唯一确定, 我们用 $\displaystyle\int_a^b f(x)dx$ 来表示.

连续函数的定积分的存在性, 其证明至此完成.

更一般的近似和 我们上面进行的证明, 实际上比较清晰地指出了用和式来逼近积分时什么是基本点. 它说明了这样的事实, 即建立更一般的求极限过程, 也能导致积分, 并且下述形式更一般的定理成立: 为了使和式 $F_n = \sum f_i \Delta x_i$ 收敛于积分, f_i 不一定是一个函数值; 而只要对于区间 $[x_{i-1}, x_i]$ 上的某个点 ξ_i, 有 $|f_i - f(\xi_i)| < \delta(\varepsilon)$ 便足够了, 这里当 $\varepsilon \to 0$ 时 $\delta(\varepsilon) \to 0$.

这个一般的命题常常是有用的. 例如, 如果 $f(x) = \varphi(x)\psi(x)$, 则代替和式 $\sum f(\xi_v) \Delta x_v$, 我们可以考虑更一般的和

$$\sum \varphi(\xi_v')\psi(\xi_v'')\Delta x_v,$$

其中 ξ_v' 和 ξ_v'' 是该单元上不一定重合的两个点. 当 n 增加时, 这个和式也趋向于积分

$$\int_a^b f(x)dx = \int_a^b \varphi(x)\psi(x)dx,$$

只要最大区间的长度趋向于零.

对于用类似的方式建立的另一些和式, 相应的命题也成立; 例如, 和式

$$\sum_{v=1}^n \sqrt{\varphi(\xi_v')^2 + \psi(\xi_v'')^2}\,\Delta x_v$$

收敛于积分

$$\int_a^b \sqrt{\varphi(x)^2 + \psi(x)^2}dx.$$

为了证明这些命题, 我们只需指出, 由于 ξ_v' 和 ξ_v'' 的偏差而引起的近似和的改变 D, 在取极限的情况下趋向于零. 在第一个例子中, 这一点是明显的, 其中近似和的改变是

$$D = \sum_{v=1}^n \varphi(\xi_v')[\psi(\xi_v'') - \psi(\xi_v')]\Delta x_v.$$

因为 φ 是有界的, ψ 是一致连续的, 所以通过把单元取得充分小, 可以使得 D 为任意小.

第二个例中的和式的改变可以表示为

$$D = \sum_{v=1}^n (\sqrt{\varphi(\xi_v')^2 + \psi(\xi_v'')^2} - \sqrt{\varphi(\xi_v')^2 + \psi(\xi_v')^2})\Delta x_v.$$

利用以顶点为 $(a,0),(0,b),(0,c)$ 的三角形的三角不等式: $|\sqrt{a^2+b^2} - \sqrt{a^2+c^2}| \leqslant |b-c|$, 我们得到

$$|\sqrt{\varphi(\xi_v')^2 + \psi(\xi_v'')^2} - \sqrt{\varphi(\xi_v')^2 + \psi(\xi_v')^2}| \leqslant |\psi(\xi_v'') - \psi(\xi_v')|,$$

由此即可推知, D 趋向于零.

问　题

2.1 节, 第 103 页

1. 设 f 是定义在 $[a,b]$ 上的正值单调函数, 其中 $0 < a < b$; 又 φ 是 f 的反函数, 并且设 $\alpha = f(a), \beta = f(b)$. 试用积分是面积的观念证明

$$\int_\alpha^\beta \varphi(y)dy = b\beta - a\alpha - \int_a^b f(x)dx.$$

2.2 节, 第 108 页

1. 试通过将区间 $[a,b]$ 划分为长度相等的单元, 来证明: 对于任何自然数 p, 有

$$\int_a^b x^p dx = \frac{1}{p+1}(b^{p+1} - a^{p+1}).$$

试应用第一章杂题 5 到 12 中的方法来计算近似和 F_n.

2. 当 α 是负的有理数时, 譬如说 $\alpha = -\dfrac{r}{s}$ 时, 其中 r 和 s 是自然数, 试导出 $\displaystyle\int_a^b x^\alpha dx (a, b > 0)$ 的公式. $\left[\text{提示: 设 } q^{-\frac{1}{s}} = \tau, \text{ 其中 } q = \sqrt[n]{\dfrac{b}{a}}.\right]$

3. 试按照求 $\sin x$ 的积分时所用的方法, 推导公式

$$\int_a^b \cos x dx = \sin b - \sin a.$$

4. 当 $f(x)$ 是: (a) 奇函数时, (b) 偶函数时, 试建立关于 $\displaystyle\int_{-a}^a f(x)dx$ 的一般性结论.

5. 试计算 $\displaystyle\int_0^{\frac{\pi}{2}} \sin x dx$ 和 $\displaystyle\int_0^{\frac{\pi}{2}} \cos x dx$, 并从几何的角度来解释为什么这两个积分具有相同的值; 并且解释为什么对于一切 a 值和 b 值有

$$\int_a^{a+2\pi} \sin x dx = \int_a^{b+2\pi} \cos x dx.$$

6. 试计算: (a) $I_n = \displaystyle\int_0^a x^{\frac{1}{n}} dx$, (b) $I_n = \displaystyle\int_0^a x^n dx$. $\displaystyle\lim_{n\to\infty} I_n$ 是什么? 并在几何上加以解释.

7. 试计算

$$\lim_{n\to\infty} \frac{1}{\sqrt{n}} \left(1 + \frac{1}{\sqrt{2}} + \cdots + \frac{1}{\sqrt{n}}\right).$$

2.3 节, 第 116 页

*1. 关于积分的柯西不等式. 试证明: 对于一切连续函数 $f(x), g(x)$ 有

$$\int_a^b [f(x)]^2 dx \int_a^b [g(x)]^2 dx \geqslant \left(\int_a^b f(x)g(x)dx\right)^2.$$

*2. 试证明: 如果 $f(x)$ 是连续的, 并且

$$f(x) = \int_0^x f(t)dt,$$

则 $f(x)$ 恒为零.

*3. 设 $f(x)$ 在 $[0,1]$ 上是利普希茨连续的, 即对于这个区间上的一切 x, y, 有

$$|f(x) - f(y)| < M|x - y|.$$

试证明

$$\left| \int_0^1 f(\dot{x})dx - \frac{1}{n}\sum_{k=1}^n f\left(\frac{k}{n}\right) \right| < \frac{M}{2n}.$$

2.5 节, 第 124 页

1. 试证明

$$\log\frac{p}{q} \leqslant \frac{p-q}{\sqrt{pq}} \quad (q \leqslant p).$$

[提示: 应用柯西不等式, 2.3 节, 问题 1.]

2. (a) 试验证

$$\log(1+x) = \int_0^x \frac{1}{1+u}du, \quad \text{其中 } x > -1.$$

(b) 试证明: 当 $x > 0$ 时, 有

$$x - \frac{x^2}{2} < \log(1+x) < x.$$

*(c) 更一般地, 试证明: 当 $0 < x < 1$ 时, 有

$$x - \frac{x^2}{2} + \frac{x^3}{3} - \cdots - \frac{x^{2n}}{2n} < \log(1+x) < x - \frac{x^2}{2} + \frac{x^3}{3} - \cdots + \frac{x^{2n+1}}{2n+1}.$$

$\left(\text{提示: 将 } \dfrac{1}{1+u} \text{ 同几何级数加以比较.}\right)$

2.6 节, 第 128 页

1. (a) 试通过将区间 $[a,b]$ 划分为相等的单元来证明:

$$\int_a^b e^x dx = e^b - e^a.$$

[提示: 应用 $\log\alpha = \lim\limits_{n\to\infty} n(\sqrt[n]{\alpha} - 1)$.]

(b) 试求 $\int_a^b \log x dx$. (见 2.1 节, 问题 1)

(c) 试证明: 当 $x \geqslant 0$ 时, 有

$$1 + x + \frac{x^2}{2!} + \cdots + \frac{x^n}{n!} \leqslant e^x \leqslant 1 + x + \frac{x^2}{2!} + \cdots + \frac{x^n}{n!} + \frac{e^x x^{n+1}}{(n+1)!}.$$

$\left(\text{提示: 求出 } \int_0^x e^u du \text{ 的上界估值和下界估值, 并反复进行积分.}\right)$

当 $x < 0$ 时, 试求得对于 e^x 的同样类型的估值.

2.8 节 c, 第 140 页

试直接按照导数 (作为函数差商的极限) 的定义, 来计算下列函数的导数.

1. $\tan x$.
2. $\sec^2 x$.
3. $\sin \sqrt{x}$.
4. $\sqrt{\sin x}$.
5. $\dfrac{1}{\sin x}$.
6. $\sin \dfrac{1}{x}$.
7. x^α, 其中 α 是负的有理数.

2.8 节 i, 第 150 页

1. 试证明: 当 $x > 0$ 时, $x > \sin x$; 当 x 处于 $\left(0, \dfrac{\pi}{2}\right)$ 之中时, $x < \tan x$.

2. 设在 $a \leqslant x \leqslant b$ 上 $f(x)$ 是连续的且是可微的, 试证明: 如果当 $a \leqslant x < \xi$ 时 $f'(x) \leqslant 0$, 而当 $\xi < x \leqslant b$ 时 $f'(x) \geqslant 0$, 则这个函数总不会小于 $f(\xi)$.

*3. 如果连续函数 $f(x)$ 在 $x = \xi$ 的领域内的每一点 x 都具有导数 $f'(x)$, 并且当 $x \to \xi$ 时 $f'(x)$ 趋向于极限 L, 则 $f'(\xi)$ 存在并且等于 L.

*4. 设 $f(x)$ 在整个 x 轴上有定义并且是可微的. 试证明: 如果 $f(0) = 0$ 并且处处有 $|f'(x)| \leqslant |f(x)|$, 则恒有 $f(x) = 0$.

2.9 节, 第 158 页

*1. 如果质点在一单位时间内经过一单位距离, 且在起点和终点均处于静止状态, 则在这个单位时间间隔内的某一时刻上, 此质点运动的加速度必定等于或大于 4.

补篇, 第 165 页, 定积分的存在性

1. 设 $f(x)$ 在 $[a, b]$ 上有定义和有界. 我们对分划

$$a = x_0 < x_1 < x_2 \cdots < x_n = b$$

定义 "上和" Σ 以及 "下和" σ 如下:

$$\Sigma = \sum_{i=1}^{n} M_i \Delta x_i, \quad \sigma = \sum_{i=1}^{n} m_i \Delta x_i,$$

其中 M_i 和 m_i 分别为 $f(x)$ 在单元 $[x_{i-1}, x_i]$ 上的最小上界和最大下界.

(a) 试证明: 对给定分划作任一加细分划, 上和之值或是减少或是保持不变, 类似地, 下和之值或是增加或是保持不变.

(b) 试证明: 每一个上和之值大于或等于每一个下和之值.

(c) 达布 (Darboux) 上积分 F^+ 定义为对一切分划上和的最大下界, 达布下积分 F^- 定义为对一切分划下和的最小上界. 由 (b) 可知, $F^+ \geqslant F^-$. 如果 $F^+ = F^-$, 我们就将这个共同的值称为 f 的达布积分. 试证明: f 的达布积分实际上就是普通的黎曼积分; 并且证明: 当且仅当达布上积分和达布下积分存在并且相等时, 黎曼积分存在.

2. 设 $f(x)$ 是定义在 $[a,b]$ 上的单调函数.

(a) 试证明: 当把区间划分为 n 个相等的单元时, 上和与下和之差正好由下式给出:
$$\Sigma - \sigma = |f(b) - f(a)| \cdot \frac{b-a}{n},$$

并将这个结果从几何上加以解释.

(b) 试利用 (a) 的结果证明其达布积分存在.

(c) 如果划分的单元可以是不相等的, 试通过 $f(a), f(b)$ 和划分的跨距来估计 $\Sigma - \sigma$.

(d) 大量的函数 $f(x)$, 如果不是单调的, 则可以写为单调函数之和, $f(x) = \varphi(x) + \psi(x)$, 其中 φ 是非增的, ψ 是非减的. 在这种情况下, 试估计上和与下和之差.

3. 试证明: 如果 $f(x)$ 在闭区间 $[a,b]$ 上具有连续的导数, 则 $f(x)$ 可以像问题 2(d) 中那样写为单调函数之和.

杂题

1. 试证明:

(a) $\int_{-1}^{1} (x^2 - 1)^2 dx = \frac{16}{15}$.

(b) $(-1)^n \int_{-1}^{1} (x^2 - 1)^n dx = \frac{2^{2n+1}(n!)^2}{(2n+1)!}$.

2. 对于二项式系数 $\binom{n}{k}$, 试证明:
$$\binom{n}{k} = \left[(n+1) \int_0^1 x^k (1-x)^{n-k} dx \right]^{-1}.$$

*3. 如果 $f(x)$ 在 $a \leqslant x \leqslant b$ 的每一点 x 上都具有导数 $f'(x)$ (不一定是连续

的), 并且如果 $f'(x)$ 取到值 m 和 M, 试证明 $f'(x)$ 也取 m 和 M 之间的每一个值 μ.

4. 如果对于 $a \leqslant x \leqslant b$ 上的一切 x 值, $f''(x) \geqslant 0$, 试证明 $y = f(x)$ 的图形位于任一点 $(x = \xi, y = f(\xi))$ 处的切线上或其上方.

5. 如果对于 $a \leqslant x \leqslant b$ 上的一切 x 值, $f''(x) \geqslant 0$, 试证明 $y = f(x)$ 在区间 $x_1 \leqslant x \leqslant x_2$ 上的图形, 位于连接图形在 $x = x_1$ 和 $x = x_2$ 上的两点的线段的下方.

6. 如果 $f'' \geqslant 0$, 试证明 $f\left(\dfrac{x_1 + x_2}{2}\right) \leqslant \dfrac{f(x_1) + f(x_2)}{2}$.

*7. 设 $f(x)$ 是这样的函数, 即对于一切 x 值有 $f''(x) \geqslant 0$, 而 $u = u(t)$ 是任意一个连续函数, 试证明

$$\frac{1}{a}\int_0^a f[u(t)]dt \geqslant f\left(\frac{1}{a}\int_0^a u(t)dt\right).$$

8. (a) 试直接对下述函数进行微分, 并写出对应的积分公式: (i) $x^{\frac{1}{2}}$; (ii) $\tan x$.
(b) 试计算

$$\lim_{n\to\infty} \frac{1}{n}\left(1 + \sec^2\frac{\pi}{4n} + \sec^2\frac{2\pi}{4n} + \cdots + \sec^2\frac{n\pi}{4n}\right).$$

9. 设对于一切实数 x 值, $f(x)$ 具有一阶和二阶导数. 试证明: 如果 $f(x)$ 处处是正的和上凸的, 则 $f(x)$ 是常数.

(对于连续函数 $\varphi(x)$ 的定义区间上的任意两点 x_1, x_2, 如果恒有

$$\varphi\left(\frac{x_1 + x_2}{2}\right) \leqslant \frac{1}{2}[\varphi(x_1) + \varphi(x_2)],$$

则称 $\varphi(x)$ 为下凸函数; 如果恒有

$$\varphi\left(\frac{x_1 + x_2}{2}\right) \geqslant \frac{1}{2}[\varphi(x_1) + \varphi(x_2)],$$

则称 $\varphi(x)$ 为上凸函数. ——译者注)

第三章 微分法和积分法

第一部分 初等函数的微分和积分

3.1 最简单的微分法则及其应用

虽然积分问题通常比微分问题更为重要, 但是微分问题在形式上却要比积分问题容易一些. 因此, 自然的做法是: 首先掌握微分可能遇到的各种类型的函数的微分方法, 然后根据微积分基本定理 (2.9 节), 利用微分法的结果来计算积分. 在后面的几节里, 我们将讨论基本定理的这种应用. 在一定程度上来说, 我们是从头开始, 并根据某些一般的微分法则来系统地阐述积分法.

a. 微分法则

我们假设所考虑的区间上函数 $f(x)$ 和 $g(x)$ 是可微的; 这时, 下述基本法则成立.

法则 1 乘以常数. 对于任何常数 c, 函数 $\varphi(x) = cf(x)$ 是可微的, 并且

$$\varphi'(x) = cf'(x). \tag{1}$$

其证明是显而易见的, 在第二章第 142 页上已经给出.

法则 2 和的导数. 如果 $\varphi(x) = f(x) + g(x)$, 则 $\varphi(x)$ 是可微的, 并且

$$\varphi'(x) = f'(x) + g'(x); \tag{2}$$

也就是说, 微分运算与加法运算是可以交换的. 对可微函数的和

$$\varphi(x) = \sum_{v=1}^{n} f_v(x)$$

同样的法则也成立, 即

$$\varphi'(x) = \sum_{v=1}^{n} f_v'(x).$$

其证明也是显而易见的, 由导数的定义即可得到.

法则 3 乘积的导数. 如果 $\varphi(x) = f(x)g(x)$, 则 $\varphi(x)$ 是可微的, 并且

$$\varphi'(x) = f(x)g'(x) + g(x)f'(x). \tag{3}$$

其证明可以由下式得到

$$\frac{\varphi(x+h) - \varphi(x)}{h} = \frac{f(x+h)g(x+h) - f(x)g(x)}{h}$$

$$= f(x+h)\frac{g(x+h) - g(x)}{h} + g(x)\frac{f(x+h) - f(x)}{h}.$$

当 $h \to 0$ 时, 此式的极限便是式 (3).

如果我们将此公式除以[1] $\varphi(x) = f(x)g(x)$, 则它在形式上会变得更为完美. 这时, 我们得到

$$\frac{\varphi'(x)}{\varphi(x)} = \frac{f'(x)}{f(x)} + \frac{g'(x)}{g(x)}.$$

使用微分表示法 (第二章第 147 页), 还可将公式 (3) 写为

$$d(fg) = fdg + gdf.$$

对于 n 个因子之乘积的导数, 我们用数学归纳法可以得到一个含有 n 项的表达式, 其中每一项都是由一个因子的导数乘以原乘积中的其他所有因子而组成的:

$$\varphi'(x) = \frac{d}{dx}[f_1(x)f_2(x) \cdots f_n(x)]$$

$$= f_1'(x)f_2(x) \cdots f_n(x) + f_1(x)f_2'(x)f_3(x) \cdots f_n(x)$$

$$+ \cdots + f_1(x)f_2(x) \cdots f_n'(x)$$

$$= \sum_{v=1}^{n} f_v'(x)\frac{\varphi(x)}{f_v(x)},$$

或者除以 $\varphi(x) = f_1(x)f_2(x) \cdots f_n(x)$, 则有

$$\frac{\varphi'(x)}{\varphi(x)} = \frac{f_1'(x)}{f_1(x)} + \frac{f_2'(x)}{f_2(x)} + \cdots + \frac{f_n'(x)}{f_n(x)} = \sum_{v=1}^{n} \frac{f_v'(x)}{f_v(x)},$$

当然这是在 $\varphi(x) \neq 0$ 之处成立.

重复应用关于乘积的导数法则, 我们也能得到二阶导数和高阶导数的公式. 对于二阶导数, 我们有

$$\frac{d^2fg}{dx^2} = \frac{d}{dx}\left(\frac{dfg}{dx}\right) = \frac{d}{dx}\left(f\frac{dg}{dx} + \frac{df}{dx}g\right)$$

---

[1] 当然, 我们必须假设 $\varphi(x)$ 处处不等于零.

$$= \frac{d}{dx}\left(f\frac{dg}{dx}\right) + \frac{d}{dx}\left(\frac{df}{dx}g\right)$$

$$= f\frac{d^2g}{dx^2} + 2\frac{df}{dx}\frac{dg}{dx} + \frac{d^2f}{dx^2}g.$$

莱布尼茨法则   读者可用数学归纳法证明: 乘积的 n 阶导数能够按下列法则 (莱布尼茨法则) 得到.

$$\frac{d^n}{dx^n}(fg) = f\frac{d^ng}{dx^n} + \binom{n}{1}\frac{df}{dx}\frac{d^{n-1}g}{dx^{n-1}} + \binom{n}{2}\frac{d^2f}{dx^2}\frac{d^{n-2}g}{dx^{n-2}} + \cdots$$

$$+ \binom{n}{n-1}\frac{d^{n-1}f}{dx^{n-1}}\frac{dg}{dx} + \frac{d^nf}{dx^n}g.$$

这里 $\binom{n}{1} = n,\ \binom{n}{2} = \frac{1}{2!}[n(n-1)], \cdots$ 表示二项式系数.

法则 4   商的导数. 对于商

$$\varphi(x) = \frac{f(x)}{g(x)},$$

下述法则成立: 函数 $\varphi(x)$ 在 $g(x)$ 不为零的每一点上是可微的, 并且

$$\varphi'(x) = \frac{g(x)f'(x) - g'(x)f(x)}{[g(x)]^2}. \tag{4}$$

如果 $\varphi(x) \neq 0$, 这个公式可以写为

$$\frac{\varphi'(x)}{\varphi(x)} = \frac{f'(x)}{f(x)} - \frac{g'(x)}{g(x)}.$$

证明   如果假设 $\varphi(x)$ 是可微的, 我们则可对 $f(x) = \varphi(x)g(x)$ 应用关于乘积的导数法则, 并且得到

$$f'(x) = \varphi(x)g'(x) + g(x)\varphi'(x).$$

用 $\frac{f(x)}{g(x)}$ 来代替右端的 $\varphi(x)$, 并且解出 $\varphi'(x)$, 我们便得到法则 4.

我们可以在证明这个法则的同时来证明 $\varphi(x)$ 的可微性, 只要我们写出

$$\frac{\varphi(x+h) - \varphi(x)}{h} = \frac{\dfrac{f(x+h)}{g(x+h)} - \dfrac{f(x)}{g(x)}}{h}$$

$$= \frac{g(x)\dfrac{f(x+h)-f(x)}{h} - \dfrac{g(x+h)-g(x)}{h}f(x)}{g(x)g(x+h)}.$$

现在令 h 趋向于零, 就得到上述结果; 因为根据假设, 分母不趋向于零而趋向于极限 $[g(x)]^2$, 分子中的两项分别具有极限 $g(x)f'(x)$ 和 $g'(x)f(x)$. 这样既证明了左端的极限的存在, 又证明了微分公式成立.

b. 有理函数的微分法

首先, 我们借助于乘积的微分法则, 再次推导下述公式, 即对于每一个正整数 n,

$$\frac{d}{dx}x^n = nx^{n-1}.$$

我们将 x^n 看作为 n 个因子之积, $x^n = x \cdots x$, 于是得到

$$\frac{d}{dx}x^n = 1 \cdot x^{n-1} + 1 \cdot x^{n-1} + \cdots + 1 \cdot x^{n-1} = nx^{n-1}.$$

由这个公式以及公式 (1), 可以推出函数 x^n 的二阶导数

$$\frac{d^2}{dx^2}x^n = n(n-1)x^{n-2}.$$

继续进行下去, 我们便得到高阶导数

$$\frac{d^3}{dx^3}x^n = n(n-1)(n-2)x^{n-3}$$

$$\cdots\cdots$$

$$\frac{d^n}{dx^n}x^n = 1 \cdot 2 \cdot \cdots \cdot n = n!.$$

从最后一个公式可知, x^n 的 n 阶导数为常数, 而 $n+1$ 阶导数则 (处处) 为零.

使用前两个法则以及幂函数的微分法则, 实际上可以微分任何多项式 $y = a_0 + a_1 x + a_2 x^2 + \cdots + a_n x^n$, 从而得到

$$y' = a_1 + 2a_2 x + 3a_3 x^2 + \cdots + na_n x^{n-1},$$

以及

$$y'' = 2a_2 + 3 \cdot 2a_3 x + 4 \cdot 3a_4 x^2 + \cdots + n(n-1)a_n x^{n-2},$$

如此等等.

现在, 我们可以借助于商的微分法则求得任何有理函数的导数. 特别是, 当 $n = -m$ 是负整数时, 我们还可以再次推出函数 x^n 的微分公式: 应用商的微分法则, 并注意到常数的导数为零, 就得到

$$\frac{d}{dx}\left(\frac{1}{x^m}\right) = -\frac{mx^{m-1}}{x^{2m}} = -\frac{m}{x^{m+1}},$$

或者, 令 $m = -n$, 则有

$$\frac{d}{dx}x^n = nx^{n-1},$$

这在形式上同 n 为正值时的公式以及从前得到的公式 (第 141 页) 都是一致的.

c. 三角函数的微分法

对于三角函数 $\sin x$ 和 $\cos x$, 我们已经得到 (第 142 页) 微分公式

$$\frac{d}{dx}\sin x = \cos x \quad 和 \quad \frac{d}{dx}\cos x = -\sin x.$$

现在, 我们就可以利用商的微分法则来微分函数

$$y = \tan x = \frac{\sin x}{\cos x} \quad 和 \quad y = \cot x = \frac{\cos x}{\sin x}.$$

根据商的微分法则, 前一个函数的导数是

$$y' = \frac{\cos^2 x + \sin^2 x}{\cos^2 x} = \frac{1}{\cos^2 x},$$

因此

$$\frac{d}{dx}\tan x = \frac{1}{\cos^2 x} = \sec^2 x = 1 + \tan^2 x.$$

类似地, 我们得到

$$\frac{d}{dx}\cot x = -\frac{1}{\sin^2 x} = -\operatorname{cosec}^2 x = -(1 + \cot^2 x).$$

与 $\sin x, \cos x, \tan x$ 和 $\cot x$ 的微分公式相对应的积分公式如下:

$$\int \cos x\, dx = \sin x, \quad \int \sin x\, dx = -\cos x,$$

$$\int \frac{1}{\cos^2 x}\, dx = \tan x, \quad \int \frac{1}{\sin^2 x}\, dx = -\cot x.$$

利用 2.9 节 (第 162 页) 的基本法则, 再从这些公式我们可以求得在任何积分限之间的定积分值, 唯一的限制是: 当使用后两个公式时, 积分区间不能包含被积函数的任何间断点, 即对第一个积分是不含 $\frac{\pi}{2}$ 的奇数倍之点, 对第二个积分是不含 $\frac{\pi}{2}$ 的偶数倍之点. 例如

$$\int_a^b \cos x\, dx = \sin x\big|_a^b = \sin b - \sin a.$$

3.2 反函数的导数

a. 一般公式

在第 35 页上我们已经看到, 连续函数 $y = f(x)$ 在其成为单调的每一个区间上具有连续的反函数. 确切地说:

如果在区间 $a \leqslant x \leqslant b$ 上的连续函数 $y = f(x)$ 是单调的, 并且 $f(a) = \alpha$ 和 $f(b) = \beta$, 则 f 具有一个在 α 和 β 之间的区间上为连续和单调的反函数.

又如第 152 页上所述, 导数的符号为判断一个函数何时是单调的因而具有反函数提供了一个简单的判别法. 一个可微函数 $f(x)$ 是连续的, 在 $f'(x)$ 处处大于零的区间上是单调增加的, 在 $f'(x)$ 处处小于零的区间上是单调减少的.

现在我们通过证明下述定理来研究反函数的导数的问题.

定理 如果函数 $y = f(x)$ 在区间 $a < x < b$ 内是可微的, 并且在整个区间内或是 $f'(x) > 0$ 或是 $f'(x) < 0$, 则反函数 $x = \varphi(y)$ 在其定义区间的每一个内点上也具有导数: $y = f(x)$ 的导数同其反函数 $x = \varphi(y)$ 的导数, 在相应的 x 值和 y 值上, 满足关系式 $f'(x) \cdot \varphi'(x) = 1$.

这个关系式也可写为下列形式:

$$\frac{dy}{dx} = \frac{1}{\dfrac{dx}{dy}}. \tag{5}$$

最后这个公式再次说明莱布尼茨表示法的适用性: 符号的商 $\dfrac{dy}{dx}$ 在公式中可以当作真正的分数来处理.

证明 这个定理的证明是很简单的. 把导数写成差商的极限, 即

$$y' = f'(x) = \lim_{\Delta x \to 0} \frac{\Delta y}{\Delta x} = \lim_{x_1 \to x} \frac{y_1 - y}{x_1 - x},$$

其中 x 和 $y = f(x)$, x_1 和 $y_1 = f(x_1)$ 分别表示两对相应的值. 根据假设, 第一个极限值不等于零. 由于 $y = f(x)$ 和 $x = \varphi(y)$ 的连续性, 所以关系式 $y_1 \to y$ 和 $x_1 \to x$ 是等价的. 因此, 极限值

$$\lim_{x_1 \to x} \frac{x_1 - x}{y_1 - y} = \lim_{y_1 \to y} \frac{x_1 - x}{y_1 - y}$$

存在并且等于 $\dfrac{1}{f'(x)}$. 另一方面, 根据定义, 上式右端的极限值是反函数 $\varphi(y)$ 的导数 $\varphi'(y)$, 因而公式 (5) 得证.

此公式 (5) 的几何意义很简单, 由图 3.1 即可说明. 曲线 $y = f(x)$ 或 $x = \varphi(y)$

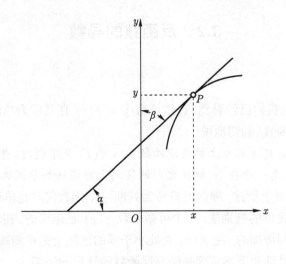

图 3.1　　反函数的微分法

的切线同正 x 轴构成角 α, 同正 y 轴构成角 β; 由于函数的导数在几何上用切线的斜率来解释, 所以有

$$f'(x) = \tan\alpha, \quad \varphi'(y) = \tan\beta.$$

由于角 α 和 β 之和为 $\dfrac{\pi}{2}$, 所以 $\tan\alpha\tan\beta = 1$, 这个关系式同上述微分公式是完全等价的.

　　临界点

　　在上面的讨论中我们总是明确地假设 $f'(x) > 0$ 或 $f'(x) < 0$, 即 $f'(x)$ 不为零. 那么, 如果 $f'(x) = 0$, 会发生什么情况呢? 如果在一个区间上处处有 $f'(x) = 0$, 则 $f(x)$ 是常数, 由于这个区间上的一切 x 值都对应着同样的 y 值, 因而没有反函数. 如果只是在一些孤立的所谓 "临界" 点上 $f'(x) = 0$ (并且假设 $f'(x)$ 是连续的), 那么按照自变量 x 通过这些临界点时 $f'(x)$ 是否变号, 就存在着两种情况. 在第一种情况下, 这个临界点将函数单调增加的点和函数是单调减少的点分隔开, 在这种临界点的领域内不能存在单值的反函数. 在第二种情况下, 导数虽然等于零但在此点附近并不改变函数 $y = f(x)$ 的单调性质, 因此存在单值的反函数. 然而, 在相应的点上, 反函数不再是可微的; 事实上, 反函数的导数在该点是无穷大. 函数 $y = x^2$ 和 $y = x^3$ 在点 $x = 0$, 便是这两种情况的实例. 图 3.2 和图 3.3 分别说明这两个函数通过原点时的性状, 同时说明函数 $y = x^3$ 具有单值的反函数, 而函数 $y = x^2$ 则没有单值的反函数.

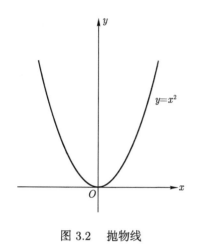

图 3.2 抛物线

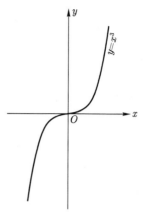

图 3.3 立方抛物线

b. n 次幂的反函数: n 次根

当 n 为正整数时, 函数 $y = x^n$ 的反函数是一个最简单的例子; 首先我们假设 x 取正值, 因此 y 也取正值. 在这些条件下, y' 总是正的, 于是对于一切正的 y 值, 我们可以建立唯一的反函数

$$x = \sqrt[n]{y} = y^{\frac{1}{n}}.$$

再由前面的一般法则, 立即可得到这个反函数的导数如下:

$$\frac{d(y^{\frac{1}{n}})}{dy} = \frac{dx}{dy} = \frac{1}{\dfrac{dy}{dx}} = \frac{1}{nx^{n-1}} = \frac{1}{n}\frac{1}{y^{\frac{n-1}{n}}} = \frac{1}{n}y^{\frac{1}{n}-1}.$$

现在, 如果我们改变表示法, 仍用 x 来表示自变量, 则最后可写成

$$\frac{d\sqrt[n]{x}}{dx} = \frac{d}{dx}(x^{\frac{1}{n}}) = \frac{1}{n}x^{\frac{1}{n}-1},$$

这同第 141 页上得到的公式是一致的.

当 $n > 1$ 时, 点 $x = 0$ 需要特别加以考虑. 如果 x 通过正值趋向于零, 则 $\dfrac{d(x^{\frac{1}{n}})}{dx}$ 显然无限增加; 这种情况正相应于 n 次幂 $f(x) = x^n$ 的导数在原点等于零. 在几何上这意味着, 当 $n > 1$ 时曲线 $y = x^{\frac{1}{n}}$ 在原点与 y 轴相切 (参见第 38 页图 1.35).

应当指出, 当 n 为奇数时, $x > 0$ 的假设可以省去, 函数 $y = x^n$ 是单调的, 并且在整个实数域上具有反函数. 对于负的 y 值, 公式

$$\frac{d(\sqrt[n]{y})}{dy} = \frac{1}{n}y^{\frac{1}{n}-1}$$

仍然成立; 而当 $x = 0, n > 1$ 时, 我们有 $\dfrac{dx^n}{dx} = 0$, 这种情况正相应于反函数的导数 $\dfrac{dx}{dy}$ 在点 $y = 0$ 是无穷大.

c. 反三角函数 —— 多值性

为了建立三角函数的反函数, 我们再次考虑 $\sin x, \cos x, \tan x$ 和 $\cot x$ 的图形[1], 由第 39 页图 1.37 和第 40 页图 1.38, 我们立即看出, 对于这些函数中的每一个来说, 如果我们要讨论的是唯一的一个反函数, 则必须选取一定的区间; 因为平行于 x 轴的直线 $y = c$, 如果同曲线相交, 会相交于无穷多个点.

　　反正弦和反余弦

例如, 对于函数 $y = \sin x$ (图 3.4), 在区间 $-\dfrac{\pi}{2} < x < \dfrac{\pi}{2}$ 内, 导数 $y' = \cos x$ 是正的. 在这个区间内, $y = \sin x$ 具有反函数, 我们用[2]

$$x = \arcsin y$$

来表示 (这个反函数表示一个角, 其正弦之值为 y). 当 y 依次遍及从 -1 到 $+1$ 的区间时, 这个函数由 $-\dfrac{\pi}{2}$ 单调地增加到 $+\dfrac{\pi}{2}$. 如果我们想要强调的是在这个特定的区间内来考虑正弦函数的反函数, 我们就说是反正弦函数的主值. 对于使得 $\sin x$ 是单调的另一个区间, 例如区间 $\dfrac{\pi}{2} < x < \dfrac{3\pi}{2}$; 我们就得到另一个反函数或反正弦函数的另一个 "分支"; 如果没有明确地说出反函数之值所在的区间, 则反正弦的符号并不表示一个完全确定的函数, 而事实上, 它表示无穷多个值[3].

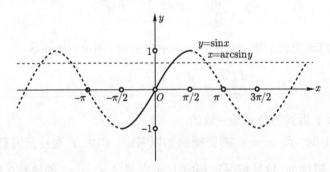

图 3.4　　$y = \sin x$ 的图形 (实线表示主值)

arcsin y 的多值性可以表述如下: 对于任何一个正弦值 y, 与其相对应的不只是一个特定的角 x, 而且还有其他形式为 $2k\pi + x$ 或 $(2k+1)\pi - x$ 的角, 其中 k

---

1) 图形表示法有助于读者克服在讨论反函数的 "多值性" 时存在的某些困难.

2) 也用另一种符号表示法: $x = \sin^{-1} y$, 这同倒数函数 $\dfrac{1}{\sin x}$ 不会混淆.

3) 有时也称为多值函数.

是任何整数 (见图 3.4).

由关系式 (5), 我们可以得到函数 $x = \arcsin y$ 的导数如下:

$$\frac{dx}{dy} = \frac{1}{y'} = \frac{1}{\cos x} = \frac{1}{\pm\sqrt{1 - \sin^2 x}} = \frac{1}{\pm\sqrt{1 - y^2}},$$

如果我们只限于考虑上面提到的前一个区间, 即 $-\dfrac{\pi}{2} < x < \dfrac{\pi}{2}$, 则上式中平方根应取正号[1].

最后, 我们把自变量的记法由 y 换为常用的 x (图 3.5); 这时 $\arcsin x$ 的导数则表示为

$$\frac{d}{dx}\arcsin x = \frac{1}{\sqrt{1 - x^2}}.$$

这里假设 $\arcsin x$ 是位于 $-\dfrac{\pi}{2}$ 和 $\dfrac{\pi}{2}$ 之间的主值, 平方根取正号.

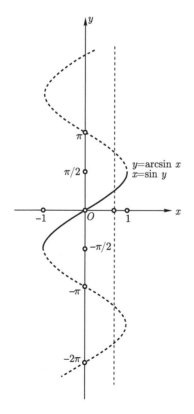

图 3.5　$y = \arcsin x$ 的图形 (实线表示主值)

---

[1] 如果我们考虑的不是区间 $-\dfrac{\pi}{2} < x < \dfrac{\pi}{2}$ 而是区间 $\dfrac{\pi}{2} < x < \dfrac{3\pi}{2}$, 这相当于用 $x + \pi$ 来代替 x, 则平方根应取负号, 因为 $\cos x$ 在这个区间上是负的.

对于 $y = \cos x$ 的反函数, 我们 (当把变量的记法 x 和 y 交换以后) 用 $\arccos x$ 来表示, 并可以用完全相同的方法得到公式

$$\frac{d}{dx} \arccos x = \mp \frac{1}{\sqrt{1 - x^2}}.$$

这里, 如果 $\arccos x$ 在 0 和 π 之间 (而不是像在 $\arcsin x$ 的情况那样在 $-\dfrac{\pi}{2}$ 和 $\dfrac{\pi}{2}$ 之间) 的区间内取值, 则平方根取负号 (见图 3.6).

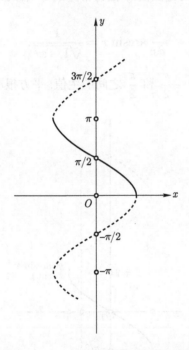

图 3.6　$y = \arccos x$ 的形图 (实线表示主值)

当自变量趋近于端点 $x = -1$ 和 $x = 1$ 时, 这些导数变为无穷大, 这种情况正相应于反正弦和反余弦的图形在这些端点上具有垂直的切线.

反正切和反余切

我们用类似的方式来讨论正切和余切的反函数. 对函数 $y = \tan x$, 当 $x \neq \dfrac{\pi}{2} + k\pi$ 时其导数处处为正. 因而在区间 $-\dfrac{\pi}{2} < x < \dfrac{\pi}{2}$ 内具有唯一的反函数. 我们记这个反函数为 $x = \arctan y$ (的主值). 由图 3.7, 我们立即看出, 可以选取任何值 $y + k\pi$ (其中 k 为整数) 来代替 y. 类似地, 函数 $y = \cot x$ 具有反函数 $x = \operatorname{arccot} y$, 如果我们要求这个反函数的值位于由 0 到 π 的区间内, 则它也是唯一确定的; 反之, $\operatorname{arccot} x$ 同 $\arctan x$ 一样, 是多值的.

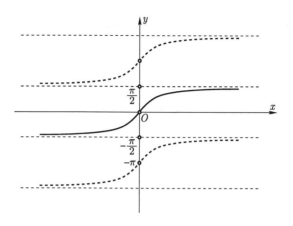

图 3.7 $y = \arctan x$ 的图形 (实线代表主值)

其微分公式如下:

$$x = \arctan y, \frac{dx}{dy} = \frac{1}{\dfrac{dy}{dx}} = \cos^2 x = \frac{1}{1 + \tan^2 x} = \frac{1}{1 + y^2};$$

$$x = \text{arccot}\, y, \frac{dx}{dy} = -\sin^2 x = -\frac{1}{1 + \cot^2 x} = -\frac{1}{1 + y^2},$$

最后, 如果我们仍用 x 来表示自变量, 则有

$$\frac{d}{dx} \arctan x = \frac{1}{1 + x^2},$$

$$\frac{d}{dx} \text{arccot}\, x = -\frac{1}{1 + x^2}.$$

d. 相应的积分公式

上面导出的这些公式, 如果通过不定积分来表示, 则可写为下列形式:

$$\int \frac{1}{\sqrt{1 - x^2}} dx = \arcsin x, \qquad \int \frac{1}{\sqrt{1 - x^2}} dx = -\arccos x,$$

$$\int \frac{1}{1 + x^2} dx = \arctan x, \qquad \int \frac{1}{1 + x^2} dx = -\text{arccot}\, x.$$

虽然在每一行的两个公式中用相同的不定积分来表示不同的函数, 但是它们彼此并不矛盾. 事实上, 这些公式正说明我们从前已经知道的结果 (见 2.9 节), 即同一函数的一切不定积分只是相差一些常数; 这里相差的常数是 $\dfrac{\pi}{2}$, 因为 $\arccos x + \arcsin x = \dfrac{\pi}{2}$, $\arctan x + \text{arccot}\, x = \dfrac{\pi}{2}$.

如第 122 页所述, 这些不定积分的公式可以直接用来求定积分. 特别是

$$\int_a^b \frac{dx}{1+x^2} = \arctan x \Big|_a^b = \arctan b - \arctan a.$$

如果我们设 $a=0, b=1$, 并且注意到 $\tan 0 = 0$ 和 $\tan \frac{\pi}{4} = 1$, 则得到著名的公式

$$\frac{\pi}{4} = \int_0^1 \frac{1}{1+x^2} dx. \tag{6}$$

数 π 本来是在研究圆时产生的, 现通过这个公式被引入同有理函数 $\frac{1}{1+x^2}$ 的很简单的关系中了, 并且代表图 3.8 所示面积. 这个关于 π 的公式乃是微积分早期的重大成就之一, 以后我们还要来讨论.

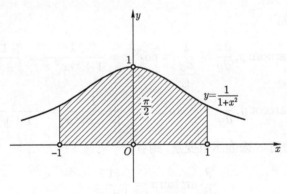

图 3.8   由面积表示的 $\frac{\pi}{2}$

更一般地, 本节的这些公式使我们可以纯分析地定义三角函数, 而完全不必涉及诸如三角形或圆这些几何对象. 例如, 角 y 同其正切 $x = \tan y$ 之间的关系完全可由方程

$$y = \int_0^x \frac{du}{1+u^2}$$

来描述 (至少对于 $-\frac{\pi}{2} < y < \frac{\pi}{2}$). 现在我们可以不涉及直观而用这个关系式来定义直角三角形中角 y 的数值, 角 y 的邻边为 a, 对边为 b, 而 $\frac{b}{a} = x$. 这种通过数量的分析定义, 使我们有理由在高等分析中使用角和三角函数, 而不去考虑由几何结构得来的定义.

e. 指数函数的导数与积分

在第二章, 我们曾作为对数函数的反函数引入了指数函数. 严格地说来, 这样定义的关系式 $y = e^x$ 和 $x = \log y$ 是等价的. 因此, 它们的导数满足关系式

$$\frac{de^x}{dx} = \frac{dy}{dx} = \frac{1}{\dfrac{dx}{dy}} = \frac{1}{\dfrac{d\log y}{dy}} = \frac{1}{\dfrac{1}{y}} = y = e^x.$$

于是, 指数函数等同于其本身的导数:

$$\frac{de^x}{dx} = e^x.$$

更一般地说, 对于任一正数 a, 函数 $y = a^x$ 具有反函数

$$x = \log_a y = \frac{\log y}{\log a},$$

而 a^x 的导数是

$$\frac{da^x}{dx} = \frac{1}{\dfrac{d\log_a y}{dy}} = (\log a)y = (\log a)a^x.$$

因此, 对于任一正的常数 a, 函数 $y = a^x$ 的导数与此函数本身成正比. 当 a 是数 e 时, 比例因子 $\log a$ 等于 1. 在第 194 页上, 我们将反过来证明: 任何函数, 如果同其导数成正比, 则其形式必定是 $y = ce^{\alpha x}$, 其中 c 表示常数因子. 我们还可以根据微积分基本定理, 将 e^x 和 a^x 的导数公式变换为不定积分的公式:

$$\int e^x dx = e^x,$$

$$\int a^x dx = \frac{1}{\log a} a^x.$$

3.3 复合函数的微分法

a. 定义

上述微分法则已使我们可以求出其他一些函数的导数, 例如由已知导数的函数所构成的有理表达式等. 为了得到在数学分析中出现的这些函数的导数显示式, 还必须进一步推导关于合成函数或复合函数的微分法则. 我们经常会遇到这样一些函数, 这些函数是由一些比较简单的函数合成的: $f(x) = g(\varphi(x))$, 其中 $\varphi(x)$ 定义在闭区间 $a \leqslant x \leqslant b$ 上, 其值域为 $\alpha \leqslant \varphi(x) \leqslant \beta$, 而 $g(\varphi)$ 则定义在后一个区

间上.

在这方面, 如果想到将函数解释为 "算子" 或映射, 是有益的. 正像在第一章中那样, 我们将合成函数简单地写成

$$f = g\varphi,$$

并且将 $g\varphi$ 称为算子或映射 g 和 φ 的 (符号) "积".

b. 链式法则

如果函数 g 和 φ 在它们各自的定义区间上是连续的, 则复合函数 $f(x) = g[\varphi(x)]$ 也是连续的 (见第一章).

现在假设函数 $\varphi(x)$ 和 $g(\varphi)$ 不仅是连续的, 而且是可微的, 这时, 我们有下述基本定理——链式微分法则.

函数 $f(x) = g[\varphi(x)]$ 是可微的, 并且其导数由下式给出:

$$f'(x) = g'(\varphi) \cdot \varphi'(x), \tag{7}$$

或者用莱布尼茨表示法,

$$\frac{df}{dx} = \frac{df}{d\varphi}\frac{d\varphi}{dx}.$$

因此, 一个复合函数的导数是其各合成因子函数的导数之乘积. 或者, 函数的符号积的导数, 是它们各自对于相应的自变量的导数的真正乘积.

在直观上, 这个链式法则是很容易理解的. 量 $\varphi'(x) = \lim \dfrac{\Delta\varphi}{\Delta x}$ 可以看作是微小区间被映射 φ 放大时的局部放大率. 类似地, $g'(\varphi)$ 是映射 g 给出的放大率. 在首先作用 φ, 然后作用 g 的情形下, 结果是首先将变量 x 的区间放大 φ' 倍, 然后将所得到的变量 φ 的区间放大 g' 倍, 这样产生的总的放大率 $g'\varphi'$ 必定是合成的映射 $f = g\varphi$ 的放大率.

这个定理很容易从导数的定义推出. 事实上, 如果我们假设在变量 x 的闭区间上 $\varphi'(x) \neq 0$, 那么这个定理的证明在直观上几乎是十分明显的. 这时, 因为 $\Delta x = x_2 - x_1 \neq 0$, 所以根据中值定理, 我们有

$$\Delta\varphi = \varphi_2 - \varphi_1 = \varphi(x_2) - \varphi(x_1) = \varphi'(\xi)\Delta x \neq 0 \quad (x_1 < \xi < x_2),$$

并且 $\Delta g = g(\varphi_2) - g(\varphi_1)$, $\Delta f = f(x_2) - f(x_1)$, 我们可以写出

$$\frac{\Delta f}{\Delta x} = \frac{\Delta g}{\Delta\varphi}\frac{\Delta\varphi}{\Delta x},$$

由于 $\Delta\varphi \neq 0$, 这个恒等式是有意义的. 现在, 当 $\Delta x \to 0$ 时 (即当 $x_2 \to x_1$ 时)

$\Delta\varphi \to 0$; 因此, 当 $\Delta x \to 0$ 时, 各个差商分别趋向于各自的极限, 于是定理得证.

为了避免明确假设 $\varphi'(x) \neq 0$, 我们可以不用 $\varphi(x)$ 来除, 而按下述稍微细致一些的方法来处理.

由 $g(\varphi)$ 在点 φ 是可微的这一假设, 我们得知, 量 $\varepsilon = \dfrac{\Delta g}{\Delta\varphi} - g'(\varphi)$, 对于固定的 φ, 作为 $\Delta\varphi$ 的函数 ($\Delta\varphi \neq 0$), 当 $\Delta\varphi \to 0$ 时其极限为零. 如果对于 $\Delta\varphi = 0$, 定义 $\varepsilon = 0$, 我们则有

$$\Delta g = [g'(\varphi) + \varepsilon]\Delta\varphi,$$

这里对 $\Delta\varphi$ 未加限制. 类似地, 对于固定的 x, 有

$$\Delta\varphi = \varphi(x + \Delta x) - \varphi(x) = [\varphi'(x) + \eta]\Delta x,$$

其中 $\lim\limits_{\Delta x \to 0} \eta = 0$. 于是, 对于 $\Delta x \neq 0$ 和 $\varphi = \varphi(x)$, 有

$$\frac{\Delta g}{\Delta x} = [g'(\varphi) + \varepsilon]\frac{\Delta\varphi}{\Delta x} = [g'(\varphi) + \varepsilon][\varphi'(x) + \eta].$$

当 Δx 通过非零值趋向于零时, 我们有 $\lim\limits_{\Delta x \to 0} \Delta\varphi = 0$, 因而 $\lim\limits_{\Delta x \to 0} \varepsilon = 0$, 于是

$$\lim_{\Delta x \to 0}\frac{\Delta g}{\Delta x} = \lim_{\Delta x \to 0}[g'(\varphi) + \varepsilon]\lim_{\Delta x \to 0}[\varphi'(x) + \eta] = g'(\varphi)\varphi'(x),$$

链式法则得证.

连续应用链式法则, 我们便可将公式直接推广到由两个以上的函数复合而成的情形. 例如, 如果

$$y = g(u), \quad u = \varphi(v), \quad v = \psi(x),$$

这时 $y = f(x) = g[\varphi(\psi(x))]$ 是 x 的复合函数; 其导数可按下列法则得到

$$\frac{dy}{dx} = y' = g'(u)\varphi'(v)\psi'(x) = \frac{dy}{du} \cdot \frac{du}{dv} \cdot \frac{dv}{dx};$$

对于由任意多个函数合成的函数, 类似的关系式也成立.

复合函数的高阶导数. 重复应用链式法则以及前面的微分法则, 不难求得 $y = g[\varphi(x)]$ 的高阶导数:

$$y' = \frac{dy}{d\varphi}\frac{d\varphi}{dx} = g'\varphi',$$

$$y'' = g''\varphi'^2 + g'\varphi'',$$

$$y''' = g'''\varphi'^3 + 3g''\varphi'\varphi'' + g'\varphi'''.$$

我们可以继续推出对于 y''' 等等类似的公式.

最后, 让我们来考察一下两个互逆的函数的复合. 函数 $g(y)$ 是函数 $y = \varphi(x)$ 的反函数, 如果 $f(x) = g[\varphi(x)] = x$. 由此可知,

$$f'(x) = g'(y)\varphi'(x) = 1,$$

这与 3.2 节 (第 179 页) 的结果完全相同.

例　作为应用链式法则的一个简单而重要的例子, 我们来微分 $x^\alpha (x > 0)$, 其中 α 是任意实数. 在第二章, 我们曾定义

$$x^\alpha = e^{\alpha \log x};$$

对于 $\varphi(x) = \log x, \psi(u) = \alpha u, g(y) = e^y$, 我们也曾证明

$$\varphi'(x) = \frac{1}{x}, \psi'(u) = \alpha, g'(y) = e^y.$$

现在, x^α 是复合函数 $g\{\psi[\varphi(x)]\}$. 应用链式法则, 得到一般公式

$$\frac{d}{dx}(x^\alpha) = g'(y)\psi'(u)\varphi'(x)$$

$$= e^y \cdot \alpha \cdot \frac{1}{x} = \frac{\alpha e^{\alpha \log x}}{x} = \alpha \frac{x^\alpha}{x},$$

因此

$$\frac{d}{dx}(x^\alpha) = \alpha x^{\alpha-1}.$$

当 α 为无理数时, 如果我们将 x^α 定义为具有有理指数的幂函数的极限, 而试图直接从这个定义出发, 那么我们也能证明上述公式, 只是要困难一些. 而积分公式

$$\int x^\alpha dx = \frac{x^{\alpha+1}}{\alpha+1} \quad (\alpha \neq -1)$$

乃是这个微分公式的直接推论.

作为第二个例子, 我们考虑

$$y = \sqrt{1 - x^2} \quad \text{或} \quad y = \sqrt{\varphi},$$

其中 $\varphi = 1 - x^2$, 而 $-1 < x < 1$. 由链式法则得到

$$y' = \frac{1}{2\sqrt{\varphi}} \cdot (-2x) = -\frac{x}{\sqrt{1 - x^2}}.$$

通过下列简短的计算, 还可给出另外一些例子.

1. $y = \arcsin\sqrt{1-x^2}\,(-1 \leqslant x \leqslant 1, x \neq 0)$.

$$\frac{dy}{dx} = \frac{1}{\sqrt{1-(1-x^2)}}\frac{d\sqrt{1-x^2}}{dx}$$

$$= \frac{1}{|x|}\frac{-x}{\sqrt{1-x^2}} = \frac{-1}{\sqrt{1-x^2}}\operatorname{sgn}(x).$$

2. $y = \sqrt{\dfrac{1+x}{1-x}}\ (-1 < x < 1)$.

$$\frac{dy}{dx} = \frac{1}{\sqrt[2]{\dfrac{1+x}{1-x}}} \cdot \frac{d\left(\dfrac{1+x}{1-x}\right)}{dx}$$

$$= \frac{\sqrt{1-x}}{2\sqrt{1+x}} \cdot \frac{2}{(1-x)^2} = \frac{1}{(1+x)^{1/2}(1-x)^{3/2}}.$$

3. $y = \log|x|$. 当 $x > 0$ 时, 这个函数[1] 可以直接写为 $\log x$, 当 $x < 0$ 时可以表示为 $\log(-x)$. 当 $x > 0$ 时,

$$\frac{d\log|x|}{dx} = \frac{d\log x}{dx} = \frac{1}{x}.$$

当 $x < 0$ 时, 由链式法则我们得到

$$\frac{d\log|x|}{dx} = \frac{d\log(-x)}{dx} = \frac{1}{-x}\frac{d(-x)}{dx} = \frac{1}{x}.$$

因此, 一般说来, 当 $x \neq 0$ 时

$$\frac{d\log|x|}{dx} = \frac{1}{x}.$$

4. $y = a^x$. 由 a^x 的定义, 我们有

$$a^x = e^{\varphi(x)},$$

其中 $\varphi(x) = (\log a)x$. 于是

$$\frac{da^x}{dx} = \frac{de^\varphi}{d\varphi}\frac{d\varphi}{dx} = e^\varphi(\log a) = (\log a)a^x.$$

在第 187 页上, 我们由求反函数的导数的法则已经得到同样的结果.

5. $y = [f(x)]^{g(x)}$. 因为

$$[f(x)]^{g(x)} = e^{\varphi(x)},$$

---

[1] 函数 $\log x$ 只是当 $x > 0$ 时才有定义, 而 $\log|x|$ 除 $x = 0$ 以外处处有定义.

其中 $\varphi(x) = g(x) \log[f(x)]$, 我们得到

$$\frac{d}{dx}[f(x)]^{g(x)} = e^{\varphi}\left(g' \log f + g\frac{1}{f}f'\right)$$

$$= [f(x)]^{g(x)}\left(g'(x)\log[f(x)] + \frac{g(x)f'(x)}{f(x)}\right).$$

例如, 当 $g(x) = f(x) = x$ 时, 我们有

$$\frac{dx^x}{dx} = x^x(\log x + 1).$$

c. 广义微分中值定理

作为链式法则的一个应用, 我们来推导广义微分中值定理. 考虑两个函数 $F(x)$ 和 $G(x)$, 它们在 x 轴的闭区间 $[a, b]$ 上是连续的, 并在这个区间的内部是可微的. 我们假设 $G'(x)$ 是正的. 将通常的微分学中值定理分别应用于 F 和 G, 给出差商

$$\frac{F(b) - F(a)}{G(b) - G(a)}$$

的表达式:

$$\frac{F(b) - F(a)}{G(b) - G(a)} = \frac{F'(\xi)(b-a)}{G'(\eta)(b-a)} = \frac{F'(\xi)}{G'(\eta)},$$

其中 ξ 和 η 是开区间 (a, b) 内的两个适当的中间值. 广义中值定理说的是: 我们可以将这个差商写成更简单的形式

$$\frac{F(b) - F(a)}{G(b) - G(a)} = \frac{F'(\zeta)}{G'(\zeta)},$$

其中 F' 和 G' 是在同一个中间值 ζ 上取值的.

为了证明这个定理, 我们引入 $u = G(x)$ 作为 F 中的自变量. 由假设 $G' > 0$, 我们得知: 函数 $u = G(x)$ 在区间 $[a, b]$ 上是单调的, 因而就有定义在区间 $[\alpha, \beta]$ 上的反函数 $x = g(u)$, 其中 $\alpha = G(a)$, $\beta = G(b)$. 因此, 复合函数 $F[g(u)] = f(u)$ 对于区间 $[\alpha, \beta]$ 上的 u 有定义. 由通常的中值定理, 我们得到

$$F(b) - F(a) = f(\beta) - f(\alpha) = f'(\gamma)(\beta - \alpha)$$

$$= f'(\gamma)[G(b) - G(a)],$$

其中 γ 是 α 和 β 之间的一个适当的值. 又由链式法则, 我们推出

$$f'(u) = \frac{d}{du}F[g(u)] = F'[g(u)]g'(u) = \frac{F'(x)}{G'(x)}.$$

而在区间 (a, b) 内, 对于 $u = \gamma$, 存在对应的一个值 $x = g(\gamma) = \zeta$. 于是 $f'(\gamma) = \dfrac{F'(\zeta)}{G'(\zeta)}$, 从而得到广义中值定理.

3.4 指数函数的某些应用

涉及指数函数的问题种类繁多, 这就说明指数函数在各方面的应用当中都是十分重要的.

a. 用微分方程定义指数函数

我们能够通过一种简单的性质来定义指数函数, 在一些特殊的情况下, 应用这种性质可以避免许多详细的论证.

如果函数 $y = f(x)$ 满足形式为

$$y' = \alpha y \tag{8}$$

的方程, 其中 α 是常数, 则 y 具有形式

$$y = f(x) = ce^{\alpha x},$$

其中 c 也是常数; 相反, 每一个形式为 $ce^{\alpha x}$ 的函数都满足方程 $y' = \alpha y$.

因为方程 (8) 表示函数及其导数之间的一种关系, 所以称为指数函数的微分方程.

显然, 当 c 是任意常数时, $y = ce^{\alpha x}$ 满足这个方程. 反之, 任何其他函数都不满足微分方程 $y' - \alpha y = 0$. 因为如果 y 是满足这个方程的一个函数, 我们考虑函数 $u = ye^{-\alpha x}$. 这时, 我们有

$$u' = y'e^{-\alpha x} - \alpha ye^{-\alpha x} = e^{-\alpha x}(y' - \alpha y).$$

然而, 由于我们已经假设 $y' = \alpha y$, 所以右端等于零; 因此 $u' = 0$, 于是 u 是常数 (第 152 页), 正如我们要证明的, $y = ce^{\alpha x}$.

现在我们将这个定理应用于几个实例.

b. 连续复利. 放射性蜕变

由于定期利息而扩大的资本总和 (或称本金) 在利息期间是以下述突变的形式而增加的. 如果 100α 是百分利率, 并且自然增长的利息在每年末加入本金, 则 x 年以后, 开始时为 1 的本金的积累值将是

$$(1 + \alpha)^x.$$

　　然而, 如果利息不是在每年之末而是在一年的每 n 分之一之末加入到本金里面, 那么 x 年以后, 资本总和将达到

$$\left(1+\frac{\alpha}{n}\right)^{nx}.$$

为简单起见, 取 $x=1$, 我们得知开始时为 1 的资本在一年以后将增长到

$$\left(1+\frac{\alpha}{n}\right)^{n}.$$

现在, 如果我们令 n 无限增大, 也就是说, 在越来越短的期间内将利息计入本金, 则其极限情况意味着随时将复利计入本金; 于是, 一年之后的资本总和将是原有本金的 e^{α} 倍 (见第 130 页). 类似地, 如果继续按这种方式来计算利息, 那么原来为 1 的本金在 x 年之后将增加到 $e^{\alpha x}$; 这里 x 可以是任何整数或非整数.

　　许多这种类型的例子都不难归入 3.4 节 a 论题的范围中去. 例如, 我们考虑由数 y 表示的一个量, 这个量随时间而增加 (或减少), 而增加 (或减少) 的速率与其总量成正比. 如果以时间为自变量, 那么增长率就是形式为 $y'=\alpha y$ 的一个规律, 其中比例因子 α 是正的还是负的, 取决于这个量是增加还是减少. 于是, 根据 3.4 节 a, 量 y 本身可由公式

$$y = ce^{\alpha x}$$

给出, 如果我们考虑时刻 $x=0$, 即可明了常数 c 的意义. 当 $x=0$ 时, $e^{\alpha x}=1$, 我们得知 $c=y_0$ 是在时间开始时的数量, 于是可以写成

$$y = y_0 e^{\alpha x}.$$

　　一个具有代表性的例子就是放射性蜕变. 在任一时刻, 放射性物质的总量 y 减少的速率都同这一时刻存在的物质总量成正比; 这一点是可以理解到的, 因为每一部分物质减少的速度同其他每一部分物质是一样的. 所以, 用时间的函数来表示物质总量 y, 应满足形式为 $y'=-ky$ 的关系式, 其中 k 应取正值, 因为我们指的是减少着的量. 于是, 物质总量可以表示为时间的函数: $y=y_0 e^{-kx}$, 其中 y_0 是在时间开始时 (时间 $x=0$) 物质的总量.

　　在一定的时间 τ 以后, 放射性物质将减少到其初始总量的一半. 这个所谓的半衰期 τ 由下列方程给出:

$$\frac{1}{2}y_0 = y_0 e^{-k\tau},$$

由此方程我们立即得到 $\tau = \frac{1}{k}\log 2$.

c. 物体被周围介质冷却或加热

出现指数函数的另一个典型例子是物体冷却, 例如浸入很大的低温水槽中的温度均匀的金属板的冷却问题. 假设水槽本身很大, 以致其温度不受冷却过程的影响. 我们还假设, 在每一时刻, 浸入水槽之物体的各部分都具有同样的温度, 并且温度变化的速率同物体的温度与周围介质的温度之差成正比 (牛顿冷却定律).

如果我们用 x 表示时间, 用 $y = y(x)$ 表示物体与水槽之间的温度差, 那么这个冷却定律就可以表示为下列方程:

$$y' = -ky,$$

其中 k 是正的常数 (k 值表征物体物质的物理特性). 从这个表示给定时刻冷却过程的效应的微分方程, 我们利用第 193 页式 (8), 就得到形式为

$$y = ce^{-kx}$$

的 '积分律', 它给出任意时刻 x 的温度差. 此式说明, 温度 '按指数方式' 下降, 并且逐渐变得等于外界的温度. 温度下降快慢的程度由数 k 来决定. 常数 c 的意义同前面一样, 在这里是 $x = 0$ 时的初始温度差, $y_0 = c$, 于是这个冷却定律可以写为下列形式:

$$y = y_0 e^{-kx}.$$

显然, 上述讨论也适用于物体加热的场合. 不同的只是这时初始温度差 y_0 是负的而不是正的.

d. 大气压随地面上的高度的变化

出现指数函数的又一个例子是大气压随高度的变化: 我们利用两个物理事实: ① 大气压等于地面单位面积垂直上方空气柱的重量; ② 玻意耳定律, 按照这个定律, 在给定的常温下, 空气的压力 p 同空气的密度 σ 成正比. 用符号来表示, 玻意耳定律是 $p = a\sigma$, 其中 a 是一个常数, 它取决于空气的特定的物理性质. 我们的问题是要确定作为离地面的高度 h 的函数 $p = f(h)$.

如果我们用 p_0 表示地面的大气压, 即单位面积上承受的空气柱的总重量, 用 g 表示引力常数, 用 $\sigma(\lambda)$ 表示离地面高度为 λ 之处的空气密度, 那么直到高度为 h 的空气柱的重量则由积分 $g\displaystyle\int_0^h \sigma(\lambda)d\lambda$ 给出[1]. 因此, 高度 h 处的大气压是

$$p = f(h) = p_0 - g\int_0^h \sigma(\lambda)d\lambda.$$

---

1) $g\sigma(\lambda)$ 是高度 λ 处每单位体积空气的重量.

进行微分, 则得到压力 $p = f(h)$ 和密度 $\sigma(h)$ 之间的下列关系式:

$$g\sigma(h) = -f'(h) = -p'.$$

现在我们利用玻意耳定律从这个方程中消去量 σ, 于是得到方程 $p' = -\left(\dfrac{g}{a}\right)p$, 其中只含一个压力未知函数. 由第 193 页式 (8) 得到

$$p = f(h) = ce^{-\frac{gh}{a}}.$$

如果像上面那样, 我们用 p_0 表示地面的大气压 $f(0)$, 则立即可知 $c = p_0$, 结果

$$p = f(h) = p_0 e^{-\frac{gh}{a}}.$$

取对数以后, 得到

$$h = \frac{a}{g} \log \frac{p_0}{p}.$$

我们经常会用到这两个公式. 例如, 如果常数 a 已知, 根据这两个公式, 我们便可由气压计测得的大气压来求某一处的高度, 或者通过测量某两处的大气压来求这两处的高度差. 此外, 如果大气压和高度 h 均已知, 我们则可确定在气体理论中具有重大意义的常数 a.

e. 化学反应过程

现在我们来考虑一个取自化学的例子, 即所谓单分子反应. 我们假设物质溶解于大量的溶剂之中, 譬如说一定数量的蔗糖溶解于水中. 如果发生化学反应, 那么在这种情况下化学中质量作用定律表明: 反应的速率同正在进行反应的物质的数量成正比. 我们假设, 蔗糖由于催化作用逐渐变为转化糖, 并且用 $u(x)$ 表示在时刻 x 时尚未变化的蔗糖的数量. 于是, 反应的速率是 $-\dfrac{du}{dx}$, 根据质量作用定律, 下列形式的方程成立:

$$\frac{du}{dx} = -ku,$$

其中 k 是与进行反应的物质有关的常数. 像第 193 页那样, 从这个瞬时的微分律, 我们立即得到积分律

$$u(x) = ae^{-kx},$$

这个定律作为一个时间的函数给出了蔗糖的数量. 它清楚地说明, 化学反应如何逐渐地趋向于其最终状态 $u = 0$, 即进行反应的物质完全转化. 常数 a 显然是 $x = 0$ 时存在的蔗糖数量.

f. 电路的接通或断开

作为最后一个例子, 我们来考察当接通或切断电路时直流电流的产生或消失过程. 如果 R 是电路的电阻, E 是电动势 (电压), 电流 I 由其最初的零值逐渐增加到最终的稳定值 $\dfrac{E}{R}$. 因此, 我们必须将 I 看作为时间 x 的函数. 电流的产生与电路的自感有关; 电路具有一个特征常数 L —— 自感系数, 其性质是: 当电流增加时, 将产生一个与外加电动势 E 相反的、大小为 $L\dfrac{dI}{dx}$ 的电动势. 由欧姆定律可知: 在每一时刻, 电阻与电流的乘积都等于实际有效电压, 于是我们得到关系式

$$IR = E - L\frac{dI}{dx}.$$

令

$$f(x) = I(x) - \frac{E}{R},$$

我们立即求出 $f'(x) = -\left(\dfrac{R}{L}\right)f(x)$, 因此由第 193 页式 (8) 有 $f(x) = f(0)e^{-\frac{Rx}{L}}$. 注意到 $I(0) = 0$, 我们得知 $f(0) = -\dfrac{E}{R}$; 于是, 作为一个时间的函数, 我们得到电流的表达式

$$I = f(x) + \frac{E}{R} = \frac{E}{R}(1 - e^{-\frac{Rx}{L}}).$$

这个表达式说明当电路接通时电流是如何渐近地趋向于其稳定值 $\dfrac{E}{R}$ 的.

3.5 双 曲 函 数

a. 分析的定义

在许多应用中, 指数函数还以下列组合的形式出现:

$$\frac{1}{2}(e^x + e^{-x}) \quad \text{或} \quad \frac{1}{2}(e^x - e^{-x}).$$

作为一些特定的函数, 引入这些组合以及类似的一些组合确是很方便的; 我们把它们表示如下:

$$\sinh x = \frac{e^x - e^{-x}}{2}, \quad \cosh x = \frac{e^x + e^{-x}}{2}, \tag{9a}$$

$$\tanh x = \frac{e^x - e^{-x}}{e^x + e^{-x}}, \quad \coth x = \frac{e^x + e^{-x}}{e^x - e^{-x}}, \tag{9b}$$

并分别称为双曲正弦、双曲余弦、双曲正切和双曲余切. 函数 $\sinh x, \cosh x$ 和 $\tanh x$ 对于一切 x 值都有定义, 而对于 $\coth x$ 来说, 点 $x = 0$ 必须除外. 选用这样一些名称, 是为了表明它们同三角函数有着某种类似; 正是这种我们将要详细研究的相似性, 证明我们特别来考察一下这些新函数的合理性. 图 3.9—图 3.11, 给出了双曲函数的图形; 图 3.9 中的虚线是 $y = \left(\dfrac{1}{2}\right)e^x$ 和 $y = \left(\dfrac{1}{2}\right)e^{-x}$ 的图形, 由这些图形很容易作出 $\sinh x$ 和 $\cosh x$ 的图形.

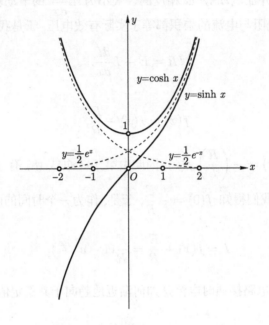

图 3.9

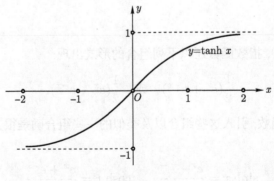

图 3.10

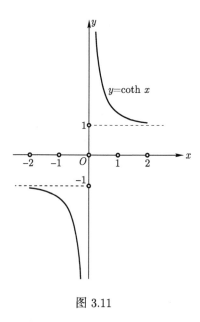

图 3.11

显然, $\cosh x$ 是偶函数, 即当把 x 换为 $-x$ 时该函数保持不变, 而 $\sinh x$ 是奇函数, 即当把 x 换为 $-x$ 时该函数变号 (见第 23 页).

根据定义, 函数

$$\cosh x = \frac{e^x + e^{-x}}{2}$$

对于一切 x 值都是正的并且不小于 1. 当 $x = 0$ 时, 这个函数取最小值: $\cosh 0 = 1$.

由定义可以直接推出 $\cosh x$ 和 $\sinh x$ 之间的基本关系式

$$\cosh^2 x - \sinh^2 x = 1.$$

现在, 如果我们不用 x 而用 t 来表示自变量, 并且记

$$x = \cosh t, \quad y = \sinh t,$$

则有

$$x^2 - y^2 = 1;$$

也就是说, 当 t 取遍由 $-\infty$ 到 $+\infty$ 之间的一切值时, 坐标为 $x = \cosh t, y = \sinh t$ 的点将沿着等轴双曲线 $x^2 - y^2 = 1$ 移动. 按照所定义的方程, $x \geqslant 1$, 并且由上述公式显然可知, 当 t 取遍由 $-\infty$ 到 $+\infty$ 之间的一切值时, y 将遍及由 $-\infty$ 到 $+\infty$ 之间的一切值; 因为, 当 t 趋向于无穷大时 e^t 趋向于无穷大, 而 e^{-t} 则趋向于零. 所以, 我们可以更确切地说: 当 t 取遍由 $-\infty$ 到 $+\infty$ 之间的一切值时, 方程

$x = \cosh t, y = \sinh t$ 给出等轴双曲线的一支, 即右边的一支.

b. 加法定理和微分公式

由双曲函数的定义, 我们得到双曲函数的*加法定理*:

$$\cosh(a + b) = \cosh a \cosh b + \sinh a \sinh b,$$
$$\sinh(a + b) = \sinh a \cosh b + \cosh a \sinh b. \tag{10}$$

如果我们写出

$$\cosh(a + b) = \frac{e^a e^b + e^{-a} e^{-b}}{2},$$

$$\sinh(a + b) = \frac{e^a e^b - e^{-a} e^{-b}}{2},$$

并将

$$e^a = \cosh a + \sinh a, \quad e^{-a} = \cosh a - \sinh a,$$
$$e^b = \cosh b + \sinh b, \quad e^{-b} = \cosh b - \sinh b$$

代入, 加法定理即可得证. 这些公式同相应的三角公式之间是极其相似的. 加法定理中的唯一差别在于第一个公式中有一个符号是不同的.

微分公式也存在相应的类似之处. 如果想到 $\dfrac{de^x}{dx} = e^x$, 我们不难得到

$$\frac{d}{dx} \cosh x = \sinh x, \qquad \frac{d}{dx} \sinh x = \cosh x,$$

$$\frac{d}{dx} \tanh x = \frac{1}{\cosh^2 x}, \qquad \frac{d}{dx} \coth x = -\frac{1}{\sinh^2 x}. \tag{11}$$

由前两个公式可知: $y = \cosh x$ 和 $y = \sinh x$ 是下列微分方程的解:

$$\frac{d^2 y}{dx^2} = y, \tag{12}$$

这个方程与三角函数 $\cos x$ 和 $\sin x$ 所满足的类似方程也仅仅相差一个符号 (见第 146 页).

c. 反双曲函数

对应于双曲函数 $x = \cosh t, y = \sinh t$ 的反函数, 我们记为[1]

$$t = \operatorname{arcosh} x, \quad t = \operatorname{arsinh} y.$$

---

1) 也使用符号 $\cosh^{-1} x$, 等等, 见第 43 页脚注.

因为函数 $\sinh x$ 在整个区间 $-\infty < x < \infty$ 上是单调增加的[1], 所以对于一切 y 值其反函数唯一确定; 另一方面, 只要看一下函数图形 (见第 198 页图 3.9) 便可得知, $t = \operatorname{arcosh} x$ 不是唯一确定的, 而是具有两种符号, 因为对应于一个给定的 x 值, 不仅有一个数 t 而且还有一个数 $-t$. 因为对于一切 t 值, 有 $\cosh t \geqslant 1$, 所以其反函数 $\operatorname{arcosh} x$ 只是对于 $x \geqslant 1$ 才有定义.

我们不难用对数来表示这些反函数, 只需将定义

$$x = \frac{e^t + e^{-t}}{2}, \quad y = \frac{e^t - e^{-t}}{2}$$

中的 $e^t = u$ 看作为未知量, 并且由这些 (二次) 方程解出 u 来:

$$u = x \pm \sqrt{x^2 - 1}, \quad u = y + \sqrt{y^2 + 1};$$

因为 $u = e^t$ 只能具有正值, 所以第二个方程中的平方根必须取正号, 而第一个方程中的平方根既可取正号也可取负号 (正相应于上面指出的那两种情况). 如果写成对数形式, 则有 $t = \log u$, 因此

$$\begin{aligned} t &= \log(x \pm \sqrt{x^2 - 1}) = \operatorname{arcosh} x, \\ t &= \log(y + \sqrt{y^2 + 1}) = \operatorname{arsinh} y. \end{aligned} \tag{13}$$

在 $\operatorname{arcosh} x$ 的情况中, 变量 x 只限于取区间 $x \geqslant 1$ 上的值, 而 $\operatorname{arsinh} y$ 对于一切 y 值都有定义.

方程 (13) 给出 $\operatorname{arcosh} x$ 的两个值

$$\log(x + \sqrt{x^2 - 1}) \quad \text{和} \quad \log(x - \sqrt{x^2 - 1}),$$

它们对应于 $\operatorname{arcosh} x$ 的两个分支. 因为

$$(x + \sqrt{x^2 - 1})(x - \sqrt{x^2 - 1}) = 1,$$

所以 $\operatorname{arcosh} x$ 的这两个值之和为零, 这同前面指出的 t 具有两种符号是一致的.

我们能够类似地定义双曲正切和双曲余切的反函数, 并且也能用对数来表示. 我们将这些反函数记为 $\operatorname{artanh} x$ 和 $\operatorname{arcoth} x$; 如果都用 x 来表示自变量, 我们不难得到

$$\begin{aligned} \operatorname{artanh} x &= \frac{1}{2} \log \frac{1+x}{1-x} \quad \text{在区间 } -1 < x < 1 \text{ 内}, \\ \operatorname{arcoth} x &= \frac{1}{2} \log \frac{x+1}{x-1} \quad \text{在区间 } x < -1, x > 1 \text{ 内}. \end{aligned} \tag{14}$$

[1] $\dfrac{d}{dt} \sinh t = \cosh t > 0$.

　　读者自己可以对这些反函数进行微分; 既可以应用反函数的微分法则, 也可以取这些反函数的对数表达式而应用链式法则. 如果把 x 作自变量, 则结果是

$$\frac{d}{dx}\operatorname{arcosh} x = \pm\frac{1}{\sqrt{x^2-1}}, \quad \frac{d}{dx}\operatorname{arsinh} x = \frac{1}{\sqrt{x^2+1}},$$
$$\frac{d}{dx}\operatorname{artanh} x = \frac{1}{1-x^2}, \quad \frac{d}{dx}\operatorname{arcoth} x = \frac{1}{1-x^2}. \tag{15}$$

后两个公式彼此并不矛盾, 因为前者只是对 $-1 < x < 1$ 成立, 后者只是对 $x < -1$ 和 $1 < x$ 成立. 在第一个公式中导数 $\dfrac{d}{dx}\operatorname{arcosh} x$ 的两个值 (分别取正号和负号), 对应于曲线 $y = \operatorname{arcosh} x = \log(x \pm \sqrt{x^2-1})$ 的两个不同的分支.

d. 与三角函数的其他相似性

　　双曲函数同三角函数之间的相似性并不是偶然的. 如果我们像在后面 7.7 节 a 中所做的那样, 用虚变量来考察这些函数, 那么二者相似性的更深刻原因就会变得十分明显. 这时, 我们可以把 $\cosh x$ 和 $\cos(ix), \sinh x$ 和 $\left(\dfrac{1}{i}\right)\sin(ix)$ 等同起来, 其中 $i = \sqrt{-1}$. 这一事实显然使得每一个含三角函数的关系式都对应着相似的双曲函数关系式. 这许多相似性都存在着很有意义的几何解释或物理解释 (也可参阅第四章, 4.1 节 j).

　　在上面用量 t 来表示等轴双曲线时, 我们并没有对 "参数" t 本身赋予任何几何意义. 现在我们再来讨论这个论题, 则会发现三角函数同双曲函数的另一些相似之处. 如果我们通过参数 t 以 $x = \cos t, y = \sin t$ 的形式来表示方程为 $x^2 + y^2 = 1$ 的圆, 则可将量 t 解释为一个角或者解释为沿圆周度量的弧长; 然而, 我们也可将 t 看作为对应于该角的圆扇形面积的二倍, 面积为正还是为负, 取决于该角是正的还是负的.

　　现在我们可以类似地说, 对于双曲函数, 量 t 是关于 $x^2 - y^2 = 1$ 的双曲扇形 (图 3.12 中斜线所示部分) 的面积的二倍[1]. 把 t 解释为面积, 这正是将反双曲函数称为 $t = \operatorname{arcosh} x$ 和 $t = \operatorname{arsinh} y$ 的原因[2]. 其证明并不难得到, 只要我们通过坐标变换

$$x - y = \sqrt{2}\,\xi, \quad x + y = \sqrt{2}\,\eta,$$

或

$$x = \frac{1}{\sqrt{2}}(\xi + \eta), \quad y = \frac{1}{\sqrt{2}}(\eta - \xi),$$

---

[1] 关于另一种证明, 见第四章, 4.1 节 k.
[2] 正像 $t = \arccos x$ 指的是单位圆的弧长那样, $t = \operatorname{arcosh} x$ 指的是与等轴双曲线 $x^2 - y^2 = 1$ 有关的面积. 顺便指出, t 不是双曲线的弧长.

使得双曲线的渐近线成为坐标轴; 在这些新的坐标之下, 双曲线的方程是 $\xi\eta = \dfrac{1}{2}$.
因为 OQ 和 QP 的长度分别是 η 和 $\dfrac{1}{2\eta}$, 两个直角三角形 OPQ 和 OAB 的面积
都是 $\dfrac{1}{4}$, 所以双曲扇形的面积等于图形 $ABQP$ 的面积. 显然, 点 A 和点 B 的坐
标分别是

$$\xi = \frac{1}{\sqrt{2}}, \eta = \frac{1}{\sqrt{2}} \quad \text{和} \quad \xi = \frac{x-y}{\sqrt{2}}, \eta = \frac{x+y}{\sqrt{2}},$$

于是我们得到双曲扇形面积的二倍是

$$2\int_{1/\sqrt{2}}^{(x+y)/\sqrt{2}} \left(\frac{1}{2\eta}\right) d\eta = \log(x+y) = \log(x \pm \sqrt{x^2-1}),$$

然而根据第 201 页方程 (13), 上式右端等于 t, 因而我们的论断得证.

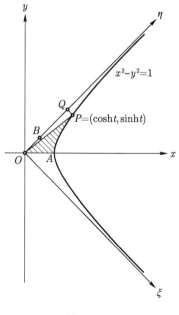

图 3.12

总之, 我们可以指出, 如图 3.13 所示, 双曲函数在图形上可以通过双曲线来表
示, 正像三角函数可以通过圆来表示一样.

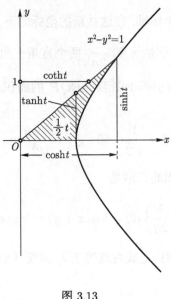

图 3.13

3.6 最大值和最小值问题

在多种应用中, 我们首先来阐述函数的最大值和最小值的理论, 并联系二阶导数进行几何上的讨论.

a. 曲线的下凸和上凸

根据定义, 导数 $f'(x) = \dfrac{df(x)}{dx}$ 表示曲线 $y = f(x)$ 的斜率, 函数 $f'(x)$ (即曲线 $y = f(x)$ 的斜率) 的导数, 是由导数 $\dfrac{df'(x)}{dx} = \dfrac{d^2 f(x)}{dx^2}$, 即 $f(x)$ 的二阶导数给出的, 如此等等. 如果二阶导数 $f''(x)$ 在点 x 是正的, 那么由连续性 (我们假设), $f''(x)$ 就在点 x 的某一个邻域内是正的[1], 于是在这个邻域内导数 $f'(x)$ 随 x 值增加而增加. 因此, 曲线 $y = f(x)$ 是向下凸的; 这时, 函数 $f(x)$ 或曲线 $y = f(x)$ 称为严格下凸的. 如果 $f''(x)$ 是负的, 则函数和曲线称为上凸的, 所以, 当 $f''(x) > 0$ 时, 在点 x 的邻域内, 曲线处于其切线的上方, 而当 $f''(x) < 0$ 时, 曲线则处于切线的下方 (见图 3.14(a) 和 (b)) (参阅第 173 页问题 4 和 5.6 节).

---

[1] 这里我们利用了在直观上是明显的结果: 如果连续函数 $g(x)$, 在点 x_0 是正的, 则在 x_0 的充分小的邻域内的一切点 (只要它们属于 g 的定义域) 也是正的. 正式证明很简单. 由 g 在 x_0 的连续性, 我们得知: 对于每一个正的 ε, 在点 x_0 的充分小的邻域 $|x - x_0| < \delta$ 内的一切点 x 上, 不等式 $|g(x) - g(x_0)| < \varepsilon$ 都成立. 因为 $g(x_0) > 0$, 我们可以将数值 $\dfrac{1}{2} g(x_0)$ 取作为 ε, 于是在某个邻域内, $|g(x) - g(x_0)| < \dfrac{1}{2} g(x_0)$. 这时, 因为 $g(x_0) - g(x) \leqslant |g(x) - g(x_0)| < \dfrac{1}{2} g(x_0)$, 所以可以推出 $g(x) > \dfrac{1}{2} g(x_0) > 0$.

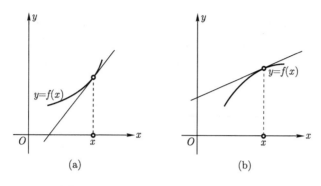

图 3.14   (a) $f''(x) > 0$; (b) $f''(x) < 0$

拐点

我们还需要特别加以考虑的只是在 $f''(x) = 0$ 的一些点, 一般说来, 当 x 通过这种点时, 二阶导数将改变其符号. 因此, 这种点是上述两种情况之间的转折点; 也就是说, 在这种点的一边切线处于曲线的上方, 在另一边切线处于曲线的下方, 而切线在该点上穿过曲线 (见图 3.15). 这种点称为曲线的拐点, 其对应的切线称为拐切线.

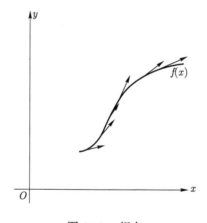

图 3.15   拐点

一个最简单的例子是函数 $y = x^3$ —— 立方抛物线. 对此, x 轴本身就是在拐点 $x = 0$ 处的拐切线 (见第 181 页, 图 3.3). 另一个例子是函数 $f(x) = \sin x$, 对于这个函数,

$$f'(x) = \frac{d\sin x}{dx} = \cos x, \quad f''(x) = \frac{d^2\sin x}{dx^2} = -\sin x.$$

由此, $f'(0) = 1$ 和 $f''(0) = 0$; 因为在 $x = 0$ 处左右 $f''(x)$ 变号, 所以正弦曲线在坐标原点具有与 x 轴构成 45° 倾角的拐切线.

　　然而, 必须指出的是, 还存在这样一些点, 在这些点上 $f''(x) = 0$, 但是当 x 过该点而增加时 $f''(x)$ 不变号, 其切线并不穿过曲线而是位于曲线的一侧. 例如曲线 $y = x^4$ 的整个图形位于 x 轴的上方, 虽然在 $x = 0$ 处二阶导数 $f''(x) = 12x^2$ 等于零.

b. 最大值和最小值——极值问题. 平稳点

　　我们说函数 $f(x)$ 在点 ξ 达到最大值, 如果在点 ξ 处的 f 值不小于在 f 的定义域中任何其他点 x 上的 f 值; 也就是说, 对于使得 f 有定义的一切 x, 有 $f(\xi) \geqslant f(x)$[1]. 类似地, 我们说 $f(x)$ 在点 ξ 达到最小值, 如果对于其定义域中的一切 x, 有 $f(\xi) \leqslant f(x)$.

　　例如, 函数 $f(x) = \sqrt{1 - x^2}$ 在 $-1 \leqslant x \leqslant 1$ 上有定义, 在 $x = \pm 1$ 处达到最小值, 而在 $x = 0$ 处达到最大值. 不难给出一些没有最大值或者没有最小值的连续函数的例子, 例如, 函数 $f(x) = \dfrac{1}{1 + x^2}$ (第 186 页图 3.8) 在定义域 $-\infty < x < +\infty$ 内没有最小值; 对于 $0 < x < +\infty$ 定义的函数 $f(x) = \dfrac{1}{x}$, 根本不存在最大及最小值点, 然而, 我们回想到第一章第 83 页的魏尔斯特拉斯定理, 根据这个定理, 定义在有限闭区间上的连续函数在这个区间上总是具有最大值 (同样地具有最小值).

　　我们的目的是要寻找一种求函数或曲线的最大、最小值点的方法. 在几何学、力学、物理学以及其他领域中经常会遇到的这一问题, 曾是在 17 世纪促使微积分发展的重要原因之一.

　　微积分并未提供确定函数 $f(x)$ 的最大值、最小值的直接方法, 但是它使我们可以求出所谓相对最大值、最小值点, 实际的最大值和最小值必定在这些点上出现. 我们说点 ξ 是 $f(x)$ 的相对最大值 (最小值) 点, 如果 $f(x)$ 在点 ξ 上达到最大 (最小) 值, 这里并不是同一切可能的 $f(x)$ 之值相比, 而是同对于 ξ 的某一邻域内的 x 而言的 $f(x)$ 之值相比, 这里所谓点 ξ 的邻域, 我们指的是包含点 ξ 的、可以为任意小的任何开区间 $\alpha < x < \beta$. 因此, f 的相对最大值最小值点 ξ, 就是当 f 被限制在其定义域中一切充分接近于 ξ 的点上时的最大值、最小值点[2]. 显然, 函数的最大值、最小值包含在其相对最大值、最小值之中 (见图 3.16). (今后, 为与习惯一致, 称相对最大值、相对最小值为极大值和极小值, 统称为极值. ——译者注.)

　　从几何上来说, 极大值和极小值如果不是位于定义区间的端点上, 则分别是曲线的波峰和波谷. 注意图 3.16 便可得知, 在点 x_5 上的极大值可能远远小于在另一

----

1) 如果对于 f 的定义域中不同于 ξ 的一切 x, 有 $f(\xi) > f(x)$, 我们就说 $f(x)$ 在点 ξ 具有严格的最大值, 点 ξ 称为严格最大点.

2) 相对最大值点 ξ 的正式定义应当这样来叙述: 存在一个包含 ξ 的开区间, 对于这个区间中使得 f 有定义的一切 x 来说, $f(\xi) \geqslant f(x)$.

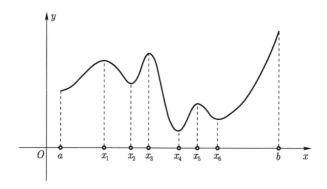

图 3.16 定义在区间 $[a, b]$ 上的函数的图形, 这个函数在 $x = a, x_2, x_4, x_6$ 上具有相对最小值 (即极小值), 在 x_1, x_3, x_5, b 上具有相对最大值 (即极大值), 在 b 上具有最大值, 在 x_4 上具有最小值

个点 x_2 上的极小值. 图 3.16 还会使我们想到, 连续函数的极大值和极小值交替出现, 即在两个相继的极大值之间总是存在一个极小值.

设 $f(x)$ 是定义在闭区间 $a \leqslant x \leqslant b$ 上的可微函数. 我们立即看出, 在位于区间内部的极值点上, 曲线的切线必定是水平的. (正式证明下面给出) 因此, 要在点 $\xi(a < \xi < b)$ 上达到极值, 条件

$$f'(\xi) = 0$$

是必要的. 但是, 如果 $f(\xi)$ 是极值, 而 ξ 是定义区间的端点之一, 则条件 $f'(\xi) = 0$ 不一定成立. 我们只能说: 如果左端点 a 是极大值 (极小值) 点, 则曲线的斜率 $f'(a)$ 不是正的 (负的), 如果右端点 b 是极大值 (极小值) 点, 则 $f'(b)$ 不能是负的 (正的)[1].

使得曲线 $y = f(x)$ 的切线是水平的那些点, 即对应方程 $f'(\xi) = 0$ 的根 ξ, 称为 f 的临界点或平稳点. 可微函数 f 的一切极值点, 如果是 f 的定义域的内点, 则都是平稳点. 因此, 函数的最大值点和最小值点, 或者是函数的平稳点, 或者是其定义区间的端点. 这样, 为了求得函数的最大值 (最小值), 我们只需将平稳点以及两个端点上的 f 值进行比较, 并且找出其中最大者 (最小者). 如果 f 在有限个点上不存在导数, 那么我们只需将这些点也列入可能的极值点之中, 并且对这些点上的 f 值也加以比较. 因此, 确定函数最大值及最小值的主要工作就简化为求函数导数的零点, 而零点的个数通常是有限的.

作为一个简单的例子, 让我们来确定函数 $f(x) = \dfrac{1}{10}x^6 - \dfrac{3}{10}x^2$ 在区间 $-2 \leqslant x \leqslant 2$ 上的最大值和最小值. 这里, 平稳点即方程 $f'(x) = \dfrac{6}{10}(x^5 - x) = 0$ 之根的

---

[1] 这里 $f'(a)$ 及 $f'(b)$ 指的是右、左导数. ——译者注

位置是 $x = 0, +1, -1$. 算出在这些点以及区间端点上的 f 值, 我们得到

x	-2	-1	0	1	2
$f(x)$	5.2	-0.2	0	-0.2	5.2

显然, 极小值出现在点 $x = \pm 1$ 上, 而极大值出现在点 $x = 0$ 和 $x = \pm 2$ 上. 在区间的两个端点上函数取到最大值 5.2; 在点 $x = \pm 1$, 函数取到最小值 -0.2 (见图 3.17).

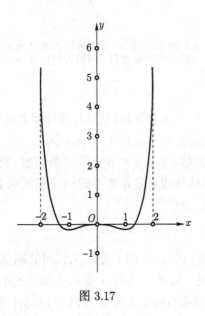

图 3.17

我们不靠几何直观而用纯分析的方法也不难证明: 当 ξ 是 f 的定义域内部的极值点时, $f'(\xi) = 0$, 只要 f 在点 ξ 是可微的. (同第 150 页罗尔定理中完全类似的考察相比较.) 如果函数 $f(x)$ 在点 ξ 具有极大值, 则对于一切充分小的但不等于零的 h 值, 表达式 $f(\xi + h) - f(\xi)$ 必须为负或为零. 所以, 当 $h > 0$ 时

$$\frac{[f(\xi + h) - f(\xi)]}{h} \leqslant 0,$$

而当 $h < 0$ 时

$$\frac{[f(\xi + h) - f(\xi)]}{h} \geqslant 0.$$

因此, 如果 h 通过正值趋向于零, 则上式差商的极限不能是正的, 而如果 h 通过负值趋向于零, 则上式差商的极限不能是负的. 然而由于我们已经假设在点 ξ 上 f 的导数存在, 这两个极限值必须彼此相等, 事实上等于值 $f'(\xi)$, 所以它们只能为零, 即 $f'(\xi) = 0$. 对于极小值的情形, 也可进行类似的证明. 上述证明还表明, 如

果左端点 $\xi = a$ 是极大值 (极小值) 点, 则必定有 $f'(a) \leqslant 0[f'(a) \geqslant 0]$; 如果右端点 b 是极大值 (极小值) 点, 则有 $f'(b) \geqslant 0[f'(b) \leqslant 0]$.

表征平稳点的条件 $f'(\xi) = 0$, 绝不是产生极值的充分条件. 可能存在这样一些点, 在这些点上导数为零, 即切线是水平的, 但是在这些点上曲线既没有达到极大值, 也没有达到极小值. 这种情况是会发生的, 如果在给定点上曲线穿过它的水平拐切线的话, 例如函数 $y = x^3$ 在点 $x = 0$ 的情形.

下述准则给出了判定平稳点是极大值点或极小值点的条件. 这一准则适用于连续函数 f, 如果 f 具有连续导数 f', 而 f' 最多在有限个点上等于零, 或者更一般地说, 适用于可微函数 f, 如果 f' 最多在有限个点上改变符号:

函数 $f(x)$ 在其定义域的内点 ξ 上达到极值, 当且仅当 x 通过这一点时导数 $f'(x)$ 变号; 特别是, 如果在 ξ 附近, 其导数在左侧点上为负, 在右侧点上为正, 则函数在 ξ 上达到极小值, 而在相反的情况下, 函数就达到极大值.

下面用中值定理来严格地证明这一准则. 首先我们注意到: 由于 $f'(x)$ 仅在有限个点上等于零, 所以在 ξ 的左右侧存在区间 $\xi_1 < x < \xi$ 和 $\xi < x < \xi_2$, 使每个区间内 $f'(x)$ 符号相同. (这里, 如果还存在使得 f' 为零的其他点, 则可将其中离 ξ 最近的零点取为 ξ_1 和 ξ_2.) 现在, 如果 $f'(x)$ 在这两个区间内的符号不同, 则对于一切充分小的 h 值, 不论 h 是正的还是负的, $f(\xi + h) - f(\xi) = hf'(\xi + \theta h)$ 具有相同的符号, 因此在 ξ 上达到极值. 如果 $f'(x)$ 在这两个区间内符号相同, 则当 h 变号时 $hf'(\xi + \theta h)$ 变号, 因此在 ξ 的一侧 $f(\xi + h)$ 大于 $f(\xi)$, 在 ξ 的另一侧 $f(\xi + h)$ 小于 $f(\xi)$, 而不存在极值. 于是上述定理得证.

同时, 我们看到: 如果在一个包含 ξ 的区间内 $f(x)$ 是可微的并且 $f'(x)$ 仅在点 ξ 附近变号, 则数值 $f(\xi)$ 是函数在此区间内的最大值或最小值.

上述证明依据的是中值定理. 我们知道, 在应用中值定理时, 如果在区间的端点上 $f(x)$ 是不可微的, 这个定理仍然可以成立, 只要在区间的其他所有点上 $f(x)$ 是可微的; 因此, 即使在 $x = \xi$ 处 $f'(x)$ 不存在, 上述证明仍然成立. 例如, 函数 $y = |x|$ 在点 $x = 0$ 达到极小值, 因为当 $x > 0$ 时 $y' > 0$, 当 $x < 0$ 时 $y' < 0$ (参阅第 144 页图 2.24). 同样, 函数 $y = \sqrt[3]{x^2}$ 在点 $x = 0$ 达到最小值, 即使其导数 $\frac{2}{3} x^{-\frac{1}{3}}$ 在这一点是无穷大 (参阅第 145 页图 2.27).

决定平稳点 ξ 是极大值点还是极小值点的最简单的方法, 涉及在这一点的二阶导数. 从直观上显然可以看出, 如果 $f'(\xi) = 0$, 则当 $f''(\xi) < 0$ 时 f 在点 ξ 达到极大值, 当 $f''(\xi) > 0$ 时达到极小值. 因为在前一种情况下, 在点 ξ 的邻域内函数的曲线完全位于切线的下面, 而在后一种情况下, 曲线完全位于切线的上面. 如果 $f(x)$ 和 $f'(x)$ 是连续的, $f''(\xi)$ 存在, 则可由前面的准则从分析上推出这个结果. 因为如果 $f'(\xi) = 0$, 并且譬如说 $f''(\xi) > 0$, 我们则有

$$f''(\xi) = \lim_{h \to 0} \frac{f'(\xi + h) - f'(\xi)}{h} = \lim_{h \to 0} \frac{f'(\xi + h)}{h} > 0.$$

由此得知, 对于一切绝对值充分小的 $h \neq 0$, 有 $\dfrac{f'(\xi + h)}{h} > 0$; 因此在 ξ 的邻域内 $f'(\xi + h)$ 和 h 符号相同. 对于 ξ 附近的 x, 当 x 处于 ξ 左边时导数 $f'(x)$ 必须为负, 而当 x 处于 ξ 右边时 $f'(x)$ 则为正; 这就说明在点 ξ 上存在极小值.

当 $f''(x)$ 在整个 f 的定义区间 $[a, b]$ 上具有同一个符号时, 情况特别简单:

如果 $f'(x)$ 在点 ξ 等于零, 则当在整个区间上 $f''(x) < 0$ 时 (即当函数的曲线上凸时), 点 ξ 是 f 的最大值点, 当在整个区间上 $f''(x) > 0$ 时 (即当曲线下凸时), 点 ξ 是 f 的最小值点.

实际上, 如果 $f''(x) < 0$, 则函数 $f'(x)$ 是单调减少的, 因而 ξ 是其唯一的零点. 并且, 当 $a \leqslant x < \xi$ 时 $f' > 0$, 而当 $\xi < x \leqslant b$ 时 $f' < 0$. 根据中值定理, 这再次说明当 $x \neq \xi$ 时 $f(x) < f(\xi)$, 因此可知 ξ 是严格的最大值点. 由于除了 ξ 以外不存在其他平稳点, 所以 f 的最小值必须位于区间的一个端点上. 当在区间上 $f'' > 0$ 时, 也可进行同样的论证.

举例

例 1　试在一切具有给定底边和给定面积的三角形中, 求出周长最小的三角形.

为了解答这个问题, 我们沿给定底边 AB 取 x 轴, 并将 AB 的中点取为坐标原点 (图 3.18). 如果 C 是三角形的顶点, h 是三角形的高 (h 为面积和底边所确定), (x, h) 是顶点的坐标, 则三角形的两边 AC 和 BC 之和由下式给出:

$$f(x) = \sqrt{(x + a)^2 + h^2} + \sqrt{(x - a)^2 + h^2},$$

这里底边长为 $2a$. 由此我们得到

$$f'(x) = \frac{x + a}{\sqrt{(x + a)^2 + h^2}} + \frac{x - a}{\sqrt{(x - a)^2 + h^2}},$$

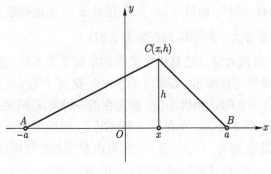

图 3.18

$$f''(x) = \frac{-(x+a)^2}{\sqrt{[(x-a)^2+h^2]^3}} + \frac{1}{\sqrt{(x+a)^2+h^2}}$$
$$+ \frac{-(x-a)^2}{\sqrt{[(x-a)^2+h^2]^3}} + \frac{1}{\sqrt{(x-a)^2+h^2}}$$
$$= \frac{h^2}{\sqrt{[(x+a)^2+h^2]^3}} + \frac{h^2}{\sqrt{[(x-a)^2+h^2]^3}}$$

我们看出: (1) $f'(0)$ 等于零, (2) $f''(x)$ 总是正的; 因此在 $x=0$ 处存在最小值 (见第 211 页). 从而这个最小值由等腰三角形给出.

我们可以类似地证明: 在一切具有给定周长和给定底边的三角形中, 等腰三角形面积最大.

例 2 试在给定的直线上求出一点, 使得这一点同两个已知的固定点的距离之和为最小.

设给定一条直线以及在直线同一侧的两个固定点 A 和 B. 我们希望在直线上求出一点 P, 使得距离 $PA + PB$ 具有最小的可能值[1].

我们取给定直线为 x 轴, 并且使用图 3.19 中的符号. 这时, 所考虑的距离由下式给出:

$$f(x) = \sqrt{x^2+h^2} + \sqrt{(x-a)^2+h_1^2}.$$

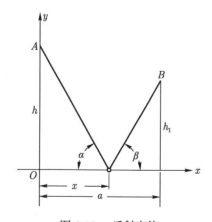

图 3.19 反射定律

并且我们得到

$$f'(x) = \frac{x}{\sqrt{x^2+h^2}} + \frac{x-a}{\sqrt{(x-a)^2+h_1^2}},$$
$$f''(x) = \frac{h^2}{\sqrt{(x^2+h^2)^3}} + \frac{h_1^2}{\sqrt{[(x-a)^2+h_1^2]^3}}.$$

[1] 如果 A 和 B 分别位于直线的两侧, 则 P 显然是线段 AB 与该直线的交点.

由方程 $f'(\xi) = 0$, 可知

$$\frac{\xi}{\sqrt{\xi^2 + h^2}} = \frac{a - \xi}{\sqrt{(\xi - a)^2 + h_1^2}},$$

或

$$\cos \alpha = \cos \beta;$$

因此两直线 PA 和 PB 与给定直线所构成的角必须相等. $f''(x)$ 的符号为正, 说明确实是最小值.

这个问题的解同光学的反射定律有着密切的联系. 根据一个重要的光学原理——著名的费马最短时间原理, 光线通过的路径决定于下述性质: 在给定条件下, 光线从点 A 到点 B 所需时间必须是最短的. 如果规定了这样的条件: 光线在从 A 到 B 的路径上, 经过给定直线上 (譬如说镜面上) 的某一点, 则我们可以看出, 当光线的 "入射角" 等于 "反射角" 时所需的时间最短.

例 3   折射定律[1]. 设在 x 轴的两侧有给定的两点 A 和 B. 如果光速在 x 轴的一侧为 c_1, 在另一侧为 c_2, 要使光线由 A 到 B 的时间是最短的, 试问光线应通过怎样的路径?

显然, 时间最短的路径是由彼此相交于 x 轴上的一点 P 的两个直线段组成的. 采用图 3.20 的符号, 对于长度 PA, PB, 我们分别得到表达式 $\sqrt{x^2 + h^2}$ 和 $\sqrt{h_1^2 + (a - x)^2}$, 将这两段直线的长度分别除以相应的光速, 并且相加, 我们便得到通过这一路径所需的时间:

$$f(x) = \frac{1}{c_1}\sqrt{h^2 + x^2} + \frac{1}{c_2}\sqrt{h_1^2 + (a - x)^2}.$$

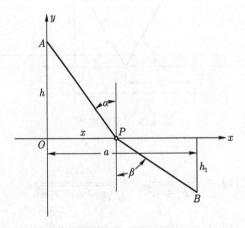

图 3.20   折射定律

1) 前面的两个例子也可以用初等几何来处理, 而这例子不用微积分是很难求解的.

将此式微分, 我们得到

$$f'(x) = \frac{1}{c_1} \frac{x}{\sqrt{h^2 + x^2}} - \frac{1}{c_2} \frac{a - x}{\sqrt{h_1^2 + (a-x)^2}},$$

$$f''(x) = \frac{1}{c_1} \frac{h^2}{\sqrt{(h^2 + x^2)^3}} + \frac{1}{c_2} \frac{h_1^2}{\sqrt{[h_1^2 + (a-x)^2]^3}}.$$

由图 3.20 我们不难看出, 方程 $f'(x) = 0$, 即方程

$$\frac{1}{c_1} \frac{x}{\sqrt{h^2 + x^2}} = \frac{1}{c_2} \frac{a - x}{\sqrt{h_1^2 + (a-x)^2}},$$

它等价于条件 $\frac{1}{c_1} \sin \alpha = \frac{1}{c_2} \sin \beta$, 或者

$$\frac{\sin \alpha}{\sin \beta} = \frac{c_1}{c_2}.$$

读者可以证明: 满足这个条件的点只有一个, 并且这一点实际上给出了所要求的最小值.

这个例子的物理意义也可由光学的最短时间原理给出. 经过两点的光线描绘出时间最短的路径. 如果 c_1 和 c_2 是两种光学介质的边界面两侧的光速, 则光线通过的路径将由上述公式给出, 这个结果乃是斯内耳折射定律的一种形式.

例 4 试求椭圆上的一点, 使得这一点与椭圆长轴上的给定点距离最短 (图 3.21).

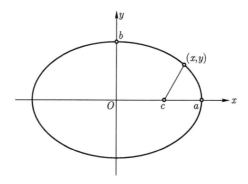

图 3.21 椭圆上与长轴上的一点距离最短的点

取形如

$$\frac{x^2}{a^2} + \frac{y^2}{b^2} = 1 \quad (b < a)$$

的椭圆, 并将长轴上的给定点取为 $(c, 0)$, 对于椭圆上任何点 (x, y) 同点 $(c, 0)$ 的

距离, 我们求得表达式

$$d = \sqrt{(x-c)^2 + b^2\left(1 - \frac{x^2}{a^2}\right)},$$

其中 $-a \leqslant x \leqslant a$. 函数 $f(x) = d^2$ 是下凸的 $(f'' > 0)$. 这个函数和 d 本身在同样的 x 上取极小值. f 的唯一的平稳点在 $x = \dfrac{c}{1 - b^2/a^2}$ 处. 如果这一点位于 d 的定义域内, 则它表示最小值点; 如果不是这样, 则 d 的极小值将对应于长轴上的最接近 c 的端点. 因而我们求得最小距离之值如下:

$$d = b\sqrt{1 - \frac{c^2}{a^2 - b^2}}, \quad \text{如果 } |c| \leqslant a\left(1 - \frac{b^2}{a^2}\right),$$

$$d = a - |c|, \qquad\qquad \text{如果 } |c| \geqslant a\left(1 - \frac{b^2}{a^2}\right).$$

*3.7　函数的量阶

函数在自变量取大值时的性状的差异, 产生了量阶的概念. 虽然这个概念同积分的概念或导数的概念没有直接关系, 但是由于它非常重要, 我们在这里简要地介绍一下.

a. 量阶的概念. 最简单的情形

如果自变量 x 无限地增大, 则当 $\alpha > 0$ 时, 函数 $x^\alpha, \log x, e^x, e^{\alpha x}$ 也无限地增大. 然而这些函数增大的程度都大不相同, 例如, 函数 x^3 是比 x^2 更 '高阶的无穷大"; 这指的是, 当 x 增大时, 商 $\dfrac{x^3}{x^2}$ 本身无限增大. 类似地, 如果 $\alpha > \beta > 0$, 则函数 x^α 是比 x^β 更高阶的无穷大, 等等.

在一般情况下, 对于两个随 x 无限增大而其绝对值也无限增大的函数 $f(x)$ 和 $g(x)$, 如果当 $x \to \infty$ 时商 $\left|\dfrac{f(x)}{g(x)}\right|$ 无限增大, 我们就说 $f(x)$ 是比 $g(x)$ 更高阶的无穷大; 如果当 x 增大时商 $\left|\dfrac{f(x)}{g(x)}\right|$ 趋向于零, 我们就说 $f(x)$ 是比 $g(x)$ 更低阶的无穷大; 如果当 x 增大时, 商 $\left|\dfrac{f(x)}{g(x)}\right|$ 具有异于零的极限或者至少保持在两个固定的正数之间, 我们就说这两个函数是量阶相同的无穷大. 例如, 函数 $ax^3 + bx^2 + c = f(x)$ (其中 $a \neq 0$) 是与函数 $x^3 = g(x)$ 量阶相同的无穷大, 因为当 $x \to \infty$ 时, 商 $\left|\dfrac{f(x)}{g(x)}\right| = \left|\dfrac{ax^3 + bx^2 + c}{x^3}\right|$ 具有极限 $|a|$; 另一方面, 函数 $x^3 + x + 1$

是比函数 $x^2 + x + 1$ 更高阶的无穷大.

如果函数 $f(x)$ 是比函数 $\varphi(x)$ 更高阶的无穷大, 则这两个函数之和的量阶与 $f(x)$ 相同. 因为 $\left| \dfrac{f(x) + \varphi(x)}{f(x)} \right| = \left| 1 + \dfrac{\varphi(x)}{f(x)} \right|$, 根据假设, 当 x 增加时这个表达式趋向于 1.

b. 指数函数与对数函数的量阶

当规定变量 x 的量阶为 1, 幂 $x^\alpha (\alpha > 0)$ 的量阶为 α 时, 我们就可以试着用一个尺度来度量许多函数的量阶了. 这时, n 次多项式显然应具有量阶 n. 如果一个有理函数分子的量阶比分母的量阶高 h, 则这个有理函数应具有量阶 h.

但是可以证明, 想用上述尺度来描述任意函数的量阶的一切尝试都将归于失败. 因为存在这样一些函数, 不论取多么大的 α, 这些函数将是比 x 的幂 x^α 更高阶的无穷大; 而且也存在这样一些函数, 不论取多么小的正数 α, 这些函数将是比幂 x^α 更低阶的无穷大. 所以, 上述尺度不适用于这些函数.

我们在这里不再涉及详细的理论了, 只是给出下面的定理.

定理 如果 a 是任何大于 1 的数, 则当 x 无限增大时商 $\dfrac{a^x}{x}$ 趋向于无穷大.

证明 为了证明这个定理, 我们作函数

$$\varphi(x) = \log \frac{a^x}{x} = x \log a - \log x;$$

显然只需证明: 当 x 趋向于 $+\infty$ 时, $\varphi(x)$ 无限增大. 为此, 我们考虑导数

$$\varphi'(x) = \log a - \frac{1}{x},$$

并且注意到: 当 $x \geqslant c = \dfrac{2}{\log a}$ 时, 这个导数不小于正数 $\dfrac{1}{2} \log a$. 由此可知, 当 $x \geqslant c$ 时

$$\varphi(x) - \varphi(c) = \int_c^x \varphi'(t) dt \geqslant \int_c^x \frac{1}{2} \log a \, dt$$

$$\geqslant \frac{1}{2}(x - c) \log a,$$

$$\varphi(x) \geqslant \varphi(c) + \frac{1}{2}(x - c) \log a,$$

当 $x \to \infty$ 时, 右端成为无穷大.

我们再来给出这一重要定理的另一种证法: 取 $\sqrt{a} = b = 1 + h$, 我们有 $b > 1$ 和 $h > 0$. 设 n 是使得 $n \leqslant x < n + 1$ 成立的整数; 我们可以取 $x > 1$, 于是 $n \geqslant 1$.

应用第 51 页的引理, 我们有

$$\sqrt{\frac{a^x}{x}} = \frac{b^x}{\sqrt{x}} = \frac{(1+h)^x}{\sqrt{x}} > \frac{(1+h)^n}{\sqrt{n+1}} > \frac{1+nh}{\sqrt{n+1}}$$
$$> \frac{nh}{\sqrt{2n}} = \frac{h}{\sqrt{2}}\sqrt{n},$$

于是

$$\frac{a^x}{x} > \frac{h^2}{2} \cdot n,$$

因此, 当 $x \to \infty$ 时, $\dfrac{a^x}{x}$ 趋向于无穷大.

从上面证明的这个定理, 我们可以推出许多其他结果. 例如, 对于每一个固定的正数 α 和每一个数 $a > 1$, 当 x 增大时商 $\dfrac{a^x}{x^\alpha}$ 趋向于无穷大, 即

定理   指数函数是比 x 的任何幂更高阶的无穷大.

为了证明这个定理, 我们只需证明两函数之商的 α 次方根, 即

$$\frac{a^{x/\alpha}}{x} = \frac{1}{\alpha}\frac{a^{x/\alpha}}{x/\alpha} = \frac{1}{\alpha}\frac{a^y}{y} \quad \left(y = \frac{x}{\alpha} \right)$$

趋向于无穷大. 而这可由上面的定理直接推出, 只需将其中的 x 换为 $y = \dfrac{x}{\alpha}$.

我们还可以按同样的方法证明下述定理. 对于每一个正数 α, 当 $x \to \infty$ 时, 商 $\dfrac{\log x}{x^\alpha}$ 趋向于零, 即

定理   对数函数是比 x 的任意小的正幂更低阶的无穷大.

证明   我们令 $\log x = y$, 于是两函数之商变换为 $\dfrac{y}{e^{\alpha y}}$. 然后, 令 $e^\alpha = a$; 于是 $a > 1$, 当 y 趋向于无穷大时, 这个商 $\dfrac{y}{a^y}$ 趋向于零. 因为当 $x \to \infty$ 时 y 趋向于无穷大, 所以定理得证[1].

根据这些结果, 我们能够构造一些量阶远高于指数函数的函数, 和另一些量阶远低于对数函数的函数. 例如, 函数 $e^{(e^x)}$ 的量阶高于指数函数, 函数 $\log\log x$ 的量阶低于对数函数; 而且, 我们还可将符号 e 或 $\log$ 重叠起来, 而将这些过程重复任意多次.

对于充分大的 x, 虽然函数 $x, \log x, \log(\log x), \log[\log(\log x)]$ 等等终将成为任意大, 但是增加的速度依次减小. 例如, 取很大的数 $x = 10^{100}$, 我们发现 $\log x$ 大

---

1) 我们可以想到另一简单的证法: 对于 $x > 1, \varepsilon > 0$, 有

$$\log x = \int_1^x \frac{d\xi}{\xi} < \int_1^x \xi^{\varepsilon-1}d\xi = \frac{1}{\varepsilon}(x^\varepsilon - 1);$$

如果我们取 ε 小于 α, 并且用 x^α 除不等式的两端, 则可得知, 当 $x \to \infty$ 时 $\dfrac{\log x}{x^\alpha} \to 0$.

约是 230, 而 $\log(\log x)$ 仅仅大约是 5.4.

c. 一点注记

上面这些讨论说明, 要想对一切函数指定一些确定的数作为量阶, 使得两个函数中量阶较高的一个对应较大的数, 这是不可能的. 例如, 如果函数 x 的量阶是 1, 函数 $x^{1+\varepsilon}$ 的量阶是 $1+\varepsilon$, 则函数 $x \log x$ 的量阶必须大于 1、小于 $1+\varepsilon$, 而不论 ε 选取得多么小. 但是, 这样对应的数是不存在的.

此外, 我们不难看出, 函数间并不总是具有明确的相对的量阶. 例如, 函数

$$\frac{x^2(\sin x)^2 + x + 1}{x^2(\cos x)^2 + x},$$

当 x 增加时, 并不趋向于确定的极限; 相反, 当 $x = n\pi$ (其中 n 为整数) 时, 函数之值是 $\dfrac{1}{n\pi}$, 而当 $x = \left(n+\dfrac{1}{2}\right)\pi$ 时, 函数之值是 $\left(n+\dfrac{1}{2}\right)\pi + 1 + \dfrac{1}{\left(n+\dfrac{1}{2}\right)\pi}$.

于是, 虽然此函数的分子和分母二者都是无穷大变量, 但是其商既不保持在两个正数之间, 也不趋向于零或趋向于无穷大. 所以, 分子的量阶既不与分母的量阶相同, 也不低于或高于分母的量阶, 这个表面上很奇怪的现象只是表明, 我们所下的量阶的定义并不是为了对于每一对函数进行比较. 这不是一个缺点; 我们并不想要比较像上面的分子和分母这样一些函数的量阶; 知道了这样两个函数之一的值, 无助于了解另一个函数之值的情况.

d. 在一点的邻域内函数的量阶

刚才我们比较了当 $x \to \infty$ 时函数无限增大的程度, 同样, 我们也可以对于在有限点 $x = \xi$ 成为无穷大的函数进行比较.

我们称函数 $f(x) = \dfrac{1}{|x-\xi|}$ 在点 $x = \xi$ 是一阶无穷大, 而如果 α 是正数, 我们就相应地说函数 $\dfrac{1}{|x-\xi|^\alpha}$ 在点 ξ 将是 α 阶无穷大.

于是, 我们看出, 当 $x \to \xi$ 时, 函数 $e^{\frac{1}{x-\xi}}$ 将是比一切幂 $\dfrac{1}{|x-\xi|^\alpha}$ 更高阶的无穷大, 而函数 $\log|x-\xi|$ 将是比一切幂 $\dfrac{1}{|x-\xi|^\alpha}$ 更低阶的无穷大, 也就是说, 极限关系式

$$\lim_{x\to\xi}\left(|x-\xi|^\alpha \cdot e^{\frac{1}{|x-\xi|}}\right) = \infty$$

和

$$\lim_{x\to\xi}\left(|x-\xi|^\alpha \cdot \log|x-\xi|\right) = 0$$

成立.

为了证实这一点, 我们只需设 $\dfrac{1}{|x-\xi|}=y$; 这时, 上述命题就化为第 215 页上的已知定理, 因为

$$|x-\xi|^{\alpha}\cdot e^{\frac{1}{|x-\xi|}}=\frac{e^{y}}{y^{\alpha}} \quad \text{和} \quad |x-\xi|^{\alpha}\cdot \log|x-\xi|=-\frac{\log y}{y^{\alpha}},$$

而当 x 趋向于 ξ 时 y 无限增大. $\left(\text{通过变换 } \dfrac{1}{|x-\xi|}=y \text{ 将函数在点 } \xi \text{ 的性状化}\right.$

为当 $x\to\infty$ 时的性状来研究, 这种方法常常是很有用的.$\Big)$

e. 函数趋向于零的量阶

正像我们用量阶的概念来描述函数趋向于无穷大的程度一样, 我们也可以来比较函数趋向于零时的快慢程度. 我们称当 $x\to\infty$ 时变量 $\dfrac{1}{x}$ 是一阶无穷小, 变量 $\dfrac{1}{x^{\alpha}}$ (其中 α 为正数) 是 α 阶无穷小. 我们再次看出: 函数 $\dfrac{1}{\log x}$ 是比任意幂 $\dfrac{1}{x^{\alpha}}$ 更低阶的无穷小, 也就是说, 对于每一个正数 α, 关系式

$$\lim_{x\to\infty}(x^{-\alpha}\cdot \log x)=0$$

成立.

同样地, 对 $x=\xi$ 我们称变量 $x-\xi$ 是一阶无穷小, 变量 $|x-\xi|^{\alpha}$ 是 α 阶无穷小. 根据前面的结果, 不难证明下列关系式:

$$\lim_{x\to 0}(|x|^{\alpha}\cdot \log|x|)=0, \quad \lim_{x\to 0}(|x|^{-\alpha}\cdot e^{-\frac{1}{|x|}})=0,$$

这两个关系式通常表述如下:

当 $x\to 0$ 时, 函数 $\dfrac{1}{\log|x|}$ 是比 x 的任何幂更低阶的无穷小; 指数函数 $e^{-\frac{1}{|x|}}$ 是比 x 的任何幂更高阶的无穷小.

f. 量阶的 "O" 和 "o" 表示法

表示函数 $f(x)$ 的量阶比函数 $g(x)$ 的量阶还要低的一种方便的方式是记为 $f=o(g)$. 这种符号表示法仅仅说明商 f/g 的极限是零, 并且对于趋向于零或趋向于无穷大的函数以及对于趋向于无穷大或趋向于有限值 ξ 的自变量 x, 都同样可以采用[1].

我们现在按这种表示法重新写出前面的许多结果; 例如

---

[1] 这里采用的字母 'o', 是 'order (阶)' 一词的字头. 应注意, 对于趋向于零的 g, 关系式 $f=o(g)$ 表示 f 是更高阶的无穷小.

$$x^\alpha = o(x^\beta) \quad \text{对于 } \alpha < \beta, \text{ 当 } x \to \infty \text{ 时,}$$

$$\log x = o(x^\alpha) \quad \text{对于 } \alpha > 0, \text{ 当 } x \to \infty \text{ 时,}$$

$$e^{-x} = o(x^{-\alpha}) \quad \text{当 } x \to \infty \text{ 时,}$$

$$e^{-\frac{1}{x}} = o(x^\alpha) \quad \text{当 } x \to 0 \text{ 时 (通过正值),}$$

$$\log |x| = o\left(\frac{1}{x}\right) \quad \text{当 } x \to 0 \text{ 时,}$$

$$1 - \cos x = o(x) \quad \text{当 } x \to 0 \text{ 时,}$$

这种表示法是 E. 兰道 (Landau) 引入的, 可以用来表示近似公式中误差的数量级. 例如

$$\frac{1}{\sqrt{1+4x^2}} = \frac{1}{2x} + o\left(\frac{1}{x}\right), \quad \text{当 } x \to \infty \text{ 时,}$$

它表示关系式

$$\lim_{x \to \infty} \frac{\dfrac{1}{\sqrt{1+4x^2}} - \dfrac{1}{2x}}{\dfrac{1}{x}} = 0.$$

类似地, 对于在点 x 具有导数的函数 f, 它的增量和微分之间的关系式可以写为下列形式:

$$f(x+h) - f(x) = hf'(x) + o(h), \quad \text{当 } h \to 0 \text{ 时.}$$

同样可以采用符号表示法 $f = O(g)$, 它表示 $f(x)$ 的量阶不高于 $g(x)$ 的量阶, 也就是说, 对于所考虑的 x 值, 商 $\dfrac{f(x)}{g(x)}$ 是有界的[1]. 符号 O 的用法也很灵活. 譬如像 '当 $x \to \infty$ 时 $f = O(g)$' 这句话的意思是: 对于充分大的 x, 商 $\dfrac{f}{g}$ 是有界的, 例如

$$\sqrt{10x-1} = O(x), \quad \text{当 } x \to \infty \text{ 时.}$$

类似地, '当 $x \to \xi$ 时 $f = O(g)$' 表示在点 $x = \xi$ 的充分小的邻域内 f/g 是有界的, 如

$$e^x - 1 = O(x), \quad \text{当 } x \to 0 \text{ 时.}$$

更一般地说, 我们可以用关系式 $f = O(g)$ 来表示 f/g 在 x 轴上的任何区域内的有界性, 而不要求 x 趋向于某一极限. 例如

[1]注意: $f = O(g)$ 并不意味着 f/g 的极限为 1, 也不意味着这个商必定具有极限.

$$\log x = O(x), \quad \text{当 } x > 1 \text{ 时},$$
$$x = O(\sin x), \quad \text{当 } |x| < \frac{\pi}{2} \text{ 时}.$$

前面举出的含有符号 o 的一些例子, 现在可以借助于符号 O 加以改进用以表示更精确的误差估计. 例如, 对于其二阶导数 f'' 有定义并且连续的函数 f, 我们有

$$f(x+h) - f(x) = hf'(x) + O(h^2), \quad \text{当 } h \to 0 \text{ 时}.$$

还有

$$\frac{1}{\sqrt{1+4x^2}} = \frac{1}{2x} + O\left(\frac{1}{x^2}\right),$$

$$\cos x = 1 + O(x^2) \text{ 对于一切 } x.$$

对于序列 a_n, 当下标 n 趋向于无穷大时, 也可采用这种表示法. 我们将会遇到一些有趣的 '渐近' 公式的例子, 在这些公式的后面都带有高阶的误差项 (见第六章附录关于 $n!$ 的斯特林 (Stirling) 公式). 在第一章 (第 44 页) 上已经提到过的著名的渐近公式表明[1]: 小于 n 的素数的个数 $\pi(n)$ 由 $n/\log n$ 近似地给出. 这里, 也已经得到误差的量阶, 而我们有更精确的结果

$$\pi(n) = \frac{n}{\log n} + O\left(\frac{n}{\log^2 n}\right).$$

附   录

在了解微积分的严格的发展过程中, 其障碍来自如下述的基本困境: 虽然像连续性、光滑性等等这样一些基本的概念和处理方法是由于直观的迫切需要而产生的, 但是为了使它们具有某种合乎逻辑的意义, 则必须使之进一步精确化, 而由此所得到的严格定义可能包括一些不具有直观性的内涵. 例如, 连续性的严格概念必然要有一定程度的抽象, 这在连续曲线的朴素概念中并未充分反映出来, 而可微性的概念则要比曲线本身所提示的光滑性的含混概念更为严格、更为抽象. 这种差异是不可避免的, 而且会给初学者或原来不大关心逻辑技巧的人带来负担; 要求他们耐心和竭力思索. 但是, 为了使读者清楚地了解精确化的必要性, 我们指出: 即使是一些简单的和直观上很好理解的例子, 也要求严格和细致, 这一点读者也许没有预料到.

---

[1] 证明不能由本书给出. 请参阅 A. E. Ingham. *The Distribution of Primes* (素数的分布). Cambridge University Press, 1932.

A.1 一些特殊的函数

这种特殊的函数通常不一定是由单独一个分析表达式给出的 (见第 29 页图 1.28 和第 30 页图 1.30). 但是, 这里我们希望通过一些初等函数来构成非常简单的函数表达式用以说明几种典型的间断性和一些 '不平常的'、意料不到的现象. 我们首先来介绍一个不存在间断的例子.

a. 函数 $y = e^{-\frac{1}{x^2}}$

这个函数 (见图 3.22) 最初只是对于不等于零的 x 值定义的, 而当 $x \to 0$ 时其极限显然为零. 因为通过变换 $\dfrac{1}{x^2} = \xi$, 这个函数变为 $y = e^{-\xi}$, 而 $\lim\limits_{\xi \to \infty} e^{-\xi} = 0$. 因此, 如果将点 $x = 0$ 处的函数值定义为 $y(0) = 0$, 自然可将这个函数加以延拓, 使之当 $x = 0$ 时也是连续的.

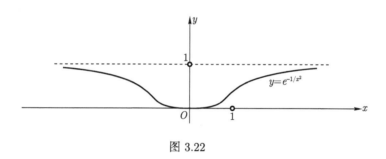

图 3.22

根据链式法则, 当 $x \neq 0$ 时, 这个函数的导数是 $y' = -\dfrac{2}{x^3} e^{-\frac{1}{x^2}} = 2\xi^{\frac{3}{2}} e^{-\xi}$. 当 x 趋向于零时, 这个函数的导数的极限也是零, 而我们由第 216 页上的定理可直接看出. 在点 $x = 0$ 上, 其导数

$$y'(0) = \lim_{h \to 0} \frac{y(h) - y(0)}{h} = \lim_{h \to 0} \frac{e^{-\frac{1}{h^2}}}{h}$$

可以继续确定为零.

对于 $x \neq 0$ 时的高阶导数, 显然我们总是得到函数 $e^{-\frac{1}{x^2}}$ 和 $\dfrac{1}{x}$ 的多项式之乘积, 而且当 $x \to 0$ 时, 其极限总是零. 因此, 一切高阶导数同 y' 一样, 在点 $x = 0$ 都等于零.

因此, 这个函数是处处连续的和任意次可微的, 而在点 $x = 0$ 上这个函数及其各阶导数都等于零, 但是这个函数并不恒等于零. 以后我们将会了解 (第五章附录 I.1) 这种性质是多么值得注意和 '不平常'.

b. 函数 $y = e^{-\frac{1}{x}}$

不难看出, 对于正的 x 值, 这个函数的性状同上面刚刚讨论过的情形是一样的; 如果 x 从正值一侧趋向于零, 则函数趋向于零, 其各阶导数也是如此. 如果我们将点 $x = 0$ 处的函数值定义为 $y(0) = 0$, 则在 $x = 0$ 处各阶右导数的值都等于零. 当 x 通过负值趋向于零时, 情况则大不相同; 因为这时函数及其各阶导数将成为无穷大, 而在点 $x = 0$ 处左导数并不存在. 因此, 在点 $x = 0$, 函数具有一种特殊的间断性, 这种间断性与第 28—29 页上讨论过的有理函数的无穷大间断性完全不同 (图 3.23).

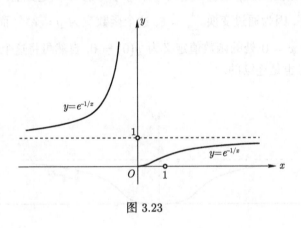

图 3.23

c. 函数 $y = \tanh \dfrac{1}{x}$

正如在第 28 页上所看到的, 由一些简单的函数通过取极限可以得到具有跳跃性间断的函数. 而第 129 页上定义的指数函数以及函数的复合原理, 为我们提供了由初等函数构造具有这种间断性的函数的另一种方法, 而不必通过任何求极限的过程; 例如函数

$$y = \tanh \frac{1}{x} = \frac{e^{\frac{1}{x}} - e^{-\frac{1}{x}}}{e^{\frac{1}{x}} + e^{-\frac{1}{x}}}$$

及其在点 $x = 0$ 处的性状. 这个函数最初在点 $x = 0$ 是没有定义的. 当 x 通过正值趋向于点 $x = 0$ 时, 函数的极限显然为 1; 而当 x 通过负值趋向于点 $x = 0$ 时, 函数的极限为 -1; 当 x 增加而通过 0 时, 函数值突然增加 2 (图 3.24). 另一方面, 由 3.7 节 b (第 215 页) 不难得知, 其导数

$$y' = -\frac{1}{\cosh^2\left(\dfrac{1}{x}\right)} \cdot \frac{1}{x^2} = -\frac{1}{x^2} \cdot \frac{4}{(e^{\frac{1}{x}} + e^{-\frac{1}{x}})^2}$$

从两边都趋向于零[1].

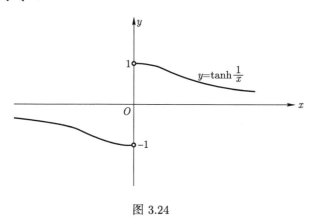

图 3.24

d. 函数 $y = x\tanh\dfrac{1}{x}$

在函数

$$y = x\tanh\frac{1}{x} = x\frac{e^{\frac{1}{x}} - e^{-\frac{1}{x}}}{e^{\frac{1}{x}} + e^{-\frac{1}{x}}}$$

的情况下, 上述的间断性由于因子 x 的存在而消灭. 当 x 不论从哪一边趋向于零时, 这个函数的极限都是零, 所以我们仍然可以将 $y(0)$ 适当地定义为零. 这时, 在 $x = 0$ 处函数是连续的, 但是其一阶导数

$$y' = \tanh\frac{1}{x} - \frac{1}{x}\frac{1}{\cosh^2\frac{1}{x}}$$

与上一个例子正好具有同一类间断性. 此函数的图形是一条带隅角的曲线 (图 3.25); 在点 $x = 0$ 处, 函数没有导数, 在其右导数之值为 $+1$, 左导数之值为 -1.

e. 函数 $y = x\sin\dfrac{1}{x}, y(0) = 0$

我们已经说过, 这个函数不是由有限多个单调部分组成的 (我们可以说, 它不是 '逐段' 单调的), 但是它仍然是连续的 (第 31 页和图 1.31). 与此相反, 其一阶导数

$$y' = \sin\frac{1}{x} - \frac{1}{x}\cos\frac{1}{x} \quad (x \neq 0)$$

在 $x = 0$ 处具有间断性; 因为当 x 趋向于零时, 这个导数在两条边界曲线之间不断地振荡, 一会儿为正, 一会儿为负, 且各自都分别趋向于 $+\infty$ 和 $-\infty$. 在点 $x = 0$

---

1) 存在 '跳跃' 性间断的另一个例子是函数 $y = \arctan\dfrac{1}{x}$, 当 $x \to 0$ 时.

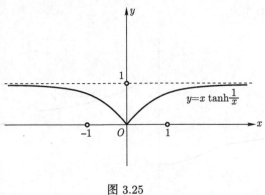

图 3.25

处, 其差商是 $\dfrac{1}{h}[y(h) - y(0)] = \sin\left(\dfrac{1}{h}\right)$; 因为当 $h \to 0$ 时, 这个表达式在 $+1$ 和 -1 之间摆动无限多次, 所以在 $x = 0$ 处, 这个函数既没有右导数, 也没有左导数.

A.2　关于函数可微性的注记

在一个区间的每一点上都连续且具有导数的函数, 其导数不一定是连续的.

我们考虑一个简单的例子, 如函数

$$y = f(x) = x^2 \sin \frac{1}{x}, \quad 当\ x \neq 0\ 时$$

和

$$f(0) = 0.$$

这个函数处处有定义而且是处处连续的. 而对于一切不等于零的 x 值, 其导数由下式给出:

$$f'(x) = -x^2 \left(\cos \frac{1}{x}\right)\frac{1}{x^2} + 2x \sin \frac{1}{x} = -\cos \frac{1}{x} + 2x \sin \frac{1}{x}.$$

当 x 趋向于零时, $f'(x)$ 没有极限. 另一方面, 如果我们作差商 $\dfrac{1}{h}[f(h) - f(0)] = \dfrac{1}{h}(h^2 \sin \frac{1}{h}) = h \sin \frac{1}{h}$, 则立即可以看出, 当 h 趋向于零时, 这个差商趋向于零. 所以, 在 $x = 0$ 处导数存在, 其值为零.

为了从直观上理解产生这种似乎矛盾现象的原因, 我们从图形来考察函数 (见图 3.26). 函数在曲线 $y = x^2$ 和 $y = -x^2$ 之间振荡, 并交替地与这两条曲线相切触. 函数曲线波峰的高度和它与坐标原点的距离之比在不断地变小. 但是曲线的波形并不会逐渐变平, 因为曲线的斜率是由导数

$$f'(x) = 2x \sin \frac{1}{x} - \cos \frac{1}{x}$$

给出的, 在使得 $\cos \dfrac{1}{x} = 1$ 的点 $x = \dfrac{1}{2n\pi}$ 上, 斜率等于 -1, 而在使得 $\cos \dfrac{1}{x} = -1$ 的点 $x = \dfrac{1}{(2n+1)\pi}$ 上, 斜率等于 $+1$.

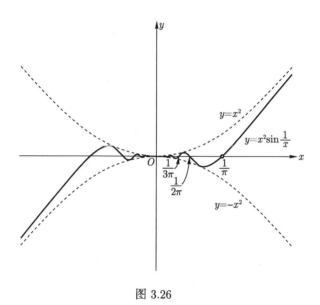

图 3.26

同上面举例说明的这种可能性 (导数处处存在, 然而是不连续的) 相反, 我们给出下面简单的定理, 这个定理有助于廓清前面举出的一系列例子和所进行的讨论.

定理　如果我们已知在点 $x = a$ 的邻域内函数 $f(x)$ 是连续的, 当 $x \neq a$ 时它具有导数 $f'(x)$, 并且方程 $\lim\limits_{x \to a} f'(x) = b$ 成立, 则在点 $x = a$ 上导数 $f'(x)$ 也存在, 并且 $f'(a) = b$.

证明　由中值定理即可得到证明. 因为我们有 $\dfrac{1}{h}[f(a+h) - f(a)] = f'(\xi)$, 其中 ξ 是 a 和 $a + h$ 之间的某一个中间值. 现在, 如果让 h 趋向于零, 则根据假设, $f'(\xi)$ 趋向于 b, 于是定理得证.

还可以用同样的方法来证明一个相辅的定理: 如果函数 $f(x)$ 在 $a \leqslant x \leqslant b$ 上是连续的, 而在 $a < x < b$ 内导数存在, 当 x 趋向于 a 时导数无限增大, 则当 h 趋向于零时右差商 $\dfrac{1}{h}[f(a+h) - f(a)]$ 也无限增加, 于是在 $x = a$ 处不存在有限的右导数. 此定理的几何意义是: 在具有 (有限的) 坐标 $[a, f(a)]$ 的点上, 函数的曲线具有垂直的切线.

第二部分 积 分 法

显函数

由初等函数[1]通过反复进行有理运算, 即加法、乘法和除法, 以及通过作反函数的运算和复合函数的运算, 可以构造出极广泛的一类函数. 这样构造的函数形成一类所谓 "显式" 函数或 "封闭表达式"[2]. 作为本章第一部分的综合结果, 我们可以得出一个十分普遍的事实: 每一个显式函数都可以微分, 其导数仍然是显式函数.

因此, 我们已经相当完善地掌握了微分运算或微分的 "算术技术". 但是, 其逆过程即积分, 一般说来是更为重要的, 并且存在着较大的困难. 这种困难在一定程度上已被微积分基本公式所克服; 每一个微分公式 $F'(x) = f(x)$, 都对应着一个关于 $f(x)$ 的原函数 $F(x)$ 的等价公式或积分

$$\int f(x)dx = F(x).$$

$\left(\text{更确切地说, 我们有 } F(x) = \int_a^x f(u)du + \text{ 常数.}\right)$ 因此, 当导出更多的微分显式时, 则更多的显式函数的积分便可通过显式函数来表示. 在第 227 页上列出了第一个积分表; 将这样一个积分表大大扩充在原则上并没有困难, 虽然这是不实际的并且会造成混乱.

在微积分发展的初期, 许多数学家试图以明显的形式或封闭形式来求出每一个给定的显式函数的积分或原函数.

过了一些时间以后, 人们才明白这个问题在原则上是不能解决的; 相反, 甚至对于一些十分初等的被积函数, 其积分都不能通过初等函数来表示 (见第 259 页). 因此, 需要研究由初等函数通过积分过程产生的各种新型函数, 从而就大大地促进了数学分析的发展. 但是, 由于要求以明显的形式来表示 (如果可能的话) 给定的显式函数的积分, 而不是无望地纠缠于查阅烦琐的积分表或进行数值积分, 便引出了一些简单方法, 这些方法可以灵活地变换给定积分的形式; 事实上, 这些方法使我们可以把要求的积分简化为积分表中的一个初等积分.

在 3.9 节里, 我们将专门来叙述这些有用的方法. 在这方面, 初学者应注意不要只是背诵这些方法得到的许多公式. 与此相反, 读者应致力于清楚地理解积分的方法, 并学会如何应用这些方法. 此外, 读者还应记住: 即使不能用这些方法来积分, 积分还会是存在的 (至少对于一切连续函数是如此), 而且实际上可以通过数

---

[1] 应着重指出, "初等" 函数、"显式" 函数和其他函数之间的区分本来是有些任意的. 对于我们来说, "初等" 函数一词只包括有理函数、三角函数和指数函数, 以及这些函数的反函数. (这里的 "初等函数" 平常称为基本初等函数. ——译者注)

[2] 这个名称表明, 我们将会遇到许多其他的函数, 这些函数不能用这种方式来表示, 而能通过求极限的过程来构造, 例如无穷级数. (本书的 "显式" 函数即平常所谓的初等函数. ——译者注)

值方法进行积分, 并能达到任何所要求的精确度; 数值方法以后还要进一步讨论 (6.1 节).

在本章第三部分里, 我们将尽力扩充积分法和积分的概念, 而完全不涉及积分技巧的问题.

3.8 初等积分表

初等积分表

$F'(x) = f(x)$	$F(x) = \int f(x)dx$
1. $x^a (a \neq -1)$	$\dfrac{x^{a+1}}{a+1}$
2. $\dfrac{1}{x}$	$\log|x|$
3. e^x	e^x
4. $a^x (a \neq 1)$	$\dfrac{a^x}{\log a}$
5. $\sin x$	$-\cos x$
6. $\cos x$	$\sin x$
7. $\dfrac{1}{\sin^2 x} (= \operatorname{cosec}^2 x)$	$-\cot x$
8. $\dfrac{1}{\cos^2 x} (= \sec^2 x)$	$\tan x$
9. $\sinh x$	$\cosh x$
10. $\cosh x$	$\sinh x$
11. $\dfrac{1}{\sinh^2 x} (= \cosh^2 x)$	$-\coth x$
12. $\dfrac{1}{\cosh^2 x} (= \operatorname{sech}^2 x)$	$\tanh x$
13. $\dfrac{1}{\sqrt{1-x^2}} (|x| < 1)$	$\begin{cases} \arcsin x \\ -\arccos x \end{cases}$
14. $\dfrac{1}{1+x^2}$	$\begin{cases} \arctan x \\ -\operatorname{arccot} x \end{cases}$
15. $\dfrac{1}{\sqrt{1+x^2}}$	$\operatorname{arsinh} x = \log(x + \sqrt{1+x^2})$
16. $\dfrac{1}{\pm\sqrt{x^2-1}} (|x| > 1)$	$\operatorname{arcosh} x = \log(x \pm \sqrt{x^2-1})$
17. $\dfrac{1}{1-x^2} \begin{cases} |x| < 1 \\ |x| > 1 \end{cases}$	$\operatorname{artanh} x = \dfrac{1}{2}\log\dfrac{1+x}{1-x}$ $\operatorname{arcoth} x = \dfrac{1}{2}\log\dfrac{x+1}{x-1}$

前面证明过的每一个微分公式, 都对应着一个等价的积分公式. 因为这些初等积分式一再地被用作各种积分方法的基础, 所以我们将它们汇集成表. 右边一列是许多初等函数, 左边一列是对应的导数. 如果我们从左到右来读这个表, 那么右边的一列函数则是左边的一列对应函数的不定积分.

我们还请读者回忆在 2.9 节中证明过的微积分基本定理, 特别是这一事实: 任一定积分都能按下列公式从不定积分 $F(x)$ 而得到[1].

$$\int_a^b f(x)dx = F(x)|_a^b = F(b) - F(a).$$

在下面几节中, 我们将试图用各种方法把给定函数的积分的计算简化为积分表中列出的一些初等积分公式. 除了只有从经验中才能学会的一些特殊手段之外, 上述简化途径主要根据两种常用的方法: "换元法" 和 "分部积分法". 这两种方法都能使我们用许多方式来变换给定的积分; 而变换的目的大都是为了通过一步或几步运算将给定的积分简化为一个或多个前面已经给出的初等积分公式.

3.9　换　元　法

复合函数的积分

积分复合函数的第一种方法是引入新变量 (即换元法或替换法). 其目的在于将复合函数 (例如 $x - c$ 或 $ax + b$ 的函数) 的积分化为比较简单的函数的积分.

a. 换元公式. 复合函数的积分

复合函数的积分法则可由对应的微分链式法则推出. 对于复合函数 $G(u) = F[\varphi(u)]$, 我们有 (见第 188 页)

$$\frac{dG(u)}{du} = \frac{dF[\varphi(u)]}{du} = F'[\varphi(u)]\varphi'(u). \tag{16}$$

为了使这个公式成立, 只需要函数 $x = \varphi(u)$ 和 $F(x)$ 分别对于它们各自的自变量 u, x 是连续可微的, 并且 $F(x)$ 对于函数 $x = \varphi(u)$ 所取的值 x 有定义 (也就是说, 函数 φ 的值域必须属于 F 的定义域). 将这个公式在积分限 $u = \alpha$ 和 $u = \beta$ 之间进行积分, 我们得到

$$G(\beta) - G(\alpha) = F[\varphi(\beta)] - F[\varphi(\alpha)]$$

$$= \int_\alpha^\beta F'[\varphi(u)]\varphi'(u)du. \tag{17}$$

---

[1] 在本章中我们不讨论无需首先求出一般的原函数即可计算的一些特殊定积分的问题, 这些问题与本节所谈略有不同.

如果这里

$$\varphi(\beta) = b, \quad \varphi(\alpha) = a,$$

则我们有

$$F[\varphi(\beta)] - F[\varphi(\alpha)] = F(b) - F(a) = \int_a^b F'(x)dx.$$

令 $F'(x) = f(x)$, 我们得到基本置换公式

$$\int_a^b f(x)dx = \int_\alpha^\beta f[\varphi(u)]\varphi'(u)du, \quad x = \varphi(u) \tag{18}$$

或者引入莱布尼茨的微分表示法 $d\varphi = \varphi'dx$, 又可改写为

$$\int f(x)dx = \int f(\varphi)d\varphi. \tag{18a}$$

这里 $x = \varphi(u)$ 是在端点为 α 和 β 的区间 J 上定义的且具有连续导数的任何函数; 这个函数将区间的端点 α 和 β 分别映射为 $x = a$ 和 $x = b$; 而 J 的一切点在映射 φ 下所成的像含于区间 I, 并假设函数 $f(x)$ 在区间 I 上是连续的. 还有我们可以将 $f(x)$ 的任何原函数取为 $F(x)$.

应当注意的是, 换元法则 (18) 并不要求映射 $x = \varphi(u)$ 将 α 和 β 之间的点仅仅映射为 a 和 b 之间的点, 也不要求不同的 u 值映射为不同的 x 值; 而仅仅要求 α 和 β 分别映射为 a 和 b, 并且对于当 u 在 α 和 β 之间取值时 $\varphi(u)$ 所取的值 $x, f(x)$ 有定义.

如果写成不定积分, 则换元法有下列形式

$$G(u) = \int f[\varphi(u)]\varphi'(u)du = \int f(x)dx = F(x) = F[\varphi(u)]. \tag{19}$$

微分符号

$$\varphi'(u)du = \frac{dx}{du}du \text{ 和 } dx$$

是恒等的, 如果我们在形式上将分子中的 du 和分母中的 du 相消.

例　把公式 (18) 应用于被积函数 $f(x) = \dfrac{1}{x}$, 并且取置换 $x = \varphi(u)$, 假设在所考虑的区间上 $\varphi(u) \neq 0$; 这时

$$\int \frac{\varphi'(u)}{\varphi(u)}du = \int \frac{dx}{x} = \log|x| = \log|\varphi(u)|,$$

或者将变量 u 仍然换为 x, 则有

$$\int \frac{\varphi'(x)}{\varphi(x)}dx = \log|\varphi(x)|. \tag{20}$$

如果我们将一些特定的函数, 例如 $\varphi(x) = \log x, \varphi(x) = \sin x$ 或 $\varphi(x) = \cos x$ 代入这个重要的公式, 则得到[1]

$$\int \frac{dx}{x \log x} = \log |\log x|,$$
$$\int \cot x \, dx = \log |\sin x|, \quad \int \tan x \, dx = -\log |\cos x|. \tag{21}$$

另一些例子.

$$\int \varphi(u)\varphi'(u) \, du = \int x \, dx = \frac{1}{2}x^2 = \frac{1}{2}[\varphi(u)]^2,$$

这里 $f(x) = x$. 当 $\varphi(u) = \log u$ 时, 就得到

$$\int \frac{\log u}{u} \, du = \frac{1}{2}(\log u)^2. \tag{22}$$

最后我们考虑

$$\int \sin^n u \cos u \, du.$$

这里 $x = \sin u = \varphi(u)$, 因此

$$\int \sin^n u \cos u \, du = \int x^n \, dx = \frac{x^{n+1}}{n+1} = \frac{\sin^{n+1} u}{n+1}.$$

对于任何在区间 $-1 \leqslant x \leqslant 1$ 上连续的函数 $f(x)$, 经过同样的置换 $x = \sin u$, 可得到

$$\int_\alpha^\beta f(\sin u) \cos u \, du = \int_{\sin \alpha}^{\sin \beta} f(x) \, dx.$$

如果在这里取 $\alpha = 0$ 和 $\beta = 2\pi$, 那么我们便取得这样一个例子, 其中所采用的置换 $x = \varphi(u) = \sin u = x$ 并不是在区间 $\alpha \leqslant u \leqslant \beta$ 上单调的映射函数. 这时, 我们得到

$$\int_0^{2\pi} f(\sin u) \cos u \, du = \int_0^0 f(x) \, dx = 0.$$

换元法则的其他形式.

在许多应用当中, 所要计算的积分是按下列形式给出的:

$$F(u) = \int h[\varphi(u)] \, du,$$

其中被积函数是复合函数 $h[\varphi(u)]$, 而不存在因子 $\varphi'(u)$. 但如果我们能够将被积函

---

[1] 这些公式以及下面的一些公式是不难验证的, 只要把所得的结果进行微分, 我们便重新得到被积函数.

数 $h[\varphi(u)]$ 写成 $f[\varphi(u)]\varphi'(u)$ 的形式, 就可应用置换法则 (18) 了. 这一点总是可以实现的, 只要函数 $x = \varphi(u)$ 具有不等于零的连续导数 $\varphi'(u)$. 因为这时存在反函数 $u = \psi(x)$, 并具有连续导数 $\dfrac{du}{dx} = \psi'(x) = \dfrac{1}{\varphi'(u)}$. 如果取函数 $h(x)\psi'(x)$ 作为 $f(x)$, 此时的确有

$$h[\varphi(u)] = \frac{f[\varphi(u)]}{\psi'(x)} = f[\varphi(u)]\varphi'(u),$$

而由换元法则我们得到

$$\int h[\varphi(u)]du = \int f[\varphi(u)]\varphi'(u)du = \int f(x)dx$$
$$= \int h(x)\psi'(x)dx = \int h(x)\frac{du}{dx}dx. \tag{23}$$

要求 $\varphi'(u) \neq 0$, 是为了避免公式 (23) 中的表达式 $\dfrac{du}{dx}$ 成为无穷大.

初学者一定不要忘记在积分中把 $\psi(x)$ 置换为 u 时, 我们不仅必须通过新的变量 u 来表示原变量 x, 而且必须对这个新的变量进行积分; 而且在积分以前, 我们必须乘以原变量 x 对于新变量 u 的导数. 当然, 这是可由莱布尼茨表示法 $h dx = h\dfrac{dx}{du}du$ 联想到的. 在定积分

$$\int_a^b h[\psi(x)]dx = \int_\alpha^\beta h(u)\varphi'(u)du$$

中, 我们一定不要忘记把 (对 x 的) 积分限 a, b 换为 (对新变量 u) 相应的积分限 $\alpha = \psi(a)$ 和 $\beta = \psi(b)$.

例　为了计算 $\displaystyle\int \sin 2x dx$, 我们取 $u = \psi(x) = 2x$ 和 $h(u) = \sin u$. 我们有

$$\frac{du}{dx} = \psi'(x) = 2, \quad \frac{dx}{du} = \frac{1}{2}.$$

现在, 如果我们将 $u = 2x$ 作为新的变量代入积分, 这时积分不是变换为 $\displaystyle\int \sin u du$, 而是变换为

$$\frac{1}{2}\int \sin u du = -\frac{1}{2}\cos u = -\frac{1}{2}\cos 2x;$$

当然, 这个式子通过将右端微分即可验证.

如果我们在积分限 0 和 $\pi/4$ 之间对 x 积分, 则对于新变量 $u = 2x$ 的相应的积分限是 0 和 $\pi/2$, 于是我们得到

$$\int_0^{\pi/4} \sin 2x\, dx = \frac{1}{2} \int_0^{\pi/2} \sin u\, du = -\left. \frac{1}{2} \cos u \right|_0^{\pi/2} = \frac{1}{2}.$$

另一个简单的例子是积分 $\int_1^4 \dfrac{dx}{\sqrt{x}}$. 这里我们取 $u = \psi(x) = \sqrt{x}$, 由此 $x = \varphi(u) = u^2$. 因为 $\varphi'(u) = 2u$, 所以有

$$\int_1^4 \frac{dx}{\sqrt{x}} = \int_1^2 2\frac{u\, du}{u} = 2 \int_1^2 du = 2.$$

作为第三个例子, 我们考虑 $\sin \dfrac{1}{x}$ 在区间 $\dfrac{1}{2} \leqslant x \leqslant 1$ 上的积分. 对于 $u = \dfrac{1}{x}$ 或 $x = \dfrac{1}{u}$, 我们有 $dx = -\dfrac{du}{u^2}$, 因此

$$\int_{1/2}^1 \sin \frac{1}{x}\, dx = - \int_2^1 \frac{\sin u}{u^2}\, du = \int_1^2 \frac{\sin u}{u^2}\, du.$$

*b. 换元公式的另一种推导方法

前面的积分公式 (17), 如果将其表示法稍加改动, 也可直接予以解释, 这时根据的是将这个定积分定义为和的极限[1], 而不认为它是由链式微分法则推出来的. 为了计算积分

$$\int_a^b h[\psi(x)]\, dx$$

(在 $a < b$ 的情况下), 我们首先对区间 $a \leqslant x \leqslant b$ 作任一分划, 然后再使得分划越来越细. 具体方法如下: 如果函数 $u = \psi(x)$ 是假设为单调增加的, 则在 x 轴上的区间 $a \leqslant x \leqslant b$ 和 $u = \psi(x)$ 之值的区间 $\alpha \leqslant u \leqslant \beta$ 之间存在着一一对应的关系, 这里 $\alpha = \psi(a), \beta = \psi(b)$. 我们将这个 x 所在区间分成长度为 Δx 的 n 等分[2]; 于是对应地存在一种将 u 所在区间划分成一些子区间的分划, 一般说来, 这些子区间的长度不全相等. 我们把 x 所在区间的分点记为

$$x_0 = a, x_1, x_2, \cdots, x_n = b,$$

而将 u 所在区间的对应单元的长度记为

$$\Delta u_1, \Delta u_2, \cdots, \Delta u_n.$$

这时, 我们所考察的积分乃是和

---

[1] 这样得到的结果, 只限于单调的置换, 因此不像由链式微分法则推出的公式 (18) 那样一般.
[2] 等长度分划的假定对于证明来说, 并不是必要的.

$$\sum_{\nu=1}^{n} h\{\psi(\xi_\nu)\}\Delta x$$

的极限, 其中数值 ξ_ν 是由 x 所在区间的第 ν 个子区间中任意选取的. 现在再把这个和写为 $\sum_{\nu=1}^{n} h(v_\nu)\dfrac{\Delta x}{\Delta u_\nu}\Delta u_\nu$ 的形式, 其中 $v_\nu = \psi(\xi_i)$. 根据微分学中值定理, $\dfrac{\Delta x}{\Delta u_\nu} = \varphi'(\eta_\nu)$, 其中 η_ν 是在 u 所处区间的第 ν 个子区间中某个值, $x = \varphi(u)$ 表示 $u = \psi(x)$ 的反函数. 现在如果我们这样来选取数值 ξ_ν, 使得 v_ν 和 η_ν 相重合, 也就是说 $\eta_\nu = \psi(\xi_\nu), \xi_\nu = \varphi(\eta_\nu)$, 这时我们所作的和取下列形式:

$$\sum_{\nu=1}^{n} h(\eta_\nu)\varphi'(\eta_\nu)\Delta u_\nu.$$

如果我们令其中的 $n \to \infty$ 而取极限[1], 则得到表达式

$$\int_{\alpha}^{\beta} h(u)\frac{dx}{du}du$$

作为极限值, 即上述积分之值, 这同前面给出的公式 (23) 是一致的.

因此, 我们得到下述结论:

定理 设 $h(u)$ 是区间 $\alpha \leqslant u \leqslant \beta$ 上的连续函数. 如果函数 $u = \psi(x)$ 在 $a \leqslant x \leqslant b$ 上是单调的、连续的, 并且具有不等于零的连续导数 $\dfrac{du}{dx}$, 而 $\psi(a) = \alpha, \psi(b) = \beta$, 则

$$\int_{a}^{b} h\{\psi(x)\}dx = \int_{a}^{b} h(u)dx = \int_{\alpha}^{\beta} h(u)\frac{dx}{du}du.$$

这种推导方法表明了莱布尼茨表示法的富有启发性的优点. 为了实行置换 $u = \psi(x)$, 我们只需将 dx 改写为 $\dfrac{dx}{du}du$, 并且将积分限由原来的 x 值换为对应的 u 值.

c. 例. 积分公式

在许多情况下, 都能借助换元法则来计算给定的积分 $\int f(x)dx$, 如果我们能通过适当的置换 $x = \varphi(u)$ 将这个积分化为积分表中的初等积分之一的话. 但是对于是否存在这种置换和怎样求出这种置换的问题, 不能给出一般的解答; 这里要凭实际经验和机智, 而不依赖于统一的方法.

---

1) 这个极限存在 (当 $\Delta x \to 0$ 时), 并且就是上述定积分值, 因为根据 $u = \psi(x)$ 的一致连续性, 当 Δx 趋向于零时最大的长度 Δu_ν 趋向于零.

作为一个例子, 我们来计算积分 $\int \dfrac{dx}{\sqrt{a^2-x^2}}$, 借助于置换[1] $x = \varphi(u) = au, u = \psi(x) = \dfrac{x}{a}, dx = adu$, 并利用第 227 页上的积分表中第 13 式, 我们得到

$$\int \frac{dx}{\sqrt{a^2-x^2}} = \int \frac{adu}{a\sqrt{1-u^2}} = \arcsin u = \arcsin \frac{x}{a}, \quad \text{当 } |x| < |a| \text{ 时,} \tag{24}$$

通过同样的置换, 我们还可得到

$$\int \frac{dx}{a^2+x^2} = \int \frac{adu}{a^2(1+u^2)} = \frac{1}{a}\arctan u = \frac{1}{a}\arctan \frac{x}{a}; \tag{25}$$

$$\int \frac{dx}{\sqrt{a^2+x^2}} = \operatorname{arsinh} \frac{x}{a}; \tag{26}$$

$$\int \frac{dx}{\sqrt{x^2-a^2}} = \operatorname{arcosh} \frac{x}{a}, \quad \text{当 } |x| > |a| \text{ 时;} \tag{27}$$

$$\int \frac{dx}{a^2-x^2} = \begin{cases} \dfrac{1}{a}\operatorname{artanh} \dfrac{x}{a}, & \text{当 } |x| < |a| \text{ 时,} \\[2mm] \dfrac{1}{a}\operatorname{arcoth} \dfrac{x}{a}, & \text{当 } |x| > |a| \text{ 时.} \end{cases} \tag{28}$$

这些公式经常出现, 并且不难通过将右端微分来验证.

3.10　换元法的其他实例

在本节中我们收集了一些例子, 读者可以作为练习仔细地加以演算.

通过置换 $u = 1 \pm x^2, du = \pm 2xdx$, 我们可以推出:

$$\int \frac{xdx}{\sqrt{1\pm x^2}} = \pm\sqrt{1\pm x^2}, \tag{29}$$

$$\int \frac{xdx}{1\pm x^2} = \pm\frac{1}{2}\log|1\pm x^2|. \tag{30}$$

在上述的公式中, 我们必须 (在三个地方) 全取正号, 或者 (在三个地方) 全取负号.

通过置换 $u = ax+b, du = adx(a \neq 0)$, 我们得到

$$\int \frac{dx}{ax+b} = \frac{1}{a}\log|ax+b|, \tag{31}$$

$$\int (ax+b)^\alpha dx = \frac{1}{a(\alpha+1)}(ax+b)^{\alpha+1} \quad (\alpha \neq -1), \tag{32}$$

---

[1] 为简单起见, 我们仍将符号 dx 和 du 分开来写, 即写成 $dx = \varphi'(u)du$, 而不写成 $\dfrac{dx}{du} = \varphi'(u)$ (见第 153 页).

$$\int \sin(ax+b)dx = -\frac{1}{a}\cos(ax+b). \tag{33}$$

类似地, 通过置换 $u = \cos x, du = -\sin x dx$, 可得到

$$\int \tan x dx = -\log|\cos x|, \tag{34}$$

而通过置换 $u = \sin x, du = \cos x dx$, 则得到

$$\int \cot x dx = \log|\sin x| \tag{35}$$

[参见第 230 页 (21)]. 利用相应的置换 $u = \cosh x, du = \sinh x dx$ 和 $u = \sinh x$, $du = \cosh x dx$, 又可得到公式

$$\int \tanh x dx = \log \cosh x, \tag{36}$$

$$\int \coth x dx = \log|\sinh x|. \tag{37}$$

借助于置换 $u = \left(\frac{a}{b}\right) \tan x, du = \left(\frac{a}{b}\right) \sec^2 x dx$, 我们得到下列两个公式:

$$\int \frac{dx}{a^2 \sin^2 x + b^2 \cos^2 x} = \frac{1}{b^2} \int \frac{1}{\left(\frac{a^2}{b^2}\right) \tan^2 x + 1} \frac{dx}{\cos^2 x}$$

$$= \begin{cases} \dfrac{1}{ab} \arctan\left(\dfrac{a}{b}\tan x\right), \\ \dfrac{1}{ab} \operatorname{arccot}\left(\dfrac{a}{b}\tan x\right) \end{cases} \tag{38}$$

和

$$\int \frac{dx}{a^2 \sin^2 x - b^2 \cos^2 x} = \begin{cases} -\dfrac{1}{ab} \operatorname{artanh}\left(\dfrac{a}{b}\tan x\right), \\ -\dfrac{1}{ab} \operatorname{arcoth}\left(\dfrac{a}{b}\tan x\right). \end{cases} \tag{39}$$

现在来计算积分

$$\int \frac{dx}{\sin x};$$

先用公式 $\sin x = 2\sin\left(\frac{x}{2}\right)\cos\left(\frac{x}{2}\right) = 2\tan\left(\frac{x}{2}\right)\cos^2\left(\frac{x}{2}\right)$, 然后令 $u = \tan\left(\frac{x}{2}\right)$, 则有 $du = \frac{1}{2}\sec^2\left(\frac{x}{2}\right)dx$; 这时积分变为

$$\int \frac{dx}{\sin x} = \int \frac{du}{u} = \log\left|\tan\frac{x}{2}\right|. \tag{40}$$

如果将其中的 x 换成 $x+\dfrac{\pi}{2}$, 这个公式则变为

$$\int \frac{dx}{\cos x} = \log\left|\tan\left(\frac{x}{2}+\frac{\pi}{4}\right)\right|. \tag{41}$$

如果应用熟知的三角公式 $2\cos^2 x = 1 + \cos 2x$ 和 $2\sin^2 x = 1 - \cos 2x$, 并且取置换 $u = 2x$, 则得到常用的公式:

$$\int \cos^2 x\, dx = \frac{1}{2}(x + \sin x \cos x) \tag{42}$$

和

$$\int \sin^2 x\, dx = \frac{1}{2}(x - \sin x \cos x). \tag{43}$$

通过置换 $x = \cos u$ (等价于 $u = \arccos x$), 或者更一般地说, 通过置换 $x = a\cos u (a \neq 0)$, 我们可将积分

$$\int \sqrt{1-x^2}dx \quad 和 \quad \int \sqrt{a^2-x^2}dx$$

分别化为上述公式中的积分. 于是, 我们得到

$$\int \sqrt{a^2-x^2}dx = -\frac{a^2}{2}\arccos\frac{x}{a} + \frac{x}{2}\sqrt{a^2-x^2}. \tag{44}$$

相应地, 通过置换 $x = a\cosh u$, 我们得到公式

$$\int \sqrt{x^2-a^2}dx = -\frac{a^2}{2}\operatorname{arcosh}\frac{x}{a} + \frac{x}{2}\sqrt{x^2-a^2}, \tag{45}$$

而通过置换 $x = a\sinh u$, 则得到

$$\int \sqrt{a^2+x^2}dx = \frac{a^2}{2}\operatorname{arsinh}\frac{x}{a} + \frac{x}{2}\sqrt{a^2+x^2}. \tag{46}$$

又通过置换 $u = \dfrac{a}{x}$, $dx = -\left(\dfrac{a}{u^2}\right)du$, 可得到下列公式:

$$\int \frac{dx}{x\sqrt{x^2-a^2}} = -\frac{1}{a}\arcsin\frac{a}{x}, \tag{47}$$

$$\int \frac{dx}{x\sqrt{x^2+a^2}} = -\frac{1}{a}\operatorname{arsinh}\frac{a}{x}, \tag{48}$$

$$\int \frac{dx}{x\sqrt{a^2-x^2}} = -\frac{1}{a}\operatorname{arcosh}\frac{a}{x}. \tag{49}$$

最后, 我们来考虑三个积分

$$\int \sin mx \sin nx dx, \int \sin mx \cos nx dx, \int \cos mx \cos nx dx,$$

其中 m 和 n 是正整数. 根据熟知的三角公式

$$\sin mx \sin nx = \frac{1}{2}[\cos(m-n)x - \cos(m+n)x],$$

$$\sin mx \cos nx = \frac{1}{2}[\sin(m+n)x + \sin(m-n)x],$$

$$\cos mx \cos nx = \frac{1}{2}[\cos(m+n)x + \cos(m-n)x],$$

则可将每一个积分都分成两部分. 现在再分别利用置换 $u = (m+n)x$ 和 $u = (m-n)x$, 就能直接得到下列一组公式:

$$\int \sin mx \sin nx dx = \begin{cases} \frac{1}{2}\left\{\dfrac{\sin(m-n)x}{m-n} - \dfrac{\sin(m+n)x}{m+n}\right\}, & \text{当 } m \neq n \text{ 时}, \\ \frac{1}{2}\left(x - \dfrac{\sin 2mx}{2m}\right), & \text{当 } m = n \text{ 时}; \end{cases} \tag{50}$$

$$\int \sin mx \cos nx dx = \begin{cases} -\frac{1}{2}\left\{\dfrac{\cos(m+n)x}{m+n} + \dfrac{\cos(m-n)x}{m-n}\right\}, & \text{当 } m \neq n \text{ 时}, \\ -\frac{1}{2}\left(\dfrac{\cos 2mx}{2m}\right), & \text{当 } m = n \text{ 时}; \end{cases} \tag{51}$$

$$\int \cos mx \cos nx dx = \begin{cases} \frac{1}{2}\left\{\dfrac{\sin(m+n)x}{m+n} + \dfrac{\sin(m-n)x}{m-n}\right\}, & \text{当 } m \neq n \text{ 时}, \\ \frac{1}{2}\left(\dfrac{\sin 2mx}{2m} + x\right), & \text{当 } m = n \text{ 时}. \end{cases} \tag{52}$$

特别是, 如果我们把它们从 $-\pi$ 到 π 进行积分, 则由这些公式可以得到下列极其重要的关系式:

$$\int_{-\pi}^{\pi} \sin mx \sin nx dx = \begin{cases} 0, & \text{当 } m \neq n \text{ 时}, \\ \pi, & \text{当 } m = n \text{ 时}; \end{cases}$$

$$\int_{-\pi}^{\pi} \sin mx \cos nx dx = 0; \tag{53}$$

$$\int_{-\pi}^{\pi} \cos mx \cos nx dx = \begin{cases} 0, & \text{当 } m \neq n \text{ 时}, \\ \pi, & \text{当 } m = n \text{ 时}. \end{cases}$$

这就是三角函数的正交关系, 在 8.4 节 e 中我们还会遇到.

3.11　分部积分法

a. 一般公式

分部积分法是在处理积分问题时广泛应用的另一种方法, 这种方法是乘积的微分法则

$$(fg)' = f'g + fg'$$

的积分表达形式.

对应的积分公式是

$$f(x)g(x) = \int g(x)f'(x)dx + \int f(x)g'(x)dx$$

或

$$\int f(x)g'(x)dx = f(x)g(x) - \int g(x)f'(x)dx. \tag{54}$$

如果采用莱布尼茨微分表示法, 这个公式变为

$$\int f dg = fg - \int g df. \tag{54a}$$

这个公式称为分部积分公式. 利用这个公式可将计算某一个积分问题化为计算另一个积分的问题. 因为给定的被积函数可以按照许许多多的不同方式看成乘积 $f(x)g'(x)$, 所以这个公式给我们提供了一种变换积分的有效工具.

当写成定积分的形式时, 分部积分公式是

$$\int_a^b f(x)g'(x)dx = f(x)g(x)\Big|_a^b - \int_a^b g(x)f'(x)dx$$

$$= f(b)g(b) - f(a)g(a) - \int_a^b g(x)f'(x)dx. \tag{54b}$$

这个公式可以通过乘积的导数公式在积分限 a 和 b 之间进行积分而直接推出, 也可以利用公式 (54). 取其在点 b 和点 a 上的值之差而得到.

对于公式 (54b) 我们可以给出一个简单的几何解释: 让我们假设 $y = f(x)$ 和 $z = g(x)$ 都是单调的, 且 $f(a) = A, f(b) = B, g(a) = \alpha, g(b) = \beta$; 这时, 我们可以作出第一个函数的反函数, 并代入第二个函数, 于是得到作为 y 的函数 z. 我们假设这个函数是单调增加的, 因为 $dy = f'(x)dx, dz = g'(x)dx$, 分部积分公式可以

写为 [参见第 229 页换元法则 (18)]

$$\int_\alpha^\beta y dz + \int_A^B z dy = B\beta - A\alpha.$$

这与图 3.27 表明的下列关系是一致的:

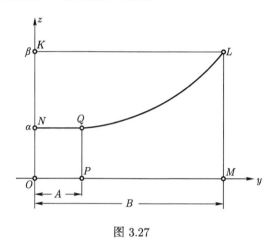

图 3.27

面积 $NQLK$+ 面积 $PMLQ$ = 面积 $OMLK-$ 面积 $OPQN$.

下面的例子可以作为第一个例证:

$$\int \log x dx = \int \log x \cdot 1 dx.$$

这样来写被积函数, 是为了表明我们要设 $f(x) = \log x$ 和 $g'(x) = 1$, 于是有 $f'(x) = \dfrac{1}{x}$, $g(x) = x$.

这时由公式 (54) 得到

$$\int \log x dx = x \log x - \int \frac{x}{x} dx = x \log x - x. \qquad (55)$$

最后, 这个表达式确实是对数函数的不定积分, 通过微分立即可证实这一点.

b. 分部积分的其他例子

取 $f(x) = x, g'(x) = e^x$, 于是有 $f'(x) = 1, g(x) = e^x$, 可知

$$\int x e^x dx = e^x(x - 1). \qquad (56)$$

类似地, 我们得到

$$\int x \sin x dx = -x \cos x + \sin x \qquad (57)$$

和

$$\int x \cos x dx = x \sin x + \cos x. \tag{58}$$

对于 $f(x) = \log x, g'(x) = x^a$, 有关系式

$$\int x^a \log x dx = \frac{x^{a+1}}{a+1} \left(\log x - \frac{1}{a+1} \right). \tag{59}$$

这里我们必须假设 $a \neq -1$. 当 $a = -1$ 时, 我们得到的是

$$\int \frac{1}{x} \log x dx = (\log x)^2 - \int \log x \cdot \frac{dx}{x};$$

将右端的积分移到左端加以合并, 于是有 [见第 230 页 (22)]

$$\int \frac{1}{x} \log x dx = \frac{1}{2} (\log x)^2. \tag{60}$$

下面来计算积分 $\int \arcsin x dx$, 这里取 $f(x) = \arcsin x, g'(x) = 1$. 因此有

$$\int \arcsin x dx = x \arcsin x - \int \frac{x dx}{\sqrt{1-x^2}}.$$

右端的积分可按第 234 页公式 (29) 算出, 于是我们得到

$$\int \arcsin x dx = x \arcsin x + \sqrt{1-x^2}. \tag{61}$$

用同样方法, 还可求得

$$\int \arctan x dx = x \arctan x - \frac{1}{2} \log(1+x^2) \tag{62}$$

以及其他许多同类型的公式.

下面的一些例子性质有些不同; 其中反复进行分部积分, 就会出现原来的积分, 因此我们得到的是含有原积分的一个方程.

在下述积分中用这种方法, 我们得到

$$\int e^{ax} \sin bx dx = -\frac{1}{b} e^{ax} \cos bx + \frac{a}{b} \int e^{ax} \cos bx dx$$

$$= -\frac{1}{b} e^{ax} \cos bx + \frac{a}{b^2} e^{ax} \sin bx - \frac{a^2}{b^2} \int e^{ax} \sin bx dx;$$

现在由此方程解出积分 $\int e^{ax} \sin bx dx$, 最后得到

$$\int e^{ax} \sin bx dx = \frac{1}{a^2 + b^2} e^{ax} (a \sin bx - b \cos bx). \tag{63}$$

用同样方法可以推出

$$\int e^{ax} \cos bx dx = \frac{1}{a^2 + b^2} e^{ax} (a \cos bx + b \sin bx). \tag{64}$$

c. 关于 $f(b) + f(a)$ 的积分公式

作为最后一个例子, 我们来推导一个把和 $f(b) + f(a)$ (而不是由基本公式给出的差 $f(b) - f(a)$) 表示成定积分的著名公式. 引入 $1 = g'(x)$, 这里 $g(x) = x - m$, 其中 m 为任意常数, 然后对于下述不定积分进行分部积分. 我们有

$$\int f(x)dx + \int f'(x)(x-m)dx = f(x)(x-m),$$

在 a 和 b 之间取定积分, 则有

$$\int_a^b f(x)dx + \int_a^b f'(x)(x-m)dx = f(b)(b-m) - f(a)(a-m).$$

现在我们将 a 和 b 之间的平均值 $\frac{1}{2}(a+b)$ 取为 m, 则得到

$$\frac{b-a}{2}[f(b) + f(a)] = \int_a^b f(x)dx + \int_a^b (x-m)f'(x)dx,$$

这一点读者是不难验证的.

d. 递推公式

在许多情况下, 被积函数不只是自变量的函数, 而且还依赖于整数指标 n. 这时经过分部积分, 我们得到的往往不是积分的值, 而是另一个类似的表达式, 其中指标 n 具有较小的值. 这样, 经过几步以后, 我们就能得到可用第 227 页上的积分表来处理的一个积分. 这种方法称为递推法.

下面举例加以说明. 我们可以反复应用分部积分来计算下列三角函数的积分:

$$\int \cos^n x dx, \quad \int \sin^n x dx, \quad \int \sin^m x \cos^n x dx,$$

其中 m 和 n 都是正整数. 对于第一个积分, 取 $f(x) = \cos^{n-1} x, g(x) = \sin x$, 我们得到

$$\int \cos^n x dx = \cos^{n-1} x \sin x + (n-1) \int \cos^{n-2} x \sin^2 x dx;$$

右端可以写成下面的形式:

$$\cos^{n-1} x \sin x + (n-1) \int \cos^{n-2} x dx - (n-1) \int \cos^n x dx;$$

于是经过整理后可得到递推关系式:

$$\int \cos^n x dx = \frac{1}{n} \cos^{n-1} x \sin x + \frac{n-1}{n} \int \cos^{n-2} x dx. \tag{65}$$

现在反复应用这个公式 (替换指标), 就可以使被积函数的指标逐步减小, 直到最后得到积分

$$\int \cos x dx = \sin x \quad \text{或} \quad \int dx = x,$$

究竟得到哪一个积分, 取决于 n 是奇数还是偶数. 用同样的方法, 还可得到类似的递推公式

$$\int \sin^n x dx = -\frac{1}{n} \sin^{n-1} x \cos x + \frac{n-1}{n} \int \sin^{n-2} x dx \tag{66}$$

和

$$\int \sin^m x \cos^n x dx = \frac{\sin^{m+1} x \cos^{n-1} x}{m+n} + \frac{n-1}{m+n} \int \sin^m x \cos^{n-2} x dx. \tag{67}$$

特别是, 我们有 $(n=2)$

$$\int \sin^2 x dx = \frac{1}{2}(x - \sin x \cos x)$$

和

$$\int \cos^2 x dx = \frac{1}{2}(x + \sin x \cos x),$$

这同以前用换元法得到的结果一样 [第 236 页公式 (42), (43)].

几乎不需要再指出, 我们可以用完全相同的方法来计算相应的下列双曲函数的积分:

$$\int \sinh^2 x dx = \frac{1}{2}(-x + \sinh x \cosh x), \tag{68}$$

$$\int \cosh^2 x dx = \frac{1}{2}(x + \sinh x \cosh x). \tag{69}$$

还可得到另一些递推公式:

$$\int (\log x)^m dx = x(\log x)^m - m \int (\log x)^{m-1} dx, \tag{70}$$

$$\int x^m e^x dx = x^m e^x - m \int x^{m-1} e^x dx, \tag{71}$$

$$\int x^m \sin x dx = -x^m \cos x + m \int x^{m-1} \cos x dx, \tag{72}$$

$$\int x^m \cos x dx = x^m \sin x - m \int x^{m-1} \sin x dx, \tag{73}$$

$$\int x^a (\log x)^m dx = \frac{x^{a+1}(\log x)^m}{a+1} - \frac{m}{a+1} \int x^a (\log x)^{m-1} dx \quad (a \neq -1). \tag{74}$$

e. π 的沃利斯 (Wallis) 无穷乘积表示

利用积分 $\int \sin^n x dx (n > 1)$ 的递推公式, 我们可以将数 π 表示为 '无穷乘积' 的精彩的表达式. 首先在公式

$$\int \sin^n x dx = -\frac{1}{n} \sin^{n-1} x \cos x + \frac{n-1}{n} \int \sin^{n-2} x dx$$

中, 我们加上积分限 0 和 $\frac{\pi}{2}$, 于是得到

$$\int_0^{\pi/2} \sin^n x dx = \frac{n-1}{n} \int_0^{\pi/2} \sin^{n-2} x dx, \quad \text{当 } n > 1 \text{ 时.} \tag{75}$$

再反复应用递推公式, 对于 $n = 2m$ 和 $n = 2m+1$ 两种情况, 我们分别得到

$$\int_0^{\pi/2} \sin^{2m} x dx = \frac{2m-1}{2m} \frac{2m-3}{2m-2} \cdots \frac{1}{2} \int_0^{\pi/2} dx, \tag{76}$$

$$\int_0^{\pi/2} \sin^{2m+1} x dx = \frac{2m}{2m+1} \frac{2m-2}{2m-1} \cdots \frac{2}{3} \int_0^{\pi/2} \sin x dx, \tag{76a}$$

因此

$$\int_0^{\pi/2} \sin^{2m} x dx = \frac{2m-1}{2m} \frac{2m-3}{2m-2} \cdots \frac{1}{2} \frac{\pi}{2}, \tag{77}$$

$$\int_0^{\pi/2} \sin^{2m+1} x dx = \frac{2m}{2m+1} \frac{2m-2}{2m-1} \cdots \frac{2}{3}. \tag{77a}$$

两式相除, 得到

$$\frac{\pi}{2} = \frac{2 \cdot 2}{1 \cdot 3} \frac{4 \cdot 4}{3 \cdot 5} \frac{6 \cdot 6}{5 \cdot 7} \cdots \frac{2m \cdot 2m}{(2m-1)(2m+1)} \frac{\displaystyle\int_0^{\pi/2} \sin^{2m} x dx}{\displaystyle\int_0^{\pi/2} \sin^{2m+1} x dx} \tag{78}$$

当 m 无限增大时, 右端的两个积分之商收敛于 1. 这一点从下面的讨论中便

可得知. 在区间 $0 < x < \dfrac{\pi}{2}$ 中, $0 < \sin x < 1$, 我们有

$$0 < \sin^{2m+1} x \leqslant \sin^{2m} x \leqslant \sin^{2m-1} x;$$

因此

$$0 < \int_0^{\pi/2} \sin^{2m+1} xdx \leqslant \int_0^{\pi/2} \sin^{2m} xdx \leqslant \int_0^{\pi/2} \sin^{2m-1} xdx.$$

现在我们用 $\displaystyle\int_0^{\pi/2} \sin^{2m+1} xdx$ 来除每一项, 并且注意到公式 (75)

$$\frac{\displaystyle\int_0^{\pi/2} \sin^{2m-1} xdx}{\displaystyle\int_0^{\pi/2} \sin^{2m+1} xdx} = \frac{2m+1}{2m} = 1 + \frac{1}{2m},$$

我们有

$$1 \leqslant \frac{\displaystyle\int_0^{\pi/2} \sin^{2m-1} xdx}{\displaystyle\int_0^{\pi/2} \sin^{2m+1} xdx} \leqslant 1 + \frac{1}{2m},$$

由此即可推出上述命题.

最后, 关系式

$$\frac{\pi}{2} = \lim_{m\to\infty} \frac{2}{1}\frac{2}{3}\frac{4}{3}\frac{4}{5}\frac{6}{5}\frac{6}{7} \cdots \frac{2m}{2m-1}\frac{2m}{2m+1} \tag{79}$$

成立.

这个乘积公式 (沃利斯提出的) 及其简单的构成规律, 给出数 π 和整数之间的一种非常奇特的关系式.

关于 $\sqrt{\pi}$ 的乘积

作为一个简单的推论, 我们来推导关于 $\sqrt{\pi}$ 的同样奇特的表达式. 如果我们注意到

$$\lim_{m\to\infty} \frac{2m}{2m+1} = 1,$$

则可写出

$$\lim_{m\to\infty} \frac{2^2 \cdot 4^2 \cdots (2m-2)^2}{3^2 \cdot 5^2 \cdots (2m-1)^2} 2m = \frac{\pi}{2};$$

取平方根, 并且将分子和分母都乘以 $2 \cdot 4 \cdots (2m-2)$, 就有

$$\sqrt{\frac{\pi}{2}} = \lim_{m \to \infty} \frac{2 \cdot 4 \cdots (2m-2)}{3 \cdot 5 \cdots (2m-1)} \sqrt{2m}$$

$$= \lim_{m \to \infty} \frac{2^2 \cdot 4^2 \cdots (2m-2)^2}{(2m-1)!} \sqrt{2m}$$

$$= \lim_{m \to \infty} \frac{2^2 \cdot 4^2 \cdots (2m)^2}{(2m)!} \frac{\sqrt{2m}}{2m}$$

$$= \lim_{m \to \infty} \frac{(2^2 \cdot 1^2)(2^2 \cdot 2^2)(2^2 \cdot 3^2) \cdots (2^2 \cdot m^2)}{(2m)!\sqrt{2m}}.$$

由此, 最后得到

$$\lim_{m \to \infty} \frac{(m!)^2 2^{2m}}{(2m)!\sqrt{m}} = \sqrt{\pi}, \tag{80}$$

—— 沃利斯乘积的一种形式, 这在后面我们还会用到 (参见第六章附录).

*3.12 有理函数的积分法

17 世纪和 18 世纪, 数学家们曾全神贯注地寻找各种能够明确地积分出来的初等显函数. 他们发明了大量的巧妙方法, 同时奠定了更深一步认识的基础. 后来, 当我们认识到以封闭形式来完成一切显函数的积分不但是做不到的, 而且实际上也不是重要的目的时, 那么对于为这种问题而提出的一些冗长烦琐的处理方法就逐渐显得不重要了. 但是, 还有一个很有意义的一般结果:

变量 x 的一切有理函数 $R(x)$, 都能借助于第 227 页的表中列出的初等积分用显式函数表示出来.

这个一般结果在高等复变函数论中很容易得到. 但是介绍一种只用实变量的初等推导方法仍然是有价值的.

有理函数是形式为

$$R(x) = \frac{f(x)}{g(x)} \tag{81}$$

的函数, 其中 $f(x)$ 和 $g(x)$ 是多项式

$$f(x) = a_m x^m + a_{m-1} x^{m-1} + \cdots + a_0,$$

$$g(x) = b_n x^n - b_{n-1} x^{n-1} + \cdots + b_0 \quad (b_n \neq 0).$$

我们可以想到, 每一个多项式都能直接进行积分, 且其积分本身也是多项式. 所以, 我们需要考虑的只是那些分母 $g(x)$ 不为常数的有理函数, 而且, 我们总是

可以假设分子的次数小于分母的次数 n. 否则, 用多项式 $g(x)$ 除多项式 $f(x)$, 我们便得到次数小于 n 的余项; 换句话说, 我们可以写成 $f(x) = q(x)g(x) + r(x)$, 其中 $q(x)$ 和 $r(x)$ 也是多项式, 而 $r(x)$ 的次数小于 n. 因此, 对 $\dfrac{f(x)}{g(x)}$ 的积分就化为对多项式 $q(x)$ 和 '真分式' $\dfrac{r(x)}{g(x)}$ 的积分. 我们进一步注意到: 函数 $\dfrac{f(x)}{g(x)}$ 可以表示为一些函数 $\dfrac{a_\nu x^\nu}{g(x)}$ 之和, 于是我们只需要考虑形如 $\dfrac{x^\nu}{g(x)}$ 的函数的积分.

a. 基本类型

对于类型 (81) 的最一般的有理函数的积分, 我们分几步来进行. 首先来研究这样一些函数, 其分母 $g(x)$ 具有特别简单的形式:

$$g(x) = x^n,$$

或

$$g(x) = (1 + x^2)^n,$$

其中 n 是任何正整数.

然后, 我们可以把比较一般的情况: $g(x) = (\alpha x + \beta)^n$ ——线性表达式 $\alpha x + \beta (\alpha \neq 0)$ 的幂, 或者 $g(x) = (ax^2 + 2bx + c)^n$ ——定号二次表达式[1]的幂, 化为上面这种最简单的情况. 如果 $g(x) = (\alpha x + \beta)^n$, 我们引入 $\xi = \alpha x + \beta$ 作为新变量. 于是 $\dfrac{d\xi}{dx} = \alpha$, 而 $x = \dfrac{1}{\alpha}(\xi - \beta)$ 也是 ξ 的线性函数. 每个分子 $f(x)$ 变成同次的多项式 $\varphi(\xi)$, 结果

$$\int \frac{f(x)}{(\alpha x + \beta)^n} dx = \frac{1}{\alpha} \int \frac{\varphi(\xi)}{\xi^n} d\xi.$$

在第二种情况下, 我们写为

$$ax^2 + 2bx + c = \frac{1}{a}(ax + b)^2 + \frac{d^2}{a}(d^2 = ac - b^2, d > 0);$$

因为我们已经假设这个表达式是二次的和定号的, 所以 $ac - b^2$ 必定为正, 并且 $a \neq 0$. 引入新变量

$$\xi = \frac{ax + b}{d},$$

我们得到被积函数的分母为 $\left[\left(\dfrac{d^2}{a}\right)(1 + \xi^2)\right]^n$ 的积分.

---

1) 二次表达式 $Q(x) = ax^2 + 2bx + c$ 称为定号的, 如果对于一切实数 x, 它所取的值具有相同的符号, 也就是说, 方程 $Q(x) = 0$ 没有实根. 为此, 其充分必要条件是 '判别式' $ac - b^2$ 为正. 当然, 这可由方程之根的明显公式 $\dfrac{1}{a}(-b \pm \sqrt{b^2 - ac})$ 推出. 与此等价地, 定号二次表达式是不能分解为两个实线性因式的二次表达式的.

因此, 为了求出分母为线性式或定号二次式的幂的有理函数的积分, 只要能积分下列类型的函数就足够了:

$$\frac{1}{x^n}, \quad \frac{x^{2\nu}}{(x^2+1)^n}, \quad \frac{x^{2\nu+1}}{(x^2+1)^n}.$$

事实上, 我们将看到, 即使是这些类型也不需要在一般情况下来处理, 因为我们能够把每一个有理函数的积分, 化为这三种函数在 $\nu = 0$ 时非常特殊的形式的积分. 因此, 现在我们集中考虑下列三个基本类型的积分:

$$\frac{1}{x^n}, \quad \frac{1}{(x^2+1)^n}, \quad \frac{x}{(x^2+1)^n}.$$

b. 基本类型的积分

对于第一种类型的函数 —— $\frac{1}{x^n}$ 的积分, 如果 $n = 1$, 则直接得到表达式 $\log|x|$, 如果 $n > 1$, 则得到表达式 $\frac{-1}{(n-1)x^{n-1}}$, 因此, 在这两种情况下, 其积分都是初等函数. 对于第三种类型的函数, 通过引入新变量 $\xi = x^2 + 1$, 也能直接进行积分, 由此我们得到 $2xdx = d\xi$, 以及

$$\int \frac{x}{(x^2+1)^n} dx = \frac{1}{2} \int \frac{d\xi}{\xi^n}$$
$$= \begin{cases} \dfrac{1}{2}\log(x^2+1), & \text{如果 } n = 1, \\[2mm] -\dfrac{1}{2(n-1)(x^2+1)^{n-1}}, & \text{如果 } n > 1. \end{cases}$$

最后, 为了计算积分

$$I_n = \int \frac{dx}{(x^2+1)^n},$$

其中 n 是任何大于 1 的整数, 我们采用递推法: 先取

$$\frac{1}{(x^2+1)^n} = \frac{1}{(x^2+1)^{n-1}} - \frac{x^2}{(x^2+1)^n},$$

则有

$$\int \frac{dx}{(x^2+1)^n} = \int \frac{dx}{(x^2+1)^{n-1}} - \int \frac{x^2 dx}{(x^2+1)^n},$$

应用第 238 页公式 (54), 设

$$f(x) = x, \quad g'(x) = \frac{x}{(x^2+1)^n},$$

那么我们可以通过分部积分来变换右端. 于是, 如刚才所得

$$g(x) = -\frac{1}{2}\frac{1}{(n-1)(x^2+1)^{n-1}},$$

因而, 得到

$$I_n = \int \frac{dx}{(x^2+1)^n}$$
$$= \frac{x}{2(n-1)(x^2+1)^{n-1}} + \frac{2n-3}{2(n-1)}\int \frac{dx}{(x^2+1)^{n-1}}.$$

这样, 计算积分 I_n 化为计算积分 I_{n-1}. 如果 $n-1>1$, 则将同样的处理方法应用于后一积分, 如此继续下去, 直至最后达到表达式

$$\int \frac{dx}{x^2+1} = \arctan x.$$

总之, 我们看到积分 I_n[1] 可以通过有理函数和函数 $\arctan x$ 表示出来.

　　顺便指出, 若采用置换 $x = \tan t$, 我们也可以直接求函数 $\dfrac{1}{(x^2+1)^n}$ 的积分; 这时, 我们有 $dx = \sec^2 t\,dt$ 和 $\dfrac{1}{1+x^2} = \cos^2 t$, 因此

$$\int \frac{dx}{(x^2+1)^n} = \int \cos^{2n-2} t\,dt,$$

我们已经学会 [第 242 页, 式 (65)] 如何计算这个积分.

c. 部分分式

　　现在我们已经可以来积分最一般的有理函数了. 首先利用下一事实: 每一个有理函数都能够表示为所谓部分分式之和, 即表示为一个多项式和有限个有理函数之和, 其中每一个有理函数或者其分母是线性式的幂, 而分子是常数, 或者其分母是定号二次式的幂, 而分子是线性函数. 如果分子 $f(x)$ 的次数低于分母 $g(x)$ 的次数, 当然不出现多项式. 每一个部分分式的积分, 我们是已经知道的. 按照第 246 页的论述, 分母可以化为特殊的形式 x^2 和 $(x^2+1)^n$ 之一, 因此分式就是第 246 页上的基本类型积分的组合.

　　对于分解成上述部分分式的可能性, 我们不准备给出一般的证明. 我们只是叙

---

[1] 函数 $\dfrac{1}{(x^2-1)^n}$ 的积分也能用相同的方法来计算; 通过相应的递推方法, 我们可将这个积分化为积分

$$\int \frac{dx}{1-x^2} = \operatorname{artanh} x \ (\text{或 } \operatorname{arcoth} x).$$

述一个读者不难理解的定理, 并且通过实例说明在一些典型的情况下怎样才能实现这一分解. 实际上, 我们只是处理一些比较简单的函数, 否则计算过程将会十分复杂.

我们从初等代数已经知道, 每一个实多项式 $g(x)$ 都能写成下列形式[1]:

$$g(x) = a(x - \alpha_1)^{l_1}(x - \alpha_2)^{l_2} \cdots (x^2 + 2b_1x + c_1)^{r_1}(x^2 + 2b_2x + c_2)^{r_2} \cdots,$$

这里, 数 $\alpha_1, \alpha_2, \cdots$ 是方程 $g(x) = 0$ 的不同的实根, 正整数 $l_1, l_2, \cdots$ 表示这些根的重根数; 因式 $x^2 + 2b_\nu x + c_\nu$ 表示具有共轭复根的定号二次式, 其中任何两个都不相同, 正整数 $r_1, r_2 \cdots$ 为各共轭复根的重根数.

我们假设, 分母 $g(x)$ 或者就是以这种形式给出的, 或者是通过计算实根和复根把它写成这种形式. 还假设, 分子 $f(x)$ 的次数低于分母 $g(x)$ 的次数 (见第 245 页). 这时, 关于分解成部分分式的定理可以表述如下: 对于每一个因式 $(x - \alpha)^l$, 其中 α 是任一个 l 重实根, 我们可以来定出下列形式的表达式:

$$\frac{A_1}{x - \alpha} + \frac{A_2}{(x - \alpha)^2} + \cdots + \frac{A_l}{(x - \alpha)^l},$$

而对于乘积中每一个自乘 r 次的二次因式 $Q(x) = x^2 + 2bx + c$, 我们可以确定下列形式的表达式:

$$\frac{B_1 + C_1x}{Q} + \frac{B_2 + C_2x}{Q^2} + \cdots + \frac{B_r + C_rx}{Q^r},$$

使得函数 $\dfrac{f(x)}{g(x)}$ 是所有这些表达式之和 (A_ν, B_ν, C_ν 均为常数). 换句话说, 商 $\dfrac{f(x)}{g(x)}$ 能够表示为一些分式之和, 其中每一个分式都属于前面已被积分了的那些类型之一[2].

---

[1] 这个所谓代数学基本定理的真正的证明, 并不属于代数学的范围. 根据复变函数论的方法, 这个定理是很容易证明的.

[2] 我们简要地介绍一种方法, 当 $g(x)$ 能够完全分解成线性因式时, 根据这种方法就可以证明这种分解成部分分式的可能性, 而不必应用复变函数的理论. 如果 $g(x) = (x - \alpha)^k h(x)$, 而 $h(\alpha) \neq 0$, 则在方程

$$\frac{f(x)}{g(x)} - \frac{f(\alpha)}{h(\alpha)(x - \alpha)^k} = \frac{1}{h(\alpha)} \frac{f(x)h(\alpha) - f(\alpha)h(x)}{(x - \alpha)^k h(x)}$$

的右端, 当 $x = \alpha$ 时, 其分子显然等于零; 所以它的形式是 $h(\alpha)(x - \alpha)^m f_1(x)$, 其中 $f_1(x)$ 也是一个多项式, 整数 $m \geqslant 1$, 并且 $f_1(\alpha) \neq 0$. 我们记 $\dfrac{f(\alpha)}{h(\alpha)} = \beta$, 于是得到

$$\frac{f(x)}{g(x)} - \frac{\beta}{(x - \alpha)^k} = \frac{f_1(x)}{(x - \alpha)^{k-m} h(x)}.$$

继续进行这一过程, 我们能够逐渐减小分母中出现的 $(x - \alpha)$ 之幂的次数, 直到不再剩有这样的因式时为止. 在剩余的分式上, 我们对于 $g(x)$ 的另一个根重复进行上述过程, 而 $g(x)$ 有多少不同的因式, 就重复进行多少次. 不仅对于实根, 而且对于复根, 都这样做, 并且将共轭复分式合并起来, 最后我们便把它完全分解成部分分式.

在一些特殊情况下, 通过观察就很容易进行部分分式的分解. 例如, 如果 $g(x) = x^2 - 1$, 我们立即看出

$$\frac{1}{x^2 - 1} = \frac{1}{2}\frac{1}{(x-1)} - \frac{1}{2}\frac{1}{(x+1)},$$

于是

$$\int \frac{dx}{x^2 - 1} = \frac{1}{2}\log\left|\frac{x-1}{x+1}\right|.$$

更一般地说来, 如果 $g(x) = (x - \alpha)(x - \beta)$, 即 $g(x)$ 是具有两个实零点 α 和 β 的非定号二次表达式, 我们则有

$$\frac{1}{(x-\alpha)(x-\beta)} = \frac{1}{(\alpha-\beta)}\frac{1}{(x-\alpha)} - \frac{1}{(\alpha-\beta)}\frac{1}{(x-\beta)},$$

于是

$$\int \frac{dx}{(x-\alpha)(x-\beta)} = \frac{1}{\alpha-\beta}\log\left|\frac{x-\alpha}{x-\beta}\right|.$$

d. 分解成部分分式举例. 待定系数法

如果 $g(x) = (x - \alpha_1)(x - \alpha_2)\cdots(x - \alpha_n)$, 当 $i \neq k$ 时 $\alpha_i \neq \alpha_k$, 即方程 $g(x) = 0$ 只有单重的实根, 并且分子 $f(x)$ 是次数低于 n 的任一多项式, 则用部分分式来表示时, $\dfrac{f(x)}{g(x)}$ 具有下列简单的形式:

$$\frac{f(x)}{g(x)} = \frac{a_1}{x-\alpha_1} + \frac{a_2}{x-\alpha_2} + \cdots + \frac{a_n}{x-\alpha_n}.$$

现在用 $(x - \alpha_1)$ 乘这个等式的两端, 并且消去左端以及右端第一项中分子和分母的公因子 $(x - \alpha_1)$, 然后令 $x = \alpha_1$, 则我们得到系数 a_1 的明显表达式

$$a_1 = \frac{f(\alpha_1)}{(\alpha_1 - \alpha_2)(\alpha_1 - \alpha_3)\cdots(\alpha_1 - \alpha_n)}.$$

由乘积的微分法则, 读者可以看出: 右端的分母是 $g'(\alpha_1)$, 即函数 $g(x)$ 在点 $x = \alpha_1$ 的导数. 用这种方法, 还可以得到关于 $a_2, a_3, \cdots$ 的类似公式, 从而推出部分分式展开式:

$$\frac{f(x)}{g(x)} = \frac{f(\alpha_1)}{g'(\alpha_1)(x-\alpha_1)} + \frac{f(\alpha_2)}{g'(\alpha_2)(x-\alpha_2)} + \cdots + \frac{f(\alpha_n)}{g'(\alpha_n)(x-\alpha_n)}.$$

在分母 $g(x)$ 具有重根的情况下, 一个典型的例子是函数 $\dfrac{1}{x^2(x-1)}$. 根据第

248 页, 这个函数可以表示为

$$\frac{1}{x^2(x-1)} = \frac{a}{x-1} + \frac{b}{x} + \frac{c}{x^2}.$$

用 $x^2(x-1)$ 乘这个等式的两端, 则得到

$$1 = (a+b)x^2 - (b-c)x - c,$$

这个等式对于一切 x 值都成立, 我们必须根据这个条件来确定系数 a, b, c. 只有当多项式 $(a+b)x^2 - (b-c)x - c - 1$ 的系数全为零时, 这个条件才能成立; 也就是说, 我们必须有 $a+b = b-c = c+1 = 0$, 或 $c = -1, b = -1, a = 1$. 于是我们得到分解式

$$\frac{1}{x^2(x-1)} = \frac{1}{x-1} - \frac{1}{x} - \frac{1}{x^2},$$

结果有

$$\int \frac{dx}{x^2(x-1)} = \log|x-1| - \log|x| + \frac{1}{x}.$$

下面, 我们来分解函数 $\dfrac{1}{x(x^2+1)}$, 其分母具有复零点, 这时按下式来进行:

$$\frac{1}{x(x^2+1)} = \frac{a}{x} + \frac{bx+c}{x^2+1}.$$

其中的系数, 我们可求得为 $a+b = c = a-1 = 0$, 于是

$$\frac{1}{x(x^2+1)} = \frac{1}{x} - \frac{x}{x^2+1},$$

所以

$$\int \frac{dx}{x(x^2+1)} = \log|x| - \frac{1}{2}\log(x^2+1).$$

作为第三个例子, 我们考虑函数 $\dfrac{1}{x^4+1}$, 积分这个函数甚至在莱布尼茨时代就曾是一个难题. 现在, 我们可以将分母表示为两个二次因式的乘积[1]

$$x^4+1 = (x^2+1)^2 - 2x^2 = (x^2+1+\sqrt{2}x)(x^2+1-\sqrt{2}x).$$

---

[1] 将 x^4+1 分解为实二次因式, 相当于分解为共轭复线性因式
$$x^4+1 = [(x-\varepsilon)(x-\varepsilon^{-1})][(x-\varepsilon^3)(x-\varepsilon^{-3})],$$
其中
$$\varepsilon = \cos\frac{\pi}{4} + i\sin\frac{\pi}{4} = \frac{1}{2}\sqrt{2}(1+i)$$
是 +1 的一个八次方根和 −1 的一个四次方根 (见 86 页).

所以, 我们得知: 当分解成部分分式时将具有下列形式:

$$\frac{1}{x^4+1} = \frac{ax+b}{x^2+\sqrt{2}x+1} + \frac{cx+d}{x^2-\sqrt{2}x+1}.$$

为了确定系数 a,b,c,d, 我们利用等式

$$(a+c)x^3 + (b+d-a\sqrt{2}+c\sqrt{2})x^2 + (a+c-b\sqrt{2}+d\sqrt{2})x + (b+d-1) = 0,$$

满足这个等式的系数之值如下:

$$a = \frac{1}{2\sqrt{2}}, \quad b = \frac{1}{2}, \quad c = -\frac{1}{2\sqrt{2}}, \quad d = \frac{1}{2}.$$

所以, 我们有

$$\frac{1}{x^4+1} = \frac{1}{2\sqrt{2}} \cdot \frac{x+\sqrt{2}}{x^2+\sqrt{2}x+1} - \frac{1}{2\sqrt{2}} \cdot \frac{x-\sqrt{2}}{x^2-\sqrt{2}x+1},$$

利用第 246 页上给出的方法, 我们得到

$$\int \frac{dx}{x^4+1} = \frac{1}{4\sqrt{2}} \log|x^2+\sqrt{2}x+1| - \frac{1}{4\sqrt{2}} \log|x^2-\sqrt{2}x+1|$$

$$+ \frac{1}{2\sqrt{2}} \arctan(\sqrt{2}x+1) + \frac{1}{2\sqrt{2}} \arctan(\sqrt{2}x-1),$$

不难由微分法来验证这个结果.

上述各例说明了积分有理函数 $\frac{f(x)}{g(x)}$ 的一般方法. 我们首先做除法, 把它化为 f 的次数小于 g 的次数的情况; 然后, 将 $g(x)$ 分解为线性因式和定号二次因式, 并将乘积组合为这种因式的幂. 我们写出 $\frac{f}{g}$ 的适当的部分分式表示式, 其中带有未定系数 $a,b,c,\cdots$. 将整个式子乘以 $g(x)$, 并且比较所得的 (多项式的) 恒等式同次幂的系数, 我们就得到含未知系数的线性方程组, 如果我们确实写出了部分分式展开式的正确形式, 则这个方程组恰能确定出这些未知系数. 这时, 我们就可以用前面讨论过的法则来积分所得到的任一部分分式.

3.13　其他几类函数的积分法

a. 圆和双曲线的有理表示法初阶

另外还有几种常见的函数的积分, 也可以简化为有理函数的积分, 首先来讲一讲关于三角函数和双曲函数的某些基本事实, 这样我们就会更好地理解这种简化

途径. 我们设 $t = \tan\left(\dfrac{x}{2}\right)$, 则由初等三角学可得下列简单的公式:

$$\sin x = \frac{2t}{1+t^2}, \quad \cos x = \frac{1-t^2}{1+t^2};$$

事实上, 由

$$\frac{1}{1+t^2} = \cos^2 \frac{x}{2} \quad \text{和} \quad \frac{t^2}{1+t^2} = \sin^2 \frac{x}{2},$$

并由基本公式

$$\sin x = 2\cos^2 \frac{x}{2} \tan \frac{x}{2} \quad \text{和} \quad \cos x = \cos^2 \frac{x}{2} - \sin^2 \frac{x}{2},$$

我们便可得到上述公式. 这些公式说明: $\sin x$ 和 $\cos x$ 二者都能通过量 $t = \tan\left(\dfrac{x}{2}\right)$ 表示成有理式. 经过微分, 我们有

$$\frac{dt}{dx} = \frac{1}{2\cos^2 \dfrac{x}{2}} = \frac{1+t^2}{2},$$

于是

$$\frac{dx}{dt} = \frac{2}{1+t^2}; \tag{82}$$

因此, 导数 $\dfrac{dx}{dt}$ 也是 t 的有理表达式.

　　* 在图 3.28 中给出了三角函数的几何表示及其几何意义. 在 u, v 平面上有圆 $u^2 + v^2 = 1$. 如果 x 表示图中的角 TOP, 则点 P 的坐标是 $u = \cos x, v = \sin x$. 根据初等几何学的定理, 顶点在点 $u = -1, v = 0$ 的角 OSP 等于 $\dfrac{x}{2}$, 并且我们由图可以看出参数 t 的几何意义: $t = \tan \dfrac{x}{2} = OR$, 其中 R 是圆上的点 P 通过 S 在 v 轴上的 '投影'. 如果点 P 从 S 出发沿正方向绕圆一周, 也就是说, 如果 x 遍及由 $-\pi$ 到 π 的区间, 则量 t 将遍及由 $-\infty$ 到 $+\infty$ 的整个值域, 并且正好经过一次. (注意: 点 S 本身对应着 $t = \pm\infty$). 这里我们将圆 $u^2 + v^2 = 1$ 上的一般点 (u, v), 通过参数 t 的有理函数 $u = \dfrac{1-t^2}{1+t^2}, v = \dfrac{2t}{1+t^2}$ 来表示. 因此, 这些公式定义了一个有理映射, 这个映射将 t 一直线映射为 u, v 平面上的圆 (顺便指出, 这个映射类似于第 17 页上讲到的球极投影的二维情况). 圆的这种有理表示法的根据, 显然是恒等式

$$(t^2 - 1)^2 + (2t)^2 = (t^2 + 1)^2.$$

十分奇妙的是, 这个公式在数论中也很有意义, 因为这个公式对于每一个整数 t

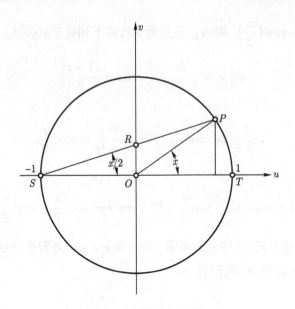

图 3.28　三角函数的参数表示

给出了毕达哥拉斯整数 $a = t^2 - 1, b = 2t$ 和 $c = t^2 + 1$, 这些整数满足恒等式 $a^2 + b^2 = c^2$, 也就是说, 它们决定了各边为可公度的直角三角形. 例如, 当 $t = 2$ 时, 我们得到熟知的一组边长 $a = 3, b = 4, c = 5$; 当 $t = 4$ 时, 得到 $a = 15, b = 8, c = 17$, 等等. 同一个代数恒等式在不同的领域如封闭形式中的积分、几何学和数论中都有重要意义, 这是值得注意的, 当然, 也并不是偶然的. 以这样的方式将各种不同的领域联系起来, 乃是现代数学的典型趋势, 虽然上面举出的这个特殊例子可以追溯到古代.

类似地, 我们可以将双曲函数

$$\cosh x = \frac{1}{2}(e^x + e^{-x}) \quad \text{和} \quad \sinh x = \frac{1}{2}(e^x - e^{-x})$$

表示为第三个量的有理函数. 最明显的方法是设 $e^x = \tau$, 于是我们有

$$\cosh x = \frac{1}{2}\left(\tau + \frac{1}{\tau}\right), \quad \sinh x = \frac{1}{2}\left(\tau - \frac{1}{\tau}\right),$$

这就是 $\sinh x$ 和 $\cosh x$ 的有理表达式. 这时, $\dfrac{dx}{d\tau} = \dfrac{1}{\tau}$ 也是 τ 的有理函数. 然而, 如果引入量 $t = \tanh\dfrac{x}{2} = \dfrac{\tau - 1}{\tau + 1}$, 我们就得到同三角函数十分类似的情况; 这时, 我们得到公式

$$\cosh x = \frac{1 + t^2}{1 - t^2}, \quad \sinh x = \frac{2t}{1 - t^2}.$$

将 $t = \tanh \dfrac{x}{2}$ 微分, 像第 253 页式 (82) 那样, 我们得到导数 $\dfrac{dx}{dt}$ 的有理表达式

$$\frac{dx}{dt} = \frac{2}{1-t^2}. \tag{83}$$

这里, 量 t 的几何意义与讨论在三角函数时量 t 的几何意义也很相似, 正如图 3.29 所示.

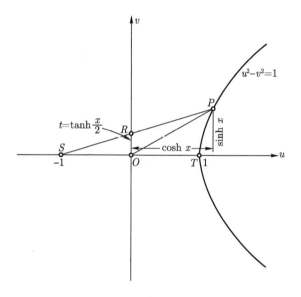

图 3.29 双曲函数的参数表示

这里我们得到 u, v 平面上双曲线 $u^2 - v^2 = 1$ 的有理表示法, 即通过方程 $u = \dfrac{1+t^2}{1-t^2}, v = \dfrac{2t}{1-t^2}$ 来表示. 曲线右面一支上的点是坐标为 $u = \cosh x, v = \sinh x$ 的点, 这些点所对应的 t 值, 其绝对值 $|t| < 1$. 当 $|t| > 1$ 时, 则得到左面的一支.

现在我们来讨论几种函数的积分问题.

*b. $R(\cos x, \sin x)$ 的积分法

设 $R(\cos x, \sin x)$ 表示两个函数 $\sin x$ 和 $\cos x$ 的有理表达式, 即由这两个函数和一些常数经过有理运算而构成的表达式, 例如

$$\frac{3 \sin^2 x + \cos x}{3 \cos^2 x + \sin x}.$$

如果我们应用置换 $t = \tan \dfrac{x}{2}$, 则积分

$$\int R(\cos x, \sin x) dx$$

变为积分

$$\int R\left(\frac{1-t^2}{1+t^2},\frac{2t}{1+t^2}\right)\frac{2}{1+t^2}dt,$$

现在在积分号下得到的是 t 的有理函数. 因此, 在原则上我们已经得到了这个表达式的积分, 因为可以根据上一节的方法来完成积分.

c. $R(\cosh x,\sinh x)$ 的积分法

同样, 如果 $R(\cosh x,\sinh x)$ 是双曲函数 $\cosh x$ 和 $\sinh x$ 的有理表达式, 我们就可以通过置换 $t=\tanh\dfrac{x}{2}$ 来求其积分. 注意到式 (83), 我们有

$$\int R(\cosh x,\sinh x)dx=\int R\left(\frac{1+t^2}{1-t^2},\frac{2t}{1-t^2}\right)\frac{2}{1-t^2}dt.$$

(根据前面的说明, 我们也可引入 $\tau=e^x$ 作为新变量, 通过 τ 来表示 $\cosh x$ 和 $\sinh x$.) 这个积分又化为有理函数的积分.

d. $R(x,\sqrt{1-x^2})$ 的积分法

积分 $\displaystyle\int R(x,\sqrt{1-x^2})dx$, 可以通过置换

$$x=\cos u,\quad \sqrt{1-x^2}=\sin u,\quad dx=-\sin u\,du$$

化为在 3.13 节 b 中处理过的那种类型; 然后, 应用置换 $t=\tan\dfrac{u}{2}$ 则化为有理函数的积分. 顺便指出, 如果应用置换

$$t=\sqrt{\frac{1-x}{1+x}};\quad x=\frac{1-t^2}{1+t^2},$$

$$\sqrt{1-x^2}=\frac{2t}{1+t^2};\quad \frac{dx}{dt}=\frac{-4t}{(1+t^2)^2},$$

则只需一步而不是两步, 我们就能完成这种简化过程; 总之, 我们可以直接引入 $t=\tan\dfrac{u}{2}$ 作为新变量, 从而得到有理的被积函数.

e. $R(x,\sqrt{x^2-1})$ 的积分法

积分 $\displaystyle\int R(x,\sqrt{x^2-1})dx$, 可以经过置换 $x=\cosh u$, 变成在 3.13 节 c 中处理过的那种类型. 这里如果引入

$$t=\sqrt{\frac{x-1}{x+1}}=\tanh\frac{u}{2},$$

我们也可直接达到目的.

*f. $R(x, \sqrt{x^2+1})$ 的积分法

积分 $\int R(x, \sqrt{x^2+1})$, 可以经过置换 $x = \sinh u$, 化为在 3.13 节 c 中讨论过的那种类型 (第 256 页), 因此可以通过初等函数来积分. 如果不用置换 $e^u = \tau$ 或 $\frac{u}{2} = t$ 作进一步简化, 那么采用下列两种置换之一:

$$\tau = x + \sqrt{x^2+1}, \quad t = \frac{-1 + \sqrt{x^2+1}}{x},$$

就一步可得到有理函数的积分.

g. $R(x, \sqrt{ax^2 + 2bx + c})$ 的积分法

由 x 和 x 的任意二次多项式的平方根构成的有理表达式的积分 $\int R(x, \sqrt{ax^2 + 2bx + c})dx$, 能够直接化为上面刚刚讨论过的类型之一. 我们写出 (见第 246 页)

$$ax^2 + 2bx + c = \frac{1}{a}(ax+b)^2 + \frac{ac-b^2}{a}.$$

如果 $ac - b^2 > 0$, 我们借助于变换 $\xi = \frac{ax+b}{\sqrt{ac-b^2}}$ 引入新变量 ξ, 于是根式成为

$$\sqrt{\frac{1}{a}(ac-b^2)(\xi^2+1)}.$$

因此, 这个积分对 ξ 来说, 就是 3.13 节 f 的类型. 这里, 为了使平方根可以有实数值, 常数 a 必须为正.

如果 $ac - b^2 = 0$, 且 $a > 0$, 则通过公式

$$\sqrt{ax^2 + 2bx + c} = \sqrt{a}\left(x + \frac{b}{a}\right).$$

我们看出被积函数本来就是 x 的有理函数.

最后, 如果 $ac - b^2 < 0$, 我们则设 $\xi = \frac{ax+b}{\sqrt{b^2-ac}}$, 而得到根式的表达式 $\sqrt{\frac{1}{a}(ac-b^2)(\xi^2-1)}$. 在 a 是正值时, 积分化为 3.13 节 d 的类型; 相反, 在 a 是负值时, 则将根式写成下列形式:

$$\sqrt{\frac{1}{(-a)}(b^2 - ac)(\xi^2 - 1)},$$

并可看到积分化为 3.13 节 e 的类型.

h. 化为有理函数积分的其他例子

在可以化为有理函数来积分的其他类型的函数中, 我们将简要地提到两种: ① 含有两个不同的线性函数平方根的有理式, 即 $R(x, \sqrt{ax+b}, \sqrt{\alpha x + \beta})$; ② 形如 $R(x, \sqrt[n]{(ax+b)/(\alpha x + \beta)})$ 的表达式, 其中 a, b, α, β 均为常数. 在第一种类型中, 我们引入新变量 $\xi = \sqrt{\alpha x + \beta}$, 因而有 $\alpha x + \beta = \xi^2$, 于是得到

$$x = \frac{\xi^2 - \beta}{\alpha} \quad \text{和} \quad \frac{dx}{d\xi} = \frac{2\xi}{\alpha};$$

这时

$$\int R(x, \sqrt{ax+b}, \sqrt{\alpha x + \beta})dx$$

$$= \int R\left\{\frac{\xi^2 - \beta}{\alpha}, \sqrt{\frac{1}{\alpha}[a\xi^2 - (a\beta - b\alpha)]}, \xi\right\} \frac{2\xi}{\alpha}d\xi,$$

这是 3.13 节 g 中讨论过的类型.

在第二种类型中, 如果我们引入新变量

$$\xi = \sqrt[n]{\frac{ax+b}{\alpha x + \beta}},$$

则有

$$\xi^n = \frac{ax+b}{\alpha x + \beta}, \quad x = \frac{-\beta\xi^n + b}{\alpha\xi^n - a}, \quad \frac{dx}{d\xi} = \frac{a\beta - b\alpha}{(\alpha\xi^n - a)^2}n\xi^{n-1},$$

并且直接得到公式

$$\int R\left(x, \sqrt[n]{\frac{ax+b}{\alpha x + \beta}}\right)dx = \int R\left(\frac{-\beta\xi^n + b}{\alpha\xi^n - a}, \xi\right)\frac{a\beta - b\alpha}{(\alpha\xi^n - a)^2}n\xi^{n-1}d\xi,$$

这是有理函数的积分.

i. 注记

上面的讨论主要的意义是在理论上. 在实际处理中, 这些复杂的表达式将会使得计算十分累赘. 所以, 在可能的情况下, 利用被积函数的特殊形式以减轻工作量才是适宜的. 例如, 为了积分 $1/(a^2 \sin^2 x + b^2 \cos^2 x)$, 最好利用置换 $t = \tan x$, 而

不去用第 255 页上给出的置换; 因为 $\sin^2 x$ 和 $\cos^2 x$ 能够通过 $\tan x$ 表示为有理函数, 所以没有必要返回到 $t = \tan \dfrac{x}{2}$. 对于由 $\sin^2 x, \cos^2 x$ 和 $\sin x \cos x$[1] 经过有理运算而组成的每一个表达式, 情况都是这样. 此外, 在计算许多积分时, 宁可采用三角形式而不采用有理形式, 如果三角形式能够通过某种简单的递推法来计算的话. 例如, 虽然

$$\int x^n (\sqrt{1-x^2})^m dx$$

中的被积函数能够化为有理形式, 还是最好令 $x = \sin u$, 将积分化为 $\int \sin^n u \cdot$ $\cos^{m+1} u\, du$ 的形式, 因为这种形式很容易用第 241 页上的递推法来处理 (或者利用加法定理将正弦和余弦的幂化为倍角的正弦和余弦).

为了计算积分

$$\int \frac{dx}{a \cos x + b \sin x} \quad (a^2 + b^2 > 0),$$

我们不用一般理论, 而是记

$$A = \sqrt{a^2 + b^2}, \quad \sin \theta = \frac{a}{A}, \quad \cos \theta = \frac{b}{A}.$$

这时, 积分变成下列形式:

$$\frac{1}{A} \int \frac{dx}{\sin(x + \theta)},$$

引入新变量 $x + \theta$, 我们求得 [见第 236 页式 (40)] 积分之值为

$$\frac{1}{A} \log \left| \tan \frac{x + \theta}{2} \right|.$$

第三部分　积分学的进一步发展

3.14　初等函数的积分

a. 用积分定义的函数. 椭圆积分和椭圆函数

我们已经给出了能够化为有理函数进行积分的多种类型的函数. 由此实际上已详尽地列出了可用初等函数来积分的函数. 而企图用初等函数来表示出如 (当 $n > 2$ 时)

---

[1] 因为 $\sin x \cos x = \tan x \cos^2 x$ 能够通过 $\tan x$ 以有理形式来表示.

$$\int \frac{dx}{\sqrt{a_0 + a_1 x + \cdots + a_n x^n}}, \quad \int \sqrt{a_0 + a_1 x + \cdots + a_n x^n}\, dx$$

或

$$\int \frac{e^x}{x}\, dx$$

这样的不定积分的各种努力都失败了; 在 19 世纪, 终于证明了通过初等函数来表达这些积分实际上是不可能的.

所以, 如果积分学的目标是以显式来积分函数的话, 我们就肯定会遇到障碍. 然而, 对于积分学的这种限制本来就不是合理的, 而是人为的. 我们知道, 每一个连续函数的积分作为极限是存在的, 并且本身还是积分上限变量的连续函数, 而不论积分是否能通过初等函数来表示. 初等函数的显著特点在于: 这些函数的性质很容易认识, 并且通过方便的数表很容易将它们应用于各种数值问题, 或者容易地将它们计算出来, 并达到任意的精确度.

当一个函数的积分不能通过我们已经熟悉的函数来表示时, 我们不妨引入这个积分作为一个新的 '高等的' 函数, 实际上这不过是给积分加上一个名称而已. 引入这样一个新函数究竟是否方便, 取决于它所具有的性质, 以及它在理论和应用中是否经常出现和是否易于演算. 在这种意义上, 积分过程乃是产生新函数的一般原则.

我们在研究初等函数时就已经熟悉这个原理. 我们曾不得不引入 $\frac{1}{x}$ 的积分作为一个新函数, 称之为对数函数, 并且不难推导出这个函数的各种性质. 我们也能按同样的方式, 仅仅利用有理函数、积分过程和求反函数的过程来引入三角函数. 为此, 我们只需分别取方程

$$\arctan x = \int_0^x \frac{dt}{1 + t^2}$$

或

$$\arcsin x = \int_0^x \frac{dt}{\sqrt{1 - t^2}}$$

作为函数 $\arctan x$ 或 $\arcsin x$ 的定义, 然后通过求反函数得到三角函数. 用这种方式来定义三角函数, 没有涉及直观的几何性质 (特别是没有涉及 "角" 的直观概念); 而剩下的任务是与几何无关地来推导这些函数的性质[1]. (以后, 在 3.16 节中我们将用另一种方式对三角函数进行纯分析的讨论.)

---

[1] 我们在这里不再来推导三角函数的性质. 其中最本质的一步是证明反函数即正弦函数和正切函数的加法定理.

* 椭圆积分

超出初等函数范围的第一个重要例子是椭圆积分. 椭圆积分是这样一些积分, 其中被积函数是三次或四次多项式的平方根的有理函数. 在这些积分之中, 特别重要的又是函数

$$u(s) = \int_0^s \frac{dx}{\sqrt{(1-x^2)(1-k^2x^2)}}$$

其反函数 $s(u)$ 同样起着特别重要的作用[1]. 函数 $s(u)$ 已经像初等函数那样被充分地研究过并已编制成表[2].

这样的函数是所谓椭圆函数的典型情况, 椭圆函数在复变函数论中占有中心位置, 并且在许多物理应用中都会出现 (例如, 在单摆运动的研究中, 见第四章, 4.7 节 d).

在求椭圆弧长的问题中就会出现这类积分 (见第四章, 4.2 节 c). 这正是 '椭圆积分' 这一名称的由来.

我们还要指出, 在一些初看起来形式很不同的积分中, 只要经过简单的置换以后, 都能化成椭圆积分. 例如, 积分

$$\int \frac{dx}{\sqrt{\cos\alpha - \cos x}},$$

经过置换 $u = \cos\dfrac{x}{2}$, 化为积分

$$-k\sqrt{2} \int \frac{du}{\sqrt{(1-u^2)(1-k^2u^2)}}, \quad k = \frac{1}{\cos\left(\dfrac{\alpha}{2}\right)};$$

积分

$$\int \frac{dx}{\sqrt{\cos 2x}},$$

经过置换 $u = \sin x$, 变为

$$\int \frac{du}{\sqrt{(1-u^2)(1-2u^2)}};$$

最后, 积分

$$\int \frac{dx}{\sqrt{1-k^2\sin^2 x}},$$

---

1) 对于特殊的值 $k = 0$, 我们分别得到 $u(s) = \arcsin x$ 和 $s(u) = \sin u$.

2) 函数 $s(u)$ 是所谓雅可比 (Jacobi) 椭圆函数之一, 通常用符号 $\mathrm{sn}(u)$ 来表示, 这是为了表示它是普通正弦 (sine) 函数的推广.

经过置换 $u = \sin x$, 变成

$$\int \frac{du}{\sqrt{(1-u^2)(1-k^2u^2)}}.$$

b. 关于微分和积分

在这里, 我们再来讨论一下微分和积分之间的关系. 微分可以看作是比积分更初等一些的方法, 因为微分不会使我们超出 "已知" 函数的范围. 但是, 另一方面, 我们必须记住, 任意连续函数的可微性绝不是必然结论, 而是一个严格的假设. 因为我们已经看到, 存在着一些连续函数, 它们在某些孤立点上是不可微的, 而事实上自从维尔斯特拉斯以来, 就已经构造出许多处处不可微的连续函数的例子[1]. 相反, 虽然通过初等函数来给出积分并不总是可能的, 但是至少我们可以确信连续函数的积分是存在的.

总之, 不能将微分和积分简单地进行对比, 而说哪一个是较初等的运算哪一个是较高等的运算; 从某些观点看来, 前者应认为是较初等的运算, 而从另一些观点看来, 后者应认为是较初等的运算.

就积分概念而言, 在下一节中, 我们将放弃被积函数是处处连续的这一假设. 这样我们将会看到, 积分的概念可以推广到各种间断函数的情形中去.

3.15　积分概念的推广

a. 引言. 反常积分的定义

在第二章中 (第 105 页), 我们曾把区间 $[a,b]$ 划分成 n 个长度为 Δx_i 的子区间, 并在这些子区间上选取中间点 ξ_i, 对函数 $f(x)$ 建立了 "黎曼和"

$$F_n = \sum_{i=1}^{n} f(\xi_i)\Delta x_i,$$

如果对于任何分划序列和任何中间点, 当 Δx_i 的最大值趋向于零时, 序列 F_n 趋向于同一的极限 F_a^b, 我们就将积分 $\int_a^b f(x)dx$ 定义为这个极限 F_a^b. 当 $f(x)$ 在 $[a,b]$ 上连续时, 我们曾经证明这个极限存在. 然而, 当 $f(x)$ 不是在闭区间 I 上的一切点上都有定义或连续时, 或者当积分区间伸向无穷远时, 我们也常常需要定义一种积分. 例如, 我们希望赋予像

---

1) 见 E. C. 梯其玛希. 函数论, 11.21—11.23 节. 科学出版社, 1964.

$$\int_0^1 \frac{1}{\sqrt{x}} dx \quad \text{或} \quad \int_0^1 \sin\frac{1}{x} dx,$$

$$\int_0^\infty e^{-x} dx \quad \text{或} \quad \int_1^\infty \frac{\sin x}{x^2} dx$$

等等这样一些表达式以适当的意义.

首先我们将积分的概念推广到下述情况: 被积函数在开区间 (a,b) 内是连续的, 而在区间的端点不一定有定义或不一定是连续的. 显然, 对于满足 $a < \alpha < \beta < b$ 的任何数 α, β, 普通的 ("正常的") 积分 $\int_\alpha^\beta f(x)dx$ 有定义. 现在, 如果当 $a < \alpha_\varepsilon < \beta_\varepsilon < b$ 和 $\lim_{\varepsilon\to0}\alpha_\varepsilon = a, \lim_{\varepsilon\to0}\beta_\varepsilon = b$ 时,

$$F = \lim_{\varepsilon\to0}\int_{\alpha_\varepsilon}^{\beta_\varepsilon} f(x)dx$$

存在, 并且 F 与 α_ε 和 β_ε 的特定选择无关, 我们就说, 反常积分 $\int_a^b f(x)dx$ 收敛, 并且具有值 F.

逐段连续的被积函数 如果 $f(x)$ 在区间 (a,b) 内除有限个中间点 $c_1, c_2, \cdots, c_n$ 以外有定义, 并且 $f(x)$ 在每一个开区间 $(a,c_1), (c_1,c_2), \cdots, (c_n,b)$ 内是连续的, 我们则将 $\int_a^b f(x)dx$ 定义为在这些子区间上的反常积分之和, 如果每一个反常积分都收敛的话.

当 $f(x)$ 在开区间 (a,b) 内连续并且有界时, 反常积分 $\int_a^b f(x)dx$ 总是收敛的. 例如, 积分

$$\int_0^1 \sin\frac{1}{x} dx = \lim_{\varepsilon\to0}\int_\varepsilon^1 \sin\frac{1}{x} dx$$

是收敛的. 为了证明上述一般命题, 为简单起见, 我们可以假设 f 在点 b 是连续的, 而在点 a 则不一定连续. 这时, 根据定义

$$\int_a^b f(x)dx = \lim_{\alpha\to a} F(\alpha),$$

其中 $F(\alpha)(a < \alpha < b)$ 定义为 $\int_\alpha^b f(x)dx$. 如果 M 是 $|f|$ 的上界, α_n 是趋向于 a 的序列, 则根据积分中值定理, 我们有 $|F(\alpha_n) - F(\alpha_m)| \leqslant M|\alpha_n - \alpha_m|$. 因此, 由柯西收敛准则可知 $\lim_{\alpha\to a} F(\alpha)$ 存在.

事实上, 当 $f(x)$ 在 (a,b) 内连续并有界时, 我们可以在端点 a,b 上为 f 规定

任何值, 因而也可以作为黎曼和的极限确定为 '正常' 积分而直接得到 $\int_a^b f(x)dx$. 不难看出, 对于连续的有界的 f, 两个定义都适用, 并且会得到同样的值, 而与 $f(a)$ 和 $f(b)$ 的选择无关. 更一般地说, 对于在 (a, b) 内除有限个点以外都有定义并且连续的有界函数, 也有同样的结论. 特别是, 当除了有限个跳跃性间断点以外 f 为连续时, $\int_a^b f(x)dx$ 总是存在. 总之, 为了判断在有限区间上函数的反常积分的收敛性, 我们需要注意的只是 f 成为无穷大的情况.

我们指出, 在几何上也可以将反常积分解释为曲线下的面积, 并与连续函数 f 的情况相同 (图 3.30).

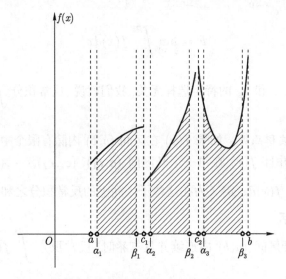

图 3.30   具有间断点的函数的积分

(反常积分也称为广义积分——译者注.)

b. 无穷间断的函数

我们首先考虑积分

$$J = \int_0^1 \frac{dx}{x^{\alpha}},$$

其中 α 是正数. 显然, 当 $x \to 0$ 时, 被积函数 $\dfrac{1}{x^{\alpha}}$ 变为无穷大. 所以我们必须这样来定义积分 J: 首先作出从正的下限 ε 到上限 1 的积分 J_{ε}, 然后令 ε 趋向于零. 按照积分的基本法则, 如果 $\alpha \neq 1$, 我们得到

$$J_{\varepsilon} = \int_{\varepsilon}^1 \frac{dx}{x^{\alpha}} = \frac{1}{1-\alpha}(1 - \varepsilon^{1-\alpha}).$$

由此立即看出存在下述几种可能的情况: ① α 大于 1; 这时, 如果 $\varepsilon \to 0$, 则右端趋向于无穷大; ② α 小于 1; 这时, 右端趋向于极限 $\dfrac{1}{1-\alpha}$. 所以, 在第二种情况下, 我们就将这个极限值取作为积分 $J = \displaystyle\int_0^1 \dfrac{dx}{x^\alpha}$. 在第一种情况下, 我们就说从 0 到 1 的积分不存在或者是发散的. ③ 在第三种情况下, $\alpha = 1$, 这个积分等于 $-\log\varepsilon$, 所以当 $\varepsilon \to 0$ 时, 不存在极限, 而是趋向于无穷大; 即积分 $\displaystyle\int_0^1 \dfrac{dx}{x} = J$ 不存在或者是发散的.

被积函数具有无穷间断点的第二个例子是 $f(x) = \dfrac{1}{\sqrt{1-x}}$. 我们知道

$$\int_0^{1-\varepsilon} \frac{dx}{\sqrt{1-x^2}} = \arcsin(1-\varepsilon).$$

当 $\varepsilon \to 0$ 时, 右端收敛于极限 $\dfrac{\pi}{2}$; 所以, 这就是积分之值:

$$\frac{\pi}{2} = \int_0^1 \frac{dx}{\sqrt{1-x^2}},$$

虽然在点 $x = 1$ 处被积函数变为无穷大.

c. 作为面积的解释

将反常积分解释为面积, 其方法如下: 把一个有界区域通过极限伸向无穷远时区域所确定的极限面积. 例如对函数 $\dfrac{1}{x^\alpha}$, 上述讨论表明: 如果 $\alpha < 1$, 由 x 轴、直线 $x = 1$、直线 $x = \varepsilon$ 和曲线 $y = \dfrac{1}{x^\alpha}$ 所围成的面积, $\varepsilon \to 0$ 时趋向于有限的极限, 如果 $\alpha \geqslant 1$, 则趋向于无穷大. 这个事实也可以简单地叙述如下: 介于 x 轴、y 轴、曲线 $y = \dfrac{1}{x^\alpha}$ 和直线 $x = 1$ 之间的面积是有限的还是无限的, 取决于 $\alpha < 1$ 还是 $\alpha \geqslant 1$.

当然, 从直观上我们不能确切地知道伸向无穷远的区域的面积是有限的还是无限的, 例如图 3.31 表明: 当 $\alpha < 1$ 时, 曲线下的面积保持为有限值, 而当 $\alpha \geqslant 1$ 时, 曲线下的面积是无限的, 这些事实从几何直观当然是想象不到的.

d. 收敛判别法

为了检验在点 $x = b$ 具有无穷间断的函数 $f(x)$ 的积分是否收敛, 我们经常使用下述判别法.

设函数 $f(x)$ 在区间 $a \leqslant x < b$ 上是连续的, 并且 $\lim\limits_{x \to b} f(x) = \infty$. 这时, 如果

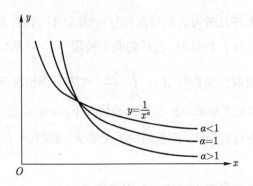

图 3.31   广义积分的收敛和发散图示

存在小于 1 的正数 μ 和与 x 无关的常数 M, 使得不等式 $|f(x)| \leqslant \dfrac{M}{(b-x)^\mu}$ 在区间 $a \leqslant x < b$ 上处处成立, 换句话说, 如果 $f(x)$ 在点 $x = b$ 是低于一阶的无穷大: 对于某一个 $\mu < 1$, 有 $f(x) = o\left[\dfrac{1}{(b-x)^\mu}\right]$, 则积分 $\displaystyle\int_a^b f(x)dx$ 收敛. 相反, 如果存在数 $\nu \geqslant 1$ 和固定的数 N, 使得不等式 $f(x) \geqslant \dfrac{N}{(b-x)^\nu}$ 在区间 $a \leqslant x < b$ 上处处成立, 换句话说, 如果正值函数 $f(x)$ 在点 $x = b$ 至少是一阶的无穷大, 则积分发散.

 只要与刚刚讨论过的简单情形相比较, 我们立即可得到证明. 对第一部分, 我们注意到: 在 $0 < \varepsilon < b - a$ 时, 我们有

$$0 \leqslant \frac{M}{(b-x)^\mu} + f(x) \leqslant \frac{2M}{(b-x)^\mu}$$

及

$$0 \leqslant \int_a^{b-\varepsilon} \left[\frac{M}{(b-x)^\mu} + f(x)\right] dx \leqslant \int_a^{b-\varepsilon} \frac{2M}{(b-x)^\mu} dx.$$

通过变为积分 $\displaystyle\int \frac{dx}{x^\mu}$ 的简单的置换, 即用 $b - x$ 代替 x, 便得到上式右端的积分, 当 $\varepsilon \to 0$ 时, 右端的积分有极限, 因此保持有界. 而且, 当 $\varepsilon \to 0$ 时, 上式之中间项的积分值是单调增加的, 且由于这些积分是有界的, 所以它们必定具有极限, 积分

$$\int_a^b \left(\frac{M}{(b-x)^\mu} dx + f(x)\right) dx = \lim_{\varepsilon \to 0} \left(\int_a^{b-\varepsilon} \frac{M}{(b-x)^\mu} dx + \int_a^{b-\varepsilon} f(x)dx\right)$$

是收敛的. 于是, 由 $\dfrac{M}{(b-x)^\mu}$ 的积分的收敛性便可推出 $\displaystyle\int_a^b f(x)dx$ 的收敛性.

 定理第二部分的证明, 留给读者当作练习.

同时我们也可以看出, 当积分的下限是无穷间断点时, 上述定理也同样成立. 如果无穷间断点处于积分区间的内部, 我们只需用这个点将积分区间分成两个子区间, 然后对每一个子区间分别进行讨论.

作为一个例子, 我们考虑椭圆积分

$$\int_0^1 \frac{dx}{\sqrt{(1-x^2)(1-k^2x^2)}} \quad (k^2 < 1).$$

由恒等式 $1 - x^2 = (1-x)(1+x)$, 我们立即看出: 当 $x \to 1$ 时, 被积函数只是 1/2 阶的无穷大, 因此可知这个瑕积分是收敛的. (当 $k = 1$ 时, 积分是发散的.)

e. 无穷区间上的积分

积分概念的另一重要推广是考虑积分区间为无穷的情况. 为了用公式准确地来表示, 我们引入下列表示法: 如果积分

$$\int_a^A f(x)dx$$

(其中 a 为固定的数) 当 $A \to \infty$ 时趋向于确定的极限, 则我们定义 $f(x)$ 在无限区间 $x \geqslant a$ 上的积分为

$$\lim_{A \to \infty} \int_a^A f(x)dx = \int_a^\infty f(x)dx;$$

而且, 称这样的积分为收敛的.

例   函数 $f(x) = \dfrac{1}{x^\alpha}$ 仍然可以作为讨论各种可能情况的简单例子. 这时, 除去 $\alpha = 1$ 的情况, 有

$$\int_1^A \frac{dx}{x^\alpha} = \frac{1}{1-\alpha}(A^{1-\alpha} - 1).$$

于是我们看出: 如果 $\alpha > 1$, 则当 $A \to \infty$ 时积分存在, 事实上就是

$$\int_1^\infty \frac{dx}{x^\alpha} = \frac{1}{\alpha - 1};$$

而当 $\alpha < 1$ 时, 则积分不再存在. 对于 $\alpha = 1$ 的情况, 积分显然也是不存在的, 因为当 x 趋向于无穷大时 $\log x$ 趋向于无穷大, 所以我们可以看出, 函数 $\dfrac{1}{x^\alpha}$ 在无限区间上进行积分时的收敛情形, 不同于坐标原点附近的积分, 看一下图 3.31, 这个命题也是清楚的. 因为显然, α 越大, 当 $x \to \infty$ 时, 曲线画得越靠近 x 轴. 因此, 对于充分大的 α 值, 我们所考虑的面积趋向于确定的极限.

我们还常常利用下述准则, 去判别积分限为无穷时的积分是否存在. (这里仍

然假设, 对于充分大的 x 值, 譬如说当 $x \geqslant a$ 时, 被积函数是连续的.)

收敛判别法

积分 $\int_0^\infty f(x)dx$ 是收敛的, 如果当 $x \to \infty$ 时函数 $f(x)$ 是高于一阶的无穷小, 也就是说, 如果存在数 $\nu > 1$, 使得对于一切足够大的 x 值, 关系式 $|f(x)| \leqslant \dfrac{M}{x^\nu}$ 成立, 其中 M 是与 x 无关的常数. 用符号来表示, 即 $f(x) = O\left(\dfrac{1}{x^\nu}\right)$. 相反, 这个积分是发散的, 如果函数 $f(x)$ 是正的, 并且当 $x \to \infty$ 时 $f(x)$ 是不高于一阶的无穷小, 也就是说, 存在常数 $N > 0$, 使得 $xf(x) \geqslant N$.

判别法的证明同以前的论证完全一样, 因而可以留给读者.

积分 $\int_a^\infty \dfrac{1}{x^2}dx \, (a>0)$ 是一个非常简单的例子. 当 $x \to \infty$ 时, 被积函数是二阶无穷小. 我们立即可以看出这个积分是收敛的, 因为 $\int_a^A \dfrac{1}{x^2}dx = \dfrac{1}{a} - \dfrac{1}{A}$, 所以

$$\int_a^\infty \frac{1}{x^2}dx = \frac{1}{a}.$$

另一个同样简单的例子是

$$\int_0^\infty \frac{1}{1+x^2}dx = \lim_{A\to\infty}(\arctan A - \arctan 0) = \frac{\pi}{2}.$$

这时, 因为被积函数是偶函数, 所以显然还有

$$\int_{-\infty}^{+\infty} \frac{1}{1+x^2}dx = \pi.$$

奇妙的是, 曲线 $y = \dfrac{1}{1+x^2}$ 同 x 轴之间 (伸向无穷远的) 面积 (见图 3.8, 第 186 页), 原来等于单位圆的面积.

f. Γ (伽马) 函数

数学分析中另一个特别重要的积分是所谓 Γ 函数

$$\Gamma(n) = \int_0^\infty e^{-x}x^{n-1}dx \quad (n>0).$$

将积分区间分成两部分, 一部分从 $x=0$ 到 $x=1$, 另一部分从 $x=1$ 到 $x=\infty$, 我们可以看出: 在第一部分上的积分显然是收敛的, 因为 $0 < e^{-x}x^{n-1} < \dfrac{1}{x^\mu}$, 其中 $\mu = 1-n < 1$. 对于在无限的第二部分 (无穷区间) 上的积分来说, 收敛性准则也是满足的; 例如, 取 $\nu = 2$, 我们有 $\lim\limits_{x\to\infty} x^2 e^{-x}x^{n-1} = 0$, 因为当 $x \to \infty$ 时指数函

数 e^{-x} 是比任何幂 $\dfrac{1}{x^m}(m > 0)$ 都更高阶的无穷小 (见第 218 页). 如果我们把 Γ 函数看作是数 n (不一定是整数) 的函数, 则这个函数满足由分部积分得到的下列重要关系式. 首先, 我们有 (取 $f(x) = x^{n-1}, g'(x) = e^{-x}$)

$$\int e^{-x} x^{n-1} dx = -e^{-x} x^{n-1} + (n-1) \int e^{-x} x^{n-2} dx.$$

如果我们在 0 和 A 之间取成定积分关系式, 然后令 A 趋向于无穷大, 则立即得到

$$\Gamma(n) = (n-1) \int_0^\infty e^{-x} x^{n-2} dx = (n-1)\Gamma(n-1), \quad \text{当 } n > 1 \text{ 时,}$$

根据这个递推公式, 如果 μ 是整数, 并且 $0 < \mu < n$, 则可推出

$$\Gamma(n) = (n-1)(n-2)\cdots(n-\mu) \int_0^\infty e^{-x} x^{n-\mu-1} dx.$$

特别是, 如果 n 是正整数, 当 $\mu = n - 1$ 时, 我们有

$$\Gamma(n) = (n-1)(n-2)\cdots 3 \cdot 2 \cdot 1 \int_0^\infty e^{-x} dx,$$

又因为

$$\int_0^\infty e^{-x} dx = 1,$$

最后得到

$$\Gamma(n) = (n-1)(n-2)\cdots 2 \cdot 1 = (n-1)!.$$

这是用积分来表示阶乘的一个很有用的表达式.

另一个例子, 积分

$$\int_0^\infty e^{-x^2} dx, \quad \int_0^\infty x^n e^{-x^2} dx$$

都是收敛的, 这一点由收敛性判别法不难推出. 通过置换 $x^2 = u, dx = \dfrac{1}{2\sqrt{u}} du$ 便可看出, 前一个积分等于 $\dfrac{1}{2}\Gamma\left(\dfrac{1}{2}\right)$, 后一个积分等于 $\dfrac{1}{2}\Gamma\left(\dfrac{n+1}{2}\right)$, 当 $n > -\dfrac{1}{2}$ 时.

g. 狄利克雷 (Dirichlet) 积分

在许多应用中我们遇到一些积分, 它们的收敛性不能直接由上面所讲的收敛判别法来判断. 积分

$$I = \int_0^\infty \frac{\sin x}{x} dx$$

便是一个重要的例子 (狄利克雷曾研究过这个积分). 如果上限不是无限的而是有限的, 则这个积分是收敛的, 因为对于一切有限的 x, 函数 $\dfrac{\sin x}{x}$ 是连续的$\Big($当 $x = 0$ 时, 这个函数由 $\lim\limits_{x \to 0} \dfrac{\sin x}{x} = 1$ 给出$\Big)$. 积分 I 之所以收敛, 是由于被积函的符号周期地变化, 使得长度为 π 的相邻区间对积分的贡献几乎彼此相消 (图 3.32). 于是, 如果我们认定 x 轴上方的面积是正的, x 轴下方的面积是负的, 则 x 轴和曲线 $y = \dfrac{\sin x}{x}$ 之间的无穷多个面积之和是收敛的. (相反, 不难证明, 一切面积的数值和, 即积分

$$\int_0^\infty \frac{|\sin x|}{x} dx$$

是发散的.)

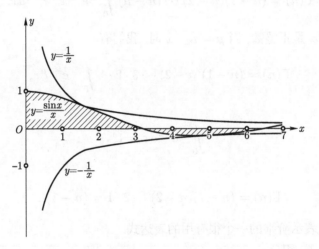

图 3.32　$y = \dfrac{\sin x}{x}$ 的图形

由于函数 $\sin x$ 的符号周期地变化, 造成了下述事实: 函数 $\sin x$ 的不定积分

$$\int \sin x dx = 1 - \cos x$$

在 $[0, \infty)$ 上都是有界的. 我们利用这个事实来考察表达式

$$I_{AB} = \int_A^B \frac{\sin x}{x} dx = \int_A^B \frac{1}{x} \frac{d(1 - \cos x)}{dx} dx.$$

分部积分后得到

$$I_{AB} = \frac{1 - \cos B}{B} - \frac{1 - \cos A}{A} + \int_A^B \frac{1 - \cos x}{x^2} dx.$$

因此

$$\int_0^\infty \frac{\sin x}{x}dx = \lim_{\substack{A\to 0 \\ B\to\infty}} I_{AB} = \int_0^\infty \frac{1-\cos x}{x^2}dx,$$

其中, 右端的积分显然是收敛的. 换句话说, 积分 I 存在. 在 8.4 节 c 中我们将要进一步来证明一个重要事实, 即 I 的值是 $\frac{\pi}{2}$.

h. 变量置换. 菲涅尔 (Fresnel) 积分

显然, 对于收敛的反常积分来说, 所有的换元法则, 仍然有效. 因此, 经过变量置换, 常常可以得到一些不同的、比较容易处理的积分表达式.

例如, 为了计算

$$\int_0^\infty xe^{-x^2}dx,$$

我们引入新变量 $u = x^2$, 从而得到

$$\int_0^\infty xe^{-x^2}dx = \frac{1}{2}\int_0^\infty e^{-u}du = \lim_{A\to\infty}\frac{1}{2}(1-e^{-A}) = \frac{1}{2}.$$

在研究反常积分时出现的另一个例子是菲涅尔积分 (这个积分是在光的衍射理论中出现的)

$$F_1 = \int_0^\infty \sin(x^2)dx, \quad F_2 = \int_0^\infty \cos(x^2)dx.$$

经过置换 $x^2 = u$, 得到

$$F_1 = \frac{1}{2}\int_0^\infty \frac{\sin u}{\sqrt{u}}du, \quad F_2 = \frac{1}{2}\int_0^\infty \frac{\cos u}{\sqrt{u}}du.$$

分部积分后, 我们得到

$$\int_A^B \frac{\sin u}{\sqrt{u}}du = \frac{1-\cos B}{\sqrt{B}} - \frac{1-\cos A}{\sqrt{A}} + \frac{1}{2}\int_A^B \frac{1-\cos u}{u^{3/2}}du.$$

当 A 和 B 分别趋向于零和趋向于无穷大时, 通过与狄利克雷积分所作的同样的论证, 我们可以看出积分 F_1 是收敛的. 按完全相同的方式, 还可以证明积分 F_2 的收敛性.

这些非涅耳积分说明, 即使当 $x \to \infty$ 时被积函数不趋向于零, 反常积分也可能存在. 事实上, 甚至当被积函数是无界的时候, 反常积分也可能存在, 正如积分

$$\int_0^\infty 2u\cos(u^4)du$$

所表明的那样. 当 $u^4 = n\pi$ 时, 即当 $u = \sqrt[4]{n\pi}$ 时 $(n = 0, 1, 2, \cdots)$, 被积函数变成 $2\sqrt[4]{n\pi}\cos n\pi = \pm 2\sqrt[4]{n\pi}$, 于是被积函数是无界的. 然而, 经过置换 $u^2 = x$, 积分化为

$$\int_0^\infty \cos(x^2)dx,$$

这个刚刚证明过的积分, 是收敛的.

借助于变量置换, 反常积分常常可以转化为正常积分. 例如, 经过置换 $x = \sin u$, 有

$$\int_0^1 \frac{dx}{\sqrt{1-x^2}} = \int_0^{\pi/2} du = \frac{\pi}{2}.$$

反过来, 连续函数的积分也可以转化为反常积分; 如果所采用的置换 $u = \varphi(x)$, 使得在积分区间的端点上导数 $\varphi'(x) = 0$, 因而 $\dfrac{dx}{du}$ 是无限的, 就会出现这种情况.

3.16   三角函数的微分方程

a. 关于微分方程的初步说明

积分不过是进入一个极其广泛的数学领域的第一步: 我们知道, 用积分可以进行微分的逆运算, 即由方程 $y' = f(x)$ 解出 $y = F(x)$, 其中 $f(x)$ 是已知函数, 但是现在更进一步, 要求在满足 y 和 y' 之间更为一般的关系式中去求出函数 $y = F(x)$. 这样的 '微分方程" 不仅在严格的理论工作中, 而且在各种应用中处处都会出现. 对于微分方程已做出了许多深入的研究, 它们远远超出了本书的范围. 我们将在本卷最后和第二卷中介绍微分方程理论的某些基本方面的内容. 在本节, 我们仅限于考虑一个非常简单但很重要的例子, 就是讨论在第 146 页上已经提到过的关于函数 $\sin x$ 和 $\cos x$ 的微分方程.

虽然在初等三角学中, 我们是从几何观点得到这些函数以及它们的性质的, 但是现在, 我们不再依靠几何直观, 而用简单的方式把三角函数置于一个严格的分析基础之上, 这同前面所说的数学发展的一般趋势是一致的.

b. 由微分方程和初始条件定义的 $\sin x$ 和 $\cos x$

考虑微分方程

$$u'' + u = 0,$$

我们的目标是要刻画出解 $u(x)$ 的特性, 从而验证这些解就是正弦函数和余弦函数. 任一函数 $u = F(x)$, 如果满足方程, 也就是说, 有 $F''(x) + F(x) = 0$, 则称

$F(x)$ 为该方程的解[1].

我们立即可以看出, 如果 $u = F(x)$ 是解, 则函数 $u = F(x+h)$ 也是解, 其中 h 是任意常数, 这一点通过将 $F(x+h)$ 对 x 微分两次即可证实. 同样可以立即看出, 如果 $F(x)$ 是解, 则导数 $F'(x) = u$ 也是解, 当然 $cF(x)$ 也是解, 其中 c 为常数因子. 此外, 如果 $F_1(x)$ 和 $F_2(x)$ 都是解, 则任一线性组合 $c_1 F_1(x) + c_2 F_2(x) = F(x)$ 也是解, 其中 c_1 和 c_2 都是常数.

为了从微分方程的许多解中选出一个特定的解, 我们加上 '初始条件', 即要求当 $x = 0$ 时 $u = F(0)$ 和 $u' = F'(0)$ 分别取值 a 和 b. 我们首先指出: 这些初始条件唯一地确定了方程的解.

为了证明, 我们来推出一个任何解 u 都应满足的一般式子. 将微分方程乘以 $2u'$, 由于 $2u''u' = (u'^2)'$ 和 $2u'u = (u^2)'$, 我们得到方程

$$0 = 2u''u' + 2u'u - [(u')^2 + u^2]',$$

这个方程立即可以积分, 并且是

$$u'^2 + u^2 = c,$$

其中 c 是不依赖于 x 的常数, 所以 c 必须与左端取 $x = 0$ 时之值相同. 因此, 对于任何解 u, 我们都有

$$u'^2(0) + u^2(0) = c.$$

现在, 假设存在着满足同样初始条件的两个解 u_1 和 u_2. 那么, 差 $z = u_1 - u_2$ 也是解, 并且 $z'(0) = z(0) = 0$. 因此我们推出 $c = 0$, 并且对于一切 x, 有 $z'^2 + z^2 = 0$; 这就意味着 $z = 0$ 和 $z' = 0$, 从而上述命题得证.

其次我们将函数 $\sin x$ 和 $\cos x$ 定义为微分方程 $u''(x) + u(x) = 0$ 的解, 其中要满足的初始条件分别是: 对于 $u = \sin x$,

$$u(0) = a = 0, \quad u'(0) = b = 1,$$

而对于 $u = \cos x$,

$$u(0) = a = 1, \quad u'(0) = b = 0.$$

这里我们先承认下述事实: 这样的解存在, 并且总是任意次可微的, 其证明在后面将从更一般的角度给出 (见 9.2 节)[2].

这时, 函数 $u = a\cos x + b\sin x$ 是满足方程 $u'' + u = 0$ 和初始条件: 当 $x = 0$

---

1) 当然, 我们总是认为所考虑的函数都是充分可微的.

2) 顺便指出, 我们可以直接从方程 $u'^2 + u^2 = 1$ 推出这些事实, 这个方程对于 $\sin x$ 以及 $\cos x$ 都成立, 而且由其等价的形式 $\dfrac{dx}{du} = \dfrac{1}{\sqrt{1-u^2}}$ 经过积分即可得到 $\sin x$ 和 $\cos x$ 的反函数.

时 $u = a, u' = b$ 的唯一的解. 这就证明上述微分方程的每一个解都是 $\cos x$ 和 $\sin x$ 的线性组合.

现在我们来用微分方程 $u'' + u = 0$ 讨论三角函数, 例如函数 $u = \sin x$, 从而求出这些函数的基本性质. 显然, 如果 u 是解, 则 $v = u'$ 也是解: $v'' + v = 0$. 由于 $u'' + u = v' + u = 0$, 所以我们有 $v'(0) = -u(0) = 0$, 而 $v(0) = u'(0) = 1$. 因此

$$v(x) = \cos x = \frac{d}{dx} \sin x.$$

类似地, 我们可以推出 $\dfrac{d}{dx} \cos x = -\sin x$.

我们知道加法定理

$$\cos(x + y) = \cos x \cos y - \sin x \sin y$$

在三角学中处于中心位置. 现在, 这个定理可按上述方法直接推出: 首先, 函数 $\cos(x + y)$ 作为 x 的函数 (其中 y 暂且固定不变) 是微分方程 $u'' + u = 0$ 的解, 它满足在 $x = 0$ 时的初始条件 $u(0) = \cos y (= a)$ 和 $u'(0) = -\sin y (= b)$. 现在, 正如刚刚证明过的那样, 满足初始条件 $u(0) = a$ 和 $u'(0) = b$ 的解 (根据前面的命题可知, 为唯一解) 是 $a \cos x + b \sin x$. 因此, 对于解 $\cos(x + y)$, 立即得到表达式

$$\cos(x + y) = \cos x \cos y - \sin x \sin y,$$

这正是我们所要证明的.

本节的这些讨论足以说明怎样才能以纯分析的方式与几何无关地引入三角函数.

我们指出下列结果而不进行详细讨论:

数 $\frac{1}{2}\pi$ 现在可以定义为满足 $\cos x = 0$ 的最小的正 x 值;

三角函数的周期性也是不难由分析方法导出的.

以后我们在研究无穷幂级数时还要来考虑三角函数的分析结构 (见 5.5 节 b).

问   题

3.1 节, 第 174 页

1. 设 $P(x) = a_0 + a_1 x + a_2 x^2 + \cdots + a_n x^n$.

(a) 试由下列方程确定多项式 $F(x)$:

$$F(x) - F'(x) = P(x);$$

(b) 试由下列方程确定 $F(x)$:

$$c_0 F(x) + c_1 F'(x) + c_2 F''(x) = P(x).$$

2. 试求 $\dfrac{1}{x}$ 在点 $x = 2$ 的 n 阶导数的绝对值当 $n \to \infty$ 时的极限.

3. 试证明: 如果对于一切 x 有 $f^{(n)}(x) = 0$, 则 f 是一个次数最高为 $n - 1$ 的多项式, 反之亦然.

4. 试确定有理函数 $r(x)$ 的形式, 如果 $r(x)$ 满足

$$\lim_{x \to \infty} \frac{x r'(x)}{r(x)} = 0.$$

5. 试用数学归纳法证明: 乘积的 n 阶导数可按下列法则 (莱布尼茨法则) 求得

$$\frac{d^n}{dx^n}(fg) = f\frac{d^n g}{dx^n} + \binom{n}{1}\frac{df}{dx}\frac{d^{n-1}g}{dx^{n-1}} + \binom{n}{2}\frac{d^2 f}{dx^2}\frac{d^{n-2}g}{dx^{n-2}} + \cdots$$

$$+ \binom{n}{n-1}\frac{d^{n-1}f}{dx^{n-1}}\frac{dg}{dx} + \frac{d^n f}{dx^n}g.$$

这里 $\binom{n}{1} = n$; $\binom{n}{2} = \dfrac{n(n-1)}{2!}$, 等等表示二项式系数.

6. 试证明: $\displaystyle\sum_{i=1}^{n-1} i x^{i-1} = \dfrac{(n-1)x^n - n x^{n-1} + 1}{(x-1)^2}$.

3.2 节, 第 179 页

1. 设 $y = e^x(a\sin x + b\cos x)$. 试证明: y'' 可以表示为 y 和 y' 的线性组合, 即

$$y'' = py' + qy,$$

其中 p 和 q 是常数. 试将一切高阶导数表示为 y' 和 y 的线性组合.

*2. 试求 $\arcsin x$ 的 n 阶导数在 $x = 0$ 之值, 然后求 $(\arcsin x)^2$ 的 n 阶导数在 $x = 0$ 之值.

3.3 节, 第 187 页

1. 试求 $f[g\{h(x)\}]$ 的二阶导数.

2. 试微分函数 $\log_{v(x)} u(x)$ [即以 $v(x)$ 为底的 $u(x)$ 的对数; $v(x) > 0$].

3. 为了使函数

$$\frac{\alpha x + \beta}{\sqrt{ax^2 + 2bx + c}}$$

处处具有有限的且不为零的导数, 试问系数 α, β, a, b, c 必须满足怎样的条件?

4. 试证明: $\dfrac{d^n(e^{x^2/2})}{dx^n} = u_n(x)e^{x^2/2}$, 其中 $u_n(x)$ 是 n 次多项式. 试建立递推关系式

$$u_{n+1} = xu_n + u_n'.$$

*5. 试将莱布尼茨法则应用于

$$\frac{d}{dx}(e^{x^2/2}) = xe^{x^2/2},$$

导出递推关系式

$$u_{n+1} = xu_n + nu_{n-1}.$$

*6. 试将问题 4 和 5 的递推关系式合并起来, 导出 $u_n(x)$ 满足的微分方程:

$$u_n'' + xu_n' - nu_n = 0.$$

7. 试求微分方程 $u_n'' + xu_n' - nu_n = 0$ 的多项式的解

$$u_n(x) = x^n + a_1 x^{n-1} + \cdots + a_n.$$

*8. 如果 $P_n(x) = \dfrac{1}{2^n n!}\dfrac{d^n}{dx^n}(x^2-1)^n$, 试证明下列关系式:

(a) $P_{n+1}' = \dfrac{x^2-1}{2(n+1)}P_n'' + \dfrac{(n+2)x}{n+1}P_n' + \dfrac{n+2}{2}P_n.$

(b) $P_{n+1}' = xP_n' + (n+1)P_n.$

(c) $\dfrac{d}{dx}[(x^2-1)P_n'] - n(n+1)P_n = 0.$

9. 试求微分方程

$$\frac{d}{dx}[(x^2-1)P_n'] - n(n+1)P_n = 0$$

的多项式的解

$$P_n = \frac{(2n)!}{2^n (n!)^2}x^n + a_1 x^{n-1} + \cdots + a_n.$$

10. 试利用二项式定理确定多项式 $P_n(x) = \dfrac{1}{2^n n!}\dfrac{d^n}{dx^n}(x^2-1)^n$.

*11. 设 $\lambda_{n,p}(x) = \dbinom{p}{n}x^n(1-x)^{p-n}, n = 0,1,2,\cdots,p$. 试证明

$$1 = \sum_{n=0}^{p}\lambda_{n,p}(x);$$

$$x^k = \sum_{n=k}^{p} \frac{\binom{n}{k}}{\binom{p}{k}} \lambda_{n,p}(x);$$

$$\cdots\cdots$$

$$x^p = \lambda_{p,p}(x);$$

$$\cdots\cdots$$

3.4 节, 第 193 页

1. 设函数 $f(x)$ 满足方程

$$f(x+y) = f(x)f(y).$$

(a) 试证明: 如果 $f(x)$ 是可微的, 则或者 $f(x) \equiv 0$, 或者 $f(x) = e^{ax}$.

*(b) 如果 $f(x)$ 是连续的, 则或者 $f(x) \equiv 0$, 或者 $f(x) = e^{ax}$.

2. 如果可微函数 $f(x)$ 满足方程

$$f(xy) = f(x) + f(y),$$

则 $f(x) = \alpha \log x$.

3. 试证明: 如果 $f(x)$ 是连续的, 并且

$$f(x) = \int_0^x f(t)dt,$$

则 $f(x)$ 恒等于零.

3.5 节, 第 197 页

1. 试证明公式

$$\sinh a + \sinh b = 2\sinh\left(\frac{a+b}{2}\right)\cosh\left(\frac{a-b}{2}\right).$$

并求对于 $\sinh a - \sinh b, \cosh a + \cosh b, \cosh a - \cosh b$ 的类似的公式.

2. 试通过 $\tanh a$ 和 $\tanh b$ 来表示 $\tanh(a+b)$; 通过 $\coth a$ 和 $\coth b$ 来表示 $\coth(a \pm b)$; 通过 $\cosh a$ 来表示 $\sinh \frac{1}{2}a$ 和 $\cosh \frac{1}{2}a$.

3. 试微分

(a) $\cosh x + \sinh x$.

(b) $e^{\tanh x + \coth x}$.

(c) $\log \sinh(x + \cosh^2 x)$.

(d) $\operatorname{arcosh} x + \operatorname{arsinh} x$.

(e) $\operatorname{arsinh}(\alpha \cosh x)$.

(f) $\operatorname{artanh}\left(\dfrac{2x}{1 + x^2}\right)$.

4. 试计算由悬链线 $y = \cosh x$, 直线 $x = a$ 和 $x = b$ 以及 x 轴围成的面积.

3.6 节, 第 204 页

1. 试确定 $x^3 + 3px + q$ 的最大值、最小值和拐点, 并讨论 $x^3 + 3px + q$ 之根的性质.

2. 给定抛物线 $y^2 = 2px(p > 0)$, 以及抛物线内侧 $(\eta^2 < 2p\xi)$ 的一点 $P(x = \xi, y = \eta)$, 试求从点 P 到抛物线上的一点 Q, 再到抛物线的焦点 $F\left(x = \dfrac{1}{2}p, y = 0\right)$ 的最短路径 (由两直线段组成). 试证明: 该角 FQP 被抛物线法线二等分, 且 QP 平行于抛物线的轴 (抛物镜原理).

3. 试证明: 在具有给定底边和给定顶角的一切三角形中, 等腰三角形面积最大.

4. 试证明: 在具有给定底边和给定面积的一切三角形中, 等腰三角形顶角最大.

*5. 试证明: 在具有给定面积的一切三角形中, 等边三角形周长最小.

*6. 试证明: 在具有给定周长的一切三角形中, 等边三角形面积最大.

*7. 试证明: 在圆的一切内接三角形中, 等边三角形面积最大.

8. 试证明: 如果 $p > 1, x > 0$, 则 $x^p - 1 \geqslant p(x - 1)$.

9. 试证明不等式 $1 > \dfrac{\sin x}{x} \geqslant \dfrac{2}{\pi}$, 其中 $0 \leqslant x \leqslant \dfrac{\pi}{2}$.

10. 试证明: (a) $\tan x \geqslant x$, 其中 $0 \leqslant x \leqslant \dfrac{\pi}{2}$. (b) $\cos x \geqslant 1 - \dfrac{x^2}{2}$.

11. 给定 $a_1 > 0, a_2 > 0, \cdots, a_n > 0$, 当 $x > 0$ 时, 试确定

$$\frac{\dfrac{a_1 + a_2 + \cdots + a_{n-1} + x}{n}}{\sqrt[n]{a_1 a_2 \cdots a_{n-1} x}}$$

的极小值. 利用这个结果, 由数学归纳法证明 (参见第 90 页, 问题 13)

$$\sqrt[n]{a_1 a_2 \cdots a_n} \leqslant \frac{a_1 + a_2 + \cdots + a_n}{n}.$$

12. 给定 n 个固定的数 $a_1, \cdots, a_n$, 试确定 x,

(a) 使得 $\displaystyle\sum_{i=1}^{n} (a_i - x)^2$ 为最小.

*(b) 使得 $\displaystyle\sum_{i=1}^{n}|a_i - x|$ 为最小.

*(c) 使得 $\displaystyle\sum_{i=1}^{n}\lambda_i|a_i - x|$ 为最小, 其中 $\lambda_i > 0$.

13. 试描绘函数

$$y = (x^2)^x, \quad y(0) = 1$$

的图形; 证明这个函数在 $x = 0$ 处是连续的. 这个函数是否具有最大值、最小值或拐点?

14. 对于一切正的 x, 试求满足

$$\left(1 + \frac{1}{x}\right)^{x+\alpha} > e$$

的最小的 α 值. $\Bigg($提示: 已知 $\left(1 + \dfrac{1}{x}\right)^{x+1}$ 单调减少, $\left(1 + \dfrac{1}{x}\right)^{x}$ 单调增加, 当 $x \to +\infty$ 时都趋向于极限 $e.\Bigg)$

*15. (a) 试求与三角形三边的距离之和为最小的点.

(b) 试求与三角形三个顶点的距离之和为最小的点.

16. 试证明下列不等式:

(a) $e^x > \dfrac{1}{1+x}, x > 0$.

(b) $e^x > 1 + \log(1+x), x > 0$.

(c) $e^x > 1 + (1+x)\log(1+x), x > 0$.

17. 假设在 (a,b) 上 $f''(x) < 0$, 试证明:

(a) 在区间 (a,b) 内, 函数图形的每一段弧都位于连接其端点的弦线的上方.

(b) 在区间 (a,b) 内, 函数图形位于任一点的切线的下方.

18. 设函数 $f(x)$ 在 (a,b) 内具有二阶导数.

(a) 试证明: 问题 17 的条件 (a) 或 (b) 对于 $f''(x) \leqslant 0$ 是充分的;

(b) 试证明: 对于 (a,b) 中的一切 x 和 y, 条件

$$f\left(\frac{x+y}{2}\right) \geqslant \frac{f(x)+f(y)}{2}$$

对于 $f''(x) \leqslant 0$ 是充分的.

*19. 设 a,b 是两个正数, p 和 q 是不等于零的任何数且 $p < q$. 试证明: 对于区间 $0 < \theta < 1$ 中的一切 θ 值, 有

$$\frac{[\theta a^p + (1-\theta)b^p]^{1/p}}{[\theta a^q + (1-\theta)b^q]^{1/q}} \leqslant 1.$$

[这是詹森 (Jensen) 不等式, 它表明两个正数 a, b 的 p 次幂平均 $[\theta a^p + (1-\theta)b^p]^{1/p}$ 均是 p 的增加函数.]

20. 试证明: 在上面的不等式中, 当且仅当 $a = b$ 时, 等号成立.

21. 试证明: $\lim\limits_{p\to\infty}[\theta a^p + (1-\theta)b^p]^{1/p} = a^\theta b^{1-\theta}$.

22. 如果将 a, b 的零幂平均定义为 $a^\theta b^{1-\theta}$, 试证明: 詹森不等式适用于这种情况, 并且有 $(a \neq b)a^\theta b^{1-\theta} \geqslant [\theta a^q + (1-\theta)b^q]^{1/q}$, 当 $q \leqslant 0$ 时; 当 $q = 1$ 时, $a^\theta b^{1-\theta} \leqslant \theta a + (1-\theta)b$.

23. 试证明 (不要根据詹森不等式) 不等式

$$a^\theta b^{1-\theta} \leqslant \theta a + (1-\theta)b,$$

其中 $a, b > 0, 0 < \theta < 1$, 并证明仅当 $a = b$ 时等式成立. [这个不等式说明: $(\theta, 1-\theta)$ 几何平均值小于相应的算术平均值.]

*24. 设 f 在 $[a, b]$ 上是连续的和正的, M 表示其最大值. 试证明:

$$M = \lim_{n\to\infty}\sqrt[n]{\int_a^b [f(x)]^n dx}.$$

3.7 节, 第 214 页

1. 设 $f(x)$ 是连续函数, 且当 $x = 0$ 时 $f(x)$ 及其一阶导数均为零. 试证明: 当 $x \to 0$ 时, $f(x)$ 是比 x 更高阶的无穷小.

2. 试证明:

$$f(x) = \frac{a_0 x^n + a_1 x^{n-1} + \cdots + a_n}{b_0 x^m + b_1 x^{m-1} + \cdots + b_m},$$

其中 $a_0, b_0 \neq 0$, 当 $x \to \infty$ 时, 与 x^{n-m} 具有相同的量阶.

*3. 试证明: e^x 不是有理函数.

*4. 试证明: e^x 不能满足以 x 的多项式为系数的代数方程.

5. 如果当 $x \to \infty$ 时正值函数 $f(x)$ 的量阶高于 x^m 的量阶, 或与 x^m 的量阶相同, 或低于 x^m 的量阶, 试证明: $\int_a^x f(t)dt$ 的量阶相应地高于 x^{m+1} 的量阶, 与 x^{m+1} 的量阶相同, 或低于 x^{m+1} 的量阶.

6. 试比较当 $x \to \infty$ 时 $\int_a^x f(t)dt$ 相对于下列 $f(x)$ 的量阶:

(a) $\dfrac{e^{\sqrt{x}}}{\sqrt{x}}$.　(b) e^x.　(c) xe^{x^2}.　(d) $\log x$.

3.8 节, 第 227 页

1. 试求 $a_n = \dfrac{1}{n+1} + \dfrac{1}{n+2} + \cdots + \dfrac{1}{2n}$ 当 $n \to \infty$ 时的极限.

*2. 试求

$$b_n = \frac{1}{\sqrt{n^2 - 0}} + \frac{1}{\sqrt{n^2 - 1}} + \frac{1}{\sqrt{n^2 - 4}} + \cdots + \frac{1}{\sqrt{n^2 - (n-1)^2}}$$

的极限.

*3. 如果 α 是任何大于 -1 的实数, 试求

$$\lim_{n \to \infty} \frac{1^\alpha + 2^\alpha + 3^\alpha + \cdots + n^\alpha}{n^{\alpha+1}}.$$

3.11 节, 第 238 页

1. 试证明: 对于一切奇正数 n, 则积分 $\displaystyle\int e^{-x^2} x^n dx$ 可以通过初等函数来计算.

2. 试证明: 如果 n 是偶数, 则积分 $\displaystyle\int e^{-x^2} x^n dx$ 可以通过初等函数和积分 $\displaystyle\int e^{-x^2} dx$ 来计算 $\left(\text{对于 } \displaystyle\int e^{-x^2} dx, \text{已编制成表}\right)$.

3. 试证明:

$$\int_0^x \left[\int_0^u f(t)dt\right] du = \int_0^x f(u)(x-u)du.$$

*4. 问题 3 给出二重迭次积分的公式. 试证明 $f(x)$ 的 n 重迭次积分由下列公式给出:

$$\frac{1}{(n-1)!} \int_0^x f(u)(x-u)^{n-1} du.$$

5. 试证明: 对于二项式系数 $\dbinom{n}{k}$, 有关系式

$$\binom{n}{k} = \left[(n+1) \int_0^1 x^k (1-x)^{n-k} dx\right]^{-1}.$$

6. 试求对于

$$\int x^p (ax^n + b)^q dx$$

的递推关系式, 并利用这个关系式来积分

$$\int x^3 (x^7 + 1)^4 dx.$$

*7. 设 $P_n(x) = \dfrac{1}{2^n n!}\dfrac{d^n}{dx^n}(x^2-1)^n$:

(a) 试证明: $\displaystyle\int_{-1}^{1} P_n(x)P_m(x)dx = 0$, 如果 $m \neq n$.

(b) 试证明: $\displaystyle\int_{-1}^{1} P_n^2(x)dx = \dfrac{2}{2n+1}$.

(c) 试证明: $\displaystyle\int_{-1}^{1} x^m P_n(x)dx = 0$, 如果 $m < n$.

(d) 试计算: $\displaystyle\int_{-1}^{1} x^n P_n(x)dx$.

3.12 节, 第 245 页

*1. 计算积分

$$\int \frac{dx}{x^6+1}.$$

2. 试利用部分分式展开来证明牛顿公式

$$\frac{\alpha_1^k}{g'(\alpha_1)} + \frac{\alpha_2^k}{g'(\alpha_2)} + \cdots + \frac{\alpha_n^k}{g'(\alpha_n)} = \begin{cases} 0, & \text{当 } k = 0,1,2,\cdots,n-2 \text{ 时}, \\ 1, & \text{当 } k = n-1 \text{ 时}, \end{cases}$$

其中 $g(x)$ 是形为 $x^n + \alpha_1 x^{n-1} + \cdots$ 的多项式, 具有不同的根 $\alpha_1, \cdots, \alpha_n$.

3.14 节, 第 259 页

1. 试证明: 经过置换 $x = (\alpha t + \beta)/(\gamma t + \delta), \alpha\delta - \gamma\beta \neq 0$, 积分

$$\int \frac{dx}{\sqrt{ax^4 + bx^3 + cx^2 + dx + e}}$$

变为同类型的积分, 并证明: 如果四次式

$$ax^4 + bx^3 + cx^2 + dx + e$$

没有相重的因式, 则替换后新的 t 的四次式也没有相重的因式. 试证明: 对于

$$\int R(x, \sqrt{ax^4 + bx^3 + cx^2 + dx + e})dx$$

也有同样的情况, 其中 R 表示有理函数.

2. 函数

$$\varphi(x) = \int_0^x \frac{du}{\sqrt{1 - k^2 \sin^2 u}}$$

称为第一类椭圆积分.

(a) 试证明: φ 是连续的、递增的, 因而具有连续的反函数.

(b) 设 $am(x)$ 表示 $\varphi(x)$ 的反函数. 试证明: $sn(x) = \sin[am(x)]$, 其中 $sn(x)$ 按第 248 页脚注 1) 来定义.

3.15 节, 第 262 页

*1. 试证明: $\displaystyle\int_0^\infty \sin^2\left[\pi\left(x + \frac{1}{x}\right)\right]dx$ 不存在.

*2. 试证明: $\displaystyle\lim_{k\to\infty}\int_0^\infty \frac{dx}{1 + kx^{10}} = 0.$

3. 试问对于怎样的 s 值下列积分是收敛的?

(a) $\displaystyle\int_0^\infty \frac{x^{s-1}}{1+x}dx.$　(b) $\displaystyle\int_0^\infty \frac{\sin x}{x^s}dx.$

*4. $\displaystyle\int_0^\infty \frac{\sin t}{1+t}dt$ 是否收敛?

*5. (a) 如果 a 是固定的正数, 试证明:

$$\lim_{h\to 0+}\int_{-a}^a \frac{h}{h^2 + x^2}dx = \pi.$$

(b) 如果 $f(x)$ 在区间 $-1 \leqslant x \leqslant 1$ 上是连续的, 试证明:

$$\lim_{h\to 0}\int_{-1}^{+1} \frac{h}{h^2 + x^2}f(x)dx = \pi f(0).$$

*6. 试证明: $\displaystyle\lim_{x\to\infty}e^{-x^2}\int_0^\alpha e^{t^2}dt = 0.$

7. 假设 $|\alpha| \neq |\beta|$, 试证明:

$$\lim_{T\to\infty}\frac{1}{T}\int_0^T \sin\alpha x \sin\beta x dx = 0.$$

*8. 如果对于任何正的值 a, $\displaystyle\int_a^\infty \frac{f(x)}{x}dx$ 收敛, 并且当 $x \to 0$ 时 $f(x)$ 趋向于极限 L, 试证明对于正的 α 和 β, $\displaystyle\int_a^\infty \frac{f(\alpha x) - f(\beta x)}{x}dx$ 收敛, 并且具有值 $L\log\frac{\beta}{\alpha}$.

9. 参考问题 8, 试证明:

(a) $\displaystyle\int_0^\infty \frac{e^{-\alpha x} - e^{-\beta x}}{x}dx = \log\frac{\beta}{\alpha}.$

(b) $\displaystyle\int_0^\infty \frac{\cos\alpha x - \cos\beta x}{x}dx = \log\frac{\beta}{\alpha}.$

*10. 如果对于任何正的值 a 和 b, $\int_a^b \frac{f(x)}{x} dx$ 收敛, 并且当 $x \to \infty$ 时 $f(x)$ 趋向于极限 M, 当 $x \to 0$ 时 $f(x)$ 趋向于极限 L, 试证明:

$$\int_0^\infty \frac{f(\alpha x) - f(\beta x)}{x} dx = (L - M) \log \frac{\beta}{\alpha}.$$

11. 试求伽马函数的下列表达式:

$$\Gamma(n) = 2 \int_0^\infty x^{2n-1} e^{-x^2} dx,$$

$$\Gamma(n) = \int_0^1 \left(\log \frac{1}{x} \right)^{n-1} dx.$$

3.16 节, 第 272 页

1. 试求 $\sin(x + y)$ 的加法公式.

2. 不用加法公式, 试证明 $\cos x$ 是偶函数, $\sin x$ 是奇函数.

3. *(a) 对于某一正的 h, 试证明: 当 $0 < x < h$ 时, $\cos x < 1$.

(b) 如果当 $0 \leqslant z \leqslant 2^n x$ 时 $\cos z > 0$, 试证明:

$$\cos(2^{n+1}x) < 2^n(\cos x - 1) + 1.$$

(c) 结合 (a) 和 (b) 的结果, 试证明: $\cos x$ 具有零点.

4. 设 a 是 $\cos x$ 的最小的正零点. 试证明:

$$\sin(x + 4a) = \sin x,$$

$$\cos(x + 4a) = \cos x.$$

5. 试补充下面关于 $\cos x$ 具有零点的间接证明的各步:

(a) 如果 $\cos x$ 没有零点, 则当 $x \geqslant 0$ 时 $\sin x$ 是单调增加的.

(b) 函数 $\sin x$ 和 $\cos x$. 上有界和下有界.

(c) 当 x 趋向于无穷大时 $\sin x$ 的极限存在并且是正的.

(d) 方程

$$\cos x = 1 - \int_0^x \sin t \, dt$$

成立, 与 (b) 相矛盾.

杂题

1. 试证明:

$$\frac{d^n}{dx^n}f(\log x) = x^{-n}\frac{d}{dt}\left(\frac{d}{dt}-1\right)\left(\frac{d}{dt}-2\right)\cdots\left(\frac{d}{dt}-n+1\right)f(t),$$

其中 $t = \log x$. 这里, 我们使用记号

$$\left(\frac{d}{dt}-k\right)\varphi = \frac{d\varphi}{dt} - k\varphi,$$

其中 φ 是 t 的任一函数, k 是常数.

2. 光滑封闭曲线 C 称为凸的, 如果它整个位于每一条切线的同一侧. 试证明: 对于外切于 C 的面积最小的三角形, 它的每一边都在其中点与 C 相切.

第四章　在物理和几何中的应用

4.1　平面曲线理论

a. 参数表示

定义　用方程 $y = f(x)$ 来表示曲线在几何上有很大的限制: 这样表示的曲线与平行于 y 轴的任意直线相交不能多于一点. 通常, 把曲线分成可以表为 $y = f(x)$ 的若干部分来克服这个限制. 因此, 一个以原点为中心, 以 a 为半径的圆, 可由定义于 $-a \leqslant x \leqslant a$ 的两个函数 $y = \sqrt{a^2 - x^2}$ 和 $y = -\sqrt{a^2 - x^2}$ 给出. 但是, 对于像平行于 y 轴的直线, 这个办法却不行.

表示曲线的更灵活的方法是利用方程 $\varphi(x, y) = 0$ 这样一种隐式表示法, 在这个方程里包含一个含有两个自变量的函数 φ. 例如, 以原点为中心, 以 a 为半径的圆可由 $\varphi(x, y) = x^2 + y^2 - a^2 = 0$ 完全描述. 平面上任意直线都有一个形如 $ax + by + c = 0$ 的隐式方程, 其中 a, b, c 是常数, 且 a 和 b 不都是零. 在 $b = 0$ 时, 我们得到 y 轴的一条平行线.

曲线的这种隐式描述法有一个缺点, 即欲求曲线上的点 (x, y), 就必须对于一给定的 x, 求解方程 $\varphi(x, y) = 0$. 这个问题我们将在第二卷详细讨论.

曲线最直接和最灵活的描述法是参数表示. 我们不把直角坐标 x 或 y 中的一个看成另一个的函数, 而把两个坐标 x 和 y 都看成为第三个自变量 t 的函数, t 是所谓参数或参量 (parameter)[1].

当 t 在一个相应的区间内变化时, 坐标为 x 和 y 的点就描绘出一条曲线, 这样的参数表示我们已经遇到过了, 例如, 圆 $x^2 + y^2 = a^2$ 有参数表示 $x = a\cos t, y = a\sin t$. 这里, t 表示圆的中心角.

对于椭圆 $\dfrac{x^2}{a^2} + \dfrac{y^2}{b^2} = 1$, 我们有类似的参数表示 $x = a\cos t, y = b\sin t$, 其中 t 是所谓偏心角, 即由椭圆上的点 $P = (a\cos t, b\sin t)$ 向上或向下引垂线与外接圆相交的交点的圆心角. 这里, 我们假定 $b < a$ (图 4.1). 在上述两例中, 当 t 在区间 $0 \leqslant t < 2\pi$ 内变化时, 坐标为 x, y 的点描绘了整个的圆或椭圆.

一般地, 曲线 C 表示为参数 t 的两个函数,

---

[1] 这个词表示辅助变量而不是主要变量.

$$x = \phi(t) = x(t),$$

$$y = \psi(t) = y(t).$$

在不会发生混淆的时候, 我们将使用符号 $x(t)$ 和 $y(t)$[1].

除非特别指明, 我们总是假定 ϕ 和 ψ 有连续导数.

参数区间到曲线上的映射. 方向的指向

对于给定的曲线, 必须这样确定两个函数 $\phi(t)$ 和 $\psi(t)$, 使得对应于 t 的某个区间, 一对函数值 $x(t)$ 和 $y(t)$ 的集合定义了曲线上的全部的点, 而且没有其他点. 这样, 在曲线上的点和 t 轴的一个区间上的 t 值之间就有了一个对应关系. 参数表示定义了 t 轴到曲线的一个映射, 即由 t 轴上的原像点 t 映射到 C 的点 $x = \phi(t), y = \psi(t)$.

因为假定 $x(t)$ 和 $y(t)$ 是连续的, 所以 t 轴上的相邻点对应到曲线上的相邻点. 因为 t 轴的点是有序的, 所以我们可以用明显的方式把 C 的点规定一个次序或 '指向', 即如果 $t_1 < t_2$, 那么由 t_1 映射的点在由 t_2 映射的点的前面 (见 293 页). 因此, 对于曲线这个含糊的直观概念, 参数表示给出了明确的意义, 把它作为点的集合, 其中的点像按直线上的顺序一样放置起来了.

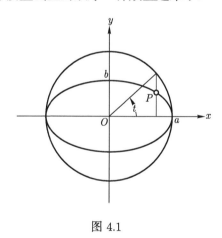

图 4.1

b. 参数变换

参数 t 的值可用来区别曲线 C 上的不同的点, 它们对曲线上的每个点起了 '命名' 的作用.

同一曲线 C 可以有许多不同的参数表示. 沿着曲线连续变化并且在曲线不同的点上取不同值的任何一个量都可以当作参数.

---

1) 符号 $x = \phi(t)$ 等, 侧重于表示自变量和因变量之间的特殊函数关系; 而符号 $x(t)$ 等, 是指把 t 看成自变量, x 是它的函数.

例如, 如果曲线原来由方程 $y = f(t)$ 给出, 那么我们可以选择变量 x 作为参数 t, 而用函数 $x = t, y = f(t)$ 描述曲线. 类似地, 对于给定 x 作为 y 的函数所描述的曲线, 比如说 $x = g(y)$, 我们可以用 y 作为参数 t, 记作 $x = g(t), y = t$.

在极坐标 r, θ 中, 用方程 $r = h(\theta)$ 给定的曲线 (见第一章, 第 84 页), 我们可以选择 θ 作为参数 t 而得到参数表示

$$x = r \cos \theta = h(t) \cos t = \phi(t),$$

$$y = r \sin \theta = h(t) \sin t = \psi(t).$$

从一给定的曲线 C 的参数表示 $x = \phi(t), y = \psi(t)$, 我们总可以推导出很多其他的参数表示. 为此目的, 我们取任意一个函数 $\tau = \chi(t)$, 它在相应于曲线 C 的点的 t 区间上单调并且连续; 那么在相应的 τ 区间上, 函数 χ 存在一个单调和连续的反函数 $t = \sigma(\tau)$. 这时 C 的点 (x, y) 的坐标可表为

$$x = \phi[\sigma(\tau)] = \alpha(\tau), \quad y = \psi[\sigma(\tau)] = \beta(\tau).$$

函数 $\alpha(\tau)$ 和 $\beta(\tau)$ 也是连续的, 并且 C 的不同点对应于 t 的不同值. 因此, 由于函数 σ 的单调性也就对应于不同的 τ 值. 参数由 t 到 τ 的变换的全部效果就在于把 C 上的点 '再命名'.

例如, 直线 $y = x$ 有参数表示 $x = t, y = t$, 其中 $-\infty < t < \infty$. 作替换 $\tau = t^3$ 便对这同一条直线给出参数表示 $x = \tau^{1/3}, y = \tau^{1/3}$.

类似地, 椭圆 $\dfrac{x^2}{a^2} + \dfrac{y^2}{b^2} = 1$ 可以有参数表示 $x = a \cos t, y = b \sin t$, 其中 $0 \leqslant t < 2\pi$. 定义 $t = c\zeta + d, c$ 与 d 为实数 $(c \neq 0)$, 同一个椭圆就得到另一个表示 $x(\zeta) = a \cos(c\zeta + d), y(\zeta) = b \sin(c\zeta + d)$, 在 $c > 0$ 时, ζ 在区间 $-\dfrac{d}{c} \leqslant \zeta < \dfrac{2\pi - d}{c}$ 上变化; 在 $c < 0$ 时, ζ 在区间 $\dfrac{2\pi - d}{c} < \zeta \leqslant -\dfrac{d}{c}$ 上变化. 作替换 $\tau = \tan\left(\dfrac{t}{2}\right)$ 可以导出椭圆的 '有理' 参数表示 (见第 254 页)

$$x = \frac{a(1 - \tau^2)}{1 + \tau^2}, \quad y = \frac{2b\tau}{1 + \tau^2},$$

当 τ 取遍全部实数值时, 我们就得到了这一椭圆所有的点, 只缺少点 $S = (-a, 0)$.

如果使用适当的参数, 可使通常表示式的奇异性消失. 例如, 我们可用光滑的函数 $x = t^3, y = t^2$ 表示曲线 $y = \sqrt[3]{x^2}$. 当 t 由 $-\infty$ 变到 $+\infty$ 时, 坐标为 x, y 的点就描绘出整个曲线 (半立方抛物线).

这种参数选择的灵活性常常使我们能够简化几何性质的研究, 当然, 几何性质并不依赖于特殊的表示法.

特殊地, 有时我们发现使用 $y = f(x)$ 表示 C 或 C 的一部分是方便的. 如果对于曲线的一部分 $t_0 \leqslant t \leqslant t_1$, 函数 ϕ, ψ 中的一个, 譬如说 $x = \phi(t)$ 是单调的, 这样的表示法总是可能的. 事实上, 对于这部分有唯一的反函数 $t = \gamma(x)$, 因此 $y = \psi[\gamma(x)]^{1)}$.

c. 沿曲线的运动. 时间作为参量. 摆线的例子

沿曲线的运动

参量 t 常常有自然的物理意义, 即时间. 在平面上一个点的任何运动都可以把它的坐标 x 和 y 表示为时间的函数, 在时刻 t, 点 (x, y) 在 $(x(t), y(t))$. 这两个函数以参数形式确定了沿路径 (即轨道) C 的运动. 它们构成了时间标度到轨道的一个映射 [2].

摆线和次摆线

以摆线为例, 当一个圆沿着一条直线或另一个圆匀速而无滑动地滚动时, 动圆上一点的路径叫做摆线. 最简单的情况是一个半径为 a 的圆沿 x 轴滚动, 圆周上点 P 的路径就是 '普通' 摆线. 我们这样选择坐标系的原点和初始时间, 使得在时刻 $t = 0$, 点 P 位于原点, 在时刻 t 时, 圆从它的初始位置转了一个角 t. 这就是说, 圆以角速度 1 按顺时针转动. 已经假定圆沿 x 轴做没有滑动地匀速滚动, 因此在时刻 t, 切点和原点的距离刚好等于由切点到 P 点的弧长. 因此, 在时刻 t, 滚动圆的中心 M 必定在点 (at, a) 上; 圆心以常速 a 向右运动 (图 4.2). 对于在时刻 t 时 P 的坐标, 我们得到参数表示

$$x = a(t - \sin t), \quad y = a(1 - \cos t). \tag{1}$$

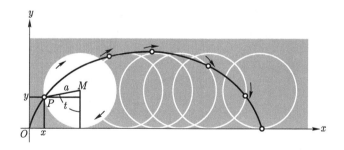

图 4.2 摆线

消去参数 t, 我们能得到非参数形式的曲线方程, 然而却失去了表达的简洁性, 我们有

---

1) 当然, 这只是关于曲线在 "小范围" 性质的一个说法. 就是说, 这个说法仅仅对适当小的一部分成立. 通常 (例如, 在圆的情况下), 变量 x 不能在整个曲线上, 而只能在一部分曲线上用作参量.

2) 参数 t 的变换对应于时间标度的变换, 根据它, 曲线 C 用动点描述.

$$\cos t = \frac{a-y}{a}, \quad t = \arccos \frac{a-y}{a}, \quad \sin t = \pm\sqrt{1 - \frac{(a-y)^2}{a^2}},$$

因此

$$x = a \arccos \frac{a-y}{a} \mp \sqrt{y(2a-y)}, \tag{1a}$$

这就得到 x 作为 y 的函数.

外摆线

我们的下一个例子是外摆线, 它定义为一个半径为 c 的圆沿着第二个半径为 a 的圆的圆周外边匀速滚动时, 固定在动圆圆周上的点 P 的路径. 设固定的圆以 xy 平面的原点为中心. 假定动圆沿着固定的圆以这样的方式滚动, 即在时刻 t, 动圆的中心绕原点转了大小为 t 的角 (图 4.3). 那么, 对于在时刻 t, 点 $P = (x(t), y(t))$ 的位置 (它在时刻 $t = 0$ 是切点 $(a, 0)$), 我们得到参数方程

$$\begin{aligned} x(t) &= (a+c)\cos t - c\cos\left(\frac{a+c}{c}t\right), \\ y(t) &= (a+c)\sin t - c\sin\left(\frac{a+c}{c}t\right). \end{aligned} \tag{2}$$

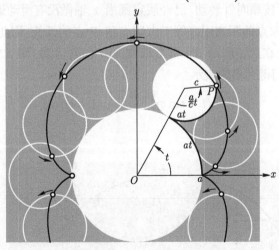

图 4.3　外摆线

当 $a = c$ 时, 形成的曲线叫做心脏线 (图 4.4), 参数方程为

$$\begin{aligned} x(t) &= 2a\cos t - a\cos(2t), \\ y(t) &= 2a\sin t - a\sin(2t). \end{aligned} \tag{3}$$

第三种摆线是当一个圆沿着另一个固定圆的圆周在内部滚动时, 动圆圆周上

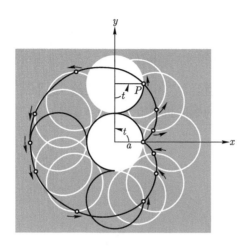

图 4.4　心脏线

一点的轨迹. 为了得到这个 "内摆线" 参数方程, 设固定圆的半径为 a, 滚动圆的半径为 c. 设动圆的圆周上点 P 在时刻 $t = 0$ 位于 $(a, 0)$. 再假定滚动的圆沿着固定的圆以这样的方式滚动, 即在时刻 t, 该圆的中心绕原点转了大小为 t 的角度 (图 4.5). 这样, 我们得到内摆线的参数方程为

$$
\begin{aligned}
x(t) &= (a - c)\cos t + c\cos\left(\frac{a - c}{c}t\right), \\
y(t) &= (a - c)\sin t - c\sin\left(\frac{a - c}{c}t\right).
\end{aligned}
\tag{4}
$$

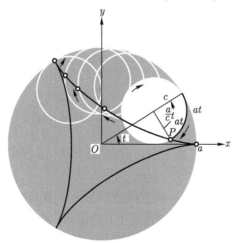

图 4.5　内摆线

在特殊情况下, 当固定圆的半径为动圆半径的 2 倍时, 即 $c = \dfrac{a}{2}$, 我们有

$$x(t) = a \cos t,$$

$$y(t) = 0,$$

内摆线蜕化成为固定圆的直径, 它不断地往复描绘. 这个例子有趣的性质是, 它提供了只用圆周运动画直线问题的机械方法 (图 4.6).

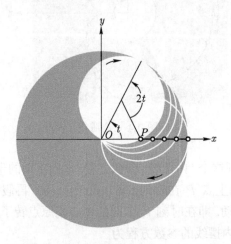

图 4.6　在 2 倍半径的圆内滚动的圆的边缘上一点 P 描绘了一条直线段

如果固定圆的半径为动圆半径的 3 倍, 那么 $c = \dfrac{a}{3}$, 因而

$$x(t) = \frac{2}{3} a \cos t + \frac{1}{3} a \cos(2t),$$
$$y(t) = \frac{2}{3} a \sin t + \frac{1}{3} a \sin(2t).$$

经过初等计算, 我们有

$$x^2 + y^2 = \frac{5}{9} a^2 + \frac{4}{9} a^2 \cos(3t),$$

因此, 内摆线与固定的圆刚好交于三个点, 曲线如图 4.5 所示.

　　次摆线

　　如果我们考虑当一个圆沿一条直线或沿另一个圆的外边或里边滚动时, 附着在该圆上的一点 P (不一定在圆的边缘上) 的运动, 就得到更一般的曲线, 叫做次摆线 (长短辐圆外旋轮线, 长短辐圆内旋轮线) (图 4.7). 当一个圆的中心本身沿着一条直线或圆匀速地移动时, 在这个圆上一个匀速运动着的点的路径产生同样类型的曲线. 这些曲线在行星视运动的托勒密描述中起着中心的作用.

　　摆线的某些重要性质将在本章后面讨论 (第 372 页).

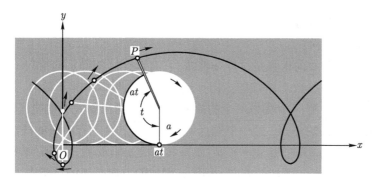

图 4.7   次摆线

d. 曲线的分类. 定向

定义

曲线最明显的特性是曲线所具有的分段 (即分支) 的数目和回路的数目. 双曲线是由两个不相交的分支组成的曲线的例子; 另一个例子是曲线 $y^2 = (4 - x^2) \cdot (x^2 - 1)$, 它是由两个分开的卵形线组成的. 我们主要讨论由一段组成的曲线, 即连通的 (connected) 曲线. 连通的曲线本身可以相交, 像次摆线 (图 4.7) 或双纽线 (84 页图 S1.3).

一个连通曲线如果本身不相交就称为是简单的. 在简单曲线中间, 我们还可以区分闭的曲线, 如圆和椭圆; 不闭的曲线, 如抛物线或直线段. 这里, 我们并不企图给出严格的曲线分类, 也不想给出完全的分类. 而仅仅指出与参数表示有关的曲线的某些拓扑性质.

简单弧

曲线 C 的两个连续函数 $x = \phi(t), y = \psi(t)$ 的参数表示定义了 t 轴或 t 轴的一部分到 C 的一个映射. 如果函数 $\phi(t), \psi(t)$ 的定义域是 t 轴上的闭区间 $[a, b]$, 而且这个区间上不同的 t 值对应曲线 C 上不同的点 P, 那么我们称 C 为简单弧. 抛物线弧 $x = t, y = t^2, 0 \leqslant t \leqslant 1$ 是简单弧的一个例子.

可以用多种方法参数地表示同一个弧 C (即平面上同样的点). 任一单调连续函数 $\tau = \chi(t), a \leqslant t \leqslant b$, 定义了一个参数 τ, 使得在适当的闭区间 $[\alpha, \beta]$ 上, x 和 y 是 τ 的连续函数, 不同的 τ 值对应不同的 P. 事实上, 容易看到, 连续单调的替换 $\tau = \chi(t)$ 提供了简单弧最一般的连续的参数表示, 使得对不同的参数值, 确定了弧的不同的点. (见第 43 页注, 关于一对一的连续映射的说明.)

对于简单弧 C 的一个特殊的参数表示 $x = x(t), y = y(t), C$ 有一个确定的指向, 相应于 t 增加的方向. 给定任意两个不同的点 P_0, P_1, 如果 P_1 属于参数 t 较大的值, 我们就说 P_1 在 P_0 的后面. 如果我们用连续的增函数 $\tau = \chi(t)$ 引入新参数 τ, 那么, 对应于 τ, 一对点的次序是同样的. 参数 τ 定义了 C 的同一指向. 如

果 χ 是递减的, 则指向就倒转了.

　　弧的方向或定向

　　有向的或定向的简单弧是这样一种弧, 它有选择好的确定的指向 (例如, 指向对应于特殊选择的参数 t 增加的方向), 这个指向就叫做弧的正指向. 如果我们知道弧的两个端点中哪一个在另一个的后面, 那么正指向就完全确定了. 我们把在后面的端点称为弧的终点, 另一个端点就称为起点. 给定有向弧的任意参数表示 $x = x(\tau), y = y(\tau)$, 其中 $a \leqslant \tau \leqslant b$. 如果参数值 $\tau = a$ 对应起点, $\tau = b$ 对应终点, 那么正指向就是 τ 增加的方向; 否则 τ 增加的方向是弧的负指向 (图 4.8).

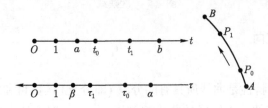

图 4.8　　指向和参数表示

　　在一个简单弧 C 上任意两个不同的点 P_0, P_1 定义一端点为 P_0, P_1 的子弧, 它由参数值介于 P_0 和 P_1 之间的那些点组成. 如果 C 是有向弧, 并且对于 C 的正指向 P_1 在 P_0 的后面, 那么我们得到起点为 P_0, 终点为 P_1 的有向子弧. 有向简单弧 C 上的有限个分点把弧 C 分割成有向子弧的一个序列, 一个子弧的起点是前面一个子弧的终点.

　　如果只限于简单弧并且硬要不同的参数值 t 一定属于曲线的不同点, 那常常是不实际的. 比如说, 如果方程 $x = x(t), y = y(t)$ 给出运动的质点 P 在时刻 t 的位置, 那么没有任何理由认为质点一定不能停留一会儿, 或者质点的路径一定不许和自己相交而使质点在较晚的时候再回到同样的位置.

　　曲线 $x = t^2 - 1, y = t^3 - t$ 是一个例子 (也可用三次方程 $y^2 - x^2(1 + x) = 0$ 完全地描述它). 当 t 由 $-\infty$ 变成 $+\infty$ 时, 在 $t = -1$ 和 $t = +1$ 曲线两次通过原点 (图 4.9). 容易证明曲线所有的其他的点都有唯一的 t 值. 在几何上区间 $-1 < t < +1$ 对应于曲线的一个回路. 至少, 如果我们以某种方式想象出对应于 $t = -1$ 和 $t = +1$ 的点是不同的, 一个点在另一个点的 "上面", 那么 t 增加的指向还是定义了曲线上点的次序. 整个有向三次曲线可以分解为有向的简单弧, 例如, 分成对应于 $n \leqslant t \leqslant n+1$ 的弧, 其中 n 取所有整数.

　　闭曲线

　　不同的 t 值对应曲线上相同的点的参数表示的一个标准例子可由公式

$$x = a \cos t, \quad y = a \sin t$$

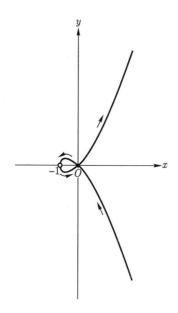

图 4.9 有一个回路的曲线: $x = t^2 - 1, y = t^3 - t$, 指向为 t 增加方向

给出, 它描述了一圆上一点的匀速运动, t 为时间. 当 t 从 $-\infty$ 变到 $+\infty$ 时, 点 $P = (x, y)$ 以反时针方向无穷多次地画圆. 如把 t 限制在长为 2π 的任意半开区间: $\alpha \leqslant t < \alpha + 2\pi$ 上, 我们就刚好一次画出圆的点. 区间的端点 α 和 $\alpha + 2\pi$ 对应着圆上同一个点. 这里, 参数区间的端点对于曲线没有特殊的几何意义.

一般地, 一对连续函数 $x = \phi(t), y = \psi(t)$ 定义于闭区间 $a \leqslant t \leqslant b$ 上, 如果 $\phi(a) = \phi(b), \psi(a) = \psi(b)$, 那么它表示一条闭曲线. 如果当 $a \leqslant t < b$, 不同的 t 值对应不同的点 (x, y), 那么这闭曲线是简单的.

对应于 $t = a$ 和 $t = b$ 的点可以是曲线上任意一点. 它正是我们 "切断" 曲线并使之与轴上一区间对应的那个断点.

用周期函数表示的闭曲线

正像在圆的例子中那样, 使用周期 $p = b - a$ 的周期函数 $\phi(t)$ 和 $\psi(t)$, 我们可以避免区分任何特殊的分割, 对于周期函数, 我们在这里一般地讲一讲是值得的, 在第八章我们将进一步展开.

如果函数 $f(t)$ 对所有的 t 有定义, 并且满足方程 $f(t) = f(t + p)$, 那么 $f(t)$ 就称为周期为 p 的周期函数. 例如三角函数 $\sin t$ 和 $\cos t$ 是一个周期为 2π 的周期函数. (任意倍数 $2n\pi$ 也是周期, n 为整数.) 从几何解释看, 如果 $f(t)$ 的图形向右移动 p 个单位而再次得到同样的图形, 那么 $f(t)$ 就有周期 p.

因为 $f(t)$ 不断重复, 所以如果仅知道长为 $p = b - a$ 的单个区间 $a \leqslant t < b$ 的 $f(t)$, 那么对所有的 t 就决定了周期为 p 的函数 $f(t)$ (图 4.10). 事实上, 对每一个

t, 存在一个在区间 $a \leqslant t' < b$ 上的 t' 值, 使得 $t - t' = np$, 其中 n 为整数 (我们只需把 n 看成不超过 $\dfrac{t-a}{p}$ 的最大整数即可), 那么就有 $f(t) = f(t')$.

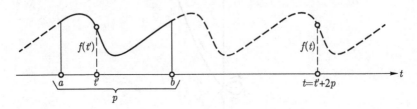

图 4.10   周期函数 $f(t)$ 的图形

实际上, 我们可以从定义在半开区间 $a \leqslant t < b$ 上的任意连续函数 $f(t)$ 着手. 被延拓的函数对除 $t = a + np$ 值 (n 为整数) 之外的所有的 t 显然是连续的 (图 4.11).

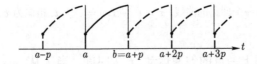

图 4.11   函数 $f(t)$ 从区间 $a \leqslant t < b$ 周期地延拓

例如, 周期地延拓一个用 $f(t) = t (0 \leqslant t < 1)$ 定义的函数 $f(t)$, 得到周期 $p = 1$ 的函数称为 "t 的小数部分", 这个函数在 t 为整数的点是不连续的 (图 4.12(a)). 一般地, 在 $t = a + np$ 时, 周期延拓了的函数 f 将取值 $f(a)$. 这也是从右边趋于该点时 f 的极限, 而从左边趋于该点时 f 的极限和点 b 的值相同. 现在, 我们最感兴趣的是, 考虑这样一个函数, 它在闭区间 $a \leqslant t \leqslant b$ 上有定义并且连续, 而且在端点有相同的值 $f(a) = f(b)$. 周期地延拓这样的函数总可以得到周期为 $p = b - a$ 而且对所有的 t 都连续的函数 $f(t)$ (图 4.12(b)).

对于表示闭曲线 C, 连续的周期函数是理想的. 设 C 是用参数方程 $x = \phi(t), y = \psi(t)$ 给定的, 在区间 $a \leqslant t < b$ 上, ϕ, ψ 连续并在两个端点上有相同的值. 我们可以把这些函数的定义这样延拓到所有的 t 值, 使 ϕ 和 ψ 的周期为 $p = b - a$, 且对所有的 t 连续. 对任意的 t, 被延拓了的参数表示只产生 C 的点, 因为我们有 $t = t' + np, n$ 为整数, $a \leqslant t' \leqslant b$. 这时, 对应于 t 的点和对应于 t' 的点是位于 C 上的同一个点. 当 t 从 $-\infty$ 变到 $+\infty$ 时, 点 (x, y) 无限次地通过曲线 C, 就像在圆 $x = a \cos t, y = a \sin t$ 的情况一样. 这里参数值 $t = a$ 的特性已经消失. 对任意的 α, 当 t 从 α 变到 $\alpha + p$ 时, 用 $x = \phi(t), y = \psi(t)$ 就已表示出整个的曲线.

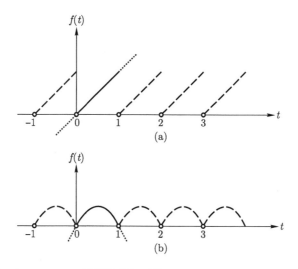

图 4.12　从区间 $0 \leqslant t < 1$ 周期地延拓函数 $f(t)$. (a) $f(t) = t$; (b) $f(t) = 2t - 2t^2$

如果闭曲线 C 的一部分对应于参数值 t 的区间 $\alpha \leqslant t \leqslant \beta$, 在此区间上, 不同的 t 值得到不同的点 (x, y), 那么这一部分就构成简单弧. 如果在同一区间 $\alpha \leqslant t < \alpha + p$ 上的不同的 t 总得到 C 上不同的点, 那么整个闭曲线是简单曲线. 因此, 长度小于 p 的任意闭参数区间给出简单弧.

　　简单弧组成的闭曲线. 点的次序

　　我们考虑可以分解为若干个简单弧的闭曲线. 如果整个的闭曲线是简单的, 那么它可以分成两个简单弧 $t_0 \leqslant t \leqslant t_1$ 和 $t_1 \leqslant t \leqslant t_0 + p$, 这两个简单弧只有它们的端点 P_0, P_1 是公共的. t 增加的方向确定了 C 的每一简单弧的正向, 从而确定了 C 的正指向或正定向. 简单闭曲线 C 上任意两个不同的点 P_0, P_1 把 C 分成两个简单弧. 在 t 增加的指向上, 两弧中恰有一个以 P_0 为起点, P_1 为终点. 我们称为 $P_0 P_1$; 对另一个弧, 正好相反.

　　定向和次序

　　C 的正定向也可由有序的三点 $P_0 P_1 P_2$ 来描述, 条件是我们要指定 P_2 不在起点为 P_0 终点为 P_1 的有向简单弧上. 由 $P_0 P_1 P_2$ 循环排列而得到的三点 $P_1 P_2 P_0, P_2 P_0 P_1$ 描绘了相同的定向 (图 4.13(a)).

　　* 很一般地, 在有向的简单闭曲线 C 上任意 n 个不同的点总是按着确定到循环排列[1] 的一个次序 $P_1 P_2 \cdots P_n$ 分布的, 并且把 C 分成有向的简单弧 $P_1 P_2, \cdots,$ $P_{n-1} P_n, P_n P_1$. 我们总可以选择诸点 $P_1, P_2, \cdots, P_n$ 的参数值 $t_1, t_2, \cdots, t_n$ 使得 t_i 构成一个单调的递增序列, 并且所有的 t_i 都包含在长度等于周期 p 的同一参数区间内 (图 4.13(b)).

---

1) 即 $P_2 P_3 \cdots P_n P_1, P_3 P_4 \cdots P_n P_1 P_2, \cdots, P_n P_1 \cdots P_{n-1}$ 给出相同的定向.

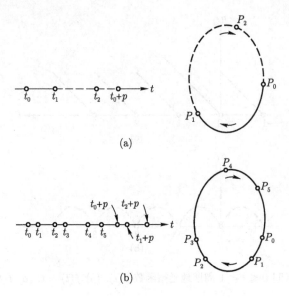

图 4.13   闭曲线按 t 增加的指向定向

曲线和角的定向

正如在第一章所强调的那样, 我们不得不使用正号或负号来建立几何对象和以数表示的分析概念之间的令人满意的关系. 最简单的例子是诸如数轴的有向线. 开始时, 我们把直线的哪一个方向定义为正是任意的. 对于直线的任意特殊参数表示 $x = at + b, y = ct + d$, 就能有一个相应于 t 增加的正指向与它对应. 以这样方式定向的直线指向一个确定的方向. 两条平行的有向直线的方向或者相同, 或者相反. 也可以用从一点 P_0 出发的射线来定义方向, 射线即半直线, 是由直线上沿正方向跟在给定点 P_0 后面的那些点组成的.

在平面上任何方向可以用从原点出发的一个射线表示, 也可以用该射线上的原点为中心半径为 1 的圆上的点 P 表示. 如果我们以参数方程 $x = \cos t, y = \sin t$ 表示这个单位圆, 那么我们把每一个方向对应于某些 t 值, 它们相互只差 2π 的倍数. 我们把它们称为该方向的倾角, 或称为该方向与正 x 轴的夹角. 在 $0 \leqslant t < 2\pi$ 区间内总是刚好存在一个倾角 t (图 4.14).

两个方向之间的角就是它们的倾角之差. 更确切地, 因为我们取两个方向的次序是有关系的, 所以我们说倾角为 t' 的方向与倾角为 t'' 的方向形成夹角 $\alpha = t' - t''$ (图 4.15). 因为 t 和 t' 可以改变 2π 的整数倍, 所以一个方向和另一个方向的夹角也可以改变 2π 的整数倍.

旋转的方向

我们也可以说倾角为 t'' 的方向经旋转 α 角而变到方向 t'. 这里, 旋转的直观

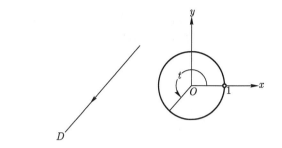

图 4.14　　方向 D 的倾角 t

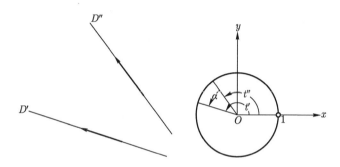

图 4.15　　方向 D' 和方向 D'' 的夹角 α

概念是连续运动的概念. 按此概念, 倾角为 t'' 的方向变到倾角为 t' 的方向是经过了 t'' 和 t' 之间所有可能的倾角为 t 的方向. 如果 $\alpha = t' - t''$ 是正的, 我们把旋转称为正的或逆时针的, 否则称为负的或顺时针的. 当然, 由一个给定的方向变到另一个给定的方向, 可能有许多不同的顺时针和逆时针的旋转, 除非我们令旋转角 α 满足 $-\pi < \alpha \leqslant \pi$.

最后, 旋转的正指向与我们已经选定的圆的特殊参数表示 $x = \cos t, y = \sin t$ 有关. 如果 x 轴照例指向右方, y 轴指向上方, 那么旋转的正指向与平常的钟表针的方向[1] 相反.

曲线的正侧和负侧

曲线把平面在曲线的一点 P 附近的点分成两类. 至少在局部上, 我们可以区别曲线的两 '侧'. 如果曲线 C 是有向的, 那么我们可以这样定义正侧 ('左侧') 和负侧 ('右侧')[2]: 考虑从 P 发出的一条射线. 如果沿曲线给定的方向, 在 P 点的后面存在任意接近 P 的点 Q, 使得从 P 到 Q 的线按逆时针的方向转到给定的射线所通过的角是在 0 和 π 之间 (图 4.16), 我们就说这个射线指向曲线的正侧. 在射线上接近 P 的那些点就说是在曲线的正侧. 相反的情况, 就说射线指向 C 的负

---

1) 这个指向也可由北半球日晷盘影子的运动表示.

2) 术语 '左侧' 和 '右侧' 相应于通常河流按它流动的方向定向的 '左岸' 和 '右岸'.

侧, 在射线上的点就说是在曲线的负侧. 如果曲线 C 是简单的闭曲线, 那么它把平面上所有的点分成在 C 内部的和在 C 外部的两类[1]. 如果曲线的内部在正 (左) 侧, 那么我们就说 C 有逆时针的定向 (图 4.17).

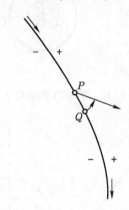

图 4.16   有向弧的正侧和负侧

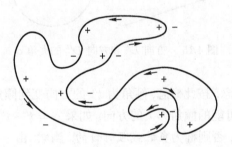

图 4.17   逆时针定向的简单闭曲线

然而, 如果闭曲线 C 是由几个回路组成, 那么并不是总能描绘 C 使得所有被包围的区域都在 C 的正侧 (图 4.18).

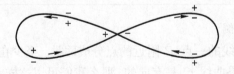

图 4.18

e. 导数. 切线和法线的参数表示

方向和速率

对于一条由时间参量 t 的参量表示所给定的曲线 C

---

1) 这些概念以及用简单的连续闭曲线把平面分成两部分, 在拓扑上要严格地分析, 这里只能凭直观接受.

$$x = x(t) = \varphi(t), \quad y = y(t) = \psi(t),$$

按照牛顿的做法, 我们用点表示导数:

$$\dot{x} = \frac{d\varphi}{dt} = \dot{\varphi}, \quad \dot{y} = \frac{d\psi}{dt} = \dot{\psi}.$$

导数 $\dot{x}, \dot{y}$ 通常想象为点 P 沿 C 运动的坐标的 '速度分量" 或 '速率".

当 $\dot{x} \neq 0$ 时, 总能够用一个方程 $y = f(x)$ 表示 C 的相应的部分, 办法是首先由第一个方程算出 t 为 x 的函数, 然后把得到的 t 的表示式代入到第二个方程. 由微分的链式法则和反函数微分法则 (见第 179 页), 我们得到曲线切线的斜率

$$\frac{dy}{dx} = \frac{dy}{dt}\frac{dt}{dx} = \frac{\dfrac{dy}{dt}}{\dfrac{dx}{dl}} = \frac{\dot{y}}{\dot{x}}.$$

如果 $\dot{y} \neq 0$, 等价的公式 $\dfrac{dx}{dy} = \dfrac{\dot{x}}{\dot{y}}$ 成立.

除非讲到相反的情况, 我们总是假定 $\dot{x}$ 和 $\dot{y}$ 不同时为零, 或简单地, 我们假定

$$\dot{x}^2 + \dot{y}^2 \neq 0,$$

那么切线总是存在的[1]. 如果 $\dot{y} = 0$, 切线是水平的, 如果 $\dot{x} = 0$, 它则是垂直的.

例如, 对于摆线 (见第 289 页式 (1)), 我们有

$$\dot{x} = a(1 - \cos t) = 2a\sin^2\frac{t}{2},$$
$$\dot{y} = a\sin t = 2a\sin\frac{t}{2}\cos\frac{t}{2},$$
$$\frac{dy}{dx} = \cot\frac{t}{2}.$$

这些公式表明除去 $t = 0, \pm 2\pi, \pm 4\pi, \cdots$ 之外, $\dot{x}^2 + \dot{y}^2 \neq 0$. 而且摆线在那些例外的点上有垂直切线的尖点 (即曲线方向倒转的点). 在尖点摆线还与 x 轴相交, 即 $y = 0$. 在趋于这些点时, 导数 $y' = \dfrac{\dot{y}}{\dot{x}} = \cot\dfrac{t}{2}$ 变为无穷大.

切线、法线和方向余弦

曲线在点 x, y 的切线方程是

$$\eta - y = \frac{dy}{dx}(\xi - x),$$

---

[1] 我们注意到, 虽然条件 $\dot{x}^2 + \dot{y}^2 \neq 0$ 对于保证非参数表示是充分的, 但不是必要的. 例如我们可以用参数方程 $x = t^3, y = t^6$ 定义曲线 $y = x^2$. 在 t 轴的原点, $\dot{x}^2 + \dot{y}^2$ 为正的条件不满足, 但是曲线仍有定义和定义得很好的非参数表示.

其中 ξ, η 是对应于切线上任意一点的'流动 (running)" 坐标, 而 x, y 和 $\dfrac{dy}{dx}$ 取由切点决定的固定值. 以 $\dfrac{\dot{y}}{\dot{x}}$ 代 $\dfrac{dy}{dx}$, 我们可以把切线方程写成

$$(\xi - x)\dot{y} - (\eta - y)\dot{x} = 0. \tag{5}$$

在假定 $\dot{y} \neq 0$ 的条件下, 我们只需把 x 表示为 y 的函数就得到完全一样的方程. 在那些例外的点上, $\dot{x}$ 和 $\dot{y}$ 对同一 t 值都等于零, 这个方程变得没有意义, 因为它对于所有的 ξ, η 都满足.

　　过曲线上一点并与这个点的切线垂直的直线叫做曲线的法线. 法线的斜率是 $-\dfrac{dx}{dy}$. 因此, 法线方程为

$$(\xi - x)\dot{x} + (\eta - y)\dot{y} = 0. \tag{6}$$

　　如果 C 的一点对应 t 的几个值, 那么一般地说, 对于通过这个点的曲线的每一个分支, 或者说对于 t 的每个值, 就有不同的切线. 例如, 曲线 $x = t^2 - 1, y = t^3 - t$ (第 295 页图 4.9) 有 $t = -1$ 和 $t = +1$ 两个值通过原点. 对 $t = -1$, 我们得到切线方程 $\xi + \eta = 0$, 而 $t = +1$ 的切线方程为 $\xi - \eta = 0$.

　　由导数的定义, 我们有

$$\frac{dy}{dx} = \frac{\dot{y}}{\dot{x}} = \tan\alpha,$$

其中 α 为切线与 x 轴的夹角. 这意味着把 x 轴旋转角 α (如 $\alpha > 0$, 沿逆时针方向转; 如 $\alpha < 0$, 沿顺时针方向转) 会使它与切线平行. 以角度 $\alpha \pm \pi, \alpha \pm 2\pi, \cdots$ 旋转 x 轴也会使它平行于切线, 所以角度 α 确定到仅差 π 的整数倍, 而 $\tan\alpha$ 是唯一确定的. 由关系式 $\dot{y}/\dot{x} = \sin\alpha/\cos\alpha$ 和 $\dot{x}^2 + \dot{y}^2 \neq 0$, 我们有

$$\cos\alpha = \pm \frac{\dot{x}}{\sqrt{\dot{x}^2 + \dot{y}^2}}, \quad \sin\alpha = \pm \frac{\dot{y}}{\sqrt{\dot{x}^2 + \dot{y}^2}},$$

这里两式必须取相同符号. 我们把 $\cos\alpha$ 和 $\sin\alpha$ 叫做切线的方向余弦[1].

　　切线和法线的指定方向

　　方向余弦的两个可能的选择对应着我们可以作切线的两个方向, 对应的角 α 可相差 π 的奇数倍. 切线上两方向之一对应 t 增加的方向, 另一个对应 t 减少的方向. 假定曲线的指向是 t 增加的方向, 那么按照定义, 切线的正方向或者说相应于 t 值增加的方向是与正 x 轴夹角 α 的方向, 而对于角 $\alpha, \cos\alpha$ 与 $\dot{x}$ 同号, 且 $\sin\alpha$ 与 $\dot{y}$ 同号. 在切线上该方向的方向余弦无疑是

------

[1] 这里, 我们把 $\sin\alpha$ 看成 $\cos\beta$, 其中 $\beta = \dfrac{\pi}{2} - \alpha$ 为 y 轴与切线的夹角.

$$\cos\alpha = \frac{\dot{x}}{\sqrt{\dot{x}^2+\dot{y}^2}}, \quad \sin\alpha = \frac{\dot{y}}{\sqrt{\dot{x}^2+\dot{y}^2}}. \tag{7}$$

如果, 譬如说, $\dot{x}=\dfrac{dx}{dt}>0$, 那么在切线上 t 增加的方向即是 x 增加的方向, 该方向与正 x 轴的夹角的余弦是正的. 类似地, 把相应于 t 增加的正切线的方向以正 (逆时针) 指向旋转 $\dfrac{\pi}{2}$ 得到的法线方向, 它的方向余弦无疑是

$$\cos\left(\alpha+\frac{\pi}{2}\right) = \frac{-\dot{y}}{\sqrt{\dot{x}^2+\dot{y}^2}}, \quad \sin\left(\alpha+\frac{\pi}{2}\right) = \frac{\dot{x}}{\sqrt{\dot{x}^2+\dot{y}^2}}.$$

这个方向叫做正法线方向并指向曲线的正侧 (图 4.19).

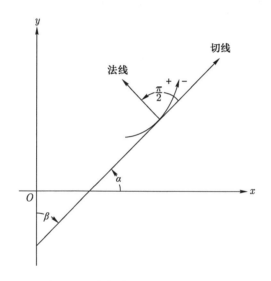

图 4.19　有向曲线的正切线和正法线

如果在曲线上我们引入新的参数 $\tau=\chi(t)$, 那么当 $\dfrac{d\tau}{dt}>0$ 时, $\cos\alpha$ 和 $\sin\alpha$ 的值不变; 当 $\dfrac{d\tau}{dt}<0$ 时, $\cos\alpha$ 和 $\sin\alpha$ 改变符号. 就是说, 如果我们改变曲线的指向, 那么切线和法线的正指向要同样地改变.

临界点

如果 $\dot{x}$ 和 $\dot{y}$ 连续并且 $\dot{x}^2+\dot{y}^2>0$, 那么决定切线方向的量 $\cos\alpha$ 和 $\sin\alpha$ 将随 t 连续地变化. 从而, 方程为

$$(\xi-x)\sin\alpha - (\eta-y)\cos\alpha = 0$$

的切线沿着曲线连续地改变, 法线也同样.

如果对 t 的某个值, $\dot{x}$ 和 $\dot{y}$ 都是零, 那么按我们的公式, 切线的方向余弦没有

定义; 切线可能完全不存在或可能不唯一确定. 这样的点叫做 '临界' 点或 '稳定' 点. 我们举例说明产生临界点的各种可能性.

一个例子是曲线 $y = |x|$, 它有参数表示为 $x = t^3, y = |t|^3$. 这个曲线在 $t = 0$ 有一个角点, 虽然 $\dot{x}$ 和 $\dot{y}$ 都保持连续. 在第 289 页讨论的摆线的例子中 $\dot{x} = \dot{y} = 0$ 的 '稳定' 点对应于尖点. 另一方面, 在某些情况下 $\dot{x}$ 和 $\dot{y}$ 等于 0 和曲线的性态并没有关系, 而只不过是特殊的参数表示的本性, 如 $x = t^3, y = t^3$ 表示的直线在参数值 $t = 0$ 即是.

角点

由在角点上相交的几个光滑的弧所组成的曲线在参数表示中用函数 $x(t), y(t)$ 来表达, 它们是连续的但具有跳跃间断的导数 $\dot{x}, \dot{y}$. 我们用表示为

$$x = t, \quad y = 0, \quad \text{对于} \quad t \leqslant 0$$

和

$$x = t, \quad y = t, \quad \text{对于} \quad t \geqslant 0$$

的折线的简单例子来说明. 这里, 对于 $t < 0$, 有 $\dot{x} = 1, \dot{y} = 0$; 对于 $t > 0$, 有 $\dot{x} = 1, \dot{y} = 1$. 在 $t = 0$ 点, 切线是不确定的 (图 4.20).

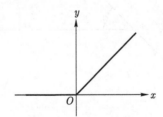

图 4.20　　$x = t, y = \dfrac{1}{2}(t + |t|)$ 的图形

f. 曲线的长度

长度当作积分

曲线有两种不同类型的几何性质或几何量. 第一种类型只依赖于曲线在小范围内的性态, 即在一个点紧接的邻域内的性态. 这样的性质可以用在一点的导数来表达. 第二种类型的性质, 或者说在大范围内的性质则依赖于曲线或曲线一部分的整个形状, 通常用积分概念解析地表达. 我们开始考虑一个第二种类型的量, 曲线的长度.

当然, 我们对于曲线长度的含义已有直观的概念. 但是, 正像在圆弧的古典情况中一样, 对于直观的概念必须给出严谨的数学意义. 由直观作引导, 我们把任

意曲线的长度定义为近似多边形长度的极限, 特别是内接多边形长度的极限. 长度单位一经选定, 多边形的长就确定了. 最后的结果将是用积分表示曲线长度的公式.

我们假定曲线由方程组 $x = x(t), y = y(t)(\alpha \leqslant t \leqslant \beta)$ 给出. 在 α 和 β 之间的区间上, 我们选择中间点 $t_1, t_2, \cdots, t_{n-1}$ 使得

$$\alpha = t_0 < t_1 < t_2 < \cdots < t_{n-1} < t_n = \beta.$$

我们把对应于这些 t_i 值的曲线上的点 $P_0, P_1, \cdots, P_n$ 用线段依次连接起来, 得到内接多边形. 内接多边形的周长依赖于点 t_i 或多边形顶点 P_i 的选择方法. 现在我们设点 t_i 的数目以这样方式无限地增加, 使最长的子区间 (t_i, t_{i+1}) 的长度同时趋于零. 曲线长度就定义为这些内接多边形周长的极限, 条件是这样的极限存在并且不依赖于多边形的特殊选择方法. 当这个假定 (可求长假定) 满足的时候, 我们就可以谈得上曲线的长度.

我们假定函数 $x(t)$ 和 $y(t)$ 在 $\alpha \leqslant t \leqslant \beta$ 有连续的导数 $\dot{x}(t)$ 和 $\dot{y}(t)$. 相应于用点 t_i 剖分 t 区间并且 $\Delta t_i = t_{i+1} - t_i$, 内接多边形有顶点 $P_i = (x(t_i), y(t_i))$. 根据毕达哥拉斯定理 (图 4.21), 这个多边形全长的表达式为

$$S_n = \sum_{i=0}^{n-1} \overline{P_i P_{i+1}}$$
$$= \sum_{i=0}^{n-1} \sqrt{[x(t_{i+1}) - x(t_i)]^2 + [y(t_{i+1}) - y(t_i)]^2}.$$

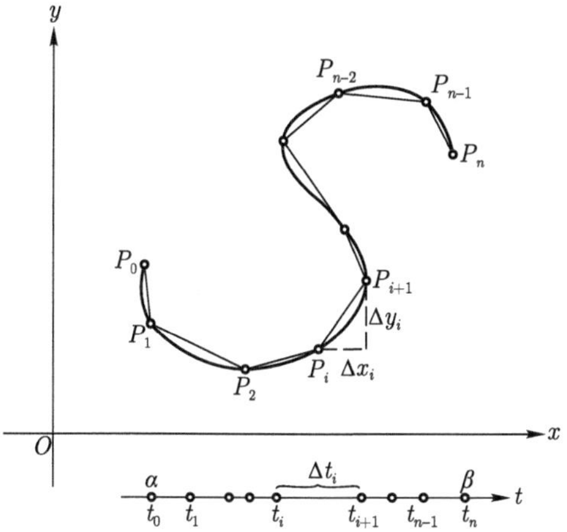

图 4.21　曲线求长

用微分中值定理得

$$x(t_{i+1}) - x(t_i) = \dot{x}(\xi_i)\Delta t_i,$$

$$y(t_{i+1}) - y(t_i) = \dot{y}(\eta_i)\Delta t_i,$$

其中 ξ_i 和 η_i 是区间 $t_i < t < t_{i+1}$ 内的中间值. 因此, 得到多边形的长度为

$$S_n = \sum_{i=0}^{n-1} \sqrt{\dot{x}^2(\xi_i) + \dot{y}^2(\eta_i)}\Delta t_i,$$

其中我们用了差 Δt_i 是正的这一事实. 如果剖分点 t_i 的数目 n 无限地增加, 同时最大的值 Δt_i 趋于零, 那么和 S_n 趋于积分

$$L = \int_\alpha^\beta \sqrt{\dot{x}^2 + \dot{y}^2}dt.$$

这个事实是第二章积分存在定理的一个直接的推论[1].

这就证明了对于连续的 $\dot{x}, \dot{y}$ 曲线确实有一个长度, 并且这个长度由表达式

$$L = \int_\alpha^\beta \sqrt{\dot{x}^2 + \dot{y}^2}dt \tag{8}$$

解析地给出. 如果允许 $\dot{x}$ 和 $\dot{y}$ 在孤立点上不连续, 表达式同样成立, 在孤立点上曲线也许没有唯一的切线; 这个积分当然必须看成为反常积分 (见第三章第 262 页). 对于更一般的 '可求长的' 曲线, 我们的积分是有意义的, 但在这一卷我们将不讨论.

长度的另一个定义

我们再作一个有趣的观察: 任何内接多边形 π 的周长 S 绝不超过曲线的长度 L. (特别地, 曲线端点的距离不能超过 L, 因为连接端点的直线是连接这两点的最短的曲线.) 事实上, 我们可以作一个内接多边形的特殊序列, 从周长为 S 的多边形 π 开始, 然后逐次增加顶点而得到一序列的多边形, L 是这个周长的序列的极限, 在内接多边形两个相邻的顶点中间插入一个另外的顶点不会导致周长减小, 因为三角形的一个边不会超过其他两边的和. 因此, L 是由 S 开始的非减的周长序列的极限. 从而, $S \leqslant L$. 所以, 如果不把 L 定义为相应于越来越细的 t 区间剖分的内接多边形序列的周长的极限, 我们也可以把 L 定义为所有的内接多边形周长的最小上界. 有趣的是, 不需要在形式上借助于任何取极限的过程也可以定义曲线的长度.

在参数变换下长度的不变性

根据定义, 显然曲线 C 的长度 L 不能依赖于我们用于 C 的特殊的参数表示.

---

[1]因为中间点 ξ_i 和 η_i 不一定重合, 我们用更一般的近似和, 在第 166 页上已表明它收敛于积分.

因此, 如果我们引入一个新的参数 $\tau = \chi(t)$, 其中 $\dfrac{d\tau}{dt} > 0$, 那么, 不论 t 作为参数还是 τ 作为参数, L 的积分公式必定给出相同的值. 这一点可以根据微分的链式法则和积分的换元法来证明. 事实上

$$
\begin{aligned}
\sqrt{\dot{x}^2 + \dot{y}^2} &= \sqrt{\left(\frac{dx}{dt}\right)^2 + \left(\frac{dy}{dt}\right)^2} \\
&= \sqrt{\left(\frac{dx}{d\tau}\frac{d\tau}{dt}\right)^2 + \left(\frac{dy}{d\tau}\frac{d\tau}{dt}\right)^2} \\
&= \sqrt{\left(\frac{dx}{d\tau}\right)^2 + \left(\frac{dy}{d\tau}\right)^2}\frac{d\tau}{dt};
\end{aligned}
$$

因之, 如果 $\chi(\alpha) = a, \chi(\beta) = b$, 我们有

$$
\begin{aligned}
L &= \int_\alpha^\beta \sqrt{\dot{x}^2 + \dot{y}^2}\,dt = \int_\alpha^\beta \sqrt{\left(\frac{dx}{d\tau}\right)^2 + \left(\frac{dy}{d\tau}\right)^2}\frac{d\tau}{dt}\,dt \\
&= \int_a^b \sqrt{\left(\frac{dx}{d\tau}\right)^2 + \left(\frac{dy}{d\tau}\right)^2}\,d\tau,
\end{aligned}
$$

所以基于参数 τ 的长度的表达式得到同一个值 L. 如果, 相反 $\dfrac{d\tau}{dt} < 0$, 类似地我们有

$$
\begin{aligned}
\int_\alpha^\beta \sqrt{\dot{x}^2 + \dot{y}^2}\,dt &= -\int_a^b \sqrt{\left(\frac{dx}{d\tau}\right)^2 + \left(\frac{dy}{d\tau}\right)^2}\,d\tau \\
&= \int_b^a \sqrt{\left(\frac{dx}{d\tau}\right)^2 + \left(\frac{dy}{d\tau}\right)^2}\,d\tau.
\end{aligned}
$$

因为 $\chi(t)$ 是减函数, 而现在 $b < a$, 所以右边仍然是对于参数 τ 的 C 的长度的正确的积分.

对于由函数 $y = f(x)(a \leqslant x \leqslant b)$ 给定的非参数表示的曲线, 我们可用 x 作为参数 t, 那么 $\dot{x} = 1, \dot{y} = \dfrac{dy}{dx}$. 曲线的长度由

$$
L = \int_a^b \sqrt{1 + \left(\frac{dy}{dx}\right)^2}\,dx \tag{9}
$$

给出.

例

作为一个例子, 我们求抛物线 $y = \dfrac{1}{2}x^2$ 对应于区间 $a \leqslant x \leqslant b$ 的一段的

长度

$$L = \int_a^b \sqrt{1 + x^2} dx.$$

这里, 作代换 $x = \sinh t$ (见第三章第 236 页) 得到

$$\int_{\operatorname{arsinh} a}^{\operatorname{arsinh} b} \cosh^2 t \, dt = \frac{1}{2} \int_{\operatorname{arsinh} a}^{\operatorname{arsinh} b} (1 + \cosh 2t) dt$$

$$= \frac{1}{2} (t + \sinh t \cosh t) \Big|_{\operatorname{arsinh} a}^{\operatorname{arsinh} b}$$

$$= \frac{1}{2} \left(\operatorname{arsinh} b + b\sqrt{1 + b^2} - \operatorname{arsinh} a - a\sqrt{1 + a^2} \right).$$

在极坐标中, 由方程 $r = r(\theta)(\alpha \leqslant \theta \leqslant \beta)$ 给定的曲线, 我们有表示式 $x = r(\theta)\cos\theta, y = r(\theta)\sin\theta$. 取 θ 为参数, 我们有

$$\dot{x} = \dot{r}\cos\theta - r\sin\theta, \quad \dot{y} = \dot{r}\sin\theta + r\cos\theta, \quad \dot{x}^2 + \dot{y}^2 = r^2 + \dot{r}^2.$$

于是对于在极坐标中曲线的长度就得到表达式

$$L = \int_\alpha^\beta \sqrt{r^2 + \left(\frac{dr}{d\theta}\right)^2} d\theta. \tag{10}$$

例如, 对于以原点为中心, 半径为 a 的圆, 我们有方程 $r = $ 常数 $= a, 0 \leqslant \theta \leqslant 2\pi$, 从而给出圆的全长是

$$L = \int_0^{2\pi} a \, d\theta = 2\pi a.$$

长度的可加性

设 C 为由 $x = x(t), y = y(t), \alpha \leqslant t \leqslant \beta$ 给定的曲线, 其中 $\dot{x}$ 和 $\dot{y}$ 连续. 设 γ 是 α 和 β 之间的任意一个值. 由积分的一般公式, 我们有

$$\int_\alpha^\beta \sqrt{\dot{x}^2 + \dot{y}^2} dt = \int_\alpha^\gamma \sqrt{\dot{x}^2 + \dot{y}^2} dt + \int_\gamma^\beta \sqrt{\dot{x}^2 + \dot{y}^2} dt.$$

右边的两个积分分别表示以对应于 $t = \gamma$ 的点分割 C 所成的两部分的长度. 因此, 曲线的全长等于它的部分长度的和.

$\dot{x}$ 和 $\dot{y}$ 是连续的并非必要. 当 $\dot{x}$ 和 $\dot{y}$ 有有限个跳跃不连续点时, 积分同样是存在的, 在曲线有角点时就会出现这样的情况. 曲线的全长是各角点之间的光滑部分长度的和. 只要曲线长度的表示式作为广义积分是有意义的, 那么 $\dot{x}$ 和 $\dot{y}$ 的更强的奇性也是允许的.

g. 弧长作为参数

我们已经看到, 同一条曲线允许有很多不同的参数表示 $x = x(t), y = y(t)$. t 的任何单调函数都可代替 t 作为参数. 然而, 为了多种目的, 用某种方法几何地选取 '标准参数', 把曲线 C 与之联系是有益的. 如果要在大范围描述曲线, 那么横坐标 x 或极角 θ 都不适合于这种目的, 而且它们依赖于坐标系的选择. 沿曲线测量长度的可能性为我们提供一个自然的用几何定义的参数, 即点 P 与某一固定点 P_0 之间的曲线部分的长度, 用这个参数能指出一条可求长的曲线上的各个点 P.

我们从 C 的任一参数表示 $x = x(t), y = y(t), \alpha \leqslant t \leqslant \beta$ 出发. 用点表示对 t 的微分. 我们用不定积分引入 '弧长' s:

$$s = \int \sqrt{\dot{x}^2 + \dot{y}^2} dt \tag{11}$$

或更确切地, 把 s 表示成 t 的函数:

$$s = s(t) = c + \int_{t_0}^{t} \sqrt{\dot{x}^2(\tau) + \dot{y}^2(\tau)} d\tau, \tag{11a}$$

其中 c 是常数, t_0 是 α 和 β 之间的一个值, 并且为了与积分的上限区别, 我们把积分变量记作 τ. 显然, 对于参数区间中任意的值 t_1 和 t_2, 差

$$s(t_2) - s(t_1) = \int_{t_1}^{t_2} \sqrt{\dot{x}^2 + \dot{y}^2} d\tau \tag{12}$$

等于对应于 $t = t_1$ 和 $t = t_2$ 的点之间的曲线部分的长度, 条件是 $t_1 < t_2$. 对 $t_1 > t_2$, 差 $s(t_2) - s(t_1)$ 为该部分长度的负值. 因此, 了解了任一不定积分 s, 我们就能够计算曲线任何部分的长度.

弧长的正负号

如果常数 c 为零, 那么我们可把 $s(t)$ 本身理解为参数为 t_0 的点 P_0 和参数为 t 的点 P 之间的曲线的弧长 (或 '沿曲线的距离'). 这里, 当以 P_0 为起点以 P 为终点的弧的定向与 t 增加相对应时, 长度算是正的[1].

s 的积分形式定义与下式等价,

$$\frac{ds}{dt} = \sqrt{\left(\frac{dx}{dt}\right)^2 + \left(\frac{dy}{dt}\right)^2}. \tag{12a}$$

用微分 (第 154 页) 的符号表示 $ds = \left(\dfrac{ds}{dt}\right) dt$, 等等, 我们可以把这个关系式写

---

1) 注意, 变量 s 不是完全唯一的, 它依赖于 P_0 和 c 的选择, 也依赖于由参数 t 引进曲线的定向. 但是, 任何其他的弧长都可用 s 表为 ($s+$ 常数) 或 ($-s+$ 常数).

成对 "长度元素" ds 的启发性的形式

$$ds = \sqrt{dx^2 + dy^2}.$$

沿曲线运动的速率

如果 t 理解为时间, 并且 $x(t), y(t)$ 是运动着的点在时刻 t 的位置的坐标, 那么

$$\dot{s} = \frac{ds}{dt} = \lim_{h \to 0} \frac{s(t+h) - s(t)}{h}$$

为该点沿着它的路径运动的距离对于时间的变化率, 即质点的速率. 对于沿曲线匀速运动的质点, $\dot{s}$ 是一个常数, 并且 s 是时间 t 的线性函数.

如果满足我们通常的假定

$$\dot{x}^2 + \dot{y}^2 \neq 0,$$

我们有 $\dfrac{ds}{dt} \neq 0$, 因而可以把 s 本身作为参数. 这样一来, 很多公式和计算就简化了. 下列两个量

$$\frac{dx}{ds} = \frac{dx}{dt}\frac{dt}{ds} = \frac{\dot{x}}{\sqrt{\dot{x}^2 + \dot{y}^2}},$$

$$\frac{dy}{ds} = \frac{dy}{dt}\frac{dt}{ds} = \frac{\dot{y}}{\sqrt{\dot{x}^2 + \dot{y}^2}}$$

刚好是指向 s 增加方向的切线的方向余弦 (见第 303 页 (7)). 关系式

$$\left(\frac{dx}{ds}\right)^2 + \left(\frac{dy}{ds}\right)^2 = 1 \tag{13}$$

是参数 s 作为沿曲线的弧长的特征.

h. 曲率

用方向变化率定义

下面, 我们讨论一个关于曲线在一点的邻域上的局部性态的基本概念, 即曲率的概念.

当我们描绘曲线的时候, 曲线的倾角 α 将以一个确定的相对于所经过的单位弧长的改变率变化. α 的变化率叫做曲线的曲率. 因此, 曲率 (curvature) 定义为

$$k = \frac{d\alpha}{ds}. \tag{14}$$

参数表达式

设曲线由函数 $x = x(t), y = y(t)$ 以参数形式给出, 它们对 t 有连续的一阶和

二阶导数, 并且 $\dot{x}^2+\dot{y}^2 \neq 0$. 在计算方向角 α 在 P 点的改变率时, 我们必须注意 α 并不唯一确定. 但是, α 的三角函数 $\tan\alpha = \dfrac{\dot{y}}{\dot{x}}$ $\left(\text{或 } \dot{x}=0 \text{ 时的 } \cot\alpha = \dfrac{\dot{x}}{\dot{y}}\right)$ 有确定的值. 在构成 $\dfrac{d\alpha}{ds}$ 时, 我们总可以假定, 属于 P 点的一个邻域的参数值全都在这样一个区间上, 在整个这个区间上 $\dot{x}, \dot{y}$ 之一恒不为零. 如果, 譬如说, $\dot{x} \neq 0$, 那么我们可以在整个区间上, 给 α 指定一个对 t 连续变化的值

$$\alpha = \alpha(t) = \arctan \frac{\dot{y}}{\dot{x}} + n\pi,$$

其中 n 是固定的 (可能是负的) 整数, " arctan " 表示函数的主值, 它在 $-\dfrac{\pi}{2}$ 和 $\dfrac{\pi}{2}$ 之间. 类似地, 如果在这个区间上 $\dot{y} \neq 0$, 我们可以对 α 取表示式[1]

$$\alpha(t) = \operatorname{arccot} \frac{\dot{x}}{\dot{y}} + n\pi = \frac{\pi}{2} - \arctan \frac{\dot{x}}{\dot{y}} + n\pi.$$

在任一情形, 对任何一种参数表示, 我们都通过直接微分得到

$$\dot{\alpha} = \frac{d\alpha}{dt} = \frac{\dot{x}\ddot{y} - \ddot{x}\dot{y}}{\dot{x}^2 + \dot{y}^2}.$$

由于还有 (见第 309 页 (12a))

$$\dot{s} = \frac{ds}{dt} = \sqrt{\dot{x}^2 + \dot{y}^2},$$

我们得到曲线的曲率 $\dfrac{d\alpha}{ds} = \dfrac{\dot{\alpha}}{\dot{s}}$ 的表达式

$$\kappa = \frac{d\alpha}{ds} = \frac{\dot{\alpha}}{\dot{s}} = \frac{\dot{x}\ddot{y} - \dot{y}\ddot{x}}{(\dot{x}^2 + \dot{y}^2)^{3/2}}. \tag{15}$$

特别地, 选择弧长 s 作为参数 t, 我们有

$$\dot{x}^2 + \dot{y}^2 = 1$$

(见第 310 页, (13)). 因此, 我们得到简化了的结果

$$\kappa = \dot{x}\ddot{y} - \dot{y}\ddot{x}.$$

曲率的正负号和绝对值

引进新参数 $\tau = \tau(t)$ 代替 t 并不影响切线的方向, 因之也不影响 α 的变化.

---

[1] 我们可以定义 $\alpha(t)$ 为对所有的参数值连续的函数, 办法是把整个的参数区间分成一些子区间, 在每个子区间上, 或者 $\dot{x} \neq 0$, 或者 $\dot{y} \neq 0$. 在每个子区间上, 我们可以用上面的表示式之一定义 $\alpha(t)$. 对于每个子区间, 我们这样选择整常数 n, 使得在两个相邻的区间的公共端点上, 用表示式确定的 α 值相等.

类似地, 两个点的 s 值之差的绝对值具有和参数的选择无关的几何意义, 也就是沿曲线度量的距离. 但是, 差的正负号必须与相应的参数值之差的正负号一致, 因为我们定义 s 为 t 的增函数. 因此, 曲率 $|\kappa| = \left|\dfrac{d\alpha}{ds}\right|$ 的绝对值不依赖于参数的选择, 而 κ 的正负号依赖于曲线相应于 t 增加的指向. 显然, $\kappa > 0$ 是指 α 随 s 增加而增加, 即当我们沿着曲线的 s 或 t 增加的方向前进时, 切线沿逆时针转动 (图 4.21(a)). 在这种情况下, 曲线 C 的定向使得 C 的正侧也是 C 的内侧, 即向着 C 弯曲的一侧.

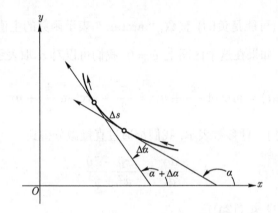

图 4.21(a)　曲线的曲率 $\kappa = \lim \dfrac{\Delta\alpha}{\Delta s}$ (图示的情况为 $\kappa < 0$)

如果曲线的方程为 $y = f(x)$, 那么使用 x 作为参数, 我们有

$$\kappa = \frac{y''}{(1 + y'^2)^{3/2}}, \tag{16}$$

其中 y' 和 y'' 为 y 对变量 x 的导数. 这里, 曲率的符号是相应于 x 增加的符号. 显然, 对 $y'' > 0, \kappa$ 是正的, 在这种情况下, 当 x 增加时, 切线逆时针转动, 我们称函数 $f(x)$ 是下凸的. 连接任意两个点的曲线部分在连接这两点直线的下方. 对 $y'' < 0$, 当 x 增加时, 切线顺时针转动, 称函数是上凸的 (图 4.22). 这里, 曲线是在连接它的两个点的弦的上方. 曲率的值为零的中间的情况 (一般地说) 相应于拐点, 在拐点上, $y'' = 0$ (见第 205 页).

　　例

　　对于由方程 $x = a\cos t, y = a\sin t$ 给定的、半径为 a 的圆的曲率, 从一般公式 (15), 我们得到常数值 $\dfrac{1}{a}$. 因此, 以反时针的指向描绘的圆的曲率是半径的倒数. 这个结果使我们确信, 我们曲率的定义确实是恰当的定义, 因为, 在圆的情况下, 我们很自然地把半径的倒数看成它弯曲程度的一种测量.

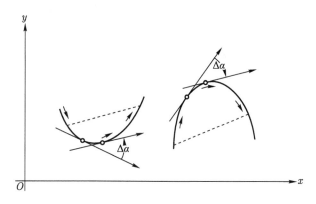

图 4.22 下凸函数的图形 (左) 和上凸函数的图形 (右)

第二个例子是函数 $y = x^3$ 定义的曲线. 曲率为

$$\kappa = \frac{6x}{(1 + 9x^4)^{3/2}}.$$

在 $x < 0$ 时, 由于 $\kappa < 0$, 所以函数 $y = x^3$ 是上凸的, 并且切线顺时针转动; 而在 $x = 0$ 时, 我们有一个拐点; 在 $x > 0$ 时, 函数变为下凸的.

由定义容易看出, 曲率恒等于零的函数是一条直线, 而且只有直线, 曲率才恒等于零.

曲率圆和曲率中心

我们引进 $\rho = \dfrac{1}{\kappa}$. 量 $|\rho| = \dfrac{1}{|\kappa|}$ 叫做在所讨论的点的曲率半径 (在拐点上, $\kappa = 0$, 曲率半径为无穷大). 圆上任意一点的曲率半径就是圆的半径.

对于曲线 C 上任意一点 $P = (x, y)$, 我们作一个在 P 与 C 相切的圆, 使得我们在点 P 处以同样的指向通过曲线和圆的时候, 该圆与 C 有相同的曲率. 这个圆叫做曲线 C 在 P 点的曲率圆. 它的中心是曲线 C 相应于点 P 的曲率中心 (图 4.23). 因为 C 和圆有相同的曲率半径, 所以圆的半径必定是 C 的曲率半径 $|\rho|$. 圆的中心 (ξ, η) 必定在 C 过 P 点的法线上, 到 P 的距离是 $|\rho|$. 因为 C 和圆向同一侧弯曲, 所以中心位于曲线在点 P 的法向上, 在正侧或在负侧根据曲率 κ 是正或负而定.

如果 $\kappa > 0$, 那么由 P 到曲率中心的方向与正 x 轴夹角为 $\alpha + \dfrac{\pi}{2}$. 因此, 如果 ξ, η 是曲率中心的坐标, x, y 是点 P 的坐标, 我们有 (见第 303 页方程 (7))

$$\frac{\xi - x}{\rho} = \cos\left(\alpha + \frac{\pi}{2}\right) = -\sin\alpha = \frac{-\dot{y}}{\sqrt{\dot{x}^2 + \dot{y}^2}},$$

$$\frac{\eta - y}{\rho} = \sin\left(\alpha + \frac{\pi}{2}\right) = \cos\alpha = \frac{\dot{x}}{\sqrt{\dot{x}^2 + \dot{y}^2}}.$$

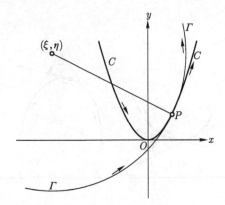

图 4.23   对应于曲线 C 的点 P 的曲率圆 Γ 和曲率中心 (ξ, η)

因此, 对 $\kappa > 0$,

$$\xi = x - \frac{\rho \dot{y}}{\sqrt{\dot{x}^2 + \dot{y}^2}}, \quad \eta = y + \frac{\rho \dot{x}}{\sqrt{\dot{x}^2 + \dot{y}^2}}. \tag{17}$$

如果弧长 s 作为参数 t, 我们得到简单的表示式

$$\xi = x - \rho \dot{y}, \quad \eta = y + \rho \dot{x} \tag{17a}$$

对 $\kappa < 0$, 得到 ξ, η 的同样的公式, 这种情况下, 曲率半径是 $-\rho$, 而且从 P 到中心的方向与正 x 轴的夹角为 $\alpha - \frac{\pi}{2}$.

曲率圆作为密切圆

公式 (17) 用曲线上点 P 的参数 t 给出了曲率中心的表示式. 当 t 取遍参数区间的所有值, 曲线中心描出一条曲线, 即所谓给定曲线的法包线 (evolute). 因为我们必须把 $\dot{x}, \dot{y}$ 和 ρ 与 x, y 一起看成 t 的已知函数, 所以前面的公式给出了这个法包线的参数方程. 法包线的例和几何性质的讨论将在附录 1 第 368 页中给出.

如果通过点 P 的任意两条曲线有相同的切线, 并且当它们有相同的定向时还有相同的曲率, 那么这两条曲线称为在点 P 密切或二阶相切. 显然, 两条密切曲线在点 P 有相同的曲率圆和曲率中心. 如果两条曲线以非参数形式的方程 $y = f(x), g = g(x)$ 给出, 那么很容易表达它们有切点 P, 并且在点 P 有相同的切线和曲率的条件. 如果 x 为切点 P 的横坐标, 那么我们有 $f(x) = g(x), f'(x) = g'(x)$, 曲率相等表示为

$$\frac{f''(x)}{[1 + f'^2(x)]^{3/2}} = \frac{g''(x)}{[1 + g'^2(x)]^{3/2}},$$

因此 $f''(x) = g''(x)$. 这样, 具有相等曲率的切点的条件是在这点上 f 和 g 的值及

其一阶、二阶导数的值都相等.

考虑曲线 $C: y = f(x)$ 和它在点 P 的曲率圆 Γ, 圆 Γ 在 P 点的一个邻域内表示为 $y = g(x)$. 因为圆 Γ 与它自己的曲率圆重合, 所以我们看到 C 和 Γ 有相同的曲率圆, 因之, 在 P 点 C 和 Γ 密切. 所以在切点上有 $f(x) = g(x)$, $f'(x) = g'(x)$, $f''(x) = g''(x)$. 我们说这个圆在切点 P 对于曲线是最佳拟合的圆, 因为任何其他在切点与曲线相交的圆都不和 C 在该点 "二阶相切". 曲率圆就是密切圆 (参看第五章第 400 页).

附带说一说, 犹如曲线 C 的切线是过 C 上两相邻点 P 和 P_1 的直线当 $P_1 \to P$ 时的极限一样, 我们能够证明, 在 P 点的曲率圆是通过三点 P, P_1, P_2 的圆当 $P_1 \to P$ 和 $P_2 \to P$ 时的极限. 证明留给读者 (见第 379 页问题 4).

i. 坐标轴变换, 不变量

几何或物理状况所固有的一些性质不依赖用以表述它们的特殊的坐标系或 "参考标架"; 像距离、长度或角度这些性质是固有的, 这一点必须反映在一些关系式中, 这些关系式表明, 当我们由一个坐标系过渡到另一个坐标系时, 有关的各个公式保持不变或者说是不变量 (invariance). 关于这个问题的几个简单的说明在这一节叙述是合适的.

我们使用普遍方程把一个坐标系中点 P 的坐标 x, y 和任何另一坐标系中同一点 P 的坐标 ξ, η 联系起来. 第二组坐标对于第一组坐标的相对位置可以用第二坐标系的原点在第一坐标系的坐标 a, b 和正 ξ 轴与正 x 轴的夹角 γ 来表示.[1] 同一个点在两个坐标系中的坐标 (x, y) 和 (ξ, η) 是通过变换

$$x = \xi \cos\gamma - \eta \sin\gamma + a,$$
$$y = \xi \sin\gamma + \eta \cos\gamma + b \tag{18}$$

联系着的 (图 4.24). 对于 $\gamma = 0$, 只包含平行位移, 即平移 (translation), 而没有轴的旋转. 公式简化为 $x = \xi + a, y = \eta + b$.

由 x, y 解出 ξ, η, 我们有

$$\xi = (x - a)\cos\gamma + (y - b)\sin\gamma,$$
$$\eta = -(x - a)\sin\gamma + (y - b)\cos\gamma. \tag{18a}$$

如果 x 和 y 是确定曲线的参数 t 的函数, 那么根据这些公式我们立即得到 ξ 和 η 作为 t 的函数的表示式, 它们给出了同一曲线在 ξ, η 坐标系中的参数表示. 对 t 微分 (确定两个坐标系的相对位置的量 a, b, γ 不依赖于 t), 就得到 '速度分

[1] 我们只限于右手坐标系, 即坐标系第二个轴的正方向是由第一个轴的正方向经反时针旋转 90° 而得到的.

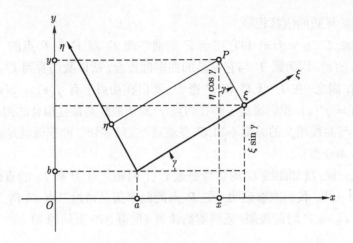

图 4.24　坐标轴的变换

量"(即坐标对 t 的导数) 的变换[1],

$$\dot{x} = \dot{\xi}\cos\gamma - \dot{\eta}\sin\gamma,$$

$$\dot{y} = \dot{\xi}\sin\gamma + \dot{\eta}\cos\gamma.$$

我们证实了

$$\dot{x}^2 + \dot{y}^2 = \dot{\xi}^2 + \dot{\eta}^2.$$

因此, 表达式 $\sqrt{\dot{x}^2 + \dot{y}^2}$ 在所有的坐标系中有相同的值. 当然, 把这个量理解为沿曲线的长度对时间 t 的变化率 $\dfrac{ds}{dt}$, 它的不变性就显而易见了. 读者可以通过简单的计算证明曲率公式 $\kappa = (\dot{x}\ddot{y} - \ddot{x}\dot{y})(\dot{x}^2 + \dot{y}^2)^{-\frac{3}{2}}$ 也是不变的. (当然这一点也可由下述事实直接推出, 即切线与 ξ 轴和 x 轴的两夹角仅相差一个常数值 γ, 因之 $\kappa = \dfrac{d\alpha}{ds}$ 不能改变.)

联系坐标 x, y 与坐标 ξ, η 的方程 (18) 常常另外理解为描写位移. 在这种理解中, 改变了的是点 P, 而不是坐标轴 (图 4.25). 只用一个坐标系, 在那个坐标系中坐标为 (x, y) 的点映射到同一坐标系中坐标为 (ξ, η) 的点. 曲线的长度和曲率的不变性现在的含义是, 当整个曲线作刚体运动时这些量不改变.

---

[1] 在某些物理应用中, t 代表着时间, 两个坐标系的相对位置也依赖于时间. 设量 x, y 表示在静止的坐标系中一个质点的坐标, 而 ξ, η 是同一个质点相对于运动着的坐标系的坐标, 例如坐标轴放在运动的地球上. 函数 $x(t), y(t)$ 描绘了静止的观察者看到的质点的路径, 而 $\xi(t), \eta(t)$ 描绘了运动着的观察者看到的路径. 那么, $\dot{x}, \dot{y}$ 和 $\dot{\xi}, \dot{\eta}$ 相联系的公式必须也包含从微分 a, b, γ 而得出的各项.

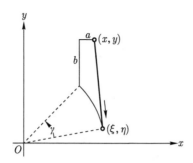

图 4.25   点 P 从位置 (x, y) 到位置 (ξ, η) 的位移

*j. 狭义相对论中的匀速运动

在第 202 页已经指出, 在三角函数和双曲函数之间有一些很深刻的类似点, 它们在几何方面的表现就是椭圆与双曲线的性质之间的对应关系. 当我们能够定义虚变量的三角函数并且能够证明在第 7.7a 节中的 $\cos(it) = \cosh t, \sin(it) = i \sinh t$ 时, 两者的关系就变得清楚了. 作为这个相似点的一种应用, 我们考虑一个平面的 '双曲旋转", 它可以与爱因斯坦 (Einstein) 的狭义相对论中直线的洛伦兹 (Lorentz) 变换等同起来.

在第 315 页 (18a) 式中, 我们看到原点保持固定, 坐标轴旋转一个角度 γ 的旋转, 可以用方程组

$$\begin{aligned} \xi &= x \cos \gamma + y \sin \gamma, \\ \eta &= -x \sin \gamma + y \cos \gamma \end{aligned} \tag{18b}$$

来描述, 这把点 P 在第一个坐标系的坐标和它在第二个坐标系的坐标 ξ, η 联系起来. 从原点到 P 的距离在两个坐标系中有同样的表示式:

$$OP = \sqrt{x^2 + y^2} = \sqrt{\xi^2 + \eta^2}.$$

如果我们利用恒等式 $\cos^2 \gamma + \sin^2 \gamma = 1$, 这也可由变换方程直接推出.

现在我们考虑系数为双曲函数, 而不是三角函数的类似的变换:

$$\begin{aligned} \xi &= x \cosh \alpha - t \sinh \alpha, \\ \tau &= -x \sinh \alpha + t \cosh \alpha. \end{aligned} \tag{19}$$

在旋转公式 (18b) 中把旋转角 γ 和 y 与 η 的坐标取为纯虚量: $\gamma = i\alpha, y = it, \eta = i\tau$, 就得到上式.

我们注意, 若 α 为实值 (其意义就是在原来的理解中旋转角 γ 是虚数), 式

(19) 定义 ξ 和 τ 为 x 和 t 的实线性函数. 这些函数有下列特殊的性质

$$\xi^2 - \eta^2 = (x\cosh\alpha - t\sinh\alpha)^2 - (-x\sinh\alpha + t\cosh\alpha)^2$$
$$= x^2 - t^2.$$

这是恒等式 $\cosh^2\alpha - \sinh^2\alpha = 1$ 的结果. (当然, 这也可以从观察到 $x^2 - t^2 = x^2 + y^2$ 是 xy 平面上到原点距离的平方而得到.) 现在, 我们把 t 理解为时间, 把 x 理解为描述一维空间, 即一条直线上点的位置的空间坐标. 任何一个事件都是发生在某一时刻的某一地点的. 这两个信息由 x, t 给出, x 为从原点 O 到该点的距离 (带正负号), t 为由时刻 0 开始经过的时间. 在相对论中, 我们的观点是, 这个距离和经过的时间的测得值依赖于观察者使用的参考系, 即时空连续统的特殊坐标系. 式 (19) 得到的量 ξ, τ 描述了在不同的参考系中的同一个事件, 在不同的参考系中距离和时间区间的长度可以取不同的值. 从一个参考系到另一个参考系的变换 (即熟知的洛伦兹变换) 中, 不变的量是原点到事件的 '时空距离'

$$\sqrt{x^2 - t^2} = \sqrt{\xi^2 - \tau^2}.$$

对于使用第二个坐标系的观察者, 量 ξ 是由原点 $\xi = 0$ 度量的空间距离. 原点是这样的点:

$$x\cosh\alpha - t\sinh\alpha = 0,$$

即 $\dfrac{x}{t} = \tanh\alpha$. 因此, 第二个坐标系的原点在第一个坐标系中是一个相对于该坐标系的原点以匀速 $v = \dfrac{dx}{dt} = \tanh\alpha$ 运动的点. 因此, 洛伦兹变换把相互以恒速运动的两个系统上的观察者面前呈现的距离和时间的值联系了起来. 这里,

$$v = \frac{\sinh\alpha}{\cosh\alpha} = \frac{e^\alpha - e^{-\alpha}}{e^\alpha + e^{-\alpha}}$$

必须介于 -1 和 $+1$ 之间, 所以我们所讨论的只限于两个系统的相对速度在数值上小于 1 的情况. 这里, 数值 1 表示不能被任何速度 v 超过的光速 c, 它的单位是适当选择的.

对于一个常数 u, 方程 $x = ut$ 相应于在第一个系统中从 $x = 0$ 和时刻 $t = 0$ 开始以速度 u 运动的点. 这同一个点在第二个系统中的速度为

$$\omega = \frac{d\xi}{d\tau} = \frac{d\xi}{dt} \bigg/ \frac{d\tau}{dt} = \frac{u - \tanh\alpha}{1 - u\tanh\alpha} = \frac{u - v}{1 - uv}.$$

在爱因斯坦狭义相对论中成立的这个结果与我们在古典运动学中得到的结果不同, 在古典运动学中, 对于以速度 v 运动着的系统, 一个点的相对速度 ω 由

$\omega = u - v$ 简单地给出. 相对论的公式表明, 当 $u = +1$ 或 -1 时 $\omega = u$. 这相应于由著名的迈克耳孙 – 莫雷 (Michelson-Morley) 实验推断的事实, 即对以不同的速度运动的观察者来说, 光的速度是不变的.

k. 表示闭曲线内部面积的积分

在第二章中, 参照 '曲线下的面积", 即特殊形状的长条的面积, 提出了积分的概念. 这样限定于曲线下的面积是不十分令人满意的, 因为我们实际上遇到最多的是闭曲线 C 内部区域的面积, 它们有比用积分 $\int_a^b f(x)dx$ 表示面积的条形更一般的形状.

基本公式

现在, 假定一条简单闭曲线 C 用参数表示给出, 我们将推导 C 所围面积的一个漂亮的普遍积分表示式, 办法是把该面积分成特殊的条形面积. 这个表示式将不依赖于参数表示, 也不依赖于坐标系, 而且它还表示根据边界 C 的指向的曲线内部的有向面积. 就是说, 按边界曲线 C 的指向是顺时针还是逆时针来指定简单闭曲线中的面积是负号还是正号.

假定有向简单闭曲线 C 由 $x = x(t), y = y(t)$ 给出, 其中 t 在区间 $\alpha \leqslant t \leqslant \beta$ 上变化, t 增加的指向确定为 C 的指向. 我们假定 x 和 y 是 t 的连续函数 (在 $t = \alpha$ 和 $t = \beta$ 时有同样的值) 并且它们的一阶导数 $\dot{x}$ 和 $\dot{y}$ 是连续的, 除了当 C 有角点时可能有有限个跳跃不连续点之外. 在这些假定之下, 我们将证明在 C 内的有向面积 A 的这一基本公式

$$A = -\int_\alpha^\beta y\dot{x}dt = \int_\alpha^\beta x\dot{y}dt = \frac{1}{2}\int_\alpha^\beta (x\dot{y} - y\dot{x})dt. \tag{20}$$

对第一个积分使用分部积分法, 利用周期条件 $x(\alpha) = x(\beta), y(\alpha) = y(\beta)$, 我们可直接推出公式中三个积分表示式是等价的; 第三个更对称的表示式刚好是前两个的算术平均值.

公式 (20) 不依赖平面上坐标系的位置. 事实上, 对称表示式

$$A = \frac{1}{2}\int_\alpha^\beta (x\dot{y} - y\dot{x})dt$$

清楚地表明 A 的值不依赖于坐标系的选择. 如我们在第 315 页看到的, x, y 坐标系到 ξ, η 坐标系的变换由替换

$$x = \xi \cos\gamma - \eta \sin\gamma + a,$$
$$y = \xi \sin\gamma + \eta \cos\gamma + b$$

实现, 其中 a, b, γ 为常数. 把这些公式对 t 微分, 就有

$$\dot{x} = \dot{\xi}\cos\gamma - \dot{\eta}\sin\gamma,$$

$$\dot{y} = \dot{\xi}\sin\gamma + \dot{\eta}\cos\gamma,$$

所以

$$x\dot{y} - y\dot{x} = \xi\dot{\eta} - \eta\dot{\xi} + a\dot{y} - b\dot{x}.$$

因此, 在绕原点旋转 (即当 $a = b = 0$ 时) 之下 $x\dot{y} - y\dot{x}$ 是不变量. 即使 a 或 b 不为零, A 的积分值也不受影响, 因为对于闭曲线 C 有

$$\int_\alpha^\beta (a\dot{y} - b\dot{x})dt = (ay - bx)\Big|_\alpha^\beta = 0.$$

基本公式 (20) 的证明. 在简单弧上的曲线积分

我们分几个平易的步骤来证明基本公式 (20).

首先, 设 C 是一个有起点 P_0 和终点 P_1 的简单的有向弧. 设 $x = x(t), y = y(t)$ 是 C 的任一参数表示, P_0, P_1 分别对应于 $t = t_0, t_1$ (这里 t_0 可能大于 t_1, 也可能小于 t_1). 那么积分

$$A = -\int_{t_0}^{t_1} y\frac{dx}{dt}dt$$

仅依赖于 C, 而不依赖特殊的参数表示. 这是换元法的显然推论; 如果我们用单调函数 $\tau = \chi(t)$ 引入新的参数 τ, 其中 $\tau_0 = \chi(t_0), \tau_1 = \chi(t_1)$, 那么相应的积分是[1]

$$-\int_{\tau_0}^{\tau_1} y\frac{dx}{d\tau}d\tau = -\int_{t_0}^{t_1} y\frac{dx}{d\tau}\frac{d\tau}{dt}dt = -\int_{t_0}^{t_1} y\frac{dx}{dt}dt = A.$$

所以有理由在积分 A 的表达式中去掉任何特殊的参数 t 的关系而简记为

$$A = A_C = -\int_C y dx.$$

这里, 对于有向简单弧 C 的 A_C 按如下方法计算, 把弧联系于参数 t, 利用 $dx = \left(\frac{dx}{dt}\right)dt$, 把 C 的端点的参数值按 C 的定向所决定的次序取为积分限[2].

如果 C' 是把 C 改变定向而得到的弧, 即起点为 P_1, 终点为 P_0 的弧, 那么对 C' 用同一个参数表示, 我们有

---

[1] 我们假定不仅 $x(t), y(t)$ 是连续函数, 而且 $\tau(t)$ 也是连续函数, 并且它们的导数是连续的, 除了可能有的有限个跳跃不连续点之外.

[2] 积分 $\int_C y dx$ 是一般曲线积分 $\int_C P dx + Q dy$ 的一个例子, 我们将在第二卷中讨论它.

$$A_{C'} = -\int_{t_1}^{t_0} y\frac{dx}{dt}dt = +\int_{t_0}^{t_1} y\frac{dx}{dt}dt = -A_C.$$

因此, 如改变弧 C 的定向, 那么积分 A_C 的正负号也要改变.

如果有向简单弧 C 分成每一个都与 C 有相同定向的有向子弧 $C_1, C_2, \cdots,$ C_n, 那么我们显然有

$$A_C = A_{C_1} + A_{C_2} + \cdots + A_{C_n}.$$

因为在 C 的一个参数表示中, 譬如说 C 的指向是 t 增加的指向, 那么这个分解相应于把 C 的参数区间 $t_0 \leqslant t \leqslant t_n$ 剖分成对应于 $C_1, \cdots, C_n$ 的子区间 $t_0 \leqslant t \leqslant t_1, t_1 \leqslant t \leqslant t_2, \cdots, t_{n-1} \leqslant t_n$. 由积分的可加性就推出上述结果.

当 C 由几段光滑的弧 $C_1, C_2, \cdots$ 组成, 它们中每一个都有自己的参数表示, 积分 A_C 的可加性使计算 A_C 的值更容易. 我们不必要人为地构造整个曲线 C 的一般的参数表示, 而只要从每一个参数表示计算 A_{C_i}, 然后取和. 而且 A_{C_i} 可以以任意次序相加, 我们只需保证所有的 C_i 与 C 有相同的定向.

闭曲线的基本曲线积分

现在, 我们能够对任意有向简单闭曲线 C 定义 A_C, 办法是把 C 分成与 C 有一致的定向的简单弧 $C_1, \cdots, C_n$, 然后取 A_{C_i} 的和[1]. 如果整个闭曲线 C 有参数表示 $x = x(t), y = y(t), \alpha \leqslant t \leqslant \beta$, 其中 C 的定向为 t 增加的指向, 并且 $t = \alpha$ 和 $t = \beta$ 对应于同一个点, 那么仍然有

$$A_C = -\int_{\alpha}^{\beta} y\frac{dx}{dt}dt.$$

我们可用同样方法对分解为有向简单弧的非简单的有向曲线 C 定义 A_C, 即使 C 是由几个不相交的部分组成的也可以这样做, 只要 C 的每一个部分有确定的指向.

基本积分作为面积

现在我们转向主要之点, 即闭曲线的表达式 A_C, 就是在 C 内的有向面积这样一个直观的几何量.

我们首先考虑以弧 $C_1: y = g(x), a \leqslant x \leqslant b$ 为上界; 以弧 $C_3: y = f(x), a \leqslant x \leqslant b$ 为下界; 侧边为由 $x = a$ 和 $x = b$ 给出的线段 C_2, C_4 的区域 G (图 4.25(a)). 这里, C_2 和 C_4 允许缩成为一点. 如果我们给 C 以逆时针定向, 弧 C_1 将以 x 减小的指向描绘出来, 而弧 C_3 则以 x 增加的指向描绘出来. 把 A_C 取为四个 A_{C_i} 的和, x 为常数的 C_2 和 C_4 没有任何贡献, 因为 $\dfrac{dx}{dt} = 0$. 在弧 C_1 和 C_3 上, 用

---

1) 容易推论, 以这种方式得到的 A_C 的值不依赖于我们把 C 分成简单弧的特殊分法: 首先, 关于简单弧的 A 的可加性表明, 把一个给定的剖分用引入另外的剖分点而加密并不改变 A_C 的结果; 进一步, 任意两个剖分可以用把两个都加密了的一个剖分来代替, 而不改变 A_C 的结果值.

x 作为参数, 我们有

$$A_C = A_{C_1} + A_{C_3} = -\int_b^a g(x)dx - \int_a^b f(x)dx$$

$$= \int_a^b g(x)dx - \int_a^b f(x)dx.$$

当 G 完全在 x 轴的上方时, A_C 显然是区域 G 的正面积, 它等于曲线 C_1 和 C_3 下面的面积之差. 我们总可以保证 G 位于 x 轴上方, 办法是用 $y+C$ 代替 y, C 为一适当的常数, 也就是用 y 方向的一个变换. 像我们前面看到的, 这样作并不改变面积, 也不影响闭曲线的 $A_C = -\int_C ydx$ 的值. 因此, 如果曲域 G 为上述类型, 其边界 C 与平行于 y 轴的直线最多有两个交点, 那么积分 A_C 表示面积. 取正号或负号是根据 C 有逆时针定向或顺时针定向而定. 如果曲线 C 与平行于 x 轴的直线最多有两个交点, 那么, 我们对 C 内的面积就得到同样的结果, 只要把 A_C 记为 $\int_C xdy$, 并在上述讨论中交换 x 和 y 的位置. 我们把这样的两种类型之一的区域 G 称为 '单元'. 当它们的边界曲线给定这个或那个定向时, 我们就说它们是 '有向单元'.

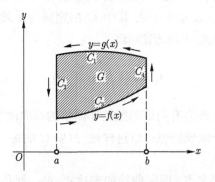

图 4.25(a)　一个单元的面积

我们现在考虑有向边界为 C 的区域 G, 它由边界分别为 $C_1, C_2, \cdots, C_n$ 的若干个简单单元 $G_1, G_2, \cdots, G_n$ 所组成; 我们假定所有这些单元有同样的定向, 譬如是逆时针的. 两个相邻单元有部分公共边界, 把这个公共边界分别考虑为两个单元的边界弧, 则它们描绘了不同的指向, 如图 4.26 所示. 所以, 如果我们把不同单元的积分 $A_{C_i} = -\int_{C_i} ydx$ 相加, 那么所有内部单元边界的贡献都互相抵消, 我们得到

$$A = \sum_{i=1}^n A_{C_i} = \sum_{i=1}^n \left(-\int_{C_i} ydx\right) = -\int_C ydx = A_C,$$

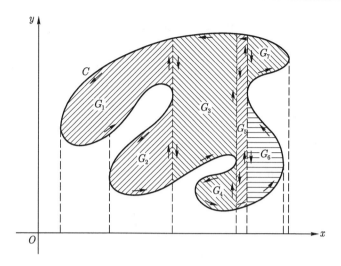

图 4.26　有向区域分解为有向单元

其中 A 是整个区域 G 的有向面积.

因此, 我们证明了闭曲线内部的有向区域 G 的面积 A 的公式 (20), 只要这个区域能分解成有限个简单单元, 例如, 可以用坐标轴的平行线进行分解.

对于我们将遇到的所有的区域, 这个假定都是显然满足的, 例如多边形区域.

补充说明

最后, 附带说明, 即使是多连通区域, 如像环形域, 只要它能分解成有限个简单单元, 用同样方法可以证明面积公式的正确性. 所有的边界曲线的指向必须一致, 即区域 G 的内部或者总是在左边或者总是在右边.

即使 C 不是简单曲线, 而允许和自己相交, 它把平面分成两个以上区域, 面积 A 的公式仍然是有意义的. 在这种情况下, 我们可以把公式看成为出发点, 而把面积适当地理解为以 C 为界的平面上各连通小块的有向面积的加性组合. 我们将在本章附录 II 中讨论这个问题.

例.　作为例子, 我们求椭圆 $\dfrac{x^2}{a^2} + \dfrac{y^2}{b^2} = 1$ 所包围的面积. 我们取椭圆逆时针定向, 根据参数表示 $x = a\cos t, y = b\sin t, 0 \leqslant t \leqslant 2\pi$, 我们有

$$A = \frac{1}{2}\int_0^{2\pi}(x\dot{y} - y\dot{x})dt = \frac{1}{2}\int_0^{2\pi}ab\,dt = \pi ab.$$

极坐标中的面积.　为使用极坐标 r,θ 表示面积, 我们首先考虑以曲线段 $r = f(\theta)$ 和射线 $\theta = \alpha, \theta = \beta$ 为界的区域的面积 A. 假定 $\alpha < \beta$, 并且 θ 能够作为沿曲线的参数 (即不同的点有不同的极角). 我们使用 A 的公式

$$A = \frac{1}{2}\int(x\,dy - y\,dx) = \frac{1}{2}\int(x\dot{y} - y\dot{x})dt,$$

这个积分必须分布在边界的曲线部分和两条射线上. 在射线 $\theta = \alpha$ 和 $\theta = \beta$ 上, 我们可以用 r 作为参数. 由 $x = r\cos\theta, y = r\sin\theta$ 和 $\theta =$ 常数, 我们有 $\dot{x} = \cos\theta, \dot{y} = \sin\theta$, 因此 $x\dot{y} - y\dot{x} = 0$. 在曲线部分, 我们用 θ 作为参数, 则

$$\dot{x} = \frac{dr}{d\theta}\cos\theta - r\sin\theta,$$

$$\dot{y} = \frac{dr}{d\theta}\sin\theta + r\cos\theta.$$

因此 $x\dot{y} - y\dot{x} = r^2$. 所以

$$A = \frac{1}{2}\int_\alpha^\beta r^2 d\theta = \frac{1}{2}\int_\alpha^\beta f^2(\theta)d\theta. \tag{21}$$

对于简单闭曲线 C, 假定 C 包含原点在它的内部并且 C 与原点发出的每一条射线恰交于一点, 我们可以把 θ 作为参数, 其中 $0 \leqslant \theta \leqslant 2\pi$. 那么被包围的面积是

$$A = \frac{1}{2}\int_0^{2\pi} r^2 d\theta. \tag{22}$$

极坐标面积公式 (21) 也可直接由积分的定义推导. 为此目的, 我们把区域用从原点引出的射线分成扇形 (图 4.27). 每一个扇形由不等式

$$\theta_{i-1} < \theta < \theta_i, \quad 0 < r < f(\theta)$$

描述, 显然, 扇形面积介于内接圆扇形和外接圆扇形面积之间. 因此区域的一个扇形的面积等于 $\frac{1}{2}r^2(\theta_i - \theta_{i-1})$, 其中 r 介于 $f(\theta)$ 在区间 $\theta_{i-1} < \theta < \theta_i$ 上的最大值和最小值之间. 当我们把剖分加密时, 我们的区域的扇形面积之和显然收敛于积分 $\frac{1}{2}\int_\alpha^\beta r^2 d\theta$.

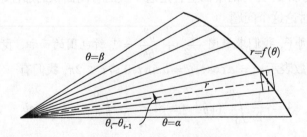

图 4.27   极坐标中的面积

双纽线的面积

作为方程 (21) 的例子, 我们考虑由双纽线的一个回路包围的面积. 双纽线的方程 (参见第 84 页) 是 $r^2 = 2a^2\cos 2\theta, \theta$ 由 $-\frac{\pi}{4}$ 变到 $\frac{\pi}{4}$, 就得到一个回路. 因

此, 对于该面积, 我们有

$$a^2 \int_{-\frac{\pi}{4}}^{\frac{\pi}{4}} \cos 2\theta d\theta = a^2.$$

当然, 另一个回路面积有相同的绝对值, 但要取负值.

双曲线包围的面积

我们现在考虑以双曲线 $x^2 - y^2 = 1$ 为界的扇形面积, 在第 203 页中我们用了相当麻烦的方法计算过它 (见图 3.12). 对于双曲线 (更确切地说是对于它的右边一支) 我们有参数表示 $x = \cosh t, y = \sinh t$. 对于由双曲线和参数值为 0 和 t 的点引出的射线所包围的二倍面积, 我们确有

$$2A = \int_0^t (x\dot{y} - y\dot{x})d\tau = \int_0^t \left(\cosh^2 \tau - \sinh^2 \tau\right) d\tau$$
$$= \int_0^t d\tau = t.$$

(在射线上的积分值为零.)

l. 质量中心和曲线的矩

我们现在讨论力学中出现的一些概念. 我们考虑平面上 n 个质点组成的系统, 它们有质量 $m_1, m_2, \cdots, m_n$, 且坐标分别为 $y_1, y_2, \cdots, y_n$ 那么, 我们称

$$T = \sum_{\nu=1}^n m_\nu y_\nu = m_1 y_1 + m_2 y_2 + \cdots + m_n y_n$$

为这质点系关于 x 轴的矩 (moment). 表示式 $\eta = T/M$ 定义了在 x 轴之上质点系的质量中心的高, 即它的纵坐标, 其中 M 表示系统的总质量 $m_1 + m_2 + \cdots + m_n$. 质量中心的高恰好是 $y_1, y_2, \cdots, y_n$ 的加权平均值, 权因子是 $m_1, m_2, \cdots, m_n$ (见第 121 页). 因此, η 为质量的平均高度. 类似地, 我们定义关于 y 轴的矩和质量中心的横坐标.

我们现在可以很容易地把这些矩的定义推广到质量均匀分布的曲线上. 因此, 可以定义这样曲线的质量中心的坐标 ξ 和 η.(沿曲线密度为常数 (譬如说 μ) 的假定不是必要的, 任何连续的分布都可以一样好地讨论.)

我们使用力学上典型的过程, 从质点为有限个 n 的一个系统着手, 然后令当 $n \to \infty$ 时取极限. 为此, 我们引入弧长 s 作为曲线上的参数, 并且用 $(n-1)$ 个分点把曲线分成长为 $\Delta s_1, \Delta s_2, \cdots, \Delta s_n$ 的弧. 我们把每一弧 Δs_i 的质量 $\mu \Delta s_i$ 假想地集中在弧上一任意点, 譬如说在纵坐标为 y_i 的那一点.

根据定义, 这个质点系关于 x 轴的矩为

$$T = \mu \sum y_i \Delta s_i.$$

如果量 Δs_i 之中最大的趋于零, 那么这个和就趋于由积分

$$T = \mu \int_{s_0}^{s_1} y ds = \mu \int_{x_0}^{x_1} y\sqrt{1 + y'^2} dx \tag{23}$$

给出的极限, 因此, 我们很自然地把 (23) 作为曲线关于 x 轴的矩的定义. 因为曲线的全部质量等于它的长度乘以 μ,

$$\mu \int_{s_0}^{s_1} ds = \mu (s_1 - s_0),$$

所以我们立即得到下面的曲线质量中心的坐标公式:

$$\xi = \frac{\int_{s_0}^{s_1} x ds}{s_1 - s_0}, \quad \eta = \frac{\int_{s_0}^{s_1} y ds}{s_1 - s_0}. \tag{24}$$

这些关系式实际上是曲线的矩和质量中心的定义; 但是它们是有限个质点的比较简单情况的直接推广, 从而我们很自然地期望——实际情况正是这样——在力学上, 任何涉及质点系的质量中心和矩的关系式对于沿着曲线有连续的质量分布的情况也是正确的.

m. 旋转曲面的面积和体积

古鲁金定律

如果我们把曲线 $y = f(x)$, 其中 $f(x) \geqslant 0$, 绕 x 轴旋转, 那么曲线就描绘出所谓的旋转曲面. 假定曲面的横坐标在 x_0 和 $x_1 > x_0$ 之间, 则它的面积可由类似于前面的讨论而得到. 因为如果我们用内接多边形代替曲线, 我们就得到若干个细截锥构成的图形代替曲面. 由直观的启发, 我们可以把旋转曲面的面积定义为当内接多边形最长边的长度趋于零时, 这些锥面面积的极限. 由初等几何我们知道, 每一个截锥的面积等于斜母线的边长乘以平均半径的圆截面的周长 (图 4.28). 如果我们把这些式子相加然后取极限, 我们就得到面积的表达式

$$A = 2\pi \int_{s_0}^{s_1} y ds = 2\pi \int_{x_0}^{x_1} y\sqrt{1 + y'^2} dx = 2\pi \eta (s_1 - s_0). \tag{25}$$

用语言来表达, 这个结果说明旋转曲面的面积等于母线的长度乘以质量中心 (在旋转过程中) 走过的距离 (古鲁金 (Guldin) 定律).

用同样的方法, 我们可以发现, 由旋转曲面和两端的平面 $x = x_0$ 和 $x = x_1 >$

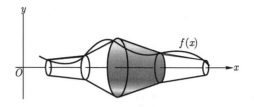

图 4.28 旋转曲面的面积

x_0 所包围的内部体积为

$$V = \pi \int_{x_0}^{x_1} y^2 dx. \tag{26}$$

这个公式可以由下面直观的启发而得到, 即所求的体积是早先提到的由截锥组成的图形体积的极限. 剩下的证明留给读者.

n. 惯性矩

在研究物体的旋转时, 某些称为惯性矩的量起着重要的作用. 这里, 我们简单地叙述这些表达式.

我们假定质点 m 在和 x 轴有距离 y 的地方, 以角速度 ω (即在单位时间内旋转了角 ω) 绕该轴匀速旋转. 质点的动能表示为质量和速度平方的乘积的二分之一, 等于

$$\frac{m}{2}(y\omega)^2.$$

我们把 $\dfrac{\omega^2}{2}$ 的系数 my^2 称为质点关于 x 轴的惯性矩.

类似地, 如果我们有质量为 $m_1, m_2, \cdots, m_n$ 且纵坐标为 $y_1, y_2, \cdots, y_n$ 的 n 个质点, 那么我们称表达式

$$T = \sum_i m_i y_i^2$$

为该质点系关于 x 轴的惯性矩. 惯性矩是属于质点系本身的一个量, 与它的运动状态无关. 它的重要性在于, 在系统围绕一个轴作保持每一对质点的距离不改变的刚体转动时, 动能等于关于那个轴的惯性矩乘以角速度平方的二分之一. 因此, 在围绕轴旋转时, 关于该轴的惯性矩起了和质量在直线运动中同样的作用.

令 $y = f(x)$ 为位于横坐标 x_0 和 $x_1 > x_2$ 之间的一条任意的曲线. 沿着曲线质量以单位密度均匀分布. 为了定义这条曲线的惯性矩, 我们的作法完全像前节一样, 得到关于 x 轴的惯性矩的表达式为

$$T_x = \int_{s_0}^{s_1} y^2 ds = \int_{x_0}^{x_1} y^2 \sqrt{1 + y'^2} dx. \tag{27}$$

关于 y 轴的惯性矩, 我们相应地有

$$T_y = \int_{s_0}^{s_1} x^2 ds = \int_{x_0}^{x_1} x^2 \sqrt{1 + y'^2} dx. \tag{28}$$

4.2　例

我们从许多种平面曲线中选择几个典型的例子, 来说明我们讨论过的概念.

a. 普通摆线

根据方程 $x = a(t - \sin t), y = a(1 - \cos t)$ (参见第 289 页 (1)), 有 $\dot{x} = a(1 - \cos t), \dot{y} = a \sin t$. 我们得到弧长为

$$s = \int_0^\alpha \sqrt{\dot{x}^2 + \dot{y}^2} dt = \int_0^\alpha \sqrt{2a^2(1 - \cos t)} dt.$$

因为 $1 - \cos t = 2 \sin^2 \dfrac{t}{2}$, 所以被积函数等于 $2a \sin \dfrac{t}{2}$, 因而, 对于 $0 \leqslant \alpha \leqslant 2\pi$, 有

$$\begin{aligned} s &= 2a \int_0^\alpha \sin\left(\frac{t}{2}\right) dt = -4a \cos \frac{t}{2} \Big|_0^\alpha \\ &= 4a\left(1 - \cos \frac{\alpha}{2}\right) = 8a \sin^2 \frac{\alpha}{4}. \end{aligned}$$

特别, 如果我们考虑相继的两个尖点之间的弧长, 那么我们必须令 $\alpha = 2\pi$, 因为参数值区间 $0 \leqslant t \leqslant 2\pi$ 相应于滚动的圆的一次回转. 因此, 我们得到弧长的值为 $8a$, 即相继两尖点之间的摆线的弧长等于滚动圆直径的四倍.

类似地, 我们计算以摆线的弧和 x 轴为边界的区域的面积:

$$\begin{aligned} I &= \int_0^{2\pi} y\dot{x} dt = a^2 \int_0^{2\pi} (1 - \cos t)^2 dt \\ &= a^2 \int_0^{2\pi} \left(1 - 2\cos t + \cos^2 t\right) dt \\ &= a^2 \left(t - 2\sin t + \frac{t}{2} + \frac{\sin 2t}{4}\right) \Big|_0^{2\pi} = 3a^2\pi. \end{aligned}$$

所以这个面积是滚动圆面积的三倍.

对于曲率半径 $|\rho| = \dfrac{1}{|\kappa|}$, 根据第 311 页 (15) 式我们有

$$\rho = \frac{(\dot{x}^2 + \dot{y}^2)^{\frac{3}{2}}}{\ddot{y}\dot{x} - \dot{y}\ddot{x}} = -2a\sqrt{2(1 - \cos t)} = -4a \left|\sin \frac{t}{2}\right|.$$

在点 $t=0, t=\pm2\pi,\cdots$, 上式为零. 这些点实际上是尖点. 在尖点上, 摆线与 x 轴成直角.

根据第 326 页公式 (25), 摆线的弧绕 x 轴旋转而形成的回转曲面的面积为

$$A = 2\pi \int_0^{8a} y ds = 2\pi \int_0^{2\pi} a(1-\cos t) \cdot 2a\sin\frac{t}{2} dt$$

$$= 8a^2\pi \int_0^{2\pi} \sin^3\frac{t}{2} dt = 16a^2\pi \int_0^{\pi} \sin^3 u\, du$$

$$= 16a^2\pi \int_0^{\pi} \left(1-\cos^2 u\right)\sin u\, du.$$

作替换 $\cos u = v$ 可求出最后一个积分的值, 我们得到

$$A = 16a^2\pi \left(-\cos u + \frac{1}{3}\cos^3 u\right)\Bigg|_0^{\pi} = \frac{64a^2\pi}{3}.$$

作为练习, 读者可以自己计算摆线在 x 轴上的质量中心的高 η 和惯性矩 T_x. 结果为

$$\eta = \frac{4}{3}a = \frac{A}{2\pi s}, \quad T_x = \frac{256}{15}a^3.$$

b. 悬链线

悬链线[1] 是由方程 $y=\cosh x$ 定义的曲线. 悬链线在横坐标 $x=a$ 和 $x=b$ 之间的长是

$$s = \int_a^b \sqrt{1+\sinh^2 x}\, dx = \int_a^b \cosh x\, dx = \sinh b - \sinh a.$$

悬链线绕 x 轴旋转而产生的回转曲面的面积, 即所谓的悬链曲面的面积为

$$A = 2\pi \int_a^b \cosh^2 x\, dx = 2\pi \int_a^b \frac{1+\cosh 2x}{2} dx$$

$$= \pi \left(b-a+\frac{1}{2}\sinh 2b - \frac{1}{2}\sinh 2a\right).$$

由此我们进一步得到从 a 到 b 的弧的质量中心的高:

$$\eta = \frac{A}{2\pi s} = \frac{b-a+\frac{1}{2}\sinh 2b - \frac{1}{2}\sinh 2a}{2(\sinh b - \sinh a)}.$$

---

[1] 该名称来自这样一个事实: 悬挂在两个端点上的一个链就是这个曲线的形状. 十分奇怪的是同一条曲线产生在很不同的物理应用中. 让我们看空间中的两个圆所限制的肥皂膜吧. 假定两个圆在互相平行的平面上并且通过两圆心的直线与这些平面垂直. 那么, 这个肥皂膜的形状和悬链线绕 x 轴旋转而产生的回转曲面的形状完全一样.

最后, 曲率为

$$\kappa = \frac{y''}{(1+y'^2)^{\frac{3}{2}}} = \frac{\cosh x}{\cosh^3 x} = \frac{1}{\cosh^2 x}.$$

c. 椭圆和双纽线

这两个曲线的弧长不能化为初等函数, 而是属于第 261 页提到的椭圆积分.

对于椭圆 $y = (b/a)\sqrt{a^2 - x^2}$, 我们有

$$s = \frac{1}{a} \int \sqrt{\frac{a^4 - (a^2 - b^2)\,x^2}{a^2 - x^2}} dx = a \int \sqrt{\frac{1 - \eta^2 \xi^2}{1 - \xi^2}} d\xi,$$

其中我们置 $\dfrac{x}{a} = \xi, 1 - \dfrac{b^2}{a^2} = \eta^2$. 用代换 $\xi = \sin\phi$, 这个积分就可表为

$$s = a \int \sqrt{1 - \eta^2 \sin^2 \phi} d\phi.$$

这里, 为得到椭圆的半周长, 我们必须令 x 通过从 $-a$ 到 a 的区间, 这个区间相应于区间

$$-1 \leqslant \xi \leqslant +1 \quad \text{或} \quad -\frac{\pi}{2} \leqslant \phi \leqslant +\frac{\pi}{2}.$$

对于双纽线, 它在极坐标 r, t 下的方程为 $r^2 = 2a^2 \cos 2t$, 类似地有

$$s = \int \sqrt{r^2 + \dot{r}^2} dt = \int \sqrt{2a^2 \cos 2t + 2a^2 \frac{\sin^2 2t}{\cos 2t}} dt$$

$$= a\sqrt{2} \int \frac{dt}{\sqrt{\cos 2t}} = a\sqrt{2} \int \frac{dt}{\sqrt{1 - 2\sin^2 t}}.$$

如果在最后一个积分中引入 $u = \tan t$ 作为自变量, 我们就有

$$\sin^2 t = \frac{u^2}{1 + u^2}, \quad dt = \frac{du}{1 + u^2},$$

因此

$$s = a\sqrt{2} \int \frac{du}{\sqrt{1 - u^4}}.$$

在双纽线的一个完全回路中, u 是由 -1 变到 $+1$, 因此弧长等于

$$a\sqrt{2} \int_{-1}^{+1} \frac{du}{\sqrt{1 - u^4}},$$

这个特殊的椭圆积分在高斯 (Gauss) 的研究中起了很大的作用.

4.3 二维向量

在讨论平面曲线与几何、力学和物理中其他许多论题时, 向量概念已成为方便的、几乎不可缺少的工具, 本章我们将发展和应用二维向量的概念, 对于高维的推广放到第二卷叙述.

直观的解释

很多数学和物理的对象, 在一个给定的尺度下可用一个单个的数完全地表示它, 我们称它为标量 (scalar). 诸如角度、长度、面积、时间、质量和温度都是标量的例子. 但是还有另外一些对象, 不可能只用一个标量表示, 例如, 三角形的形状、空间中点的位置、质点运动的方向或加速度以及物体的张力. 需要几个数才能确定每一个这样的对象. 逐渐地, 数学概念超出实数连续统而发展起来, 使我们能够用单个的记号来表示这种对象[1]. 平面上的向量 (vector) 可以用两个信息项来描述: 即长度和方向. 例如, 两点的相对位置、质点的速度和加速度与作用在一个质点上的力都属于这一类[2].

几何上或直观地, 向量在本质上是用它的长 (或大小) 和它的方向来描述的平面 (或空间) 上的有向线段. 通常, 向量用给定的长和指向给定的方向的箭头符号表示. 除非明确加以限制, 向量是 "自由的", 也就是说在向量的定义中并不规定有向线段起点的位置.

虽然有许多物理概念, 例如速度、加速度和力是向量在应用中的基本例子, 但是我们将用平移或平行位移从几何上来定义向量.

向量分析是从给有向线段或平行位移命名为 '向量" 开始的, 但是其决定性的意义不是引入了一个统一的名词, 而是这些对象, 即向量 (类似地, 如复数), 可借助一套法则而互相结合, 或与标量互相结合, 这套法则称为向量代数或向量分析, 它们在各种应用中有着自然的解释, 例如, 两个速度的叠加, 或位移反抗一个力所做的功. 直观借助的向量的语言可使许多的数学和物理关系表达得简洁而清楚.

a. 用平移定义向量. 记号

平面上最简单的变换是平移, 即平行位移. 平移是把任意一点 $P = (x, y)$ 变到或者映射到点 $P' = (x', y')$, P' 的坐标是

$$x' = x + a, \quad y' = y + b,$$

其中 a 和 b 为常数. 平移由常数 a 和 b 完全决定. 我们把 a 和 b 称为平移的分量 (component). 我们将用 '向量" 一词作为平移的另一个名称. 使用黑体字表示

---

1) 当然, 复数 $a + bi = z$ 是表示实数对 a, b 的这样的符号, 有时用复数而不用向量的确方便些.

2) 有时向量也是不够的, 譬如描述张力或空间曲率就要使用更一般的称为张量的概念.

向量或平移. 我们把分量为 a,b 的向量记为 $\mathbf{R} = (a,b)$ (图 4.29).

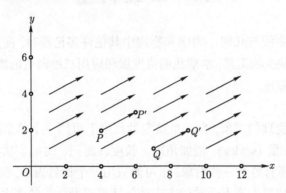

图 4.29　对应于向量 $\mathbf{R} = \overrightarrow{PP'} = \overrightarrow{QQ'} = (2,1)$ 的平移 $x' = x+2, y' = y+1$

向量 $\mathbf{R}$ 的分量由一对相应的点 $P = (x,y)$ 和 $P' = (x',y')$ 决定, 因为

$$a = x' - x, \quad b = y' - y.$$

显然, 对于任意点 P 和 P' 总能找到使 P 变到 P' 的平移 $\mathbf{R}$. 我们把它表示为向量 $\mathbf{R} = \overrightarrow{PP'}$. 因此, 任意有序点对 $P = (x,y), P' = (x',y')$, 即任意有向线段决定向量 $\mathbf{R} = \overrightarrow{PP'} = (x'-x, y'-y)$. 我们看到, 第二对点 $Q = (\xi, \eta), Q' = (\xi', \eta')$ 当 $\xi' - \xi = x' - x, \eta' - \eta = y' - y$ 时定义了同一个向量, 因此, 同样的平移 $\mathbf{R}$ 使 P 变到 P', Q 变到 Q'. 向量 $\mathbf{R}$ 由两个数 (即分量) 决定, 就像平面上的点由两个坐标决定一样. 基本区别是在几何上用一个点对表示向量, 在表示式 $\mathbf{R} = \overrightarrow{PP'}$ 中, 我们把 P 称为起点, 把 P' 称为终点. 对于给定的 $\mathbf{R}$, 两点之一, 譬如说起点 $P = (x,y)$ 可以任意选定, 而后终点 $P' = (x',y')$ 就由关系 $x' = x + a, y' = y + b$ 唯一地确定. 把起点和终点交换位置就得到反向量 $\overrightarrow{P'P} = (-a, -b)$.

如果把起点选在原点 $O = (0,0)$, 那么我们可以取 $\mathbf{R} = \overrightarrow{OQ}$ 而把向量 $\mathbf{R}$ 与每一个点 $Q = (x,y)$ 唯一地联系起来. 有固定的起点 O 的向量称为 Q 的位置向量. Q 的位置向量的分量就是 Q 的坐标 x, y.

分量为 $a = 0, b = 0$ 的向量 $\mathbf{R}$ 叫做零向量, 记为 $\mathbf{O}$. 它相当于一个把每一个点保持固定的平移:

$$\mathbf{O} = (0,0) = \overrightarrow{PP}.$$

两点 $P = (x,y), P' = (x',y')$ 的距离 r 只依赖于向量 $\mathbf{R} = (a,b) = \overrightarrow{PP'}$, 因为

$$r = \sqrt{(x'-x)^2 + (y'-y)^2} = \sqrt{a^2 + b^2}.$$

我们把 r 称为向量 $\mathbf{R}$ 的长, 并且记为 $r = |\mathbf{R}|$. 除非 $\mathbf{R} = \mathbf{O}, \mathbf{R}$ 的长总是一个正

数 (图 4.30).

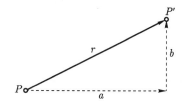

图 4.30　向量 $\mathbf{R} = \overrightarrow{PP'}$ 的分量 a, b 和长 r

我们把向量 $\mathbf{R} = (a, b)$ 与数或标量 λ 的乘积定义为向量

$$\mathbf{R}^* = \lambda \mathbf{R} = (\lambda a, \lambda b).$$

如 $\lambda = -1$, 我们有和 $\mathbf{R}$ 相反的向量 $\mathbf{R}^* = (-a, -b)$ (图 4.31).

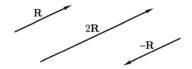

图 4.31　向量 $\mathbf{R}$ 与标量相乘

如果 $\mathbf{R} = \overrightarrow{PP'} = (a, b), P = (x, y), P' = (x', y')$, 那么我们可以把 $\mathbf{R}^* = \lambda \mathbf{R}$ 表为 $\overrightarrow{PP''}$, 其中 $P'' = (x'', y'') = (x + \lambda a, y + \lambda b)$ (图 4.32). 如 $a = b = 0$, 我们当然有 $P'' = P' = P$. 如 a 和 b 不都是零, 则点 $P'' = (x'', y'') = (x + \lambda a, y + \lambda b)$, 当 λ 取遍所有实数值时跑遍这整个直线

$$x''b - y''a = xb - ya.$$

如 $\lambda = 0$, 则 $P'' = P$. 如 $\lambda = 1$, 则 $P'' = P'$. 因此 P'' 在过 P 和 P' 的直线上. 如 $\lambda > 0$, 那么点 P'' 和 P' 在 P 的同一边. 如 $\lambda < 0, P''$ 和 P' 在 P 的相反的两边.

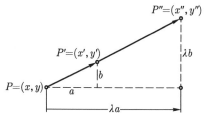

图 4.32　在 $\lambda = \dfrac{8}{3}$ 时的向量关系 $\mathbf{R}^* = \overrightarrow{PP''} = \lambda \overrightarrow{PP'}$

给定 $\mathbf{R} = (a, b)$ 和 $\mathbf{R}^* = (a^*, b^*)$. 如果 $\mathbf{R}^* = \lambda \mathbf{R}$ 并且 $\lambda > 0$, 那么就说 $\mathbf{R}$ 和

$\mathbf{R}^*$ 有相同的方向. 如 $\lambda < 0$, 就说 $\mathbf{R}$ 和 $\mathbf{R}^*$ 有相反的方向. 如果 $\mathbf{R} = \mathbf{O}$, 那么同样 $\mathbf{R}^* = \mathbf{O}$. 如果 $\mathbf{R} \neq \mathbf{O}$, 那么 $\mathbf{R}^*$ 和 $\mathbf{R}$ 有相同方向的充分必要条件是

$$\frac{a}{\sqrt{a^2 + b^2}} = \frac{a^*}{\sqrt{a^{*2} + b^{*2}}}, \quad \frac{b}{\sqrt{a^2 + b^2}} = \frac{b^*}{\sqrt{a^{*2} + b^{*2}}}.$$

我们把决定向量 $\mathbf{R}$ 的方向的量

$$\xi = \frac{a}{\sqrt{a^2 + b^2}} = \frac{a}{|\mathbf{R}|} = \frac{a}{r},$$

$$\eta = \frac{b}{\sqrt{a^2 + b^2}} = \frac{b}{|\mathbf{R}|} = \frac{b}{r}$$

叫做 $\mathbf{R}$ 的**方向余弦**. 当然它们对于 $\mathbf{R} = \mathbf{O}$ 没有定义. 因为 $\xi^2 + \eta^2 = 1$, 所以我们总能找到角 α 和相应的角 $\beta = \frac{\pi}{2} - \alpha$, 使得

$$\xi = \cos\alpha, \quad \eta = \sin\alpha = \cos\beta.$$

角 α 叫做 $\mathbf{R}$ 的**方向角** (图 4.33). 除去 π 的偶数倍之外方向角是唯一地确定的. 对于 $\mathbf{R} = \overrightarrow{PP'}$, 我们有

$$\cos\alpha = \frac{x' - x}{r}, \quad \sin\alpha = \frac{y' - y}{r}.$$

显然, α 为正 x 轴与 P 到 P' 的直线的夹角. 更确切地说, 把正 x 轴绕原点旋转角 α (如反时针转, 算正的; 如顺时针转, 算负的), 该轴将给出由 P 到 P' 的方向. 反向量 $-\mathbf{R} = (-a, -b)$ 的方向余弦为 $-\xi, -\eta$, 并且方向角与 α 相差 π 的奇数倍. 如果向量 $\mathbf{R} = \overrightarrow{PP'}$ 的起点是原点, 那么 $\mathbf{R}$ 的方向角 α 就是 P' 的极角 θ.

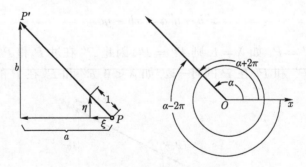

图 4.33　向量 $\overrightarrow{PP'}$ 的方向角和方向余弦 ξ, η

b. 向量的加法和乘法

向量的和

我们已经用平移, 即平面上点的某些映射定义了向量. 存在一个完全一般的方

法, 通过相继地使用任意两个映射, 将它们结合起来. 如果第一个映射把点 P 移到点 P', 第二个映射把点 P' 移到 P'', 那么组合的映射是把 P 移到 P''. 在两个向量 $\mathbf{R} = (a, b)$ 和 $\mathbf{R}^* = (a^*, b^*)$ 的情况下, 向量 $\mathbf{R}$ 把点 $P = (x, y)$ 映射到点 $P' = (x + a, y + b)$, 向量 $\mathbf{R}^*$ 把 P' 映射到点 $P'' = (x + a + a^*, y + b + b^*)$. 从 P 到 P'' 产生的映射还是一个平移, 我们称它为向量 $\mathbf{R} = \overrightarrow{PP'}$ 和 $\mathbf{R}^* = \overrightarrow{P'P''}$ 的和, 记为 $\mathbf{R} + \mathbf{R}^*$ (图 4.34)[1]. 这个和向量的分量是 $a + a^*$ 和 $b + b^*$. 因此, 两个向量的和定义为

$$\overrightarrow{PP'} + \overrightarrow{P'P''} = \overrightarrow{PP''},$$

或者使用分量描述, 便是

$$(a, b) + (a^*, b^*) = (a + a^*, b + b^*).$$

如果 $\mathbf{R}^*$ 和 $\mathbf{R}$ 有相同起点, 譬如说 $\mathbf{R}^* = \overrightarrow{PP'''}$, 那么点 P, P''', P'' 和 P' 构成一个平行四边形的顶点. 过 P 的两个边表示向量 $\mathbf{R}$ 和 $\mathbf{R}^*$; 过 P 点的对角线表示和 $\mathbf{R} + \mathbf{R}^*$ (向量和的 "平行四边形作图法").

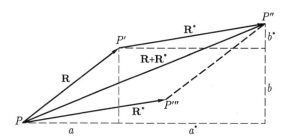

图 4.34　向量 $\overrightarrow{PP'} = (a, b)$ 和 $\overrightarrow{P'P''} = (a^*, b^*)$ 的加法

向量和满足算术的交换律和结合律, 因为向量的加法相当于对应的分量的加法 (图 4.35). 而且它们还满足两个向量之和乘以数 λ 和一个向量乘以两个数 λ, μ 之和的分配律:

$$\lambda(\mathbf{R} + \mathbf{R}^*) = \lambda\mathbf{R} + \lambda\mathbf{R}^*, \quad (\lambda + \mu)\mathbf{R} = \lambda\mathbf{R} + \mu\mathbf{R}^{[2]}.$$

这些法则使我们可以用点 P 和 P' 的位量向量 $\overrightarrow{OP}$ 和 $\overrightarrow{OP'}$ 来表示向量 $\overrightarrow{PP'}$ (图 4.36):

$$\overrightarrow{PP'} = \overrightarrow{PO} + \overrightarrow{OP'} = \overrightarrow{OP'} + \overrightarrow{PO} = \overrightarrow{OP'} - \overrightarrow{OP}.$$

重要的是认识到: 一般地, 如果我们从点 P 出发经过点 $A, B, C, \cdots, E, F$ 进行到

---

1) "和" 实际上是第 41 页定义的两个映射的符号乘积. 在这里加号更自然一些, 因为它相应于分量的加法.

2) 为了在方程中区别向量和数, 在写乘积时, 我们总是把数放在向量的前面, 虽然可以定义 $\lambda\mathbf{R} = \mathbf{R}\lambda$, 但我们不使用 $\mathbf{R}\lambda$ 的记法.

Q, 那么向量 $\overrightarrow{PQ}$ 就是向量 $\overrightarrow{PA}, \overrightarrow{AB}, \overrightarrow{BC}, \cdots, \overrightarrow{EF}, \overrightarrow{FQ}$ 之和 (图 4.37).

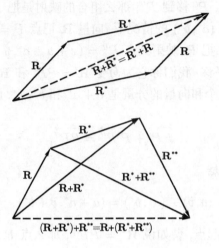

图 4.35   向量加法的交换律和结合律

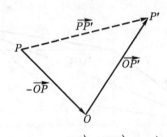

图 4.36 $\overrightarrow{PP'} = \overrightarrow{OP'} - \overrightarrow{OP}$

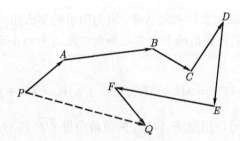

图 4.37 $\overrightarrow{PQ} = \overrightarrow{PA} + \overrightarrow{AB} + \overrightarrow{BC} + \cdots + \overrightarrow{FQ}$

向量之间的夹角

向量 $\mathbf{R}^* = (a^*, b^*)$ 和向量 $\mathbf{R} = (a, b)$ 的夹角 θ 定义为它们的方向角之差: $\theta = \alpha^* - \alpha$. (这里, 假定 $\mathbf{R}$ 和 $\mathbf{R}^*$ 都不是零向量.) 除去可以相差 2π 的整数倍之外角 θ 仍是确定的 (图 4.38). 旋转角 θ (θ 的正负号指示了旋转的方向) 使 $\mathbf{R}$ 的

方向变到 **R*** 的方向. 唯一确定的量 $\cos\theta$ 和 $\sin\theta$ 可直接用 **R** 和 **R*** 的方向余弦表示:

$$\cos\theta = \cos(\alpha^* - \alpha) = \cos\alpha\sin\alpha^* + \sin\alpha\sin\alpha^*$$

$$= \frac{aa^* + bb^*}{\sqrt{a^2 + b^2}\sqrt{a^{*2} + b^{*2}}},$$

$$\sin\theta = \sin(\alpha^* - \alpha) = \cos\alpha\sin\alpha^* - \sin\alpha\cos\alpha^*$$

$$= \frac{ab^* - a^*b}{\sqrt{a^2 + b^2}\sqrt{a^{*2} + b^{*2}}}.$$

每一式子的分母刚好是向量长的乘积 rr'. 我们引入在分子中出现的式子作为两个向量的 '乘积'.

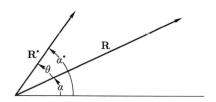

图 4.38 向量 **R*** 与向量 **R** 构成角 θ

两个向量的内积和外积[1]

我们定义向量 $\mathbf{R} = (a, b)$ 和 $\mathbf{R}^* = (a^*, b^*)$ 的 '数量' 积 (又称 '内' 积或 '点' 积) 为

$$\mathbf{R} \cdot \mathbf{R}^* = aa^* + bb^* = rr^*\cos\theta.$$

定义 **R** 和 **R*** 的 '外' 积 (或 '叉' 积) 为

$$\mathbf{R} \times \mathbf{R}^* = ab^* - a^*b = rr^*\sin\theta.$$

由直接证明可知, 内积和外积满足分配律和结合律:

$$\mathbf{R} \cdot (\mathbf{R}^* + \mathbf{R}^{**}) = \mathbf{R} \cdot \mathbf{R}^* + \mathbf{R} \cdot \mathbf{R}^{**},$$

$$\mathbf{R} \times (\mathbf{R}^* + \mathbf{R}^{**}) = \mathbf{R} \times \mathbf{R}^* + \mathbf{R} \times \mathbf{R}^{**},$$

$$\lambda(\mathbf{R} \cdot \mathbf{R}^*) = (\lambda\mathbf{R}) \cdot \mathbf{R}^* = \mathbf{R} \cdot (\lambda\mathbf{R}^*),$$

$$\lambda(\mathbf{R} \times \mathbf{R}^*) = (\lambda\mathbf{R}) \times \mathbf{R}^* = \mathbf{R} \times (\lambda\mathbf{R}^*).$$

对于内积, 乘法的交换律也成立:

$$\mathbf{R} \cdot \mathbf{R}^* = \mathbf{R}^* \cdot \mathbf{R}.$$

---

[1] 按这里的定义, 内积和外积实际上都是 '标量'. 我们仅对于内积保留了数量积这个词, 因为在三维空间中, 与外积相类似的是向量.

但是对于外积, 如果交换因子, 则方向相反:

$$\mathbf{R} \times \mathbf{R}^* = -\mathbf{R}^* \times \mathbf{R}.$$

令 $\mathbf{R}$ 和 $\mathbf{R}^*$ 有同一个起点, $\mathbf{R} = \overrightarrow{PQ}, \mathbf{R}^* = \overrightarrow{PQ^*}$. 我们可以把 $\mathbf{R} \cdot \mathbf{R}^*$ 解释为线段 PQ^* 在线段 PQ 上的射影 $r^* \cos \theta$ 和该线段长的乘积, 外积 $\mathbf{R} \times \mathbf{R}^*$ 不过是有向三角形 PQQ^* 的面积的两倍. 如果顶点 PQQ^* 是反时针的次序, 面积取正号, 反之取负号 (图 4.39).

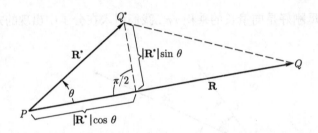

图 4.39　向量积 $\mathbf{R} \times \mathbf{R}^* = |\mathbf{R}| \, |\mathbf{R}^*| \sin \theta$ 为三角形 PQQ^* 的面积的两倍

对任意向量 $\mathbf{R} = (a, b)$,

$$\mathbf{R} \cdot \mathbf{R} = a^2 + b^2 = |\mathbf{R}|^2$$

为向量长的平方. 因此, $\mathbf{R} \cdot \mathbf{R}$ 是正值, 除非 $\mathbf{R} = \mathbf{O}$. 另一方面, $\mathbf{R} \times \mathbf{R}$ 总为零. 两个非零向量互相正交的条件是 $\mathbf{R} \cdot \mathbf{R}^* = 0$, 而如果 $\mathbf{R} \times \mathbf{R}^* = 0$, 那么 $\mathbf{R}$ 和 $\mathbf{R}^*$ 是平行的 (即方向相同或相反).

直线的方程

使用向量记号, 我们可以很容易写出过两点的直线方程和过一给定点有给定的方向的直线方程. 令 $P = (x, y), P_0 = (x_0, y_0)$ 和 $P_1 = (x_1, y_1)$ 为三个点, 并且 $P_0 \neq P_1$, 如果 $\overrightarrow{P_0 P}$ 和 $\overrightarrow{P_0 P_1}$ 是平行的, 即

$$\overrightarrow{P_0 P} \times \overrightarrow{P_0 P_1} = 0,$$

那么 P 在过 P_0 和 P_1 的直线上. 如果 $\mathbf{R} = \overrightarrow{OP}, \mathbf{R}_0 = \overrightarrow{OP_0}$ 和 $\mathbf{R}_1 = \overrightarrow{OP_1}$ 为三点的位置向量, 那么条件就变为

$$(\mathbf{R} - \mathbf{R}_0) \times (\mathbf{R}_1 - \mathbf{R}_0) = 0$$

或

$$(\mathbf{R}_1 - \mathbf{R}_0) \times \mathbf{R} = \mathbf{R}_1 \times \mathbf{R}_0.$$

把点的坐标代替位置向量, 我们就得到通常形式的直线方程 (图 4.40):

$$(x_1 - x_0)\, y - (y_1 - y_0)\, x = x_1 y_0 - y_1 x_0.$$

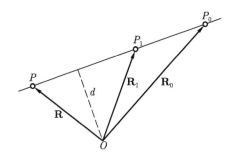

图 4.40　用向量符号表示的直线

如果不是指定直线上的两个点, 我们也可以先定下一个点 P_0 来求与向量 $\mathbf{S} = (a, b)$ 平行的直线. 显然, 直线方程为

$$(\mathbf{R} - \mathbf{R}_0) \times \mathbf{S} = 0,$$

即

$$(x - x_0)\, b - (y - y_0)\, a = 0.$$

如 $\mathbf{S} = \overrightarrow{P_0 P_1}$, 就得到前面的那个方程.

原点到直线的距离 d 也可以用向量符号表示. 显然, d 乘以向量 $\overrightarrow{P_0 P_1}$ 的长等于三角形 OP_0P_1 面积的两倍. 因此

$$d = \frac{1}{\left|\overrightarrow{P_0 P_1}\right|} \left(\overrightarrow{OP_0} \times \overrightarrow{OP_1}\right) = \frac{\mathbf{R}_0 \times \mathbf{R}_1}{|\mathbf{R}_1 - \mathbf{R}_0|}$$

$$= \frac{x_0 y_1 - x_1 y_0}{\sqrt{(x_1 - x_0)^2 + (y_1 - y_0)^2}}.$$

这里, 如果点 O, P_0, P_1 是反时针顺序的, d 就取正值.

坐标向量

向量 $\mathbf{R} = (a, b)$ 通常可以表示为

$$\mathbf{R} = a\mathbf{i} + b\mathbf{j}, \tag{29}$$

这里 $\mathbf{i}$ 和 $\mathbf{j}$ 表示 "坐标向量 (coordinate vectors)"

$$\mathbf{i} = (1, 0), \quad \mathbf{j} = (0, 1). \tag{30}$$

用这种方法可以把 $\mathbf{R}$ 分成两个分别平行于 x 轴和 y 轴方向的向量 $a\mathbf{i}$ 和 $b\mathbf{j}$. $\mathbf{R}$ 的

分量 a 和 b 刚好是这两个向量的 (有符号的) 长.

在应用中, 我们常常提出把向量 $\mathbf{R}$ 表成为具有两个给定的正交方向 (即互相垂直) 的向量的和. 为此目的, 我们引入两个具有给定方向的单位向量 $\mathbf{I}$ 和 $\mathbf{J}$. 如果我们可以把 $\mathbf{R}$ 表为

$$\mathbf{R} = A\mathbf{I} + B\mathbf{J},\tag{31}$$

这里 A, B 是两个数, 那么就可以得到所要求的 $\mathbf{R}$ 的分解 (图 4.40(a)). 如果这样的 $\mathbf{R}$ 的表示式存在, 那么容易求得 A, B 的值. 因为, 按假定向量 $\mathbf{I}$ 和 $\mathbf{J}$ 是长为 1 的正交单位向量, 所以

$$\mathbf{I} \cdot \mathbf{I} = \mathbf{J} \cdot \mathbf{J} = 1, \quad \mathbf{I} \cdot \mathbf{J} = 0.\tag{32}$$

分别作出方程 (31) 和 $\mathbf{I}, \mathbf{J}$ 的数量积, 就看到 A 和 B 的值必定是

$$A = \mathbf{R} \cdot \mathbf{I}, \quad B = \mathbf{R} \cdot \mathbf{J}.\tag{33}$$

换句话说, A, B 是表示 $\mathbf{R}$ 的线段在给定方向上的投影的长度.

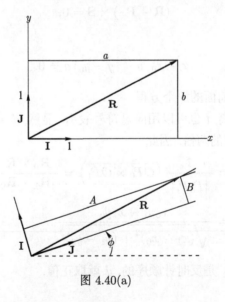

图 4.40(a)

如果能够证明 $\mathbf{i}$ 和 $\mathbf{j}$ 本身可以用 $\mathbf{I}$ 和 $\mathbf{J}$ 表示, 那么我们就可以由表示式 (29) 推出 $\mathbf{R}$ 可以表示为 $\mathbf{I}$ 和 $\mathbf{J}$ 的线性组合 (31). 现在 $\mathbf{I} = (\alpha, \beta), \mathbf{J} = (\gamma, \delta)$ 可以写成

$$\mathbf{I} = \alpha\mathbf{i} + \beta\mathbf{j}, \quad \mathbf{J} = \gamma\mathbf{i} + \delta\mathbf{j}.\tag{34}$$

因为有关系式 (32), 量 $\alpha, \beta, \gamma, \delta$ 必须满足所谓的正交关系

$$\alpha^2 + \beta^2 = \gamma^2 + \delta^2 = 1, \quad \alpha\gamma + \beta\delta = 0.\tag{35}$$

如果我们把方程 (34) 的第一个乘以 δ, 第二个乘以 β, 再相减, 我们有

$$(\alpha\delta - \beta\gamma)\mathbf{i} = \delta\mathbf{I} - \beta\mathbf{J}. \tag{36}$$

类似地

$$(\alpha\delta - \beta\gamma)\mathbf{j} = -\gamma\mathbf{I} + \alpha\mathbf{J}. \tag{37}$$

这里, 对于互相垂直的单位向量 $\mathbf{I}$ 和 $\mathbf{J}$ 有

$$(\alpha\delta - \beta\gamma) = \mathbf{I} \times \mathbf{J} = \pm 1, \tag{38}$$

其中取上边的还是取下边的符号取决于 $\mathbf{I}$ 到 $\mathbf{J}$ 旋转 $90°$ 的指向是逆时针还是顺时针. 在取定一个符号的情况下, 等式 (36) 和 (37) 就用 $\mathbf{I}$ 和 $\mathbf{J}$ 表示了 $\mathbf{i}$ 和 $\mathbf{j}$. 把 (36) 和 (37) 代入 (29) 就证明了任意向量 $\mathbf{R}$ 的表示公式 (31) 成立.

公式 (31) 也可以解释为在坐标轴分别指向 $\mathbf{I}$ 和 $\mathbf{J}$ 的方向的新坐标系之下向量 $\mathbf{R}$ 的表示式. 同时单位向量的分量是该向量方向角的方向余弦. 令 $\mathbf{I}$ 和 $\mathbf{J}$ 分别有方向角 ϕ 和 ψ. 那么

$$\alpha = \cos\phi, \quad \beta = \sin\phi, \quad \gamma = \cos\psi, \quad \delta = \sin\psi.$$

这里, 或 $\psi = \phi + \dfrac{\pi}{2}$ 或 $\psi = \phi - \dfrac{\pi}{2}$. 在第一种情况 (相当于坐标向量 $\mathbf{I}, \mathbf{J}$ 的右手系), 我们有 $\gamma = -\beta, \delta = \alpha, \alpha\delta - \beta\gamma = +1$ 使得

$$\mathbf{I} = (\cos\phi, \sin\phi), \quad \mathbf{J} = (-\sin\phi, \cos\phi). \tag{39}$$

于是给出向量 $\mathbf{R}$ 对于坐标向量 $\mathbf{I}, \mathbf{J}$ 的分量的公式 (33) 具有形式

$$A = a\cos\phi + b\sin\phi, \quad B = -a\sin\phi + b\cos\phi. \tag{40}$$

这些公式表示同一个向量 $\mathbf{R}$ 在两个右手坐标系中的分量之间的关系. 这两个坐标系中将一个坐标系的轴旋转角 ϕ 就得到另一个坐标系. 如果我们假定这两个坐标系有相同的原点 O 并且 $\mathbf{R}$ 为任意一点 P 的位置向量 $\overrightarrow{OP}$, 那么我们由公式 (40) 可得坐标变换公式, 这些公式在第 315 页公式 (18) 中已经给出, 分量 a, b 和 A, B 分别为 P 在两个坐标系中的坐标.

c. 变向量及其导数和积分

我们很自然地要考虑这样一个向量 $\mathbf{R} = (a, b)$, 它的分量 a, b 为变量 t 的函数, 譬如说 $a = a(t), b = b(t)$. 那么, 对任意一个 t, 我们有一个向量

$$\mathbf{R} = \mathbf{R}(t) = (a(t), b(t)).$$

我们称 $\mathbf{R}(t)$ 为 t 的向量函数. 例如, 一个随时间而运动的点的位置向量.

如果当 $t \to t_0$ 时, $a(t)$ 有极限 a^*, $b(t)$ 有极限 b^*, 我们就说当 $t \to t_0$ 时, $\mathbf{R}(t)$ 有极限 $\mathbf{R}^* = (a^*, b^*)$. 在这种情况下, $\mathbf{R}(t)$ 的长趋于 $\mathbf{R}^*$ 的长, 如 $\mathbf{R}^* \neq 0$, $\mathbf{R}(t)$ 的方向趋于 $\mathbf{R}^*$ 的方向 (即 $\mathbf{R}$ 的方向余弦趋于 $\mathbf{R}^*$ 的方向余弦). 如果

$$\lim_{t \to t_0} \mathbf{R}(t) = \mathbf{R}(t_0),$$

就是说, 如果 $\mathbf{R}$ 的分量是 t 的连续函数, 那么就说向量 $\mathbf{R}(t)$ 连续地依赖于 t. 连续向量的长和方向 (假定 $\mathbf{R}(t_0) \neq 0$) 也随着 t 连续地变化.

为引入向量的导数, 我们对于参数的两个值 t 和 $t + h$ 作差商

$$\frac{1}{h}[\mathbf{R}(t + h) - \mathbf{R}(t)] = \left[\frac{a(t + h) - a(t)}{h}, \frac{b(t + h) - b(t)}{h}\right].$$

我们定义 $\mathbf{R}$ 的导数为此差商在 $h \to 0$ 时的极限:

$$\dot{\mathbf{R}} = \frac{d\mathbf{R}}{dt} = \lim_{h \to 0} \frac{1}{h}[\mathbf{R}(t + h) - \mathbf{R}(t)]$$

$$= \left[\frac{da}{dt}, \frac{db}{dt}\right] = (\dot{a}, \dot{b}).$$

向量的导数由对其分量微分而得到.

容易看出向量乘积的导数满足通常的法则

$$(\mathbf{R}\mathbf{S})^{\cdot} = \frac{d(\mathbf{R} \cdot \mathbf{S})}{dt} = \frac{d\mathbf{R}}{dt} \cdot \mathbf{S} + \mathbf{R} \cdot \frac{d\mathbf{S}}{dt} = \dot{\mathbf{R}}\mathbf{S} + \mathbf{R}\dot{\mathbf{S}},$$

$$(\mathbf{R} \times \mathbf{S})^{\cdot} = \frac{d(\mathbf{R} \times \mathbf{S})}{dt} = \dot{\mathbf{R}} \times \mathbf{S} + \mathbf{R} \times \dot{\mathbf{S}},$$

其中对于外积, 因子必须取原来的次序.

类似地, 我们用 $\mathbf{R}(t)$ 的分量的积分定义向量 $\mathbf{R}(t)$ 的积分:

$$\int_{\alpha}^{\beta} \mathbf{R}(t)dt = \left(\int_{\alpha}^{\beta} a(t)dt, \int_{\alpha}^{\beta} b(t)dt\right).$$

由微积分基本定理推出

$$\frac{d}{dt} \int_{\alpha}^{t} \mathbf{R}(s)ds = \mathbf{R}(t).$$

d. 对平面曲线的应用. 方向、速度和加速度

速度向量

在 4.1 节中, 我们使用两个函数 $x = \phi(t), y = \psi(t)$ 表示曲线 C. 这些函数的定义域中的每个 t 决定了 C 上的一点 $P = (x, y)$. 这里, 可以把 t 当成时间, 而把

P 当成运动着的点, P 的位置在时刻 t 为 $x(t)$ 和 $y(t)$. 如果我们令 x 和 y 为 P 的位置向量 $\mathbf{R} = \overrightarrow{OP}$ 的分量, 那么 C 就可由位置向量的终点描绘 (图 4.41),

$$\mathbf{R} = \mathbf{R}(t) = (x(t), y(t)).$$

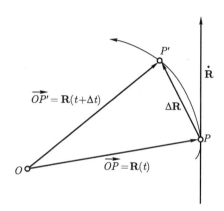

图 4.41　曲线位置向量的导数

对于相应于 t 和 $t + \Delta t$ 的 C 上的两点 P 和 P', 我们有

$$\overrightarrow{PP'} = \overrightarrow{OP'} - \overrightarrow{OP} = \mathbf{R}(t + \Delta t) - \mathbf{R}(t) = \Delta \mathbf{R}.$$

此向量表示以 P, P' 为端点的 C 的有向割线. 这里, 如果 Δt 是正的, 即如果在 t 增加的方向上 C 上点 P' 在 P 的后面, 那么向量

$$\frac{\mathbf{R}(t + \Delta t) - \mathbf{R}(t)}{\Delta t}$$

的方向和向量 $\mathbf{R}(t + \Delta t) - \mathbf{R}(t) = \overrightarrow{PP'}$ 的方向一致, 它的长是点 P 和 P' 的距离除以 Δt. 当 $\Delta t \to 0$ 时, 我们得到极限向量

$$\dot{\mathbf{R}} = \dot{\mathbf{R}}(t) = (\dot{x}(t), \dot{y}(t)),$$

这里再次使用点来表示对参数 t 的导数, $\dot{\mathbf{R}}$ 的方向是割线 PP' 方向的极限, 因此是在点 P 的切线的方向. 更确切地, $\dot{\mathbf{R}}$ 指向 C 上相应于 t 增加的切线的方向, 条件是 $\dot{\mathbf{R}} \neq \mathbf{O}$. $\dot{\mathbf{R}}$ 的方向余弦与在第 302 页上给出的切线的方向余弦

$$\cos \alpha = \frac{\dot{x}}{\sqrt{\dot{x}^2 + \dot{y}^2}}, \quad \sin \alpha = \frac{\dot{y}}{\sqrt{\dot{x}^2 + \dot{y}^2}}$$

是相同的, $\dot{\mathbf{R}}$ 的长

$$|\dot{\mathbf{R}}| = \sqrt{\dot{x}^2 + \dot{y}^2}$$

可以解释为 $\dfrac{ds}{dt}$, 即沿曲线的弧长 s 对于参数 t 的变化率. 如果 t 表示时间, 我们就有 $|\dot{\mathbf{R}}|$ 为点沿着曲线运动的速率.

在力学中, 质点的速度不仅有确定的大小 (速率), 还要有确定的方向. 于是速度由向量 $\dot{\mathbf{R}} = (\dot{x}, \dot{y})$ 表出. $\dot{\mathbf{R}}$ 的长度就是速率, $\dot{\mathbf{R}}$ 的方向就是运动的瞬时方向, 即 t 增加的指向的切线方向.

加速度

类似地, 质点的加速度定义为向量 $\ddot{\mathbf{R}} = (\ddot{x}, \ddot{y})$. 零加速度意味着 $\ddot{x} = \ddot{y} = 0$. 如果沿着整个 t 区间 $\ddot{\mathbf{R}} = \mathbf{O}$, 那么速度分量为常数值 $\dot{x} = a, \dot{y} = b$, 这时, 位置向量本身的分量是 t 的线性函数: $x = at + c, y = bt + d$. 在这种情况下, 质点沿直线以常速率运动.

如果曲线以位置向量 $\mathbf{R} = \mathbf{R}(t) = (x(t), y(t))(\alpha \leqslant t \leqslant \beta)$ 描述, 那么我们前面的所有属于曲线的结果很容易用向量符号表示. 对于弧长 (见第 306 页式 (8)), 我们有

$$\int_{\alpha}^{\beta} |\dot{\mathbf{R}}| dt,$$

而对于曲线包围的有向面积 (参见第 319 页, 公式 (20)), 我们有

$$A = \frac{1}{2} \int_{\alpha}^{\beta} \mathbf{R} \times \dot{\mathbf{R}} dt$$

(这个量的符号仍然依赖于曲线的定向). 最后, 对于曲率 (参见第 311 页式 (15)), 我们有

$$\kappa = \frac{\dot{\mathbf{R}} \times \ddot{\mathbf{R}}}{|\dot{\mathbf{R}}|^3}.$$

加速度的切线分量和法线分量

如果我们仍然把 t 理解为时间, 那么这些公式有十分有趣的含意. 令 γ 为向量 $\ddot{\mathbf{R}}$ 与向量 $\dot{\mathbf{R}}$ 的夹角. 量 $|\ddot{\mathbf{R}}| \cos \gamma$ 表示 $\ddot{\mathbf{R}}$ 在 $\dot{\mathbf{R}}$ 的方向上的投影, 我们称之为加速度的切线分量. 类似地, $|\ddot{\mathbf{R}}| \sin \gamma$ 为 $\ddot{\mathbf{R}}$ 在法线上 (更确切地, 在由 $\dot{\mathbf{R}}$ 反时针旋转 $90°$ 而得到的法线上) 的投影, 这就是加速度的法线分量 (图 4.42). 按内积和外积的定义, 有

$$|\ddot{\mathbf{R}}| \cos \gamma = \frac{\dot{\mathbf{R}} \cdot \ddot{\mathbf{R}}}{|\dot{\mathbf{R}}|}, \quad |\ddot{\mathbf{R}}| \sin \gamma = \frac{\dot{\mathbf{R}} \times \ddot{\mathbf{R}}}{|\dot{\mathbf{R}}|}.$$

现在

$$\dot{\mathbf{R}} \cdot \ddot{\mathbf{R}} = \frac{1}{2}(\dot{\mathbf{R}} \cdot \ddot{\mathbf{R}} + \ddot{\mathbf{R}} \cdot \dot{\mathbf{R}}) = \frac{1}{2} \frac{d}{dt}(\dot{\mathbf{R}} \cdot \dot{\mathbf{R}})$$

$$= \frac{1}{2}\frac{dv^2}{dt} = v\frac{dv}{dt},$$

其中 $v = \dfrac{ds}{dt} = |\dot{\mathbf{R}}| = \sqrt{\dot{\mathbf{R}} \cdot \dot{\mathbf{R}}}$ 是点的速率, 因此,

$$|\ddot{\mathbf{R}}| \cos\gamma = \frac{dv}{dt} = \dot{v}, \tag{41}$$

所以加速度的切线分量与速率对于时间的变化率是相同的.

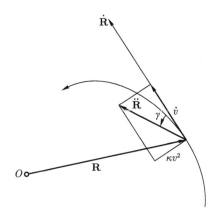

图 4.42　切线加速度和法线加速度

对于法线加速度, 由曲率公式有

$$|\ddot{\mathbf{R}}| \sin\gamma = \kappa |\dot{\mathbf{R}}|^2 = \kappa v^2, \tag{42}$$

即法线加速度等于速率的平方与曲率的乘积.

　　对于沿着曲线以常速率运动的质点, 切线加速度 $\dot{v}$ 为零. 因此, 加速度向量与曲线垂直. 更确切地, 它指向曲线的 "内" 侧, 也就是曲线转向的那一侧 (例如这可由以下事实看出, 即当 $\kappa > 0$ 时, 也就是当切线反时针转时, $\sin\gamma > 0$). 所以在沿着曲线以常速率运动中, 一个点经受着向曲线内侧的加速度, 这个加速度与曲率成正比, 也与速率的平方成正比. 这个事实有明显的意义, 由牛顿定律 (后面就要讲到) 可知要维持点 P 在此曲线上, 就需要有一个与加速度成正比的力.

4.4　在给定力作用下质点的运动

　　不仅是几何学, 而且力学的概念正是在同样程度上决定性地刺激了微积分学的早期发展. 力学所依据的某些基本原理最初是牛顿建立起来的, 这些原理的叙述涉及导数的概念, 而它们的应用需要积分的理论. 这里, 我们不详细地分析牛顿的

那些原理, 而是举一些简单的例子说明微积分在力学中如何应用.

a. 牛顿运动定律

我们只限于考虑单个的质点, 即考虑这样的点, 质量 m 被想象为集中在这一点. 我们进一步假定运动在 x, y 平面上进行. 在这平面上, 质点在时刻 t 的位置由它的坐标 $x = x(t), y = y(t)$ 确定, 或等价地由它的位置向量 $\mathbf{R} = \mathbf{R}(t) = (x(t), y(t))$ 确定. 一个量的上方加一点表示对时间 t 的导数. 那么, 质点的速度和加速度表示为向量

$$\dot{\mathbf{R}} = (\dot{x}, \dot{y}), \quad \ddot{\mathbf{R}} = (\ddot{x}, \ddot{y}).$$

在力学中, 我们把点的运动和作用在该点上的有确定方向和大小的力的概念联系了起来. 力同样以向量 $\mathbf{F}(\rho, \sigma)$ 描述. 作用在同一个质点上的几个力 $F_1, F_2, \cdots$ 的效果和一个单个的力 F, 即合力的效果一样. 合力不过是个别的力的向量和 $\mathbf{F} = \mathbf{F}_1 + \mathbf{F}_2 + \cdots$.

牛顿的基本定律是这样叙述的: 质量 m 乘以加速度等于作用在这质点上的力. 用符号表示即

$$m\ddot{\mathbf{R}} = \mathbf{F}. \tag{43}$$

如果我们使用向量的分量写出表达这个基本定律的向量方程, 我们就得到等价的一对方程,

$$m\ddot{x} = \rho, \quad m\ddot{y} = \sigma. \tag{44}$$

因为加速度和力仅差一个正因子 m, 所以加速度的方向和力的方向相同. 如果没有任何力的作用, 即 $\mathbf{F} = \mathbf{O}$, 那么加速度为零, 速度为常数, 因而 x 和 y 变为 t 的线性函数. 这就是牛顿的第一定律: 如果质点没有受到任何力的作用, 它就沿着直线以常速度运动.

牛顿的定律 $m\ddot{\mathbf{R}} = \mathbf{F}$ 起初不过是力的概念的定量定义. 这个关系式的左边可以由对运动的观察结果来确定, 然后由此关系得到力.

然而, 牛顿定律有更深刻的意义, 这是由于在很多情况下, 在对相应的运动没有任何了解时, 我们可以根据其他的物理考虑确定作用力. 这时, 这个基本定律就不再是力的定义, 而是一种关系, 一种我们能够期望由它确定运动的关系. 使用牛顿定律的这个决定性的变化在大量例子中, 颇起作用, 在这些例子中, 物理考虑使我们可以把力 $\mathbf{F}$ 或它的分量 ρ, σ 以明显的方式表示为质点的位置、速度和时间 t 的函数. 这时, 这个运动定律不是同义语的反复, 而给出了用 $x, y, \dot{x}, \dot{y}$ 和 t 表示 $m\ddot{x}, m\ddot{y}$ 的两个方程, 即所谓的运动方程. 这些方程是微分方程, 即未知函数及其导数的关系式. 求解这些微分方程也就是求出所有满足运动方程的各对函数

$x(t), y(t)$, 而得到质点在指定的力作用下的全部可能的运动.

b. 落体运动

已知力的最简单的例子是作用在接近地球表面的质点上的重力. 由直接观察知道 (不考虑空气阻力的影响) 每一个落体都有一个加速度, 这个加速度垂直向下, 并且对所有的物体都有同样的大小 g. 用每秒英尺做为测量单位, g 的近似值为 32.16[1]. 如果我们选择 x, y 坐标系, 使 y 轴垂直向上, 而 x 轴是水平的, 那么加速度 $\ddot{\mathbf{R}} = (\ddot{x}, \ddot{y})$ 的分量为

$$\ddot{x} = 0, \quad \ddot{y} = -g.$$

这时, 根据牛顿基本定律, 表示作用在质量为 m 的质点上的重力的向量 $\mathbf{F}$ 必定是

$$\mathbf{F} = (0, -mg).$$

这个力向量的方向同样是垂直向下的, 它的大小, 是接近地球表面物体的重量 mg.

当我们消掉因子 m 时, 在重力作用下质点运动方程为

$$\ddot{x} = 0, \quad \ddot{y} = -g.$$

从这些方程, 我们可以容易地得到落体可能有的最一般运动的描述. 对于 t 积分就有

$$\dot{x} = a, \quad \dot{y} = -gt + b,$$

其中 a 和 b 为常数. 再一次积分可得

$$x = at + c, \quad y = -\frac{1}{2}gt^2 + bt + d,$$

其中 c 和 d 是常数. 因此落体的运动方程的一般解依赖四个不定常数 a, b, c, d. 我们可以直接地把单个运动的这些常数值与该运动的*初始条件*联系起来. 如果质点在初始时刻 $t = 0$ 时位于点 (x_0, y_0), 那么令 $t = 0$, 我们就有

$$c = x_0, \quad d = y_0.$$

速度 $\dot{\mathbf{R}} = (\dot{x}, \dot{y}) = (a, -gt + b)$ 对于 $t = 0$ 就成为 (a, b). 因此, (c, d) 和 (a, b) 分别表示质点的初始位置和初始速度. 任意选定一组初始条件都唯一地得到一个运动.

在 $a \neq 0$ 时, 即在初始速度不是垂直的情况下, 我们可以消去 t, 而得到质点轨道的非参数表示式. 由第一个方程解出 t 来, 然后代入第二个方程, 就有

---

[1] g 的精确值 (除了万有引力外, 这个值中还包括地球旋转的影响) 与在地球上的位置有关.

$$y = -\frac{g}{2a^2}(x-c)^2 + \frac{b}{a}(x-c) + d.$$

因此该路线是抛物线. 当 $a = 0$ 时, 我们有 $x = c = $ 常数, 整个的运动沿着一条铅直的直线进行.

c. 约束在给定曲线上的质点的运动

在大多数力学问题中, 作用在质点上的力依赖于质点的位置和速度. 通常, 运动方程太复杂, 以致使我们不能确定全部可能有的运动. 如果我们可以认为质点描绘的曲线 C 是已知的, 那么问题就大大地简化了, 只需确定质点沿该曲线的运动. 在一大类力学问题中, 质点是通过某种机械装置约束在一给定的曲线 C 上运动的. 平面摆是一个最简单的例子. 把质量 m 用长为 L 的不可伸缩的线与点 P_0 连起来就是平面摆, 它在重力影响下, 在半径为 L、中心为 P_0 的圆周上运动.

沿曲线 C, 我们使用弧长 s 作为参数. 这时, 曲线由 $x = x(s), y = y(s)$ 给出. 那么求质点沿 C 的运动相当于求 s, 它作为 t 的函数. 下面给出质点沿该曲线的运动方程.

我们把牛顿公式 $m\ddot{\mathbf{R}} = \mathbf{F}$ 的两边与一个向量 $\boldsymbol{\xi}$ 作内积:

$$m\ddot{\mathbf{R}} \cdot \boldsymbol{\xi} = \mathbf{F} \cdot \boldsymbol{\xi}.$$

如果取 $\boldsymbol{\xi}$ 的长为 1, 取 $\boldsymbol{\xi}$ 的方向为 C 的指向 s 增加的切线方向, 即 $\boldsymbol{\xi} = \dfrac{d\mathbf{R}}{ds}$, 那么在方程 $\mathbf{F} \cdot \boldsymbol{\xi} = f$ 中我们有力的切线分量, 或作用在运动方向上的力. 按第 345 页等式 (41), 加速度的切线分量 $\ddot{\mathbf{R}} \cdot \boldsymbol{\xi}$ 正好是 $\dfrac{dv}{dt} = \dfrac{d^2s}{dt^2}$, 即质点沿曲线的加速度. 这时, 牛顿定律就变为公式

$$m\ddot{s} = f, \tag{45}$$

即质点的质量乘以质点沿它的路线的加速度等于沿运动的方向作用在质点上的力.

把这个方程应用到约束在沿曲线 C 上运动的质点, 我们假定 f 不包含任何约束力[1]. 那么, 对于力 $\mathbf{F} = (\rho, \sigma)$, 由第 346 页 (44) 式, 我们有

$$f = \rho \frac{dx}{ds} + \sigma \frac{dy}{ds}, \tag{46}$$

因为向量 $\boldsymbol{\xi}$ 有分量 $\dfrac{dx}{ds}, \dfrac{dy}{ds}$ (见第 343 页), 对已知的曲线 C, 切线的方向余弦 $\dfrac{dx}{ds}$ 和 $\dfrac{dy}{ds}$ 可认为是 s 的已知函数. 如果力 $\mathbf{F} = (\rho, \sigma)$ 同样只依赖于质点的位

---

[1] 实际上约束的机构必须给出一个力, 这个力把质点维持在 C 上 (在单摆的情况下), 这个力就由绳子的张力给出. 我们假定这个 "反作用" 力与曲线垂直, 因此没有切线分量, 当质点无摩擦地沿一条曲线滑动时就是这样.

置, 则 f 也是 s 的已知函数. 那么, 质点沿 C 的运动就由比较简单的微分方程 $m\ddot{s} = f(s)$ 决定了.

特别, 对于重力 $\mathbf{F} = (0, -mg)$, 我们有

$$f = -mg\frac{dy}{ds}, \tag{46a}$$

因此约束在曲线 C 上运动的质点在重力影响下的运动方程变为

$$\frac{d^2s}{dt^2} = -g\frac{dy}{ds}. \tag{47}$$

如果 α 表示曲线的倾角, 我们就有 $\dfrac{dy}{ds} = \sin\alpha$ (图 4.43), 运动方程变为

$$\frac{d^2s}{dt^2} = -g\sin\alpha.$$

对于约束在中心在原点, L 为半径的圆周上绕原点运动的质点 (单摆), 我们有

$$x = L\sin\theta, \quad y = -L\cos\theta,$$

其中 $\theta = \dfrac{s}{L}$ 为从向下的方向开始计算的极角. 这里 (图 4.44) $\alpha = \theta$, 因此

$$\frac{d^2s}{dt^2} = -g\frac{dy}{d\theta}\frac{d\theta}{ds} = -g\sin\theta,$$

或

$$\frac{d^2\theta}{dt^2} = -\frac{g}{L}\sin\theta.$$

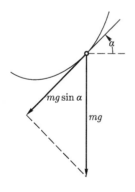

图 4.43 在重力下给定曲线上的运动

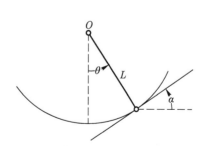

图 4.44 单摆

4.5　受到空气阻力的自由落体运动

我们从质点沿着直线运动的两个例子开始, 并只考虑作用在这条直线的方向上的外力, 因而不需要任何约束机制.

自由向下的落体的路线可用参数方程 $x=$ 常数, $y=s$ 来描述. 如果作用力仅有重力, 我们就有运动方程

$$m\ddot{s} = -mg.$$

如果质点在时刻 $t=0$, 从高度 $y_0=s_0$, 以初速度 v_0 落下 (向上为正值), 那么用积分法我们得到

$$s = -\frac{1}{2}gt^2 + v_0 t + s_0.$$

如果我们把作用在质点上的摩擦力, 即空气阻力的影响也考虑在内, 那么我们必须把这个力看成是和运动方向相反的力, 并且对于这个力, 我们必须作出一定的物理假设[1]. 我们将给出不同的物理假设: (a) 阻力和速度成正比, 由 $-r\dot{s}$ 的形式给定, 其中 r 为正常数; (b) 阻力和速度的平方成正比, 对于正的 $\dot{s}$ 有 $-r\dot{s}^2$ 的形式, 对于负的 $\dot{s}$ 有 $r\dot{s}^2$ 的形式. 按牛顿定律, 我们有运动方程

$$m\ddot{s} = -mg - r\dot{s}, \tag{a}$$

$$m\ddot{s} = -mg + r\dot{s}^2, \tag{b}$$

在 (b) 中我们假定了物体正在下落 ($\dot{s}<0$). 令 $\dot{s}=v(t)$, 我们首先求函数 $v(t)$, 那么就有

$$m\dot{v} = -mg - rv, \tag{a}$$

$$m\dot{v} = -mg + rv^2. \tag{b}$$

我们把 t 确定为 v 的函数而不按这些方程把 v 确定为 t 的函数, 那么我们的微分方程就可以改写为

$$\frac{dt}{dv} = -\frac{1}{g\left(1+k^2 v\right)}, \tag{a}$$

$$\frac{dt}{dv} = -\frac{1}{g\left(1-k^2 v^2\right)}, \tag{b}$$

其中 $\sqrt{\dfrac{r}{mg}} = k$. 使用第三章给出的方法, 我们可以直接积分而得到

---

[1] 这些假设的选择必须适合于所考虑的特殊的物理系统, 例如, 阻力定律对于低速度和高速度 (如子弹速度) 是不一样的.

$$t = -\frac{1}{gk^2} \log\left(1 + k^2 v\right) + t_0, \tag{a}$$

$$t = \frac{1}{2gk} \log \frac{1 - kv}{1 + kv} + t_0. \tag{b}$$

从这些方程解出 v, 我们有

$$v = -\frac{1}{k^2}\left(1 - e^{-gk^2(t-t_0)}\right), \tag{a}$$

$$v = -\frac{1}{k} \frac{1 - e^{-2gk(t-t_0)}}{1 + e^{-2gk(t-t_0)}}$$

$$= -\frac{1}{k} \tanh\left[gk\left(t - t_0\right)\right]. \tag{b}$$

这些方程立即显示出运动的一个重要性质. 速度并不是随时间无限增大, 而是趋于一个确定的依赖于质量 m 和常数 r (它又依赖于落体的形状和空气密度) 的极限. 因为

$$\lim_{t\to\infty} v(t) = -\frac{1}{k^2} = -\frac{mg}{r}, \tag{a}$$

$$\lim_{t\to\infty} v(t) = -\frac{1}{k} = -\sqrt{\frac{mg}{r}}. \tag{b}$$

对于极限速度, 摩擦阻力与重力引力刚好平衡. 使用第三章的方法把 $v(t) = \dot{s}$ 的式子再次积分, 我们有 (可用微分法证实)

$$s(t) = -\frac{1}{k^2}\left(t - t_0\right) - \frac{1}{gk^4}\left(e^{-gk^2(t-t_0)} - 1\right) + c, \tag{a}$$

$$s(t) = -\frac{1}{gk^2} \log\left[\cosh gk\left(t - t_0\right)\right] + c, \tag{b}$$

其中 c 是积分常数. t_0 是质点在速度为零而高度为 c 的时刻. 如果把任意时刻 t_1 看成初始条件, 我们也很容易把常数 c, t_0 与 t_1 时刻的速度和位置联系起来.

4.6 最简单的一类弹性振动 —— 弹簧的运动

在第二个例子中, 我们考虑一质点沿 x 轴被弹性力拉向原点的运动, 它有更大的意义. 我们假定弹性力总是指向原点的. 弹性力的大小和质点到原点的距离成正比. 换句话说, 我们假设这个力等于 $-kx$, 其中系数 k 为弹性连接强度的一个量度. 因为假定 k 为正值, 所以当 x 为正时, 力是负的; 而 x 为负时, 力是正的. 牛顿定律告诉我们

$$m\ddot{x} = -kx. \tag{48}$$

这个微分方程本身不能完全地决定这个运动, 而对于给定的一瞬间, 譬如说 $t = 0$, 我们可以任意指定初始位置 $x(0) = x_0$ 和初始速度 $\dot{x}(0) = v_0$. 用物理的语言就是: 我们可使质点从任意的位置, 以任意的速度出发; 而后运动由微分方程决定. 在数学上, 这可由如下事实表达, 即微分方程的一般解包含两个不定的积分常数, 它们的值我们可用初始条件得到. 我们将马上证明这个事实.

我们能够容易而直接地表示出这个解. 如果我们令 $\omega = \sqrt{\dfrac{k}{m}}$, 那么微分方程变为 $\dfrac{d^2x}{dt^2} = -\omega^2 x$. 对自变量作替换 $\tau = \omega t$ 就得到第三章第 273 页讨论过的方程 $\dfrac{d^2x}{dt^2} = -x$. 因此所有的函数

$$x(t) = c_1 \cos \omega t + c_2 \sin \omega t$$

满足微分方程, 这也可以由微分法证实 (其中 c_1 和 c_2 表示任意选择的常数). 在第三章第 274 页, 已经看到我们的微分方程没有任何其他的解, 因此每一个在弹性力影响下的这样的运动可由上式给出. 上式也可以容易地表示为

$$x(t) = a \sin \omega(t - \delta) = -a \sin \omega\delta \cos \omega t + a \cos \omega\delta \sin \omega t,$$

只需令 $-a \sin \omega\delta = c_1, a \cos \omega\delta = c_2$. 这就引入了新的常数 a 和 δ 代替 c_1 和 c_2. 这种形式的运动叫做正弦的或简谐的运动. 它们是周期运动, 任何一个状态 (即位置 $x(t)$ 和速度 $\dot{x}(t)$) 在时间 $T = \dfrac{2\pi}{\omega}$ 之后重复出现, T 叫做周期, 因为函数 $\sin \omega t$ 和 $\cos \omega t$ 有周期 T. 数 a 叫做振动的最大位移或振幅. 数 $\dfrac{1}{T} = \dfrac{\omega}{2\pi}$ 叫做振动的频率, 它度量了每单位时间振动的次数. 在第八章我们将再来讲振动理论.

*4.7　在给定曲线上的运动

a. 微分方程和它的解

现在我们再回到沿给定的曲线, 在任意预先指定的力 $mf(s)$ 作用之下运动问题的一般形式. 我们将根据微分方程 (第 348 页方程 (45))

$$\ddot{s} = f(s)$$

来确定 t 的函数 $s(t)$, 其中 $f(s)$ 为给定的函数[1]. 这个关于 s 的微分方程可用下面的加法完全解出.

---

1) 最初沿曲线的运动方程是 $m\ddot{s} = f(s)$, 但是我们总可以把 $f(s)$ 写成 $mf(s)$ 的形式, 从而得到这里所用的该方程的较简单的形式.

我们考虑 $f(s)$ 的任意一个原函数 $F(s)$, 因此 $F'(s) = f(s)$. 把方程 $\ddot{s} = f(s) = F'(s)$ 两边乘以 $\dot{s}$. 这样我们可以把左边记为 $\dfrac{d(\dot{s}^2/2)}{dt}$, 因为我们微分 $\dot{s}^2$ 就可以立即看出这一点. 如在 $F(s)$ 中把 s 看作 t 的函数, 由链式微分法则, 右边的 $F'(s)\dot{s}$ 为 $F(s)$ 对 t 的导数. 因之, 我们应得

$$\frac{d}{dt}\left(\frac{1}{2}\dot{s}^2\right) = \frac{d}{dt}F(s),$$

对上式积分得到

$$\frac{1}{2}\dot{s}^2 = F(s) + c,$$

其中 c 表示一个待定常数. 现在, 我们得到一个只包含函数 $s(t)$ 和它的一阶导数的方程 (在后面, 我们将把这个方程解释为在运动过程中的能量守恒). 我们把方程写成 $\dfrac{ds}{dt} = \sqrt{2[F(s) + c]}$ 的形式. 我们看到由此并不能立即用积分法直接求出 t 的函数 s. 但是如果我们先满足于求反函数 $t(s)$, 即由质点到达确定的位置 s 所需的时间, 那么我们就得到问题的解. 对于 $t(s)$, 我们有方程

$$\frac{dt}{ds} = \frac{1}{\sqrt{2[F(s) + c]}}.$$

因此, 函数 $t(s)$ 的导数是已知的. 我们有

$$t = \int \frac{ds}{\sqrt{2[F(s) + c]}} + c_1,$$

其中 c_1 为另一个积分常数. 只要我们将最后的积分积出来, 我们就解决了问题, 因为虽然我们尚未把 s 确定为 t 的函数, 但是我们已经反过来求出了时间 t 为位置 s 的函数. 仍然有两个积分常数可利用, 这一事实可以使这个一般解适合特定的初始条件.

如果我们令 x 为 s, 那么前面的弹性振动例子可以说明这个一般的讨论, 这时 $f(s) = -\omega^2 s$, 相应地 $F(s) = -\dfrac{1}{2}\omega^2 s^2$. 因此, 我们有

$$\frac{dt}{ds} = \frac{1}{\sqrt{2c - \omega^2 s^2}},$$

而且

$$t = \int \frac{ds}{\sqrt{2c - \omega^2 s^2}} + c_1,$$

引入 $\omega s/\sqrt{2c}$ 作为新变量, 能够很容易地求出这个积分: 这样我们有

$$t = \frac{1}{\omega} \arcsin \frac{\omega s}{\sqrt{2c}} + c_1,$$

或给出反函数

$$s = \frac{\sqrt{2c}}{\omega} \sin \omega (t - c_1).$$

这样我们正好得出和前面一样的解公式.

从这个例子, 也可以看到积分常数的意义是什么以及如何去确定它们. 例如, 如果我们要求在时刻 $t = 0$, 质点将在点 $s = 0$, 而且在该瞬时有速度 $\dot{s}(0) = 1$, 那么我们得到两个方程

$$0 = \frac{\sqrt{2c}}{\omega} \sin \omega c_1, \quad 1 = \sqrt{2c} \cos \omega c_1,$$

由此我们得到常数值 $c_1 = 0, c = \frac{1}{2}$. 当任意指定了初始位置 s_0 和初速度 $\dot{s}_0$ (在时刻 $t = 0$) 的时候, 可以使用完全一样的方法确定积分常数 c 和 c_1.

b. 沿一曲线下滑的质点

使用刚才叙述过的方法, 很容易处理在重力作用下质点从没有摩擦的曲线上滑下来的情况. 在第 349 页上我们已经得到了相应于这种情况的运动方程:

$$\ddot{s} = -g \frac{dy}{ds},$$

其中点表示对时间 t 微商. 方程的右边是 s 的已知函数, 因为曲线是已知的. 因此, 我们把 x 和 y 看作 s 的已知函数.

和上一节一样, 我们把方程两边乘以 $\dot{s}$. 左边变为 $\frac{1}{2}\dot{s}^2$ 对 t 的导数. 如果在函数 $y(s)$ 中, 我们把 s 看成 t 的函数, 那么方程右边为 $-gy$ 对 t 的导数. 因此, 求积分, 我们有

$$\frac{1}{2}\dot{s}^2 = -gy + c,$$

其中 c 为积分常数. 为给出这个常数的解释, 我们假定在时刻 $t = 0$, 质点是在曲线的坐标为 x_0 和 y_0 的点上, 并且假定在这个瞬时质点的速度为 0, 即 $\dot{s}(0) = 0$. 那么, 令 $t = 0$ 我们立即得到 $-gy_0 + c = 0$, 所以

$$\frac{1}{2}\dot{s}^2 = g(y_0 - y).$$

因为 $\dot{s}^2$ 不能为负, 所以我们看到质点的高度 y 不能超过 y_0 值, 只在速度为 0 时, $y = y_0$. 质点越低, 速度越大. 现在我们不把 s 看成 t 的函数而考虑反函数 $t(s)$,

对此我们立即有

$$\frac{dt}{ds} = \pm \frac{1}{\sqrt{2g(y_0 - y)}},$$

它等价于

$$t = c_1 \pm \int \frac{ds}{\sqrt{2g(y_0 - y)}},$$

其中 c_1 为新的积分常数. 平方根的符号与 $\dot{s}$ 的符号一样, 我们注意到如果质点沿着除端点之外处处比 y_0 更低的弧运动, 那么符号不能改变. 因为仅当 $\dot{s} = 0$ 亦即 $y - y_0 = 0$ 时才能改变 $\dot{s}$ 的符号. 因此质点只能在曲线最大高度的点上 '折回'. 代替弧长 s, 曲线可以用任意的 θ 作参数, 即 $x = \phi(\theta), y = \psi(\theta)$. 引入 θ 作为自变量, 我们有

$$t = c_1 \pm \int \frac{ds}{d\theta} \frac{d\theta}{\sqrt{2g(y_0 - y)}} = c_1 \pm \int \sqrt{\frac{x'^2 + y'^2}{2g(y_0 - y)}} d\theta,$$

其中, 函数 $x' = \phi'(\theta), y' = \psi'(\theta)$ 和 $y = \psi(\theta)$ 为已知的. 为确定积分常数 c_1, 我们注意对于 $t = 0$, 参数 θ 有值 θ_0. 这就立即给了我们形如下式的解:

$$t = \pm \int_{\theta_0}^{\theta} \sqrt{\frac{x'^2 + y'^2}{2g(y_0 - y)}} d\theta. \tag{49}$$

我们看到这个方程表示质点从参数值 θ_0 到参数值 θ 移动所经历的时间. 这个函数 $t(\theta)$ 的反函数 $\theta(t)$ 使我们能够完全地描述这个运动, 因为在每一个瞬间 t, 我们可以确定质点经过的点 $x = \phi[\theta(t)], y = \psi[\theta(t)]$.

c. 运动的讨论

　　从刚才求得的方程, 即使积分的结果没有明显的表达式, 我们仍然可以用简单直观的论证推断运动的一般性质. 我们假定曲线是图 4.45 所示由向下凸的弧组成的, 我们取从左到右为 s 增加的方向. 如果质点从对应于 $\theta = \theta_0$, 坐标为 $x_0 = \phi(\theta_0), y_0 = \psi(\theta_0)$ 的点 A 开始落下, 那么速度是增加的, 因为加速度 $\ddot{s}$ 是正值. 质点由 A 运动到最低点速度一直是增加的. 但是经过最低点之后, 加速度变为负的, 因为运动方程的右边 $-g\dfrac{dy}{ds}$ 是负的. 所以速度是减小的. 由方程 $\dot{s}^2 = 2g(y_0 - y)$, 我们立即看到当质点到达和初始位置 A 有同样高度的点 B 时, 速度的值变为零. 因为加速度仍然为负值, 所以质点在这个点必定反向运动, 使得质点再摆回到原始位置 A. 这个动作将无休止地重复进行下去 (读者会想到这里已经忽略了阻力). 在这个振动运动中, 质点从 B 返回到 A 的时间显然必定和从 A 到 B 的时间相同, 因为在相同的高度上, 我们有相同的 $|\dot{s}|$ 值. 如果我们以 T 表

示由 A 到 B, 再由 B 返回到 A 的全部路程所需要的时间, 那么运动显然是周期为 T 的周期性运动. 如果 θ_0 和 θ_1 分别为对应于点 A 和 B 的参数值, 那么半周期就有

$$\frac{T}{2} = \frac{1}{\sqrt{2g}} \left| \int_{\theta_0}^{\theta_1} \sqrt{\frac{x'^2 + y'^2}{y_0 - y}} \, d\theta \right|$$

$$= \frac{1}{\sqrt{2g}} \left| \int_{\theta_0}^{\theta_1} \sqrt{\frac{\phi'^2(\theta) + \psi'^2(\theta)}{\psi(\theta_0) - \psi(\theta)}} \, d\theta \right|. \tag{50}$$

如果 θ_2 是相应于曲线最低点的参数值, 那么质点由 A 下落到最低点的时间是

$$\frac{1}{\sqrt{2g}} \left| \int_{\theta_0}^{\theta_2} \sqrt{\frac{x'^2 + y'^2}{y_0 - y}} \, d\theta \right|.$$

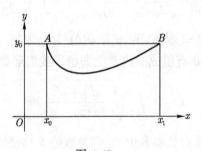

图 4.45

d. 普通摆

最简单的例子是所谓的单摆. 这里所考虑的曲线是有固定半径 L 的圆:

$$x = L \sin \theta, \quad y = -L \cos \theta,$$

其中角 θ 从静止的位置以正指向度量. 由一般的表达式 (50), 使用余弦的加法定理我们马上得到

$$T = \sqrt{\frac{2L}{g}} \int_{-\theta_0}^{\theta_0} \frac{d\theta}{\sqrt{\cos\theta - \cos\theta_0}}$$

$$= \sqrt{\frac{L}{g}} \int_{-\theta_0}^{\theta_0} \frac{d\theta}{\sqrt{\sin^2 \dfrac{\theta_0}{2} - \sin^2 \dfrac{\theta}{2}}},$$

其中 $\theta_0\,(0 < \theta_0 < \pi)$ 表示单摆振动的振幅, 即质点从时刻 $t = 0$, 速度为零开始下落的角的位置[1]. 由代换

$$u = \frac{\sin\left(\dfrac{\theta}{2}\right)}{\sin\left(\dfrac{\theta_0}{2}\right)}, \quad \frac{du}{d\theta} = \frac{\cos\left(\dfrac{\theta}{2}\right)}{2\sin\left(\dfrac{\theta_0}{2}\right)},$$

单摆振动的周期的公式变为

$$T = 2\sqrt{\frac{L}{g}} \int_{-1}^{1} \frac{du}{\sqrt{\left(1 - u^2\right)\left(1 - u^2 \sin^2\left(\dfrac{\theta_0}{2}\right)\right)}}.$$

因此我们用椭圆积分 (见第 259 页) 表示了单摆振动的周期.

如果我们假定振动的振幅很小, 使得我们可以充分精确地把平方根下的第二个因子换成 1, 那么就有

$$2\sqrt{\frac{L}{g}} \int_{-1}^{1} \frac{du}{\sqrt{1 - u^2}}$$

作为振动周期的近似. 我们可以使用第 227 页积分表中的公式 13 求最后这个积分的值, 得到 T 的近似值 $2\pi\sqrt{\dfrac{L}{g}}$. 对于这一级的近似, 周期和 θ_0 无关, 也就是和摆振动的振幅无关. 显然, 精确的周期是比较大的, 并且随 θ 增加而增加. 因为在积分区间中

$$1 \geqslant 1 - u^2 \sin^2\frac{\theta_0}{2} \geqslant 1 - \sin^2\frac{\theta_0}{2} = \cos^2\frac{\theta_0}{2},$$

所以我们得到周期的估计值

$$2\pi\sqrt{\frac{L}{g}} \leqslant T \leqslant \frac{1}{\cos\left(\dfrac{\theta_0}{2}\right)} 2\pi\sqrt{\frac{L}{g}}.$$

对于角 $\theta_0 < 10°$, 我们有 $\dfrac{1}{\cos\dfrac{\theta_0}{2}} \leqslant \sec 5° < 1.004$, 因此周期由 $2\pi\sqrt{\dfrac{L}{g}}$ 给出,

其相对误差小于 0.5%. 关于 T 的椭圆积分的更好的近似可参见 7.6 节 f.

---

1) 这里我们已经假定在运动过程中的某一时刻速度变为零. 这就排除了单摆翻筋头的运动, 即 θ 不是周期的而是对所有的 t 单调地变化.

e. 圆滚摆

　　普通摆振动的周期并不是严格地和振动的振幅无关的. 这一事实引起了惠更斯 (Huygens) 在制造精确钟的长期努力中寻求一个曲线 C, 对于这个曲线, 振动的周期与 C 上振动质点开始运动的位置无关[1]. 惠更斯发现摆线是这样的曲线.

　　为了质点实际上能够在摆线上振动, 摆线的尖点必须指向重力相反的方向, 即我们必须把前面 (第 289 页) 考虑的摆线绕 x 轴转过来 (参见第 289 页图 4.2), 因此我们把摆线方程记为

$$x = a(\theta + \pi + \sin\theta),$$

$$y = -a(1 + \cos\theta),$$

其中包括把参数 t 改变为 $\theta + \pi$ (图 4.46). 质点从高为

$$y_0 = -a(1 + \cos\theta_0) \quad (0 < \theta_0 < \pi)$$

的点向下运动到最低点, 再向上到高 y_0 的时间, 按第 356 页式 (50) 是

$$\frac{T}{2} = \sqrt{\frac{1}{2g}} \int_{-\theta_0}^{\theta_0} \sqrt{\frac{x'^2 + y'^2}{y_0 - y}} d\theta$$

$$= \sqrt{\frac{2a}{g}} \int_{-\theta_0}^{\theta_0} \frac{\cos\left(\dfrac{\theta}{2}\right)}{\sqrt{\cos\theta - \cos\theta_0}} d\theta.$$

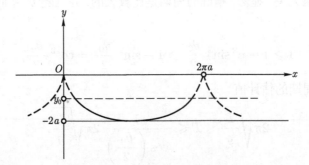

图 4.46　圆滚摆描绘的路线

使用和单摆周期刚好相同的替换, 我们得到

$$\frac{T}{2} = 2\sqrt{\frac{a}{g}} \int_{-1}^{1} \frac{du}{\sqrt{1 - u^2}},$$

因此我们有

---

1) 这样的振动称为等时的.

$$T = 4\pi\sqrt{\frac{a}{g}}.$$

所以振动的周期确实与振幅 θ_0 无关. 一个用绳子约束质点使之在摆线上运动的简单方法将在第 372 页叙述.

*4.8 引力场中的运动

作为无约束运动的一个例子, 我们考虑在一个吸引物周围的引力场中运动着的一个质点.

a. 牛顿万有引力定律

基于第谷·布拉赫 (Tycho Brahe) 精密的观察, 开普勒 (Kepler) 描述了行星的运动. 这就导致牛顿发现了任意两个质点之间万有引力的一般定律. 设 $P_0 = (x_0, y_0)$ 和 $P = (x, y)$ 是两个质量分别为 m_0 和 m 的质点. 令 $r = \sqrt{(x - x_0)^2 + (y - y_0)^2}$ 是质点间的距离. 那么 P_0 作用在 P 上的力 $\mathbf{F}$ 有 $\overrightarrow{PP_0}$ 的方向, 力的大小 $|\mathbf{F}| = \gamma m_0 m / r^2$, 其中 γ 为 "万有引力常数". 因为 $\mathbf{F}$ 和 $\overrightarrow{PP_0}$ 只差一个正的因子, $\overrightarrow{PP_0}$ 大小为 r, 所以我们必定有

$$\mathbf{F} = \frac{\gamma m_0 m}{r^3}\overrightarrow{PP_0} = \left(\frac{\gamma m_0 m (x_0 - x)}{r^3}, \frac{\gamma m_0 m (y_0 - y)}{r^3}\right).$$

这个引力定律涉及质点, 也就是涉及那些物体, 它们可以看成集中到一个点上而忽略物体的实际形体 (图 4.47). 这样假定的有效性对于天体是完全讲得通的, 因为它们相互的距离和它们的直径相比较是惊人地大的. 牛顿大大地扩大了这个定律的应用范围. 他证明了同样的引力定律也可以描述具有相当大体积的质量为 m_0 的物体作用在质量为 m 的质点上的引力, 只要物体是一个常密度的球, 或者更一般地, 物体是由同心的常密度球壳构成的, 在这种情况下, 物体作用在位于它外边一个质点 P 上的引力很像物体整个质量 m_0 是集中在它的中心 P_0 时对该质点的引力一样 (图 4.47). 可以十分准确地认为地球是一常密度的同心球壳. 因此地球作用在它表面上质量为 m 的质点上的引力指向地球的中心 P_0 (即对观察者来说是铅直向下的), 引力的大小为 $\gamma m_0 m / R^2$, 其中 R 是地球的半径, m_0 为地球的质量. 这时我们可以令 $\gamma m_0 m / R^2$ 等于 mg, 其中 g 为重力加速度 (见第 348 页). 换句话说, 我们有 $g = \gamma m_0 / R^2$.

根据牛顿基本定律, 对于质量为 m 的质点 P 在位于 P_0 质量为 m_0 的引力作用下的运动, 我们得到运动方程:

$$\ddot{x} = \frac{\gamma m_0 (x_0 - x)}{r^3}, \quad \ddot{y} = \frac{\gamma m_0 (y_0 - y)}{r^3}.$$

现在我们进一步做简化假设: m_0 比起 m 要大很多, 以致 P 作用在 P_0 上的引力可以忽略不计, P_0 可以看成是静止的. 例如, 这就类似于太阳和行星或地球和它表面上的物体. 我们把坐标原点取在 P_0 点, 那么对 $P = (x, y)$ 就有运动方程

$$\ddot{x} = -\frac{\gamma m_0 x}{r^3}, \quad \ddot{y} = -\frac{\gamma m_0 y}{r^3}, \tag{51}$$

其中 $r = \sqrt{x^2 + y^2}$.

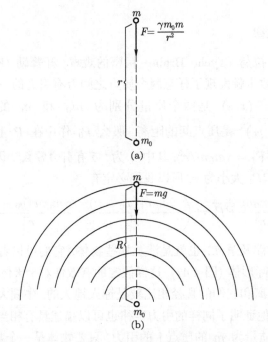

图 4.47　(a) 两个质点的牛顿引力; (b) 地球的重力引力

b. 绕引力中心的圆周运动

我们并不试图得到这些微分方程的最一般的解 (众所周知, 这就是相应于沿着圆锥曲线形式的路线的运动. 而这个圆锥曲线的一个焦点位于引力的中心). 我们只考虑适合这些方程的最简单的运动类型, 就是绕原点的匀速圆周运动和沿着从原点出发的一个半径的运动. 对于 P 沿着以原点为中心, a 为半径的圆的匀速圆周运动, 我们有 $r = a$ 并且

$$x = a\cos\omega t, \quad y = a\sin\omega t,$$

其中 ω 是常数. 运动的周期 T, 即在 T 以后 P 又回到相同位置的时间为 $T = 2\pi/\omega$. 对于速度分量我们有

$$\dot{x} = -a\omega \sin \omega t, \quad \dot{y} = a\omega \cos \omega t,$$

所以 P 在它的轨道上的速率为

$$v = \sqrt{\dot{x}^2 + \dot{y}^2} = a\omega = \frac{2\pi a}{T}. \tag{52}$$

P 的加速度分量是

$$\ddot{x} = -a\omega^2 \cos \omega t = -\omega^2 x, \quad \ddot{y} = -a\omega^2 \sin \omega t = -\omega^2 y.$$

显然, 这时它们是满足运动方程 (51) 的, 只要

$$\omega^2 = \frac{\nu m_0}{a^3}$$

或

$$a^3 = \frac{\gamma m_0}{\omega^2} = \frac{\gamma m_0}{4\pi^2} T^2, \tag{53}$$

这正是开普勒第三定律对于圆周运动的特殊情况. 按照这个定律, 行星到太阳距离的立方与周期的平方成正比.

我们可以对开普勒定律给以某些简单的例证. 例如, 吸引的物体是地球, 它的质量为 m_0, 半径为 R. 注意到这里 $\gamma m_0 = gR^2$, 我们就有

$$a^3 = \frac{gR^2}{4\pi^2} T^2.$$

对于在树顶高度绕地球环行的卫星 (当然要忽略空气阻力), 我们有 $a = R \sim 3963$ 英里. 根据公式, 对于卫星的周期我们有

$$T = 2\pi \sqrt{\frac{R}{g}} \sim 1.4 \text{ 小时}.$$

对于它在轨道上的速度, 则有

$$v = \frac{2\pi R}{T} = \sqrt{Rg} \sim 27,000 \text{ 英尺/ 秒}. \tag{54}$$

我们可以把绕地球环行的卫星的周期 T 值和月球的周期 27.32 天相比较. 月球的周期就是月球回到它相对于星群中原有位置的时间 (恒星月). 根据开普勒定律, 月球到地球的距离 a 与地球半径之比为它们周期之比的 $\frac{2}{3}$ 次方. 我们得到从地球中心到月亮的距离的值为

$$a = \left(\frac{27.32 \times 24}{1.4} \right)^{2/3} R \sim 60R \sim 240,000 \text{ 英里}.$$

这和实际距离的平均值完全一致.

c. 径向运动——逃逸速度

我们要考虑的第二种类型的运动是质点由引力中心沿着一条射线, 譬如说沿 x 轴的运动. 这里, $y = 0, x = r$, 因此运动方程成为

$$\ddot{x} = -\frac{\gamma m_0}{x^2}.$$

按照求解方程 $\ddot{s} = f(s)$ 的一般方法, 我们把方程两边乘以 $\dot{x}$, 就有

$$\dot{x}\ddot{x} = -\gamma m_0 \frac{\dot{x}}{x^2}$$

或

$$\frac{d}{dt} \left(\frac{1}{2} \dot{x}^2 \right) = \frac{d}{dt} \left(\frac{\gamma m_0}{x} \right).$$

由此可见

$$\frac{1}{2} \dot{x}^2 - \frac{\gamma m_0}{x} = h,$$

在运动中 h 为常数. (以后我们将知道, 这个事实是能量守恒定律的一个特例.) 如果把 x 代替 t 作为自变量, 那么就有

$$\frac{dt}{dx} = \frac{1}{\dot{x}} = \pm \frac{1}{\sqrt{2h + (2\gamma m_0/x)}},$$

对上式积分可得

$$t = t_0 \pm \int_{x_0}^{x} \frac{d\xi}{\sqrt{2h + (2\gamma m_0/\xi)}}.$$

借助于第三章中叙述的方法, 我们可以容易地求出这个积分. 对于在时刻 $t_0 = 0$, 在距离 x_0, 初速度为零出发的质点我们有 $h = -\gamma m_0/x_0$. 这样的质点落在吸引的质点上 $(x = 0)$ 所需的时间为

$$t = \int_0^{x_0} \frac{d\xi}{\sqrt{2\gamma m_0 (1/\xi - 1/x_0)}} = \frac{\pi}{2} \sqrt{\frac{x_0^3}{2\gamma m_0}}.$$

根据开普勒定律, 这个时间为距引力中心 x_0 的质点绕引力中心转一圈所需时间的 $\sqrt{\dfrac{1}{32}}$ 倍 (见第 361 页式 (53)).

当我们研究质点能够逃逸到无穷远的情况时, 关系式

$$\frac{1}{2}\dot{x}^2 - \frac{\gamma m_0}{x} = h$$

有一个有趣的结果. 因为 $\frac{1}{2}\dot{x}^2 \geqslant 0$, 所以对于 $x \to \infty$ 我们看到常数 h 必须是非负的, 因此在整个运动期间 $\frac{1}{2}\dot{x}^2 - \gamma m_0/x \geqslant 0$. 特别是质点在距离 $x = a$ 处以速度 v 出发要逃逸到无穷远, 仅当 $\frac{1}{2}v^2 - \gamma m_0/a \geqslant 0$ 时才有可能. 所以, 使质点能逃逸到无穷远的最小可能速度 v 的值为 $v = \sqrt{2\gamma m_0/a}$. 这就是 *逃逸速度* v_e. 对于从地球表面出发逃逸到无穷远的质点, 即逃脱重力吸引的质点, 我们有 $a = R, \gamma m_0 = gR^2$, 所以

$$v_e = \sqrt{2gR} \sim 37,000 \text{ 英尺/秒}.$$

因此 (参见前页公式 (54)) 逃逸速度恰好是把卫星保持在接近地球的圆形轨道上所需速度的 $\sqrt{2}$ 倍. 如果我们忽略空气阻力和地球在它的轨道上的运动, 那么流星从无穷远落到地球上撞击时的速度也是 v_e.

4.9 功 和 能

a. 力在运动中所做的功

　　功的概念 使得前一节的讨论以及力学和物理学中的许多其他问题更加清楚了.

　　我们仍然设质点在沿着曲线的作用力的影响下在曲线上运动. 我们假定由初始点开始度量的曲线的弧长 s 来确定质点的位置. 这时作用在运动方向上的力本身通常也是 s 的函数. 在力的方向与 s 值增加的方向一致时, 这函数的值是正的; 在力的方向和 s 值增加的方向相反时, 函数的值是负的.

　　如果沿路径力的大小是常数, 那么我们用力与经过的距离 $(s_1 - s_0)$ 的乘积来表示力所做的功, s_1 表示运动的终点, s_0 表示起点. 如果力不是常数, 我们就使用极限的方法来定义功. 我们把 s_0 到 s_1 的区间分成 n 个相等或不等的子区间. 如果这些子区间很小, 那么每一个子区间上的力接近常数; 如果 σ_ν 是第 ν 个子区间中任取的一点, 那么在这一整个子区间内, 力近似地为 $f(\sigma_\nu)$. 如果在整个第 ν 个子区间上的力刚好为 $f(\sigma_\nu)$, 那么力所做的功为

$$\sum_{\nu=1}^{n} f(\sigma_\nu)\Delta s_\nu,$$

其中 Δs_ν 照例表示第 ν 个子区间的长. 如果我们取极限, 即设 n 无限增加, 同时最大子区间的长度趋于零, 那么根据积分的定义我们的和趋于

$$W = \int_{s_0}^{s_1} f(s)ds.$$

我们自然地把它称为力所做的功 (work).

　　如果力的方向和运动的方向相同, 那么力所做的功是正的, 我们就说力做了功. 另一方面, 力的方向和运动的方向相反, 力所做的功是负的, 我们就说反抗力做了功[1].

　　如果我们把位置的坐标 s 看成时间 t 的函数, 因此力 $f(s) = p$ 也是 t 的函数, 那么在直角坐标 s 和 p 的平面上, 我们就可以把坐标为 $s = s(t), p = p(t)$ 的点画出来. 这种点所描绘的曲线, 叫做运动的功图. 如果我们研究在任何机器中的周期运动, 那么在一定时间 T (一个周期) 之后, 运动着的点 $(s(t), p(t))$ 必定回到原来的点, 即功图将是闭曲线. 在这种情况下, 曲线可能仅仅由同一个弧组成, 开始向前进行, 后来向后进行. 例如, 发生在弹性振动中的情况就是这样. 但是曲线也可能是包围一个面积的更一般的闭曲线. 例如, 机器的活塞在前进的冲程中受到的压力和后退的冲程中所受压力是不一样的. 那么, 在一个循环中, 即在时间 T 内所做的功就由功图的负面积给出, 换句话说由积分

$$\int_{t_0}^{t_0+T} p(t) \frac{ds}{dt} dt$$

给出, 其中从 t_0 到 $t_0 + T$ 的时间区间表示运动的一个周期. 如果沿正方向经过面积的边界, 那么做的功是负的. 反之, 做的功是正的. 如果曲线是由几个回路组成的, 经过的方向有些是正的, 有些是负的, 那么所做的功就由每一个有符号变化的回路面积之和给出.

　　实际上, 这些考虑可用老式的蒸汽机的示功图为例来说明. 适当地设计一个机械的装置使得铅笔能够在一张纸上移动. 铅笔相对于纸的水平运动与从活塞的极端位置到活塞的距离 s 成正比, 而铅直地运动与蒸汽压力成正比, 因而与蒸汽对于活塞的全部作用力 p 成正比. 所以活塞在已知的标度下描绘了蒸汽机的功图. 测量这个图形的面积 (通常用面积计), 就得到蒸汽对于活塞所做的功. 这里, 我们还看到在第 319 页叙述的面积有符号的规定确实有实际的意义. 当蒸汽机轻快地转动时, 常常发生这样的情况, 在冲程的末端高度膨胀的蒸汽的压力比返回冲程所需要放出蒸汽的压力小. 在图上, 这个压力以正向通过的回路表示, 这时, 蒸汽机是从飞轮吸取能量而不是供给能量.

――――――――――
　　1) 这里要注意, 我们必须谨慎地描写我们所说的力. 例如, 在举重物的过程中, 由重力所做的功是负的. 换句话说就是反抗重力做了功. 然而从作上举动作的人的角度看来所做的功是正的, 因为人的作用力必须和重力相反.

b. 功和动能. 能量守恒

运动定律

$$m\ddot{s} = f$$

可以导出质点沿曲线运动时速度的变化和运动方向上的力 f 所做功之间的基本关系. 我们使用前面例子中已经用过几次的办法, 把运动方程两边乘以 $\dot{s}$:

$$m\dot{s}\ddot{s} = f(s)\dot{s}.$$

现在 $m\dot{s}\ddot{s} = \dfrac{d}{dt}\left(\dfrac{1}{2}m\dot{s}^2\right) = \dfrac{d}{dt}\left(\dfrac{1}{2}mv^2\right)$, 其中 $v(t) = \dot{s}$ 为质点的速度. 将方程的两边同时对 t 从 t_0 到 t_1 积分, 我们有

$$\frac{1}{2}mv^2(t_1) - \frac{1}{2}mv^2(t_0) = \int_{t_0}^{t_1} f(s)\frac{ds}{dt}dt$$
$$= \int_{s_0}^{s_1} f(s)ds = W.$$

量 $\dfrac{1}{2}mv^2$ 叫做质点的动能 K. 因此, 质点在运动中其动能的改变等于作用在质点上的力在运动方向上所做的功.

量 f 表示作用在运动方向上的力或力的切线分量. 对于力 $\mathbf{F} = (\rho, \sigma)$, 在运动方向上的力是

$$f = \mathbf{F} \cdot \frac{d\mathbf{R}}{ds} = \rho\frac{dx}{ds} + \sigma\frac{dy}{ds}.$$

如果 ρ 和 σ 是 x 和 y 的已知函数, 又已知质点沿着曲线 $x = x(s), y = y(s)$ 运动, 那么 f 也就成为 s 的已知函数. 因此, 为计算当质点从一个位置 (x_0, y_0) 移到另一个位置 (x_1, y_1) 时的功

$$W = \int_{s_0}^{s_1} f(s)ds, \tag{55}$$

一般地我们必须知道质点运动的路线.

在一类重要情况中, 功 W 仅依赖于初始和最终的位置, 可以表示为

$$W = V(x_0, y_0) - V(x_1, y_1), \tag{56}$$

决定于一个适当的函数 $V(x, y)$, 即势能, 那么前面表达动能的改变等于力所做的功的公式也可以记为

$$\frac{1}{2}mv^2(t_1) + V(x_1, y_1) = \frac{1}{2}mv^2(t_0) + V(x_0, y_0). \tag{57}$$

因此量 $K+V$, 动能和势能之和, 也就是总的能量在运动过程中不改变. 这就是能量守恒这个物理学普遍定律的特例.

在前面讨论过的某些运动中, 我们可以容易地构造势能函数 V. 例如, 对于受到重力作用的质点, 我们有 $\mathbf{F} = (0, -mg)$ 和 $f = -mg\dfrac{dy}{ds}$. 所以当质点从位置 (x_0, y_0) 移到位置 (x_1, y_1) 时, 重力所做的功是

$$W = \int_{s_0}^{s_1} -mg\frac{dy}{ds}ds = \int_{y_0}^{y_1} -mgdy = mgy_0 - mgy_1.$$

我们看到 W 和初始与终止位置之间高度的改变成正比. 对于势能函数 V, 我们可选择 $V = mgy$ (或更一般地 $V = mgy + c, c$ 为任意常数). 那么, 能量守恒定律说, 量

$$\frac{1}{2}v^2 + gy$$

在运动中是常量. 在质点沿曲线滑下的运动的讨论中, 我们已经注意到这个事实 (第 355 页).

c. 两个质点间的相互引力

我们可以把势能函数 V 和力联系起来的另一个例子是质量为 m_0 的质点 $P_0 = (x_0, y_0)$ 作用在质量为 m 的质点 $P = (x, y)$ 上的重力引力 $\mathbf{F}$. 这里

$$\mathbf{F} = \left[\frac{-\mu(x-x_0)}{r^3}, \frac{-\mu(y-y_0)}{r^3} \right],$$

其中 $\mu = \gamma m_0 m, r = \sqrt{(x-x_0)^2 + (y-y_0)^2}$. (按照库仑定律, 同样类型的公式可以给出两个电荷的相互作用.)

由于

$$(x-x_0)\frac{dx}{ds} + (y-y_0)\frac{dy}{ds} = \frac{1}{2}\frac{d}{ds}\left[(x-x_0)^2 + (y-y_0)^2\right]$$

$$= \frac{1}{2}\frac{dr^2}{ds} = r\frac{dr}{ds},$$

所以, 在运动方向上的力是

$$f = -\frac{\mu}{r^3}\left[(x-x_0)\frac{dx}{ds} + (y-y_0)\frac{dy}{ds}\right]$$

$$= -\frac{\mu}{r^2}\frac{dr}{ds} = \frac{d}{ds}\frac{\mu}{r},$$

因此当质点 P 从位置 (x_1, y_1) 移到位置 (x_2, y_2) 时引力所做的功是

$$W = \int_{s_1}^{s_2} \left(\frac{d}{ds} \frac{\mu}{r} \right) ds = \frac{\mu}{r_2} - \frac{\mu}{r_1} = V(x_1, y_1) - V(x_2, y_2),$$

其中 $V(x, y) = -\mu/r = -\mu/\sqrt{(x-x_0)^2 + (y-y_0)^2}$ 是势能.

如果我们把质点从位置 (x_1, y_1) 移到无穷远 (对应于 $r_2 = \infty$), 那么引力所做的功是 $-\mu/r_1$. 使质点移动到无穷远的反向力做的功应是数值相同而符号相反. 因此, $\mu/r_1 = -V(x_1, y_1)$ 是为了把质点从位置 (x_1, y_1) 移到无穷远反抗引力所做的功. 这个重要的表达式叫做两个质点的**互势**. 所以, 这里势定义为把两个相互吸引的质点完全分离开所需要做的功. 例如, 为了把电子从它的原子中完全分离所需要做的功 (电离电势).

如果把吸引的质量 P_0 视为固定的, 那么从能量守恒定律就可得知, 被吸引的质点 P 在运动过程中使量

$$\frac{1}{2}v^2 - \frac{\gamma m_0}{r} = h$$

(每单位质量 m 的总能量) 保持常数值. 我们已经对单纯是径向运动的特殊情况推导过这个事实. 现在我们看到对于在重力引力影响下的任何类型的运动, 它也是成立的. 我们可以再次作出结论: 要质点逃逸到无穷远必须 $h \geqslant 0$, 它的轨道这时是无界的 (抛物线或双曲线), 而不是有界的 (椭圆). 相当于 $h = 0$ 的逃逸速度

$$v_e = \sqrt{\frac{2\gamma m_0}{r}}$$

是使质点从给定的距离 r 逃逸到无穷远的最小速度. 它不依赖于质点出发的方向, 而仅依赖于从吸引中心到质点的距离 r.

d. 弹簧的拉伸

第三个例子是拉伸弹簧所做的功. 在第 351 页上所作的关于弹簧弹性性质的假定下, 作用力是 $f = -kx$, 其中 k 是常数. 为了把弹簧从未被拉的位置 $x = 0$ 拉伸到最后位置 $x = x_1$ 就必须反抗这个力而做功. 因此, 这个功由下面的积分给出:

$$\int_0^{x_1} kx dx = \frac{1}{2}kx_1^2.$$

*e. 电容器充电

在物理学的其他分支中可以用类似的方法处理功的概念. 例如我们考虑电容器的充电. 如果我们用 Q 表示电容器的电量, 用 C 表示电容并且用 V 表示电容器的电势差 (电压), 那么我们根据物理学知道 $Q = CV$. 而且在移动电荷 Q 经过电势差 V 所做的功等于 QV. 因为在电容器充电时, 电势差不是常数, 而是随着 Q

而增加, 所以我们可以完全类似于在第 464 页采用的取极限的作法, 作为电容器充电所做的功的表达式, 我们有

$$\int_0^{Q_1} V dQ = \frac{1}{C} \int_0^{Q_1} Q dQ = \frac{1}{2} \frac{Q_1^2}{C} = \frac{1}{2} Q_1 V_1,$$

其中 Q_1 为已进入到电容器的全部电量, V_1 是在充电过程结束时电容器的电势差.

附　录

*A.1　法包线的性质

在第 413 页上我们把曲线 C 的法包线 E 定义为 C 的曲率中心的轨迹. 如果 C 表示为 $x = x(s), y = y(s)$, 参数 s 是曲线的弧长, 那么曲线 C 的曲率中心 (ξ, η) 以 s 为参数就是 (参见第 314 页 (17a))

$$\xi = x - \rho \dot{y}, \quad \eta = y + \rho \dot{x}, \tag{58}$$

而

$$\kappa = \frac{1}{\rho} = \dot{x}\ddot{y} - \dot{y}\ddot{x}.$$

量 κ 和 $|\rho|$ 分别为 C 的曲率和曲率半径.

从这些公式可以推出法包线的一些有趣的几何性质.

对关系式 $\dot{x}^2 + \dot{y}^2 = 1$ 求微商得到 $\dot{x}\ddot{x} + \dot{y}\ddot{y} = 0$. 又因为 $\dot{x}\ddot{y} - \dot{y}\ddot{x} = \dfrac{1}{\rho}$, 所以我们有

$$\ddot{x} = -\frac{1}{\rho}\dot{y}, \quad \ddot{y} = \frac{1}{\rho}\dot{x}. \tag{59}$$

将等式 (58) 对 s 微商得

$$\dot{\xi} = \dot{x} - \rho\ddot{y} - \dot{\rho}\dot{y} = -\dot{\rho}\dot{y}, \quad \dot{\eta} = \dot{y} + \rho\ddot{x} + \dot{\rho}\dot{x} = \dot{\rho}\dot{x},$$

所以

$$\dot{\xi}\dot{x} + \dot{\eta}\dot{y} = 0.$$

因为曲线法线的方向余弦是 $-\dot{y}, \dot{x}$, 所以曲线 C 的法线是法包线 E 在曲率中心上的切线. 或者说法包线的切线是给定曲线的法线; 或者说法包线是法线的 "包络" (图 A.1).

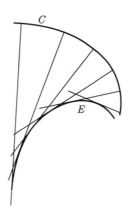

图 A.1   法包线 (E)

如果我们进一步用 σ 表示从任意固定点度量的法包线的弧长, 用 s 作为参数, 那么我们有

$$\dot{\sigma}^2 = \left(\frac{d\sigma}{ds}\right)^2 = \dot{\xi}^2 + \dot{\eta}^2.$$

因为 $\dot{x}^2 + \dot{y}^2 = 1$, 所以由公式 (59) 得到

$$\dot{\sigma}^2 = \dot{\rho}^2.$$

如果我们用适当的方法选择度量 σ 的方向, 那么只要 $\dot{\rho} \neq 0$ 就可得出

$$\dot{\sigma} = \dot{\rho}.$$

积分此式得到

$$\sigma_1 - \sigma_0 = \rho_1 - \rho_0.$$

这就是说, 法包线两点之间的弧长等于对应的曲率半径之差, 条件是对于所考虑的弧 $\dot{\rho} \neq 0$.

这个最后的条件不是多余的. 因为如果 $\dot{\rho}$ 改变符号, 那么式 $\dot{\sigma} = \dot{\rho}$ 表明在通过法包线的对应点上弧长 σ 有极大值或极小值, 也就是在通过的这个点上我们不能一直继续向前计算 σ, 而是我们必须把度量 σ 的指向颠倒过来. 如果我们想避免这种颠倒, 我们必须在经过的这一点上把前面公式的符号改变, 置 $\dot{\sigma} = -\dot{\rho}$.

也还要注意, 对应于曲率半径为极大或极小的曲率中心是法包线的尖点 (证明略去)(可参见图 A.4, 图 A.6).

用另外的方法也可以表达刚才得到的几何关系: 我们想象一条不可伸缩的、可弯曲的线放在沿法包线 E 的弧上, 我们把它拉直使得从曲线到法包线的那一部分展开时总是和法包线相切. 如果再加上一个条件, 即让这条线的端点开始是在原来的曲线 C 上, 那么当我们把这条线转开时, Q 描绘了曲线 C. 这就是渐屈线 (展开, 转开 (evolvere, to unwind)) 名称的由来. 曲线 C 叫做渐屈线 E 的渐伸线 (involute). 另一方面, 我们也可以从任意曲线 E 着手用这个展开的过程构造出它的渐伸线 C. 那么反过来 E 可看成 C 的渐屈线 (图 A.2).

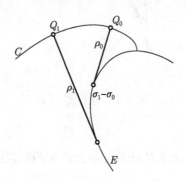

图 A.2　　用线构造曲线 E 的渐伸线 C: $\rho_1 = \rho_0 + \sigma_1 - \sigma_0$

　　为了证明这一点, 我们考虑曲线 E. 现在它是由 $\xi = \xi(\sigma), \eta = \eta(\sigma)$ 给定的曲线, 其中用 ξ 和 η 表示通用直角坐标并且 σ 是 E 的弧长. 如图 A.3 所示, 把线拉弯与曲线 E 重合, 当线完全地与渐屈线 E 重合时, 它的端点 Q 重合于 E 上一点 A 而对应于某一弧长 a. 如果把线转开, 直到它在相应的弧长 $\sigma > a$ 的 P 点和渐屈线相切, 那么线段 PQ 的长是 $\sigma - a$, 它的方向余弦是 $-\dot{\xi}$ 和 $-\dot{\eta}$, 其中点表示对

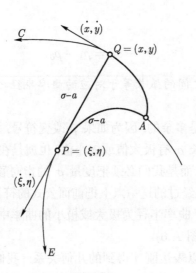

图 A.3

σ 微商. 因此, 对于点 Q 的坐标 x, y 我们有

$$x = \xi - (\sigma - a)\dot{\xi}, \quad y = \eta - (\sigma - a)\dot{\eta}, \tag{60}$$

公式 (60) 给出了用参数 σ 表示的点 Q 描绘的渐伸线的方程, 把它们对 σ 微商我们就得到

$$\begin{aligned}
\dot{x} &= \dot{\xi} - \dot{\xi} + (a - \sigma)\ddot{\xi} = (a - \sigma)\ddot{\xi}, \\
\dot{y} &= \dot{\eta} - \dot{\eta} + (a - \sigma)\ddot{\eta} = (a - \sigma)\ddot{\eta}.
\end{aligned} \tag{61}$$

因为 $\dot{\xi}\ddot{\xi} + \dot{\eta}\ddot{\eta} = 0$, 所以我们立即有

$$\dot{\xi}\dot{x} + \dot{\eta}\dot{y} = 0.$$

这就证明了直线 PQ 是渐伸线 C 的法线, 因此我们可以说曲线 C 的法线就是曲线 E 的切线. 因为 E 的切线的方向余弦是 $\dot{\xi}, \dot{\eta}$, 所以对于 C 的切线的方向余弦我们有

$$\frac{\dot{x}}{\sqrt{\dot{x}^2 + \dot{y}^2}} = \dot{\eta}, \quad \frac{\dot{y}}{\sqrt{\dot{x}^2 + \dot{y}^2}} = -\dot{\xi}. \tag{62}$$

将关系式 $\dot{\xi}\dot{x} + \dot{\eta}\dot{y} = 0$ 对 σ 微商, 然后把由式 (61), (62) 得到的 $\dot{\xi}, \dot{\eta}, \ddot{\xi}, \ddot{\eta}$ 代入就有了

$$0 = \ddot{\xi}\dot{x} + \ddot{\eta}\dot{y} + \dot{\xi}\ddot{x} + \dot{\eta}\ddot{y} = \frac{\dot{x}^2 + \dot{y}^2}{a - \sigma} + \frac{-\ddot{x}\dot{y} + \dot{x}\ddot{y}}{\sqrt{\dot{x}^2 + \dot{y}^2}}.$$

因此曲线 C 对应于点 $Q = (x, y)$ 的曲率半径变为 (见第 311 页公式 (15))

$$\rho = \frac{1}{\kappa} = \frac{(\dot{x}^2 + \dot{y}^2)^{3/2}}{\dot{x}\ddot{y} - \dot{y}\ddot{x}} = \sigma - a.$$

这也就是从 $P = (\xi, \eta)$ 到点 Q 的距离. 因为 P 位于 C 在 Q 的法线上, 所以 P 为 C 对应于点 Q 的曲率中心. 因此, 每一个曲线 E 是它所有的渐伸线的渐屈线.

    例   我们考虑摆线

$$x = \pi + t + \sin t, \quad y = -1 - \cos t$$

的渐屈线. 根据第 314 页式 (17) 曲线关于任意参数 t 的曲率中心 (ξ, η) 是

$$\xi = x - \dot{y}\frac{\dot{x}^2 + \dot{y}^2}{\dot{x}\ddot{y} - \dot{y}\ddot{x}}, \quad \eta = y + \dot{x}\frac{\dot{x}^2 + \dot{y}^2}{\dot{x}\ddot{y} - \dot{y}\ddot{x}}.$$

由简单的计算得到摆线的渐屈线为

$$\xi = \pi + t - \sin t, \quad \eta = 1 + \cos t.$$

令 $t = \tau - \pi$, 我们就有

$$\xi + \pi = \pi + \tau + \sin\tau, \quad \eta - 2 = -1 - \cos\tau.$$

这些方程表明, 渐屈线本身就是一条类似于原曲线的摆线. 如图 A.4 所示可以把原来的摆线平移而得到渐屈线.

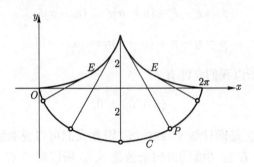

图 A.4　圆滚摆

　　这就给出我们构造圆滚摆的一个简单方法 (见第 358 页). 如果用一条长为 4 的线把质量 P 拴在渐屈线的一个尖点上, 那么在张力之下, 线的一部分与渐屈线重合, 而其余部分位于渐屈线的切线上. 这时质量 P 位于渐伸线上, 即在原来的摆线上. 在重力之下, P 必定描绘了在摆线某一部分上的等时运动, 它的周期与 P 开始运动的位置无关. (在等时运动中, 摆线的参数 t 并不对应于时间.) 在运动过程中, 这种类型的摆的自由直线部分的长度是变化的 (图 A.4).

　　作为进一步的例子, 我们推导圆的渐伸线的方程. 我们从圆 $\xi = \cos\sigma, \eta = -\sin\sigma$ 开始, 如图 A.5 所示, 沿切线方向把圆转开. 那么给出圆的渐伸线为

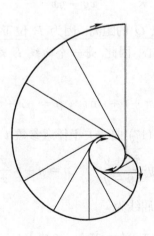

图 A.5　圆的渐伸线

$$x = \cos\sigma + \sigma\sin\sigma, \quad y = -\sin\sigma + \sigma\cos\sigma.$$

(使用第 371 页方程 (60), 而 $a = 0$).

最后我们确定椭圆 $x = a\cos t, y = b\sin t$ 的渐屈线. 我们立即有

$$\xi = x - \dot{y}\frac{\dot{x}^2 + \dot{y}^2}{\dot{x}\ddot{y} - \dot{y}\ddot{x}} = \frac{a^2 - b^2}{a}\cos^3 t$$

和

$$\eta = y + \dot{x}\frac{\dot{x}^2 + \dot{y}^2}{\dot{x}\ddot{y} - \dot{y}\ddot{x}} = -\frac{a^2 - b^2}{b}\sin^3 t$$

作为渐屈线的参数表示式. 如用通常的方法从这些方程中消去 t, 我们就得到非参数形式的渐屈线的方程:

$$(a\xi)^{2/3} + (b\eta)^{2/3} = \left(a^2 - b^2\right)^{2/3}.$$

这个曲线叫做星形线 (astroid). 图 A.6 给出了它的图形. 由参数方程使我们容易地确信, 对应于椭圆顶点的曲率中心实际上是星形线的尖点.

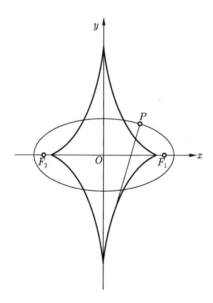

图 A.6　椭圆的渐屈线

*A.2　闭曲线包围的面积. 指数

在 4.2 节中, 处处都不能自己相交的 (即所谓的简单的) 闭曲线 $x = x(t), y = y(t), \alpha \leqslant t \leqslant \beta$ 包围的有向面积用下面的积分表示:

$$A = -\int_\alpha^\beta y(t)\dot{x}(t)dt,$$

所得到的值是正还是负要依据描绘边界的指向是反时针还是顺时针而定. 如果我们允许曲线可以本身相交, 那么这个公式作为 A 的定义仍然是有意义的. 尚待了解的是, 在这种情况下 A 如何与面积相联系. 假定曲线 C 的方程为 $x = x(t), y = y(t)$ 并且在有限个点上本身相交, 因此把平面分成有限个部分 $R_1, R_2, \cdots$. 进一步假定导数连续, 除了或许有限个跳跃不连续点而外, 并且 $\dot{x}^2 + \dot{y}^2 \neq 0$. 最后假定曲线的支线 (即 $x =$ 常数的, 并且或与曲线相切或通过曲线自身相交的点的竖线) 的数目是有限的.

对于每一个 R_i, 我们指定由下面方法定义的一个整数, 即指数 μ_i: 我们在 R_i 中选择不在任何支线上的任意一点 Q, 沿正 y 轴的方向从 Q 点引向上延伸的半直线. 我们计算 t 增加指向的曲线从右到左通过半直线的次数, 然后减去曲线 C 从左到右通过半直线的次数, 这个差就是指数 μ_i. 例如第 300 页图 4.17 中所示的曲线内部有指数 $\mu = +1$; 在图 A.7 中区域 $R_1, R_2, \cdots, R_6$ 的指数为 $\mu_1 = -1, \mu_2 = -2, \mu_3 = -1, \mu_4 = 0, \mu_5 = 1$ 和 $\mu_6 = 0$. 实际上, 这个数 μ_i 只依赖于区域 R_i, 而不依赖于 R_i 中选择的特殊的点 Q, 按下述方式容易看到这一点.

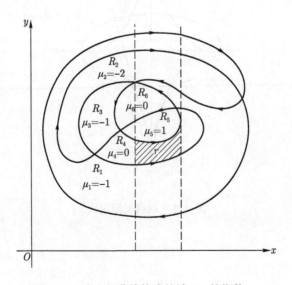

图 A.7　有向闭曲线构成的域 R_i 的指数 μ_i

我们在 R_i 中选择另外一个不在支线上的点 Q', 用完全在区域 R_i 中的折线把 Q 和 Q' 连起来 (图 A.8). 当我们沿着这条折线从 Q 前进到 Q' 时, 从右到左通过的次数减去从左到右通过的次数是常数, 因为在两根支线之间每一种类型通过的数是不变的, 而在越过支线时两种类型的通过数或保持相同, 或两种数同时加 1, 或两种数同时减 1. 在每一种情况下, 差数都是不变的. 这里, 我们令支线与曲线相交于几个不同的点, 比如说, $A, B, \cdots, H$. 如果 F 竖直地在所有的 $A, B, \cdots, H$ 点之下, 那么我们可以把 $FA, FB, \cdots, FH$ 看成几条不同的支线. 我们前面的论述可应用于每一条这样的线. 因此在确定 μ_i 时不论是用 Q 还是 Q' 数 μ_i 都有相同的值.

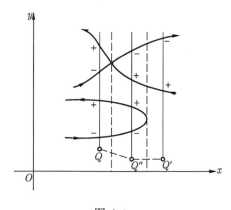

图 A.8

特别, 如果我们的曲线本身不相交, 那么曲线的内部由一单个的区域组成, 它的指数是 $+1$ 还是 -1 要视描绘边界的指向是反时针还是顺时针而定. 为看清这一点, 我们引任意一条竖线 (不是支线) 与曲线相交. 在这条线上我们找到与曲线相交的最高点 P, 在 R 内 P 点以下接近 P 选择一点 Q 使得在 P 和 Q 之间没有任何交点. 那么在 Q 之上曲线有一次通过. 如果曲线以反时针指向通过, 那必须是从右到左通过, 因之 $\mu = +1$; 反之, $\mu = -1$. 正如我们已经看到的, 对于 R 的每一个其他的点保持有相同的 μ 值. 对于这样的曲线, 事实上对于所有的闭曲线有一个区域, 即曲线的 "外边", 它在所有的方向上无界地伸展, 我们立即看到这个区域的指数是零, 下面的论述中我们不考虑它. 那么积分 A 和区域 R_i 的面积之间的关系由下面的定理给出.

定理 积分 $-\displaystyle\int_\alpha^\beta y\dot{x}\,dt$ 的值等于区域 R_i 绝对面积之和, 每一个面积 R_i 要计算 μ_i 次, 用符号表示即

$$-\int_\alpha^\beta y\dot{x}\,dt = \sum \mu_i \,|\, \text{面积 } R_i \,|.$$

证明　证明是简单的. 我们假定 (我们有权这样假定) 全部曲线位于 x 轴的上面 (对 y 加一个常数不改变闭曲线的积分 A 的值). 支线把 R_i 分成有限个部分, 令 r 为这些部分之一. 那么, 对于函数 $y = y(x)$ 每一个单值的分支取积分 $-\int y\dot{x}dt = -\int ydx$, 并且把它解释为曲线和 x 轴之间的面积. 我们发现, 对于在 r 上边的每一个从右到左的分支要计算 $+1$ 次 r 的绝对面积, 而在 r 上边的每一个从左到右的分支要计算 -1 次, 因此, r 的绝对面积总共要计算 μ_i 次. 这对于 R_i 的每一个其他的部分同样是正确的. 因此, R_i 要计算 μ_i 次. 这样, 围绕全部曲线的积分值像所说的那样是 $\sum \mu_i \,|\,$ 面积 $R_i \,|$ (参见图 A.7). 这个公式和我们对于简单闭曲线得到的公式是一致的. 从我们对曲线 μ 值的讨论中就可看出这一点.

我们对指数 μ_i 的定义有一个缺点, 就是它是用特殊的坐标系叙述的. 然而, 事实上可以证明对于区域 R_i 定义的值 μ_i 只依赖于曲线而和坐标系无关. 令曲线 C 上一点沿着 t 增加的方向从 α 到 β 绕着 R_i 中任意固定点 Q_i 以反时针转的总次数 (即 C 缠绕 Q_i 的次数) 为 ν_i. 如我们能验明 μ_i 和 ν_i 相等就证明了 μ_i 与坐标系是无关的. 下面我们就证明 μ_i 和 ν_i 相等.

令曲线 C 的参数表示为 $x = x(t), y = y(t)$, 其中 $\alpha \leqslant t \leqslant \beta$. 设 $Q = (\xi, \eta)$ 为不在 C 的支线上的一点. 我们把 Q 取作极坐标系 r, θ 的原点. 在这个坐标系中

$$r = \sqrt{(x - \xi)^2 + (y - \eta)^2},$$

$$\cos\theta = \frac{x - \xi}{r}, \quad \sin\theta = \frac{y - \eta}{r}.$$

极角确定到只差 2π 的整数倍. 然而, 如果我们要求 $\theta = \theta(t)$ 沿着曲线 C 对于 t 连续地变化, 由 $t = \alpha$ 有 θ_0 值, 那么 θ 作为 t 的函数就唯一地被确定了. 在 $t = \beta$, 角 θ 的值是 $\theta(\beta) = \theta_0 + 2\nu\pi$, 其中 ν 是整数. 数

$$\nu = \frac{1}{2\pi}[\theta(\beta) - \theta(\alpha)] = \frac{1}{2\pi}\int_\alpha^\beta \frac{d\theta}{dt}dt = \frac{1}{2\pi}\int_C d\theta$$

表示有向曲线 C 缠绕 Q 的次数.

曲线 C 经过从 Q 开始的铅垂半直线是在 $\dfrac{1}{2\pi}\left[\theta(t) - \dfrac{\pi}{2}\right]$ 的值为整数 n 的那些 t 值. 我们对于固定的 n 考虑参数区间上的 t 值, 对于这些 t 值 $\dfrac{1}{2\pi}\left(\theta - \dfrac{\pi}{2}\right) = n$. 令 σ_n 和 τ_n 为分别有 $\dfrac{d\theta}{dt} > 0$ 和 $\dfrac{d\theta}{dt} < 0$ 这样的 t 值的数. 显然, 在点 Q 的指数是

$$\mu = \sum_n \sigma_n - \sum_n \tau_n = \sum_n (\sigma_n - \tau_n).$$

另一方面, $\sigma_n - \tau_n$ 只可以取 $1, 0, -1$ 中的一个值, 因为在 θ, t 平面上 $\theta(t)$ 的图形与直线 $\theta = \dfrac{\pi}{2} + 2n\pi$ 是从上面或从下面交替地相交的. 实际上, 如果 $\dfrac{\pi}{2} + 2n\pi$ 位于 $\theta(\alpha)$ 和 $\theta(\beta)$ 之间, 我们就有 $\sigma_n - \tau_n = \mathrm{sign}[\theta(\beta) - \theta(\alpha)]$, 否则 $\sigma_n - \tau_n = 0$.

因此, μ 等于在 $\theta(\alpha)$ 和 $\theta(\beta)$ 之间出现 θ 值为 $\dfrac{\pi}{2} + 2n\pi(n$ 为整数) 的数目按 $\mathrm{sign}[\theta(\beta) - \theta(\alpha)]$ 计算的次数, 即 μ 等于数 ν.

因为 $\theta = \arctan[(y - \eta)/(x - \xi)]$, 所以我们有

$$\frac{d\theta}{dt} = \frac{\dot{y}(x - \xi) - \dot{x}(y - \eta)}{(x - \xi)^2 + (y - \eta)^2}.$$

由此得到有向闭曲线 C 关于点 (ξ, η) 的指数 μ 的积分表示式

$$\mu = \frac{1}{2\pi} \int_\alpha^\beta \frac{\dot{y}(x - \xi) - \dot{x}(y - \eta)}{(x - \xi)^2 + (y - \eta)^2} dt,$$

这可以不直接指明参数 t 而简单地写成 (见第 301 页)

$$\mu = \frac{1}{2\pi} \int_C \frac{(x - \xi)dy - (y - \eta)dx}{(x - \xi)^2 + (y - \eta)^2}.$$

这些结果的值得注意的特点在于, 我们可以由 C 的参数表示用求积分的办法来解析地确定描述点 Q 和曲线 C 之间的拓扑关系的整数值 μ 和 ν.

问　　题

4.1 节 c, 第 289 页

1. 简略地画出 $a = 4c$ 的内摆线 (星形线) 并求它的非参数方程.

2. 证明: 如果 $\dfrac{c}{a}$ 是有理数, 那么在动圆滚了整数次以后一般的内摆线是闭的, 而如果 $\dfrac{c}{a}$ 是无理数, 那么曲线与固定圆的圆周有无穷多个交点, 而不是闭的.

3. 导出次摆线的参数表示

$$x = at - b\sin t, \quad y = a - b\cos t.$$

次摆线就是缚在半径为 a 的圆盘子上面一点 P 在圆盘沿直线滚动时的路线. 圆盘中心到 P 的距离为 b (见图 4.7).

4. 求曲线 $x^3 + y^3 = 3axy$ 的参数方程 (笛卡儿叶形线), 选由原点到点 (x, y) 的射线和 x 轴夹角的正切作为参数 t.

4.1 节 e, 第 300 页

1. 在交点上两曲线之间的夹角 α 定义为在该点它们的切线之间的夹角. 使用曲线的参数表示求 $\cos\alpha$ 的公式.

2. 设 $x = f(t), y = g(t)$. 导出 $\dfrac{d^2y}{dx^2}$ 和 $\dfrac{d^3y}{dx^3}$ 用对 t 的导数表示的公式.

3. 求极坐标中两条曲线 $r = f(\theta)$ 和 $r = g(\theta)$ 之间的夹角的公式.

4. 求处处与过原点的直线有相同交角 α 的曲线的方程.

5. 证明: 如果 $x = f(t)$ 和 $y = g(t)$ 在闭区间 $[a,b]$ 上连续, 在开区间 (a,b) 内可微, 且 $x'^2 + y'^2 > 0$, 那么在开弧 $x = f(t), y = g(t), (a < t < b)$ 上至少有一点使得该点的切线与连接端点的弦平行.

6. 设 P 为圆上的一点. 当圆沿给定的直线滚动时, P 画出摆线. 设 Q 是圆与该直线的切点. 证明, 摆线在 P 点处的法线在任意时刻都经过 Q 点. 对于 P 的切线有什么类似的性质?

7. 证明星形线 $x = 4c\cos^3\theta, y = 4c\sin^3\theta$ 的切线被坐标轴截断的那部分的长是常数.

*8. 证明两族椭圆和双曲线 $(0 < a < b)$

$$\frac{x^2}{a^2 - \lambda^2} + \frac{y^2}{b^2 - \lambda^2} = 1, \qquad 0 < \lambda < a,$$

$$\frac{x^2}{a^2 - \tau^2} + \frac{y^2}{b^2 - \tau^2} = 1, \qquad a < \tau < b$$

是共焦的 (即有共同的焦点), 并且相交成直角.

9. (a) 证明对于椭圆由两个焦点到曲线的一点所引的两射线之间的角被该点的法线平分.

(b) 证明对于双曲线上述的交角由切线平分.

4.1 节 f, 第 304 页

1. 证明由

$$y = \begin{cases} x^2 \sin\dfrac{1}{x}, & 0 < x \leqslant 1, \\ 0, & x = 0 \end{cases}$$

定义的曲线有有限长, 而由

$$y = \begin{cases} x \sin\dfrac{1}{x}, & 0 < x \leqslant 1, \\ 0, & x = 0 \end{cases}$$

定义的连续曲线是不可求长的.

2. 证明, 如果函数 f 在闭区间 $[a,b]$ 上有定义并且单调, 那么由 $y = f(x)$ $(a \leqslant x \leqslant b)$ 定义的弧是可求长的.

4.1 节 g, 第 309 页

1. 第二种椭圆积分形为

$$\int_0^\phi \sqrt{1 - k^2 \sin^2 \theta} d\theta.$$

(a) 证明可以使用第二种椭圆积分表示椭圆 $x = a \cos\theta, y = b \sin\theta$ 的弧长.

(b) 证明次摆线 $x = at - b \sin t, y = a - b \cos t$ 的弧长也可用椭圆积分表示.

*(c) 证明可以使用第一种和第二种椭圆积分表示双曲线的弧长.

4.1 节 h, 第 310 页

1. 设 P 为生成摆线的滚动圆上的一点. 设 Q 为该圆在任意给定时刻的最低点. 证明, Q 平分连接 P 到摆线在 P 点的密切圆中心的线段.

2. 求在 $x = 0$ 时, $y = x^2$ 的曲率中心. 确定曲线在 $x = 0$ 和 $x = 8$ 时的法线与曲线的交点. 计算曲率中心到交点的距离. 给出另一个曲率中心的定义, 并证明这个定义和本书给出的定义是等价的.

3. 考虑密切圆在切点会不会越过曲线的问题.

*4. 证明曲线 C 在 P 点的曲率圆为过三点 P, P_1, P_2 的圆, 当 P_1 趋于 P, P_2 趋于 P 时的极限.

5. 设 $r = f(\theta)$ 是极坐标中曲线的方程. 证明曲率由下式给出:

$$\kappa = \frac{2r'^2 - rr'' + r^2}{(r'^2 + r^2)^{3/2}},$$

其中

$$r' = \frac{df}{d\theta}, \quad r'' = \frac{d^2 f}{d\theta^2}.$$

6. 如果曲线的切线被切点和 y 轴之间截取的长总是等于 1, 那么曲线称为曳物线. 试求它的方程. 证明曲线每一点的曲率半径和曲线上该点与 y 轴之间截取的法线长成反比. 计算曳物线的弧长并且求出它的用弧长表示的参数方程.

7. 设 $x = x(t), y = y(t)$ 为一闭曲线. 沿曲线的法线测出一固定的长 p. 那么由这个线段的终点描绘的曲线叫做原来曲线的平行曲线. 试求平行曲线的面积、弧长和曲率半径.

8. 证明曲率为固定的常数 k 的曲线只能是半径为 $\dfrac{1}{k}$ 的圆.

*9. 如果 xy 平面上曲线的曲率是弧长的单调函数, 证明曲线不是闭的并且没有任何二重点.

4.1 节 i, 第 315 页

1. 证明曲线 $x = x(t), y = y(t)$ 的曲率表达式经过坐标轴的旋转是不变的, 并且用 $t = \varphi(\tau)$ (其中 $\varphi'(\tau) > 0$) 来改变参数时曲率也是不变的.

4.3 节 d, 第 342 页

1. 证明如果加速度总是垂直于速度, 则速率是常数.

2. 把速度向量视为位置向量而描绘的曲线称为速端线. 说明沿闭曲线运动的质点是否可能有一条直线作为它的速端曲线.

3. 假定一个滚动圆以常速率运动, 试求在这运动中生成摆线的点 P 的速度和加速度.

4. 设 A 是平面上的一个定点, 并且假设一个动点 P 的加速度向量总是指向 A 而且正比于 $1/|AP|^2$. 证明速端线是一个圆周 (参考问题 2).

5. 设 A 是一个圆周上的固定点. 设 P 是此圆周上一个动点, 其加速度向量指向 A. 证明加速度正比于 $|AP|^{-5}$.

4.5 节, 第 350 页

1. 沿直线运动的质点受到产生减速度 ku^3 的阻力, 其中 u 为速度, k 为常数. 试用到初始位置的距离 s 和初速度 v_0 求出速度 (u) 和时间 (t) 的表达式.

2. 设一单位质量的质点沿 x 轴运动, 并受到力 $f(x) = -\sin x$ 的作用.

(a) 如果在时刻 $t = 0$, 质点在 $x = 0$, 速度为 2, 试确定该质点的运动. 证明当 $t \to \infty$ 时质点趋于极限位置. 试求这个极限位置.

(b) 如果除 v_0 可以有任意值之外其他条件都相同, 试证如果 $v_0 > 2$, 那么当 $t \to \infty$ 时质点运动到无穷远; 如果 $v_0 < 2$, 那么质点在原点左右振动.

3. 选定原点在地球的中心的坐标轴, 我们用 R 表示地球的半径. 按牛顿万有引力定律地球有 $-\mu M/y^2$ 的力吸引一个在 y 轴上的单位质量的质点, 其中 μ 为 '万有引力常数", M 为地球的质量.

(a) 计算质点在点 $y_0(> R)$ 处放出以后的运动, 即在时刻 $t = 0$ 时质点位于点 $y = y_0$ 且有速度 $v_0 = 0$ 这一条件下的运动.

(b) 试求在 (a) 中的质点击中地球时的速度.

(c) 利用 (b) 的结果, 计算质点从无穷远落到地球时的速度[1].

*4. 受到轻微扰动的一质点在重力影响下从圆的顶点的静止位置滑下来. 这质

---

[1] 这与发射一个抛射体使它离开地球, 而不再返回所必须的最小速度相同.

点在哪一点不受约束地飞离这个圆?

*5. 质量为 m 的质点沿椭圆 $r = \dfrac{k}{1 - e\cos\theta}$ 运动. 在质点上指向原点的力为 cm/r^2. 描述这个质点的运动, 求出它的周期并且证明质点的向径在相等的时间内扫过相等的面积.

4.A.1 节, 第 368 页

1. 证明外摆线 (第 290 页例) 的渐屈线是和第一个外摆线类似的外摆线, 它可以从第一个外摆线经过旋转和收缩而得到.

2. 证明内摆线 (第 291 页例) 的渐屈线是另一个内摆线, 它可以从第一个内摆线经过旋转和展开而得到.

第五章　泰勒展开式

5.1　引言：幂级数

在微积分发展的早期, 获得了一项巨大的成就, 就是由牛顿和其他科学家发现了许多已知函数能够表示成 '无穷次多项式' 或 '幂级数', 其系数是由一些极其优美而简明的规律形成的. 例如 $\dfrac{1}{1-x}$ 或 $\dfrac{1}{1+x^2}$ 在开区间 $|x| < 1$ 里成立的几何级数

$$\frac{1}{1-x} = 1 + x + x^2 + \cdots + x^n + \cdots, \tag{1}$$

$$\frac{1}{1+x^2} = 1 - x^2 + x^4 - x^6 + \cdots + (-1)^n x^{2n} + \cdots, \tag{1a}$$

就是它们的典型 (参看第一章第 54 页).

对许多其他的函数, 带有数值系数 a_ν 的类似的展开式

$$\begin{aligned} f(x) &= a_0 + a_1 x + \cdots + a_n x^n + \cdots \\ &= \sum_{\nu=0}^{\infty} a_\nu x^\nu, \end{aligned}$$

将在这一章里导出.

下面是一些值得注意的例子:

$$e^x = 1 + x + \frac{x^2}{2!} + \frac{x^3}{3!} + \cdots + \frac{x^n}{n!} + \cdots;$$

$$\sin x = x - \frac{x^3}{3!} + \frac{x^5}{5!} - \cdots + \cdots + \frac{(-1)^n x^{2n+1}}{(2n+1)!} + \cdots;$$

$$\cos x = 1 - \frac{x^2}{2!} + \frac{x^4}{4!} + \cdots + \frac{(-1)^n x^{2n}}{(2n)!} + \cdots.$$

这些级数展开式对所有的 x 都成立.

牛顿的一般二项式定理. 展开式

$$(1+x)^\alpha = 1 + \frac{\alpha}{1!} x + \frac{\alpha(\alpha-1)}{2!} x^2 + \cdots$$

$$= \sum_{\nu=0}^{\infty} \binom{\alpha}{\nu} x^{\nu}$$

对 $|x| < 1$ 和任何指数 α 都是正确的.

为了说明这种展开式的确切意义, 我们考虑由级数的前 $n+1$ 项的和所形成的 n 阶多项式, 即第 n 个 "部分和"

$$S_n = \sum_{\nu=0}^{n} a_{\nu} x^{\nu}.$$

公式

$$f(x) = \sum_{\nu=0}^{\infty} a_{\nu} x^{\nu} \qquad (\text{式中 } |x| < a)$$

的意义就是当 $n \to \infty$ 时, 在区间 $|x| < a$ 里, 序列 S_n 在每一点 x 处都趋向于函数 $f(x)$ 的值. 这时, 就说这个无穷级数在区间 $|x| < a$ 里收敛到 $f(x)$. 差

$$R_n(x) = f(x) - S_n(x)$$

称为级数的余项, 它度量出在 x 这一点处以多项式 $S_n(x)$ 来逼近 $f(x)$ 的精确程度. 例如

$$\frac{1}{1-x} = 1 + x + x^2 + \cdots + x^n + R_n(x), \tag{1b}$$

其中余项 $R_n(x) = x^{n+1}/(1-x)$, 对 $|x| < 1$, 当 n 增加时趋于零. 这样就得到了无穷几何级数 $\sum_{\nu=0}^{\infty} x^{\nu} = 1/(1-x)$. 要寻找在特殊情形下 R_n 的简单的容易处理的估计量, 不论在理论上还是在实际上都是一个重要的任务.

在这一章里我们考虑广泛的一类函数的展开式, 其中包括全部 "初等" 超越函数. 在这些超越函数的展开式里, 一个很引人注意的事实是, 系数是整数的优美的表达式. 这些展开式是通过泰勒定理得到的. 在第七章, 我们还将通过对幂级数的直接研究的另一途径来讨论它们.

应该强调指出的是, 正如对于 (1a) 的几何级数一样, 无穷展开式对于 x 在某个区间以外的值是不成立的 (在几何级数的情况下这个区间是 $x^2 < 1$), 即使由这个级数所表示的函数在这个区间以外有明确的定义, 也还是这样.

5.2 对数和反正切的展开式

a. 对数函数

作为简单的例子, 我们首先从具有余式 $r_n(t) = t^n/(1-t)$ 的几何级数

$$\frac{1}{1-t} = 1 + t + t^2 + \cdots + t^{n-1} + r_n(t)$$

出发, 用积分来推导对数和反正切函数的展开式.

我们把这个和代入公式

$$-\log(1-x) = \int_0^x \frac{dt}{1-t}$$

中的被积函数, 并且逐项积分, 则对 $x < 1$ 得到

$$-\log(1-x) = x + \frac{x^2}{2} + \frac{x^3}{3} + \cdots + \frac{x^n}{n} + R_n,$$

其中余项

$$R_n = \int_0^x r_n(t)dt = \int_0^x \frac{t^n}{1-t}dt.$$

因此对任何正整数 n, 函数 $-\log(1-x)$ 都由 n 次多项式

$$x + \frac{x^2}{2} + \frac{x^3}{3} + \cdots + \frac{x^n}{n}$$

近似地表示出来了, 而余项 R_n 指出了这个近似式的 "误差".

为了评价这个近似式的精确度, 我们来估计余项 R_n. 如果我们首先假定 $-1 \leqslant x \leqslant 0$, 那么被积函数 $t^n/(1-t)$ 的绝对值在整个积分区间里到处都不会超过 $|t^n| = (-1)^n t^n$. 于是

$$|R_n| \leqslant \left| \int_0^x t^n dt \right| = \frac{|x|^{n+1}}{n+1}.$$

因此对 x 在闭区间 $-1 \leqslant x \leqslant 0$ 里的每一个值, 包括 $x = -1$, 选择足够大的 n, 就能使这个余项变得像我们所希望的那样小 (参看第 49 页). 对于 $x > 0$, 必须排除端点 $x = 1$; 我们不得不把 x 限制在半开区间 $0 \leqslant x < 1$ 里; 被积函数不会改变符号, 并且它的绝对值不会超过 $t^n/(1-t)$; 于是对 $0 \leqslant x < 1$ 我们得到估计式

$$|R_n| \leqslant \frac{1}{1-x} \int_0^x t^n dt = \frac{x^{n+1}}{(1-x)(n+1)}.$$

因此我们又有, 若令 x 固定, 则当 n 充分大时, 余项就可以任意小. 当然这个估计

对 $x = 1$ 是没有意义的.

综上所述, 只要 x 位于半开区间 $-1 \leqslant x < 1$ 里, 都有

$$\log(1 - x) = -x - \frac{x^2}{2} - \frac{x^3}{3} - \cdots - \frac{x^n}{n} - R_n, \tag{2}$$

其中余项 R_n 当 n 增大时, 都趋于零.

事实上, 这个推理建立了余项的一个 "一致" 的估计, 即这一估计与 x 无关, 对于 x 在区间 $-1 \leqslant x \leqslant 1 - h$ 里所有的值都成立, 其中 h 为适合于 $0 < h \leqslant 1$ 的任意数, 也就是, $|R_n| \leqslant 1/[(n+1)h]$.

余式 R_n 在半开区间 $-1 \leqslant x < 1$ 里趋于零这个事实, 就可说成在这个区间里对数函数可用一个无穷级数[1]

$$\log(1 - x) = -x - \frac{x^2}{2} - \frac{x^3}{3} - \frac{x^4}{4} - \cdots \tag{3}$$

给出. 如果我们在这个级数中代入特殊值 $x = -1$, 就得到值得注意的公式

$$\log 2 = 1 - \frac{1}{2} + \frac{1}{3} - \frac{1}{4} + - \cdots. \tag{4}$$

这个关系式的发现曾给微积分的早期开拓者以深刻的印象.

对于开区间 $-1 < x < 1$, 我们仅需把 (2) 里的 x 换成 $-x$, 就得到

$$\log(1 + x) = x - \frac{x^2}{2} + \frac{x^3}{3} - \frac{x^4}{4} + - \cdots + (-1)^{n-1}\frac{x^n}{n} - R_n', \tag{2a}$$

其中

$$R_n' = \int_0^{-x} \frac{t^n dt}{1 - t} = (-1)^{n+1} \int_0^x \frac{t^n dt}{1 + t}.$$

取 n 为偶数, 由 (2a) 减去 (2), 就有

$$\frac{1}{2} \log\left(\frac{1 + x}{1 - x}\right) = \operatorname{artanh} x$$

$$= x + \frac{x^3}{3} + \frac{x^5}{5} + \cdots + \frac{x^{n-1}}{n - 1} + \overline{R}_n,$$

其中余项 $\overline{R}_n$ 由

$$\overline{R}_n = \frac{1}{2}(R_n - R_n') = \int_0^x \frac{t^n}{1 - t^2} dt$$

给出, 这里的 $\operatorname{artanh} x$ 依第 201 页上的定义.

---

1) 我们把它留给读者作为一个练习, 事实上对 $|x| > 1$ 的所有 x 值, 余项不仅不能趋于零, 而且当 n 增加时 $|R_n|$ 趋向无穷大, 所以对这种 x 的值, (2) 中的多项式就不是这个对数函数的好的近似式, 而且当 n 增加时反而变得更坏.

注意到 $1/(1-t^2) \leqslant 1/(1-x^2)$, 由这个积分的一个基本估计式, 我们得到

$$|\overline{R}_n| \leqslant \frac{|x^{n+1}|}{n+1} \cdot \frac{1}{1-x^2},$$

所以, 当 n 增加时余项 $\overline{R}_n$ 趋于零. 这里我们又得到一个展成无穷级数的例子:

$$\frac{1}{2}\log\left(\frac{1+x}{1-x}\right) = \operatorname{artanh} x = x + \frac{x^3}{3} + \frac{x^5}{5} + \cdots, \tag{5}$$

对 $|x| < 1$ 的所有 x 的值都成立. 顺便说明一下, 此结果也能由直接积分 $1/(1-x^2)$ 的几何级数而得到. 这个公式的一个优点是, 当 x 从 -1 到 $+1$ 变化时, 表达式 $(1+x)/(1-x)$ 随之而取遍全部正数. 因此, 如果把 x 选得适当, 我们就可以通过这个级数去计算任何正数的对数值, 其误差不会超过以上的估计量 $\overline{R}_n$.

b. 反正切函数

我们能够用和对数函数有些类似的方法, 从公式

$$\frac{1}{1+t^2} = 1 - t^2 + t^4 - + \cdots + (-1)^{n-1}t^{2n-2} + r_n$$

出发来处理反正切函数, 其中 $r_n = (-1)^n \dfrac{t^{2n}}{1+t^2}$.

通过积分 (参看第 227 页), 我们得到

$$\arctan x = x - \frac{x^3}{3} + \frac{x^5}{5} - + \cdots + (-1)^{n-1}\frac{x^{2n-1}}{2n-1} + R_n,$$
$$R_n = (-1)^n \int_0^x \frac{t^{2n}}{1+t^2}dt.$$

我们立即看到余项 R_n 在闭区间 $-1 \leqslant x \leqslant 1$ 里随 n 的增加而趋于零, 因为

$$|R_n| \leqslant \int_0^{|x|} t^{2n}dt = \frac{|x|^{2n+1}}{2n+1}.$$

从余项的公式, 我们也能很容易地证明, 在 $|x| > 1$ 时, 余项的绝对值随 n 的增加而无限增大.

因此, 我们就推导出无穷级数

$$\arctan x = x - \frac{x^3}{3} + \frac{x^5}{5} - + \cdots + (-1)^{n-1}\frac{x^{2n-1}}{2n-1} + - \cdots, \tag{6}$$

对区间 $|x| \leqslant 1$ 成立. 因为对 $x = 1$ 有 $\arctan 1 = \dfrac{\pi}{4}$, 我们得到莱布尼茨-格雷戈里 (Leibnitz-Gregory) 级数:

$$\frac{\pi}{4} = 1 - \frac{1}{3} + \frac{1}{5} - + \cdots, \tag{7}$$

这个表达式和前面建立的 $\log 2$ 的表达式一样值得注意.

5.3 泰 勒 定 理

牛顿的弟子泰勒 (Tayler) 注意到多项式的初等展开可以广泛地推广到非多项式函数, 只要这些函数充分可微, 而区域又受到适当的限制.

a. 多项式的泰勒表示

关于 x 的一个 n 次多项式, 譬如说

$$f(x) = a_0 + a_1 x + a_2 x^2 + \cdots + a_n x^n,$$

其泰勒表示完全是一个初等的代数式.

假如我们把 x 换成 $a + h = b$, 并按 h 的幂展开每一项, 就马上得到一个形式为

$$f(a + h) = c_0 + c_1 h + c_2 h^2 + \cdots + c_n h^n \tag{8}$$

的表达式. 泰勒公式实质上就是关于这些系数的关系式

$$c_\nu = \frac{1}{\nu!} f^{(\nu)}(a), \tag{8a}$$

系数 c_ν 由 f 和 f 的各阶导数在 $x = a$ 的值来表示. 为了证明这个事实, 我们把量 $h = b - a$ 看作自变量, 并应用链式法则, 根据这个法则关于 h 求导和关于 $b = a + h$ 求导结果是一样的. 因此在公式 (8) 里关于 h 逐次求导, 在每次求导之后以 $h = 0$ 代入, 就依次地得到如下的结果:

$$c_0 = f(a), \quad c_1 = f'(a), \cdots, \quad \nu! c_\nu = f^{(\nu)}(a),$$

因而的确得到了多项式的泰勒公式:

$$f(a + h) = f(a) + h f'(a) + \frac{h^2}{2!} f''(a) + \cdots + \frac{h^n}{n!} f^{(n)}(a). \tag{9}$$

因为 n 次多项式的 $n + 1$ 次导数是零, 所以公式 (9) 就自然而然地结束了.

如上所述, 公式 (9) 不过是把一个关于 $a + h$ 幂的多项式, 经初等代数整理而化为关于 h 幂的一个多项式.

b. 非多项式函数的泰勒公式

牛顿和他最亲近的弟子勇敢地把公式 (9) 用到了非多项式函数. 对这种非多项式函数来说, 展开式并不自动地在第 n 项结束, 他们简单地代之以允许 n 趋向

于无穷, 以后将验证这种处理办法对许多重要的特殊函数是合理的.

假设函数 f 在包含 a 和 $a+h$ 的一个区间里至少 n 次可微, 我们当然不能再把 $f(a+h)$ 写成像公式 (9) 那样用 h 的有穷次幂构成的表达式, 而必须通过一个附加的 '余项' R_n 进行修正. 我们暂且试探性地把它写成

$$f(b) = f(a+h)$$

$$= f(a) + hf'(a) + \cdots + \frac{h^n}{n!} f^{(n)}(a) + R_n. \tag{10}$$

事实上, (10) 只不过是校正式余项 R_n 的一个定义, 并且指出当 $n \to \infty$ 时, 希望 R_n 变小而趋于零. 如果这个余项确实趋于零, 那么公式 (10) 在 $n \to \infty$ 时的极限就导出了 $f(x)$ 的一个表成 h 的无穷幂级数的展开式

$$f(a+h) = f(a) + hf'(a) + \cdots + \frac{h^n}{n!} f^{(n)}(a) + \cdots . \tag{11}$$

于是关键性的问题在于寻求余项 R_n 的估计式, 以便能够严格地揭示出关于 h 的 n 阶有限泰勒多项式

$$T_n(h) = \sum_0^n \frac{f^{(\nu)}(a)}{\nu!} h^\nu . \tag{12}$$

作为泰勒表示的精确度, 以及当 $n \to \infty$ 时取极限的合理性. 这个问题的难度远远超过了在 5.3a 这一节里代数处理的难度. 泰勒多项式 $T_n(h)$ 是 $f(a+h)$ 在这样意义下的一个近似式, 即在 $h = 0$ 处不但函数 T_n 和 f 而且它们的直到 n 阶的导数都相重合, 使得差 $R_n = f - T_n$ 连同它们的前 n 阶导数在 $x = a$ 一起变为零.

5.4   余项的表示式及其估计

a. 柯西和拉格朗日余项

余项 R_n 的一个直接的表示, 使得我们有可能对它的绝对值 $|R_n|$ 作出估计, 这是泰勒定理的核心. 这些结果容易根据微分中值定理而得到. 此外它们还与用微分作函数的线性近似有关 (参看第 153 页).

首先让我们再一次考察一下这个近似式.

在点 a 处的导数的定义仅仅是说 $f(a+h) = f(a) + hf'(a) + h\varepsilon$, 这里当 $h \to 0$ 时 $\varepsilon \to 0$. 只要假定不仅 f' 而且 f'' 在区间 J 里存在并且是连续的, 我们就能够肯定 ε 确实至少和 h 同阶, 从而得到稍微精确一些的近似表达式. 如果我们再一次记 $a + h = b$, 由

$$f(b) = f(a) + (b-a)f'(a) + R \tag{13}$$

引入一个余项 R, 我们就可以得到上述关于 ε 的估计. 现在把 b 看成是固定的, 把初始点 a 看成是变量. 方程 (13) 在 J 中把 R 定义为 a 的函数, 对上式两边取 a 的导数, 因为左边的 $f(b)$ 是常量, 故导数为零, 对右边应用两个函数乘积的微分法则, 就证明了

$$0 = f'(a) - f'(a) + (b-a)f''(a) + R'(a),$$

从而得到

$$-R'(a) = (b-a)f''(a), \tag{14}$$

现在, 对 $a = b$ 我们显然有 $R(b) = 0$. 由微商中值定理 $[R(a) - R(b)]/(b-a) = -R'(\xi)$, 其中 ξ 是未被指明的介于 a 和 b 中间的一个值; 由于 $R(b) = 0$, 我们由此断定 $R(a) = -(b-a) \times R'(\xi) = -hR'(\xi)$. 现在由 (14) 有 $R'(\xi) = -(b-\xi)f''(\xi)$, 而由于 $|b-\xi| \leqslant h$, 所以 $|R'(\xi)| < h\,|f''(\xi)|$. 因为 $|f''(\xi)|$ 在围绕 a 的一个区间里是有界的, 最后我们得到一个估计式, 它指明余项或 "误差" R_n 关于 h 至少是二阶无穷小:

$$|R(a)| < h^2\,|f''(\xi)|. \tag{15}$$

我们现在从 $n = 1$ 的特殊情形转向任意阶 n 的情形. 可直接用与 $n = 1$ 的情形相同的方法来描述余项 R_n. 假定 a 和 $b = a + h$ 是区间 J 里的点, 在这个区间中 $f(x)$ 有定义并直到 $n+1$ 阶连续可微. 把 a 看作自变量, 而终点 b 保持固定, 在第 388 页定义 $R_n(a)$ 的公式 (10) 里, 我们用 $b-a$ 来代替 h. 求导数, 并考虑到 $f(b)$ 是常数, 根据乘积的微分规则我们就发现, 几乎所有的项都抵消了, 剩下的只是公式:

$$0 = \frac{(b-a)^n}{n!}f^{(n+1)}(a) + R'_n(a), \tag{16}$$

对区间里的每个值 a 都成立. 因为对于 $a = b$, 余项 R_n 是零, 所以这个把 R_n 的导数直接表为 a 的函数的表达式完全刻画了 R_n: 把它表成了积分 $\displaystyle\int_b^a R'_n(t)dt = -\int_a^b R'_n(t)dt$, 也就是

$$R_n(a) = \int_a^b \frac{(b-t)^n}{n!}f^{(n+1)}(t)dt. \tag{17}$$

这是余项的一个精确的积分表示式.

余项 R_n 的一个类似于上述 $n = 1$ 时所得到的估计, 可以对通过公式 (16) 应

用微分中值定理而直接得到:

$$\frac{R_n(a) - R_n(b)}{b-a} = \frac{R_n(a)}{b-a} = -R_n'(\xi) = \frac{(b-\xi)^n}{n!} f^{(n+1)}(\xi)$$

或

$$R_n(a) = \frac{(b-a)(b-\xi)^n}{n!} f^{(n+1)}(\xi), \tag{18}$$

其中 ξ 是介于 a 和 b 之间而未被指明的一个适当的中间值. 对表达式 (17) 应用积分中值定理, 也能得到相同的估计式 (第二章第 121 页).

余项的柯西 (Cauchy) 形式. 如果我们定义 $\xi = a + \theta h = a + \theta(b-a)$, 就得到泰勒公式 (10) 里的余项的柯西形式

$$R_n(a) = \frac{h^{n+1}}{n!}(1-\theta)^n f^{(n+1)}(a+\theta h), \tag{19}$$

其中 θ 是 0 和 1 之间的一个未指明的量.

对余项 R_n 的积分形式 (17), 我们也能用积分学的推广了的中值定理 (见第 121 页), 取表达式 $p(t) = (b-t)^n$ 作为 '权函数', 这个函数在整个积分区间上都不变号.[1]这样就有

$$R_n = \frac{1}{n!} f^{(n+1)}(\xi) \int_a^b (b-t)^n dt = \frac{(b-a)^{n+1}}{(n+1)!} f^{(n+1)}(\xi). \tag{20}$$

余项的拉格朗日 (Lagrange) 形式. 再次令 $\xi = a + \theta h$ 就得到余项的拉格朗日形式

$$R_n(a) = \frac{h^{n+1}}{(n+1)!} f^{(n+1)}(a+\theta h), \tag{21}$$

其中 θ 是满足 $0 \leqslant \theta \leqslant 1$ 的一个适当的数. 拉格朗日形式特别具有启发性, 因而更经常地被应用, 因为它使得公式

$$f(a+h) = f(a) + \frac{h}{1!} f'(a) + \frac{h^2}{2!} f''(a) + \cdots$$
$$+ \frac{h^n}{n!} f^{(n)}(a) + R_n = P_n(h) + R_n \tag{22}$$

的余项 R_n, 看起来很像是在展开式 (22) 里以更高一阶出现的项 $h^{n+1} \cdot f^{(n+1)}(a)/(n+1)!$, 只是自变量 a 被中间值 $a + \theta h$ 代替罢了.

若函数 f 的 $n+1$ 阶导数 $f^{(n+1)}$ 在包含点 a 的一个闭区间里是连续的, 则量 $|f^{(n+1)}(\xi)|$ 就有一个固定的界 M. 于是, 因为

---

[1] 对于 $p(t)$ 为正的情形广义中值定理已证明了, 而当 $p(t)$ 在整个积分区间是负的时候, 它也完全同样适用.

$$|R_n| \leqslant \frac{h^{n+1}}{(n+1)!}M,$$

所以对于固定的 n, 泰勒多项式 $P_n(h)$ 给出了函数 $f(a+h)$ 的一个近似式, 其误差关于 h 的阶至少是 $n+1$.

我们的兴趣主要将针对这样的问题, 当 n 增加时余项 R_n 是否趋于零. 如果趋向于零, 我们就说函数展成了一个无穷的泰勒级数

$$f(a+h) = f(a) + \frac{h}{1!}f'(a) + \frac{h^2}{2!}f''(a)$$
$$+ \frac{h^3}{3!}f'''(a) + \cdots . \tag{23}$$

特别是, 若先令 $a = 0$, 而后把 h 改写成 x, 我们就得到 '幂级数'

$$f(x) = f(0) + \frac{x}{1!}f'(0) + \frac{x^2}{2!}f''(0) + \cdots .$$

我们将在 5.5 节里讨论一些例子.

这个对于固定的 n 的、有限的、并带有余项的泰勒展开式 (22), 在应用上同样是重要的. 在这个公式里, 如果我们令 h 趋于零, 并用第三章第 217 页上的术语, 我们就可以说, 级数的各项就都以关于 h 的不同的阶趋于零. 在泰勒级数里, 表达式 $f(a)$ 表示零阶的项, 表达式 $hf'(a)$ 表示第一阶的项, 表达式 $h^2 f''(a)/2!$ 表示二阶的项, 等等. 我们从余项的形式看到, 在展开一个函数直到第 n 阶项时, 就形成一个误差, 当 h 趋于零时, 这个误差趋于零的阶数为 $n+1$. 点 $a+h$ 越接近于点 a, 函数 $f(a+h)$ 用近似多项式 $P_n(h)$ 来表示就越好. 在一些最重要的情况下, 在 x 的一个邻域里, 这个近似表达式能够由增大 n 值而得到改进.

b. 泰勒公式的另一种推导法

泰勒定理中余项 R_n 的积分表示式 (17) 是以 R'_n 的公式 (16) 为基础的. 由于这个定理的重要性, 我们在这里从另一角度再给出一种推导法: 由公式

$$f(b) - f(a) = \int_a^b f'(t)dt \tag{24}$$

出发, 经反复运用分部积分法而直接导出余项 R_n 的表达式.

为了通过逐次分部积分来变换 (24), 我们按照关系式

$$\phi_0(t) = 1, \quad \phi'_\nu(t) = \phi_{\nu-1}(t) \tag{25}$$

和条件

$$\phi_\nu(b) = 0 \qquad (\nu \geqslant 1) \tag{26}$$

来引进函数

$$\phi_1(t), \phi_2(t), \cdots, \phi_\nu(t), \cdots,$$

其中 b 作为固定的参数. 很清楚, 条件 (25) 和 (26) 逐步地确定了所有的 $\phi_\nu(t)$. 容易直接地验证, $\phi_\nu(t)$ 刚好是多项式

$$\phi_\nu(t) = \frac{(t-b)^\nu}{\nu!}.$$

我们顺便注意一下, 函数 ϕ_ν 是通过反复积分逐个产生的, 积分常数留下待定, 所以定义条件 (25) 也能够被用满足另外一组边条件 (26) 的函数所满足 (见第 161 页).

因为 $\phi_\nu(a) = (-1)^\nu (b-a)^\nu / \nu!$ 而 $\phi_\nu(b) = 0$, 我们得到

$$f(b) - f(a) = \int_a^b \phi_0 f' dt = \int_a^b \phi_1' f' dt = \phi_1 f' \Big|_a^b - \int_a^b \phi_1 f'' dt,$$

对最后一项再次进行分部积分, 就得到

$$f(b) - f(a) = (b-a)f'(a) - \int_a^b \phi_2' f'' dt$$

$$= (b-a)f'(a) + \frac{(b-a)^2}{2!} f''(a) + \int_a^b \phi_2 f''' dt.$$

把这个过程反复进行 n 次就有

$$f(b) - f(a) = (b-a)f'(a) + \frac{(b-a)^2}{2!} f''(a) + \cdots$$

$$+ \frac{(b-a)^n}{n!} f^{(n)}(a) + \int_a^b (-1)^n \phi_n(t) f^{(n+1)}(t) dt$$

$$= (b-a)f'(a) + \frac{(b-a)^2}{2!} f''(a) + \cdots$$

$$+ \frac{(b-a)^n}{n!} f^{(n)}(a) + R_n,$$

其中按照 ϕ_n 的定义,

$$R_n = \int_a^b f^{(n+1)}(t) \frac{(b-t)^n}{n!} dt.$$

这样我们就再一次证明了:

泰勒定理　如果一个函数 $f(t)$ 在包含点 a 和 b 的一个闭区间上直到第 $n+1$ 阶连续可微, 那么

$$f(b) = f(a) + (b-a)f'(a) + \cdots + \frac{(b-a)^n}{n!}f^{(n)}(a) + R_n,$$

其中余式 R_n 依赖于 n, a 和 b, 并由表达式

$$R_n = \frac{1}{n!}\int_a^b (b-t)^n f^{(n+1)}(t)dt \qquad (27)$$

给出.

把记号改一改, 我们就得到泰勒公式的另一个稍微不同的表达式. 把 a 换成 x, b 换成 $x+h$, 我们就有

$$f(x+h) = f(x) + hf'(x) + \cdots + \frac{h^n}{n!}f^{(n)}(x) + R_n, \qquad (27a)$$

其中

$$R_n = \frac{1}{n!}\int_x^{x+h} (x+h-t)^n f^{(n+1)}(t)dt$$

或用 $t = x + \tau$,

$$R_n = \frac{1}{n!}\int_0^h (h-\tau)^n f^{(n+1)}(x+\tau)d\tau. \qquad (27b)$$

如果我们令 $x = 0$ 并且把 h 改写成 x, 我们就得到[1]

$$f(x) = f(0) + \frac{x}{1!}f'(0) + \frac{x^2}{2!}f''(0) + \cdots$$
$$+ \frac{x^n}{n!}f^{(n)}(0) + R_n, \qquad (27c)$$

其中余式为

$$R_n = \frac{1}{n!}\int_0^x (x-t)^n f^{(n+1)}(t)dt.$$

对这个积分应用积分学中值定理或它的推广的形式, 就分别导出余项的柯西公式

$$R_n = \frac{(1-\theta)^n}{n!}x^{n+1}f^{(n+1)}(\theta x)$$

和拉格朗日公式

$$R_n = \frac{x^{n+1}}{(n+1)!}f^{(n+1)}(\theta x),$$

同以前 (第 390 页) 证明了的一样.

---

[1] 定理的这个特殊情形有时称为麦克劳林 (Maclaurin) 定理是不符合历史的. 泰勒的一般定理在 1715 年已公开发表, 而麦克劳林的特殊结果却在 1742 年.

这里 θ 是一个满足 $0 \leqslant \theta \leqslant 1$ 的适当的未指明的数 (两个公式中的 θ 并不相同).

作为一个练习, 读者应自己构造 ϕ_ν, 使它满足 (25), 而边条件 (26) 将代以关系式

$$\int_0^1 \phi_\nu(t)dt = 0 \quad (\nu \geqslant 1)$$

(见第八章, 附录 A).

5.5　初等函数的展开式

前面所得的一般结论容许我们将简单的初等函数展开成泰勒级数. 其他函数的展开式将在第七章中讨论.

a. 指数函数

首先我们展开指数函数 $f(x) = e^x$. 在这个情形下, 所有的导数都和 $f(x)$ 相同, 并且对 $x = 0$ 其值都是 1. 根据拉格朗日的余项形式 (第 390 页, 等式 (21)), 立即得到公式:

$$e^x = 1 + \frac{x}{1!} + \frac{x^2}{2!} + \frac{x^3}{3!} + \cdots + \frac{x^n}{n!} + \frac{x^{n+1}}{(n+1)!}e^{\theta x}, \quad 0 < \theta < 1.$$

如果我们现在令 n 无限增大, 那么对于任何一个固定的 x 值, 余式 R_n 都趋于零. 为了证明这一点我们首先注意到 $e^{\theta x} \leqslant e^{|x|}$ (因为 e^x 是单调增加的函数). 令 m 是大于 $2|x|$ 的任一整数, 则对所有的 $k \geqslant m$ 都有 $|x|/k < \frac{1}{2}$, 因而

$$\left|\frac{x^{n+1}}{(n+1)!}\right| = \frac{|x^m|}{m!} \cdot \frac{|x|}{m+1} \cdots \frac{|x|}{n+1}$$

$$\leqslant \frac{|x^m|}{m!} \cdot \frac{1}{2^{n+1-m}} \leqslant \frac{|2x|^m}{m!} \cdot \frac{1}{2^n},$$

所以

$$|R_n| \leqslant \frac{|2x|^m}{m!} \cdot e^{|x|} \cdot \frac{1}{2^n}.$$

因为右边的前两个因子与 n 无关, 而当 $n \to \infty$ 时 $1/2^n \to 0$, 我们的命题就被证明了.

于是函数 e^x 就可以表成一个无穷级数:

$$e^x = 1 + \frac{x}{1!} + \frac{x^2}{2!} + \frac{x^3}{3!} + \cdots$$

$$= \sum_{\nu=0}^{\infty} \frac{x^{\nu}}{\nu!}.$$

这个展开式对所有的 x 都正确. 特别是对 $x = 1$ 我们又得到第一章里用以定义数 e 的那个无穷级数 (参看第 62 页).

当然, 对于数值计算, 我们必须用带有余项的泰勒定理. 例如以 $x = 1$ 作为例子 (与第 63 页上的相似的计算比较) 我们有

$$e = 1 + 1 + \frac{1}{2!} + \frac{1}{3!} + \cdots + \frac{1}{n!} + \frac{e^{\theta}}{(n+1)!}.$$

如果我们想要计算 e 而要求误差至多为 $1/10,000$, 我们仅需要选择足够大的 n, 使得余项小于 $1/10,000$, 因为这个余项必定小于 $3/(n+1)!$[1], 选择 $n = 7$ 就够了, 因为 $8! > 30,000$. 这样我们就得到 e 的近似值 $e = 2.71825$, 其误差小于 0.0001.

b. $\sin x, \cos x, \sinh x, \cosh x$ 的展开式

对于函数 $\sin x, \cos x, \sinh x, \cosh x$ 我们得到以下的公式:

$$
\begin{array}{rcrrrr}
f(x) & = & \sin x & \cos x & \sinh x & \cosh x, \\
f'(x) & = & \cos x & -\sin x & \cosh x & \sinh x, \\
f''(x) & = & -\sin x & -\cos x & \sinh x & \cosh x, \\
f'''(x) & = & -\cos x & \sin x & \cosh x & \sinh x, \\
f^{(4)}(x) & = & \sin x & \cos x & \sinh x & \cosh x.
\end{array}
$$

可见, 对 $\sin x$ 和 $\sinh x$ 的关于 x 的近似多项式, x 的偶次幂的系数为零, 而对 $\cos x$ 和 $\cosh x, x$ 的奇次幂的系数为零.

当我们用余项的拉格朗日形式 (21) 时 (第 390 页), 上述函数的泰勒级数取以下的形式:

$$\sin x = x - \frac{x^3}{3!} + \frac{x^5}{5!} + \cdots + \frac{(-1)^n x^{2n+1}}{(2n+1)!}$$
$$+ \frac{(-1)^{n+1} x^{2n+3} \cos(\theta x)}{(2n+3)!},$$
$$\cos x = 1 - \frac{x^2}{2!} + \frac{x^4}{4!} - \cdots + \cdots + \frac{(-1)^n x^{2n}}{(2n)!}$$

---

1) 这里我们利用了 $e < 3$ 这个事实. 这可以从 e 的级数得出 (参看第 62 页), 因为 $1/n! \leqslant 1/2^{n-1}$ 总是正确的, 所以

$$e < 1 + 1 + \frac{1}{2} + \frac{1}{4} + \cdots = 1 + \frac{1}{1 - \frac{1}{2}} = 3.$$

$$+ \frac{(-1)^{n+1}x^{2n+2}\cos(\theta x)}{(2n+2)!},$$

$$\sinh x = x + \frac{x^3}{3!} + \frac{x^5}{5!} + \cdots + \frac{x^{2n+1}}{(2n+1)!}$$

$$+ \frac{x^{2n+3}\cosh(\theta x)}{(2n+3)!},$$

$$\cosh x = 1 + \frac{x^2}{2!} + \frac{x^4}{4!} + \cdots + \frac{x^{2n}}{(2n)!}$$

$$+ \frac{x^{2n+2}\cosh(\theta x)}{(2n+2)!}.$$

当然, 在四个公式里的每一个当中, θ 表示区间 $0 \leqslant \theta \leqslant 1$ 上不同的数, 此外 θ 还依赖于 n 和 x. 因为在这些公式中的每一个里当 n 增大时余项都趋于零, 这恰恰和 e^x 所看到的情形完全相同, 所以我们就能够使近似要怎样精确就可以怎样精确. 这样我们又得到四个无穷级数, 它们对所有的 x 都成立:

$$\sin x = x - \frac{x^3}{3!} + \frac{x^5}{5!} - \cdots + \cdots = \sum_{\nu=0}^{\infty} \frac{(-1)^\nu x^{2\nu+1}}{(2\nu+1)!},$$

$$\cos x = 1 - \frac{x^2}{2!} + \frac{x^4}{4!} - \cdots + \cdots = \sum_{\nu=0}^{\infty} \frac{(-1)^\nu x^{2\nu}}{(2\nu)!},$$

$$\sinh x = x + \frac{x^3}{3!} + \frac{x^5}{5!} + \cdots = \sum_{\nu=0}^{\infty} \frac{x^{2\nu+1}}{(2\nu+1)!},$$

$$\cosh x = 1 + \frac{x^2}{2!} + \frac{x^4}{4!} + \cdots = \sum_{\nu=0}^{\infty} \frac{x^{2\nu}}{(2\nu)!}.$$

后两个也可以根据双曲函数的定义 (见第 197 页) 从 e^x 的级数展开式得到.

c. 二项式级数

我们不讨论已经在 5.2 节直接推导过的函数 $\log(1+x)$ 和 $\arctan x$ 的泰勒级数了, 但是我们将着手处理任意指数的广义的二项式定理, 这是牛顿的数学发现中最引人注意的一个. 我们希望展开函数 $f(x) = (1+x)^\alpha$ 成泰勒级数, 其中 $x > -1$, 而 α 是一个任意的数, 正的或负的, 有理的或无理的. 我们选择函数 $(1+x)^\alpha$ 以代替 x^α, 因为对后者来说在 $x = 0$ 并非所有的导数都是连续的, 除非 α 为正整数值的这种明显的情形. 首先我们计算 $f(x)$ 的导数, 得到

$$f'(x) = \alpha(1+x)^{\alpha-1},$$

$$f''(x) = \alpha(\alpha-1)(1+x)^{\alpha-2}, \cdots,$$

$$\cdots\cdots$$

$$f^{(\nu)}(x) = \alpha(\alpha - 1)\cdots(\alpha - \nu + 1)(1 + x)^{\alpha - \nu}.$$

特别是, 对 $x = 0$ 我们有

$$f'(0) = \alpha, f''(0) = \alpha(\alpha - 1), \cdots,$$

$$f^{(\nu)}(0) = \alpha(\alpha - 1)\cdots(\alpha - \nu + 1).$$

于是泰勒定理就写成为

$$(1 + x)^\alpha = 1 + \alpha x + \frac{\alpha(\alpha - 1)}{2!}x^2 + \cdots$$
$$+ \frac{\alpha(\alpha - 1)(\alpha - 2)\cdots(\alpha - n + 1)}{n!}x^n + R_n.$$

收敛性

我们还必须讨论余项. 这个问题并不很困难, 但也并不像前面已探讨过的那样简单. 我们一方面将直接得到余项的一个估计, 另一方面也将作为 A.4 节里一般结果的特殊情形. 这将允许我们断定 $|x| < 1$ 时二项展开式的余项 R_n 趋于零. 因此表达式 $(1 + x)^\alpha$ 可以展成一个无穷级数

$$(1 + x)^\alpha = 1 + \frac{\alpha}{1!}x + \frac{\alpha(\alpha - 1)}{2!}x^2 + \cdots$$
$$= \sum_{\nu=0}^{\infty} \binom{\alpha}{\nu} x^\nu,$$

其中为了简洁, 我们引进了广义二项系数

$$\binom{\alpha}{\nu} = \frac{\alpha(\alpha - 1)\cdots(\alpha - \nu + 1)}{\nu!} \quad (\nu > 0),$$

$$\binom{\alpha}{0} = 1.$$

* 为了直接证明在 $-1 < x < 1$ 的情形下当 $n \to \infty$ 时余项 $R_n \to 0$, 我们选用余项的柯西形式 (19)(第 390 页):

$$R_n = \frac{(1 - \theta)^n}{n!}x^{n+1}f^{(n+1)}(\theta x)$$
$$= \frac{(1 - \theta)^n}{n!}\alpha(\alpha - 1)(\alpha - 2)\cdots$$
$$\cdots(\alpha - n)x^{n+1}(1 + \theta x)^{\alpha - n - 1}$$

$(0 \leqslant \theta \leqslant 1)$. 因为 $|x| < 1$, 我们有 $0 \leqslant (1-\theta)/(1+\theta x) \leqslant 1$, 所以

$$|R_n| \leqslant (1+\theta x)^{\alpha-1}|\alpha x|\left|\left(1-\frac{\alpha}{1}\right)x\right|\left|\left(1-\frac{\alpha}{2}\right)x\right|\cdots\left|\left(1-\frac{\alpha}{n}\right)x\right|.$$

存在一个数 q 满足 $|x| < q < 1$. 那么显然也满足

$$\left|\left(1-\frac{\alpha}{m}\right)x\right| < q,$$

只要 m 足够大, 譬如说 $m > N$. 这样, 对 $n > N$ 就有

$$|R_n| \leqslant (1+\theta x)^{\alpha-1}|\alpha|(1+|\alpha|)^N q^{n-N},$$

其中因子 $(1+x\theta)^{\alpha-1}$ 是有界的 (如果 $\alpha \geqslant 1$, 以 $2^{\alpha-1}$ 为界; 如果 $\alpha < 1$, 以 $(1-q)^{\alpha-1}$ 为界), 所以 $R_n \to 0$.

对表达式 $(a+b)^\alpha$ 可给出一个稍微广泛些的公式. 我们只要提出因子 a^α 并且对 $x = b/a$ 应用二项展开式, 则对 $a > 0$ 和 $|b| < a$ 得到

$$(a+b)^\alpha = a^\alpha\left(1+\frac{b}{a}\right)^\alpha$$
$$= a^\alpha\left(1+\alpha\frac{b}{a}+\frac{\alpha(\alpha-1)}{1\cdot 2}\left(\frac{b}{a}\right)^\alpha+\cdots\right)$$
$$= a^\alpha+\frac{\alpha}{1}a^{\alpha-1}b+\frac{\alpha(\alpha-1)}{1\cdot 2}a^{\alpha-2}b^2+\cdots.$$

5.6　几 何 应 用

一个函数 $f(x)$ 在 $x = a$ 的一个邻域里的性状, 或者说给定的曲线在它的一个点的邻域里的性状, 可以借助于泰勒定理详细地加以刻画, 因为这个定理允许我们对邻近的点 $x = a+h$ 把函数的增量分解成 h 的一阶、二阶等量的和.

a. 曲线的接触

高阶接触

如果在 $x = a$ 点, 两条曲线 $y = f(x)$ 和 $y = g(x)$ 相交且有公共的切线, 我们就说这两条曲线相互接触或有第一阶接触. 在这种情形下, 函数 $f(a+h)$ 和 $g(a+h)$ 的泰勒展开式关于 h 具有相同的零阶项和一阶项. 若 $f(x)$ 和 $g(x)$ 的二阶导数在 $x = a$ 点也彼此相等, 我们说这两条曲线有二阶接触. 这时, f 和 g 的泰勒展开式二阶的项也将一致. 如果我们假定两函数至少三阶可微, 那么差

$$D(x) = f(x) - g(x)$$

能够表示成以下的形式:

$$D(a + h) = f(a + h) - g(a + h)$$
$$= \frac{h^3}{3!} D'''(a + \theta h) = \frac{h^3}{3} F(h),$$

其中表达式 $F(h)$ 当 h 趋向于零时趋于 $f'''(a) - g'''(a)$. 因此, 差 $D(a + h)$ 趋于零关于 h 至少是三阶的.

我们能够用这种方法来讨论一般的情形, 这时 $f(x)$ 和 $g(x)$ 的泰勒级数直到第 n 阶项都一致, 即

$$f(a) = g(a), f'(a) = g'(a), \cdots, f^{(n)}(a) = g^{(n)}(a).$$

我们假定第 $n+1$ 阶导数是连续的. 在这些条件下, 由我们的两个函数定义的曲线就说是在 $x = a$ 点有 n 阶接触. 这时这两个函数的差有以下的形式:

$$D(a + h) = f(a + h) - g(a + h)$$
$$= \frac{h^{n+1}}{(n + 1)!} D^{(n+1)}(a + \theta h)$$
$$= \frac{h^{n+1}}{(n + 1)!} F(h),$$

其中因为 $0 \leqslant \theta \leqslant 1$, 量 $F(h) = D^{(n+1)}(a + \theta h)$ 当 h 趋于零时趋于 $f^{(n+1)}(a) - g^{(n+1)}(a)$. 从这个公式看到, 在此接触点上差 $f(x) - g(x)$ 趋于零至少是 $n + 1$ 阶.

由等式

$$P_n(x) = f(a) + \frac{x - a}{1!} f'(a) + \cdots + \frac{(x - a)^n}{n!} f^{(n)}(a)$$

定义的泰勒多项式在几何上由这样一个 n 阶 '抛物线' 来刻画, 它在给定的点上对给定函数的图形具有最大可能的接触. 因此这些抛物线有时称为密切 (osculating) 抛物线 (仅当 $n = 2$ 时这些曲线才是普通意义下的抛物线).

图 5.1 显示出函数 $y = e^x$ 在 $x = 0$ 点的最初三条密切抛物线.

在 $x = a$ 点有 n 阶接触的两条曲线 $y = f(x)$ 和 $y = g(x)$, 也可能有更高阶的接触, 也就是说, 等式 $f^{(n+1)}(a) = g^{(n+1)}(a)$ 可能也是正确的. 如果不是这种情形, 若 $f^{(n+1)}(a) \neq g^{(n+1)}(a)$, 我们就说接触的阶恰好是 n[1].

偶阶接触或奇阶接触

由公式同样也由于直观, 我们指出一个值得注意的事实, 它常常不为初学者所注意. 设两条曲线的接触恰好是偶阶, 也就是说, 所讨论的两个函数的开头的

---

1) 两条曲线的接触的阶是一个真正的几何关系, 它是不受轴的转动的影响的, 这一事实很容易用转轴公式来证实 (参看第四章第 316 页).

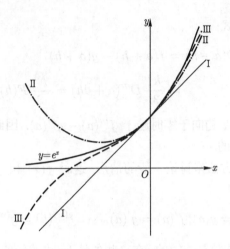

图 5.1 e^x 的密切抛物线

某 n 个 (偶数) 导数都在所考虑的点上具有相同的值, 而第 $n+1$ 阶导数则不同. 那么对于 h 的小的正值和负值, 上述公式表明 $f(a+h) - g(a+h)$ 这个差有不同的符号. 于是这两条曲线在接触点上相交叉. 例如, 若第三阶导数有不同的值, 则二阶接触就出现这种情况. 与此相反的是, 接触的阶恰好是奇次的, 例如, 一个通常的一阶接触, 就意味着对所有用较小的数表示的 h 值, 不管正的或者负的, $f(a+h) - g(a+h)$ 这个差都具有相同的符号, 因此两条曲线在接触点的一个邻域内不相交叉. 最简单的例子是一条曲线和它的切线的接触. 仅在接触至少是二阶的一些点上切线才能与曲线交叉, 而当接触的阶是偶数时它就真正穿过曲线. 例如, 一个通常的拐点, 那里 $f''(x) = 0$ 但 $f'''(x) \neq 0$. 在接触的阶是奇数的点上, 切线不会和曲线交叉, 作为一个例子, 在一个二阶导数不为零的曲线通常的点上, 例如, 曲线 $y = x^2$ 在原点处就是这样.

我们从第四章的第 315 页里知道, 对于由函数 $y = g(x)$ 在 $x = a$ 的一个邻域里给定的在点 $x = a$ 处的曲率圆, 我们不仅有 $g(a) = f(a)$ 和 $g'(a) = f'(a)$, 而且也有 $g''(a) = f''(a)$. 因此曲率圆同时也是在所讨论的曲线的一点处的密切圆, 就是说, 在那个点处和曲线有二阶接触的一个圆. 就拐点的极限情形而论, 或一般说来, 在这个点曲率是零而曲率半径是无穷大时, 曲率圆就退化成切线. 就正常情形说来, 当可讨论点处的接触不是高于二阶时, 则曲率圆不仅仅与曲线接触, 而且与它交叉 (参看第 314 页图 4.23).

最后要提一提, 接触的阶恰恰是 m 可以这样描述: 两条曲线有 $m+1$ 个无限接近的公共点, 自然这样陈述的精确意义显然要涉及极限过程. 事实上如果这些曲线共有 $m+1$ 个共同点 $P, P_1, \cdots, P_m$, 令所有的点 P_i 趋向于 P, 必要时可以仅更改曲线中的一个, 那么极限状态必然如所期望的, 就是两条曲线具有 m 阶接触.

例如, 如果我们在曲线 C 上画一个圆通过三个点 P, P_1, P_2, 而后令 P_1 和 P_2 趋向于 P, 就能看到这圆趋向于 C 上 P 点处的曲率圆 (参看第 379 页上的问题 4).

b. 关于相对极大值和相对极小值的理论

我们在第三章第 210 页已经看到, 一个在 $x = a$ 点一阶导数为零的函数 $f(x)$, 如果 $f''(a)$ 是负的, 则在这个点有一个相对的极大值; 如果 $f''(a)$ 是正的, 则有一个相对的极小值. 因此, 这些条件是发生极大值或极小值的充分条件. 它们绝不是必要的, 因为当 $f''(a) = 0$ 时有三种可能: 在所讨论的点上函数可以有极大值或极小值或二者都没有. 在点 $x = 0$ 处函数 $y = -x^4, y = x^4$ 和 $y = x^3$ 给出了这三种可能的例子. 泰勒定理立即使我们能够对极大值或极小值的充分条件作一个一般的陈述. 我们只需展开函数 $f(a + h)$ 成 h 的幂, 这时, 问题的关键是看第一个非零项是 h 的偶次幂还是奇次幂. 在第一种情形下我们有一个极大值或一个极小值, 随 h 的系数是正的或者是负的而定; 在第二种情形下我们有一个水平的拐转切线. 因而, 既没有极大值也没有极小值. 用余项的公式读者可自行完成论证[1].

附　录　I

A.I.1　不能展成泰勒级数的函数的例

通过一个具有 $n + 1$ 阶余项的泰勒级数来表示一个函数的可能性本质上依赖于这函数在所讨论的点处的连续性和可微性. 鉴于这个道理, $\log x$ 不能用 x 的幂表示成一个泰勒级数, 而函数 $x^{\frac{1}{3}}$ 也一样, 因为它的导数在 $x = 0$ 点是无穷的.

若要一个函数可能展成一个无穷的泰勒级数, 它的所有阶导数都必须在所讨论的点处存在; 然而, 这个条件绝不是充分的. 一个函数的所有导数在整个区间存在并且连续, 仍旧不一定能展成一个泰勒级数, 也就是说, 不管我们所要展开函数的区间如何小, 泰勒定理的余项 R_n 未必随 n 增加而趋于零.

这个现象的一个重要而又简单的例子是函数

$$y = f(x) = e^{-1/x^2} \qquad 对 \ x \neq 0, f(0) = 0.$$

这在第三章第 221 页的附录中我们已经考虑过. 这个函数和它的所有导数在每个区间甚至在 $x = 0$ 点都是连续的, 并且显而易见, 在这个点所有导数都为零, 即对 n 的每一个值 $f^{(n)}(0) = 0$ (几何上就是说, 直线 $y = 0$ 在 $x = 0$ 点和函数的曲线

---

1)然而, 以前给出的必要和充分条件 (第 209 页) 在应用上更一般, 更便利: 只要一阶导数 $f'(x)$ 仅在有限个点上为零, 在这些点中的一个发生极大值或极小值的充分和必要条件是, 当曲线通过此点时, 一阶导数 $f'(x)$ 变号.

有无穷阶接触). 因此在泰勒展开式

$$f(0) + \frac{x}{1!}f'(0) + \frac{x^2}{2!}f''(0) + \cdots$$

里, 不论 n 取什么值, 近似多项式 $P_n(x)$ 的全部系数都是零. 因此余项始终等同于函数本身, 而因为函数对除 $x = 0$ 外的每一个其他 x 值是正的, 所以当 n 增加时余项 R_n 不可能趋于零.

顺便说明一下, 这个函数对于构造这样的函数是有用途的, 它们显示了在直观上人们所意想不到的现象. 例如

$$g(x) = e^{-1/x^2}\sin(1/x),$$

补充上 $g(0) = 0$, 是一个在 $x = 0$ 点所有阶导数都为零的函数. 在 $x = 0$ 邻近, $y = g(x)$ 的图像与 x 轴交叉无穷多次, 并且振动无穷多次.

A.I.2　函数的零点和无限点

a. n 阶零点

一个函数 $f(x)$ 的泰勒展开式使我们能够刻画一个函数在一点 $x = a$ 处消失的阶的特征. 若 $f(a) = 0, f'(a) = 0, f''(a) = 0, \cdots, f^{(n-1)}(a) = 0$, 而 $f^{(n)}(a) \neq 0$, 我们就说这个函数 $f(x)$ 在 $x = a$ 恰有 n 重的零点, 或者说它在 $x = a$ 为零的阶恰好是 n. 我们明确地假设, 在这个点的邻域里函数至少 n 阶连续可微. 按照我们的定义, 就意味着函数的泰勒级数在这点的一个邻域里能写成如下的形式

$$f(a + h) = \frac{h^n}{n!}F(h) = \frac{h^n}{n!}f^{(n)}(a + \theta h), \quad 0 < \theta < 1, \tag{28}$$

当 $h \to 0$ 时因子 $F(h) = n!f(a+h)/h^n$ 趋向于一个不为零的极限 $f^{(n)}(a)$. 因此 $f(a+h)$ 当 $h \to 0$ 时与 h^n 具有同样的阶数, 或如第三章第 217 页定义的意义下, 至阶数 n 趋于零.

同样地, 由具有拉格朗日形式的余项的泰勒定理展开导数 $f'(x), f''(x), \cdots, f^{(\nu)}(x)$, 我们就得到一系列表达式

$$f'(a + h) = \frac{h^{n-1}}{(n-1)!}F_1(h) = \frac{h^{n-1}}{(n-1)!}f^{(n)}(a + \theta h),$$
$$f^{(\nu)}(a + h) = \frac{h^{n-\nu}}{(n-\nu)!}F_\nu(h) = \frac{h^{n-\nu}}{(n-\nu)!}f^{(n)}(a + \theta h), \tag{29}$$

其中所有因子 θ 可以是不同的, 而因子 $F_1, F_2, \cdots, F_\nu$ 当 $h \to 0$ 时 连续地趋向于

$f^{(n)}(a)$. 因此 f' 变为零的阶数为 $n-1$, f'' 为 $n-2$ 阶, 等等.

当然, 在这些公式里, 假定了 $f(x)$ 变为零的阶数是 $n \geqslant \nu$.

b. ν 阶无限

如果一个函数 $\phi(x)$, 除了 $x=a$ 本身以外, 在其邻域里所有的点上有定义, 并且若 $\phi(x) = f(x)/g(x)$, 其中在点 $x=a$ 分子不为零, 但是分母具有一个 ν 重零点, 我们就说函数 $\phi(x)$ 在 $x=a$ 点变成无穷的阶数为 ν. 如果在点 $x=a$ 分子有一个 μ 重零点且若 $\mu > \nu$, 函数就在那里有一个 $(\mu - \nu)$ 重零点. 如果 $\mu < \nu$, 函数就在这个点上有一个 $(\nu - \mu)$ 重无限点.

这些定义与已经叙述过的 (参看 3.7 节) 关于函数的特性的约定相符合.

A.I.3　不　定　式

我们现在更精确地来讨论形如 $\phi(x) = f(x)/g(x)$ 的 "不定式", 其中 $f(x)$ 和 $g(x)$ 在同一点 $x=a$ 都变为零, 例如函数 $(\sin x)/x$ 在 $x=0$ 时的情况. 我们将始终指定这样的函数在 $x=a$ 的值为

$$\phi(a) = \lim_{h \to 0} \phi(a+h), \tag{30}$$

只要这个极限存在.

我们假设, 出现的 f 和 g 的所有阶导数在包含点 $x=a$ 的一个区间里都是连续的. 此外我们假设, 在点 $x=a$ 分母 $g(x)$ 变为零的阶数 ν 不高于分子 $f(x)$ 变为零的阶数, 从而函数 $\phi(x)$ 在点 $x=a$ 处不至于变为无穷. 这时极限值就能用一个简单的法则来确定, 这就是通常所说的洛必达法则. 这个法则可以这样叙述:

$$\phi(a) = \frac{f^{(\nu)}(a)}{g^{(\nu)}(a)}. \tag{31}$$

按照连续性的定义, 函数 $\phi(x)$ 就在 $x=a$ 是连续的, 并且在其他 $g(x) \neq 0$ 的地方也是连续的, 所以 ϕ 就在关于 a 附近的一个区间里都是连续的.

由 A.I.2 节的结果立即得到以下的证明: 对 f 和 g 应用等式 (28), 我们看到函数 ϕ 在 a 的一个邻域里由关系式

$$\phi(a+h) = \frac{f(a+h)}{g(a+h)} = \frac{f^{(\nu)}(a+\theta h)}{g^{(\nu)}(a+\theta_1 h)}$$

给出, 于是由于分子和分母都是连续的, 并且 $g^{(\nu)}(a)$ 不是零, 就得到公式 (31). 我们可以用以下的方法来表示最后这几个等式的意义: 如果函数 $\phi(x) = f(x)/g(x)$ 的分子和分母在点 $x=a$ 一起变为零, 就可以对分子和分母求导相同的次数, 直

到导数至少有一个在这点不为零, 我们就能确定当 $x \to a$ 时的极限值. 如果我们在分母里遇到一个出现在分子前面不为零的导数, 则分式趋于零. 如果我们在分子里遇到一个出现在分母前面不为零的导数, 则分式的绝对值趋于无穷大.

我们于是得到了所谓 '不定型' 0/0 的求值方法, 即, 用来确定当分子和分母趋于零时商的极限值的方法.

我们还可以用稍微不同的方法得到上述的结果, 即不以泰勒定理为依据, 而以广义中值定理 (参看第 192 页) 的证明为基础. 因此, 假定在 a 的一个邻域里 $g'(x) \neq 0$, 我们有

$$\frac{f(a+h) - f(a)}{g(a+h) - g(a)} = \frac{f'(a+\theta h)}{g'(a+\theta h)},$$

其中分子和分母中的 θ 是相同的. 特别是, 当 $f(a) = g(a) = 0$ 时,

$$\frac{f(a+h)}{g(a+h)} = \frac{f'(a+\theta h)}{g'(a+\theta h)}.$$

其中 θ 是在区间 $0 < \theta < 1$ 里的一个值, 因而令 $k = \theta h$, 就得到

$$\lim_{h \to 0} \frac{f(a+h)}{g(a+h)} = \lim_{k \to 0} \frac{f'(a+k)}{g'(a+k)},$$

只要后一个极限存在.

如果 $f'(a) = 0 = g'(a)$, 用前面同样的方法进行, 直到第一次遇到这样的 μ, 不再同时成立 $f^{(\mu)}(a) = 0 = g^{(\mu)}(a)$. 于是

$$\lim_{h \to 0} \frac{f(a+h)}{g(a+h)} = \lim_{l \to 0} \frac{f^{(\mu)}(a+l)}{g^{(\mu)}(a+l)} = \frac{f^{(\mu)}(a)}{g^{(\mu)}(a)},$$

两边是无穷大时的情形也包括在这个式子里.

例. 下列各个意义很显明的例子, 都是洛必达法则的应用.

$$\lim_{x \to 0} \frac{\sin x}{x} = \frac{\cos 0}{1} = 1,$$

$$\lim_{x \to 0} \frac{1 - \cos x}{x} = \frac{\sin 0}{1} = 0,$$

$$\lim_{x \to 0} \frac{e^{2x} - 1}{\log(1+x)} = \lim_{x \to 0} \frac{2e^{2x}}{1/(1+x)} = 2,$$

$$\lim_{x \to 0} \frac{1 - \cos x}{x^2} = \lim_{x \to 0} \frac{\sin x}{2x} = \lim_{x \to 0} \frac{\cos x}{2} = \frac{1}{2}.$$

其他不定式. 我们进一步注意到其他所谓的不定式也能化成我们所考虑过的情形. 例如

$$\frac{1}{\sin x} - \frac{1}{x}$$

当 $x \to 0$ 时的极限, 就是趋于无穷的两个表达式的差的极限, 或说是 "不定式" $\infty - \infty$. 由于变换

$$\frac{1}{\sin x} - \frac{1}{x} = \frac{x - \sin x}{x \sin x},$$

我们立即得出一个表达式, 当 $x \to 0$ 时, 它的极限可以由我们的法则确定:

$$\lim_{x \to 0} \frac{1 - \cos x}{x \cos x + \sin x} = \lim_{x \to 0} \frac{\sin x}{2 \cos x - x \sin x} = 0.$$

不定式的导数

如果 f 和 g 有足够高阶的连续导数, 按照上述法则在 $x = a$ 处给表达式 $\phi(x) = f(x)/g(x)$ 以定义, 则它不仅连续, 而且连续可微.

要建立这一事实, 我们只需要考虑 g 在 a 点有一阶零点的情况就够了, 即只要考虑 $g(a) = 0, g'(a) \neq 0$ 的情况. 对 $x \neq a$,

$$\phi'(x) = \frac{g(x)f'(x) - f(x)g'(x)}{(g(x))^2} = \frac{Z'(x)}{N'(x)},$$

在这里分子和分母又一次在 $x = a$ 同时为零, 因此应用我们的法则就能得到极限值:

$$\lim_{x \to a} \phi'(x) = \lim_{x \to a} \frac{Z'(x)}{N'(x)}.$$

显然

$$d(N(x))/dx = 2g(x)g'(x),$$

$$d(Z(x))/dx = g(x)f''(x) - f(x)g''(x),$$

二者在 $x = a$ 又一次为零. 因

$$\lim_{x \to a} \phi'(x) = \lim_{x \to a} \frac{Z''(x)}{N''(x)},$$

再一次应用洛必达法则, 并且注意到 $N''(x) = 2g(x)g''(x) + 2\left(g'(x)\right)^2$ 在 $x = a$ 不为零, 我们就得到

$$\lim_{x \to a} \phi'(x) = \frac{g'(a)f''(a) - f'(a)g''(a)}{2\left(g'(a)\right)^2},$$

而这个极限确实是 $\phi'(x)$ 在 $x = a$ 的导数 (参看第三章第 225 页).

同样, 这个法则对 $x \to \infty$ 时的不定式也成立. 譬如令 $f(x)$ 和 $g(x)$ 是两个函

数, 对于这两个函数 $\lim\limits_{x\to\infty} f(x) = \lim\limits_{x\to\infty} g(x) = 0$, 而 $\lim\limits_{x\to\infty} f'(x)$ 和 $\lim\limits_{x\to\infty} g'(x)$ 存在且 $\neq 0$. 则

$$\lim_{x\to\infty} \frac{f(x)}{g(x)} = \frac{\lim\limits_{x\to\infty} f'(x)}{\lim\limits_{x\to\infty} g'(x)}.$$

证明仍可由微商中值定理推出.

*A.I.4   各阶导数都不为负的函数的泰勒级数的收敛性

我们补上一个一般的定理, 研究关于所有导数都不为负的函数 $f(x)$ 的泰勒展开的收敛性.

考虑一类函数 $f(x)$, 在闭区间 $a \leqslant x \leqslant b$ 上任意阶可导, 并在这区间上它的各阶导数不为负, 即

$$f^{(\nu)}(x) \geqslant 0, \quad \nu = 1, 2, \cdots.$$

我们将证明: 对每一个这样的函数, 对应的 $f(x+h)$ 关于 h 的幂的泰勒展开式收敛, 并且当 x 和 $\xi = x + h$ 位于开区间 (a, b) 内, 而 $|h| < b - x$ 时, 级数就表示 $f(x+h)$ 的值.

为了证明, 我们首先注意到假设 $f'(x) \geqslant 0$, 因而

$$0 \leqslant f(x) - f(a) = \int_a^x f'(\xi) d\xi$$

$$\leqslant \int_a^b f'(\xi) d\xi = f(b) - f(a) = M.$$

其次, 当 x 和 $\xi = x + h$ 位于 a 到 b 的区间内时, 我们可以写成

$$f(x+h) - f(x) = hf'(x) + \cdots + \frac{f^{(n)}(x)}{n!} h^n + R_n.$$

首先假设 $h > 0$, 或者 $x < \xi < b$. 这样右边所有的项就都不是负的了[1], 所以每一项都不大于左边的值, 或不大于 M. 于是

$$0 \leqslant \frac{f^{(n)}(x)}{n!} \leqslant \frac{M}{h^n} = \frac{M}{(\xi - x)^n}.$$

当 $\xi \to b$ 时由此得出

$$\frac{f^{(n)}(x)}{n!} \leqslant \frac{M}{(b-x)^n}. \tag{32}$$

---

[1] 对于 R_n 而言, 这可从柯西或拉格朗日公式和假设 $f^{(n+1)} \geqslant 0$ 立即得出.

现在, 对余项应用柯西公式 (第 390 页 (19)) 我们知道在区间 $0 < \theta < 1$ 内存在某个 θ, 使得

$$0 \leqslant R_n = \frac{(1-\theta)^n}{n!} h^{n+1} f^{(n+1)}(x + \theta h)$$

$$\leqslant \frac{h^{n+1}(n+1)(1-\theta)^n M}{(b - x - \theta h)^{n+1}}.$$

因为 $\xi = x + h < b$, 我们可以选择一个正数 p 使得

$$0 \leqslant h \leqslant \frac{b - x}{1 + p} \quad \text{或} \quad b - x - \theta h \geqslant h(1 + p - \theta).$$

于是我们有

$$0 \leqslant R_n \leqslant \frac{M h^{(n+1)}(n+1)(1-\theta)^n}{h^{n+1}(1 + p - \theta)^{n+1}}$$

或

$$0 \leqslant R_n \leqslant \frac{M(n+1)}{(1 + p - \theta)} \left(\frac{1 - \theta}{1 - \theta + p} \right)^n$$

$$\leqslant \frac{M(n+1)}{p} \frac{1}{(1 + p)^n},$$

因为

$$\frac{1 - \theta}{1 - \theta + p} = \frac{1}{1 + p/(1 - \theta)} \leqslant \frac{1}{1 + p} < 1.$$

我们知道 (第一章第 56 页) 当 n 增大时 $(n+1)/(1+p)^n$ 趋于零, 所以当 $0 \leqslant h < b - x$ 时, R_n 随 n 的增加而趋于零, 于是对于 $h > 0$ 泰勒级数趋于这个函数 f.

对于负的 h, R_n 随着 n 增加而趋于零这个事实, 可用 R_n 的拉格朗日形式 (第 390 页 (21)) 推出:

$$|R_n| = \frac{1}{(n+1)!} \left| h^{n+1} \right| \left| f^{(n+1)}(x - \theta|h|) \right|.$$

现在 $f^{(n+2)}$ 是非负的, 因此 $f^{(n+1)}$ 是单调减小的. 于是应用上述的估计式 (32) 就得出

$$\frac{f^{(n+1)}(x - \theta|h|)}{(n+1)!} \leqslant \frac{f^{(n+1)}(x)}{(n+1)!} \leqslant \frac{M}{(b - x)^{n+1}}.$$

所以

$$|R_n| \leqslant \left(\frac{|h|}{b - x} \right)^{n+1} M,$$

第五章 泰勒展开式

· 408 ·

从而当 $0 < -h < b-x$ 时, R_n 随 n 增大而趋于零.

于是对于 $a \leqslant x < b$ 的任意点 x, 一旦 $|h| < b-x$ 和 $h > -(x-a)$, 则 $f(a+h)$ 的依 h 的幂而展开的泰勒级数中的 R_n 便趋于零.

我们指出, 如果我们假设不等式 $f^{(\nu)}(x) \geqslant 0$ 仅对所有足够大的 ν, 譬如 $\nu > N$ (N 是某整数) 成立, 而当 $\nu \leqslant N$ 时 $f^{(\nu)}(x)$ 的符号可以是任意的, 那么我们的结果仍是正确的. 为了证明这个事实, 我们仅需用函数

$$g(x) = f(x) + M(x-a+1)^N$$

来代替证明中的 f, 其中 M 是某个正的常数. 这样对于 $\nu > N$ 有 $g^{(\nu)}(x) = f^{(\nu)}(x) \geqslant 0$. 而对 $\nu \leqslant N$ 有 $g^{(\nu)}(x) = f^{(\nu)}(x) + MN(N-1)\cdots(N-\nu+1)(x-a+1)^{N-\nu} \geqslant f^{(\nu)}(x) + M$. 如果 M 选择得足够大, 则对所有的 ν 都有 $g^{(\nu)}(x) \geqslant 0$. 这就证明了 $g(x)$ 能被展成 x 的幂, 而对于和 g 仅差一个多项式的函数 f 当然也有同样的结果.

二项式级数的定理 (第 396 页) 是这个结果的一个直接的推论: 我们稍微改变一下符号, 代替 $(1+x)^\alpha$ 我们首先考虑函数 $\phi(x) = (1-x)^\alpha$, 那么 ϕ 的各阶导数由

$$\phi^{(\nu)}(x) = (-1)^\nu \binom{\alpha}{\nu} (1-x)^{\alpha-\nu} \nu!$$

给出. 因为这个二项系数

$$\binom{\alpha}{\nu} = \frac{\alpha(\alpha-1)\cdots(\alpha-\nu+1)}{\nu!}$$

一旦到了 $\alpha-\nu$ 是负的时候就开始交替变号, 这时我们就看到, 或者函数 $\phi(x)$ 或者 $-\phi(x)$ 属于这类函数, 当我们限定取 $x < 1$ 的 x 值时, 从某一阶开始就具有非负的导数. 这样, 对于 $a = -1, b = 1, x = 0$ 和 $|h| < b-x = 1$, 我们的一般的定理证明了

$$(1-h)^\alpha = \sum_{\nu=0}^{\infty} (-1)^\nu \binom{\alpha}{\nu} h^\nu.$$

如果在这里我们把 $-h$ 写成 x, 我们就得到对任意指数 α 和绝对值小于 $1(-1 < x < 1)$ 的任意 x 的二项展开式

$$(1+x)^\alpha = \sum_{\nu=0}^{\infty} \binom{\alpha}{\nu} x^\nu$$

$$= 1 + \alpha x + \frac{\alpha(\alpha - 1)}{1 \cdot 2} x^2 + \frac{\alpha(\alpha - 1)(\alpha - 2)}{1 \cdot 2 \cdot 3} x^3 + \cdots.$$

附录 II　插　值　法

*A.II.1　插值问题. 唯一性

泰勒多项式 $P_n(x)$ 是以这样一种方式逼近于函数 $f(x)$ 的: 即 $f(x)$ 和 $P_n(x)$ 的图像在点 a 有 n 阶接触, 或者是这样的方式, $f(x)$ 和 $P_n(x)$ 在 '无限接近' 点 a 处有 $n+1$ 点重合. 我们可以把这个具有横坐标 a 的点 '分解' 成为具有横坐标 $x_0, x_1, \cdots, x_n$ 的不同的 $n+1$ 个点, 并且寻求一个在这些点上与 $f(x)$ 重合的近似 于 $f(x)$ 的 n 次多项式 $\phi(x)$. 这个多项式原来是按照一个线性方程组唯一地确定 的. 对于所有的 i 取极限 $x_i \to x$, 我们就回到了这个泰勒多项式. 但是, '插值法' (即这个按照在不同的点上与 $f(x)$ 相重合所得到的近似多项式) 在许多应用上是 特别重要的. 以下的讨论将给出插值理论的一个简短的说明.

我们考虑以下的问题: 决定一个 n 次多项式 $\phi(x)$, 使得它在给定的 $n+1$ 个 不同的点 $x_0, x_1, \cdots, x_n$ 上取得 $n+1$ 个给定的值 $f_0, f_1, \cdots, f_n$, 即

$$\phi(x_0) = f_0, \phi(x_1) = f_1, \cdots, \phi(x_n) = f_n.$$

如果数 f_i 是函数 (可能不是初等的) $f(x)$ 在点 x_i 所取的值 $f_i = f(x_i)$, 那么多项 式 $\phi(x)$ 就称为函数 $f(x)$ 在 $x_0, x_1, \cdots, x_n$ 点的 n 次插值多项式.

这样的 n 次多项式至多只能有一个, 因为如果有两个不同的这样的多项式 $\phi(x)$ 和 $\psi(x)$, 那么它们的差 $D(x) = \phi(x) - \psi(x)$ 将是一个 m 次多项式, 其中 $0 \leqslant m \leqslant n$, 它有 $n+1$ 个不同的根, 根据初等代数这是不可能的[1].

我们也能用另一方法证明插值多项式的唯一性, 这个方法建立在广义罗尔定 理的基础上.

广义罗尔定理. 如果一个函数 $F(x)$ 在一个区间里直到 n 阶连续可微, 并且 在这个区间上至少在 $n+1$ 个不同的点 $x_0, x_1, \cdots, x_n$ 上变为零, 那么在这个区间 内部一定存在一点 ξ 使得 $F^{(n)}(\xi) = 0$.

证明　这个一般的定理很容易从 $n = 1$ 的特殊情形得到. 这个特殊情形就

---

1) 因为否则我们会有

$$D(x) = C_0(x - x_1)(x - x_2) \cdots (x - x_m), \quad c_0 \neq 0,$$

因为 $x_1, \cdots, x_m$ 是 $D(x)$ 的零点. 但另一方面, 由于 $D(x_0) = 0$,

$$C_0(x_0 - x_1)(x_0 - x_2) \cdots (x_0 - x_m) = 0,$$

与 $x_0, x_1, \cdots, x_m$ 都是不同的根相矛盾.

是在第 150 页上已经证明过的罗尔定理. 设这些数 $x_0, x_1, \cdots, x_n$ 是按逐个增大的顺序排列的, 那么由中值定理 (或罗尔定理), 一阶导数 $F'(x)$ 在这 n 个子区间 (x_i, x_{i+1}) 的每一个内部至少一次为零. 应用同样的考虑到 $F'(x)$, $F'(x)$ 的零点组成的区间告诉我们 $F''(x)$ 在 $n-1$ 个点上为零. 反复运用这个论证, 断言就被证明了.

现在回到前面考虑的问题, 我们对差

$$F(x) = D(x) = \phi(x) - \psi(x) = d_0 x^n + d_1 x^{n-1} + \cdots + d_n$$

应用这个定理, 假设这个差在 $n+1$ 个点上变为零. 我们得到一点 ξ, 在这个点差的 n 阶导数为零: $D^{(n)}(\xi) = 0$. 然而这就是 $n! d_0$, 所以 $d_0 = 0$ 而差是一个至多 $n-1$ 次的多项式, 在 $n+1$ 个点上为零. 再一次应用罗尔定理, 就得到 $d_1 = 0$, 等等, 正如我们所断言的 $D(x)$ 恒为 0.

这些考虑能扩充到 x_i 不是全部相异的情形, 也许 r 个 x_i 的值相同, 即 $x_0 = x_1 = \cdots = x_{r-1}$. 这样对 $x = x_0$ 来说, 在插值问题里我们将要求 $\phi(x)$ 以及导数 $\phi'(x), \cdots, \phi^{(r-1)}(x)$ 在 $x = x_0$ 取预先给定的值, 而对于其他的点 x_ν 也取相应的值. 于是这个多项式 $D(x)$ 的形式是 $c(x - x_0)^r (x - x_r) \cdots$. 广义罗尔定理和唯一性定理以及它们的证明在这种情形下一律保持不变.

A.II.2   解的构造. 牛顿插值公式

现在我们将构造一个 n 次插值多项式 $\phi(x)$, 使得 $\phi(x_0) = f_0, \cdots, \phi(x_n) = f_n$. 为了分层次去构造它, 我们将从一个常数 f_0 开始, 这是一个零次多项式 $\phi_0(x)$, 它对所有 x (其中也对 $x = x_0$) 取值 $A_0 = f_0$. 对于它我们加上一个在 $x = x_0$ 时变为零的一次多项式 $A_1(x - x_0)$, 由此我们确定 A_1, 使得和数当 $x = x_1$ 时恰取值 f_1. 所得到的一次多项式称为 $\phi_1(x)$. 现在我们对 $\phi_1(x)$ 加上一个当 $x = x_0$ 和 $x = x_1$ 时变为零的二次多项式, 因而其形式为 $A_2(x - x_0)(x - x_1)$, 这样的加法不会改变在这两个点的性质, 其中因子 A_2 这样来确定, 使得所得到的二次多项式 $\phi_2(x)$ 在 $x = x_2$ 取给定的数值, 这就是 f_2. 把这个手续继续下去, 直到所有的点都被达到为止, 我们就得到多项式

$$\phi(x) = \phi_n(x) = A_0 + A_1(x - x_0) + A_2(x - x_0)(x - x_1)$$

$$+ \cdots + A_n(x - x_0) \cdots (x - x_{n-1}). \tag{33}$$

我们得出这个表达式 $\phi(x)$ 里的系数 A_i 的方法, 即只要依次代入 $x = x_0$, $x = x_1, \cdots, x = x_n$ 就可以清楚地看出来, 于是就得到这样一组 $n+1$ 个方程:

$$f_0 = A_0,$$

$$f_1 = A_0 + A_1\,(x_1 - x_0)\,,$$

$$f_2 = A_0 + A_1\,(x_2 - x_0) + A_2\,(x_2 - x_0)\,(x_2 - x_1)\,,$$

$$\cdots\cdots \tag{34}$$

$$f_n = A_0 + A_1\,(x_n - x_0) + \cdots + A_n\,(x_n - x_0)$$

$$\times\,(x_n - x_1)\cdots(x_n - x_{n-1})\,.$$

很清楚, 我们可以相继地确定出这些系数 $A_0, A_1, \cdots, A_n$, 使之满足这些方程. 因此插值多项式可以用这样的方法构造出来.

当值 x_ν 是等距 $x_\nu = x_{\nu-1} + h$ 时, 结果就能明白写成更漂亮的方式. 关于 A_i 的方程现在变成

$$f_0 = A_0,$$

$$f_1 = A_0 + hA_1,$$

$$f_2 = A_0 + 2hA_1 + 2!h^2 A_2,$$

$$f_3 = A_0 + 3hA_1 + 3 \cdot 2h^2 A_2 + 3!h^3 A_3, \tag{35}$$

$$\cdots\cdots$$

$$f_n = A_0 + nhA_1 + \cdots + \frac{n!}{(n-i)!} h^i A_i + \cdots + n!h^n A_n.$$

这些解可以很容易地表示成 f 的逐次差分: 给定任意项的序列 (有穷的或无穷的) $f_0, f_1, f_2, \cdots$, 我们称这些表达式

$$\Delta f_0 = f_1 - f_0, \quad \Delta f_1 = f_2 - f_1, \quad \Delta f_2 = f_3 - f_2, \cdots$$

为 f_k 的一次差分. 对 Δf_k 的序列再一次应用差分的手续, 我们就得到表达式

$$\Delta^2 f_0 = \Delta f_1 - \Delta f_0, \quad \Delta^2 f_1 = \Delta f_2 - \Delta f_1, \quad \Delta^2 f_2 = \Delta f_3 - \Delta f_2, \cdots,$$

即

$$\Delta^2 f_0 = f_2 - 2f_1 + f_0, \quad \Delta^2 f_1 = f_3 - 2f_2 + f_1, \cdots,$$

称为 f_k 的二次差分. n 次差分 $\Delta^n f_k$ 递归地定义为 $\Delta^{n-1} f_{k+1} - \Delta^{n-1} f_k$. 若要直接用 f_k 表示, 便由公式

$$\Delta^n f_k = f_{k+n} - \binom{n}{1} f_{k+n-1} + \binom{n}{2} f_{k+n-2} - \cdots + \cdots + (-1)^n f_k \tag{36}$$

给出. 此式的一个简单的归纳证明留给读者. 借助这一术语, 系数 A_ν 可以写成如下的形式[1]

$$A_\nu = \frac{1}{\nu!} h^{-\nu} \Delta^\nu f, \tag{37}$$

这可以用归纳法验证.

牛顿插值公式. 令 $\xi = (x - x_0)/h$, 我们有 $(x - x_\nu) = h(\xi - \nu)$, 这时表达式 $(x - x_0)(x - x_1) \cdots (x - x_\nu)$ 取这样的形式: $\xi(\xi - 1) \cdots (\xi - \nu) h^{\nu+1}$. 由 (33) 和 (37) 我们就得到多项式 $\phi(x)$ 的牛顿插值公式[2]:

$$\phi(x) = \phi(x_0 + \xi h) = f_0 + \binom{\xi}{1} \Delta f_0 + \binom{\xi}{2} \Delta^2 f_0 + \cdots + \binom{\xi}{n} \Delta^n f_0.$$

如果 $f_0, f_1, f_2, \cdots$ 是一个函数 $f(x)$ 在点 $x_0, x_1, x_2, \cdots$ 的值, 其中 f 直到 n 阶可连续求导, 则 $\Delta^\nu f_0 / h^\nu$ 是导数 $f^{(\nu)}(x_0)$ 的一个近似. 我们将在第 414 页上证明

$$\lim_{h \to 0} \frac{1}{h^\nu} \Delta^\nu f_0 = f^{(\nu)}(x_0).$$

又因为

$$\lim_{h \to 0} h^k \binom{\xi}{k} = \frac{(x - x_0)^k}{k!},$$

我们看到, 在这种情形下, 当 $h \to 0$ 时 $\phi(x)$ 趋向于泰勒多项式 $P_n(x)$.

---

1) 我们还必须验证, 由 (37) 给定的值 A_ν 满足方程 (35), 即对任意的序列 $f_0, f_1, f_2, \cdots$, 等式

$$f_k = f_0 + \binom{k}{1} \Delta f_0 + \binom{k}{2} \Delta^2 f_0 + \cdots + \binom{k}{k} \Delta^k f_0$$

恒被满足. 假设这对于一个确定的 k 是正确的, 我们必须证明

$$f_{k+1} = f_1 + \binom{k}{1} \Delta f_1 + \binom{k}{2} \Delta^2 f_1 + \cdots$$
$$= (f_0 + \Delta f_0) + \binom{k}{1} (\Delta f_0 + \Delta^2 f_0) + \binom{k}{2} (\Delta^2 f_0 + \Delta^3 f_0) + \cdots$$
$$= f_0 + \binom{k+1}{1} \Delta f_0 + \binom{k+1}{2} \Delta^2 f_0 + \cdots,$$

这就是恒等式对于 $k + 1$ 的情形.

2) 如同第 397 页, 这里我们对一般的 ξ 和正整数 k 把二项系数 $\binom{\xi}{k}$ 定义为

$$\binom{\xi}{k} = \xi(\xi - 1) \cdots (\xi - k + 1)/k!.$$

我们指出, 对于给定的函数 f, 如果前 r 个值 $x_0, x_1, \cdots, x_{r-1}$ 相重合, 并且对应值 $f_0, f_0', \cdots, f_0^{(r-1)}$ 是预先指定给 $\phi(x_0), \phi'(x_0), \cdots, \phi^{(r-1)}(x_0)$ 的, 它与 $f(x_0), f'(x_0), \cdots, f^{(r-1)}(x_0)$ 的值相一致, 那么用同样的方式构造这个插值多项式也是可能的. 对于 $\phi(x)$ 我们写成

$$\phi(x) = A_0 + A_1(x - x_0) + A_2(x - x_0)^2$$
$$+ \cdots + A_r(x - x_0)^r + A_{r+1}(x - x_0)^r(x_1 - x_r) + \cdots;$$

然后依据下列方程我们可以顺序确定 A_ν:

$$f_0 = A_0, \quad f_0' = A_1, \quad f_0'' = 2A_2,$$
$$\cdots\cdots$$
$$f_0^{(r-1)} = (r-1)!A_{r-1},$$
$$f_r = A_0 + A_1(x_r - x_0) + \cdots + A_r(x_r - x_0)^r,$$
$$f_{r+1} = A_0 + A_1(x_{r+1} - x_0) + \cdots$$
$$+ A_r(x_{r+1} - x_0)^r + A_{r+1}(x_{r+1} - x_0)^r(x_{r+1} - x_r),$$
$$\cdots\cdots$$

A.II.3 余项的估计

对于以上考虑的插值多项式, 根本不涉及 $f_0, f_1, \cdots, f_n$ 这些值原来是怎样给定的. 例如, 若这些值是从物理观测中得到的, 构造插值多项式的问题仍然能完全解决, 通过 $\phi(x)$ 给我们一个简单而光滑的函数, 它对所有的 x 有定义, 并在给定点上取观测到的值, 它可以用来 '预言' $f(x)$ 在其他点上的近似值. 然而, 如果在给定的 $n+1$ 个点 x_k 上取给定的值 f_k 的函数 $f(x)$ 对中间值 x 也被定义了, 那么我们就面临着一个估计插值的误差 $R(x) = f(x) - \phi(x)$ 的新问题. 最初我们只知道 $R(x_0) = R(x_1) = R(x_2) = \cdots = R(x_n) = 0$. 为了能够说得更多些, 我们必须给影响余项 $R(x)$ 的函数 $f(x)$ 的性状以更多的假设. 因此我们假定在所考虑的区间中 $f(x)$ 至少有 $n+1$ 阶连续导数.

首先我们注意到, 对任意选择的常数 c, 函数

$$K(x) = R(x) - c(x - x_0)(x - x_1)\cdots(x - x_n)$$

在这 $n+1$ 个点 $x_0, \cdots, x_n$ 上都为零. 现在选择一个不同于 $x_0, x_1, \cdots, x_n$ 的任意值 y. 这时, 我们能够确定 c 使得 $K(y) = 0$, 即

$$c = \frac{R(y)}{(y - x_0)(y - x_1) \cdots (y - x_n)}.$$

那么就有 $n + 2$ 个点, 在这些点上 $K(x)$ 为零. 对 $K(x)$ 我们用前面用过的广义罗尔定理, 据此, 我们知道, 在 $x_0, x_1, \cdots, x_n, y$ 的最大值和最小值之间存在一个值 $x = \xi$, 使得 $K^{(n+1)}(\xi) = 0$. 因为 $R(x) = f(x) - \phi(x)$, 而 ϕ 作为一个 n 次多项式, 它的 $n + 1$ 阶导数等于零, 我们有

$$f^{(n+1)}(\xi) - c(n+1)! = 0.$$

这里 $(n + 1)!$ 是 $(x - x_0) \cdots (x - x_n)$ 的 $n + 1$ 阶导数. 这样我们就得到 c 的第二个表达式 $c = f^{(n+1)}(\xi)/(n+1)!$, 它包含 ξ, 且以某种方式依赖于 y. 我们现在利用方程 $K(y) = 0$, 在这个方程里 y 完全是任意的, 因而可用 x 替换, 从而得到表达式

$$R(x) = \frac{(x - x_0)(x - x_1) \cdots (x - x_n)}{(n+1)!} f^{(n+1)}(\xi), \tag{38}$$

其中 ξ 是位于 $x, x_0, x_1, \cdots, x_n$ 这些点的最大值和最小值之间的某个值.

这样, 对于一个给定的函数 $f(x)$, 一般的插值问题就完全地解决了. 对于函数 $f(x)$, 我们有表达式

$$\begin{aligned} f(x) = A_0 + A_1(x - x_0) + A_2(x - x_0)(x - x_1) + \cdots \\ + A_n(x - x_0)(x - x_1) \cdots (x - x_{n-1}) + R_n, \end{aligned} \tag{39}$$

其中系数 $A_0, A_1, \cdots, A_n$ 能够从 f 在 $x_0, x_1, \cdots, x_n$ 的值按照第 411 页上的递归公式 (34) 依次求出来, 而余项 R_n 的形式为

$$R_n = \frac{(x - x_0)(x - x_1) \cdots (x - x_n)}{(n+1)!} f^{(n+1)}(\xi), \tag{40}$$

其中 ξ 是在 $x, x_0, x_1, \cdots, x_n$ 这些值的最大值和最小值之间的一个适当的数.

如果我们对 $f(x)$ 取相应的公式 (39), 把 n 换成 $n - 1$, 而后相减, 我们就得到

$$A_n(x - x_0)(x - x_1) \cdots (x - x_{n-1}) + R_n - R_{n-1} = 0.$$

对于 $x = x_n$, 我们有 $R_n = 0$, 因此系数 A_n (应用 (40), 把 n 换成 $n - 1$) 表示为

$$A_n = \frac{f^{(n)}(\xi)}{n!},$$

其中 ξ 位于 $x_0, x_1, \cdots, x_n$ 的最大值和最小值之间. 对 $A_{n-1}, A_{n-2}, \cdots, A_0$ 存在着同样的表示方法. 这样我们认识到, 若点 $x_0, x_1, \cdots, x_n$ 同时趋向于同一个点 (也许就是原点), 那么我们的插值公式 (39) 就能一项一项地变成为具有拉格朗日形

式余项 [第 390 页 (21)] 的泰勒公式 [第 393 页 (27a)]. 这样泰勒公式可视为牛顿插值公式的极限情形.

这个公式使我们能够对通常用于几何中的一个表达式给出一个确切的含义. 在一点和一条给定的曲线相接触的 n 阶密切抛物线, 称为在这点和这条给定的曲线有 "$n+1$ 个依次相邻的共同点". 实际上, 如果我们找到一条抛物线和该曲线有 $n+1$ 个共同点, 然后使这些点收缩到一起, 我们就得到这条密切抛物线. 用解析语言说, 这正好相当于从内插多项式转变到泰勒多项式. 用这同样的方式, 我们就能够刻画任意曲线的密切. 例如, 曲率圆是一个与给定的曲线有三个相邻共同点的圆.

设一函数在某些确定点的值是已知的, 由插值多项式可以期望给出这个函数的其他值, 并使在这些确定点之间的值具有较高的精确度 (这时不但 $\left|f^{(\nu+1)}(\xi)\right|$ 而且 $|x-x_i|$ 都是有界的). 若 x 值位于点 $x_0, x_1, \cdots, x_n$ 的所有区间以外, 我们就称之为外插法, 按照这样的一个外插法, 只要点 x 充分地靠近给定的这些点, 我们将会得到较好的符合. 在某种意义上, 泰勒公式相当于一个完全的外插法, 一般说来, 它仅在一点的邻域里适用.

A.II.4　拉格朗日插值公式

作为结束, 我们用一个稍微不同的属于拉格朗日的公式来解决插值问题, 这个公式不同于牛顿插值公式, 因为这里每一个单项仅包含一个给定的函数值. 并且这个公式很明显地给出了 $\phi(x)$, 并不需要求解任何递归公式. 为了简单起见, 相应于给定的诸点 x_ν 我们引进 $n+1$ 次多项式

$$\psi(x) = (x-x_0)(x-x_1)\cdots(x-x_n),$$

按照乘法规则求导数, 然后逐次以值 $x_0, x_1, \cdots, x_n$ 代 x, 我们就得到关系式

$$\psi'(x_0) = (x_0-x_1)(x_0-x_2)\cdots(x_0-x_n),$$

$$\cdots\cdots$$

$$\psi'(x_\nu) = (x_\nu-x_0)(x_\nu-x_{\nu-1})(x_\nu-x_{\nu+1})\cdots(x_\nu-x_n),$$

$$\cdots\cdots$$

$$\psi'(x_n) = (x_n-x_0)(x_n-x_1)\cdots(x_n-x_{n-1}).$$

我们注意到

$$\frac{\psi(x)}{(x-x_\nu)\psi'(x_\nu)} = \frac{(x-x_0)\cdots(x-x_{\nu-1})(x-x_{\nu+1})\cdots(x-x_n)}{(x_\nu-x_0)\cdots(x_\nu-x_{\nu-1})(x_\nu-x_{\nu+1})\cdots(x_\nu-x_n)}$$

是一个 n 次多项式, 在 $x = x_\nu$ 处其值为 1, 而在其余的点 x_i 处其值为 0. 于是立即可见, 表达式

$$\phi(x) = \psi(x) \left[\frac{f_0}{(x - x_0)\,\psi'(x_0)} + \frac{f_1}{(x - x_1)\,\psi'(x_1)} + \cdots + \frac{f_n}{(x - x_n)\,\psi'(x_n)} \right]$$

(41)

就是所要求的插值多项式. 这就是拉格朗日插值公式.

问　题

5.4 节 b, 第 391 页

1. 用数学归纳法给出第 393 页余式 (27) 的一个完全正式的推导.

2. (泰勒定理的一个不同的证明)

(a) 如果 $g(h)$ 对 $0 \leqslant h \leqslant A$ 直到 $n+1$ 阶连续可微, 并且

$$g(0) = g'(0) = \cdots = g^{(n)}(0) = 0,$$

而在 $[0, A]$ 上 $|g^{(n+1)}(h)| \leqslant M, M$ 是常数, 求证对这区间里所有的 h 都有 $|g^{(n)}(h)| \leqslant Mh$, $|g^{(n-1)}(h)| \leqslant Mh^2/2!$, $\cdots$, $|g^{(n-i)}(h)| \leqslant Mh^i/i!$, $\cdots$, $|g(h)| \leqslant Mh^n/n!$.

(b) 设 $f(x)$ 在 $a \leqslant x \leqslant b$ 上是一个充分可微的函数, $T_n(h)$ 是 $f(x)$ 在 $x = a$ 点的泰勒多项式. 试对于函数 $g(h) = R_n = f(a + h) - T_n(h)$ 应用 (a) 的结果去得到对余项带有粗略估计的泰勒公式.

3. 设 $f(x)$ 在区间 $a \leqslant x \leqslant b$ 连续可微, 并设对每一个 x 的值 $f''(x) \geqslant 0$. 如果 ξ 是区间内的任意点, 那么, 曲线无论什么地方都不会落在 $x = \xi, y = f(\xi)$ 点的切线的下面.

4. 对 $f(x + h) - f(x) = \int_0^h f'(x + \tau)d\tau$ 应用分部积分公式来推演余式 R_n 的积分公式.

5. 对公式

$$R_n = \frac{1}{n!} \int_0^h (h - \tau)^n f^{(n+1)}(x + \tau)d\tau$$

进行分部积分, 从而得到

$$R_n = f(x + h) - f(x) - hf'(x) - \cdots - \frac{h^n}{n!} f^{(n)}(x).$$

*6. 假设用某方法对函数 $f(x)$ 得到了级数, 即

$$f(x) = a_0 + a_1 x + a_2 x^2 + \cdots + a_n x^n + R_n(x),$$

其中 $a_0, a_1, \cdots, a_n$ 是常数, $R_n(x)$ 是 n 次连续可微的, 并且当 $x \to 0$ 时, $R_n(x)/x^n \to 0$. 证明 $a_k = (f^k(0)/k!)(h = 0, \cdots, n)$, 即证明这个级数是一个泰勒级数.

5.5 节, 第 394 页

1. 对下列函数在 $x = 0$ 的邻域里求泰勒级数的不为零的前四项:

(a) $x \cot x$; 　　　　　　(d) $e^{\sin x}$;

(b) $\dfrac{\sqrt{\sin x}}{\sqrt{x}}$; 　　　　　(e) e^{e^x};

(c) $\sec x$; 　　　　　　　(f) $\log \sin x - \log x$.

2. 对 $\arcsin x$ 在 $x = 0$ 的邻域里用

$$\arcsin x = \int_0^x \frac{dt}{\sqrt{1 - t^2}}$$

求泰勒级数. 与 3.2 节习题 2 比较.

*3. 对 $\sin^2 x$ 在 $x = 0$ 的邻域里, 用 $\sin x$ 的级数乘它自己来求泰勒级数的不为零的前三项. 证明这种求法是合理的.

*4. 对 $\tan x$ 在 $x = 0$ 的邻域里, 利用关系 $\tan x = \dfrac{\sin x}{\cos x}$, 求泰勒级数的不为零的前三项. 证明这种求法是合理的.

*5. 对 $\sqrt{\cos x}$ 在 $x = 0$ 的邻域里, 对 $\cos x$ 应用二项式定理, 证明这种求法是合理的.

*6. 求 $(\arcsin x)^2$ 的泰勒级数. 与 3.2 节问题 2 比较.

7. 对下列函数在 $x = 0$ 的邻域里求泰勒级数:

(a) $\sinh^{-1} x$; 　(b) $\displaystyle\int_0^x e^{-t^2}\, dt$; 　(c) $\displaystyle\int_0^x \frac{\sin t}{t}\, dt$.

*8. 估计问题 7 里使用级数的前 n 项所产生的误差.

9. 在 3.14a 节里椭圆函数 $s(u)$ 定义为椭圆积分

$$u(s) = \int_0^s \frac{dx}{\sqrt{(1 - x^2)(1 - k^2 x^2)}}$$

的反函数. 求 $s(u)$ 的泰勒展开式到 5 次项.

10. 计算下列极限:

(a) $\displaystyle\lim_{x \to \infty} x \left[\left(1 + \frac{1}{x} \right)^x - e \right]$;

(b) $\displaystyle\lim_{x \to 0} \left(\frac{\sin x}{x} \right)^{1/x^2}$;

(d) $\displaystyle\lim_{x\to\infty}\left\{\frac{e}{2}x+x^2\left[\left(1+\frac{1}{x}\right)^x-e\right]\right\}$;

(e) $\displaystyle\lim_{x\to\infty}\left(\frac{\sin x}{x}\right)^{1/x^2}$;

*(c) $\displaystyle\lim_{x\to\infty}x\left[\left(1+\frac{1}{x}\right)^x-e\log\left(1+\frac{1}{x}\right)^x\right]$.

*11. 求 $[1+(1/x)]^x$ 依 $\dfrac{1}{x}$ 的幂展开的泰勒级数的前三项.

*12. 两颗异性的带电粒子 $+e,-e$, 当其间距离 d 很小时形成一个电偶极子, 其偶极矩 $M=ed$. 试证明

(a) 在位于偶极子轴上, 而与偶极子的中心距离为 r 的一点处的电势能是 $(M/r^2)(1+\varepsilon)$, 其中 ε 近似等于 $d^2/4r^2$.

(b) 在位于偶极子的中垂线上的一点处电势能是零.

(c) 在一个相对于偶极子的中心和轴的电势能是 $[M\cos(\theta/r^2)][1+\varepsilon]$, 其中 ε 近似等于 $(d^2/8r^2)(5\cos^2\theta-3)$.

(单个的点电荷 q 在距这个电荷的距离为 r 的点处的电势能是 q/r, 几个电荷的电势能是单个电荷的电势能的和).

5.6 节, 第 398 页

1. 若 $f(a)=0$ 而 $f(x)$ 在 $x=a$ 点有足够多次的导数, 证明 $f(x)^n$ 和 x 轴至少有 $(n-1)$ 阶接触.

2. 设曲线 $y=f(x)$ 经过原点 O, 并在原点与 x 轴相切. 证明在原点处曲线的曲率半径为

$$\rho=\lim_{x\to0}\frac{x^2}{2y}.$$

*3. 设 K 是一个圆, 这个圆在一点 P 处和一条给定的曲线相切, 并通过曲线上一个相邻的点 θ. 证明: 当 $\theta\to P$ 时圆 K 的极限就是这条曲线在 P 点的曲率圆.

*4. 证明: 在曲率半径的极大值或极小值处, 一曲线与其密切圆的接触的阶数至少是三.

*5. 证明: 在曲率半径的极大值或极小值处, 密切圆和曲线不会交叉, 除非接触高于三阶.

*6. 求下列函数的最大值和最小值

(a) $\cos x\cosh x$;　(b) $x+\cos x$.

*7. 试求函数 $y=e^{-\frac{1}{x^2}}$ 的最大值和最小值 (参看第 209 页).

A.I.3 节, 第 403 页

1. 若 f 在区间 $[0,1]$ 上连续, 证明

$$\lim_{x \to 0} x \int_x^1 \frac{f(z)}{z^2} dz = f(0).$$

2. 证明: 函数 $y = (x^2)^k, y(0) = 1$ 在 $x = 0$ 点连续.

第六章　数值方法

解一个分析问题总是不能臻于完善. 虽然说解的存在性及某些基本性质的证明通常能令人满意, 但是仍有有关的问题留下来待回答. 譬如说, 这解是用一个极限过程定义的, 例如是用一个定积分定义的, 于是实际地寻求这个极限的近似值并估计这些近似值的准确度的问题就提出来了. 如果我们希望把分析方法应用于自然现象的描述和控制, 而原则上它们又只能用近似的方式去描述, 上述那样的问题就不仅在理论上带有根本的重要性, 而且也是不可回避的.

因此, 能给出解的数值解答并估计出它们所达到的准确度, 这是一项很艰巨的任务.

近来, 随着高速自动计算机的出现, '数值分析' 在理论上和实践上都受到极大的推动. 它们出现于各种教科书里[1]. 尽管如此, 几百年来, 许多大数学家, 如牛顿、欧拉, 特别是高斯, 都对数值方法做出了很大的贡献.

在这一卷里, 虽然我们不能对数值分析给予广泛的介绍, 但是, 至少将讨论某些简单的经典结果.

6.1　积分的计算

按照第二章的理论, 虽然一个连续函数的积分的存在性是毫无疑义的了, 但除少数情况外, 这样一个积分的求值或 '求面积'[2]并不能通过初等函数来实现. 因此, 我们必须寻求数值积分以及估计数值近似准确度的方法.

为了近似地计算积分

$$J = \int_a^b f(x)dx, \tag{1}$$

其中 $a < b$, 我们用 $n+1$ 个点

$$x_\nu = a + \nu h, \quad nh = b - a \quad (\nu = 0, 1, \cdots, n) \tag{2}$$

---

1) 例如, Hildebrand, Introduction to Numerical Analysis, McGraw-Hill Book Co., 1956; Householder, Principles of Numerical Analysis, McGraw-Hill Book Co., 1953; 和 Whittaker and Robinson, The Calculus of Observations, Blackie and Sons, Ltd., 1929.

2) '求面积' 一词指出了求积步骤, 也就是, 通过寻找一个与之等积的正方形以测量曲线内的面积的步骤 (例如 '化圆为方' 问题).

将区间 $a \leqslant x \leqslant b$ 分成 n 等份, 每份长为 $h = (b-a)/n$. 则

$$J = \sum_{\nu=1}^{n} J_{\nu},$$

其中

$$J_{\nu} = \int_{x_{\nu-1}}^{x_{\nu}} f(x)dx. \tag{3}$$

这样, 计算积分 J 的问题就归结为求面积 J_{ν} 的好的近似值的问题, 而 J_{ν} 就是 J 所代表的整个面积被我们切割而成的宽为 h 的诸带形.

a. 矩形近似公式

来源于定积分的原始定义的最直接的近似公式给出关系式

$$J = \sum_{\nu=1}^{n} J_{\nu} \approx h\left(f_1 + f_2 + \cdots + f_n\right),$$

其中为了简便, 我们记

$$f_{\nu} = f\left(x_{\nu}\right).$$

这里 (以及整章) 符号 '$\approx$' 表示 '近似相等'.

为了估计这个近似式的准确度或者 '误差', 我们假设 $f(x)$ 在区间 $a \leqslant x \leqslant b$ 上连续, 且导数一致有界: $|f'(x)| \leqslant M_1$. 那么, 就容易证明 (见第 444 页, 6.1 节问题 4)

$$|J_{\nu} - hf_{\nu}| \leqslant \frac{M_1 h^2}{2}, \tag{4}$$

因而

$$\left| J - h\sum_{\nu=1}^{n} f_{\nu} \right| \leqslant n\frac{M_1 h^2}{2} = \frac{1}{2}M_1(b-a)h. \tag{5}$$

于是, 用有限和作定积分的近似的准确度, 用第三章第 217 页的术语来说, 是 '网格宽度' h 阶的.

b. 改进的近似式 —— 辛普森法则

如果我们不是用矩形带而是用细长的梯形来近似面积 J_{ν}, 如图 6.1a 所示, 那就不用费多少力气, 而得到一个较好的近似式. 这近似公式 (梯形公式) 就是

$$J \approx \frac{1}{2}h\left(f_0 + f_1\right) + \frac{1}{2}h\left(f_1 + f_2\right) + \cdots + \frac{1}{2}h\left(f_{n-1} + f_n\right)$$

$$= h\left(f_1 + f_2 + \cdots + f_{n-1}\right) + \frac{h}{2}\left(f_0 + f_n\right), \tag{6}$$

因为在前式中, 除首末两项外每个函数值出现二次.

一般比梯形公式稍微准确的近似式是, 以子区间 $x_{\nu-1} \leqslant x \leqslant x_\nu$ 的中点 $x_{\nu-1} + \dfrac{h}{2}$ 处的曲线的切线为上边界的梯形去近似第 ν 个带形而得的近似式. 这个梯形的面积简单就是

$$hf_{\nu-1/2} = hf\left(x_{\nu-1} + \frac{h}{2}\right),$$

因而相加就得到切线公式

$$J \approx h\left(f_{1/2} + f_{3/2} + \cdots + f_{(2n-1)/2}\right). \tag{7}$$

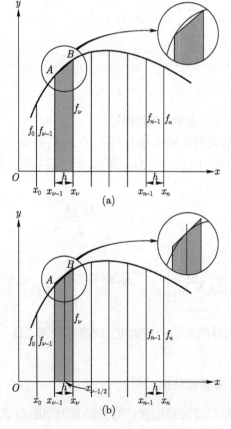

图 6.1   (a) 梯形公式; (b) 切线公式

正如我们将在第 425 页上看到的, 当 f 的二阶导数在区间 $a \leqslant x \leqslant b$ 上连续, 并存在某一个常数界 $M_2, |f''(x)| \leqslant M_2$, 那么这个近似式的准确度是 h^2 阶的.

最后, 我们叙述著名的辛普森 (Simpson) 近似式, 它不用费多大劲, 就给出一个准确得多的近似式, 只要 f 的四阶导数存在并在区间内一致有界, 即有一个常数 M_4 使得

$$\left|f^{(4)}(x)\right| \leqslant M_4.$$

对 $n = 2m$, 辛普森公式就是

$$J \approx \frac{4h}{3}\left(f_1 + f_3 + f_5 + \cdots + f_{2m-1}\right)$$
$$+ \frac{2h}{3}\left(f_2 + f_4 + f_6 + \cdots + f_{2m-2}\right) + \frac{h}{3}\left(f_0 + f_{2m}\right). \tag{8}$$

这公式容易求得, 只需用一个宽为 $2h$ 的带, 它的上界是在三个横坐标为 $x_{\nu-1}, x_\nu = x_{\nu-1} + h$ 和 $x_{\nu+1} = x_{\nu-1} + 2h$ 的点上与 f 重合的抛物线去近似第 ν 个及第 $\nu+1$ 个带所组成的区域 (图 6.2). 牛顿插值公式 (第 412 页) 给出了这个抛物线的方程:

$$y = f_{\nu-1} + (x - x_{\nu-1})\frac{f_\nu - f_{\nu-1}}{h}$$
$$+ \frac{(x - x_{\nu-1})(x - x_{\nu-1} - h)}{2} \cdot \frac{f_{\nu+1} - 2f_\nu + f_{\nu-1}}{h^2}.$$

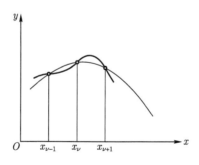

图 6.2　辛普森法则

因此, 我们有近似式

$$J_\nu + J_{\nu+1} \approx \int_{x_{\nu-1}}^{x_{\nu+1}} y\,dx$$
$$= \int_{x_{\nu-1}}^{x_{\nu-1}+2h} y\,dx$$
$$= 2hf_{\nu-1} + 2h\left(f_\nu - f_{\nu-1}\right)$$

$$+\frac{\frac{8}{3}h-2h}{2}\left(f_{\nu+1}-2f_{\nu}+f_{\nu-1}\right)$$

$$=\frac{h}{3}\left(f_{\nu-1}+4f_{\nu}+f_{\nu+1}\right).$$

现在, 对 $\nu=1,3,5,\cdots,2m-1$, 把所有这些近似值相加或所有诸 '带形对' 的面积相加, 就得到关于偶数 $n=2m$ 的上述公式.

准确度

要估计我们的各近似公式的准确度并不难, 因为求积的每一步都是用一个容易积分的函数 $\phi(x)$ (一个多项式) 来逼近该区间上的函数 $f(x)$ 的. 因此, 积分公式的误差估计能够通过估计 $|f(x)-\phi(x)|$ 得到.

在切线公式里 (第 422 页), 我们在区间 $[x_{\nu-1},x_{\nu}]$ 上用中点 $x_{\nu}-(h/2)$ 处 $f(x)$ 的切线代替 $f(x)$, 就是说, 用

$$\phi(x)=f\left(x_{\nu}-\frac{h}{2}\right)+\left(x-x_{\nu}+\frac{h}{2}\right)f'\left(x_{\nu}-\frac{h}{2}\right)$$

代替 $f(x)$. 根据拉格朗日余项形式的泰勒定理

$$f(x)=\phi(x)+\frac{1}{2}\left(x-x_{\nu}+\frac{h}{2}\right)^{2}f''(\xi),$$

其中 ξ 位于 x 与 $x_{\nu}-\dfrac{h}{2}$ 之间. 因此, 对应于一条带形的误差由下式估计:

$$\left|J_{\nu}-hf_{\nu-\frac{1}{2}}\right|=\left|\int_{x_{\nu-1}}^{x_{\nu}}[f(x)-\phi(x)]dx\right|$$

$$\leqslant\int_{x_{\nu-1}}^{x_{\nu}}|f(x)-\phi(x)|dx$$

$$\leqslant M_{2}\int_{x_{\nu-h}}^{x_{\nu}}\frac{1}{2}\left(x-x_{\nu}+\frac{h}{2}\right)^{2}dx$$

$$=\frac{h^{3}}{24}M_{2}.$$

于是, 对于切线公式里各区间所产生的总误差[1], 我们求得上界为

$$n\frac{h^{3}}{24}M_{2}=\frac{h^{2}}{24}M_{2}(b-a).$$

作为估计误差的一个范例, 我们把这个推导应用于其他求积公式. 在梯形法

---

[1] 这是使用近似公式固有的误差, 叫做截断误差. 实际上, 因为计算中的舍入会产生附加误差. 随着所取步数的增大 (也就是 h 的缩小), 舍入误差的总效果很可能会增大, 而截断误差则在减小.

则 (6) 中, 我们在区间 $[x_{\nu-1}, x_\nu]$ 上用线性内插多项式

$$\phi(x) = f_{\nu-1} + (x - x_{\nu-1}) \frac{f_\nu - f_{\nu-1}}{h}$$

逼近 $f(x)$. 由 $n = 1$ 时的插值公式余项的误差估计式 [见第 414 页等式 (40)], 我们得到

$$f(x) - \phi(x) = \frac{1}{2} (x - x_{\nu-1}) (x - x_\nu) f''(\xi),$$

其中 ξ 位于 $x_{\nu-1}$ 与 x_ν 之间. 因此, 计算 J_ν 时误差的绝对值至多是

$$M_2 \int_{x_{\nu-1}}^{x_\nu} \left| \frac{1}{2} (x - x_{\nu-1}) (x - x_\nu) \right| dx = \frac{h^3}{12} M_2,$$

因而, 总的误差至多是这个量的 n 倍:

$$\frac{h^2}{12} M_2 (b - a).$$

同样的技巧可用于辛普森法则 (8). 把 $\phi(x)$ 取为一个在 $x_{\nu-1}, x_\nu, x_{\nu+1}$ 三点处与 f 一致的二次多项式, 就在 $J_\nu + J_{\nu+1}$ 内引出一个阶为 h^4 的误差. 而实际上, 误差估计还可以改进一个数量级, 只要取一个三次多项式 $\phi(x)$, 使它在区间 $[x_{\nu-1}, x_{\nu+1}]$ 上给出一个比二次多项式更好地近似于 f 的近似式, 而且仍有相同的积分, 就引导到关于积分 J 的同一个近似公式 (8). 我们简单地用 $x_{\nu-1}, x_\nu, x_{\nu+1}$ 三点上与 $f(x)$ 重合的内插多项式, 使之满足 $\phi'(x_\nu) = f'(x_\nu)$: 它的形式为

$$\phi(x) = A_0 + A_1 (x - x_{\nu-1}) + A_2 (x - x_{\nu-1}) (x - x_\nu)$$
$$+ A_3 (x - x_{\nu-1}) (x - x_\nu) (x - x_{\nu+1}).$$

此处, 前三项代表在三点 $x_{\nu-1}, x_\nu, x_{\nu+1}$ 上与 f 重合的二次插值多项式. 常数 A_3 必须由条件 $\phi'(x_\nu) = f'(x_\nu)$ 来决定.

末项

$$A_3 (x - x_\nu + h) (x - x_\nu) (x - x_\nu - h)$$
$$= A_3 \left[(x - x_\nu)^2 - h^2 \right] (x - x_\nu)$$

显然是 $x - x_\nu$ 的一个奇函数, 因此, 从 $x_\nu - h$ 到 $x_\nu + h$ 的积分为零. 所以, 对于 f 的近似式的误差, 我们有估计 [参看第 414 页 (40), $n = 3$, 而在 x_ν 点有二个重合的内插点]:

$$f - \phi = \frac{1}{4!} (x - x_{\nu-1}) (x - x_\nu)^2 (x - x_{\nu+1}) f^{(4)}(\xi).$$

这就给出了, 在计算 $J_\nu + J_{\nu+1}$ 时的误差估计, 它是

$$\frac{h^5}{90} M_4,$$

因此, 总误差估计是

$$\frac{n}{2} \frac{h^5}{90} M_4 = \frac{h^4}{180}(b-a)M_4.$$

　　自然地, 在每个带形内用一个更高阶的多项式逼近函数 $f(\dot{x})$, 我们就可以获得更高的准确度.

　　例. 我们用这些方法计算

$$\log_e 2 = \int_1^2 \frac{dx}{x}.$$

将区间 $1 \leqslant x \leqslant 2$ 分成长度为 $h = \dfrac{1}{10}$ 的 10 段, 并且用梯形法则 (6), 我们就得到

$$x_1 = 1.1 \quad f_1 = 0.90909$$

$$x_2 = 1.2 \quad f_2 = 0.83333$$

$$x_3 = 1.3 \quad f_3 = 0.76923$$

$$x_4 = 1.4 \quad f_4 = 0.71429$$

$$x_5 = 1.5 \quad f_5 = 0.66667$$

$$x_6 = 1.6 \quad f_6 = 0.62500$$

$$x_7 = 1.7 \quad f_7 = 0.58824$$

$$x_8 = 1.8 \quad f_8 = 0.55556$$

$$x_9 = 1.9 \quad f_9 = 0.52632$$

$$\overline{}$$

和　　　6.18773

$$x_0 = 1.0 \quad \frac{1}{2} f_0 = 0.5$$

$$x_{10} = 2.0 \quad \frac{1}{2} f_{10} = 0.25$$

$$\overline{}$$

$$6.93773 \cdot \frac{1}{10}$$

$$\log_e 2 \approx 0.69377.$$

因为被积函数的图形的凸的一边向着 x 轴, 所以这个值太大了.

用切线法则 (7), 我们有

$$x_0 + \frac{1}{2}h = 1.05 \quad f_{1/2} = 0.95238$$

$$x_1 + \frac{1}{2}h = 1.15 \quad f_{3/2} = 0.86957$$

$$x_2 + \frac{1}{2}h = 1.25 \quad f_{5/2} = 0.80000$$

$$x_3 + \frac{1}{2}h = 1.35 \quad f_{7/2} = 0.74074$$

$$x_4 + \frac{1}{2}h = 1.45 \quad f_{9/2} = 0.68966$$

$$x_5 + \frac{1}{2}h = 1.55 \quad f_{11/2} = 0.64516$$

$$x_6 + \frac{1}{2}h = 1.65 \quad f_{13/2} = 0.60606$$

$$x_7 + \frac{1}{2}h = 1.75 \quad f_{15/2} = 0.57143$$

$$x_8 + \frac{1}{2}h = 1.85 \quad f_{17/2} = 0.54054$$

$$x_9 + \frac{1}{2}h = 1.95 \quad \underline{f_{19/2} = 0.51282}$$

$$6.92863 \cdot \frac{1}{10}$$

$$\log_e 2 \approx 0.69284.$$

由于曲线的凸性, 它又大小了.

对于同一个分割, 用辛普森法则 (8), 就得到一个准确得多的结果. 我们有

$$x_1 = 1.1 \quad f_1 = 0.90909$$

$$x_3 = 1.3 \quad f_3 = 0.76923$$

$$x_5 = 1.5 \quad f_5 = 0.66667$$

$$x_7 = 1.7 \quad f_7 = 0.58824$$

$$x_9 = 1.9 \quad \underline{f_9 = 0.52632}$$

$$\text{和} \quad 3.45955 \cdot 4$$

$$13.83820$$

$$x_2 = 1.2 \quad f_2 = 0.83333$$

$$x_4 = 1.4 \quad f_4 = 0.71429$$

$$x_6 = 1.6 \quad f_6 = 0.62500$$

$$x_8 = 1.8 \quad f_8 = 0.55556$$

$$\text{和} \quad 2.72818 \cdot 2$$

$$5.45636$$

$$13.83820$$

$$x_0 = 1.0 \quad f_0 = 1.0$$

$$x_{10} = 2.0 \quad f_{10} = 0.5$$

$$20.79456 \cdot \frac{1}{30}$$

$$\log_e 2 \approx 0.69315.$$

事实上

$$\log_e 2 = 0.693147\cdots.$$

6.2　数值方法的另一些例

a. 误差计算

误差计算只是微分学的基本事实在数值上的应用: 一个足够多次可微的函数 $f(x)$, 在一点邻域内能够表示成一个线性函数带一个高于一阶的误差; 表成一个二次函数带一个高于二阶的误差; 等等.

考虑函数 $y = f(x)$ 的线性近似. 如果 $y + \Delta y = f(x + \Delta x) = f(x + h)$, 根据泰勒定理, 我们有

$$\Delta y = hf'(x) + \frac{h^2}{2}f''(\xi),$$

其中 $\xi = x + \theta h (0 < \theta < 1)$ 是一个无需准确知道的中间值. 如果 $h = \Delta x$ 很小, 我们就得到实用的近似式

$$\Delta y \approx hf'(x).$$

这样, 我们就用导数代替近似等于其值的差商, 并且用近似相等的 h 的线性式代替 y 的增量.

这个简单事实以下述方式用于数值计算. 设两个物理量 x 与 y 满足关系 $y = f(x)$. 那么我们要问: 由于 x 测量的不准确, 对确定 y 有什么影响? 如果我们用不准确值 $x + h$ 代换 "真" 值 x, 那么 y 的相应值与真值 $y = f(x)$ 之差的大小

就等于 $\Delta y = f(x + h) - f(x)$. 因此, 这误差可用上述关系近似地给出.

我们举例说明这种线性近似的用法.

例. (a) 在 $\triangle ABC$ 中 (图 6.3), 假设准确地测得了边 b 和 c, 而角 $\alpha = x$ 的测量则在误差范围 $|\Delta x| < \delta$ 之内. 试问第三边的值 $y = a = \sqrt{b^2 + c^2 - 2bc\cos\alpha}$ 的相应误差是多少?

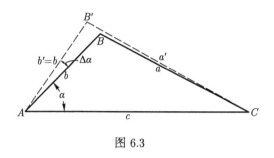

图 6.3

我们有 $\Delta a \approx (bc\sin\alpha\Delta\alpha)/a$. 因此, 百分误差是

$$\frac{100\Delta a}{a} \approx \frac{100bc}{a^2}\sin\alpha\Delta\alpha.$$

特别地, 当 $b = 400$ 米, $c = 500$ 米和 $\alpha = 60°$ 时, 我们有 $y = a = 458.2576$ 米, 所以

$$\Delta a \approx \frac{200000}{458.2576} \times \frac{1}{2}\sqrt{3}\Delta\alpha.$$

如果 $\Delta\alpha$ 能在弧为 10 秒之内测得, 就是说, 如果

$$\Delta\alpha = 10'' = 4846 \times 10^{-8} \text{ 弧度},$$

我们求得最坏结果也就是

$$\Delta a \approx 1.83 \text{厘米}.$$

因此, 误差至多约为 0.004%.

(b) 下面这个例说明了线性化在物理问题中的用法.

由试验得知: 如果温度为 t_0 时一个金属棒的长度为 l_0, 则温度为 t 时, 它的长度将是 $l = l_0(1 + \alpha(t - t_0))$, 其中 α 仅仅依赖于 t_0 和棒的构成原料. 现在, 如果一个摆钟在温度为 t_0 时保持准时, 试问当温度升到 t_1 时, 它每天将要慢多少秒?

关于振动周期 $T(l)$, 我们有

$$T(l) = 2\pi\sqrt{\frac{l}{g}}$$

(见第 357 页). 因此,

$$\frac{dT}{dl} = \frac{\pi}{\sqrt{lg}}.$$

如果长度变化为 Δl, 振动周期的相应变化就是

$$\Delta T \approx \frac{\pi \Delta l}{\sqrt{l_0 g}},$$

其中 $l_1 = l_0 \left(1 + \alpha \left(t_1 - t_0\right)\right), \Delta l = \alpha l_0 \left(t_1 - t_0\right)$. 这就是每次振动失去的时间. 一秒钟将慢 $\dfrac{\Delta T}{T} \approx \Delta l / 2l_0$. 因此, 这个摆钟每天要慢 $43200 \Delta l / l_0 = 43200 \alpha (t_1 - t_0)$ 秒.

在这个例中以及许多所考虑的函数是几个因子的积的其他情况中, 我们在微分之前, 对等式两边取对数, 可以简化计算. 在这个例中, 我们有

$$\log T = \log 2\pi - \frac{1}{2} \log g + \frac{1}{2} \log l.$$

微分得

$$\frac{1}{T} \frac{dT}{dl} = \frac{1}{2l}.$$

用 $\Delta T / \Delta l$ 代换 $\dfrac{dT}{dl}$, 给出

$$\frac{\Delta T}{T} \approx \frac{\Delta l}{2l},$$

与前面的结果一致.

*b. π 的计算

另一个与前面不同的例子是使用了特别技巧的经典例子, 尽管也许由于有了现代计算技术这些技巧已经不用了.

用反正切级数的莱布尼茨级数 $\dfrac{\pi}{4} = 1 - \dfrac{1}{3} + \dfrac{1}{5} - \dfrac{1}{7} + \cdots$ [第 386 页第 5.2 节 (7)] 计算 π 并不适用, 因为它收敛得太慢. 然而使用下述技巧, 我们可以较容易地计算 π. 如果在正切的加法定理

$$\tan(\alpha + \beta) = \frac{\tan \alpha + \tan \beta}{1 - \tan \alpha \tan \beta}$$

中, 引入反函数 $\alpha = \arctan u, \beta = \arctan v$, 我们就得到公式

$$\arctan u + \arctan v = \arctan \left(\frac{u + v}{1 - uv} \right).$$

现在, 选择 u 和 v, 使得 $(u+v)/(1-uv)=1$, 我们在右边得到值 $\dfrac{\pi}{4}$. 而如果 u 与 v 是小的数, 我们借助于已知级数就可以容易地算出左边. 例如像欧拉做过的, 如果令 $u=\dfrac{1}{2}, v=\dfrac{1}{3}$, 我们就得到

$$\frac{\pi}{4} = \arctan\frac{1}{2} + \arctan\frac{1}{3}. \tag{9}$$

如果再注意到 $\dfrac{\dfrac{1}{3}+\dfrac{1}{7}}{1-\dfrac{1}{21}} = \dfrac{1}{2}$, 我们有 $\arctan\dfrac{1}{2} = \arctan\dfrac{1}{3} + \arctan\dfrac{1}{7}$, 根据 (9), 就有

$$\frac{\pi}{4} = 2\arctan\frac{1}{3} + \arctan\frac{1}{7}.$$

利用这个公式, 维加 (Vega) 将数 π 的值计算到 140 位.

借助等式 $\left(\dfrac{1}{5}+\dfrac{1}{8}\right) \Big/ \left(1-\dfrac{1}{40}\right) = \dfrac{1}{3}$, 我们进一步得到

$$\arctan\frac{1}{3} = \arctan\frac{1}{5} + \arctan\frac{1}{8},$$

或者

$$\frac{\pi}{4} = 2\arctan\frac{1}{5} + \arctan\frac{1}{7} + 2\arctan\frac{1}{8}.$$

这个展式对于借助级数 $\arctan x = x - \dfrac{x^3}{3} + \dfrac{x^5}{5} - \cdots$ 计算 π 是非常有用的. 因为如果我们用值 $\dfrac{1}{5}, \dfrac{1}{7}$ 或 $\dfrac{1}{8}$ 代替 x, 则由于项减小得很快, 只用很少几项, 我们就可得到一个高准确度的结果.

对这些技巧, 以及这些艺术处理不特别感兴趣的读者, 对原理有个理解就可以了.

*c. 对数的计算

为了求对数的数值, 我们来变换对数级数 [第 386 页, (5)]

$$\frac{1}{2}\log\frac{1+x}{1-x} = x + \frac{x^3}{3} + \frac{x^5}{5} + \cdots,$$

其中 $0 < x < 1$. 将

$$\frac{1+x}{1-x} = \frac{p^2}{p^2-1}, \quad x = \frac{1}{2p^2-1}$$

代入级数得

$$\log p = \frac{1}{2}\log(p-1) + \frac{1}{2}\log(p+1) + \frac{1}{2p^2-1}$$
$$+ \frac{1}{3\left(2p^2-1\right)^3} + \cdots,$$

其中 $2p^2-1>1$ 或 $p^2>1$. 如果 p 是一个整数而且 $p+1$ 可以分解成较小的整数因子 (譬如, 如果 $p+1$ 是偶数), 后面这个级数就把 p 的对数表示成较小整数的对数加一个级数, 而级数的诸项减小得很快, 因而, 它的和只用很少几项就可以充分准确地计算出来. 因此, 只要我们已经算出了 $\log 2$ 的值 (例如, 可用第 428 页上的积分表示法进行计算), 我们就能从这个级数逐步算出任何素数的对数值, 进而也能算出任何整数的对数值.

这样确定的 $\log p$ 的准确度可用几何级数来估计, 这比用余项的一般公式容易得多. 关于级数的余项 R_n, 也就是 $1/n(2p^2-1)^n$ 这一项之后的所有项的和, 我们有

$$R_n < \frac{1}{(n+2)\left(2p^2-1\right)^{n+2}}\left[1 + \frac{1}{\left(2p^2-1\right)^2} + \frac{1}{\left(2p^2-1\right)^4} + \cdots\right]$$
$$= \frac{1}{(n+2)\left(2p^2-1\right)^n} \cdot \frac{1}{\left(2p^2-1\right)^2-1},$$

而这个公式立即给出了所要求的误差估计.

作为举例, 让我们用级数的前四项计算 $\log_e 7$ (在 $\log_e 2$ 和 $\log_e 3$ 已经求出了数值的假设之下). 我们有

$$p=7, \quad 2p^2-1 = 97,$$
$$\log_e 7 = 2\log_e 2 + \frac{1}{2}\log_e 3 + \frac{1}{97} + \frac{1}{3\cdot 97^3} + \cdots,$$
$$\frac{1}{97} \approx 0.01030928, \quad \frac{1}{3\cdot 97^3} \approx 0.00000037,$$
$$2\log_e 2 \approx 1.38629436, \quad \frac{1}{2}\log_e 3 \approx 0.54930614,$$

因此

$$\log_e 7 \approx 1.94591015.$$

估计误差给出

$$R_n < \frac{1}{5\cdot 97^3} \times \frac{1}{97^2-1} < \frac{1}{36\times 10^9}.$$

但是, 我们注意到, 我们相加的四个数中每一个数都只给出范围在 5×10^{-9} 之内的误差. 这就使得 $\log_e 7$ 的计算值的末位可能差 2. 然而, 事实上, 末位也是准确的.

6.3 方程的数值解法

关于方程 $f(x) = 0$ 的数值解法我们给一些注释, 此处 $f(x)$ 不需要是一个多项式[1]. 我们从诸根之一的试验性的第一个值 x_0 开始, 然后改进这个近似值. 根的第一个近似值如何选取和该近似式有多好, 可以暂不考虑. 例如, 对第一个近似值, 我们可以做个粗略的猜想, 或者更好些, 从函数 $y = f(x)$ 的图像上取, 因为函数图像与 x 轴的交点就表示了所要求的根.

然后, 我们试着用一种程序或一个映射去改进这个近似值, 从而把值 x_0 变成 "第二个近似值", 并且重复这种程序. 数值的解方程 $f(x) = 0$ 就是重复上述的逐次逼近 (或者, 如人们所说 "迭代" 程序), 以期望迭代值 $x_1, x_2, \cdots, x_n$ 满意地收敛到根 ξ. 我们将考虑各种这样的程序, 并简短地讨论它们的准确度.

a. 牛顿法

方法综述. 牛顿迭代程序基于微分学的基本原理——在靠近切点的邻域内, 用切线代替曲线. 从方程 $f(x) = 0$ 的根 ξ 的第一个近似值 x_0 出发, 我们考虑函数 $y = f(x)$ 图形上的点, 其坐标是 $x = x_0, y = f(x_0)$. 为了找出曲线与 x 轴的交点 ξ 的一个较好的近似值, 我们取定点 x_1, 它是在点 $x = x_0, y = f(x_0)$ 处的切线与 x 轴的交点. 这个交点的横坐标 x_1 代表了一个新的, 而且在某些情况下是一个比 x_0 更逼近所求方程根 ξ 的近似值.

图 6.4 立刻给出

$$\frac{f(x_0)}{x_0 - x_1} = f'(x_0).$$

因此, 新的近似值

$$x_1 = x_0 - \frac{f(x_0)}{f'(x_0)}. \tag{10}$$

现在从 x_1 作为一个近似值出发, 我们重复这程序, 去求 $x_2 = x_1 - f(x_1)/f'(x_1)$, 然后, 如此继续下去.

这种程序之有用, 本质上依赖于曲线 $y = f(x)$ 的性质. 在图 6.4 指出的情况中, 逐次近似值 x_n 以越来越高的精确度收敛到所求的根 ξ.

然而, 图 6.5 指出了一个原始值 x_0 的似是而非的选择, 我们的作图根本不收

---

[1] 当然, 我们关心的仅仅是确定 $f(x) = 0$ 的实数根.

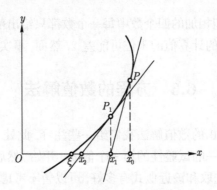

图 6.4　近似公式的牛顿方法

敛到所求的根. 因此, 必须一般地考察在怎样的情况下, 牛顿法给出方程解的有用的近似值.

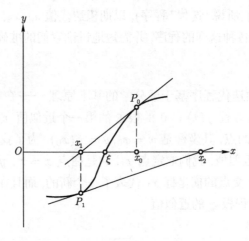

图 6.5

牛顿法的二次收敛

假设在根 ξ 附近一个足够宽的区间里, 二阶导数 $f''(x)$ 不 "太大", 而一阶导数 $f'(x)$ 不 "太小", 则牛顿近似法的主要之点是逐次 "误差"

$$h_1 = \xi - x_1, \quad h_2 = \xi - x_2, \cdots, \quad h_n = \xi - x_n, \cdots$$

在意义 $|h_{n+1}| \leqslant \mu h_n^2$ 之下二次收敛到零, 其中 μ 是一个固定的常数. 这指出了一个极快的收敛速度. 如果我们把这个不等式写成 $|h_{n+1}\mu| \leqslant |h_n\mu|^2$ 的形式, 它就意味着, 譬如当 $|h_n\mu| < 10^{-m}$ 时, 我们有 $|h_{n+1}\mu| < 10^{-2m}$, 即 μx_n 中 "有效位" 的位数是每步成倍增加的.

这个二次收敛的证明是直截了当的. 从关系式 $x_{n+1} = x_n - \dfrac{f(x_n)}{f'(x_n)}$ 和

$f(\xi) = 0$, 我们得到

$$h_{n+1} = \xi - x_{n+1} = \xi - x_n - \frac{f(\xi) - f(x_n)}{f'(x_n)}.$$

根据泰勒公式

$$f(\xi) - f(x_n) = (\xi - x_n) f'(x_n) + \frac{1}{2}(\xi - x_n)^2 f''(\eta),$$

其中 η 位于 ξ 与 x_n 之间. 因此,

$$h_{n+1} = -\frac{f''(\eta)}{2f'(x_n)} h_n^2. \tag{11}$$

为了确立收敛性, 我们设 x_n 已经属于一个固定区间 $\xi - \delta < x < \xi + \delta$, 在此区间内 $|f''|$ 有最大值 $M_2, |f'|$ 有正的最小值 m_1, 并且 δ 很小, 使得 $\frac{1}{2}\delta M_2/m_1 < 1$. 令 $\mu = \frac{1}{2}M_2/m_1$, 我们有 $\mu\delta < 1$ 以及

$$|h_{n+1}| \leqslant \mu |h_n|^2 \leqslant \mu\delta |h_n| < |h_n|.$$

这个不等式首先指出, x_{n+1} 仍属于同一个 ξ 的 δ 邻域, 因此, 这个结论可重复使用. 所以, 只要 x_0 位于 ξ 的 δ 邻域内, 那么所有后续的 x_n 也将属于同一个 ξ 的 δ 邻域. 因为从 $|h_{n+1}| \leqslant \mu\delta |h_n|$, 可推出 $|h_{n+1}| \leqslant (\mu\delta)^{n+1} |h_0|$, 这就意味着 $h_n \to 0$ 或 $x_n \to \xi$; 另外, 递减的二次规律 $|h_{n+1}| \leqslant \mu |h_n|^2$ 对误差也成立. 于是很清楚, 牛顿法将为我们提供一个一定收敛到解 ξ 的序列 x_n, 只要假定 f' 与 f'' 存在并在 ξ 附近连续, $f'(\xi) \neq 0$. 而且 x_0 已足够接近 ξ. 近似式的二次性质通常是牛顿法超越其他方法的一个决定性的优点 (见第 440 页).

*b. 假位法

牛顿法是一个比较古老的方法 —— 假位法 —— 的极限情况. 在这个比较古老的方法中, 割线代替了切线. 假设在所求的曲线与 x 轴的交点的邻域内, 我们已知两个点 (x_0, y_0) 和 (x_1, y_1). 如果我们用连接这两点的割线代替曲线, 这条割线与 x 轴的交点就能够作为一个所求的方程根[1] 的一个改进了的近似值. 对于交点的横坐标 ξ, 我们有 (图 6.6)

$$\frac{\xi - x_0}{f(x_0)} = \frac{\xi - x_1}{f(x_1)}, \tag{12}$$

由此导出

---

[1] 这实质上相当于线性内插用于反函数.

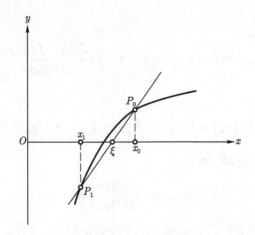

图 6.6　假位法

$$\xi = \frac{x_0 f(x_1) - x_1 f(x_0)}{f(x_1) - f(x_0)}$$

$$= \frac{x_0 f(x_1) - x_0 f(x_0) + x_0 f(x_0) - x_1 f(x_0)}{f(x_1) - f(x_0)}$$

或

$$\xi = x_0 - \frac{f(x_0)}{\dfrac{f(x_1) - f(x_0)}{x_1 - x_0}} \tag{13}$$

这个从 x_0 和 x_1 确定进一步近似值 ξ 的公式构成了假位法. 如果函数的一个值为正, 而另一个为负时, 譬如说像图 6.6 中那样, $y_0 > 0, y_1 < 0$, 那么假位法就更显得有用.

牛顿的近似公式是作为 $x_1 \to x_0$ 时的一种极限情况, 因为当 x_1 趋向 x_0 时, 公式 (13) 右边第二项的分母趋向 $f'(x_0)$.

虽然可以认为假位法比牛顿法更基本, 但因为牛顿法只需要一个 x 值作为初始近似值, 而不是两个值, 所以牛顿法有很大的方便性.

c. 迭代法

迭代模式. 现在我们转向一个应用极广的模式来解

$$x = \phi(x)$$

这种形式的方程, 其中 ϕ 是一个具有连续导数的连续函数. 如果我们令 $\phi(x) = x - c(x) f(x)$, 这里 $c(x)$ 是任一不为 0 的函数, 那么, 解形如 $f(x) = 0$ 的方程就可简化为解形如 $x = \phi(x)$ 的方程.

在这个特别有启发性的迭代法[1] 里, 我们也从适当选择初始近似值 x_0 开始, 从而由条件

$$x_{n+1} = \phi(x_n), \quad n = 0, 1, 2, \cdots,$$

确定一个序列 $x_1, x_2, x_3, \cdots$. 如果这个 '迭代' 序列 x_n 收敛到一个极限 ξ, 那么 $\xi = \phi(\xi)$ 就是我们方程的一个解, 因为这时 $\lim\limits_{x \to \infty} x_{n+1} = \xi$ 并且由于函数 ϕ 的连续性而有 $\lim\limits_{x \to \infty} \phi(x_n) = \phi(\xi)$.

收敛性. 序列值 x_n 在迭代程序中收敛到一个解, 这是在一个非常普遍的条件下成立的: 如果第一个近似值 x_0 位于围绕着解 ξ 的一个区间 J 内[2], 而在这区间内有

$$|\phi'(x)| < q,$$

其中 $q < 1$ 是一个常数, 则 x_n 收敛到 ξ.

因为设 x_0 位于 J 内, 我们就有

$$x_1 - \xi = \phi(x_0) - \phi(\xi).$$

根据中值定理, 这个方程的右边等于 $(x_0 - \xi)\phi'(\bar{x})$, 其中 $\bar{x}$ 位于 J 内. 于是, 根据我们的假设就有

$$|x_1 - \xi| \leqslant q|x_0 - \xi|,$$

所以, x_1 属于 J, 因而又有

$$|x_2 - \xi| \leqslant q|x_1 - \xi| \leqslant q^2|x_0 - \xi|.$$

一般地, 我们得到

$$|x_n - \xi| \leqslant q^n|x_0 - \xi|.$$

因为当 $n \to \infty$ 时 $q^n \to 0$, 所以我们的论断得证.

另外, 如上所见, 当在 ξ 附近的区间内 $\phi'(x) > 1$ 时, 迭代序列 x_n 不收敛. 如果 $|\phi'(\xi)| = 1$, 我们不能做出一般结论.

吸引性和排斥性不动点

通过映射或变换来研究迭代程序是很有用的. 函数 $y = \phi(x)$ 代表一个变换, 它把数轴上的一个点 x 映射到这个数轴上的一个像点 y (见第 15 页). 因此, 解 ξ 就是一个不被变换 ϕ 所改变的点, 即所谓的 **不动点**, 于是, 问题就是找映射的不动点. 如已看到的, 当 $|\phi'(\xi)| \leqslant q < 1$ 时, 这个问题可用迭代法解决.

---

1) 有时叫做逐次逼近法. 为了解这类或那类方程, 这个方法被用于许多不同的数学内容.

2) 虽然 ξ 是未知的, 但是, 通常我们可以事先定出这样一个区间.

在 $|\phi'(x)| < q < 1$ 的情况下, 根或不动点 ξ 的邻域的映射 $y = \phi(x)$ 具有收缩性质, 就是它缩短了原来点到不动点的距离. 这种收缩映射的不动点称为吸引性不动点. 它们的迭代结构像一个公比为 q 的几何级数的项一样收敛.

如果根 ξ 或我们的变换的相应不动点在一个区间内有 $|\phi'(x)| > r$, 其中 r 是一个大于 1 的常数, 则变换是扩张的, 迭代程序发散, 而不动点称为排斥性的.

如果在不动点上, 我们有 $|\phi'(\xi)| = 1$, 就不能做出关于迭代收敛性的一般结论. 这样的不动点有时称为中立的 (中性的).

下述意见应该强调: 映射 ϕ 的一个不动点 ξ 也自然而然地是逆映射的一个不动点: $\xi = \psi(\xi)$. 如果在根 ξ 的一个邻域内 $|\phi'(\xi)| > 1$, 而且 $x = \psi(y)$ 是 ϕ 的反函数, 则 $|\psi'(\xi)| < 1$. 于是 ξ 就是这个逆映射的一个吸引性不动点, 因而可能用对于逆映射是收敛的迭代模式代替原来发散的迭代模式. 作为一个例, 我们考虑方程

$$x = \tan x.$$

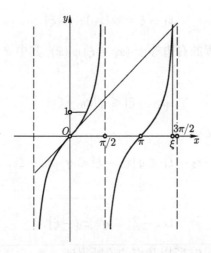

图 6.7   曲线 $y = \tan x$ 和 $y = x$ 的交点 (ξ, ξ)

从函数 $y = x$ 和 $y = \tan x$ 的图像可清楚地看到, 它们在区间 $\pi < x < \dfrac{3}{2}\pi$ 内交于某点, 因此, 我们的方程也将在该区间有一个根 ξ. 因为

$$\frac{d\tan x}{dx} = \frac{1}{\cos^2 x} > 1,$$

所以, 以区间内的任何点 x_0 为初始值的迭代程序都不会收敛. 然而, 如果我们把方程写成逆形式 (用符号 $\arctan x$ 记主值分支)

$$x = \arctan x + \pi,$$

我们就得到一个收敛的迭代序列. 因为这里

$$\frac{d}{dx}\arctan x = \frac{1}{1+x^2} < 1,$$

所以用 $x_{n+1} = \arctan x_n + \pi$ 以及, 譬如说, $x_0 = \pi$ 所定义的序列收敛到 ξ.

d. 迭代与牛顿程序

如前所述, 解形式为 $f(x) = 0$ 的方程可以归结为解形式为 $x = \phi(x)$ 的方程, 只要我们把 $\phi(x)$ 选成形式为

$$\phi(x) = x - c(x)f(x)$$

的任何一个式子, 其中 $c(x)$ 是一个非 0 函数. 如果我们想用迭代法解所得的方程 $x = \phi(x)$, 我们就必须通过适当选取 $c(x)$ 保证映射 ϕ 的不动点 ξ 是 '吸引的", 也就是说, 必须有 $|\phi'(\xi)| < 1$. 现在, 对于 $f(\xi) = 0$ 的解 ξ, 我们有

$$\phi'(\xi) = 1 - c'(\xi)f(\xi) - c(\xi)f'(\xi) = 1 - c(\xi)f'(\xi).$$

最简单的选法是取 $c(x)$ 为 $\dfrac{1}{f'(x)}$. 于是当然有 $|\phi'(\xi)| = 0 < 1$. $c(x)$ 的这种选法导致迭代序列

$$x_{n+1} = \phi(x_n) = x_n - \frac{f(x_n)}{f'(x_n)},$$

它正好就是第 433 页牛顿法中近似式 (10) 的序列. 关于误差 $x_n - \xi = h_n$, 我们有估计

$$|h_{n+1}| = |\phi(x_n) - \phi(\xi)| \leqslant qh_n,$$

其中 q 是以 ξ 和 x_n 为端点的区间内 $|\phi'(x)|$ 的最大值. 因为这里

$$\phi'(x) = \frac{f(x)f''(x)}{f'^2(x)},$$

而 $f(x) = f(x) - f(\xi) = f'(\eta)(x - \xi)$, 我们看到 q 自身与 h_n 同阶, 因而就再次证实牛顿法中近似的二次特性.

另一种对 $c(x)$ 的最简单选法是取常数值 $1/f'(x_0)$, 导致递推公式

$$x_{n+1} = \phi(x_n) = x_n - \frac{f(x_n)}{f'(x_0)}.$$

这里, $\phi'(\xi) = 1 - f'(\xi)/f'(x_0)$. 如果 f' 连续而不为 0 , 并且我们的初始近似值 x_0 已选得充分接近于解 ξ, 使得

$$|\phi'(\xi)| = \frac{|f'(x_0) - f'(\xi)|}{|f'(x_0)|} < 1,$$

那么我们有一个吸引性不动点 ξ. 这个迭代序列比牛顿法中所用的稍为简单些, 然而, 收敛将慢得多, 有如一个几何级数, 像多数迭代模式一样.

例. 作为一个例子, 我们讨论三次方程

$$f(x) = x^3 - 2x - 5 = 0.$$

因为 $f(2) = -1 < 0, f(3) = 16 > 0$, 肯定在区间 $2 < x < 3$ 内存在一个根 ξ. 又因为 $f'(x) = 3x^2 - 2 > 3(2)^2 - 2 > 0$, 所以这区间也只包含一个根. 用牛顿法, 从近似值 $x_0 = 2$ 开始, 我们逐次求得

$$x_1 = x_0 - \frac{f(x_0)}{f'(x_0)} = 2 - \frac{-1}{3(2)^2 - 2} = 2.1, \quad f(x_1) = 0.061,$$

$$x_2 = x_1 - \frac{f(x_1)}{f'(x_1)} = 2.1 - \frac{0.061}{3(2.1)^2 - 2} = 2.094568.$$

因为 $f(2.1) > 0, f(2) < 0$, 根 ξ 位于 2 和 2.1 之间. 在区间 $1.9 < x < 2.2$ 内, 我们有估计

$$|f''(x)| = |6x| < 6(2.2) = 13.2,$$

$$f'(x) = 3x^2 - 2 > 3(1.9)^2 - 2 = 8.83.$$

这估计自然对区间 $\xi - 0.1 < x < \xi + 0.1$ 更成立, 由此得出 [见第 435 页 (11)]

$$|\xi - x_{n+1}| \leqslant \frac{13.2}{2(10.83)} |x_n - \xi|^2 < 0.75 |x_n - \xi|^2.$$

只要 $|x_n - \xi| < 0.1$, 因为 $|x_0 - \xi| = |\xi - 2| < 0.1$, 我们逐次求得

$$|x_1 - \xi| < (0.75)(0.1)^2 = 0.0075,$$

$$|x_2 - \xi| < (0.75)(0.0075)^2 < 0.000042.$$

如果这个近似程度不够, 我们取进一步的近似值 x_3, 具有误差 $< (0.75) \cdot (0.000042)^2 < 0.0000000013$.

显然, 从 f' 和 f'' 都是正的这个事实得知, x_0 之后的所有 x_n 都必定大于 ξ, 由此推出

$$h_{n+1} = -f''(\eta)h_n^2/2f'(x_n) < 0.$$

对值 x_0, x_1 换用假位法 [第 436 页 (13)], 我们求得连接点 $(x_0, f(x_0))$ 和 $(x_1, f(x_1))$ 的割线与 x 轴的交点 ξ,

$$\xi = x_0 - \frac{f(x_0)(x_1 - x_0)}{f(x_1) - f(x_0)} = 2.09425\cdots.$$

因为曲线在问题所涉及的区间内是下凸的, 故割线位于曲线之上, 因而近似值 ξ 必小于根 ξ.

作为第二个例, 让我们解方程

$$f(x) = x \log_{10} x - 2 = 0.$$

我们有 $f(3) = -0.6, f(4) = +0.4$, 因此, 用 $x_0 = 3.5$ 作为第一个近似值. 使用十位对数表, 我们得到逐次近似值:

$$x_0 = 3.5, \qquad x_1 = 3.598,$$

$$x_2 = 3.5972849, \quad x_3 = 3.5972850235.$$

附　　录

*A.1　斯特林公式

在许多应用中, 特别是在统计学和概率论中, 我们发现必须对 $n!$ 有一个像 n 的初等函数一样简单的近似式. 这样一个式子由下述定理给出. 定理是以它的发现者——斯特林 (Stirling) 命名的 (也参看第 560 页第八章).

当 $n \to \infty$ 时,

$$\frac{n!}{\sqrt{2\pi}n^{n+1/2}e^{-n}} \to 1, \tag{14}$$

更确切地说

$$\sqrt{2\pi}n^{n+1/2}e^{-n} < n! < \sqrt{2\pi}n^{n+1/2}e^{-n}\left(1 + \frac{1}{4n}\right). \tag{14a}$$

换句话说, 当 n 的值很大时, 表达式 $n!$ 与 $\sqrt{2\pi}n^{n+1/2}e^{-n}$ 之差仅仅是一个小的百分数, 如人们所说, 两个式子渐近地相等, 同时, 因子 $1 + 1/4n$ 给出了近似式的精确度的估计.

如果试图求出曲线 $y = \log x$ 下的面积, 我们就会得到这个有名的公式[1]. 用积分法 (第 239 页), 我们求得在坐标为 $x = 1$ 和 $x = n$ 之间. 这条曲线下的准确面积 A_n 是

[1) 在这里使用的方法是第八章第 554 页将要讨论的欧拉–麦克劳林公式的特例.

$$A_n = \int_1^n \log x dx = x\log -x\Big|_1^n = n\log n - n + 1. \tag{15}$$

但是, 如果我们用梯形法估计这个面积, 在 $x=1, x=2, \cdots, x=n$ 处树立纵坐标, 如图 6.8 所示, 我们就得到这个面积的近似值 T_n [参看第 422 页 (6)],

$$T_n = \log 2 + \log 3 + \cdots + \log(n-1) + \frac{1}{2}\log n$$
$$= \log n! - \frac{1}{2}\log n. \tag{16}$$

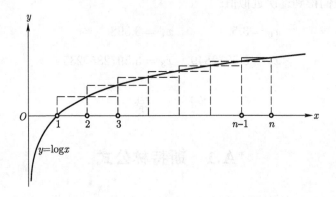

图 6.8

如果我们作这个合理的假定: A_n 和 T_n 是同一数量级的, 我们马上发现 $n!$ 与 $n^{n+1/2}e^{-n}$ 是同一数量级的, 本质上这就是斯特林公式所说的.

为了使这个推论确切, 我们先证明差 $a_n = A_n - T_n$ 是有界的, 由此将直接得出 $T_n = A_n(1 - a_n/A_n)$ 与 A_n 是同一数量级的. 差 $a_{k+1} - a_k$ 是带形 $k < x < k+1$ 中曲线下的面积与割线下的面积之差. 因为曲线是上凸的, 位于割线之上, 所以 $a_{k+1} - a_k$ 是正的, 因而,

$$a_n = (a_n - a_{n-1}) + (a_{n-1} - a_{n-2}) + \cdots + (a_2 - a_1) + a_1$$

单调增加. 另外, 差 $a_{k+1} - a_k$ 显然小于在 $x = k + 1/2$ 点切线下的面积与割线下的面积之差 (图 6.9). 因此, 我们有不等式

$$a_{k+1} - a_k < \log\left(k + \frac{1}{2}\right) - \frac{1}{2}\log k - \frac{1}{2}\log(k+1)$$
$$= \frac{1}{2}\log\left(1 + \frac{1}{2k}\right) - \frac{1}{2}\log\left[1 + \frac{1}{2(k+1/2)}\right]$$
$$< \frac{1}{2}\log\left(1 + \frac{1}{2k}\right) - \frac{1}{2}\log\left[1 + \frac{1}{2(k+1)}\right].$$

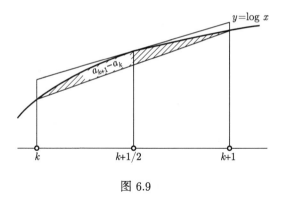

图 6.9

把这些不等式对 $k = 1, 2, \cdots, n-1$ 加起来, 我们发现右边除两项外所有项都互相抵消, 因而 (因 $a_1 = 0$) 有

$$a_n < \frac{1}{2} \log \frac{3}{2} - \frac{1}{2} \log \left(1 + \frac{1}{2n} \right) < \frac{1}{2} \log \frac{3}{2}.$$

因为 a_n 有界, 而且单调递增, 当 $n \to \infty$ 时, 趋向一个极限 a. 关于 $a_{k+1} - a_k$ 的不等式, 现在给出

$$a - a_n = \sum_{k=n}^{\infty} (a_{k+1} - a_k) < \frac{1}{2} \log \left(1 + \frac{1}{2n} \right).$$

因为由定义 $A_n - T_n = a_n$, 从 (15), (16), 我们有

$$\log n! = 1 - a_n + \left(n + \frac{1}{2} \right) \log n - n,$$

或记 $\alpha_n = e^{1-a_n}$,

$$n! = \alpha_n n^{n+1/2} e^{-n}.$$

序列 α_n 是单调递减的, 并且趋向于极限 $\alpha = e^{1-a}$, 因而

$$1 < \frac{\alpha_n}{\alpha} = e^{a-a_n} < e^{(1/2)\log(1+1/2n)}$$

$$= \sqrt{1 + \frac{1}{2n}} < 1 + \frac{1}{4n}.$$

于是我们有

$$\alpha n^{n+1/2} e^{-n} < n! < \alpha n^{n+1/2} e^{-n} \left(1 + \frac{1}{4n} \right).$$

剩下的事情只是寻找极限 a 的确实值. 我们用第三章第 245 页公式 (80):

$$\sqrt{\pi} = \lim_{n \to \infty} \frac{(n!)^2 2^{2n}}{(2n)! \sqrt{n}}.$$

用 $\alpha_n n^{n+1/2} e^{-n}$ 代替 $n!$, 用 $\alpha_{2n} 2^{2n+1/2} n^{2n+1/2} e^{-2n}$ 代替 $(2n)!$, 我们立即得到

$$\sqrt{\pi} = \lim_{n \to \infty} \frac{\alpha_n^2}{\alpha_{2n} \sqrt{2}} = \frac{\alpha^2}{\alpha \sqrt{2}},$$

因此, $\alpha = \sqrt{2\pi}$. 这样, 斯特林公式证明完毕.

斯特林公式不仅有它的理论价值, 它还是对大数 n 作 $n!$ 的数值计算的一个很有用的工具. 我们不用再去计算数目极大的整数连乘, 而只要借助于对数用斯特林公式作很少的运算就可以了. 譬如 $n = 10$, 我们得到斯特林表达式的值 3598696 (用 7 位数表), 而 10! 的准确值则是 3628800 , 百分误差仅仅是 5/6%.

问　题

6.1 节, 第 420 页

1. 证明当 $f''(x) \geqslant 0$ 时, 梯形法给出一个比 f 的准确积分较大的值, 而切线法给出一个较小的值.

2. 设要用辛普森法则计算下列积分, 要求准确到 p 位小数, 试估计所需 $h = (b-a)/n$ 的值:

(a) $\log 2 = \int_1^2 \frac{1}{x} dx$; (b) $\pi = 4 \int_0^1 \frac{1}{1+x^2} dx$.

3. 用 k 和 $s(k < 1, s < 1)$ 表示, 估计计算椭圆积分

$$u(s) = \int_0^s \frac{dx}{\sqrt{(1-x^2)(1-k^2 x^2)}}$$

时误差不超过 ϵ 所需的点数.

4. 设 $f(x)$ 在区间 $\alpha \leqslant x \leqslant \alpha + h$ 上连续, 并且导数一致有界, 即存在常数 M_1, 使得 $|f'(x)| \leqslant M_1$. 证明对任一固定点 $\xi, \alpha \leqslant \xi \leqslant \alpha + h$, 都有估计式

$$\left| \int_0^{\alpha+h} f(x)dx - hf(\xi) \right| \leqslant \frac{M_1 h^2}{2}.$$

5. 计算 $\int_\alpha^\infty e^{-x^2} dx$ 的数值, 使误差不超过 1/100.

6.2 节, 第 428 页

1. 一个摆的周期如下:

$$T = 2\pi\sqrt{\frac{l}{g}},$$

其中 l 是摆长. 如果用此摆驱动一个钟表, 钟表每天快一分钟, 试确定 l 所必须的修正值.

2. 为测量一山的高, 从地面观察山顶上的一个一百米高的塔. 塔脚的仰角为 42°, 塔本身张角为 6°. 在这 42° 角的误差为 1° 的条件下, 问所确定的山高的误差限度是多少?

6.3 节, 第 433 页

1. (a) 为要解方程 $x = f(x)$, 试确定如何选常数 a 最好, 使得迭代模式

$$x_{k+1} = x_k + a\left[x_k - f\left(x_k\right)\right]$$

收敛速度在解的邻域内尽可能地快.

(b) 用这个方法求解关于 $\sqrt{A}$ 的方程

$$x = \frac{A}{x}.$$

(c) 试证当 $A \geqslant 1$ 时, 在 (b) 中得到的迭代模式的每一步准确的小数位数至少是成倍增加的.

2. (a) 试确定多项式

$$g(x) = a + bx^2$$

的最好选取, 使得对于 $\sqrt{A}$ 的迭代模式

$$x_{k+1} = x_k + g\left(x_k\right)\left(x_k - \frac{A}{x_k}\right)$$

在解的邻域内收敛最快.

(b) 估计收敛速度.

(c) 如何适当选择更高次的多项式 $g(x)$, 进一步改进收敛性.

3. 研究问题 1 和 2 类型的适当模式用于计算 $\sqrt[r]{A}$

A.1 节, 第 441 页

1. 证明 $\lim\limits_{n\to\infty} \dfrac{\sqrt[n]{n!}}{n} = \dfrac{1}{e}$.

2. * 通过考察 $\displaystyle\int_{1/2}^{n+1/2}\log(\alpha+x)dx, \alpha>0$, 试证明

$$\alpha(\alpha+1)\cdots(\alpha+n)=a_n n! n^{\alpha},$$

其中 a_n 有一个大于 0 的下界. 进一步证明, 对 n 充分大的值, a_n 单调递减. [当 $n\to\infty$ 时, a_n 的极限是 $1/\Gamma(\alpha)$.]

3. 试求 $\displaystyle\log\frac{n_1!n_2!\cdots n_l!}{n!}$ 的一个近似表达式, 其中 $n_1+n_2+\cdots+n_l=n$.

4. 证明 $\dfrac{1}{\sqrt{1-x}}$ 的二项展式中 x^n 的系数由 $\dfrac{1}{\sqrt{\pi n}}$ 渐近地给出.

第七章 无穷和与无穷乘积

几何级数、泰勒级数以及本书前面讨论过的一些例都启示我们可以从更一般的观点出发来好好地研究分析中的那些极限过程, 其中包括无穷级数的求和. 原则上说, 任何极限值

$$S = \lim_{n \to \infty} s_n$$

都能够写成一个无穷级数. 我们只需对 $n > 1$ 设 $a_n = s_n - s_{n-1}$, 并设 $a_1 = s_1$, 就得到

$$s_n = a_1 + a_2 + \cdots + a_n.$$

于是, 当 n 增加时数值 S 就作为 n 项和 s_n 的极限而出现. 我们称 S 是 '无穷级数

$$a_1 + a_2 + a_3 + \cdots$$

的和" 来表示这一事实.

这样一个 '无穷和" 只是表示极限的一种方法, 在这个极限中, 每一个逐次的近似值是由前一个近似值再加一项得到的. 例如, 一个数的十进小数表达式在原则上就仅仅是把这个数 a 表示成无穷级数 $a = a_1 + a_2 + a_3 + \cdots$ 的形式. 在这里, 如果 $0 \leqslant a \leqslant 1$, 那么项 a_n 就可用 $\alpha_n \times 10^{-n}$ 来替换, 而 α_n 是一个 0 到 9 之间的整数.

由于每一个极限值都能够写成一个无穷级数的形式, 级数的专门研究似乎是多余的. 然而, 经常出现这种情况, 极限值天然地以这样的无穷级数的形式出现, 而这种无穷级数呈现出特别简单的形成规律. 并不是每一个级数都有一个容易认识的形成规律的. 例如, 数 π 无疑能表示成一个十进小数 (这个小数是一个级数 $\sum c_\nu 10^{-\nu}$). 但是我们知道, 没有一个简单的规律使我们能够说出这个小数的任意一位的值, 譬如说第 7000 位的值. 然而, 如果我们考虑用 $\dfrac{\pi}{4}$ 的莱布尼茨–格雷戈里级数来代替, 我们就有一个具有完全清楚的一般的形成规律的表达式 [参看第 386 页 (7)].

类似于无穷级数的是无穷乘积, 在无穷级数里极限的近似值是由反复加新的项形成的. 在无穷乘积里极限的近似值是由反复乘新的因子形成的. 然而, 我们将不深入到无穷乘积的一般理论中, 这一章和第八章的主要课题将是无穷级数.

7.1 收敛与发散的概念

a. 基本概念

柯西收敛准则. 我们考虑具有"一般项" a_n 的一个无穷级数, 于是这个级数[1]
就具有形式

$$a_1 + a_2 + \cdots = \sum_{\nu=1}^{\infty} a_\nu.$$

右边带有求和号的记号只是左边表达式的一种缩写方式.

如果当 n 增加时, 第 n 个部分和

$$s_n = a_1 + a_2 + \cdots + a_n = \sum_{\nu=1}^{n} a_\nu$$

趋向于一个极限

$$S = \lim_{n\to\infty} s_n,$$

我们就说这个级数是收敛的, 否则我们就说它是发散的. 在收敛的情况下, 我们
称 S 为级数的和.

我们早已遇到过许多收敛级数的例子, 例如, 几何级数 $1 + q + q^2 + \cdots$, 当
$|q| < 1$ 时, 收敛到和 $1/(1-q)$, 还有 $\log 2$ 的级数, e 的级数, 等等.

用无穷级数的语言, 柯西收敛判别法 (参看第一章第 60 页) 表示如下:

一个级数 $\sum_{\nu=1}^{\infty} a_\nu$ 收敛的必要充分条件是: 如果 m 和 n 取得充分大时, 数

$$|s_m - s_n| = |a_{n+1} + a_{n+2} + \cdots + a_m| \tag{1}$$

$(m > n)$ 就变得任意小. 换句话说: 当且仅当下面的条件被满足时, 级数是收敛的:
对于一个给定的正数 ε, 可以找到一个指标数 $N = N(\varepsilon)$, 使得只要 $m > N$ 和
$n > N$, 上面的表达式 $|s_m - s_n|$ 就小于 ε.

我们能够用 $q = \dfrac{1}{2}$ 的几何级数来说明这个收敛判别法. 如果我们选择 $\varepsilon = \dfrac{1}{10}$, 我们只需取 $N = 4$. 因为

$$|s_m - s_n| = \frac{1}{2^n} + \cdots + \frac{1}{2^{m-1}}$$

---

1) 由于形式上的理由, 我们包括了某些数 a_n 可以是零这种可能性. 如果从某一个指标数 N 以后 (即当 $n > N$ 时) 所有的项都为零, 我们称此级数为有尽级数.

$$= \frac{1}{2^{n-1}} \left(\frac{1}{2} + \frac{1}{2^2} + \cdots + \frac{1}{2^{m-n}} \right) < \frac{1}{2^{n-1}},$$

所以当 $n > 4$ 时

$$\frac{1}{2^{n-1}} < \frac{1}{10}.$$

如果我们选择 ε 等于 $\frac{1}{100}$, 取 7 作为 N 的对应值就足够了, 这是容易验证的.

显然, 一个级数收敛的必要条件是

$$\lim_{n \to \infty} a_n = 0.$$

否则, 对于 $m = n+1$ 收敛准则就无疑不能满足. 但是这个必要条件对于收敛而言绝不是充分的. 相反, 容易找到一个无穷级数, 它的一般项 a_n 当 n 增加时趋向于 0, 但是它的和不存在, 因为当 n 增加时, 部分和 s_n 递增但没有极限.

例. 一个例是级数

$$1 + \frac{1}{\sqrt{2}} + \frac{1}{\sqrt{3}} + \cdots + \frac{1}{\sqrt{n}} + \cdots,$$

它的一般项为 $\frac{1}{\sqrt{n}}$. 我们立即看到

$$s_n > \frac{1}{\sqrt{n}} + \cdots + \frac{1}{\sqrt{n}} = \frac{n}{\sqrt{n}} = \sqrt{n}.$$

当 n 增加时, 第 n 个部分和递增并趋向无穷大, 因此级数发散.

对于调和级数

$$1 + \frac{1}{2} + \frac{1}{3} + \frac{1}{4} + \cdots$$

这一经典例子, 同样有上述结论. 这里

$$a_{n+1} + \cdots + a_{2n} = \frac{1}{n+1} + \cdots + \frac{1}{2n}$$
$$> \frac{1}{2n} + \cdots + \frac{1}{2n} = \frac{1}{2}.$$

由于 n 和 $m = 2n$ 可以要多大就选得多大, 柯西判别法得不到满足, 所以级数发散. 事实上, 因为所有的项都是正的, 其第 n 个部分和明显地趋于无穷. 另一方面, 由同样的数但采取交错的符号, 所形成的级数

$$1 - \frac{1}{2} + \frac{1}{3} - \frac{1}{4} + \frac{1}{5} - + \cdots + \frac{(-1)^{n-1}}{n} + \cdots$$

收敛 (参看第五章第 386 页 (4)), 并有和 $\log 2$.

不能认为每个发散级数 s_n 都趋于 $+\infty$ 或 $-\infty$. 例如在级数

$$1-1+1-1+1+-\cdots$$

中, 我们看到它的部分和 s_n 交替地取值 1 和 0, 并且由于这种前后的摆动, 既不趋向一个确定的极限, 又不在数值上无限增加.

下面的事实, 虽然是不言自明的, 但是非常重要, 应该引起注意. 一个级数的收敛性或发散性, 绝不因加进或去掉有限项而变更. 就收敛性或发散性而论, 不论从 a_0 或 a_1 或 a_5 或任意选择的任一其他项开始作为级数的首项, 都是毫无关系的.

b. 绝对收敛与条件收敛

调和级数 $1+\dfrac{1}{2}+\dfrac{1}{3}+\dfrac{1}{4}+\cdots$ 是发散的, 但是如果我们每隔一项改变其符号, 则所成的 $\log 2$ 的级数收敛. 另一方面, 几何级数 $1-q+q^2-q^3+-\cdots$ 在 $0\leqslant q<1$ 的条件下收敛且有和 $1/(1+q)$, 并且使所有的符号为正, 我们得到级数

$$1+q+q^2+q^3+\cdots,$$

这个级数也是收敛的, 它有和 $1/(1-q)$.

这里呈现一种差别, 我们必须考察. 所有的项都为正的级数只有两种可能情况, 或者收敛或者当 n 增加时部分和递增无界. 因为部分和是一个单调递增序列, 如果部分和有界, 必然收敛. 当 n 增加时, 如果一般项趋于零的速度足够快, 级数就收敛. 另一方面, 如果一般项根本不趋向于零或趋向于零的速度太慢, 级数就发散. 然而在级数既有正项又有负项时, 符号的改变正是造成收敛的原因, 当正项的部分和增加太大时, 负项进行补偿, 致使最终结果趋向一个确定的极限.

为了有可能更好地理解, 我们考察既有正项又有负项的级数 $\sum\limits_{\nu=1}^{\infty}a_\nu$, 将它与另一个与它有相同的项, 符号全为正的级数, 即

$$|a_1|+|a_2|+\cdots=\sum_{\nu=1}^{\infty}|a_\nu|$$

进行比较, 如果后面这个级数收敛, 于是当 n 充分大, 且 $m>n$ 时, 表达式

$$|a_{n+1}|+|a_{n+2}|+\cdots+|a_m|$$

无疑将任意小. 由于关系式

$$|a_{n+1}+\cdots+a_m|\leqslant|a_{n+1}|+\cdots+|a_m|,$$

左边的表达式也是任意小的, 因此根据柯西判别法, 原先的级数 $\sum\limits_{\nu=1}^{\infty} a_\nu$ 收敛. 在这种情况下, 原先的级数称为绝对收敛. 它的收敛性是由于它的项绝对地小, 而与它的符号的变化无关.

另一方面, 如果具有一般项 $|a_n|$ 的级数发散, 而原先的级数仍然收敛, 我们称原先的级数为条件收敛. 条件收敛起因于具有相反符号的项互相补偿.

莱布尼茨判别法. 对于条件收敛的级数, 莱布尼茨收敛判别法是经常有用的:

假如一个级数的项的符号正负交错, 而且项的绝对值 $|a_n|$ 单调趋于零 (因此 $|a_{n+1}| \leqslant |a_n|$), 则级数 $\sum\limits_{\nu=1}^{\infty} a_\nu$ 收敛. [例如: 莱布尼茨级数, 见第 386 页 (7)].

为了证明这个判别法, 不失一般性, 我们设 $a_1 > 0$, 并将此级数写成

$$b_1 - b_2 + b_3 - + \cdots .$$

现在式中所有的项 b_n 均为正数, b_n 趋于零, 并且满足条件 $b_{n+1} \leqslant b_n$. 如果我们用两种不同的方法组合项:

$$b_1 - (b_2 - b_3) - (b_4 - b_5) - \cdots$$

及

$$(b_1 - b_2) + (b_3 - b_4) + (b_5 - b_6) + \cdots ,$$

我们立即看到部分和 $s_n = \sum\limits_{\nu=1}^{n} a_\nu$ 满足下面两个关系式

$$s_1 \geqslant s_3 \geqslant s_5 \geqslant \cdots \geqslant s_{2n+1} \geqslant \cdots ,$$

$$s_2 \leqslant s_4 \leqslant s_6 \leqslant \cdots \leqslant s_{2n} \leqslant \cdots .$$

另一方面, $s_{2n} \leqslant s_{2n+1} \leqslant s_1$ 并且 $s_{2n+1} \geqslant s_{2n} \geqslant s_2$. 所以奇数的部分和 $s_1, s_3, \cdots$ 形成一个单调递降的序列, 它以 s_2 为下界. 因此这个序列有一个极限 L (第 58 页). 偶数的部分和 $s_2, s_4, \cdots$ 类似地形成一个单调递增的序列, 它以 s_1 为上界, 因此这个序列必有一极限值 L'. 由于数 s_{2n} 与 s_{2n+1} 互相只相差 b_{2n+1}, 当 n 增加时 b_{2n+1} 趋于 0, 于是极限值 L 和 L' 彼此相等. 即偶的和奇的部分和趋于同一个极限, 这个极限我们现在记作 S (图 7.1). 然而, 这蕴含着我们的级数是收敛的, 它的

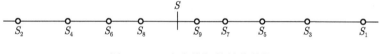

图 7.1 一个交错级数的收敛性

和是 S. 这正是要证的结论.

　　* 阿贝尔判别法

　　阿贝尔收敛判别法是一个条件收敛级数的判别法, 它包括莱布尼茨判别法作为一个特殊情形. 设 $a_1 + a_2 + \cdots$ 是一个无穷级数, 它的部分和 $s_n = a_1 + \cdots + a_n$ 有不依赖于 n 的界. 又设 $p_1, p_2, \cdots$ 是一个单调递降到零的正数序列. 于是无穷级数

$$p_1 a_1 + p_2 a_2 + \cdots \tag{2}$$

收敛. (对于特殊的级数 $a_1 + a_2 + \cdots = +1 - 1 + 1 - 1 + - \cdots$, 我们得到 $p_1 - p_2 + p_3 - \cdots$ 收敛, 这就是莱布尼茨判别法). 证明是不难得到的, 如果我们应用柯西判别法, 借助 "分部求和法" 我们有估计

$$
|p_{n+1}a_{n+1} + p_{n+2}a_{n+2} + \cdots + p_m a_m|
$$
$$
= |p_{n+1}(s_{n+1} - s_n) + p_{n+2}(s_{n+2} - s_{n+1}) + \cdots + p_m(s_m - s_{m-1})|
$$
$$
= |-p_{n+1}s_n + p_m s_m + (p_{n+1} - p_{n+2})s_{n+1} + (p_{n+2} - p_{n+3})s_{n+2}
$$
$$
\quad + \cdots + (p_{m-1} - p_m)s_{m-1}|
$$
$$
\leqslant p_{n+1}M + p_m M + (p_{n+1} - p_{n+2} + p_{n+2} - p_{n+3}
$$
$$
\quad + \cdots + p_{m-1} - p_m)M = 2p_{n+1}M,
$$

其中 M 是 $|s_i|$ 的一个界. 因为 $p_{n+1} \to 0$, 于是根据柯西判别法就可推出级数 (2) 的收敛性.

　　* 最后, 关于绝对收敛级数和条件收敛级数之间的基本差别, 我们作另一个一般的评论. 我们考虑一个收敛级数 $\sum\limits_{\nu=1}^{n} a_\nu$. 我们用 $p_1, p_2, p_3 \cdots$ 记级数的正项, 同时用 $-q_1, -q_2, -q_3, \cdots$ 记级数的负项. 假如我们组成给定级数的第 n 个部分和 $s_n = \sum\limits_{\nu=1}^{n} a_\nu$, 其中必然出现某个数量的正项, 譬如说是 n', 某个数量的负项, 譬如说是 n'', 这里 $n' + n'' = n$. 而且, 如果级数中正项的数目和负项的数目一样是无限多, 那么两数 n' 和 n'' 将像 n 一样递增无界. 我们立即看到, 部分和 s_n 恰恰等于级数的正项部分和 $\sum\limits_{\nu=1}^{n'} p_\nu$ 加上负项的部分和 $-\sum\limits_{\nu=1}^{n''} q_\nu$. 如果给定的级数绝对收敛, 那么正项的级数 $\sum\limits_{\nu=1}^{\infty} p_\nu$ 和负项的绝对值的级数 $\sum\limits_{\nu=1}^{\infty} q_\nu$ 必定同时收敛, 因为当

m 增加时, 部分和 $\sum\limits_{\nu=1}^{m} p_\nu$ 和 $\sum\limits_{\nu=1}^{m} q_\nu$ 是单调非减的序列, 有上界 $\sum\limits_{\nu=1}^{\infty} |a_\nu|$.

于是一个绝对收敛的级数的和恰好等于只由正项组成的级数的和加上只由负项组成的级数的和, 或者, 换句话说, 是等于两个具有正项的级数之差.

因为 $\sum\limits_{\nu=1}^{n} a_\nu = \sum\limits_{\nu=1}^{n'} p_\nu - \sum\limits_{\nu=1}^{n''} q_\nu$, 当 n 增加时, n' 和 n'' 也递增无界, 因此左边的极限必须等于右边两个和的差. 如果级数只包含一种特定符号的有限项, 情况是相当简单的. 另一方面, 如果级数不是绝对收敛, 而是条件收敛, 则级数 $\sum\limits_{\nu=1}^{\infty} p_\nu$ 和 $\sum\limits_{\nu=1}^{\infty} q_\nu$ 必须同时发散. 因为假如它们两者都收敛, 级数将绝对收敛, 与我们的假设矛盾. 假如只是一个发散, 譬如是 $\sum\limits_{\nu=1}^{\infty} p_\nu$, 而另一个收敛, 于是分离成正和负两个部分, $s_n = \sum\limits_{\nu=1}^{n'} p_\nu - \sum\limits_{\nu=1}^{n''} q_\nu$, 这表明这个级数不可能收敛. 因为当 n 递增时, n' 和 $\sum\limits_{\nu=1}^{n'} p_\nu$ 将递增无界, 而项 $\sum\limits_{\nu=1}^{n''} q_\nu$ 将趋向一个有穷的极限, 因此部分和 s_n 将递增无界.

因此, 我们看到, 不能把一个条件收敛的级数看作两个收敛级数之差, 其中一个由它的正项组成, 同时另一个由它的负项的绝对值组成.

与这个事实紧密相连的是绝对收敛和条件收敛之间的另一个差别, 我们现在就简要地提一提.

*c. 项的重新排列

有穷和的一个性质, 即我们能够改变项的次序, 或者, 如我们所说的, 任意排列项的次序不改变和的值. 问题在于: 在一个无穷级数里什么是项的次序的改变的确切意义? 并且作这样一个重新排列能使和的值不改变吗? 虽然在有穷和里做到这些没有困难, 例如, 按相反的次序加这些项, 而在无穷级数里这样一种可能性就不存在, 它没有最后一项可以用它去开头. 现在在一个无穷级数里次序的改变只能是这样的意思: 我们说一个级数 $a_1 + a_2 + a_3 + \cdots$ 经重新排列而变换为一个级数 $b_1 + b_2 + b_3 + \cdots$, 只要第一个级数里的每一项 a_n 确实在第二个级数里出现一次, 并且反过来也是这样. 举例来说, 被代替的 a_n 的总数可以像 n 一样无限增大, 但唯一的一点是 a_n 必须出现在新的级数里的某个地方. 如果有些项被移到级数的较后的位置, 当然, 另一些项必须被移到较前的位置. 例如, 级数

$$1 + q + q^2 + q^4 + q^3 + q^8 + q^7 + q^6 + q^5 + q^{16} + \cdots$$

是几何级数 $1 + q + q^2 + \cdots$ 的一个重新排列[1].

　　关于次序的改变绝对收敛级数和条件收敛级数之间存在一个基本的差别.

　　在绝对收敛级数里项的重新排列不影响其收敛性, 并且级数和的值不改变, 与有限和一样地正确.

　　另一方面, 在条件收敛级数里, 级数的适当的重新排列就能够任意改变级数和的值, 并且, 如果需要, 甚至能够使级数发散.

　　首先, 关于绝对收敛级数是容易确立的. 开始我们假设, 级数只有正项, 并且考虑第 n 个部分和 $s_n = \sum_{\nu=1}^{n} a_\nu$. 只要 m 选得足够大, 这个部分和的所有项出现在重排级数的第 m 个部分和 $t_m = \sum_{\nu=1}^{m} b_\nu$ 中, 因此 $t_m \geqslant s_n$. 另一方面, 我们能够决定一个足够大的指标数 n' 使得第一个级数的部分和 $s_{n'} = \sum_{\nu=1}^{n'} a_\nu$ 包含项 $b_1, b_2, \cdots, b_m$ 的全体. 于是由此得出 $t_m \leqslant s_{n'} \leqslant A$, 其中 A 是第一个级数的和. 因此对于 m 的所有充分大的值, 我们有 $s_n \leqslant t_m \leqslant A$, 同时因为 s_n 与 A 的差能够是任意小的数, 由此可见重排级数也是收敛的, 事实上, 与原来的级数一样趋向同一个极限 A.

　　如果绝对收敛级数既有正项又有负项, 可以把它看作两个只有正项的级数的差. 由于在原来的级数的重新排列的过程中, 这两个级数的每一个只是项交换了位置, 因此与未交换位置的级数一样收敛到同样的值, 于是原来的级数经过重新排列以后, 级数和的值同样不改变. 根据刚才讨论的情况, 这新的级数是绝对收敛的, 因此它是两个正项重排级数的差.

　　对于初学者来说, 刚才证明的事实似乎是显然的. 不具备这种性质的条件收敛级数的一个例能够说明这个事实的确是需要证明的, 并且在证明过程中绝对收敛是本质的. 我们取熟悉的 $\log 2$ 的级数, 把它用因子 $\frac{1}{2}$ 乘的结果写在它的下面,

$$1 - \frac{1}{2} + \frac{1}{3} - \frac{1}{4} + \frac{1}{5} - \frac{1}{6} + \frac{1}{7} - \frac{1}{8} + - \cdots = \log 2,$$

$$\frac{1}{2} \qquad - \frac{1}{4} \qquad + \frac{1}{6} \qquad - \frac{1}{8} + - \cdots = \frac{1}{2}\log 2,$$

并且把它们加起来, 按纵列结合项[2]. 于是我们得到

---

1) 对于每一个 $n > 0$, 相应于 $\alpha^n < k \leqslant \alpha^{n+1}$ 的这些项 q^k, 按相反的次序写.

2) 关于级数的加法参看 7.1d 节.

$$1 + \frac{1}{3} - \frac{1}{2} + \frac{1}{5} + \frac{1}{7} - \frac{1}{4} + \frac{1}{9} + \frac{1}{11} - \frac{1}{6} + + - \cdots = \frac{3}{2}\log 2.$$

后面这一级数明显地能够由原来的级数经过重排而得到, 但是级数的和的值已经被乘上了因子 $\frac{3}{2}$. 不难想象, 这个表面上看起来似是而非的发现, 对于习惯于用无穷级数进行运算, 而不考虑它们的收敛性的 18 世纪的数学家产生了怎样的影响.

* 我们将给出以上关于条件收敛级数 $\sum a_n$ 由于项的次序的改变而引起和的改变的定理的证明, 虽然我们没有机会去利用这个结果. 设 $p_1, p_2, \cdots$ 是级数的正项, 而 $-q_1, -q_2, \cdots$ 是级数的负项. 由于当 n 增加时, 绝对值 $|a_n|$ 趋于 0, 数 p_n 和 q_n 当 n 增加时也必须趋于 0. 然而, 正像我们早已看到的, 和 $\sum_{\nu=1}^{\infty} p_\nu$ 一定发散, 并且 $\sum_{\nu=1}^{\infty} q_\nu$ 也同样发散.

现在我们能够容易地找到原来级数的一个重新排列, 重排后的级数以任意的数 a 作为它的和. 为了明确起见, 假设 a 是正的. 于是我们把前面 n_1 个正项加在一起, 使得和 $\sum_{v=1}^{n_1} p_\nu$ 刚好大于 a. 由于和 $\sum_{1}^{n_1} p_\nu$ 随着 n_1 递增无界, 因此取足够多的项使得部分和大于 a 总是可能的. 于是部分和与精确值 a 的差至多是 p_{n_1}. 现在我们加足够多的负项 $-\sum_{1}^{m_1} q_\nu$, 使得和 $\sum_{1}^{n_1} p_\nu - \sum_{1}^{m_1} q_\nu$ 刚好小于 a; 根据级数 $\sum_{1}^{\infty} q_\nu$ 的发散性, 这也是可能的. 这时这个和与 a 之间的差至多是 q_{m_1}. 现在我们加另外的足够多的正项 $\sum_{n_1+1}^{n_2} p_\nu$, 使得部分和再一次刚好大于 a, 由于该正项级数发散, 这还是可能的. 这时部分和与 a 之间的差至多是 p_{n_2}. 我们再一次加足够多的负项 $-\sum_{m_1+1}^{m_2} q_\nu$, 这里开始的项是在前面用过的最后一项的下一项, 使得和再一次刚好小于 a, 并且反复使用同样的方法. 这样得到的和的值将围绕数 a 而摆动, 同时当过程持续足够长以后, 这个摆动将只在任意狭小的范围之内发生. 由于当 ν 足够大时, 项 p_ν 和 q_ν 自身趋于 0, 于是摆动的区间的长度也将趋于 0, 于是定理得证.

同样, 我们能够用这样的方法来重排级数使它发散: 我们只需把正项的数目取得如此之大, 以至它与负项匹配时, 补偿不再发生.

d. 无穷级数的运算

显然, 两个收敛的无穷级数 $a_1 + a_2 + \cdots = S$ 和 $b_1 + b_2 + \cdots = T$ 可以逐项相加, 即, 由项 $c_n = a_n + b_n$ 形成的级数收敛, 并以值 $S + T$ 作为它的和[1]. 由于

$$\sum_{\nu=1}^{n} c_\nu = \sum_{\nu=1}^{n} a_\nu + \sum_{\nu=1}^{n} b_\nu \to S + T.$$

同样显然, 如果我们用相同的因子去乘收敛的无穷级数的每一项, 这个级数仍然收敛, 它的和被乘以这同一个因子.

对于这些运算, 收敛是绝对的还是条件的, 都是无所谓的. 另一方面, 进一步的研究表明, 除非两个级数中至少有一个是绝对收敛的; 否则, 两个无穷级数用有穷和的方法去乘, 不一定导致一个收敛级数作为它们的乘积的值 (参看附录第 488 页).

7.2 绝对收敛和发散的判别法

在 7.1b 节我们已经遇见过对于级数的条件收敛很有用的莱布尼茨判别法. 下面我们将只考虑涉及绝对收敛的准则.

a. 比较判别法. 控制级数

收敛性的所有这种考虑都依赖于所要考虑的级数与第二个级数的比较, 这第二个级数是用这样一种方法来选取的, 使得它的收敛性能够容易被判别出来. 一般的比较判别法可以叙述如下:

如果数 $b_1, b_2, \cdots$ 都是正的, 同时级数 $\displaystyle\sum_{\nu=1}^{\infty} b_\nu$ 收敛, 并且如果对于所有的 n 都有

$$|a_n| \leqslant b_n,$$

则级数 $\displaystyle\sum_{n=1}^{\infty} a_n$ 是绝对收敛的.

根据柯西判别法, 这个证明几乎是显然的. 因为如果 $m \geqslant n$, 我们有

$$|a_n + \cdots + a_m| \leqslant |a_n| + \cdots + |a_m| \leqslant b_n + \cdots + b_m.$$

由于级数 $\displaystyle\sum_{n=1}^{\infty} b_\nu$ 收敛, 只要 n 和 m 充分大, 右边就任意小. 由此可见, 对于这样

---

1) 这个定理确实无非是两项和的极限等于它们的极限的和这个事实 (参看第一章第 57 页) 的另一种陈述.

的 n 和 m 的值左边也是任意小, 因此根据柯西判别法, 给定的级数收敛. 这个收敛性是绝对的, 因为我们的讨论可以完全同样地应用到绝对值 $|a_n|$ 的级数的收敛性上去.

下述事实的类似证明可以留给读者. 如果

$$|a_n| \geqslant b_n > 0,$$

并且级数 $\sum\limits_{n=1}^{\infty} b_n$ 发散, 则级数 $\sum\limits_{n=1}^{\infty} a_n$ 一定不绝对收敛.

有时把上述具有正项 b_n 的级数分别称为相应于具有项 a_n 的级数的上控制级数和下控制级数.

b. 与几何级数相比较的收敛判别法

在比较判别法的应用中, 最常用来作为上控制级数的比较级数是几何级数. 于是我们立即得到下面的定理.

定理 级数 $\sum\limits_{n=1}^{\infty} a_n$ 绝对收敛的一个条件是, 从某一项起关系式

$$|a_n| < cq^n \tag{3}$$

成立, 其中 c 是不依赖于 n 的一个正数, q 是任意一个小于 1 的固定的正数.

比值判别法和根式判别法. 上述判别法经常表示成下面较弱的形式之一: 级数 $\sum\limits_{n=1}^{\infty} a_n$ 绝对收敛的一个条件是, 从某一项起关系式

$$\left| \frac{a_{n+1}}{a_n} \right| < q \tag{4a}$$

成立, 其中 q 仍是一个小于 1 的正数, 并且不依赖于 n, 或者从某一项起关系式

$$\sqrt[n]{|a_n|} < q \tag{4b}$$

成立, 其中 q 是一个小于 1 的正数. 特别地, 当关系式

$$\lim_{n \to \infty} \left| \frac{a_{n+1}}{a_n} \right| = k < 1 \tag{5a}$$

或

$$\lim_{n \to \infty} \sqrt[n]{|a_n|} = k < 1 \tag{5b}$$

成立时, 就满足上述判别法的条件.

上述断言容易用下述方法建立.

让我们设从下标 n_0 以后, 即当 $n > n_0$ 时, 比值判别法 的准则 (4a) 是满足的, 为简洁起见, 我们令 $a_{n_0+m+1} = b_m$, 因而得到

$$|b_1| < q\,|b_0|, \quad |b_2| < q\,|b_1| < q^2\,|b_0|, \quad |b_3| < q\,|b_2| < q^3\,|b_0|,$$

等等. 因此

$$|b_m| < q^m\,|b_0|,$$

于是当 $n > n_0$ 并且 $c = q^{-n_0-1}\,|b_0|$ 时,

$$|a_n| = |b_{n-n_0-1}| < q^{n-n_0-1}\,|b_0| = cq^n,$$

这就确立了我们的断言. 对于根式判别法的准则 (4b), 我们立刻有 $|a_n| < q^n$, 因而我们的断言随之立即得到.

最后, 为了证明准则 (5), 我们考虑任意一个数 q, 使得 $k < q < 1$. 于是从某一个 n_0 以后, 即 $n > n_0$ 时, 关系式 (5a), (5b) 分别隐含 $\left|\dfrac{a_{n+1}}{a_n}\right| < q$ 和 $\sqrt[n]{|a_n|} < q$, 因为从某项以后 $\left|\dfrac{a_{n+1}}{a_n}\right|$ 或 $\sqrt[n]{|a_n|}$ 与 k 的差小于 $(q-k)$, 于是, 基于已经证明的结果, 断言成立.

我们强调指出, 从初始的准则 $|a_n| < cq^n$ 得到的四个判别法 (4a), (4b), (5a), (5b) 并不互相等价也不同初始的准则等价, 就是说, 它们不能互相推得. 我们很快将从一些例中看到, 如果一个级数满足条件中的一个, 它不一定满足其他任何一个.

为完满起见, 可以指出, 如果从某一项起, 对于某正数 c 有

$$|a_n| > c,$$

或者从某一项起有

$$\sqrt[n]{|a_n|} > 1,$$

或者

$$\lim_{n\to\infty}\left|\frac{a_{n+1}}{a_n}\right| = k \quad \text{或} \quad \lim_{n\to\infty}\sqrt[n]{|a_n|} = k,$$

其中 k 是大于 1 的数, 则级数 $\displaystyle\sum_{n=1}^{\infty} a_n$ 一定发散. 因为我们一看就可认出, 在这种级数里其项不可能随 n 的增大而趋于零, 因此这些级数必定发散. (在这种情况下, 级数甚至不可能条件收敛.)

我们的判别法给出了一个级数绝对收敛的充分条件, 亦即, 当条件满足时, 能够得出结论, 级数是绝对收敛的. 然而, 它们的确不是必要条件, 亦即, 能够作出不满足这些条件的绝对收敛级数.

譬如, 条件

$$\lim_{n\to\infty}\left|\frac{a_{n+1}}{a_n}\right| = 1 \quad 或 \quad \lim_{n\to\infty}\sqrt[n]{|a_n|} = 1,$$

并不隐含关于级数收敛的任何信息. 这样的一个级数可以收敛也可以发散. 例如, 级数

$$\sum_{n=1}^{\infty}\frac{1}{n},$$

对于它 $\lim\limits_{n\to\infty}\sqrt[n]{|a_n|} = 1$ 和 $\lim\limits_{n\to\infty}\left|\frac{a_{n+1}}{a_n}\right| = 1$, 正像我们在第 450 页中看到的这级数是发散的, 另一方面, 正像我们即将看到的, 级数 $\sum\limits_{n=1}^{\infty}\frac{1}{n^2}$ 满足同样的关系式, 但它却是收敛的.

作为我们的判别法的应用的例, 我们先考虑级数

$$q + 2q^2 + 3q^3 + \cdots + nq^n + \cdots.$$

对于这个级数

$$\lim_{n\to\infty}\sqrt[n]{|a_n|} = |q| \cdot \lim_{n\to\infty}\sqrt[n]{n} = |q|,$$

$$\lim_{n\to\infty}\left|\frac{a_{n+1}}{a_n}\right| = |q| \cdot \lim_{n\to\infty}\frac{n+1}{n} = |q|.$$

根据比值判别法和根式判别法, 甚至较弱的公式 (5), 都可以推知, 如果 $|q| < 1$, 则该级数是收敛的.

另一方面, 如果我们考虑级数

$$1 + 2q + q^2 + 2q^3 + \cdots + q^{2n} + 2q^{2n+1} + \cdots,$$

当 $\frac{1}{2} \leqslant |q| < 1$ 时, 我们不再能够根据比值判别法来证明级数的收敛性, 因为 $\left|\frac{2q^{2n+1}}{q^{2n}}\right| = 2|q| \geqslant 1$. 但是根式判别法立即给出 $\lim\limits_{n\to\infty}\sqrt[n]{|a_n|} = |q|$, 因而说明, 在 $|q| < 1$ 的条件下, 级数收敛. 当然, 在 $|q| < 1$ 的条件下, 我们也可以直接观察.

c. 与积分相比较[1)]

我们现在讨论一个研究收敛性的全然不同的方法. 我们将以特别简单而重要的级数

$$\sum_{n=1}^{\infty} \frac{1}{n^{\alpha}} = 1 + \frac{1}{2^{\alpha}} + \frac{1}{3^{\alpha}} + \cdots$$

作为典型来说明这个方法, 式中一般项 a_n 是 $\frac{1}{n^{\alpha}}$, α 是一个正数. 为了研究这个级数是收敛的还是发散的, 我们考察函数 $y = \frac{1}{x^{\alpha}}$ 的图形, 同时在 x 轴上标出整数的横坐标 $x = 1, x = 2, \cdots$. 我们首先在 x 轴上的区间 $n-1 \leqslant x \leqslant n(n > 1)$ 上作高为 $\frac{1}{n^{\alpha}}$ 的矩形, 并且把它与在 x 轴的同一区间上, 区间端点的垂直线和曲线 $y = \frac{1}{x^{\alpha}}$ 所围成的面积 (这个范围在图 7.2 中以阴影部分表出) 进行比较. 其次, 我们在区间 $n \leqslant x \leqslant n+1$ 上作高为 $\frac{1}{n^{\alpha}}$ 的矩形, 类似地把它与在同一个区间上, 曲线下围起来的面积 (这个范围在图 7.2 中以交叉网格表出) 进行比较. 在第一种情形, 曲线下的面积明显地大于矩形的面积; 在第二种情形, 曲线下的面积小于矩形的面积.

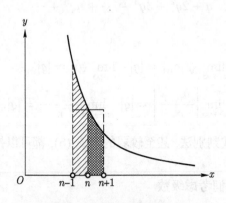

图 7.2　级数与积分的比较

换句话说

$$\int_n^{n+1} \frac{dx}{x^{\alpha}} < \frac{1}{n^{\alpha}} < \int_{n-1}^n \frac{dx}{x^{\alpha}}.$$

分别对于 $n = 1, 2, 3, \cdots, m$ 和 $n = 2, 3, \cdots, m$, 写下这些不等式并且求和, 我们

---

1) 与这相联系也可以参看第六章的附录第 441 页.

就得到以下关于第 m 个部分和 $s_m = \displaystyle\sum_{n=1}^{m} \frac{1}{n^\alpha}$ 的估计:

$$\int_1^{m+1} \frac{dx}{x^\alpha} < s_m < 1 + \int_1^m \frac{dx}{x^\alpha}. \tag{6}$$

现在, 当 m 增加时, 积分 $\displaystyle\int_1^m \frac{dx}{x^\alpha}$ 趋向于一个有穷极限还是递增无极限依 $\alpha > 1$ 还是 $\alpha \leqslant 1$ 而定. 从而单调数序列 s_n 是有界还是递增无界依 $\alpha > 1$ 还是 $\alpha \leqslant 1$ 而定, 于是我们有下面的定理.

定理 *倒数幂的级数*

$$\sum_{n=1}^{\infty} \frac{1}{n^\alpha} = \frac{1}{1^\alpha} + \frac{1}{2^\alpha} + \frac{1}{3^\alpha} + \cdots$$

当且仅当 $\alpha > 1$ 时收敛.

对于 $\alpha = 1$, 我们以前用不同的方法证明过的调和级数的发散性, 现在是定理的一个直接的结果. 同样, 级数

$$\frac{1}{1^2} + \frac{1}{2^2} + \frac{1}{3^2} + \cdots,$$

$$\frac{1}{1^3} + \frac{1}{2^3} + \frac{1}{3^3} + \cdots$$

收敛而级数 $\dfrac{1}{\sqrt{1}} + \dfrac{1}{\sqrt{2}} + \dfrac{1}{\sqrt{3}} + \cdots$ 发散.

对于 $\alpha > 1$ 的收敛级数 $\displaystyle\sum_{\nu=1}^{\infty} \frac{1}{\nu^\alpha}$ 在收敛性的研究中经常被用来作比较级数.

例如, 我们立即看出, 对于 $\alpha > 1$, 级数 $\displaystyle\sum_{\nu=1}^{\infty} \frac{c_\nu}{\nu^\alpha}$ 当系数的绝对值 $|c_\nu|$ 小于一个固定的不依赖于 ν 的上界时就绝对收敛.

欧拉常数. 从估计式 (6) 对于 $\alpha = 1$ 立即得出数序列

$$c_n = 1 + \frac{1}{2} + \frac{1}{3} + \cdots + \frac{1}{n} - \log n$$

$$= s_n - \log n > \log(n+1) - \log n > 0$$

是下有界的. 因为从不等式

$$\frac{1}{n+1} < \int_n^{n+1} \frac{dx}{x} = \log(n+1) - \log n$$

$$= \frac{1}{n+1} + C_n - C_{n+1},$$

我们看到序列是单调递减的, 于是它必定趋向一个极限

$$\lim_{n \to \infty} C_n = \lim_{n \to \infty} \left(1 + \frac{1}{2} + \frac{1}{3} + \cdots + \frac{1}{n} - \log n \right) = C.$$

数 C 的值是 $0.5772 \cdots$, 称为欧拉常数. 与分析中的其他重要的特殊数, 例如 π 和 e 不同, 对于欧拉常数没有发现另外的具有简单的形成规律的表达式. 到今天为止, 还不知道 C 是有理数还是无理数.

7.3　函　数　序　列

正如以前经常强调的, 极限过程不仅用于以其他更简单的数近似地表示已知数, 而且也用于把已知数的集合扩展成为更广泛的集合. 下述事实在分析中具有决定性的意义: 不仅要研究常数项序列或常数项无穷级数的极限, 而且类似地, 也要研究函数项序列或其项是一个变量 x 的函数的级数的极限, 如像泰勒级数或一般的幂级数. 不仅用更简单的函数去逼近给定的函数需要这样的极限过程, 而且新的函数的定义和分析描述也往往需要建立在函数序列的极限概念的基础上: $f(x) = \lim f_n(x)$ 对 $n \to \infty$. 等价地, 我们可以把 $f(x)$ 和 $f_n(x)$ 看作函数 $g_n(x)$ 的无穷级数 $f(x) = \sum\limits_{\nu=1}^{\infty} g_\nu(x)$ 的和与部分和, 其中 $n > 1$ 时 $g_n(x) = f_n(x) - f_{n-1}(x)$ 和 $g_1(x) = f_1(x)$.

我们现在来讨论确切的定义和几何解释.

a. 函数与曲线序列的极限过程

定义　如果在区间 $a \leqslant x \leqslant b$ 的每一点 x 处, 函数值 $f_n(x)$ 在通常意义下收敛到函数值 $f(x)$, 则称序列 $f_1(x), f_2(x), \cdots$ 在区间 $a \leqslant x \leqslant b$ 上收敛到极限函数 $f(x)$. 在这种情形下, 我们写成 $\lim\limits_{n \to \infty} f_n(x) = f(x)$. 根据柯西判别法 (参看第 60 页), 我们能够不涉及极限函数 $f(x)$ 来叙述序列的收敛性: 函数序列收敛到一个极限函数, 当且仅当在所考虑的区间里的每一个点 x 处, 对于每一个正数 ε, 量 $|f_n(x) - f_m(x)|$ 是小于 ε 的, 只要 n 和 m 选得充分大, 也就是, 大于某一个数 N. 这个数 $N = N(\varepsilon, x)$ 通常是依赖于 ε 和 x 的, 并且当 ε 趋于零时无限增大.

我们经常遇见函数序列的极限的情形. 我们仅提一提, 当 α 为无理数时幂 x^α 的定义所根据的是方程

$$x^\alpha = \lim_{n \to \infty} x^{r_n},$$

其中 $r_1, r_2, \cdots, r_n, \cdots$ 是一个趋于 α 的有理数的序列; 或者再提到方程

$$e^x = \lim_{n \to \infty} \left(1 + \frac{x}{n}\right)^n,$$

其中右边的逼近函数 $f_n(x)$ 是 n 次多项式.

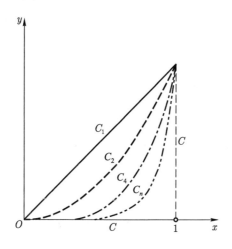

图 7.3 极限曲线与极限函数

使用曲线来作为函数的图形表示这件事启示我们, 也可以谈谈关于曲线序列的极限. 譬如说, 前面提到的极限函数 x^{α} 和 e^x 的图形可以分别看作是函数 x^{r_n} 和 $\left(1 + \dfrac{x}{n}\right)^n$ 的图形的极限曲线.

然而, 在函数的极限和曲线的极限之间存在着一个细微的差别, 直到 19 世纪中叶一直没有被清楚地观察到. 我们将用一个例来说明这一点, 然后再在下一节去系统地讨论它.

我们考虑区间 $0 \leqslant x \leqslant 1$ 上这一序列函数

$$f_n(x) = x^n, \quad n = 1, 2, \cdots.$$

这些函数都是连续的, 并且极限函数 $\lim\limits_{n \to \infty} f_n(x) = f(x)$ 存在. 但是这个极限函数是不连续的. 相反, 因为对 n 的一切值, 函数值 $f_n(1) = 1$, 极限

$$f(1) = 1;$$

而另一方面, 对于 $0 \leqslant x < 1$, 正像我们在第一章第 48 页看到的, 极限 $f(x) = \lim\limits_{n \to \infty} f_n(x) = 0$. 所以函数 $f(x)$ 是一个间断函数, 在 $x = 1$ 处有值 1, 而对于区间上所有其他的 x 值有值 0.

这个间断性在几何上是用函数 $y = f_n(x)$ 的图形 C_n 来说明的. 这些图形 (参看第 53 页图 1.44) 都是连续曲线, 它们都经过原点和 $x = 1, y = 1$ 这个点, 并且当 n 增大时, 它们越来越靠近 x 轴. 这些曲线确实具有一个极限曲线 C, 它完全

不是间断的, 而是由 x 轴上 $x=0$ 和 $x=1$ 之间的一段以及直线 $x=1$ 上 $y=0$ 和 $y=1$ 之间的一段所组成的. 于是这些曲线收敛到具有一个垂直部分的连续的极限曲线, 而函数则收敛到一个间断的极限函数. 我们由此认识到, 极限函数的这个间断性是由极限曲线上有垂直于 x 轴的部分来表明的. 这个极限曲线不是极限函数的图形. 因为对应于垂直部分的 x 值, 曲线给出无穷多个 y 值, 而函数却只给出一个值. 因此, 函数 $f_n(x)$ 的图形的极限并不同于这些函数的极限 $f(x)$ 的图形.

当然, 相应的叙述对于无穷级数也是一样成立的.

7.4　一致收敛与不一致收敛

a. 一般说明和定义

函数的收敛性概念与曲线的收敛性概念之间的差别是学生应当清晰地把握住的现象. 这包括函数的序列或无穷函数级数的所谓不一致收敛性, 对此我们将讨论详细一些.

在区间 $a \leqslant x \leqslant b$ 上, 函数 $f(x)$ 是序列函数 $f_1(x), f_2(x), \cdots$ 的极限, 按照定义的意思仅仅是, 在区间上的每一个点 x 处通常的极限关系 $f(x) = \lim\limits_{n\to\infty} f_n(x)$ 成立.

这样的收敛性是序列在点 x 处的一种局部性质. 然而, 自然可以要求比上述的逼近仅是局部收敛更高一些, 即, 如果我们指定一个任意的精确度 ε, 则从某一个指标数 N 以后, 对于所有的 x 值, 所有的函数 $f_n(x)$ 应该介于 $f(x)-\varepsilon$ 和 $f(x)+\varepsilon$ 之间, 以致 $y=f_n(x)$ 的图形全都落在图 7.4 所标明的窄条里. 如果能够使得逼近的精确度同时在区间上处处至少等于预先指定的一个正数 ε, 也就是, 处处选出了同一个不依赖于 x 的数, $N(\varepsilon)$ 我们就说逼近是一致的[1]. 如果 $\lim\limits_{n\to\infty} f_n(x) = f(x)$ 对于 $a \leqslant x \leqslant b$ 一致地成立, 则对于每一个 $\varepsilon > 0$, 存在相应的数 $N=N(\varepsilon)$, 使得 $|f(x)-f_n(x)| < \varepsilon$ 对所有的 $n > N$ 和区间上所有的 x 都成立. 在 19 世纪中叶, 当赛德尔和其他的人提醒人们注意函数的收敛性完全不一定是一致的, 绝不能天真地认为函数收敛就一致收敛时, 使许多人大为震惊.

不一致收敛的例. 一致收敛的概念是从不一致收敛的各种例来得到说明的.

(a) 第一个例是刚才考察过的函数序列, $f_n(x) = x^n$. 在区间 $0 \leqslant x \leqslant 1$ 上, 这个序列收敛到极限函数 $f(x)$, 当 $0 \leqslant x < 1$ 时 $f(x) = 0$, 而 $f(1) = 1$. 在区间的每一点处都是收敛的, 就是说, 如果 ε 是任何一个正数, 并且如果我们选择任何一个

---

1) 与第 32 页上一致连续性的类似的定义相比较, 在那里我们能够选取同一个不依赖于 x 的数 $\delta(\varepsilon)$.

确定的值 $x = \xi$, 则当 n 充分大时不等式 $|\xi^n - f(\xi)| < \varepsilon$ 是确定地成立的. 然而, 这个逼近却不是一致的. 因为, 如果我们选择 $\varepsilon = \dfrac{1}{2}$, 于是数 n 不论选得多么大, 我们总能够找到一个点 $x = \eta \neq 1$, 在这个点处 $|\eta^n - f(\eta)| = \eta^n > \dfrac{1}{2}$. 事实上, 这是对所有的点 $x = \eta$, 其中 $1 > \eta > \sqrt[n]{\dfrac{1}{2}}$ 都成立的. 因此不可能选到一个如此大的数 n 使得对整个区间上全体的点 $f(x)$ 和 $f_n(x)$ 之间的差都小于 $\dfrac{1}{2}$.

如果我们参考这些函数的图形 (图 7.4), 这一状况就变得清楚明白了. 我们看到, 无论我们选择多么大的一个 n 值, 对于仅比 1 小一点的 ξ 值, 函数 $f_n(\xi)$ 的值将非常靠近 1, 因此不能够很好地逼近于值为 0 的 $f(\xi)$.

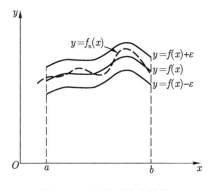

图 7.4   图示一致收敛性

类似的情况由函数

$$f_n(x) = \frac{1}{1 + x^{2n}}$$

在点 $x = 1$ 和点 $x = -1$ 的邻域内展示出来, 这是容易确立的. 在这里当 $|x| < 1$ 时 $f(x) = 1$, 当 $|x| = 1$ 时 $f(x) = \dfrac{1}{2}$, 而当 $|x| > 1$ 时 $f(x) = 0$.

(b) 在上面两个例里, 收敛的不一致性是与极限函数不连续这个事实有关的. 然而也容易构造一个连续函数的序列, 它们确实是收敛到一个连续的极限函数, 但不是一致收敛的. 我们仅注意区间 $0 \leqslant x \leqslant 1$, 同时对于 $n \geqslant 2$ 给出下面的定义:

$$f_n(x) = x n^\alpha \qquad 当 \quad 0 \leqslant x \leqslant \frac{1}{n},$$

$$f_n(x) = \left(\frac{2}{n} - x \right) n^\alpha \qquad 当 \quad \frac{1}{n} \leqslant x \leqslant \frac{2}{n},$$

$$f_n(x) = 0 \qquad 当 \quad \frac{2}{n} \leqslant x \leqslant 1,$$

这里在开始的时候, 我们能够对 α 选取任何值, 但是一经选定之后, 对于序列的所有项这个 α 值就必须保持固定. 从图形上看, 我们的函数由 x 轴上的区间 $0 \leqslant x \leqslant \dfrac{2}{n}$ 上的两根线段所组成的屋顶形状所表示, 而从 $x = \dfrac{2}{n}$ 以后图形是 x 轴自己 (图 7.5).

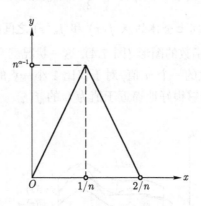

图 7.5　图示非一致收敛性

如果 $\alpha < 1$, 图形最高点的高度一般地有值 $n^{\alpha-1}$, 当 n 增大时, 将趋于零. 于是曲线就将趋向 x 轴, 因而函数 $f_n(x)$ 将一致地收敛到极限函数 $f(x) = 0$.

如果 $\alpha = 1$, 对于每一个 n 值, 图形的顶端将有高度 1. 如果 $\alpha < 1$, 当 n 增大时, 图形顶端的高度将无限增大.

然而, 无论 α 如何选取, 序列 $f_1(x), f_2(x), \cdots$ 总是趋向于极限函数 $f(x) = 0$. 因为, 假设 x 是正的, 则对于所有充分大的 n 值我们有 $2/n < x$, 从而 x 不在图形的尖顶部分下面, 并且 $f_n(x) = 0$. 当 $x = 0$ 时, 所有的函数值 $f_n(x)$ 等于 0, 因而不论哪种情况都有 $\lim\limits_{n \to \infty} f_n(x) = 0$.

然而, 如果 $\alpha \geqslant 1$, 收敛一定是不一致的. 因为显然不可能选到足够大的 n 使得表达式 $|f(x) - f_n(x)| = f_n(x)$ 在区间上处处小于 $\dfrac{1}{2}$.

(c) 完全地类似的情况由函数序列

$$f_n(x) = x n^\alpha e^{-nx}$$

显示出来, 与前面的情形对比, 其中序列的每一个函数是被一个单一的分析式子表示出来. 这里方程 $\lim\limits_{n \to \infty} f_n(x) = 0$ 再一次对每一个正的 x 值成立, 因为当 n 增大时, 函数 e^{-nx} 趋于零的数量级大于 $\dfrac{1}{n}$ 的任何次幂 (参看第 215 页 3.7b 节). 当 $x = 0$ 时, 我们总有 $f_n(x) = 0$, 因此对于区间 $0 \leqslant x \leqslant a$ 上的每一个 x 值, 其

中 a 是任意一个正数, 都有

$$f(x) = \lim_{n \to \infty} f_n(x) = 0,$$

但这里又一次显出不是一致地收敛到极限函数. 因为在 $x = \dfrac{1}{n}$ 的点上 (在这个点上 $f_n(x)$ 有它的最大值), 我们有

$$f_n(x) = f_n\left(\frac{1}{n}\right) = \frac{n^{\alpha-1}}{e}.$$

于是我们看出, 如果 $\alpha \geqslant 1$, 收敛是不一致的, 因为对于每一条曲线 $y = f_n(x)$, 无论 n 选得多么大, 总会包含这样的点 (即 $x = \dfrac{1}{n}$ 的点, 这个点是随 n 变化的), 在这个点上 $f_n(x) - f(x) = f_n(x) > \dfrac{1}{2e}$ (图 7.6).

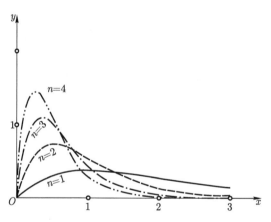

图 7.6　序列 $f_n(x) = n^2 x e^{-nx}$ 的非一致收敛性

(d) 一致收敛和不一致收敛的概念, 当然可以被推广到无穷级数的情形. 我们说一个级数

$$g_1(x) + g_2(x) + \cdots$$

是一致收敛的或不一致收敛的, 是按照它的部分和 $f_n(x)$ 的情形而言. 一个很简单的不一致收敛级数的例是

$$f(x) = x^2 + \frac{x^2}{1+x^2} + \frac{x^2}{(1+x^2)^2} + \frac{x^2}{(1+x^2)^3} + \cdots.$$

当 $x = 0$ 时, 每一个部分和 $f_n(x) = x^2 + \cdots + x^2/(1+x^2)^{n-1}$ 都有值为 0, 因此 $f(0) = 0$. 当 $x \neq 0$ 时, 级数简单地是一个几何级数, 具有正的比 $1/(1+x^2) < 1$.

因此我们能够按照初等法则来求和, 这样对于每一个 $x \neq 0$ 就得到和

$$\frac{x^2}{1 - 1/(1+x^2)} = 1 + x^2.$$

于是极限函数 $f(x)$ 除了在 $x = 0$ 点, 处处由表达式 $f(x) = 1 + x^2$ 给出, 而 $f(0) = 0$, 因此在原点有一个可去的不连续点.

　　这里在每一个包含原点的区间上, 我们又一次得到不一致收敛性. 因为当 $x = 0$ 时, 差 $f(x) - f_n(x) = r_n(x)$ 总是为 0, 而在 x 的所有其他的点上 r_n 由表达式 $r_n(x) = 1/(1+x^2)^{n-1}$ 给出, 读者可以自己验证这一点. 如果我们需要这个表达式小于, 譬如说是 $\frac{1}{2}$, 那么对于每个固定的 x 值, 这是能够由选择足够大的 n 来实现的. 但是我们不能够找到充分大的 n 值去保证 $r_n(x)$ 处处小于 $\frac{1}{2}$. 因为即使我们选择了不论多么大的 n, 我们仍能够在足够靠近 0 的地方选取 x 使 $r_n(x)$ 大于 $\frac{1}{2}$. 因此不超过 $\frac{1}{2}$ 的一致逼近是不可能的. 如果我们考察一下逼近曲线 (图 7.7), 事情就变得很清楚了. 这些曲线除了在 $x = 0$ 点的附近外, 当 n 增大时, 是越来越靠近抛物线 $y = 1 + x^2$ 的. 然而, 在 $x = 0$ 点附近, 这些曲线越来越窄地往下延伸到原点, 并且当 n 增大时, 这个延伸越来越紧靠一条确定的直线段, 即 y 轴的一部分, 因此我们得到的极限曲线是一条抛物线加上一段垂直向下延伸到原点的直线段.

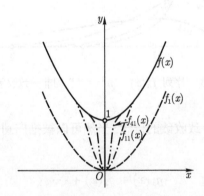

图 7.7　收敛到具有可去跳跃间断点的函数

　　作为非一致收敛的一个进一步的例, 我们提出这一级数 $\sum\limits_{\nu=0}^{\infty} g_\nu(x)$, 其中 $g_\nu(x)$ 定义在区间 $0 \leqslant x \leqslant 1$ 上, 当 $\nu \geqslant 1$ 时 $g_\nu(x) = x^\nu - x^{\nu-1}, g_0(x) = 1$. 这个级数的部分和是函数 x^ν, 这已经在第 464 页例 (a) 中考察过.

b. 一致收敛的一个判别法

前面的考察告诉我们, 一个序列或级数的一致收敛性是一个特殊的性质, 它并不为所有的序列和级数所具备. 我们现在对于无穷级数, 重复叙述一致收敛的定义: 如果 $f(x)$ 能够由一个固定的但项数充分大的和 $g_1(x) + \cdots + g_N(x) = f_N(x)$ 在区间上与 x 无关地逼近到近似界限 ε 之内 (其中 ε 是一个任意小的正数), 则称级数

$$g_1(x) + g_2(x) + \cdots$$

在这个区间上一致收敛到函数 $f(x)$.

我们又有一个不需要知道极限函数 $f(x)$ 的一致收敛的判别法 (柯西判别法): 级数一致地收敛 (或等价地说, 函数序列 $f_n(x)$ 一致地收敛) 当且仅当 n 和 m 大于一个不依赖于 x 的数 N 时, 差 $|f_n(x) - f_m(x)|$ 能够在区间上处处小于一个任意的量 ε. 首先因为, 如果收敛是一致的, 我们能够选取 n 和 m 大于一个不依赖于 x 的数 N, 使得 $|f_n(x) - f(x)|$ 和 $|f_m(x) - f(x)|$ 同时小于 $\varepsilon/2$, 从这就得到 $|f_n(x) - f_m(x)| < \varepsilon$. 其次, 如果当 n 和 m 大于 N 时, 对所有的 x 值 $|f_n(x) - f_m(x)| < \varepsilon$, 那么在选取的 $n > N$ 的任意固定值上, 让 m 趋于无穷大, 对于每一个 x 值, 我们有关系式

$$|f_n(x) - f(x)| = \lim_{m \to \infty} |f_n(x) - f_m(x)| \leqslant \varepsilon,$$

因此收敛是一致的.

正像我们将要看到的, 正是这个一致收敛的条件使无穷级数和其他的作用于函数的极限过程成为分析的方便有用的工具. 幸运的是, 在分析和它的应用里经常遇到的极限过程中, 非一致收敛仅仅在孤立的例外点上出现, 因而在目前不至于困扰我们.

一个级数的一致收敛性通常是由下面的准则确立的 (把它与常数项控制级数进行比较):

如果级数 $\displaystyle\sum_{\nu=1}^{\infty} g_\nu(x)$ 的项满足条件 $|g_\nu(x)| \leqslant a_\nu$, 其中数 a_ν 是正的常数并且形成一个收敛级数 $\displaystyle\sum_{\nu=1}^{\infty} a_\nu$, 那么级数 $\displaystyle\sum_{\nu=1}^{\infty} g_\nu(x)$ 一致 (并且绝对地) 收敛.

因为这时我们有

$$\left| \sum_{\nu=n}^{m} g_\nu(x) \right| \leqslant \sum_{\nu=n}^{m} |g_\nu(x)| \leqslant \sum_{\nu=n}^{m} a_\nu,$$

而且因为根据柯西判别法, 当 n 和 $m > n$ 选得足够大时, 和 $\sum\limits_{\nu=n}^{m} a_\nu$ 能够成为任意小, 这确切地表达了关于一致收敛性的必要充分条件.

第一个例是由几何级数 $1+x+x^2+\cdots$ 提供的, 其中 x 被限制在区间 $|x| \leqslant q$ 上, q 是任意的小于 1 的正数. 于是级数的项在数量上小于或等于收敛的几何级数 $\sum q^\nu$ 的项.

进一步的例是由 "三角级数"

$$\frac{c_1 \sin(x-\delta_1)}{1^2} + \frac{c_2 \sin(x-\delta_2)}{2^2} + \frac{c_3 \sin(x-\delta_3)}{3^2} + \cdots$$

给出, 以 $|c_n| < c$ 为条件, 其中 c 是一个不依赖于 n 的正常数. 因为这时我们有

$$g_n(x) = \frac{c_n \sin(x-\delta_n)}{n^2}, \text{于是} |g_n(x)| < \frac{c}{n^2}.$$

因此根据级数 $\sum\limits_{n=1}^{\infty} \frac{c}{n^2}$ 的收敛性立即得出三角级数的一致与绝对收敛性.

c. 连续函数的一致收敛级数之和的连续性

一致收敛的重要性在于, 一个一致收敛的级数在许多方面的情况确实很像有穷个函数的和. 举例说, 有穷个连续函数的和仍是连续的, 相应地, 我们有下面的定理.

定理　如果一个连续项的级数在一个区间里一致地收敛, 则它的和也是一个连续函数.

证明　证明是十分简单的. 我们把级数

$$f(x) = g_1(x) + g_2(x) + \cdots$$

分成第 n 个部分和加上余项 $R_n(x)$. 像通常一样, $f_n(x) = g_1(x) + \cdots + g_n(x)$. 现在如果指定了任意的正数 ε, 我们就能够根据一致收敛性选取充分大的数 n 使得在整个区间上余项都小于 $\varepsilon/4$. 因此

$$|R_n(x+h) - R_n(x)| < \frac{\varepsilon}{2}$$

对区间上每一对数 x 和 $x+h$ 都成立. 部分和 $f_n(x)$ 是由有穷个连续函数的和组成的, 因而是连续的了, 于是对于区间上的每一个点 x, 我们能够选取充分小的一个正数 δ, 使得当 $|h| < \delta$ 且点 x 和 $x+h$ 都属于区间时,

$$|f_n(x+h) - f_n(x)| < \frac{\varepsilon}{2}$$

成立. 于是得到

$$|f(x+h) - f(x)| = |f_n(x+h) - f_n(x) + R_n(x+h) - R_n(x)|$$

$$\leqslant |f_n(x+h) - f_n(x)| + |R_n(x+h) - R_n(x)|$$

$$< \varepsilon,$$

这表示了我们的函数的连续性.

当我们从前面的各个例中, 回忆起连续函数的不一致收敛级数的和不一定是连续的这个论述时, 这个定理的重要性就成为明显的了. 从上述定理我们可以得出结论: 如果连续函数的收敛级数的和有一个不连续点, 那么在这个点的每一个邻域里收敛都是不一致的. 因此, 用连续函数的级数去表示不连续函数的任何一种表示法, 都必然建立在利用不一致收敛极限过程的基础上.

d. 一致收敛级数的积分

有穷个连续函数的和能够 '逐项' 积分, 即, 和的积分由每一项分别积分以后相加得到. 在连续函数的收敛无穷级数的情况下, 只要在积分区间上级数一致收敛, 同样可以逐项积分.

在一个区间上一致收敛的级数

$$\sum_{\nu=1}^{\infty} g_\nu(x) = f(x)$$

在这个区间上能够逐项进行积分; 或者说得更明白些, 如果 a 和 x 是一致收敛区间上的两个数, 那么级数 $\sum_{\nu=1}^{\infty} \int_a^x g_\nu(t)dt$ 收敛, 并且事实上关于 x 一致收敛, 它的和等于 $\int_a^x f(t)dt^{1)}$.

为了证明这一定理, 我们和以前一样将 $f(x)$ 写成

$$f(x) = \sum_{\nu=1}^{\infty} g_\nu(x) = f_n(x) + R_n(x).$$

我们已经假定了级数的各项是连续的, 因此根据 7.4c 节, 和也是连续的, 因而是可积的. 现在如果 ε 是任意的正数, 我们能够找到一个充分大的数 N, 使得对区间上每一个 x 值, 当每一个 $n > N$ 时, 不等式 $|R_n| < \varepsilon$ 成立. 根据积分学的中值定

---

1)注意, 在这个定理里我们必须取定积分. 举例来说, 级数 $\sum_{\nu=1}^{\infty} g_\nu(x)$ 当 $g_\nu(x) = 0$ 时一致收敛. 然而每一项取不定积分 $\int g_\nu(x)dx = $ 常数 $= c$, 则引出一般是发散的级数 $\sum_{\nu=1}^{\infty} c$.

理, 我们有

$$\left| \int_a^x [f(t) - f_n(t)] \, dt \right| \leqslant \varepsilon l,$$

其中 l 是积分区间的长度. 由于有穷和 $f_n(x)$ 的积分能够逐项进行, 这就给出

$$\left| \int_a^x f(t) dt - \sum_1^n \int_a^x g_\nu(t) dt \right| < \varepsilon l.$$

但是由于 εl 要多小就能多小, 这就指出了

$$\sum_{\nu=1}^{\infty} \int_a^x g_\nu(t) dt = \lim_{n \to \infty} \sum_{\nu=1}^n \int_a^x g_\nu(t) dt = \int_a^x f(t) dt,$$

定理得证.

如果, 代替无穷级数, 我们希望谈论函数序列, 我们的结果就可以用下面的形式来表示:

如果在一个区间上函数序列 $f_1(x), f_2(x), \cdots$ 一致地趋向极限函数 $f(x)$, 那么等式

$$\int_a^b f(x) dx = \lim_{n \to \infty} \int_a^b f_n(x) dx \tag{7}$$

对属于区间的每一对数 a, b 都成立. 换句话说, 这时我们能够交换积分运算与极限运算的次序.

这个事实不是微不足道的. 从一个如像在 19 世纪曾经流行过的天真的观点看来, 这两个过程的可交换性几乎是不容怀疑的. 但是看一看 7.4a 节里的例, 就会告诉我们, 在不一致收敛的情况下, 上面的等式可以不成立. 我们只需考察第 465 页的例 (b) 就可以了, 在该例中极限函数的积分是 0, 而函数 $f_n(x)$ 在区间 $0 \leqslant x \leqslant 1$ 上的积分, 也就是说, 在图 7.5 里三角形的面积, 有值

$$\int_0^1 f_n(x) dx = n^{\alpha-2},$$

而当 $\alpha \geqslant 2$ 时这个积分值是不趋向于零的. 在这里, 我们直接从图形看到, $\int_0^1 f(x) dx$ 与 $\lim_{n \to \infty} \int_0^1 f_n(x) dx$ 之间的差异就在于收敛的不一致性.

另一方面, 当考虑 α 的这样的值 $1 \leqslant \alpha \leqslant 2$, 我们看到, 虽然收敛是不一致的, 等式 $\lim_{n \to \infty} \int_0^1 f_n(x) dx = \int_0^1 f(x) dx$ 却能够成立. 作为进一步的例, 我们有级数 $\sum_0^{\infty} g_n(x)$, 其中当 $n \geqslant 1$ 时 $g_n(x) = x^n - x^{n-1}$ 而 $g_0(x) = 1$, 能够在 0 到 1 之间

逐项积分, 虽然它不是一致收敛的. 因此对于逐项可积来说, 虽然收敛的一致性是一个充分条件, 但它绝不是一个必要条件.

e. 无穷级数的微分法

一致收敛级数或序列关于微分的情形与积分是完全不同的. 例如, 函数序列 $f_n(x) = \dfrac{\sin n^2 x}{n}$ 确实一致收敛到极限函数 $f(x) = 0$, 但是导数 $f_n'(x) = n \cos n^2 x$ 确实不处处收敛到极限函数的导数 $f'(x) = 0$, 当我们考虑 $x = 0$ 时就可以看到. 因此, 即使在一致收敛的情况下, 我们也不能交换微分过程与极限过程的次序.

当然相应的叙述对于无穷级数也是成立的. 例如, 级数

$$\sin x + \frac{\sin 2^4 x}{2^2} + \frac{\sin 3^4 x}{3^2} + \cdots$$

是绝对和一致收敛的, 因为在数值上它的项不大于收敛级数 $\dfrac{1}{1^2} + \dfrac{1}{2^2} + \dfrac{1}{3^2} + \cdots$ 相应的项. 然而, 如果逐项微分这个级数, 我们就得到级数

$$\cos x + 2^2 \cos 2^4 x + 3^2 \cos 3^4 x + \cdots,$$

显然, 这个级数在 $x = 0$ 发散.

保证在特殊情况下可以逐项微分的唯一有用的准则, 由下面的定理给出.

如果逐项微分一个收敛的无穷级数 $\sum\limits_{\nu=0}^{\infty} G_\nu(x) = F(x)$ 以后, 我们得到一个具有连续的项的一致收敛级数 $\sum\limits_{\nu=0}^{\infty} g_\nu(x) = f(x)$, 那么最后这个级数的和就等于第一个级数的和的导数.

因此这个定理特别要求, 在逐项微分这个级数以后, 我们还必须研究微分的结果是否是一个一致收敛的级数.

这个定理的证明几乎是浅显的. 因为根据 7.4d 节的定理, 我们能够逐项积分由微分法得到的这个级数. 回忆 $g_\nu(t) = G_\nu'(t)$, 我们得到

$$\int_a^x f(t)dt = \int_a^x \left(\sum_{\nu=0}^{\infty} g_\nu(t) \right) dt = \sum_{\nu=0}^{\infty} \int_a^x g_\nu(t)dt$$
$$= \sum_{\nu=0}^{\infty} (G_\nu(x) - G_\nu(a)) = F(x) - F(a).$$

对于一致收敛区间里的每一个 x 值这都是成立的, 由此得出

$$f(x) = F'(x),$$

于是定理得证.

7.5　幂　级　数

在无穷级数中幂级数占有最重要的地位. 所谓幂级数我们指的是这样类型的级数

$$P(x) = c_0 + c_1 x + c_2 x^2 + \cdots = \sum_{\nu=0}^{\infty} c_\nu x^\nu \tag{8}$$

("x 的幂级数"), 或更一般地

$$P(x) = c_0 + c_1 (x - x_0) + c_2 (x - x_0)^2 + \cdots$$

$$= \sum_{\nu=0}^{\infty} c_\nu (x - x_0)^\nu \tag{8a}$$

("$(x - x_0)$ 的幂级数"), 其中 x_0 是一个固定的数. 如果在后面这个级数里我们引进 $\xi = x - x_0$ 作为一个新的变量, 它就成为新变量 ξ 的一个幂级数 $\sum_{\nu=0}^{\infty} c_\nu \xi^\nu$, 因此我们可以仅限于讨论较特殊形式的幂级数 $\sum_{\nu=0}^{\infty} c_\nu x^\nu$ 而不失去一般性.

在第五章 (第 388 页) 我们考察了函数由多项式近似表示的问题, 并从而引出了函数的泰勒级数展开式. 而事实上, 这泰勒级数就是幂级数. 在这一节我们将更为详细地研究幂级数, 并将比以前更方便地得到一些最重要的函数的级数展开式.

a. 幂级数的收敛性质 —— 收敛区间

存在这样的幂级数, 它不对 x 的任何值收敛, 当然除了 $x = 0$, 例如, 级数

$$x + 2^2 x^2 + 3^3 x^3 + \cdots + n^n x^n + \cdots.$$

因为如果 $x \neq 0$, 我们能够找到一个整数 N 使得 $|x| > \dfrac{1}{N}$. 于是当 $n > N$ 时, 所有的项 $n^n x^n$ 的绝对值将大于 1, 而且事实上, 当 n 增加时, $n^n x^n$ 将无限增大, 因此级数不收敛.

另一方面, 存在这样的级数, 它对 x 的每一个值都收敛, 例如, 指数函数的幂级数

$$e^x = 1 + x + \frac{x^2}{2!} + \frac{x^3}{3!} + \cdots,$$

它对 x 的每一个值的收敛性可从比值判别法 (第 457 页准则 (5a)) 立即得到. 第 $n+1$ 项被第 n 项除给出 x/n, 因而, 无论数 x 怎样选, 当 n 增加时, 这个比值总

趋于零.

下面的基本定理表明了幂级数关于收敛性的情况.

如果一个 x 的幂级数对值 $x = \xi$ 收敛, 则它对每一个使得 $|x| < |\xi|$ 的 x 值都绝对收敛, 同时在每一个区间 $|x| \leqslant \eta$ 上, 级数是一致收敛的, 其中 η 是任何一个小于 $|\xi|$ 的正数, 这里 η 我们愿意多么靠近 $|\xi|$ 就可以多么靠近.

证明是简单的. 如果级数 $\sum\limits_{\nu=0}^{\infty} c_\nu \xi^\mu$ 收敛, 当 ν 增加时, 它的一般项趋于零. 由此得到较弱的断言: 所有的项都不超过一个与 ν 无关的上界 M, 即 $|c_\nu \xi^\nu| < M$. 现在, 如果 q 是任意一个满足 $0 < q < 1$ 的数, 并且如果我们把 x 限制在区间 $|x| \leqslant q|\xi|$ 上, 就有 $|c_\nu x^\nu| \leqslant |c_\nu \xi^\nu| q^\nu < Mq^\nu$. 因此在这个区间里, 我们的级数 $\sum\limits_0^{\infty} c_\nu x^\nu$ 中的各项的绝对值都小于收敛几何级数 $\sum Mq^\nu$ 的对应项. 因此从第 470 页的定理得出, 级数在区间 $-q|\xi| \leqslant x \leqslant q|\xi|$ 上绝对并一致收敛.

如果一个幂级数不是处处收敛, 即如果存在一个值 $x = \xi$, 对于这个值级数发散, 则对于每一个使得 $|x| > |\xi|$ 的 x 值级数必定发散. 因为如果对于这样的 x 值级数收敛, 根据上面的定理对于数值上比 x 小的 ξ 值, 级数就必须收敛.

从这里我们认识到, 如果一个幂级数至少对一个不等于零的 x 值收敛, 并且至少对一个 x 值发散, 那么它就有一个收敛区间, 即存在一个确定的正数 ρ 使得当 $|x| > \rho$ 时级数发散, 而当 $|x| < \rho$ 时级数收敛. 当 $|x| = \rho$ 时不能得出一般结论. 这里 ρ 正是使级数收敛的 x 值的最小上界 (这样一个上界的存在是根据第 80 页的定理, 因为使得级数收敛的 x 值形成一个有界集合). 级数只在 $x = 0$ 处收敛和级数处处都收敛这两种极端的情形, 分别被象征性地表示为 $\rho = 0$ 和 $\rho = \infty$.[1]

例如, 对于几何级数 $1 + x + x^2 + \cdots$ 我们有 $\rho = 1$, 在收敛区间的端点上级数发散. 类似地, 对于反正切的级数 (第 386 页),

$$\arctan x = x - \frac{x^3}{3} + \frac{x^5}{5} - + \cdots,$$

我们有 $\rho = 1$, 从莱布尼茨判别法 (第 451 页) 我们立即认识到, 在收敛区间的两个端点 $x = \pm 1$ 处级数都收敛.

由一致收敛性, 我们推导出下列的重要事实: 在收敛区间内 (如果这样一个区间存在的话), 幂级数代表一个连续函数.

---

[1] 从级数的系数 c_ν 可以直接找到收敛区间. 如果极限 $\lim\limits_{n \to \infty} \sqrt[n]{|c_n|}$ 存在, 则

$$\rho = \frac{1}{\varlimsup\limits_{n \to \infty} \sqrt[n]{|c_n|}}.$$

对于一般情形, 参看第 503 页问题 8.

b. 幂级数的积分法和微分法

由于一致收敛性, 一个幂级数

$$f(x) = \sum_{\nu=0}^{\infty} c_\nu x^\nu$$

在完全位于收敛区间内的任意闭区间上总是允许逐项积分的. 于是我们就得到函数

$$F(x) = c + \sum_{\nu=0}^{\infty} \frac{c_\nu}{\nu+1} x^{\nu+1}, \tag{9}$$

对于这个函数 $F'(x) = f(x)$, 并且 $F(0) = c$.

我们也可以在一个幂级数的收敛区间内逐项微分这幂级数, 从而得到等式

$$f'(x) = \sum_{\nu=1}^{\infty} \nu c_\nu x^{\nu-1}. \tag{10}$$

为了证明这个断言, 我们只需说明, 如果把 x 限制在一个完全位于收敛区间内的闭区间上时, 右边的级数是一致收敛的. 于是假设 ξ 是一个数, 我们愿意它多么靠近 ρ 就多么靠近, 对于这个 ξ, $\sum_{\nu=1}^{\infty} c_\nu \xi^\nu$ 收敛. 于是, 正像我们以前所见, 数 $|c_\nu \xi^\nu|$ 都不能超过一个与 ν 无关的上界 M, 因此 $|c_\nu \xi^{\nu-1}| < \dfrac{M}{|\xi|} = N$, 现在设 q 是任意一个满足 $0 < q < 1$ 的数. 如果我们把 x 限制在区间 $|x| \leqslant q|\xi|$ 上, 无穷级数 (10) 中的各项都不大于级数 $\sum_{\nu=1}^{\infty} \left| \nu c_\nu q^{\nu-1} \xi^{\nu-1} \right|$ 中各对应的项, 因此小于级数 $\sum_{\nu=1}^{\infty} N\nu q^{\nu-1}$ 中各对应的项. 然而在最后这个级数里, 第 $n+1$ 项与第 n 项的比值是 $q(n+1)/n$, 它当 n 递增时趋于 q. 由于 $0 < q < 1$, 由此 [准则 (5a)] 推知这个级数收敛. 因此经过求导得到的级数一致收敛, 并且根据第 473 页的定理它表示函数 $f(x)$ 的导数 $f'(x)$, 这就证明了我们的断言.

如果我们对幂级数

$$f'(x) = \sum_{\nu=1}^{\infty} \nu c_\nu x^{\nu-1}$$

再一次应用这个结果, 经逐项微分就得到

$$f''(x) = \sum_{\nu=2}^{\infty} \nu(\nu-1) c_\nu x^{\nu-2}.$$

继续进行这个过程, 我们就得出定理: 每一个由幂级数表示的函数在收敛区间内可微分任意次, 并且可以逐项微分[1].

c. 幂级数的运算

前面关于幂级数的情况的定理是我们用与多项式相同的方式对幂级数进行运算的依据. 显然, 两个幂级数相加或相减, 能够由相加或相减对应的系数得到 (参看第 456 页). 这也是显然的, 一个收敛的幂级数乘上一个常数因子, 像任何其他的收敛级数一样, 能够由其中每一项乘上该常数因子得到. 另一方面, 两个幂级数的乘和除却需要较详细地研究, 对于这些请读者参考附录 (第 488 页). 这里我们 (不给证明) 仅提到两个幂级数

$$f(x) = \sum_{\nu=0}^{\infty} a_\nu x^\nu$$

和

$$g(x) = \sum_{\nu=0}^{\infty} b_\nu x^\nu$$

能够像多项式一样乘在一起. 确切地说, 我们有下面的定理: 在两个级数的收敛区间的公共部分内, 它们的乘积是由收敛幂级数 $\sum_{\nu=0}^{\infty} c_\nu x^\nu$ 给出的, 其中系数 c_ν 由下列公式给出:

$$c_0 = a_0 b_0,$$

$$c_1 = a_0 b_1 + a_1 b_0,$$

$$c_2 = a_0 b_2 + a_1 b_1 + a_2 b_0,$$

$$\cdots\cdots$$

$$c_n = a_0 b_n + a_1 b_{n-1} + \cdots + a_n b_0,$$

$$\cdots\cdots$$

---

[1] 作为 k 阶导数的一个明确的表达式, 我们得到

$$f^{(k)}(x) = \sum_{\nu=k}^{\infty} \nu(\nu-1)\cdots(\nu-k+1)cx^{\nu-k},$$

或者稍微不同的形式

$$\frac{f^{(k)}(x)}{k!} = \sum_{\nu=k}^{\infty} \binom{\nu}{k} c_\nu x^{\nu-k} = \sum_{\nu=0}^{\infty} \binom{k+\nu}{k} c_{k+\nu} x^\nu.$$

这两个公式是常用的.

d. 展开式的唯一性

在幂级数的理论里下面的事实是重要的: 若两个幂级数 $\sum\limits_{\nu=0}^{\infty} a_\nu x^\nu$ 和 $\sum\limits_{\nu=0}^{\infty} b_\nu x^\nu$ 都在包含 $x=0$ 在其内的一个区间里收敛, 并且, 如果在那个区间里这两个级数表示同一个函数 $f(x)$, 则它们是恒等的, 即等式 $a_n = b_n$ 对每一个 n 值成立. 换句话说:

一个函数 $f(x)$ 只要能表示成 x 的幂级数, 它就只能用一种方式表示成 x 的幂级数.

简短地说: 一个函数由幂级数表示的表示法是 '唯一的'.

为了证明这一定理, 我们只需注意到两个幂级数的差, 即具有系数 $c_\nu = a_\nu - b_\nu$ 的幂级数 $\phi(x) = \sum\limits_{\nu=0}^{\infty} c_\nu x^\nu$, 在这个区间上表示函数

$$\phi(x) = f(x) - f(x) = 0,$$

即最后这幂级数在这个区间上处处收敛到极限 0. 特别地, 对于 $x=0$, 级数的和必须是 0, 即 $c_0 = 0$, 因此 $a_0 = b_0$. 现在我们在这个区间内部对级数微分, 得到 $\phi'(x) = \sum\limits_{\nu=1}^{\infty} \nu c_\nu x^{\nu-1}$. 然而, $\phi'(x)$ 在整个区间里也是 0, 因此, 特别地, 对于 $x=0$, 我们有 $c_1 = 0$ 或 $a_1 = b_1$. 继续进行微分然后令 $x=0$, 我们就相继求得所有的系数 c_ν 都等于零, 这就证明了定理.

此外, 从我们的讨论里我们能够引出下面的结论: 如果我们取级数 $f(x) = \sum a_\nu x^\nu$ 的 ν 阶导数再令 $x=0$, 我们立即得到

$$a_\nu = \frac{1}{\nu!} f^{(\nu)}(0),$$

也就是说:

每一个在除 $x=0$ 以外的点上收敛的幂级数是它所表示的函数的泰勒级数.

展开式的唯一性相当于展开式的系数能够由函数本身来表示.

*e. 解析函数

对于能够由幂级数表示的函数 $f(x)$, 自从拉格朗日首先认识了这种函数的重要性以后, 就被冠以 '解析函数' 的名字. 特别地, 如果在 $x=a$ 的一个邻域里, $f(x)$ 可以展开成 $x-a$ 的收敛幂级数, $f(x)$ 就称为在 $x=a$ 的邻域里是解析的.

虽然处处不解析或并不处处解析的函数确实在分析和应用上起着很大的作用 (参看第八章), 然而解析函数仍是特别重要的, 因为它们与多项式一样具有许多简

单的特性.

例如, 一个不恒等于零的解析函数在 $x = a$ 处将有某个非零的导数, 设 r 是使 $f^{(r)}(a) \neq 0$ 的最小的数. 则 f 在点 $x = a$ 有 r 阶零点, 能够表示成乘积 $f(x) = (x-a)^r g(x)$, 其中 $g(x)$ 是一个解析函数, 对于它 $g(a) = \dfrac{1}{r!} f^{(r)}(a)$ 不等于零. (与第五章第 402 页比较.) 确实地, 分解出幂 $(x-a)^r$ 因子的可能性从各个幂级数的收敛性可直接得到.

从 $g(x)$ 的收敛幂级数的连续性也可以看出, 除非 f 恒等于零, 因子 $g(x)$ 不可能在 $x = a$ 的一个适当小的邻域里为零, 或者 $f(x)$ 的零点是孤立的.

由于函数 $f'(x)$ 具有同样的性质, 由此得到在一个有穷区间里一个解析函数是分段单调的, 即它不能无穷多次改变它的单调的特征. 因此 $y = f(x)$ 的图形在一个有穷区间里不可能与一条直线 $y = $ 常数 (或任意的直线) 相交无穷多次.

可以注意的一点是, 上述这些论述对于非解析函数不一定是对的, 例如对于 $y = \sin(1/x) e^{-1/x^2}$, 在 $x = 0$ 的邻域里 (参看第 401 页), 上述结论就不对.

7.6 给定函数的幂级数展开式. 待定系数法. 例

每一个幂级数在它的收敛区间内部表示一个具有各阶连续导数的连续函数. 现在我们将讨论一个给定的函数的幂级数展开的反问题. 在理论上, 我们总是能够根据泰勒定理做这件事. 在实践上, 在 n 阶导数的实际计算和余项估计中我们经常遇到困难, 但是利用下面的对策我们经常能更简单地达到目的. 我们先试验性地写下 $f(x) = \sum\limits_{\nu=0}^{\infty} c_\nu x^\nu$, 其中系数 c_ν 在开始时是未知的. 然后根据函数 $f(x)$ 的某些已知的性质, 我们来确定这些系数, 并证明该级数的收敛性. 这个级数表示一个函数, 剩下只要证明这个函数是恒等于 $f(x)$ 的. 由于幂级数展开式的唯一性, 我们知道除了刚才找出的那个级数以外, 别的级数都不可能是所要求的展开式. 实际上, 用与这一章的概念有关的一种方法, 我们早已得到了 $\arctan x$ 和 $\log(1+x)$ 的级数. 因为我们只需逐项积分这些函数的导数的级数就行了, 这些级数我们已经知道它们是几何级数. 现在我们将考察关于这个方法的一些例.

a. 指数函数

正如我们在第 198 页上第三章 4a 节看到的, 函数 $y = e^x$ 的特征性质完全被微分方程 $y' = y$ 和初始条件当 $x = 0$ 时 $y = 1$ 决定了. 我们能够利用这些性质直接求出指数函数的幂级数. 我们的问题是要找一个函数 $f(x)$ 使得 $f'(x) = f(x)$

和 $f(0) = 1$. 如果我们试把级数写成待定系数的形式

$$f(x) = c_0 + c_1 x + c_2 x^2 + \cdots,$$

并且求导, 就得到

$$f'(x) = c_1 + 2c_2 x + 3c_3 x^2 + \cdots.$$

由于根据假设这两个幂级数必须恒等, 我们有等式

$$nc_n = c_{n-1},$$

对所有 $n \geqslant 1$ 的值都成立. 如果我们注意到由于关系式 $f(0) = 1$, 系数 c_0 必有值 1, 我们就能相继计算出所有的系数, 并且得到幂级数

$$f(x) = 1 + \frac{x}{1!} + \frac{x^2}{2!} + \frac{x^3}{3!} + \cdots.$$

根据比值判别法, 我们容易看到, 这个级数对所有的 x 值收敛, 因此它表示一个函数, 这个函数实际上满足关系式 $f'(x) = f(x), f(0) = 1$. (这里我们有意回避了利用我们前面已经学过的有关指数函数的展开式.)

因为只有函数 e^x 具有这些性质, 我们立即推知函数 $f(x)$ 恒等于 e^x.

b. 二项式级数

现在我们能够转到二项式级数了 (第 396 页第 5.5c 节), 这次利用待定系数法. 我们希望把函数 $f(x) = (1 + x)^\alpha$ 展开成一个幂级数, 为此写下

$$f(x) = (1 + x)^\alpha = c_0 + c_1 x + c_2 x^2 + \cdots,$$

系数 c_ν 是待定的. 现在我们注意到, 我们的函数明显地满足关系式

$$(1 + x)f'(x) = \alpha f(x) = \sum_{\nu=0}^{\infty} \alpha c_\nu x^\nu.$$

另一方面, 如果我们对 $f(x)$ 的级数逐项微分并且乘以 $(1 + x)$, 我们就得到

$$(1 + x)f'(x) = c_1 + (2c_2 + c_1)\, x + (3c_3 + 2c_2)\, x^2 + \cdots.$$

由于 $(1 + x)f'(x)$ 的这两个幂级数必须恒等, 就得到

$$\alpha c_0 = c_1, \quad \alpha c_1 = 2c_2 + c_1, \quad \alpha c_2 = 3c_3 + 2c_2, \quad \ldots,$$

现在, 因为在 $x = 0$ 时的级数必须有值 1, 我们一定有 $c_0 = 1$, 所以依次得到表达式

$$c_1 = \alpha, \quad c_2 = \frac{(\alpha - 1)\alpha}{2}, \quad c_3 = \frac{(\alpha - 2)(\alpha - 1)\alpha}{3 \cdot 2}, \quad \cdots,$$

对于系数一般的关系式也是容易建立起来的, 我们有

$$c_\nu = \frac{(\alpha - \nu + 1)(\alpha - \nu + 2)\cdots(\alpha - 1)\alpha}{\nu(\nu - 1)\cdots 2 \cdot 1} = \binom{\alpha}{\nu}.$$

将这些值代替系数, 有级数 $\sum\limits_{\nu=0}^{\infty} \binom{\alpha}{\nu} x^\nu$. 不过我们还必须研究这个级数的收敛性, 并且说明它确实代表 $(1 + x)^\alpha$.

根据比值判别法我们发现, 当 α 不是正整数时, 这个级数当 $|x| < 1$ 时收敛, 当 $|x| > 1$ 时发散. 因为这时它的第 $n + 1$ 项与第 n 项的比值为 $\dfrac{\alpha - n + 1}{n}x$, 这个表达式的绝对值当 n 无限增大时趋于 $|x|$.[1] 因此, 如果 $|x| < 1$, 我们的级数就代表一个函数 $f(x)$, 根据形成系数的方法这个函数满足条件 $(1 + x)f'(x) = \alpha f(x)$. 此外还有 $f(0) = 1$. 这两个条件合在一起保证了函数 $f(x)$ 恒等于 $(1 + x)^\alpha$. 因为当令

$$\phi(x) = \frac{f(x)}{(1 + x)^\alpha},$$

我们就发现

$$\phi'(x) = \frac{(1 + x)^\alpha f'(x) - \alpha(1 + x)^{\alpha - 1} f(x)}{(1 + x)^{2\alpha}} = 0.$$

所以 $\phi(x)$ 是一个常数, 并且事实上, 由于 $\phi(0) = 1$, 它总是等于 1 的. 于是我们证明了, 对于 $|x| < 1$

$$(1 + x)^\alpha = \sum_{\nu=0}^{\infty} \binom{\alpha}{\nu} x^\nu,$$

这就是二项式级数.

这里我们注意下面几个二项式级数的特殊情形: 几何级数

$$\frac{1}{1 + x} = (1 + x)^{-1} = 1 - x + x^2 - x^3 + x^4 - + \cdots$$
$$= \sum_{\nu=0}^{\infty} (-1)^\nu x^\nu,$$

---

1) 这里我们仅叙述而不证明使这个级数收敛的确切的条件. 如果指数 α 是一个 $\geqslant 0$ 的整数, 级数在有限项之后结束, 因此对所有的 x 值是有效的 (成为通常的二项式定理). 对于 α 的所有其他的值, 级数当 $|x| < 1$ 时绝对收敛, 当 $|x| > 1$ 时发散. 当 $x = +1$ 时, 如果 $\alpha > 0$, 级数绝对收敛; 如果 $-1 < \alpha < 0$, 级数条件收敛; 如果 $\alpha \leqslant -1$, 级数发散. 最后, 在 $x = -1$ 处, 如果 $\alpha > 0$, 级数绝对收敛; 如果 $\alpha < 0$, 级数发散.

级数

$$\frac{1}{(1+x)^2} = (1+x)^{-2} = 1 - 2x + 3x^2 - 4x^3 + - \cdots$$

$$= \sum_{\nu=0}^{\infty} (-1)^{\nu}(\nu+1)x^{\nu},$$

它也可以从微分几何级数得到, 以及级数

$$\sqrt{(1+x)} = (1+x)^{1/2} = 1 + \frac{1}{2}x - \frac{1}{2 \cdot 4}x^2$$
$$+ \frac{1 \cdot 3}{2 \cdot 4 \cdot 6}x^3 - \frac{1 \cdot 3 \cdot 5}{2 \cdot 4 \cdot 6 \cdot 8}x^4 + - \cdots,$$

$$\frac{1}{\sqrt{(1+x)}} = (1+x)^{-1/2} = 1 - \frac{1}{2}x + \frac{1 \cdot 3}{2 \cdot 4}x^2$$
$$- \frac{1 \cdot 3 \cdot 5}{2 \cdot 4 \cdot 6}x^3 + \frac{1 \cdot 3 \cdot 5 \cdot 7}{2 \cdot 4 \cdot 6 \cdot 8}x^4 - + \cdots,$$

这些级数的头两项或三项形成有用的近似式.

c. arcsin x 的级数

这个级数能够很容易地得到, 方法是根据二项式级数来展开表达式 $1/\sqrt{(1-t^2)}$:

$$(1-t^2)^{-1/2} = 1 + \frac{1}{2}t^2 + \frac{1 \cdot 3}{2 \cdot 4}t^4 + \cdots.$$

当 $|t| < 1$ 时这个级数收敛, 因此当 $|t| \leqslant q < 1$ 时一致收敛. 在 0 到 x 之间逐项积分, 我们得到

$$\arcsin x = x + \frac{1}{2}\frac{x^3}{3} + \frac{1 \cdot 3}{2 \cdot 4}\frac{x^5}{5} + \cdots.$$

根据比值判别法我们知道当 $|x| < 1$ 时级数收敛, 当 $|x| > 1$ 时级数发散.

若是从泰勒定理来推导这个级数就会很不方便, 因为余项估计很困难.

d. arsinh $x = \log[x + \sqrt{(1+x^2)}]$ 的级数

我们用类似的方法求得这个展开式. 利用二项式定理写下 arsinh x 的导数的级数,

$$\frac{1}{\sqrt{1+x^2}} = 1 - \frac{1}{2}x^2 + \frac{1 \cdot 3}{2 \cdot 4}x^4 - \frac{1 \cdot 3 \cdot 5}{2 \cdot 4 \cdot 6}x^6 + - \cdots,$$

然后逐项积分. 这样我们就得到展开式

$$\text{arsinh}\, x = x - \frac{1}{2}\frac{x^3}{3} + \frac{1\cdot 3}{2\cdot 4}\frac{x^5}{5} - + \cdots,$$

它的收敛区间是 $-1 \leqslant x \leqslant 1$.

e. 级数乘法的例

函数

$$\frac{\log(1+x)}{1+x}$$

的展开式是应用幂级数乘法规则的一个简单例子. 我们只需将对数级数

$$\log(1+x) = x - \frac{x^2}{2} + \frac{x^3}{3} - \frac{x^4}{4} + - \cdots$$

乘以几何级数

$$\frac{1}{1+x} = 1 - x + x^2 - x^3 + x^4 - + \cdots.$$

正如读者自己可以证实的那样, 对于 $|x| < 1$, 我们得到值得注意的展开式

$$\frac{\log(1+x)}{1+x} = x - \left(1 + \frac{1}{2}\right)x^2 + \left(1 + \frac{1}{2} + \frac{1}{3}\right)x^3$$

$$- \left(1 + \frac{1}{2} + \frac{1}{3} + \frac{1}{4}\right)x^4 + - \cdots.$$

f. 逐项积分的例 (椭圆积分)

在前面第 259 和 357 页的应用中, 我们已经遇见过椭圆积分

$$K = \int_0^{\frac{\pi}{2}} \frac{d\phi}{\sqrt{\left(1 - k^2 \sin^2 \phi\right)}} \qquad (k^2 < 1)$$

(一个摆的振动周期). 为了计算这个积分, 我们可以先按二项式定理展开被积函数, 得到

$$\frac{1}{\sqrt{\left(1 - k^2 \sin^2 \phi\right)}} = 1 + \frac{1}{2}k^2 \sin^2 \phi + \frac{1\cdot 3}{2\cdot 4}k^4 \sin^4 \phi$$

$$+ \frac{1\cdot 3\cdot 5}{2\cdot 4\cdot 6}k^6 \sin^6 \phi + \cdots.$$

由于 $k^2 \sin^2 \phi$ 绝不会大于 k^2, 因此这个级数对于所有的 ϕ 值一致收敛, 因而我们可以逐项积分:

$$K = \int_0^{\frac{\pi}{2}} \frac{d\phi}{\sqrt{(1 - k^2 \sin^2 \phi)}} = \int_0^{\frac{\pi}{2}} d\phi + \frac{1}{2} k^2 \int_0^{\frac{\pi}{2}} \sin^2 \phi d\phi$$

$$+ \frac{1 \cdot 3}{2 \cdot 4} k^4 \int_0^{\frac{\pi}{2}} \sin^4 \phi d\phi + \cdots .$$

这里出现的积分早已计算过了 (参看第 243 页等式 (76)). 代入它们的值, 我们就得到

$$K = \int_0^{\frac{\pi}{2}} \frac{d\phi}{\sqrt{(1 - k^2 \sin^2 \phi)}}$$

$$= \frac{\pi}{2} \left[1 + \left(\frac{1}{2} \right)^2 k^2 + \left(\frac{1 \cdot 3}{2 \cdot 4} \right)^2 k^4 + \left(\frac{1 \cdot 3 \cdot 5}{2 \cdot 4 \cdot 6} \right)^2 k^6 + \cdots \right] .$$

7.7　复数项幂级数

a. 在幂级数中引进复数项. 三角函数的复数表示式

有一些在表面上没有什么关系的函数, 其幂级数之间的相似性引导欧拉得到了这些函数之间的纯形式的联系, 其办法是给变量 x 以复值, 特别是给 x 以纯虚值. 我们先叙述欧拉形式的但引人注目的且富有成果的发现, 而不受严格性的妨碍, 然后我们再指出一个更严格的验证.

如果在 e^x 的级数里我们用一个纯虚数 $i\phi$, 其中 ϕ 是一个实数, 代替量 x, 就得到这种类型的第一个关系式. 如果我们回忆起虚单位 i 的基本方程, 即, $i^2 = -1$, 从而 $i^3 = -i, i^4 = 1, i^5 = i, \cdots$, 然后将级数的实项和虚项分开, 我们就得到

$$e^{i\phi} = \left(1 - \frac{\phi^2}{2!} + \frac{\phi^4}{4!} - \frac{\phi^6}{6!} + - \cdots \right)$$

$$+ i \left(\phi - \frac{\phi^3}{3!} + \frac{\phi^5}{5!} - \frac{\phi^7}{7!} + - \cdots \right),$$

或者换一种方式,

$$e^{i\phi} = \cos \phi + i \sin \phi. \tag{11}$$

这就是熟知且重要的 '欧拉公式", 它是分析上的一个里程碑. 虽然到目前为止它还纯粹是形式的.[1] 这与棣莫弗定理 (第 86 页) 是一致的, 棣莫弗定理由方程式

$$(\cos \phi + i \sin \phi)(\cos \psi + i \sin \psi)$$

[1] 对于 $\phi = \pi$ 的一个结果是公式 $e^{\pi i} = -1$, 这是三个最重要的常数 e, π 和 i 之间的一个明显的关系式.

$$= \cos(\phi + \psi) + i\sin(\phi + \psi)$$

表示. 根据欧拉公式, 这个等式仅说明关系式

$$e^x \cdot e^y = e^{x+y}$$

对于纯虚值 $x = i\phi, y = i\psi$ 仍然成立.

应当说, 只需定义 $e^{i\phi}$ 为复数 $\cos\phi + i\sin\phi$, 这个欧拉公式和加法定理 $e^{i\phi}e^{i\psi} = e^{i(\phi+\psi)}$ 就可以严格地使用而无需进一步验证. 这个定义和指数运算的通常规则是一致的. 特别地, e 的乘幂的通常法则正好给出了用棣莫弗公式表示的三角学的加法定理的简明表达式, 而棣莫弗公式本身却完全是一个初等性质的公式. 因此当我们不借助更一般的复变数函数论而利用欧拉的关系式时, 如同在下一节中那样, 我们是建立在可靠的基础上的.

更一般地, 我们能够对于任意的复指数 $x + iy$ (其中 x 和 y 是实的) 用公式

$$e^{x+iy} = e^x \cdot e^{iy} = e^x(\cos y + i\sin y)$$

定义指数函数.

如果我们在 $\cos x$ 的幂级数里用纯虚数 ix 代替变量 x, 我们立即得到 $\cosh x$ 的级数, 这个关系能够用等式

$$\cosh x = \cos ix \tag{12}$$

来表示. 用同样的方法我们得到

$$\sinh x = \frac{1}{i}\sin ix. \tag{13}$$

由于欧拉公式也给出 $e^{-i\phi} = \cos\phi - i\sin\phi$, 我们得到三角函数的指数表达式,

$$\sin x = \frac{e^{ix} - e^{-ix}}{2i}, \quad \cos x = \frac{e^{ix} + e^{-ix}}{2}. \tag{14}$$

这些恰好类似于双曲函数的指数表达式, 而且事实上, 它们通过关系式 $\cosh x = \cos ix, \sinh x = \frac{1}{i}\sin x$ 就变换成双曲函数.

当然, 对于函数 $\tan x, \tanh x, \cot x, \coth x$ 也能得到相应的形式关系, 它们是由等式 $\tanh x = \frac{1}{i}\tan ix, \coth x = i\cot ix$ 联系起来的.

最后, 对于反三角函数和反双曲函数也能得到类似的关系. 例如, 从

$$y = \tan x = \frac{e^{ix} - e^{-ix}}{i(e^{ix} + e^{-ix})} = \frac{e^{2ix} - 1}{i(e^{2ix} + 1)}$$

我们立即求得

$$e^{2ix} = \frac{1+iy}{1-iy}.$$

如果我们在这个等式的两边同时取对数, 然后用 x 代替 y 和用 $\arctan x$ 代替 x, 我们就得到等式

$$\arctan x = \frac{1}{2i} \log \frac{1+ix}{1-ix}, \tag{15}$$

这个等式表示了反正切和对数之间的一个值得注意的关系. 若在关于 $\dfrac{1}{2} \log \dfrac{1+x}{1-x}$ 的熟知的幂级数里 (第 385 页), 用 ix 代替 x, 我们实际上就得到了关于 $\arctan x$ 的幂级数:

$$\arctan x = \frac{1}{i} \left(ix + \frac{(ix)^3}{3} + \frac{(ix)^5}{5} + \cdots \right)$$
$$= x - \frac{x^3}{3} + \frac{x^5}{5} - + \cdots.$$

这些关系到目前为止仍不过是属于纯粹形式性质的, 因而自然地需要对于企图表达的意义有一个更严格的叙述. 然而, 我们在上面已经看到, 利用适当的定义, 这些关系就获得了一个满意的严格的意义.

*b. 复变函数一般理论一瞥

虽然在上一节指出的纯形式的观点本身是无可非议的, 但是人们仍期望在前面的公式里认识一些比仅仅是形式联系更多的东西. 这个目标引来了复函数的一般理论, 我们 (为了简洁起见) 称之为所谓一个复变量的解析函数的一般理论. 我们可以用具有复变量和复系数的幂级数理论的一般讨论作为出发点. 一旦我们在复数范围里定义了极限的概念, 这样一个幂级数的理论的构造是并不困难的, 事实上, 它几乎严格地平行于实的幂级数的理论. 然而, 因为在下文中我们将不使用这些内容的任何部分, 所以在这里我们只局限于叙述某些事实而省略证明. 人们发现 7.5a 节的定理的下述推广对于复的幂级数是成立的:

如果一个幂级数对任一复数值 $x = \xi$ 收敛, 那么对于每一个满足 $|x| < |\xi|$ 的 x 值这个级数绝对收敛; 如果对于一个值 $x = \xi$ 级数发散, 那么对于每一个满足 $|x| > |\xi|$ 的 x 值这个级数发散. 一个幂级数不处处收敛, 但是在除 $x = 0$ 以外的某一点处收敛, 则存在一个收敛圆, 即, 存在一个数 $\rho > 0$ 使得级数在 $|x| < \rho$ 时绝对收敛而在 $|x| > \rho$ 时发散.

一旦建立起了用幂级数表示的复变量的函数概念, 并且发展了对于这样的函数的运算法则, 我们就能够认为, 复的变量 x 的函数 $e^x, \sin x, \cos x, \arctan x$ 等等就是用当 x 取实值时表示这些函数的幂级数来简单地定义的.

我们将举两个例来指出, 复变量的这一引进是怎样说明初等函数的性质的. 对于 $\dfrac{1}{1+x^2}$, 它的几何级数当 x 离开区间 $-1 \leqslant x \leqslant 1$ 时是不收敛的, 从而 $\arctan x$ 的级数同样也是如此, 虽然这些函数在收敛区间的端点的性质没有什么特殊. 事实上, 它们和它们的各阶导数对于所有实的 x 值都是连续的. 另一方面, 我们能够容易地理解, 对于 $\dfrac{1}{1-x^2}$ 和 $\log(1-x)$, 它们的级数当 x 通过值 1 的时候是不收敛的, 因为在那里它们成了无穷.

但是如果我们也考虑 x 的复数值, 则对于反正切的级数和级数 $\displaystyle\sum_{\nu=0}^{\infty}(-1)^{\nu}x^{2\nu}$ 当 $|x| > 1$ 时的发散性立刻就成为明显的了. 因为我们发现, 当 $x = i$ 时, 这些函数成为无穷, 所以不能够用一个收敛级数来表示. 因此根据我们的关于收敛圆的定理, 这些级数对于所有使得 $|x| > |i| = 1$ 的 x 值一定发散, 特别是, 对于 x 的实数值级数, 在区间 $-1 \leqslant x \leqslant 1$ 之外发散.

另一个例是已研究过的函数 $f(x) = e^{-1/x^2}(x \neq 0), f(0) = 0$ (参看第 401 页), 这个函数尽管它是完全光滑的, 但不能展开成泰勒级数. 事实上, 如果我们把纯虚值 $x = i\xi$ 考虑进来, 这个函数就不连续了. 这时这函数具有形式 e^{1/ξ^2}, 并且当 $\xi \to 0$ 时无限增大. 因此显然, 在原点的邻域里, 无论我们选择怎样小的一个邻域, 对所有的复的 x 值, 没有一个 x 的幂级数能够代表这个函数.

在函数理论上和复变量的幂级数方面的这些评注, 在这里已足以满足我们的需要了.

附　　录

*A.1　级数的乘法和除法

a. 绝对收敛级数的乘法

设

$$A = \sum_{\nu=0}^{\infty} a_{\nu}, \quad B = \sum_{\nu=0}^{\infty} b_{\nu}$$

是两个绝对收敛的级数. 与这些级数一起我们考虑对应的绝对值的收敛级数

$$\bar{A} = \sum_{\nu=0}^{\infty} |a_{\nu}| \quad \text{和} \quad \bar{B} = \sum_{\nu=0}^{\infty} |b_{\nu}|.$$

我们进一步设

$$A_n = \sum_{\nu=0}^{n-1} a_\nu, \quad B_n = \sum_{\nu=0}^{n-1} b_\nu, \quad \bar{A}_n = \sum_{\nu=0}^{n-1} |a_\nu|, \quad \bar{B}_n = \sum_{\nu=0}^{n-1} |b_\nu|,$$

以及

$$c_n = a_0 b_n + a_1 b_{n-1} + \cdots + a_n b_0.$$

我们断言, 级数 $\sum_{\nu=0}^{\infty} c_\nu$ 是绝对收敛的, 并且它的和等于 AB.

为了证明这点, 我们写下级数

$$a_0 b_0 + a_1 b_0 + a_1 b_1 + a_0 b_1 + a_2 b_0 + a_2 b_1 + a_2 b_2 + a_1 b_2 + a_0 b_2 + \cdots$$
$$+ a_n b_0 + a_n b_1 + \cdots + a_n b_n + \cdots + a_1 b_n + a_0 b_n + \cdots,$$

这个级数的第 n^2 个部分和是 $A_n B_n$, 我们断言, 这个级数绝对收敛. 因为对应的绝对值的级数的部分和单调递增, 它的第 n^2 个部分和等于 $\bar{A}_n \bar{B}_n$, 它小于 $\bar{A}\bar{B}$ (并且它趋向 $\bar{A}\bar{B}$). 因此绝对值的级数收敛, 因而上面写下的级数绝对收敛. 级数的和显然是 AB, 因为它的第 n^2 个部分和是 $A_n B_n$, 当 $n \to \infty$ 时, $A_n B_n$ 趋于 AB. 我们现在交换项的次序, 这对于绝对收敛的级数是允许的. 我们还把接连的一些项括在一起. 在一个收敛级数里, 我们可以在任意多的地方将接连的一些项括在一起而不影响级数的收敛性或改变级数的和, 因为如果我们括在一起的所有项, 譬如是 $(a_{n+1} + a_{n+2} + \cdots + a_m)$, 那么当我们形成部分和时我们将省去原来落在 s_n 和 s_m 之间的那些部分和, 这并不影响收敛性或改变极限的值. 此外, 如果级数在加进括号之前是绝对收敛的, 那么加括号后它仍然绝对收敛. 因为级数

$$\sum_{\nu=0}^{\infty} c_\nu = (a_0 b_0) + (a_0 b_1 + a_1 b_0) + (a_0 b_2 + a_1 b_1 + a_2 b_0) + \cdots$$

是由上面写下的级数按这种方式形成的, 因此所需要的证明完成了.

*b. 幂级数的乘法和除法

我们的定理主要应用在幂级数的理论上, 下面的论断是它的一个直接推论: 在两个幂级数

$$\sum_{\nu=0}^{\infty} a_\nu x^\nu \quad \text{和} \quad \sum_{\nu=0}^{\infty} b_\nu x^\nu$$

的公共收敛区间里, 这两个幂级数的乘积可以由第三个幂级数 $\sum_{\nu=0}^{\infty} c_\nu x^\nu$ 表示, 此幂级数的系数由

$$c_\nu = a_0 b_\nu + a_1 b_{\nu-1} + \cdots + a_\nu b_0$$

给出.

　　* 至于幂级数的除法, 我们也同样能够用一个幂级数 $\sum\limits_{\nu=0}^{\infty} q_\nu x^\nu$ 来表示上面的两个幂级数的商, 不过要分母的常数项 b_0 不为零. (在 b_0 为零的情况下, 这样的一种表示法一般说来是不可能的. 因为在 $x=0$ 时, 由于分母为零, 级数不可能收敛, 而另一方面, 每一个幂级数却必须在 $x=0$ 时收敛.) 幂级数

$$\sum_{\nu=0}^{\infty} q_v x^\nu$$

的系数能够根据 $\sum\limits_{\nu=0}^{\infty} q_\nu x^\nu \cdot \sum\limits_{\nu=0}^{\infty} b_\nu x^\nu = \sum\limits_{\nu=0}^{\infty} a_\nu x^\nu$ 来计算, 因此下面的方程必须成立:

$$a_0 = q_0 b_0,$$
$$a_1 = q_0 b_1 + q_1 b_0,$$
$$a_2 = q_0 b_2 + q_1 b_1 + q_2 b_0,$$
$$\cdots\cdots$$
$$a_\nu = q_0 b_\nu + q_1 b_{\nu-1} + \cdots + q_\nu b_0.$$

从这些方程的第一个, 容易求得 q_0 的值, 从第二个方程我们求得 q_1 的值, 从第三个方程 (利用 q_0 和 q_1 的值) 我们求得 q_2 的值, 等等. 为了给出由第三个幂级数表示的两个幂级数商的表达式的严格证明, 我们必须研究形式地计算出来的幂级数 $\sum\limits_{\nu=0}^{\infty} q_\nu x^\nu$ 的收敛性. 但是, 我们将不再进一步使用这个结果, 因而我们就满足于陈述商的级数在原点的某个区间内确实收敛, 证明就不讲了.

*A.2 无穷级数与反常积分

　　无穷级数以及和它们相联系而发展出来的概念在反常积分理论上有简单的应用和类比 (参看第三章 3.15 节). 我们局限在具有无穷积分区间的收敛积分的情形, 譬如说形如 $\int_0^\infty f(x)dx$ 的积分. 如果我们用一个单调趋于 $+\infty$ 的数列 $x_0 = 0, x_1, \cdots$ 去分割积分区间, 我们就能够将这反常积分写成这样:

$$\int_0^\infty f(x)dx = a_1 + a_2 + \cdots,$$

这里我们的无穷级数的每一项都是一个积分:

$$a_1 = \int_0^{x_1} f(x)dx, \quad a_2 = \int_{x_1}^{x_2} f(x)dx, \quad \cdots,$$

等等. 无论我们选择怎样的点 x_ν, 这都是对的. 因此我们能够用许多种方法将收敛的反常积分的概念与一个无穷级数的概念联系起来.

特别方便的是选择点 x_ν 使得积分在每一个子区间里都不改变符号. 于是级数 $\sum_{\nu=1}^{\infty} |a_\nu|$ 就对应于我们的函数的绝对值的积分

$$\int_0^\infty |f(x)|dx.$$

这样我们就自然地引出下面的概念: 如果积分 $\int_0^\infty |f(x)|dx$ 收敛, 则反常积分 $\int_0^\infty f(x)dx$ 就称为是绝对收敛的. 否则, 如果我们的积分存在, 我们就说这反常积分是条件收敛的.

早已研究过的一些积分 (第 268 页到第 269 页), 例如

$$\int_0^\infty \frac{1}{1+x^2}dx, \quad \int_0^\infty e^{-x^2}dx, \quad \Gamma(x) = \int_0^\infty e^{-t}t^{x-1}dt$$

是绝对收敛的.

另一方面, 在第 269 页中研究过的重要的 '狄利克雷' 积分

$$J = \int_0^\infty \frac{\sin x}{x}dx = \lim_{A\to\infty} \int_0^A \frac{\sin x}{x}dx$$

是一个条件收敛积分的典型例子. 收敛性的最简单的证明是化成一个绝对收敛的积分: 我们写成 $\sin x = (1-\cos x)' = 2\left(\sin^2 \frac{x}{2}\right)'$, 并且利用分部积分法, 将 J 变成绝对收敛的形式

$$J = 2\int_0^\infty \left(\sin^2 \frac{x}{2}\right) \frac{1}{x^2}dx.$$

(注意, 当 $x \to 0$ 时, 新的被积函数连续地通过极限值 $\frac{1}{2}$, 并且当 $x \to \infty$ 时按 x^{-2} 阶消失为零.)

*收敛性的另一个证明是用点 $x_\nu = \nu\pi\,(\nu = 0,1,2,\cdots,\mu_A)$ 分割从 0 到 A 的区间, 其中 μ_A 是满足 $\mu_A\pi \leqslant A$ 的最大的整数. 于是积分被分成形如

$$a_\nu = \int_{(\nu-1)\pi}^{\nu\pi} \frac{\sin x}{x}dx \quad (\nu = 1,2,\cdots)$$

的项和形如

$$\int_{\mu_A \pi}^{A} \frac{\sin x}{x} dx \qquad (0 \leqslant A - \mu_A \pi < \pi)$$

的一个余项 R_A.

明显地, 量 a_ν 交替地取正负, 因为 $\sin x$ 在相继的区间里交替地取正和负. 而且, $|a_{\nu+1}| < |a_\nu|$. 因为运用变换 $x = \xi - \pi$, 就有

$$|a_\nu| = \int_{(\nu-1)\pi}^{\nu\pi} \frac{|\sin x|}{x} dx = \int_{\nu\pi}^{(\nu+1)\pi} \frac{|\sin(\xi - \pi)|}{\xi - \pi} d\xi$$

$$= \int_{\nu\pi}^{(\nu+1)\pi} \frac{|\sin \xi|}{\xi - \pi} d\xi > \int_{\nu\pi}^{(\nu+1)\pi} \frac{|\sin \xi|}{\xi} d\xi = |a_{\nu+1}|.$$

因此, 根据莱布尼茨判别法, 我们知道 $\sum a_\nu$ 收敛. 而且, 余项 R_A 有绝对值

$$|R_A| = \left| \int_{\mu_A \pi}^{A} \frac{\sin x}{x} dx \right| \leqslant \int_{\mu_A \pi}^{(\mu_A+1)\pi} \frac{|\sin x|}{x} dx$$

$$\leqslant \frac{1}{\mu_A \pi} \int_{\mu_A \pi}^{(\mu_A+1)\pi} |\sin x| dx = \frac{2}{\mu_A \pi},$$

而当 A 增大时这是趋于 0 的. 因此, 如果我们在等式

$$\int_{0}^{A} \frac{\sin x}{x} dx = a_1 + a_2 + a_3 + \cdots + a_{\mu_A} + R_A$$

中让 A 趋于 ∞, 右边就趋于 $\sum a_\nu$, 并以它作为极限, 因而我们的积分是收敛的. 但这收敛性不是绝对的, 因为

$$|a_\nu| > \int_{(\nu-1)\pi}^{\nu\pi} \frac{|\sin x|}{\nu\pi} dx = \frac{2}{\nu\pi},$$

因此 $\sum |a_\nu|$ 发散.

*A.3 无 穷 乘 积

在这一章的引言中 (第 447 页), 我们谈到过无穷级数是一种特别重要的方法, 只是用无穷过程表示数或函数的一种方法. 作为这种过程的另一个例子, 我们考虑无穷乘积. 不再给出证明.

在第 244 页我们遇见过沃利斯乘积

$$\frac{\pi}{2} = \frac{2}{1} \cdot \frac{2}{3} \cdot \frac{4}{3} \cdot \frac{4}{5} \cdot \frac{6}{5} \cdot \frac{6}{7} \cdots,$$

在这个式子里, 数 $\dfrac{\pi}{2}$ 表示成了一个 "无穷乘积". 一般地讲, 所谓无穷乘积

$$\prod_{\nu=1}^{\infty} a_\nu = a_1 \cdot a_2 \cdot a_3 \cdot a_4 \cdots$$

的值, 只要它的极限存在, 我们指的就是 "部分乘积" 的序列

$$a_1, a_1 \cdot a_2, a_1 \cdot a_2 \cdot a_3, a_1 \cdot a_2 \cdot a_3 \cdot a_4 \cdots$$

的极限.

当然, 因子 $a_1, a_2, a_3, \cdots$ 也可以是一个变量 x 的函数. 一个特别有趣的例是关于函数 $\sin x$ 的 "无穷乘积":

$$\sin \pi x = \pi x \left(1 - \frac{x^2}{1^2}\right) \left(1 - \frac{x^2}{2^2}\right) \left(1 - \frac{x^2}{3^2}\right) \cdots, \tag{16}$$

这个式子我们将在第 532 页 8.5 节得到.

在数论中关于 zeta 函数的无穷乘积起着非常重要的作用. 为了沿用在数论中常用的记号, 这里我们用 s 表示自变量, 并且按照黎曼意义对于 $s > 1$ 用表达式

$$\zeta(s) = \sum_{n=1}^{\infty} \frac{1}{n^s}$$

来定义 zeta 函数. 我们知道 (第 460 页 7.2c 节), 如果 $s > 1$, 右边的级数收敛. 如果 p 是任一个大于 1 的数, 我们得到等式

$$\frac{1}{1 - \dfrac{1}{p^s}} = 1 + \frac{1}{p^s} + \frac{1}{p^{2s}} + \frac{1}{p^{3s}} + \cdots.$$

这是把左边展开成一个公比为 p^{-s} 的几何级数. 如果我们设想这个级数对所有的素数 $p_1, p_2, p_3, \cdots$ 按它们从小到大的顺序写下来, 并且所有这样形成的等式乘在一起, 我们就在左边得到一个乘积, 形如

$$\frac{1}{1 - p_1^{-s}} \cdot \frac{1}{1 - p_2^{-s}} \cdot \frac{1}{1 - p_3^{-s}} \cdots.$$

我们不来验证这个过程, 而将等式右边的级数乘在一起, 我们就得到一个和, 它的各项为

$$p_1^{-k_1 s} p_2^{-k_2 s} p_3^{-k_3 s} \cdots = \left(p_1^{k_1} p_2^{k_2} p_3^{k_3} \cdots\right)^{-s},$$

其中 $k_1, k_2, k_3, \cdots$ 是任意的非负整数. 我们也还记得, 根据一个基本定理, 每一个整数 $n > 1$ 能且只能用一种方式表示成不同的素数的幂的乘积 $n = p_1^{k_1} p_2^{k_2} \cdots$. 这样我们就发现等式右边的乘积就是函数 $\zeta(s)$, 从而我们得到值得注意的欧拉的

'乘积形式'

$$\zeta(s) = \frac{1}{1 - p_1^{-s}} \cdot \frac{1}{1 - p_2^{-s}} \cdot \frac{1}{1 - p_3^{-s}} \cdots . \tag{17}$$

这个 '乘积形式', 它的推导我们在这里只简略地作了概述. 因为素数的个数是无穷的, 所以它的确是 zeta 函数表示成无穷乘积的一种表示法.

在无穷乘积的一般理论里经常排除乘积 $a_1 a_2 \cdots a_n$ 取极限零这种情形. 因此没有一个因子 a_n 是零的情形是特别重要的. 为了乘积能够收敛, 当 n 增大时因子 a_n 必须趋于 1. 因为如果需要, 我们可以省去有穷个因子 (这与收敛性的问题无关), 所以我们可以假定 $a_n > 0$. 下面几乎是显然的定理适用于这种情形:

当 $a_\nu > 0$ 时, 乘积 $\prod\limits_{\nu=1}^{\infty} a_\nu$ 收敛的一个必要充分条件是级数 $\sum\limits_{\nu=1}^{\infty} \log a_\nu$ 应当收敛. 因为作为对数的连续性的一个推论, 当且仅当部分乘积 $a_1 a_2 \cdots a_n$ 具有一个正的极限时, 这个级数的部分和 $\sum\limits_{\nu=1}^{\infty} \log a_\nu = \log(a_1 a_2 \cdots a_n)$ 才趋向一个确定的极限.

当 $a_\nu = 1 + \alpha_\nu$ 时, 在收敛性的研究中下面的充分条件经常适用. 如果级数

$$\sum_{\nu=1}^{\infty} |a_\nu|$$

收敛并且没有一个因子 $(1 + \alpha_\nu)$ 为零, 则乘积

$$\prod_{\nu=1}^{\infty} (1 + \alpha_\nu)$$

收敛. 在证明中, 我们可以假设每一个 $|a_\nu| < \dfrac{1}{2}$, 因为如果必要可略去有限个因子. 于是我们有 $1 - |a_\nu| > \dfrac{1}{2}$. 根据中值定理 $\log(1 + h) = \log(1 + h) - \log 1 = h/(1 + \theta h)$, 其中 $0 < \theta < 1$, 于是

$$|\log(1 + \alpha_\nu)| = \left| \frac{\alpha_\nu}{1 + \theta \alpha_\nu} \right| \leqslant \frac{|\alpha_\nu|}{1 - |\alpha_\nu|} \leqslant 2|\alpha_\nu|,$$

从而由 $\sum\limits_{\nu=1}^{\infty} |\alpha_\nu|$ 的收敛性得出级数 $\sum\limits_{\nu=1}^{\infty} \log(1 + \alpha_\nu)$ 的收敛性.

从我们的判别准则可以推知, 前面关于 $\sin \pi x$ 的无穷乘积 (16) 对于所有的 x 值是收敛的, 例外的只在于 $x = 0, \pm 1, \pm 2, \cdots$, 这时乘积的因子是零. 至于黎曼 ζ 函数, 对于 $p \geqslant 2$ 和 $s > 1$, 我们容易求得

$$\frac{1}{1-p^{-s}} = 1 + \frac{1}{p^s-1}, \quad 0 < \frac{1}{p^s-1} < \frac{2}{p^s}.$$

现在如果我们让 p 取一切素数值, 级数 $\sum \dfrac{1}{p^s}$ 一定收敛, 因为它的项只形成了

收敛级数 $\displaystyle\sum_{\nu=1}^{\infty} \dfrac{1}{\nu^s}$ 的一部分. 于是在方程 (17) 中的乘积对于 $s > 1$ 的收敛性得

证. 根据当 $s = 1$ 的 $\zeta(s)$ 的级数 (即调和级数) 发散这一事实, 我们能够引出一个值得注意的结论: 素数的倒数的级数, 即级数

$$\sum_{k=1}^{\infty} \frac{1}{p_k} = \frac{1}{2} + \frac{1}{3} + \frac{1}{5} + \frac{1}{7} + \frac{1}{11} + \frac{1}{13} + \frac{1}{17} + \frac{1}{19} + \cdots$$

发散. (顺便说说, 这表明了素数的个数是无穷的.) 的确, 假如素数的倒数的级数是收敛的, 那么以

$$\alpha_k = \frac{1}{1-p_k^{-1}} - 1 = \frac{p_k^{-1}}{1-p_k^{-1}}$$

为项的级数也应收敛, 因为 $p_k \geqslant 2$ 和

$$0 < \alpha_k \leqslant \alpha p_k^{-1}.$$

于是, 根据我们的判别法, 无穷乘积

$$\prod_{k=1}^{\infty}(1+\alpha_k) = \prod_{k=1}^{\infty} \frac{1}{1-p_k^{-1}} = \prod_{k=1}^{\infty}\left(1 + \frac{1}{p_k} + \frac{1}{p_k^2} + \cdots\right)$$

也应收敛. 于是明显地调和级数同样也应收敛, 而这是不可能的.

*A.4　含有伯努利数的级数

到目前为止对于某些初等函数, 例如 $\tan x$, 我们还没有给出幂级数的展开式. 原因是它的数字系数不以任何简单的形式出现. 我们能够用所谓的伯努利数来表示这些系数和其他一些函数的级数里的那些系数. 这些数是稀奇的有理数, 它们的形成规律有点隐蔽, 它们在分析的许多部分中出现. 要达到用伯努利数表示级数的系数这个目的, 最简单的方法是将函数

$$\frac{x}{e^x-1} = \frac{1}{1 + \dfrac{x}{2!} + \dfrac{x^2}{3!} + \cdots}$$

展开成一个形如

$$\frac{x}{e^x - 1} = \sum_{\nu=0}^{\infty} \frac{B_\nu^*}{\nu!} x^\nu$$

的幂级数. 如果我们将这个等式写成

$$x = (e^x - 1) \sum_{\nu=0}^{\infty} \frac{B_\nu^*}{\nu!} x^\nu$$

并且将 $e^x - 1$ 的幂级数代入等式右边, 我们就得到关于 B_n^* 的递推关系

$$\binom{n+1}{1} B_n^* + \binom{n+1}{2} B_{n-1}^* + \binom{n+1}{3} B_{n-2}^* + \cdots + \binom{n+1}{n+1} B_0^* = 0$$

对于 $n > 0$ 成立, 而 $B_0^* = 1$. 从这些关系式中 B_n^* 能够容易地相继计算出来. 这些有理数称为伯努利数 (Bernoulli numbers)[1]. 它们之所以是有理数, 是因为在它们的形成中只涉及有理运算. 容易看到, 所有的奇数项除了 $\nu - 1$ 以外都等于零. 其最前面几个是

$$B_0^* = 1, \quad B_1^* = -\frac{1}{2}, \quad B_2^* = \frac{1}{6}, \quad B_4^* = -\frac{1}{30},$$
$$B_6^* = \frac{1}{42}, \quad B_8^* = -\frac{1}{30}, \quad B_{10}^* = \frac{5}{66}, \cdots.$$

至于这些数在我们的问题里是如何出现在幂级数中的, 我们只能简略讲. 首先, 利用变换

$$1 + \frac{B_2^*}{2!} x^2 + \cdots = \frac{x}{e^x - 1} + \frac{x}{2} = \frac{x}{2} \cdot \frac{e^x + 1}{e^x - 1}$$
$$= \frac{x}{2} \cdot \frac{e^{\frac{1}{2}x} + e^{-\frac{1}{2}x}}{e^{\frac{1}{2}x} - e^{-\frac{1}{2}x}},$$

我们得到

$$\frac{x}{2} \coth \frac{x}{2} = \sum_{\nu=0}^{\infty} \frac{B_{2\nu}^*}{(2\nu)!} x^{2\nu}.$$

(这个公式证明了当 $\nu > 0$ 时 $B_{2\nu+1}^* = 0$, 因为 $\frac{x}{2} \coth \frac{x}{2}$ 是 x 的一个偶函数.)

如果用 $2x$ 代替 x, 我们就有级数

---

1) 在稍有不同的记法里 (第 552 页), 基本公式写成

$$\frac{x}{e^x - 1} = 1 - \frac{1}{2} x + \sum_{\nu=1}^{\infty} (-1)^{\nu+1} \frac{B_\nu}{(2\nu)!} x^{2\nu}.$$

$$x \coth x = \sum_{\nu=0}^{\infty} \frac{2^{2\nu} B_{2\nu}^*}{(2\nu)!} x^{2\nu},$$

可以证明, 这对于 $|x| < \pi$ 成立. 从这个等式里, 用 $-ix$ 代替 x, 我们得到 (参看第 486 页)

$$x \cot x = \sum_{\nu=0}^{\infty} (-1)^{\nu} \frac{2^{2\nu} B_{2\nu}^*}{(2\nu)!} x^{2\nu}, \quad |x| < \pi.$$

现在, 根据等式 $2 \cot 2x = \cot x - \tan x$, 我们得到级数

$$\tan x = \sum_{\nu=1}^{\infty} (-1)^{\nu-1} \frac{2^{2\nu} (2^{2\nu} - 1)}{(2\nu)!} B_{2\nu}^* x^{2\nu-1},$$

它对于 $|x| < \dfrac{\pi}{2}$ 成立.

关于更进一步的知识, 我们建议读者参考第八章和更详细的著作.[1]

问　　题

7.1 节, 第 448 页

1. 证明

$$\sum_{\nu=1}^{\infty} \frac{1}{\nu(\nu+1)} = \frac{1}{1 \cdot 2} + \frac{1}{2 \cdot 3} + \cdots = 1.$$

[参看 1.6 节的问题 12(a)] 并且利用此结果证明 $\displaystyle\sum_{\nu=1}^{\infty} \frac{1}{\nu^2}$ 收敛.

2. 利用第 1 题的结果得出

$$\sum_{\nu=1}^{\infty} \frac{1}{\nu^2}$$

的上界和下界.

3. 证明 $\displaystyle\sum_{\nu=0}^{\infty} (-1)^{\nu} \frac{2\nu+3}{(\nu+1)(\nu+2)} = 1.$

4. 什么样的 α 值使级数 $1 - \dfrac{1}{2^{\alpha}} + \dfrac{1}{3^{\alpha}} - \dfrac{1}{4^{\alpha}} + - \cdots$ 收敛?

---

1) 例如参看 K.Knopp 著《无穷级数的理论和应用》, 第 183 页, Blackie & Son 1928 年出版; K.Knopp 著《无穷序列和无穷级数》, 1956 年 Dover 发行公司.

5. 证明如果 $\displaystyle\sum_{\nu=1}^{\infty} a_\nu$ 收敛, 并且 $s_n = a_1 + a_2 + \cdots + a_n$, 则序列

$$\frac{s_1 + s_2 + \cdots + s_N}{N}$$

也收敛, 并且以 $\displaystyle\sum_{\nu=1}^{\infty} a_\nu$ 作为它的极限.

6. 级数 $\displaystyle\sum_{n=1}^{\infty} \left(\frac{2n}{2n+1} - \frac{2n-1}{2n} \right)$ 是否收敛?

7. 级数 $\displaystyle\sum_{\nu=1}^{\infty} (-1)^\nu \frac{\nu}{\nu+1}$ 是否收敛?

8. 证明如果 $\displaystyle\sum_{\nu=1}^{\infty} a_\nu^2$ 收敛, 则 $\displaystyle\sum_{\nu=1}^{\infty} \frac{a_\nu}{\nu}$ 也收敛.

9.(a) 如果 a_n 是正项单调递增序列, 什么时候级数

$$\frac{1}{a_1} + \frac{1}{a_1 a_2} + \frac{1}{a_1 a_2 a_3} + \cdots \text{ 收敛?}$$

(b) 举出一个单调递降的序列具有 $\displaystyle\lim_{n\to\infty} a_n = 1$, 使得这个序列所对应的上述级数发散.

(c) 证明如果序列是递减的, 那么其至当 $\displaystyle\lim_{n\to\infty} a_n = 1$ 时也可能在 (a) 中得到收敛的和.

10. 如果具有递减的正项的级数 $\displaystyle\sum_{\nu=1}^{\infty} a_\nu$ 收敛, 则 $\displaystyle\lim_{n\to\infty} na_n = 0$.

11. 证明级数 $\displaystyle\sum_{\nu=1}^{\infty} \sin \frac{\pi}{\nu}$ 发散.

12. 证明如果 $\displaystyle\sum a_\nu$ 收敛并且 $b_1, b_2, b_3, \cdots$ 是一个有界的单调数列, 则 $\displaystyle\sum a_\nu b_\nu$ 收敛. 再证明如果 $s = \displaystyle\sum a_\nu b_\nu$ 并且 $\displaystyle\sum a_\nu \leqslant M$, 则 $|s| \leqslant Mb_1$.

13. 如果级数

$$\sum_{i=1}^{\infty} |a_{i+1} - a_i|$$

收敛, 就说序列 $\{a_n\}$ 有有界变差.

(a) 证明如果序列 $\{a_n\}$ 有有界变差, 则序列 $\{a_n\}$ 收敛.

(b) 求一个发散的无穷级数 $\displaystyle\sum a_i$, 它的元素 a_i 构成一个有有界变差的序列.

(c) 证明以下由戴德金提出的阿贝尔收敛判别法的推广 (参看第 452 页):

如果 $\sum a_i$ 在有限的上下界之间摆动, 并且 $\{p_i\}$ 是一个有有界变差且趋于零的序列, 则级数 $\sum a_i p_i$ 是收敛的.

(d) 证明以下的无穷级数对任何一个固定的实数 x 的收敛性:

(i) $\displaystyle\sum_{n=2}^{\infty} \frac{\sin nx}{\log n}(-1)^n$;

(ii) $\displaystyle\sum_{n=2}^{\infty} \frac{\cos nx}{\log n}(-1)^n$.

14. 讨论以下级数的敛散性:

(a) $\displaystyle\sum \frac{(-1)^\nu}{\nu}$;

(b) $\displaystyle\sum \frac{(-1)^\nu \cos(\theta/\nu)}{\nu}$;

(c) $\displaystyle\sum \frac{\cos \nu\theta}{\nu}$;

(d) $\displaystyle\sum \frac{\sin \nu\theta}{\nu}$;

(e) $\displaystyle\sum \frac{(-1)^\nu \cos \nu\theta}{\nu}$;

(f) $\displaystyle\sum \frac{(-1)^\nu \sin \nu\theta}{\nu}$.

15. 求以下关于 $\log 2$ 的级数

$$1 - \frac{1}{2} + \frac{1}{3} - \frac{1}{4} + \frac{1}{5} - \frac{1}{6} + - \cdots$$

的重排的和:

(a) $1 - \dfrac{1}{2} - \dfrac{1}{4} + \dfrac{1}{3} - \dfrac{1}{6} - \dfrac{1}{8} + \dfrac{1}{5} - \dfrac{1}{10} - \dfrac{1}{12} + - - \cdots$;

(b) $1 + \dfrac{1}{3} + \dfrac{1}{5} - \dfrac{1}{2} - \dfrac{1}{4} - \dfrac{1}{6} + + + - - - \cdots$.

16. 判断下面的级数是收敛还是发散:

(a) $1 + \dfrac{1}{2} - \dfrac{1}{3} + \dfrac{1}{4} + \dfrac{1}{5} - \dfrac{1}{6} + \dfrac{1}{7} + \dfrac{1}{8} - \dfrac{1}{9} + + - \cdots$;

(b) $1 + \dfrac{1}{2} - \dfrac{2}{3} + \dfrac{1}{4} + \dfrac{1}{5} - \dfrac{2}{6} + \dfrac{1}{7} + \dfrac{1}{8} - \dfrac{2}{9} + + - \cdots$.

7.2 节, 第 456 页

1. 证明 $\displaystyle\sum_{\nu=2}^{\infty} \frac{1}{\nu(\log \nu)^\alpha}$ 当 $\alpha > 1$ 时收敛, 而当 $\alpha \leqslant 1$ 时发散.

2. 证明 $\displaystyle\sum_{\nu=3}^{\infty} \frac{1}{\nu \log \nu (\log\log \nu)^\alpha}$ 当 $\alpha > 1$ 时收敛, 而当 $\alpha \leqslant 1$ 时发散.

3. 如果 n 是任意一个大于 1 的整数, 证明

$$\sum_{\nu=1}^{\infty} \frac{a_\nu^n}{\nu} = \log n,$$

其中 a_ν^n 定义如下:

$$a_\nu^n = \begin{cases} 1, & \text{如果 } n \text{ 不是 } \nu \text{ 的因子} \\ -(n-1), & \text{如果 } n \text{ 是 } \nu \text{ 的因子}. \end{cases}$$

4. 证明 $\displaystyle\sum_{\nu=2}^{\infty} \frac{\log(\nu+1) - \log \nu}{(\log \nu)^2}$ 收敛.

5. 证明 $\displaystyle\sum_{\nu=1}^{\infty} \frac{1 \cdot 2 \cdot 3 \cdots \nu}{(\alpha+1)(\alpha+2)\cdots(\alpha+\nu)}$ 当 $\alpha > 1$ 时收敛, 而当 $\alpha \leqslant 1$ 时发散.

*6. 通过与级数 $\displaystyle\sum_{\nu=1}^{\infty} \frac{1}{\nu^\alpha}$ 比较, 证明以下判别法:

如果对于某一个不依赖于 n 的固定数 $\varepsilon > 0$ 和每一个充分大的 n, $\dfrac{\log(1/|a_n|)}{\log n} > 1+\varepsilon$, 则级数 $\sum a_\nu$ 绝对收敛; 如果对于每一个充分大的 n 和某一个不依赖 n 的数 $\varepsilon > 0$, $\dfrac{\log(1/|a_n|)}{\log n} < 1-\varepsilon$, 则级数 $\sum a_\nu$ 不绝对收敛.

7. 证明级数 $\displaystyle\sum_{\nu=1}^{\infty} \left(1 - \frac{1}{\sqrt{\nu}}\right)^\nu$ 收敛.

8. 对于什么样的 α 值下面的级数收敛?

(a) $1 - \dfrac{1}{2^\alpha} + \dfrac{1}{3} - \dfrac{1}{4^\alpha} + \dfrac{1}{5} - \dfrac{1}{6^\alpha} + - \cdots$.

(b) $1 + \dfrac{1}{3^\alpha} - \dfrac{1}{2^\alpha} + \dfrac{1}{5^\alpha} + \dfrac{1}{7^\alpha} - \dfrac{1}{4^\alpha} + - \cdots$.

9. 通过与级数 $\displaystyle\sum \frac{1}{\nu(\log \nu)^\alpha}$ 比较, 证明以下判别法: 级数 $\sum |a_\nu|$ 收敛还是发散取决于对每一个充分大的 n,

$$\frac{\log(1/n|a_n|)}{\log \log n}$$

是大于 $1 + \varepsilon$ 还是小于 $1 - \varepsilon$.

10. 从第 6 题的判别法导出根式判别法.

11. 证明下面的比较判别法: 如果正项级数 $\sum b_\nu$ 收敛, 并且从某一项以后

$$\left| \frac{a_{n+1}}{a_n} \right| < \frac{b_{n+1}}{b_n},$$

则级数 $\sum a_\nu$ 绝对收敛; 如果 $\sum b_\nu$ 发散, 并且从某一项以后

$$\left| \frac{a_{n+1}}{a_n} \right| > \frac{b_{n+1}}{b_n},$$

则级数 $\sum a_\nu$ 不绝对收敛.

*12. 通过与 $\displaystyle\sum_{\nu=1}^{\infty}\frac{1}{\nu^\alpha}$ 比较, 证明 '拉阿贝 (Raabe)' 判别法:

级数 $\sum |a_\nu|$ 收敛或发散取决于对每一个充分大的 n 和某一个不依赖于 n 的 $\varepsilon > 0$,

$$n\left(\frac{|a_n|}{|a_{n+1}|}-1\right)$$

是大于 $1+\varepsilon$ 还是小于 $1-\varepsilon$.

13. 通过与 $\displaystyle\sum \frac{1}{\nu(\log\nu)^\alpha}$ 比较, 证明以下判别法: 级数 $\sum |a_\nu|$ 收敛或发散取决于对每一个充分大的 n,

$$n\log n\left(\frac{|a_n|}{|a_{n+1}|}-1-\frac{1}{n}\right)$$

是大于 $1+\varepsilon$ 还是小于 $1-\varepsilon$.

14. 证明高斯 (Gauss) 判别法:

如果

$$\frac{|a_n|}{|a_{n+1}|}=1+\frac{\mu}{n}+\frac{R_n}{n^{1+\varepsilon}},$$

其中 $|R_n|$ 是有界的, 并且 $\varepsilon > 0$ 不依赖于 n, 则 $\sum |a_\nu|$ 当 $\mu > 1$ 时收敛, 而当 $\mu \leqslant 1$ 时发散.

15. 判别下面的 '超几何' 级数的敛散性:

(a) $\dfrac{\alpha}{\beta}+\dfrac{\alpha(\alpha+1)}{\beta(\beta+1)}+\dfrac{\alpha(\alpha+1)(\alpha+2)}{\beta(\beta+1)(\beta+2)}+\cdots$.

(b) $1+\dfrac{\alpha\cdot\beta}{1\cdot\gamma}+\dfrac{\alpha(\alpha+1)\cdot\beta(\beta+1)}{1\cdot 2\cdot\gamma(\gamma+1)}$

$\qquad +\dfrac{\alpha(\alpha+1)(\alpha+2)\cdot\beta(\beta+1)(\beta+2)}{1\cdot 2\cdot 3\cdot\gamma(\gamma+1)(\gamma+2)}+\cdots$.

7.4 节, 第 464 页

1. 序列 $f_n(x), n=1,2,\cdots$ 在区间 $0\leqslant x\leqslant 1$ 上用等式

$$f_0(x)\equiv 1,\quad f_n(x)=\sqrt{xf_{n-1}(x)}$$

定义.

(a) 证明在区间 $0\leqslant x\leqslant 1$ 上序列收敛到一个连续的极限.

*(b) 证明这收敛性是一致的.

*2. 设 $f_0(x)$ 在区间 $0 \leqslant x \leqslant a$ 上连续, 函数序列 $f_n(x)$ 用

$$f_n(x) = \int_0^x f_{n-1}(t)dt, \qquad n = 1, 2, \cdots$$

定义. 证明这序列在区间 $0 \leqslant x \leqslant a$ 上一致收敛到 0.

*3. 设 $f_n(x), n = 1, 2, \cdots$ 是在区间 $a \leqslant x \leqslant b$ 上具有连续导数的函数序列. 证明, 如果 $f_n(x)$ 在区间的每一点处收敛, 同时不等式 $|f'_n(x)| < M$ (其中 M 是一个常数) 为一切 n 和 x 值所满足, 则收敛是一致的.

4. (a) 证明级数 $\sum\limits_{\nu=1}^{\infty} \dfrac{1}{\nu^x}$ 对任一固定的数 $\varepsilon > 0$, 对 $x \geqslant 1 + \varepsilon$ 一致收敛.

(b) 证明求导得出的级数 $-\sum \dfrac{\log \nu}{\nu^x}$ 对固定的正数 ε, 对 $x \geqslant 1 + \varepsilon$ 一致收敛.

*5. 证明级数 $\sum \dfrac{\cos \nu x}{\nu^{\alpha}}, \alpha > 0$, 对任意小的正值 ε, 对 $\varepsilon \leqslant x \leqslant 2\pi - \varepsilon$ 一致收敛.

6. 级数

$$\frac{x-1}{x+1} + \frac{1}{3}\left(\frac{x-1}{x+1}\right)^3 + \frac{1}{5}\left(\frac{x-1}{x+1}\right)^5 + \cdots$$

当 ε, N 为固定的正数时, 对 $\varepsilon \leqslant x \leqslant N$ 一致收敛.

7. 求下列级数收敛的范围:

(a) $\sum x^{\nu!}$;

(b) $\sum \dfrac{(\nu!)^2 x^{\nu}}{(2\nu)!}$;

(c) $\sum \dfrac{a^{\nu}}{\nu^x}(a < 1)$;

(d) $\sum \dfrac{a^{\nu}}{\nu^x}(a > 1)$;

(e) $\sum \dfrac{\log \nu}{\nu^x}$;

(f) $\sum \dfrac{x^{\nu}}{1 - x^{\nu}}$.

*8. 证明如果狄利克雷级数 $\sum \dfrac{a_{\nu}}{\nu^x}$ 对 $x = x_0$ 收敛, 则它对任意的 $x > x_0$ 收敛; 如果它对 $x = x_0$ 发散, 则它对任意的 $x < x_0$ 发散. 因此存在一个 "收敛的横坐标" 使得对任一个大于它的 x 值级数收敛, 而对任一个小于它的 x 值级数发散.

9. 如果 $\sum \dfrac{a_{\nu}}{\nu^x}$ 对 $x = x_0$ 收敛, 则求导得出的级数 $-\sum \dfrac{a_{\nu} \log \nu}{\nu^x}$ 对任意的 $x > x_0$ 收敛.

7.5 节, 第 474 页

1. 如果幂级数 $\sum a_n x^n$ 的收敛区间是 $|x| < \rho$, 同时 $\sum b_n x^n$ 的收敛区间是 $|x| < \rho'$, 这里 $\rho < \rho'$, 那么 $\sum (a_n + b_n) x^n$ 的收敛区间是什么?

2. 如果 $a_\nu > 0$ 并且 $\sum a_\nu$ 收敛, 则

$$\lim_{x \to 1-0} \sum a_\nu x^\nu = \sum a_\nu.$$

3. 如果 $a_\nu > 0$ 并且 $\sum a_\nu$ 发散, 则

$$\lim_{x \to 1-0} \sum a_\nu x^\nu = \infty.$$

*4. 证明阿贝尔定理:

如果 $\sum a_\nu X^\nu$ 收敛, 则 $\sum a_\nu x^\nu$ 对 $0 \leqslant x \leqslant X$ 一致收敛.

*5. 如果 $\sum a_\nu X^\nu$ 收敛, 则 $\lim_{x \to X-0} \sum a_\nu x^\nu = \sum a_\nu X^\nu$.

*6. 根据幂级数的乘法证明

(a) $e^x e^y = e^{x+y}$. 　　　(b) $\sin 2x = 2 \sin x \cos x$.

7. 利用二项式级数, 计算 $\sqrt{2}$ 到四位小数.

8. 设 a_n 为任一个实数序列, S 是 a_n 的所有的极限点的集合. 我们用 $p = \overline{\lim} a_n$ 表示 S 的最小上界 p. 证明幂级数 $\sum_{n=0}^{\infty} c_n x^n$ 当 $|x| < \rho$ 时收敛, 当 $|x| > \rho$ 时发散, 其中

$$\rho = \frac{1}{\lim \sqrt[n]{|c_n|}}.$$

附录, 第 487 页

1. 证明关于 $\sqrt{(1-x)}$ 的幂级数当 $x = 1$ 时仍然收敛.

2. 证明对于每一个正数 ε, 在区间 $0 \leqslant x \leqslant 1$ 上存在一个表示 $\sqrt{(1-x)}$ 的 x 的多项式, 它与 $\sqrt{(1-x)}$ 的误差小于 ε.

3. 在问题 2 里设 $x = 1 - t^2$, 证明对每一个正数 ε, 存在一个 t 的多项式, 它在区间 $-1 \leqslant t \leqslant 1$ 上表示 $|t|$, 它与 $|t|$ 的误差小于 ε.

4. (a) 证明如果 $f(x)$ 在 $a \leqslant x \leqslant b$ 上连续, 则对每一个 $\varepsilon > 0$, 存在一个多边形函数 $\varphi(x)$ (即一个连续函数, 它的图形由有限个相交成角的直线段组成) 使得对区间里的每一个 x 有 $|f(x) - \varphi(x)| < \varepsilon$.

(b) 证明每一个多边形函数 $\varphi(x)$ 能够用一个和函数 $\varphi(x) = a + bx + \sum c_i |x - x_i|$ 表示, 其中 x_i 是角点的横坐标.

5. **魏尔斯特拉斯逼近定理**. 在上面论述的基础上证明, 如果 $f(x)$ 在 $a \leqslant x \leqslant b$ 上连续, 则对每一个正数 ε 存在一个多项式 $P(x)$ 使得对区间 $a \leqslant x \leqslant b$ 上所有的 x 值有 $|f(x) - P(x)| < \varepsilon$.

提示: 用形如 $(x - x_r) + |x - x_r|$ 的线性组合去逼近 $f(x)$.

6. 证明以下的无穷乘积收敛:

(a) $\displaystyle\prod_{n=1}^{\infty}\left(1+\left(\frac{1}{2}\right)^{2n}\right)$;

(b) $\displaystyle\prod_{n=2}^{\infty}\frac{n^3-1}{n^3+1}$;

(c) $\displaystyle\prod_{n=1}^{\infty}\left(1-\frac{z^2}{n!}\right)\quad(|z|<1)$.

7. 用课文中的方法证明 $\displaystyle\prod_{n=1}^{\infty}\left(1+\frac{1}{n}\right)$ 发散.

8. 对 $|x|<1$ 证明恒等式

$$\prod_{\nu=1}^{\infty}\left(1+x^{2\nu}\right)=\frac{1}{1-x}.$$

*9. 在十进制所表示的自然数中, 考虑所有数字中间没有 9 的数. 证明这些数的倒数和收敛.

10. (a) 证明, 对于 $s>1$,

$$1-\frac{1}{2^s}+\frac{1}{3^s}-\frac{1}{4^s}+\cdots=\left(1-2^{1-s}\right)\zeta(s),$$

其中 $\zeta(s)$ 是在第 493 页中所定义的 zeta 函数.

(b) 用这个恒等式去证明 $\displaystyle\lim_{s\to1+0}(s-1)\zeta(s)=1$.

11. 关于收敛的积分判别法　设 $f(x)$ 是正的并且当 $x\geqslant1$ 时是递减的.

(a) 证明无穷积分 $\displaystyle\int_1^{\infty}f(x)dx$ 和无穷级数 $\displaystyle\sum_{k=1}^{\infty}f(k)$ 同时收敛或同时发散.

(b) 证明不论在哪种情况下, 极限

$$\lim_{n\to\infty}\left(\int_1^n f(x)dx-\sum_{k=1}^n f(k)\right)$$

者存在.

(c) 应用这个判别法证明级数

$$\sum_{n=2}^{\infty}\frac{1}{n\log^{\alpha}n}$$

当 $\alpha>1$ 时收敛, 当 $\alpha\leqslant1$ 时发散.

第八章 三 角 级 数

用幂级数表示的函数, 或者如拉格朗日所称呼的 "解析函数", 在分析中的确起着一种中心的作用. 但是, 由于这类解析函数在许多实例中太受限制, 因此, 下述事实对整个数学以及对大量应用来说, 是一个颇为重大的事件. 这就是, 傅里叶在他的《热的解析理论》[1] 一书中, 注意到并且用许多例阐明了, 具有常系数 a_ν, b_ν 的形如

$$f(x) = \frac{a_0}{2} + \sum_{\nu=1}^{\infty} (a_\nu \cos \nu x + b_\nu \sin \nu x) \tag{1}$$

的收敛的三角级数能够表示一类广泛的 "任意" 函数 $f(x)$. 这类函数基本上包括了每一个特别重要的函数, 不管是用机械作图的方法从几何上定义的, 还是用其他方法定义的, 甚至具有跳跃间断的函数, 或者在不同区间上服从不同的形成规律的函数, 都能用 (1) 式表示出来.

在傅里叶的引人注目的发现之后不久, "傅里叶级数" 就被认为不仅是物理学和力学的最强有力的工具, 而且同样也恰是许多漂亮的纯数学结果的一个丰富的源泉. 在 1820 到 1830 年间, 柯西, 特别是狄利克雷对于傅里叶的有点启发的和不完善的论证提供了一个坚实的基础, 使得这个课题如像它的重要性一样易于接受.

不管由三角级数所表示的函数的 "任意性" 如何, 因为级数的每一项都有 2π 这个周期, 所以它们本来就受着 2π 这一周期性条件的限制. 但是, 我们不久就会看到, 这个限制是非本质的, 只要我们仅在一个有限的区间内考虑函数, 我们就能容易地把它开拓为周期函数.

本章对傅里叶级数的理论提供一个初步介绍, 而不作更进一步的仔细研究.

在对周期函数作了某些初步的讨论之后, 我们将证明主要定理, 以便对于一类广泛的函数建立其三角级数展开的合理性.

在以后的几节中, 我们将讨论一点儿较高深的附加的课题, 例如傅里叶级数的一致和绝对收敛性以及任意连续函数的多项式近似. 在附录中, 我们将讨论伯努利的多项式理论及其应用.

---

[1] 见英译本: Joseph Fourier 著 *The Analytical Theory of Heat*, Dover 1955 年再版发行.

8.1 周 期 函 数

a. 一般说明. 函数的周期开拓

由于函数 $\sin nx$ 和 $\cos nx$ 是以 2π 为公共周期的 x 的周期函数, 所以形如 (1) 的任何有限和或收敛的无限和也是以 2π 为周期的周期函数. 我们现在作一些关于周期函数的一般性的观察, 以扩充第四章第 295 页的内容.

周期为 T 的函数 $f(x)$ 的周期性, 由对所有 x 的值[1] 都成立的等式

$$f(x + T) = f(x) \tag{2a}$$

来表示. 具有周期 T 意味着 $f(x)$ 也具有周期 $\pm T, \pm 2T, \cdots, \pm mT, \cdots$, 并且对所有整数 m 都有

$$f(x \pm mT) = f(x). \tag{2b}$$

在特殊情况下, $f(x)$ 也可以偶尔有一个较短的周期. 例如, 函数 $\sin(4\pi x/T)$ 不仅有周期 T, 而且同样有较小的周期 $T/2$.

如同我们已在第四章第 296 页看到过的, 定义在一个闭区间 $a \leqslant x \leqslant b$ 内的函数 $f(x)$, 能够开拓成对 x 的所有值具有周期 $T = b - a$ 的周期函数, 它在原来的区间 $a \leqslant x \leqslant b$ 以外的依次相邻的长度为 T 的区间内是按下列周期性关系

$$f(x + nT) = f(x), \qquad n = \pm 1, \pm 2, \cdots \tag{2c}$$

定义的.

在长度为 T 的区间的端点 $x = a + nT = b + (n-1)T$ 上, 由开拓所得的函数既不是唯一确定的, 也未必连续. 我们必须允许 $f(x)$ 在点 $x = \xi$ 具有跳跃间断性. 函数 $f(x)$ 不论在 ξ 的哪一边都是连续的, 但在点 ξ 本身却未必是确定的或连续的.

因此, 下述符号和 $f(\xi)$ 的定义遍及本章. 我们用

$$f(\xi + 0) = \lim_{\varepsilon \to 0} f\left(\xi + \varepsilon^2\right), \tag{3a}$$

$$f(\xi - 0) = \lim_{\varepsilon \to 0} f\left(\xi - \varepsilon^2\right) \tag{3b}$$

来表示 $f(x)$ 在 $x = \xi$ 处的右极限和左极限, 在 f 的间断点 ξ 上, 不管 $f(\xi)$ 原来

---

[1] 在表示周期函数时, 把自变量 x 看作是一个圆周上的点以代替在一条直线上的点, 这常常是方便的. 对于一个周期为 2π 的函数 $f(x)$, 我们考虑一个单位圆的圆心角 x, 它介于一个任意起始半径与圆周上的一个动点的半径之间. 于是 $f(x)$ 的周期性就意味着圆周上的每一个点刚好对应着函数的一个值, 尽管角度 x 本身还可有 2π 的整数倍的差别.

取怎样的值, 都定义它取平均值

$$f(\xi) = \frac{1}{2}[f(\xi + 0) + f(\xi - 0)], \tag{4}$$

这样作是方便的.

借助这个约定, 就可将我们原来的函数从闭区间 $a \leqslant x \leqslant b$ 上周期地开拓到 x 的全部值, 即使在 $f(a) \neq f(b)$ 的情况中也可以. 我们需要注意的只是在跳跃间断的点上 $f(x)$ 的值, 特别是, 如果这种跳跃间断是由原来定义的 $f(a)$ 和 $f(b)$ 的值不相同而引起的. 为了定义周期的开拓, 我们必须采用平均值 $\frac{1}{2}[f(a) + f(b)]$ 来代替 $f(a)$ 和 $f(b)$ 的值.

b. 一个周期上的积分

周期函数 $f(x)$ 的图形, 在相当于一个周期的任何两个相邻的区间内显然具有相同的形状. 这隐含着下述重要的事实: 对于周期为 T 的周期函数 $f(x)$ 和任意 a 都有

$$\int_{-a}^{T-a} f(x)dx = \int_0^T f(x)dx, \tag{5}$$

或者说: 在长度为 T 的一个周期的区间上, 周期函数的积分总是具有相同的值, 而不管区间位于何处.

要证明这个事实, 我们只需注意, 根据等式 $f(\xi - T) = f(\xi)$, 替换 $x = \xi - T$ 对于任何 α, β 都给出

$$\int_\alpha^\beta f(x)dx = \int_{\alpha+T}^{\beta+T} f(\xi)d\xi = \int_{\alpha+T}^{\beta+T} f(x)dx.$$

特别是, 当 $\alpha = -a$ 和 $\beta = 0$ 时, 有

$$\int_{-a}^0 f(x)dx = \int_{T-a}^T f(x)dx,$$

因此

$$\begin{aligned}
\int_{-a}^{T-a} f(x)dx &= \int_{-a}^0 f(x)dx + \int_0^{T-a} f(x)dx \\
&= \int_{T-a}^T f(x)dx + \int_0^{T-a} f(x)dx \\
&= \int_0^T f(x)dx,
\end{aligned}$$

正如所述, 联想起积分的几何意义, 就由图 8.1 可看出结论显然成立.

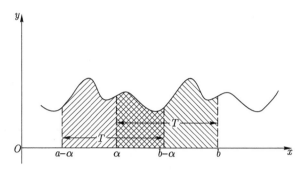

图 8.1   一个整周期上的积分的图解

c. 谐振

我们将从最简单的周期函数出发去构造出最一般的函数, 这些最简单的周期函数是 $a\sin\omega x$ 和 $a\cos\omega x$, 或更一般地是 $a\sin\omega(x-\xi)$ 和 $a\cos\omega(x-\xi)$, 其中 $a(\geqslant 0), \omega(>0)$ 和 ξ 都是常数. 这些函数代表 "正弦振动" 或 "简谐振动" (或振荡)[1]. 振动的周期为 $T = \dfrac{2\pi}{\omega}$. 数 ω 称为振动的圆频率或角频率[2]. 因为 $\dfrac{1}{T} = \dfrac{\omega}{2\pi}$ 是单位时间内振动的次数或频率, ω 就是 2π 时间内振动的次数. 数 a 称为振动的振幅, 它代表函数 $a\sin\omega(x-\xi)$ 或 $a\cos(x-\xi)$ 的最大值, 因为正弦和余弦两者都有最大值 1. 数 $\omega(x-\xi)$ 称为位相, 同时数 $\omega\xi$ 称为相位移或相移.

沿 x 轴以 $1:\omega$ 的比例同时沿 y 轴以 $a:1$ 的比例伸缩变换正弦曲线, 再沿着 x 轴的正方向将曲线平移一个距离 ξ (图 8.2), 我们就得到函数 $a\sin\omega(x-\xi)$ 的图形.

根据三角函数的加法公式, 我们也能分别用 $\alpha\cos\omega x + \beta\sin\omega x$ 以及 $\beta\cos\omega x - \alpha\sin\omega x$ 表示谐振, 其中 $\alpha = -a\sin\omega\xi$ 和 $\beta = a\cos\omega\xi$. 反过来, 每个形如 $\alpha\cos\omega x + \beta\sin\omega x$ 的函数表示一个由方程 $\alpha = -a\sin\omega\xi, \beta = a\cos\omega\xi$ 给出的, 具有振幅 $a = \sqrt{\alpha^2 + \beta^2}$ 和相位移 $\omega\xi$ 的正弦振动 $a\sin\omega(x-\xi)$. 利用表达式 $\alpha\cos\omega x + \beta\sin\omega x$, 我们立刻能够将两个或两个以上具有相同圆频率 ω 的这种函数的和, 写成具有圆频率 ω 的另外的一个振动.

正如早就看到的, 周期函数是在我们希望用参数表示闭曲线的时候出现的. 自然, 它们能够用来表示由圆运动产生的现象, 譬如说, 用来表示一个和飞轮一样的周期地重复的过程. 此外, 它们也与所有振动现象相联系.

---

1) 单独看这些表达式的任何一个 (对所有的 a 和 ξ), 都表示所有正弦振动的集合. 这两个表达式是等价的, 因为 $a\sin\omega(x-\xi) = a\cos\omega\left[x - \left(\xi + \dfrac{\pi}{2\omega}\right)\right]$.

2) 注意我们对频率和圆频率之间的区别.

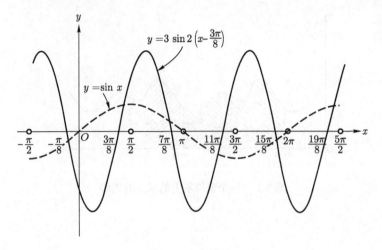

图 8.2 正弦振动

8.2 谐振的叠加

a. 谐波. 三角多项式

虽然许多振动是纯正弦的 (参看第 352 页), 但是大部分周期运动具有较复杂的特征, 它们是由若干正弦振动 "叠加" 而成的. 在数学上, 直线上的点的运动, 它的坐标 x 为时间 t 的函数, 可由上述类型的若干纯周期函数的和函数所给定. 这时, 函数的谐波分量就被叠加起来了 (也就是它们的纵坐标被加起来了). 在这一叠加中, 我们假定叠加振动的圆频率 (当然周期也是) 均不相同, 因为如上所述, 具有相同圆频率的两个正弦振动的叠加所产生的是具有相同的圆频率的另一个正弦振动.

对于具有不同圆频率 ω_1 和 ω_2 的两个正弦振动的叠加, 存在两个基本上不同的可能性, 这取决于 ω_1/ω_2 是否有理数, 或者, 如我们说过的, 取决于这两个频率是可公度的, 还是不可公度的.

作为第一种情况的例, 我们假定第二个圆频率是第一个圆频率的两倍: $\omega_2 = 2\omega_1$. 于是, 第二个振动的周期为第一个振动的周期的一半, 即 $2\pi/2\omega_1 = T_2 = T_1/2$, 因此, 它不仅具有周期 T_2, 而且也具有两倍于 T_2 的周期 T_1, 因为, 函数本身经周期 T_1 之后又周而复始. 由此可知, 由叠加所形成的函数必须同样具有周期 T_1. 圆频率为第一个振动的两倍, 周期为其一半的第二个振动称为第一个振动 (基波) 的一次谐波 (first harmonic).

如果我们引入具有圆频率 $\omega_3 = 3\omega_1$ 的另一振动, 相应的叙述也是正确的. 于是函数 $\sin 3\omega_1 x$ 本身经 $2\pi/\omega_1 = T_1$ 之后, 必又周而复始. 这一振动称为给定振动的二次谐波. 类似地, 我们能够考虑具有圆频率 $\omega_4 = 4\omega_1, \omega_5 = 5\omega_1, \cdots, \omega_n = n\omega_1$ 的三次, 四次, $\cdots, (n-1)$ 次谐波, 并可具有我们所希望的任何相位移. 每一个这种谐波本身都必然按周期 $\dfrac{2\pi}{\omega_1} = T_1$ 周而复始. 因而, 由一批振动叠加得到的每个函数都是具有周期 $2\pi/\omega = T_1$ 的周期函数, 这些振动的每一个是给定基频 ω_1 的一个谐波. 把具有从基波到 $(n-1)$ 次谐波的圆频率的振动都叠加起来, 我们就得到一个形式为三角多项式的周期函数

$$s_n(x) = \frac{a_0}{2} + \sum_{\nu=1}^{n} \left(a_\nu \cos \nu \omega x + b_\nu \sin \nu \omega x \right) \tag{6}$$

(常数 $\dfrac{a_0}{2}$ 不影响周期性, 加上它是为了以后的方便). 由于这个函数包含 $2n+1$ 个任意常数 a_ν, b_ν, 所以我们能作成各种曲线, 与原来的正弦曲线大不一样. 图 8.3 到图 8.5 是图示说明.

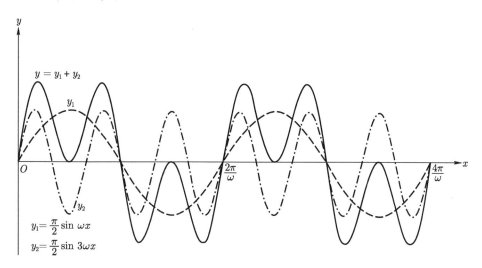

图 8.3 振动的组合 (图的比例对应于采取 $\omega = 1$)

'谐波' 这个术语是指声学[1] 说的, 在声学里一个频率为 ω 的基频振动相当于某个一定高低的纯音, 第一, 第二, 第三等谐波对应于一系列基音的谐音, 也就是八度音加上第五音程, 二倍八度音等.

在一般情况下, 对于其圆频率具有有理比的那些振动的叠加而言, 圆频率均可表示成公共基频的整数倍.

然而对于具有不可公度的圆频率 ω_1 和 ω_2 的两个振动的叠加, 呈现出不同的现象. 这里正弦振动的叠加不再是周期的了. 我们不进行详细的讨论, 仅指出这种

[1) 在声学里也采用泛音这一术语.

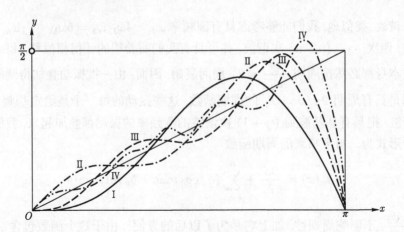

图 8.4   振动的组合

I: $\sin x - (\sin 2x)/2$; II: $\sin x - (\sin 2x)/2 + (\sin 3x)/3$;

III: $\sin x - (\sin 2x)/2 + (\sin 3x)/3 - (\sin 4x)/4$;

IV: $\sin x - (\sin 2x)/2 + (\sin 3x)/3 - (\sin 4x)/4 + (\sin 5x)/5 - (\sin 6x)/6 + (\sin 7x)/7$

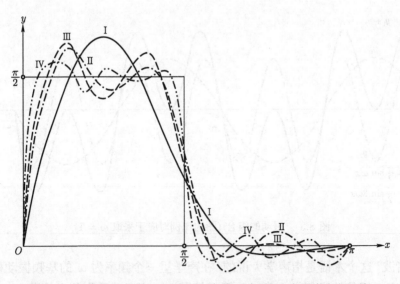

图 8.5   振动的组合曲线. 对应于三角多项式, 这些多项式取自级数

$$\frac{\sin x}{1} + 2\frac{\sin 2x}{2} + \frac{\sin 3x}{3} + \frac{\sin 5x}{5} + 2\frac{\sin 6x}{6} + \frac{\sin 7x}{7} + \frac{\sin 9x}{9} + 2\frac{\sin 10x}{10} + \cdots$$

的前 $3, 5, 6$ 和 8 项而得到

函数具有一种 '近似周期' 的特征, 或者如我们所说的, 它们是殆周期的 (almost periodic).

*b. 拍

对正弦振动叠加的最后一个注记牵涉到所谓拍 (beat) 的现象. 如果我们把两个振幅各为 1, 圆频率分别为 ω_1 和 ω_2 的振动叠加起来, 并且为了简单起见, 假定两者取相同的 ξ 值 (见第 508 页, 推广到任意相位的工作留给读者), 那么我们就要考虑函数

$$y = \sin \omega_1 x + \sin \omega_2 x \quad (\omega_1 > \omega_2 > 0).$$

根据一个众所周知的三角公式我们有

$$y = 2 \cos \left[\frac{1}{2} \left(\omega_1 - \omega_2 \right) x \right] \sin \left[\frac{1}{2} \left(\omega_1 + \omega_2 \right) x \right].$$

这个方程表示一个现象, 我们把它描述如下:

我们有一个圆频率为 $\frac{1}{2} \left(\omega_1 + \omega_2 \right)$ 和周期为 $4\pi / \left(\omega_1 + \omega_2 \right)$ 的振动, 这个振动不具有一个常幅, 而具有由表达式

$$2 \cos \left[\frac{1}{2} \left(\omega_1 - \omega_2 \right) x \right]$$

给出的一个变 '幅', 这个变幅以一个较长的周期 $4\pi / \left(\omega_1 - \omega_2 \right)$ 变化. 当两个圆频率 ω_1 和 ω_2 相当大而其差 $\left(\omega_1 - \omega_2 \right)$ 又比较小时, 这个描述特别有用. 这时, 振幅 $2 \cos \left[\frac{1}{2} \left(\omega_1 - \omega_2 \right) x \right]$ 作周期性缓慢变化, 其周期为 $\dfrac{4\pi}{\omega_1 - \omega_2}$, 比振动的周期 $\dfrac{4\pi}{\omega_1 + \omega_2}$ 要长. 这些振幅的有节奏的变化称为拍. 每个人都是熟悉声学和电子学中的这种现象的. 通常, 在无线电传播中, 圆频率 ω_1 和 ω_2 远远超过耳朵所能听到的范围, 然而其差 $\omega_1 - \omega_2$ 却在耳朵可听到的音调范围之内. 因此, 这个拍引起一个可听到的音, 而原来的振动依然存在于耳朵的觉察之外.

在图 8.6 中所描述的, 就是拍的一个例.

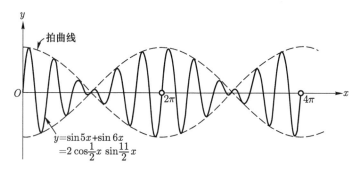

图 8.6 拍

8.3　复数表示法

a. 一般说明

　　三角函数的运算通常根据欧拉的关系式

$$\cos\theta + i\sin\theta = e^{i\theta}$$

或

$$\cos\theta = \frac{1}{2}\left(e^{i\theta} + e^{-i\theta}\right), \tag{7a}$$

$$\sin\theta = \frac{1}{2i}\left(e^{i\theta} - e^{-i\theta}\right) \tag{7b}$$

利用复数来简化 (对照第七章第 484 页). 因此, 我们能够通过复数量 $e^{i\omega x}, e^{-i\omega x}$, 或 $ae^{i\omega(x-\xi)}, ae^{-i\omega(x-\xi)}$ 来表示正弦振动, 其中 a, ω 和 $\omega\xi$ 分别是振幅、圆频率和相位移. 当然最终实际的振动不难从复数表达式中经分离实部和虚部而得到.

　　复数表示法的方便之一在于, 关于时间 x 求导数时可以把 i 视为实常数, 而对指数函数求导. 由正弦函数和余弦函数的求导公式得出

$$\frac{d}{dx}a[\cos\omega(x-\xi) + i\sin\omega(x-\xi)]$$

$$= a\omega[-\sin\omega(x-\xi) + i\cos\omega(x-\xi)]$$

$$= ia\omega[\cos\omega(x-\xi) + i\sin\omega(x-\xi)],$$

这可以简明地写成形式

$$\frac{d}{dx}ae^{i\omega(x-\xi)} = iawe^{i\omega(z-\xi)}. \tag{8}$$

一个复值函数 $\gamma(x)$, 譬如说 $\gamma(x) = p(x) + iq(x)$, 其积分自然地由下式定义

$$\int\gamma(x)dx = \int p(x)dx + i\int q(x)dx.$$

因此, 对 $n \neq 0$ 有

$$\int e^{inx}dx = \int\cos nx dx + i\int\sin nx dx$$

$$= \frac{1}{n}\sin nx - \frac{i}{n}\cos nx = \frac{1}{in}e^{inx}.$$

特别地, 对任意整数 n 我们有

$$\int_{-x}^{x} e^{inx} dx = \begin{cases} 0, & \text{当 } n \neq 0, \\ 2\pi, & \text{当 } n = 0. \end{cases}$$

更一般地, 如果我们记住 $e^{inx}e^{-imx} = e^{i(n-m)x}$, 就可见对于任何整数 m, n, 我们有

$$\int_{-\pi}^{\pi} e^{inx} e^{-imx} dx = \begin{cases} 0, & \text{当 } n \neq m, \\ 2\pi, & \text{当 } n = m. \end{cases} \tag{9}$$

这些关系式只不过是三角函数之间的正交关系的简明表达式 (见第 237 页).

*b. 交流电上的应用

我们用一个重要的例来说明这些思想, 在例中用 t 代替 x 来表示自变量、时间.

我们考虑一个具有电阻 R 和电感 L 的电路, 在其上加一个电动势 (电压) E. 在直流电中, 电压是常数, 电流 I 由欧姆定律 $E = RI$ 给出. 然而对于交流电而言, E 是时间 t 的函数, 从而 I 也是时间 t 的函数, 并且欧姆定律取推广了的形式 (见第 565 页)

$$E - L\frac{dI}{dt} = RI. \tag{10}$$

我们考虑一个外电动势 E, 它是以 ω 为圆频率的正弦波, 由 $\varepsilon \cos \omega t$ 或 $\varepsilon \sin \omega t$ 给出, 我们把二者形式地组合成复的形式

$$E = \varepsilon e^{i\omega t} = \varepsilon \cos \omega t + i\varepsilon \sin \omega t,$$

其中 ε 表示振幅. 对振幅也允许用复的值

$$\varepsilon = |\varepsilon| e^{-i\eta},$$

这常常是有用的. 于是

$$E = |\varepsilon| e^{i(\omega t - \eta)} = |\varepsilon| \{\cos(\omega t - \eta) + i \sin(\omega t - \eta)\}.$$

我们可以把 i 看作好像是一个实参数一样, 而对这个 "复电压" E 和相应的复电流 I 进行运算. 于是复的量 E 和 I 之间的复的关系的意义在于, 相应于电动势 $\varepsilon \cos \omega t$ 的电流是 I 的实部, 而相应于电动势 $\varepsilon \sin \omega t$ 的电流是 I 的虚部. 复电流由形如

$$I = \alpha e^{i\omega t} = \alpha(\cos \omega t + i \sin \omega t)$$

的表达式给出, 它也是具有圆频率 ω 的正弦波. 于是 I 的导数形式由

$$\frac{dI}{dt} = i\alpha\omega e^{i\omega t}$$

$$= \alpha\omega(-\sin\omega t + i\cos\omega t) = i\omega I$$

给出. 将这些量代入欧姆定律的推广了的形式 (10) 并且除以因子 $e^{i\omega t}$, 我们得到方程

$$\varepsilon - \alpha Li\omega = R\alpha$$

或

$$\alpha = \frac{\varepsilon}{R + i\omega L},$$

以及

$$E = (R + i\omega L)I = WI.$$

如果我们称量

$$W = R + i\omega L$$

为电路的复电阻, 我们就可以把上面的方程看作在复数形式下交流电的欧姆定律. 于是区姆定律如像直流电一样: 电流等于电压被电阻除.

令 $w = |W|$, 把复电阻 W 写成

$$W = we^{i\delta} = w\cos\delta + iw\sin\delta,$$

式中

$$|W| = w = \sqrt{(R^2 + L^2\omega^2)}, \quad \tan\delta = \frac{\omega L}{R},$$

我们得到

$$I = \frac{\varepsilon}{w}e^{i(\omega t - \delta)} = \frac{E}{W}.$$

按照这个公式, 电流和电压具有相同的周期 (及圆频率). 对于实的 ε, 电流的振幅 α 同电动势的振幅 ε 按照

$$\alpha = \frac{\varepsilon}{w}$$

互相联系着, 此外, 电流与电压之间存在一个相位差. 电流与电压不在同一个时间达到最大值, 而是落后了一段时间 δ/ω. 当然, 对于最小值也同样如此. 在电工学中, 量 $w = \sqrt{R^2 + L^2w^2}$ 常常称圆频率为 ω 时电路的阻抗或交流电阻. 相位移通常用度表示, 有时称为滞后.

如果振幅 ε 是形如

$$\varepsilon = |\varepsilon| e^{-i\eta}$$

的复数, 除 η 是一个附加的相移之外, 这时欧姆定律的形式没有本质上的变化, 我们有

$$E = |\varepsilon| e^{i(\omega t - \eta)},$$

$$I = \frac{E}{W} = \frac{|\varepsilon|}{|W|} e^{i\omega t} e^{-i(\delta+\eta)}.$$

c. 三角多项式的复数表示法

形如

$$s_n(x) = \frac{1}{2} a_0 + \sum_{\nu=1}^{n} (a_\nu \cos \nu x + b_\nu \sin \nu x) \tag{11}$$

(为简便起见, 我们取 $\omega = 1$) 的复合振动用代换

$$\cos \nu x = \frac{1}{2} \left(e^{i\nu x} + e^{-i\nu x} \right), \quad \sin \nu x = -\frac{1}{2} i \left(e^{i\nu x} - e^{-i\nu x} \right)$$

可化为复数形式. 这时表达式取得较简单的形式

$$s_n(x) = \sum_{\nu=-n}^{n} \alpha_\nu e^{i\nu x}, \tag{12}$$

式中复数 α_ν 按照等式

$$\begin{cases} \alpha_\nu = \frac{1}{2} (a_\nu - ib_\nu), \\ \alpha_{-\nu} = \frac{1}{2} (a_\nu + ib_\nu), \quad \text{对于 } \nu = 1, 2, \cdots, n \\ \alpha_0 = \frac{1}{2} a_0, \end{cases} \tag{13a}$$

与实数 a_0, a_ν 和 b_ν 相联系. 对于 a_ν 和 b_ν 解这些关系式, 我们求得

$$\begin{cases} a_\nu = \alpha_\nu + \alpha_{-\nu}, \\ b_\nu = i (\alpha_\nu - \alpha_{-\nu}) \end{cases} \tag{13b}$$

(包括 $\nu = 0$ 的情况).

反过来, 我们可把形如

$$\sum_{\nu=-n}^{n} \alpha_\nu e^{i\nu x}$$

的任何表达式看作一个表示振动叠加的函数, 这些振动都写成了复的形式. 当且仅当 $\alpha_\nu + \alpha_{-\nu}$ 是实的且 $\alpha_\nu - \alpha_{-\nu}$ 是纯虚的时, 也就是当 α_ν 和 $\alpha_{-\nu}$ 是共轭复数时, 这一叠加的结果才是实的.

d. 一个三角公式

作为复数表示法的一个应用, 我们证明下面这个恒等式:

$$\sigma_n(\alpha) = \frac{1}{2} + \cos\alpha + \cos 2\alpha + \cdots + \cos n\alpha$$

$$= \frac{\sin\left(n + \dfrac{1}{2}\right)\alpha}{2\sin\dfrac{1}{2}\alpha}, \tag{14}$$

这在本章后续部分是需要的. 这个公式只有在 $\sin\dfrac{1}{2}\alpha \neq 0$ 时, 即当 $\alpha \neq 0, \pm 2\pi$, $\pm 4\pi, \cdots$ 时才有意义. 但是, 这个公式一旦对 $\sin\dfrac{1}{2}\alpha \neq 0$ 建立起来之后, 我们就可断言, 表达式 $\left[\sin\left(n + \dfrac{1}{2}\right)\alpha \middle/ 2\sin\dfrac{1}{2}\alpha\right]$ 对一切 α 都是 α 的连续函数, 只要我们将公式在例外点的值定义为 $\sigma_n(\alpha)$ 在这些点的值, 即定义为 $n + \dfrac{1}{2}$, 就可以了.

为了证明这一公式, 我们用余弦的指数表达式来代替余弦函数 [见公式 (13a), 当 $a_\nu = 1, b_\nu = 0$]:

$$\sigma_n(\alpha) = \frac{1}{2}\sum_{\nu=-n}^{n} e^{i\nu\alpha}.$$

右边是一个公比为 $q = e^{i\alpha} = \cos\alpha + i\sin\alpha$ 的几何级数. 因此仅当 $\cos\alpha = 1, \sin\alpha = 0$ 时, 也就是说, 如果 α 取例外的值之一: $0, \pm 2\pi, \pm 4\pi, \cdots$ 时, q 才能取值 1. 对于所有其他的值 α, 由普通求和公式得到

$$\sigma_n(\alpha) = \frac{1}{2}e^{-in\alpha}\frac{1 - q^{2n+1}}{1 - q}$$

$$= \frac{1}{2}\frac{e^{-in\alpha} - e^{(n+1)i\alpha}}{1 - e^{i\alpha}}.$$

用 $e^{-i\alpha/2}$ 乘分子和分母, 我们得到上述的公式:

$$\sigma_n(\alpha) = \frac{\sin\left(n + \dfrac{1}{2}\right)\alpha}{2\sin\dfrac{1}{2}\alpha}.$$

在 $0 \leqslant t \leqslant \pi$ 上积分 $\sigma_n(t)$, 我们得到一个有用结果, 它不依赖于 n:

$$\int_0^\pi \frac{\sin\left(n+\frac{1}{2}\right)t}{2\sin\frac{1}{2}t}dt = \int_0^\pi \left(\frac{1}{2} + \sum_{\nu=1}^n \cos\nu t\right)dt$$

$$= \frac{1}{2}\pi, \tag{15}$$

这是因为级数的每一项的积分都为零的缘故.

8.4 傅里叶级数

a. 傅里叶系数

阶数为 n 的三角多项式

$$f(x) = s_n(x) = \frac{1}{2}a_0 + \sum_{\nu=1}^n (a_\nu \cos\nu x + b_\nu \sin\nu x) \tag{16}$$

依赖于 $(2n+1)$ 个系数 a_ν 和 b_ν. 值得注意的是, 这些 "傅里叶系数" 能够通过级数的和函数 $f(x)$ 的值由下面的公式简单地表示出来

$$a_\mu = \frac{1}{\pi}\int_{-\pi}^\pi f(x)\cos\mu x dx, \quad b_\mu = \frac{1}{\pi}\int_{-\pi}^\pi f(x)\sin\mu x dx. \tag{17}$$

证明是容易的, 只需用 $\cos\mu x$ 或 $\sin\mu x$ 乘 (16) 而后积分就行了. 由正交关系 (见第 237 页) 可直接推出这些表达式, 因为只有 $\nu = \mu$ 的项才不为零.

写成复数形式

$$f(x) = s_n(x) = \sum_{\nu=-n}^n \alpha_\nu e^{i\nu x}, \tag{16a}$$

$$a_\nu = \alpha_\nu + \alpha_{-\nu}; \quad b_\nu = i(\alpha_\nu - \alpha_{-\nu}),$$

对于复的傅里叶系数, 正如在第 513 页上根据复的正交关系 (9) 已经看到的, 相应的表达式是

$$\alpha_\nu = \frac{1}{2\pi}\int_{-\pi}^\pi f(x)e^{-i\nu x}dx. \tag{17a}$$

附带指出, 在 (16) 式的常数项 $\frac{1}{2}a_0$ 的记法中, 因子 $\frac{1}{2}$ 只是为了使公式 (17) 在 $\nu = 0$ 时成立.

现在我们引出傅里叶级数的主要定理, 方法是提出这样一个自然的问题, 即

令傅里叶多项式 (16) 的阶数 n 趋于无穷时, 它是否能够表示函数 $f(x)$, 这个函数除了以 2π 为周期而外本质上是任意的.

在下文中我们的主要结果就是: 任意的一个分段连续并有分段连续的一阶和二阶导数的周期函数 $f(x)$, 能够用一个无穷的 "傅里叶级数"

$$f(x) = \frac{a_0}{2} + \sum_{\nu=1}^{\infty} (a_\nu \cos \nu x + b_\nu \sin \nu x)$$

来表示, 或写成复数形式

$$f(x) = \sum_{\nu=-\infty}^{\infty} \alpha_\nu e^{i\nu x},$$

其中系数由 (17) 和 (17a) 给出.

b. 基本引理

我们首先回忆在一个区间内逐段或分段连续的函数是这样定义的, 就是一个函数在区间内除去有限多个跳跃间断点外是连续的.

我们再进一步回忆, 一个周期函数 $f(x)$ 在间断点上的值定义为从两边求出的极限值的平均, 如同早已约定的那样 [第 506 页等式 (4)].

如果我们能把整个区间分为有限个子区间, 使得 f, f', f'' 在每个开子区间内是连续的并在端点趋于确定的极限, 则函数 $f(x)$ 是分段连续的, 并具有分段连续的一阶和二阶导数.

证明主要定理的关键是下面的简单的事实:

引理 如果一个函数 $k(x)$ 及其一阶导数 $k'(x)$ 在区间 $a \leqslant x \leqslant b$ 上是分段连续的, 则当 $\lambda \to \infty$ 时, 积分

$$k_\lambda = \int_a^b k(x) \sin \lambda x\, dx$$

趋于零.

证明 我们用分部积分法来证明这个引理. 假定 k 和 k' 在 $a \leqslant x \leqslant b$ 上是连续的, 我们有

$$k_\lambda = \int_a^b k(x) \sin \lambda x\, dx$$

$$= \frac{1}{\lambda} \left[k(a) \cos \lambda a - k(b) \cos \lambda b + \int_a^b k'(x) \cos \lambda x\, dx \right]. \tag{18}$$

当 λ 增加时, 右边显然趋于零. 如果 $k(x)$ 或 $k'(x)$ 在区间里有跳跃间断点 ξ, 那

么我们就用这些点 ξ 把区间剖分成部分区间, 把我们的论证应用到这些部分区间上, 然后把所得结果加起来, 仍然得到所要证的结果.

我们指出 (省略证明), 无需任何有关导数 $k'(x)$ 存在性的假定, 而只需 k 的分段连续性, 引理事实上仍是正确的. 在这些微弱的条件下, 证明要依赖于当 $\lambda \neq 0$ 时, 函数 $\sin \lambda x$ 在长度为 π/λ 的相邻区间里交替地为正和为负. 对于大的 λ 值, 由于函数 $k(x)$ 的连续性, 使得相邻区间上的积分值, 几乎彼此抵消了.

c. $\displaystyle \int_0^\infty \frac{\sin z}{z} dz = \frac{\pi}{2}$ 的证明

作为引理的一个应用, 我们来求积分

$$I = \int_0^\infty \frac{\sin z}{z} dz \tag{19}$$

的值. 这个广义积分是用关系式

$$I = \lim_{M \to \infty} I_M$$

来定义的, 式中

$$I_M = \int_0^M \frac{\sin z}{z} dz.$$

反常积分 I 的收敛性, 也就是当 $M \to \infty$ 时, I_M 的极限的存在性, 已经在第 270 页中证明过了. 收敛性的证明是以分部积分为根据的, 这里可以重述一下. 譬如说, 设 $0 < M < N$, 我们有

$$\begin{aligned} |I_N - I_M| &= \left| \int_M^N \frac{\sin z}{z} dz \right| \\ &= \left| \frac{-\cos z}{z} \bigg|_M^N \right| + \left| \int_M^N \frac{\cos z}{z^2} dz \right| \\ &\leqslant \frac{1}{M} + \frac{1}{N} + \int_M^N \frac{dz}{z^2} = \frac{2}{M}. \end{aligned} \tag{20}$$

因为当 M 和 N 都充分大时, I_N 和 I_M 的差任意小, 于是由柯西的收敛判别法就保证了 $I = \lim\limits_{M \to \infty} I_M$ 的存在性. 此外, 在 (20) 中令 N 趋向无穷, 我们就找到 I_M 逼近它的极限 I 的速率的一个估计:

$$|I - I_M| \leqslant \frac{2}{M}. \tag{20a}$$

我们能够将 I 的表达式用另一种方式写成为一个固定的有限区间上的积分的极限. 令 p 是一个任意的正数, 对于 $M = \lambda p$ 代换 $z = \lambda x, dz = \lambda dx$ 表明

$$I_{\lambda p} = \int_0^{\lambda p} \frac{\sin z}{z}dz = \int_0^p \frac{\sin \lambda x}{x}dx.$$

由于对固定的正 p 当 $\lambda \to \infty$ 时, $\lambda p \to \infty$, 我们显然有

$$I = \lim_{\lambda \to \infty} \int_0^p \frac{\sin \lambda x}{x}dx,$$

并且从 (20a) 更明显地有

$$\left| I - \int_0^p \frac{\sin \lambda x}{x}dx \right| < \frac{2}{\lambda p}.$$

因此, 对任何正的 p, 表达式

$$\int_0^p \frac{\sin \lambda x}{x}dx$$

当 $\lambda \to \infty$ 时逼近同一个值 I. 此外, 对 p 是一致收敛的, 只要我们限制 p 的值大于某一个固定的正数 P. 于是, 当 $\lambda > 2/P\varepsilon$ 时, 积分和极限 I 之间的差确实是小于 ε 的.

我们现在运用第 518 页的引理于函数

$$k(x) = \frac{1}{x} - \frac{1}{2\sin(x/2)}.$$

如果我们定义 $k(0) = 0$, 函数 $k(x)$ 就对于 $0 \leqslant x < 2\pi$ 是连续的并有连续的一阶导数 (见第 405 页). 因此, 我们的引理说明了, 只要 $0 \leqslant p < 2\pi$, 当 $\lambda \to \infty$ 时,

$$\int_0^p \sin \lambda x \left(\frac{1}{x} - \frac{1}{2\sin(x/2)} \right) dx$$

就趋向零. 此外, 根据 (18), 对于 $0 \leqslant p \leqslant \pi$, 收敛是一致的, 因为 $|k(x)|$ 和 $|k'(x)|$ 在区间 $0 \leqslant x \leqslant \pi$ 上是有界的. 对区间 $0 < p < 2\pi$ 上的任何 p, 从我们前面的结果得到

$$\lim_{\lambda \to \infty} \int_0^p \frac{\sin \lambda x}{2\sin(x/2)}dx = I,$$

而且对于 $P \leqslant p \leqslant \pi$ 中的 p, 收敛性也是一致的, 其中 P 是一个固定的正数.

现在对 $p = \pi$ 和 $\lambda = n + \frac{1}{2}$ (其中 n 是一个整数), 我们已经计算了这个积分的值 [见第 517 页公式 (15)], 并求得了它有同 n 无关的值 $\pi/2$. 令 λ 通过形如 $\lambda = n + \frac{1}{2}$ 的值趋向无穷, 我们就求得 I 的值 $\frac{\pi}{2}$:

$$\int_0^\infty \frac{\sin z}{z}dz = \frac{\pi}{2}. \tag{21}$$

此外, 我们已经证明了

$$\lim_{\lambda\to\infty}\int_0^p \frac{\sin\lambda x}{x}dx = \frac{\pi}{2},\tag{21a}$$

当 $P \leqslant p$ 时收敛是一致的, 这里 P 是一个固定的正数, 并且

$$\lim_{\lambda\to\infty}\int_0^p \frac{\sin\lambda x}{2\sin(x/2)}dx = \frac{\pi}{2},\tag{21b}$$

这里对于 $P \leqslant p \leqslant \pi$ 收敛是一致的.

d. 函数 $\phi(x) = x$ 的傅里叶展式

我们上述的结果直接引出两个相关的分段线性周期函数 $\phi(x)$, $\chi(x)$ 的傅里叶展式, 它们在区间 $-\pi < x < \pi$ 上, 用下式来定义 (见图 8.7 和图 8.8):

$$\phi(x) = x$$

及

$$\chi(x) = \begin{cases} \pi - x, & \text{当} x > 0, \\ 0, & \text{当} x = 0, \\ -\pi - x, & \text{当} x < 0. \end{cases}\tag{22}$$

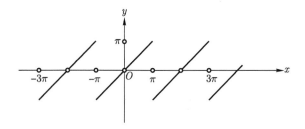

图 8.7　函数 $\phi(x)$

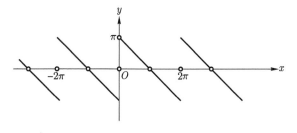

图 8.8　函数 $\chi(x)$

把这些函数周期性地开拓到区间 $-\pi < x < \pi$ 之外, 第一个函数 ϕ 在端点具有跳跃间断性, 而 $\chi(x)$ 在 $x = 0$ 有一个 2π 的跳跃. 显然, 周期性地开拓出来的这两个函数按照

$$\chi(x) = \phi(\pi - x)$$

互相关联着.

对于 $\lambda = n + \dfrac{1}{2}$ 和 $p = x$, 通过极限过程 $n \to \infty$, 从第 516 页上的公式 (14) 和第 521 页上的公式 (21b), 直接得到 $\chi(x)$ 在 $0 < x \leqslant \pi$ 上的傅里叶展式. 于是我们求出傅里叶级数

$$\chi(x) = 2\left(\sin x + \frac{\sin 2x}{2} + \frac{\sin 3x}{3} + \cdots \right). \tag{23a}$$

对于 $-\pi \leqslant x < 0$ 也同样适用, 因为两边同是 x 的奇函数. 对于任意小的正数 ε, 级数在 $\varepsilon < |x| \leqslant \pi$ 上是一致收敛的. 在 $x = 0$ 时级数的所有的项为零, 因此总和也为零, 同 $\chi(0)$ 的定义相符. 因为两边都具有周期 2π, 于是恒等式 (23a) 对所有 χ 均适用.

至于展式的系数确是由第 517 页上的公式 (17) 所定义的傅里叶系数, 这是容易验证的.

现在 $\phi(x)$ 的傅里叶展式就直接从 $\phi(x) = \chi(\pi - x)$ 得到:

$$\begin{aligned}
\phi(x) &= 2\sum_{\nu=1}^{\infty}(-1)^{\nu+1}\frac{\sin \nu x}{\nu} \\
&= 2\left(\sin x - \frac{1}{2}\sin 2x + \frac{1}{3}\sin 3x - + \cdots \right).
\end{aligned} \tag{23b}$$

只要用条件 $|x| < \pi - \varepsilon$ 把点 x 与间断点 $x = \pm\pi$ 隔离开来, 这里的收敛就是一致的.

对于 $x = \pi/2$, 我们又得到莱布尼茨级数

$$\frac{\pi}{2} = 2\left(1 - \frac{1}{3} + \frac{1}{5} - + \cdots \right).$$

应当提到的是, χ 和 ϕ 这两个级数并不绝对收敛. 当 $x = \dfrac{\pi}{2}$ 时, 绝对值确实形成发散级数

$$2\sum_{1}^{\infty}\frac{1}{2\nu - 1}.$$

作为以连续函数为其项的无穷级数的一个例, 公式 (23b) 是值得注意的, 这

个无穷级数对所有的 x 收敛, 但是以一个非连续函数作为它的和, 即以分段线性函数 $\phi(x)$ 作为它的和. 级数的每一个部分和是连续的, 因为任何有限多个连续函数的和必然还是连续的. 由于连续函数的一致收敛的无穷级数具有一个连续和, 所以傅里叶级数不可能在 ϕ 的不连续点 x 的一个邻域内一致收敛, 这种点是 $x = \pm\pi, \pm3\pi\cdots$, 第 510 页的图 8.4 用图说明了逐次的部分和 (它们是三角多项式并且是连续函数) 怎样在一个连续的区间内一致地逼近分段线性函数 $\frac{1}{2}\varphi(x)$, 但是越靠近端点时, 这些函数变化越快.

e. 关于傅里叶展开的主要定理

傅里叶系数. 有了上述的准备之后, 一大类函数的可展性是容易确定的. 对于以 2π 为周期的函数 $f(x)$ 这样的展式的形式是

$$f(x) = \frac{1}{2}a_0 + \sum_{\nu=1}^{\infty}\left(a_\nu\cos\nu x + b_\nu\sin\nu x\right), \tag{24a}$$

或记成复的形式

$$f(x) = \sum_{\nu=-\infty}^{\infty}\alpha_\nu e^{i\nu x}. \tag{24b}$$

我们先假定对于函数 $f(x)$ 有一致收敛的展式 (24a) 或 (24b). 于是我们能够在这两个展式中分别确定系数 a_ν, b_ν 和 α_ν, 只要在这两个展式中分别乘以 $\cos\mu x, \sin\mu x$ 和 $e^{-i\mu x}$, 并且利用正交关系 (见第 238 页和第 513 页)

$$\int_{-\pi}^{\pi}\sin\nu x\sin\mu x dx = \int_{-\pi}^{\pi}\cos\nu x\cos\mu x dx$$

$$= \begin{cases} 0, & \text{如果 } \mu \neq \nu, \\ \pi, & \text{如果 } \mu = \nu \neq 0, \end{cases}$$

$$\int_{-\pi}^{\pi}\sin\nu x\cos\mu x dx = 0,$$

$$\int_{-\pi}^{\pi}e^{i\nu x}e^{-i\mu x}dx = \begin{cases} 0, & \text{如果 } \mu \neq \nu, \\ 2\pi, & \text{如果 } \mu = \nu \end{cases} \tag{25}$$

从 $-\pi$ 到 π 积分就可以了. 把积分变量写成 t, 我们立即得到公式

$$a_\mu = \frac{1}{\pi}\int_{-\pi}^{\pi}f(t)\cos\mu t dt, \quad b_\mu = \frac{1}{\pi}\int_{-\pi}^{\pi}f(t)\sin\mu t dt, \tag{26a}$$

这里 $\mu = 0, 1, 2, \cdots$, 而

$$\alpha_\mu = \frac{1}{2\pi} \int_{-\pi}^{\pi} f(t) e^{-i\mu t} dt, \tag{26b}$$

这里 $\mu = 0, \pm 1, \pm 2, \cdots$.

于是, 如果 $f(x)$ 能够真的展开成为一个一致收敛的级数 (24a) 或 (24b), 则系数只能取由公式 (26a) 和 (26b) 所确定的值. 但是, 即使这个颇含尝试性的步骤没有验证为合理, 这些公式 (26a) 或 (26b) 对在区间 $-\pi \leqslant x \leqslant \pi$ 上连续或分段连续的每一个函数 $f(x)$ 仍然能确定出数列 a_ν, b_ν 和 α_ν 来, 它们称为傅里叶系数.

对于一个给定的函数 $f(x)$, 我们用 (26a), (26b) 这样定义的系数来形成傅里叶部分和

$$s_n(x) = \frac{1}{2} a_0 + \sum_{\nu=1}^{n} (a_\nu \cos \nu x + b_\nu \sin \nu x)$$

或

$$s_n(x) = \sum_{\nu=-n}^{\nu=n} \alpha_\nu e^{i\nu}.$$

我们的任务是要证明, 当 $n \to \infty$ 时这些傅里叶和确实是收敛的, 并且极限就是函数 $f(x)$.

现在我们叙述

主要引理   用傅里叶系数 (26a) 或 (26b) 形成的傅里叶级数

$$\frac{1}{2} a_0 + \sum_{\nu=1}^{\infty} (a_\nu \cos \nu x + b_\nu \sin \nu x) \tag{27a}$$

或

$$\sum_{\nu=-\infty}^{\infty} \alpha_\nu e^{i\nu x} \tag{27b}$$

对于任一周期为 2π 的分段连续的、有分段连续的一阶和二阶导数[1] 的函数 $f(x)$ 来说, 它收敛到函数值 $f(x)$. 这里在间断点上, $f(x)$ 的值必须由下式来确定

$$f(x) = \frac{1}{2} [f(x+0) + f(x-0)]. \tag{27c}$$

证明[2]   为了证明, 我们把系数的积分表达式 (26a) 代入 n 阶 '傅里叶多项式'

---

1) 我们再次指出, 这个定理能够对广泛得多的函数类 (见 8.6 节中的例) 来证明. 然而, 这里所叙述的结果对大部分的应用是足够的.

2) 这里我们只给出对于 f 的表达式在级数 (27a) 的形式下的证明. 级数 (27b) 只需根据第 516 页里的方程 (13b) 所给出的代换就得到了.

$$s_n(x) = \frac{1}{2}a_0 + \sum_{\nu=1}^{n}\left(a_\nu \cos \nu x + b_\nu \sin \nu x\right),$$

而后交换积分与求和的顺序, 得到

$$s_n(x) = \frac{1}{\pi}\int_{-\pi}^{\pi} f(t)\left[\frac{1}{2} + \sum_{\nu=1}^{n}(\cos \nu t \cos \nu x + \sin \nu t \sin \nu x)\right]dt,$$

或者利用余弦的加法定理, 写成

$$s_n(x) = \frac{1}{\pi}\int_{-\pi}^{\pi} f(t)\left[\frac{1}{2} + \sum_{\nu=1}^{n}\cos \nu(t-x)\right]dt.$$

因此根据第 516 页的求和公式 (14) 就有

$$s_n(x) = \frac{1}{2\pi}\int_{-\pi}^{\pi} f(t)\frac{\sin\left[\left(n+\frac{1}{2}\right)(t-x)\right]}{\sin\frac{1}{2}(t-x)}dt. \tag{28}$$

最后, 令 $\tau = t - x$, 并回忆起周期性容许我们把积分区间移动一个量 x (见第 505 页), 我们就得到

$$s_n(x) = \frac{1}{2\pi}\int_{-\pi}^{\pi} f(x+\tau)\frac{\sin\left(n+\frac{1}{2}\right)\tau}{\sin\frac{1}{2}\tau}d\tau, \tag{28a}$$

这里 x 当然是固定的.

现在我们证明当 $n \to \infty$ 时 $s_n(x)$ 趋于 $f(x)$, 或者说

$$\lim_{n\to\infty} s_n(x) = \lim_{n\to\infty}\frac{1}{2\pi}\int_{-\pi}^{\pi} f(x+t)\frac{\sin\left(n+\frac{1}{2}\right)t}{\sin\frac{1}{2}t}dt$$

$$= f(x). \tag{29}$$

由于对所有的 $x, f(x) = \frac{1}{2}[f(x+0) + f(x-0)]$, 我们有 [见第 517 页公式 (15)]

$$s_n(x) - f(x) = \frac{1}{\pi}\int_0^{\pi}\frac{[f(x+t) - f(x+0)]}{2\sin\frac{1}{2}t}\sin\left(n+\frac{1}{2}\right)tdt$$

$$+ \frac{1}{\pi} \int_{-\pi}^{0} \frac{[f(x+t) - f(x-0)]}{2\sin\frac{1}{2}t} \sin\left(n + \frac{1}{2}\right) t\, dt.$$

如果我们现在能够证明, 变量 t 的函数 $[f(x+t) - f(x+0)] \Big/ \left(2\sin\frac{1}{2}t\right)$ 和 $[f(x+t) - f(x-0)] \Big/ \left(2\sin\frac{1}{2}t\right)$ 及其一阶导数分别在区间 $0 \leqslant t \leqslant \pi$ 和 $-\pi \leqslant t \leqslant 0$ 上是分段连续的, 则根据我们的基本引理 (第 518 页), 当 $n \to \infty$ 时, 右边的两个积分同时趋于 0, 从而立即得到公式 (29).

这样, 如果我们能说明, 在 f, f', f'' 是分段连续的条件下, 对于一个固定的 x, 用等式

$$\phi(t) = \frac{f(x+t) - f(x+0)}{2\sin\frac{1}{2}t}, \quad 0 < t < \pi,$$

$$\phi(t) = \frac{f(x+t) - f(x-0)}{2\sin\frac{1}{2}t}, \quad -\pi < t < 0$$

定义的 t 的函数是分段连续的并有分段连续的一阶导数, 则主要定理就证明了.

要证实对于商 $\phi(t)$ 这些条件是满足的, 首先我们注意到仅在 $t = 0$ 时分母为 0, 因此, 除去可能靠近 $t = 0$ 外, ϕ 及其一阶导数是分段连续的. 只是在奇点 $t = 0$ 有可能丧失可微性. 因此, 我们必须做的全部工作就是证明, 如果 t 分别从正的或负的值趋于 0 时, $\phi(t)$ 及其导数 $\phi'(t)$ 有极限. 我们将证明, 这些极限确实是存在的, 并且它们分别具有值

$$\phi(+0) = f'(x+0), \quad \phi(-0) = f'(x-0)$$

和

$$\phi'(+0) = \frac{1}{2} f''(x+0), \quad \phi'(-0) = \frac{1}{2} f''(x-0).$$

为证明起见, 我们由 $\phi(t) = g(t)h(t)$ 而引入函数 $g(t)$, 这里因子 $h(t)$ 用下式定义

$$h(t) = \frac{t}{2\sin(t/2)}, \quad t \neq 0, \quad h(0) = 1.$$

对 $h(t)$ 来说, 由于 $h(0) = 1, h'(0) = 0$, 因而在整个区间 $-\pi \leqslant t \leqslant \pi$ 内, 我们有 (见第五章第 405 页) 一个连续且连续可微的函数 $h(t)$. 因此, 当 $t \to 0$ 时, $g(t)$ 和 $\phi(t)$ 的极限值以及 $g'(t)$ 和 $\phi'(t) = gh' + g'h$ 的极限值相同.

现在在区间 $0 < t < \pi$ 里 (见第五章第 403 页关于不定表达式的一般评述),

根据微分学的中值定理有

$$g(t) = \frac{f(x+t) - f(x+0)}{t} = f'(x+\xi),$$

中值 ξ 位于 0 和 t 之间. 因此当 t 趋于 0, 因而 ξ 也趋于 0 时

$$g(+0) = f'(x+0).$$

对于导数我们又得到表达式

$$g'(t) = \frac{tf'(x+t) + f(x+0) - f(x+t)}{t^2},$$

其中分子和分母当 $t \to 0$ 时都趋于 0, 并且分别具有导数 $tf''(x+t)$ 和 $2t$. 要确定当 $t \to 0$ 时的极限, 我们用广义的中值定理 (参看第 192 页) 求得

$$g'(t) = \frac{\eta f''(x+\eta)}{2\eta} = \frac{1}{2} f''(x+\eta),$$

η 介于 0 和 t 之间. 当 $t \to 0$ 时, 我们有 $\eta \to 0$, 因此, 如前面说过的,

$$g'(+0) = \phi'(+0) = \frac{1}{2} f''(x+0).$$

同样的推理适用于 t 的负值. 于是我们对引理的应用是合理的, 因而建立了主要定理.

可以再次指出, 我们所获得的结果对微积分学及其应用中出现的一切需要是足够了. 可是从狄里克雷的最初的工作出发的数学家们的理论上的兴趣, 常常以更大的普遍性为目标, 即企图去展开更广泛的一类函数[1]. 这些努力已经刺激了对函数和积分概念的更加精密的分析, 并导致作为一个有吸引力的专门邻域的高等傅里叶分析的发展, 不过, 这已超出本书的范围.

8.5 傅里叶级数的例

a. 预先说明

我们始终假定函数 $f(x)$ 的周期是 2π.

如果 $f(x)$ 是一个偶函数 (参看第 23 页), 则显然 $f(x)\sin\nu x$ 是奇函数而 $f(x)\cos\nu x$ 是偶函数, 所以

---

1) 可注意的是, 存在连续函数不能展成傅里叶级数的例子. 此外, 还存在这样的例子, 函数 $f(x)$ 由一个收敛的三角级数来表示, 但这三角级数却不是以式 (26) 为系数的傅里叶级数. 这些例子表明, 对于精密的研究而言, 在一般的三角级数与特殊的傅里叶级数之间作出区分是必要的. 比连续性还要更严的限制条件确实是合宜的, 而且对于我们, 它们还说明了这样一个事实, 即使是在我们的主要定理里所假定的限制和在 8.6 节中所给的推广中, 比真正需要的要严格得多 (见 A.Zygmund 的 *Trigonometrical Series* 的一般理论, 1952 年 Chelsea 出版公司).

$$b_\nu = \frac{1}{\pi} \int_{-\pi}^{\pi} f(x) \sin \nu x dx = 0,$$

因而我们得到一个 '余弦级数'. 另一方面, 如果函数 $f(x)$ 是奇函数, 则

$$a_\nu = \frac{1}{\pi} \int_{-\pi}^{\pi} f(x) \cos \nu x dx = 0,$$

因而我们得到一个 '正弦级数'[1].

b. 函数 $\phi(x) = x^2$ 的展开式

对于偶函数 x^2, 用两次分部积分, 我们有

$$a_\nu = \frac{2}{\pi} \int_0^{\pi} x^2 \cos \nu x dx = (-1)^\nu \frac{4}{\nu^2} \quad (\nu > 0),$$

$$a_0 = \frac{2\pi^2}{3},$$

因而我们得到展开式

$$x^2 = \frac{\pi^2}{3} - 4 \left(\frac{\cos x}{1^2} - \frac{\cos 2x}{2^2} + \frac{\cos 3x}{3^2} - + \cdots \right). \tag{30}$$

逐项微分这个级数并除以 2, 我们就在形式上回到了第 522 页上的级数 (23b), 这个级数先前曾对 $\phi(x) = x$ 得到过.

c. $x \cos x$ 的展开式

(图 8.9) 对于这个奇函数, 我们有

$$a_\nu = 0, \quad b_\nu = \frac{2}{\pi} \int_0^{\pi} x \cos x \sin \nu x dx.$$

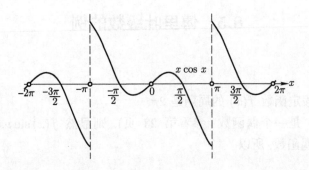

图 8.9

---

1) 因而, 如果函数 $f(x)$ 最初只是在区间 $0 < x < \pi$ 上给定的, 则我们能够把它或者作为一个奇函数或者作为一个偶函数开拓到区间 $-\pi < x < 0$ 上, 从而对于较小的区间 $0 < x < \pi$ 得到的不是正弦级数就是余弦级数.

利用公式

$$\int_0^\pi x \sin \mu x\, dx = (-1)^{\mu+1}\frac{\pi}{\mu} \quad (\mu = 1, 2, \cdots),$$

我们求得

$$b_\nu = \frac{2}{\pi}\int_0^\pi x\cos x \sin \nu x\, dx$$

$$= \frac{1}{\pi}\int_0^\pi x[\sin(\nu+1)x + \sin(\nu-1)x]dx$$

$$= (-1)^\nu\left(\frac{2\nu}{\nu^2-1}\right) \quad (\nu = 2, 3, \cdots),$$

$$b_1 = -\frac{1}{2}.$$

因此, 我们得到级数

$$x\cos x = -\frac{1}{2}\sin x + 2\sum_{\nu=2}^\infty \frac{(-1)^\nu \nu}{\nu^2-1}\sin\nu x. \tag{31}$$

加上第 522 页上对 $\phi(x) = x$ 找到的级数 (23b), 就得到

$$x(1+\cos x) = \frac{3}{2}\sin x + 2\left(\frac{\sin 2x}{1\cdot 2\cdot 3} - \frac{\sin 3x}{2\cdot 3\cdot 4}\right.$$

$$\left. + \frac{\sin 4x}{3\cdot 4\cdot 5} - + \cdots\right). \tag{31a}$$

若将在区间 $-\pi < x < \pi$ 内等于 $x\cos x$ 的函数周期地开拓到这个区间之外, 则会出现间断点 (参看图 8.7), 这与在 8.4d 节中早已考虑过的函数 $\phi(x)$ 所展示的情况一样. 另一方面, 将函数 $x(1+\cos x)$ 周期性地开拓后, 所得函数在区间的端点上保持连续, 而且它的导数也保持连续, 因为间断性由因子 $1+\cos x$ 消除了, $1+\cos x$ 随同其导数在端点上都为零. 这就说明了级数 (31) 对所有的 x 一致收敛, 而从这级数同常数项级数 $\frac{1}{1^3} + \frac{1}{2^3} + \frac{1}{3^3} + \cdots$ 作比较来看则是明显的.

d. 函数 $f(x) = |x|$

对于这个偶函数 $b_\nu = 0$, 并且 $a_\nu = \frac{2}{\pi}\int_0^\pi x\cos\nu x\, dx$, 用分部积分, 我们容易得到

$$\int_0^\pi x\cos\nu x\, dx = \frac{1}{\nu}x\sin\nu x\Big|_0^\pi - \frac{1}{\nu}\int_0^\pi \sin\nu x\, dx$$

$$= \begin{cases} 0, & \text{如果 } \nu \text{ 是偶数且} \neq 0, \\ -\dfrac{2}{\nu^2}, & \text{如果 } \nu \text{ 是奇数}. \end{cases}$$

因而,

$$|x| = \frac{1}{2}\pi - \frac{4}{\pi}\left(\cos x + \frac{\cos 3x}{3^2} + \frac{\cos 5x}{5^2} + \cdots\right). \tag{32}$$

令 $x = 0$, 我们得到值得注意的公式

$$\frac{\pi^2}{8} = 1 + \frac{1}{3^2} + \frac{1}{5^2} + \cdots. \tag{32a}$$

e. 一个分段常数函数

由下列等式定义的函数

$$f(x) = \operatorname{sgn} x = \begin{cases} -1, & \text{当 } -\pi < x < 0, \\ 0, & \text{当 } x = 0, \\ +1, & \text{当 } 0 < x < \pi, \end{cases}$$

如同在第 25 页的图 1.22 上指出的, 它是奇函数. 因此 $a_\nu = 0$, 并且

$$b_\nu = \frac{2}{\pi}\int_0^\pi \sin \nu x \, dx = \begin{cases} 0, & \text{如果 } \nu \text{ 是偶数}, \\ \dfrac{4}{\pi\nu}, & \text{如果 } \nu \text{ 是奇数}, \end{cases}$$

所以这个函数的傅里叶级数是

$$f(x) = \frac{4}{\pi}\left(\frac{\sin x}{1} + \frac{\sin 3x}{3} + \cdots\right). \tag{33}$$

特别地, 当 $x = \dfrac{1}{2}\pi$, 就再次得到莱布尼茨级数.

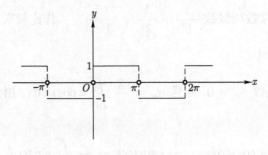

图 8.10

对在 (32) 中给出的 $|x|$, 用逐项微分能够形式地导出级数 (33).

f. 函数 $|\sin x|$

偶函数 $f(x) = |\sin x|$ 能够展成余弦级数, 其系数 a_ν 由下列计算给出:

$$
\begin{aligned}
\frac{1}{2}\pi a_\nu &= \int_0^\pi \sin x \cos \nu x\, dx \\
&= \frac{1}{2}\int_0^\pi [\sin(\nu+1)x - \sin(\nu-1)x]dx \\
&= \begin{cases} 0, & \text{如果 } \nu \text{ 是奇数}, \\ \dfrac{-2}{\nu^2-1}, & \text{如果 } \nu \text{ 是偶数}. \end{cases}
\end{aligned}
$$

于是我们用 2ν 代换 ν, 得到

$$
|\sin x| = \frac{2}{\pi} - \frac{4}{\pi}\sum_{\nu=1}^\infty \frac{\cos 2\nu x}{4\nu^2-1}. \tag{34}
$$

g. $\cos \mu x$ 的展开式. 余切分解为部分分式. 正弦的无穷乘积

函数 $f(x) = \cos \mu x \ (-\pi < x < \pi)$ 是偶函数, 这里 μ 不是一个整数. 因此 $b_\nu = 0$, 而

$$
\begin{aligned}
\frac{1}{2}\pi a_\nu &= \int_0^\pi \cos \mu x \cos \nu x\, dx \\
&= \frac{1}{2}\int_0^\pi [\cos(\mu+\nu)x + \cos(\mu-\nu)x]dx \\
&= \frac{1}{2}\left[\frac{\sin(\mu+\nu)\pi}{\mu+\nu} + \frac{\sin(\mu-\nu)\pi}{\mu-\nu} \right] \\
&= \frac{\mu(-1)^\nu}{\mu^2-\nu^2}\sin \mu\pi.
\end{aligned}
$$

于是我们有

$$
\cos \mu x = \frac{2\mu \sin \mu\pi}{\pi}\left(\frac{1}{2\mu^2} - \frac{\cos x}{\mu^2-1^2} + \frac{\cos 2x}{\mu^2-2^2} + -\cdots \right). \tag{35}
$$

这个从区间 $-\pi < x < \pi$ 周期性地开拓而成的以 2π 为周期的函数, 在端点 $x = \pm\pi$ 保持连续. 令 $x = \pi$, 用 $\sin \mu\pi$ 除等式的两边并将 μ 写成 x, 我们得到等式

$$
\cot \pi x = \frac{2x}{\pi}\left(\frac{1}{2x^2} + \frac{1}{x^2-1^2} + \frac{1}{x^2-2^2} + \cdots \right). \tag{36}
$$

这就是余切化为部分分式的分解式 (类似于第三章第 248 页讨论的有理函数的有限部分分式的分解式), 它是数学分析的一个很重要的公式.

我们将上面的级数写成如下形式:

$$\cot \pi x - \frac{1}{\pi x} = -\frac{2x}{\pi}\left[\frac{1}{1^2 - x^2} + \frac{1}{2^2 - x^2} + \cdots\right].$$

如果 x 属于区间 $0 \leqslant x \leqslant q < 1$, 则右边第 n 项的绝对值小于 $2/\left[\pi\left(n^2 - q^2\right)\right]$. 因此, 级数在这个区间内一致收敛且能逐项积分. 两边乘以 π 并且积分, 在左边我们得到

$$\pi \int_0^x \left(\cot \pi x - \frac{1}{\pi t}\right) dt = \log \frac{\sin \pi x}{\pi x} - \lim_{a \to 0} \log \frac{\sin \pi a}{\pi a}$$

$$= \log \frac{\sin \pi x}{\pi x},$$

在右边得到

$$\log\left(1 - \frac{x^2}{1^2}\right) + \log\left(1 - \frac{x^2}{2^2}\right) + \cdots = \lim_{n \to \infty} \sum_{\nu = 1}^n \log\left(1 - \frac{x^2}{\nu^2}\right).$$

于是

$$\log \frac{\sin \pi x}{\pi x} = \lim_{n \to \infty} \sum_{\nu = 1}^n \log\left(1 - \frac{x^2}{\nu^2}\right)$$

$$= \lim_{n \to \infty} \log \prod_{\nu = 1}^n \left(1 - \frac{x^2}{\nu^2}\right)$$

$$= \log \lim_{n \to \infty} \prod_{\nu = 1}^n \left(1 - \frac{x^2}{\nu^2}\right).$$

如果我们从对数函数化到指数函数, 那么我们有

$$\sin \pi x = \pi x \left(1 - \frac{x^2}{1^2}\right)\left(1 - \frac{x^2}{2^2}\right)\left(1 - \frac{x^2}{3^2}\right)\cdots. \tag{36a}$$

这样我们就得到了关于正弦的无穷乘积的著名的表达式[1].

在这个结果中, 令 $x = \dfrac{1}{2}$, 我们就得到沃利斯乘积

$$\frac{1}{2}\pi = \prod_{\nu = 1}^{\infty} \frac{2\nu}{2\nu - 1} \cdot \frac{2\nu}{2\nu + 1} = \frac{2}{1} \cdot \frac{2}{3} \cdot \frac{4}{3} \cdot \frac{4}{5} \cdots.$$

这个公式在前面第 243 页上已经推导过.

---

1) 这个公式特别有趣, 因为它直接显示出在点 $x = 0, \pm 1, \pm 2, \cdots$ 函数 $\sin \pi x$ 为零. 在这点上它相应于当知道多项式的零点时该多项式的因式分解.

h. 进一步的例

根据类似于前面的简短的计算, 我们得到展开式的进一步的例.

按等式 $f(x) = \sin \mu x$ $(-\pi < x < \pi)$ 定义的函数 $f(x)$ 能展开为级数

$$\sin \mu x = -\frac{2 \sin \mu \pi}{\pi} \left(\frac{\sin x}{\mu^2 - 1^2} - \frac{2 \sin 2x}{\mu^2 - 2^2} + \frac{3 \sin 3x}{\mu^2 - 3^2} - + \cdots \right). \quad (37)$$

令 $x = \frac{1}{2}\pi$ 并且使用关系式 $\sin \mu \pi = 2 \sin \frac{1}{2} \mu \pi \cos \frac{1}{2} \mu \pi$ 就得到余割的分解式, 即得到函数 $1/\cos \frac{1}{2} \mu \pi$ 化为部分分式的分解式. 这个展式是

$$\pi \sec \pi x = \frac{\pi}{\cos \pi x} = 4 \sum_{\nu=1}^{\infty} \frac{(-1)^\nu (2\nu - 1)}{4x^2 - (2\nu - 1)^2},$$

这里我们已经将 $\frac{1}{2}\mu$ 改写成了 x.

类似于 (35) 和 (37), 双曲函数 $\cosh \mu x$ 和 $\sinh \mu x$$(-\pi < x < \pi)$ 的级数是

$$\cosh \mu x = \frac{2\mu}{\pi} \sinh \mu \pi \left(\frac{1}{2\mu^2} - \frac{\cos x}{\mu^2 + 1^2} + \frac{\cos 2x}{\mu^2 + 2^2} \right.$$
$$\left. - \frac{\cos 3x}{\mu^2 + 3^2} + - \cdots \right),$$

$$\sinh \mu x = \frac{2}{\pi} \sinh \mu \pi \left(\frac{\sin x}{\mu^2 + 1^2} - \frac{2 \sin 2x}{\mu^2 + 2^2} \right.$$
$$\left. + \frac{3 \sin 3x}{\mu^2 + 3^2} - + \cdots \right).$$

8.6 收敛性的进一步讨论

a. 结果

对傅里叶系数 a_ν, b_ν 的更细致的研究容易引出第 523 页 8.4e 节的主要定理的下列推论.

(a) 对于所有的周期函数在较弱的条件下, 即只是 $f(x)$ 和它的一阶导数 $f'(x)$ 是分段连续的, 或者如我们所说, 函数是分段光滑的, 则第 524 页上的傅里叶级数 (27a) 收敛到 $f(x)$.

(b) 如果分段光滑的周期函数 $f(x)$ 是连续的, 则收敛是绝对和一致的.

(c) 如果分段光滑的函数 $f(x)$ 容许有跳跃间断点, 则在不包含间断点的每一个闭区间上, 收敛是一致的.

(b) 的证明依赖于一个简单的贝塞尔不等式, 而 (a) 和 (c) 的证明将用到第 521 页 8.4d 节的结果.

b. 贝塞尔不等式

这个不等式给出任何分段连续而不必可微的函数的傅里叶系数的界限:

$$\frac{1}{2}a_0^2 + \sum_{\nu=1}^n \left(a_\nu^2 + b_\nu^2\right) \leqslant M^2. \tag{38}$$

这里, 上界 $M^2 = \frac{1}{\pi}\int_{-\pi}^{\pi} f(x)^2 dx$ 是由函数 $f(x)$ 确定的一个数, 它既不依赖于个别的傅里叶系数 a_ν, b_ν, 也不依赖于数 n. 对于复的傅里叶系数 α_ν [见第 515 页 (13a)], 贝塞尔 (Bassel) 不等式可立刻写成下述形式:

$$\sum_{\nu=-n}^n |\alpha_\nu|^2 \leqslant \frac{1}{2\pi}\int_{-\pi}^{\pi} f(x)^2 dx = \frac{1}{2}M^2. \tag{38a}$$

这一不等式是下述显然事实的直接推论:

$$\frac{1}{\pi}\int_{-\pi}^{\pi}\left[f(x) - \frac{1}{2}a_0 - \sum_{\nu=1}^n\left(a_\nu\cos\nu x + b_\nu\sin\nu x\right)\right]^2 dx \geqslant 0.$$

在积分号下将平方展开, 并注意到第 523 页的正交关系 (25) 以及第 517 页上傅里叶系数的定义 (17), 逐项积分, 我们立刻得到上述形如 (38) 的贝塞尔不等式.

由于贝塞尔不等式的左边随着 n 而单调上升, 而上界 M^2 是固定的, 所以我们能令 $n \to \infty$ 通过取极限推出不等式

$$2\sum_{\nu=-\infty}^{\infty}|\alpha_\nu|^2 = \frac{1}{2}a_0^2 + \sum_{\nu=1}^{\infty}\left(a_\nu^2 + b_\nu^2\right) \leqslant M^2 \tag{39}$$

是成立的. 对于分段连续的函数 $f(x)$ 的傅里叶系数, 甚至当 f 不能用级数 (27a) 或 (27b) 表示时, 这个不等式 (39) 仍适用.

附带指出, 我们将在 8.7d 节中说明, 如果用等号代替不等号, 则贝塞尔不等式 (39) 仍然是成立的.

*c. 推论 (a), (b) 和 (c) 的证明

假定 $f(x)$ 本身是连续的, 我们把贝塞尔不等式应用到它的分段连续的导数 $g(x) = f'(x)$ 上, 该导数有傅里叶系数 $c_\nu = +\nu b_\nu, d_\nu = -\nu a_\nu$, 因为我们可用分部积分立即求得这个结果 (因为积出的项消去了)

$$c_\nu = \frac{1}{\pi}\int_{-\pi}^{\pi} f'(x)\cos\nu x dx$$

$$= +\frac{1}{\pi} \int_{-\pi}^{\pi} \nu f(x) \sin \nu x dx = +\nu b_{\nu},$$

同理可求得 d_{ν}·[这里我们利用了 $f(x)$ 的连续性和周期性.] 于是我们有

$$\sum_{\nu=1}^{n} \nu^2 \left(a_{\nu}^2 + b_{\nu}^2\right) = \sum_{\nu=1}^{n} \left(c_{\nu}^2 + d_{\nu}^2\right)$$

$$\leqslant \frac{1}{\pi} \int_{-\pi}^{\pi} g(x)^2 dx$$

$$= \frac{1}{\pi} \int_{-\pi}^{\pi} f'(x)^2 dx = M^2.$$

这个结果使我们能对 $f(x)$ 的傅里叶级数建立起具有正常数项的控制级数, 该级数依照第 470 页所述保证了 (b) 中所述的绝对和一致的收敛性. 确实, 根据柯西 – 施瓦茨不等式, 对 ν 阶调和振动 (参看第 13 页) 我们首先有

$$\left|a_{\nu} \cos \nu x + b_{\nu} \sin \nu x\right|^2 \leqslant \left(a_{\nu}^2 + b_{\nu}^2\right) \left(\cos^2 \nu x + \sin^2 \nu x\right)$$

$$= a_{\nu}^2 + b_{\nu}^2;$$

然后对 $p = 1/\nu, q = \nu \sqrt{a_{\nu}^2 + b_{\nu}^2}$, 利用不等式

$$pq \leqslant \frac{1}{2} \left(p^2 + q^2\right),$$

则对所有的 ν 我们有

$$\left|a_{\nu} \cos \nu x + b_{\nu} \sin \nu x\right| \leqslant \frac{1}{\nu} \nu \sqrt{a_{\nu}^2 + b_{\nu}^2}$$

$$\leqslant \frac{1}{2} \left[\frac{1}{\nu^2} + \nu^2 \left(a_{\nu}^2 + b_{\nu}^2\right)\right].$$

由于最后的表达式关于 ν 的和是收敛的, 所以我们已经构成了一个控制级数. 因此, 傅里叶级数

$$\frac{1}{2} a_0 + \sum_{\nu=1}^{\infty} \left(a_{\nu} \cos \nu x + b_{\nu} \sin \nu x\right)$$

一致收敛. 于是它有一个和数 $s(x), s(x)$ 是 x 的一个连续函数. 为了证明确实有 $s(x) = f(x)$, 我们采用一个技巧, 考虑积分出来的函数

$$F(x) = \int_{-\pi}^{x} \left(f(t) - \frac{1}{2} a_0\right) dt.$$

显然, $F(x)$ 在 $-\pi \leqslant x \leqslant \pi$ 上是连续的, 而且, 在 $x = -\pi$ 和 $x = \pi, F$ 有相同的值, 因为

$$F(\pi) = \int_{-\pi}^{+\pi} f(t)dt - \pi a_0 = 0 = F(-\pi).$$

从而 F 的周期开拓是连续的. 又由于 F 的一阶和二阶导数都是分段连续的, 所以函数 F 就表成了它的傅里叶级数. 根据同样的推理 (和前面一样以分部积分为基础), 当 $\nu \neq 0$ 时, F 的傅里叶系数是 $-(1/\nu)b_\nu$ 和 $(1/\nu)a_\nu$, 所以

$$F(x) = \frac{1}{2}A_0 + \sum_{\nu=1}^{\infty}\frac{1}{\nu}\left(-b_\nu\cos\nu x + a_\nu\sin\nu x\right),$$

式中含有某个常系数 A_0. 现在按形式逐项微分而得到的级数已经知道是一致收敛的. 于是按形式逐项微分是合法的 (见第 473 页), 并且我们得到所希望的关系式

$$F'(x) = f(x) - \frac{1}{2}a_0 = \sum_{\nu=1}^{\infty}\left(a_\nu\cos\nu x + b_\nu\sin\nu x\right).$$

要证明剩下的论述对于分段连续的并具有分段连续的导数 f' 的周期函数 f 成立. 根据前面的结果, 我们回忆起这些论述对于 8.4d 节的周期函数 $\chi(x)$ 是正确的, 从而对函数 $\chi(x-\xi)$ 也是正确的, 这个函数在点 ξ 有一个跳跃 2π. 现在, 如果函数 $f(x)$ 在点 $\xi_1, \xi_2, \cdots, \xi_m$ 上分别有跳跃 $\beta_1, \beta_2, \cdots, \beta_m$, 则

$$f^*(x) = f(x) - \frac{1}{2\pi}\sum_{i=1}^{m}\beta_i\chi\left(x-\xi_i\right)$$

满足 (b) 的条件, 因此具有一致收敛的傅里叶级数, 于是对 $f(x)$ 证明了推论 (a) 和 (c).

d. 傅里叶系数的量阶. 傅里叶级数的微分法

前面收敛性的讨论说明了一个普遍事实: $f(x)$ 越光滑, 也就是, 周期函数 $f(x)$ 越多的高阶的导数连续的时候, 当 $n \to \infty$ 时, 傅里叶系数 a_ν, b_ν 就越快地收敛到零. 相应地, 如果函数越光滑, 傅里叶级数就收敛得越好. 我们确切地叙述如下: 如果周期函数 $f(x)$ 具有直到 k 阶的连续的导数, 并具有 $k+1$ 阶分段连续的导数, 那么就存在一个只依赖于 $f(x)$ 和 k 的上界 B, 使得

$$|a_\nu|, |b_\nu| < \frac{B}{\nu^{k+1}}. \tag{40}$$

如果我们利用分部积分法, 证明几乎又是直接的 (见上面). 为简明起见, 我们写成复数形式

$$a_\nu - ib_\nu = 2\alpha_\nu,$$

然后不断用分部积分法积分, 直到在被积函数中出现因子 $f^{(k+1)}(x)$ 为止. 由于 $f(x), f'(x)$, 等等的周期性和连续性, 所以边界项彼此抵消了, 因而

$$2\pi\alpha_\nu = \int_{-\pi}^{\pi} f(x)e^{-i\nu x}dx = -\frac{i}{\nu}\int_{-\pi}^{\pi} f'(x)e^{-i\nu x}dx$$

$$= \cdots = \left(\frac{-i}{\nu}\right)^{k+1}\int_{-\pi}^{\pi} f^{(k+1)}(x)e^{-i\nu x}dx.$$

因此, 如果 $\frac{1}{2}B$ 是 $|f^{(k+1)}(x)|$ 的一个上界, 则 $|\alpha_\nu| \leqslant \frac{1}{2}B/\nu^{k+1}$, 由此就可推出不等式 (40).

更进一步值得注意的结果是, 当 $k > 2$ 时, 傅里叶级数可逐项微分 $k-1$ 次, 从而得到微分过的函数的傅里叶级数. 为了证明这一事实, 我们注意到所有这些微分过的级数都以 $B\sum_{\nu=1}^{\infty}\frac{1}{\nu^2}$ 为收敛的控制级数, 从而它们本身是绝对且一致收敛的 (参看第七章第 473 页上的准则).

*8.7 三角多项式和有理多项式的近似法

a. 关于函数表示法的一般说明

要使这种 '明显的表达式' 表示函数成为可能需要对函数概念作什么样的限制, 自从微积分早期以来就是一个挑战性的问题. 函数常常不是从分析上给出的, 而是从几何上或机械作图上, 或由图形的几何描述给出的. 这就可能在不同的区间内有不同的特性.

在 19 世纪初期, 傅里叶级数的发现是回答这个古老的问题的最光辉的一步. 它揭示了 '任意' 函数确实能够用收敛的傅里叶级数来表示, 而的确不必限于 '解析' 函数. 而且, 甚至傅里叶级数也并不包括全部连续函数: 正如我们只提过一下而未加证明的那样, 人们能够定义一些连续函数, 其傅里叶级数由傅里叶系数形成, 但并不收敛.

尤其值得注意的是, 放弃在无穷级数中只是用增加高阶项的办法来达到其近似的原则, 我们就可以对任何连续函数 $f(x)$ 构造 n 阶近似的三角多项式或有理多项式 $P_n(x)$, 使其当 $n \to \infty$ 时在一闭区间上一致收敛到给定的函数 $f(x)$.

b. 魏尔斯特拉斯逼近定理

我们来证明下列是诸密切相关定理.

(a) 如果 $f(x)$ 是闭区间 I 上的连续函数, I 包含在较大的区间 $-\pi < x < \pi$

里面, 则在 I 上能用一个周期为 2π 且阶 n 足够高的三角多项式来一致逼近 f.

(b) 在闭区间 I 上的任何连续函数 $f(x)$ 能够用 I 上的 x 的多项式 $P(x)$ 来一致地逼近. 这一陈述是属于魏尔斯特拉斯的, 可用下面的推论来补充 (见第 473 页):

*(c) 如果 $f(x)$ 在 I 内有连续的导数, 则近似多项式可以这样选择, 使得多项式的导数 $P'_n(x)$ 一致地逼近导数 $f'(x)$.

(a) 的证明是相当直接的. 首先我们用一个分段线性函数来逼近 $f(x)$, 它的图形是一个画在 $f(x)$ 图形中的多边形 $L_n(x)$ (图 8.11). 如果多边形的纵坐标是取在等间隔点 $x_1, x_2, \cdots, x_n$ 上, 并且常数 $h = x_{\nu+1} - x_\nu$ 选择得足够小, 则由于连续函数在区间 I 上一致连续 (见第 83 页), 显然, $L_n(x)$ 同 $f(x)$ 之差的绝对值可以小于任意选定的上界 $\varepsilon/2$.

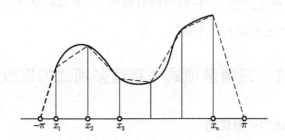

图 8.11   用多边形对连续函数的一致逼近

下一步 (如图 8.11 所示) 用直线连接较大区间的端点 $-\pi$ 和 π, 因而在闭区间 $-\pi \leqslant x \leqslant \pi$ 上把 $L_n(x)$ 开拓成一分段线性函数, 仍称为 $L_n(x)$: 在两端点上都为零的这个函数, 现在能周期地开拓出去, 并且按 8.6a 节可把它展成一致收敛的傅里叶级数, 如果 m 充分大, 该级数的多项式部分 $S_m(x)$ 同 $L_m(x)$ 之差的绝对值就小于 $\dfrac{\varepsilon}{2}$. 现在 $|S_m - f| \leqslant |S_m - L_n| + |L_n - f| < \varepsilon$, 因而 (a) 得证[1].

为了证明 (b), 按照第 395 页 5.5b 节, 在有限和 $S_m(x)$ 的每一项中, 我们用带有一致小的余项的泰勒多项式来代替三角函数 $\cos \nu x$ 和 $\sin \nu x$. 因此, 组合上面这些近似式, 我们构成一个多项式 $P_N(x)$, 使得 $|P_N(x) - S_m(x)| < \dfrac{\varepsilon}{2}$, 这里必须选择足够大的 N 以获得准确度 $\varepsilon/2$. 综合起来, 如果选择的 m 使 $|S_m(x) - f(x)| < \dfrac{\varepsilon}{2}$, 我们在较小的区间上一定有 $|P_N(x) - f(x)| < \varepsilon$.

---

[1] 如果我们假定 $f(\pi) = f(-\pi)$, 那么当 I 是整个区间 $-\pi \leqslant x \leqslant +\pi$ 时, 这些结果仍然有效. 在这里我们像以前一样选择一个近似的多边形 $L_n(x)$, 只需使 $L_n(-\pi) = L_n(\pi) = f(-\pi) = f(\pi)$.

*c. 按算术平均值的傅里叶多项式的费耶三角近似式

有一个直接而又相当明确的构造近似多项式的方法能够非常简单地证明 8.7b 节的定理 (a). 这种构造是由下述值得注意的费耶定理提供的.

定理 如果 $S_n(x)$ 是周期连续函数 $f(x)$ 的 n 阶傅里叶多项式, 则当 $n \to \infty$ 时, 算术平均值

$$F_n(x) = \frac{S_0(x) + \cdots + S_n(x)}{n+1}$$

一致收敛到 $f(x)$.

在通常的傅里叶逼近中, 不管发生怎样的扰动振荡, 这个定理由于取平均而保证了级数的收敛性.

证明 这个定理的证明类似于傅里叶展式的主要定理的证明, 然而它更简单些, 因为这里振荡核 $\dfrac{\sin\left(n+\frac{1}{2}\right)x}{2\sin\frac{1}{2}x}$ 由正的 "费耶核"

$$S_n(t) = \left(\frac{\sin\frac{1}{2}(n+1)t}{2\sin\frac{1}{2}t}\right)^2 \cdot \frac{2}{n+1}$$

来代替. 我们首先注意到, 第 516 页上的函数 $\sigma_n(\alpha) = \frac{1}{2} + \cos\alpha + \cdots + \cos n\alpha$ 利用余弦的加法公式能写成下述形式

$$\sigma_n(\alpha) = \frac{\sin\left(n+\frac{1}{2}\right)\alpha}{2\sin\frac{1}{2}\alpha} = \frac{\sin\frac{1}{2}\alpha\sin\left(n+\frac{1}{2}\right)\alpha}{2\sin^2\frac{1}{2}\alpha}$$

$$= \frac{1}{2}\frac{\cos n\alpha - \cos(n+1)\alpha}{1-\cos\alpha}.$$

因此, 我们得到公式

$$\frac{\sigma_0(\alpha) + \sigma_1(\alpha) + \cdots + \sigma_n(\alpha)}{n+1} = \frac{1}{2(n+1)}\frac{1-\cos(n+1)\alpha}{1-\cos\alpha}$$

$$= \frac{1}{2(n+1)}\left(\frac{\sin[(n+1)\alpha/2]}{\sin(\alpha/2)}\right)^2$$

$$= S_n(\alpha).$$

因为按 $\sigma_n(\alpha)$ 的定义 [见第 516 页 (14)]

$$\frac{1}{\pi} \int_{-\pi}^{\pi} \sigma_k(\alpha) d\alpha = 1,$$

从而得到

$$\frac{1}{\pi} \int_{-\pi}^{\pi} S_n(\alpha) d\alpha = 1.$$

现在 [见第 525 页 (28a)]

$$S_n(x) = \frac{1}{\pi} \int_{-\pi}^{\pi} f(x+t)\sigma_n(t) dt$$

因而

$$F_n(x) = \frac{1}{\pi(n+1)} \int_{-\pi}^{\pi} f(x+t) \left[\sigma_0(t) + \cdots + \sigma_n(t) \right] dt$$

$$= \frac{1}{\pi} \int_{-\pi}^{\pi} f(x+t) S_n(t) dt.$$

对任何正的 δ

$$f(x) - F_n(x) = \frac{1}{\pi} \int_{-\pi}^{\pi} [f(x) - f(x+t)] S_n(t) dt$$

$$= \frac{1}{\pi} \int_{-\delta}^{\delta} [f(x) - f(x+t)] S_n(t) dt$$

$$+ \frac{1}{\pi} \int_{\delta}^{\pi} [f(x) - f(x+t)] S_n(t) dt$$

$$+ \frac{1}{\pi} \int_{-\pi}^{-\delta} [f(x) - f(x+t)] S_n(t) dt.$$

现在因为 $f(x)$ 是一致连续的, 所以我们能够选择一个 δ, 使得对于所有在 $[-\pi, \pi]$ 上的 x 和对于 $|t| < \delta$ 有 $|f(x) - f(x+t)| < \frac{1}{3}\varepsilon$. 此外 f 是有界的, 譬如说 $|f| < M$. 因为按其定义

$$|S_n(t)| \leqslant \frac{1}{2(n+1)\sin^2(\delta/2)},$$

对 $\delta \leqslant |t| \leqslant \pi$, 我们用 $S_n \geqslant 0$ 求出

$$|f(x) - F_n(x)| \leqslant \frac{\varepsilon}{3\pi} \int_{-\delta}^{\delta} |S_n(t)| \, dt$$

$$+ \frac{2\pi}{\pi} \int_{\delta}^{\pi} |S_n(t)| \, dt + \frac{2\pi}{\pi} \int_{-\pi}^{-\delta} |S_n(t)| \, dt$$

$$\leqslant \frac{\varepsilon}{3\pi} \int_{-\pi}^{\pi} S_n(t)dt + \frac{2\pi}{\pi} \frac{2\pi}{2(n+1)\sin^2(\delta/2)}$$

$$= \frac{\varepsilon}{3} + \frac{2\pi}{(n+1)\sin^2(\delta/2)}.$$

显然, 当 n 足够大时,

$$|f(x) - F_n(x)| \leqslant \varepsilon,$$

因而定理得证.

*d. 在平均意义下的逼近和帕塞瓦尔关系式

两个在闭区间 I 上连续的函数 $g(x)$ 和 $h(x)$ 的接近程度, 从一致收敛的观点看, 可用 $|g(x) - h(x)|$ 的最大值来度量. 在 I 上的连续函数 $\phi(x)$ 的最大绝对值称为它的最大范数, 当 $n \to \infty$ 时, 我们可以把函数序列 f_n 一致收敛到函数 f, 说成差 $f - f_n$ 的最大范数趋于 0, 或者也可以说成差 $f_n - f_m$ 的最大范数趋于 0.

很自然, 对于傅里叶近似式而言 (及本书范围之外的其他的重要数学理论), 两个函数之间的偏差需给以另外的度量或 '范数 (norm)', 或者考虑一个函数 $\phi(x)$ 离恒等于零的函数的距离是多少就够了. 这就是 "二次平均" 或者 '均方范数" $\mu = \|\phi\|$, 它由下述的平均值来定义

$$\mu^2 = \frac{1}{l} \int_I \phi(x)^2 dx = \|\phi\|^2,$$

式中 l 是区间 I 的长度. 这是一个比最大范数稍粗糙一些的度量, 因为它的值小并不一定表示函数值处处都是小的.

作为一个例, 函数 x^n 在区间 $I: 0 \leqslant x \leqslant 1$ 上的范数有值 $(2n+1)^{-\frac{1}{2}}$, 当 n 选得足够大时, 这个值可以任意小, 但是对于 $x = 1$, 函数 x^n 等于 1.

如果当 $n \to \infty$ 时, 二次范数 $\|f_n - f\|$ 趋于零, 那么, 我们就说在二次平均意义下 f_n 趋于 f.

由于下述的所谓三角不等式 (它相当于数的三角不等式, 见第 12 页) 成立, 所以把二次范数视为距离是颇为有用的. 这不等式即 $\|f + g\| \leqslant \|f\| + \|g\|$, 是对于两个函数 f 和 g 而言的, 它可由下面的推理立即得到: 取 $p = \frac{f(x)}{\|f\|}, q = \frac{g(x)}{\|g\|}$, 应用不等式 $pq \leqslant \frac{1}{2}(p^2 + q^2)$, 并在 I 上积分, 我们求得

$$\frac{1}{l} \int_I f(x)g(x)dx \leqslant \|f\| \cdot \|g\|.$$

现在

$$\|f+g\|^2 = \frac{1}{l}\int_I [f(x)+g(x)]^2 dx$$

$$= \|f\|^2 + \|g\|^2 + \frac{1}{l}\int_l 2f(x)g(x)dx$$

$$\leqslant (\|f\|+\|g\|)^2$$

或

$$\|f+g\| \leqslant \|f\| + \|g\|.$$

借助这些概念, 我们可以把 8.6 b 节的贝塞尔不等式看得更清楚. 我们首先指明: 在 "二次平均" 的意义下, 用一个其系数 c_ν, d_ν 是可以自由选择的 n 阶三角多项式

$$T_n = \frac{c_0}{2} + \sum_{\nu=1}^{n} (c_\nu \cos\nu x + d_\nu \sin\nu x)$$

$$= \sum_{\nu=-n}^{n} \beta_\nu e^{i\nu x},$$

[其中 $\beta_0 = \frac{c_0}{2}, \beta_\nu + \beta_{-\nu} = c_\nu, i(\beta_\nu - \beta_{-\nu}) = d_\nu$] 去逼近一个给定的分段连续函数时, 其最佳逼近是由傅里叶多项式

$$S_n = \frac{a_0}{2} + \sum_{\nu=1}^{n} (a_\nu \cos\nu x + b_\nu \sin\nu x)$$

$$= \sum_{\nu=-n}^{n} \alpha_\nu e^{i\nu x}$$

给出的, 式中 a_ν, b_ν 和 α_ν 是实的和复的傅里叶系数, 它们分别根据第 523 页公式 (26) 由 f 确定.

为了简明起见, 证明用复的形式写. 在区间 $I = [-\pi, \pi]$ 上对函数 $e^{i\nu x}$ 利用正交关系 (25) 容易得到:

$$\frac{1}{l}\int_I \left(f(x) - \sum_{\nu=-n}^{n} \beta_\nu e^{i\nu x}\right)^2 dx$$

$$= \frac{1}{l}\int_I \left[f(x)^2 - 2\sum_{\nu=-n}^{n} \beta_\nu f(x)e^{i\nu x} + \left(\sum_{\nu=-n}^{n} \beta_\nu e^{i\nu x}\right)^2\right] dx$$

$$= \|f\|^2 - 2 \sum_{\nu=-n}^{n} \beta_\nu \alpha_{-\nu} + \sum_{\nu=-n}^{n} \beta_\nu \beta_{-\nu}$$

$$= \|f\|^2 - \sum_{\nu=-n}^{n} \alpha_\nu \alpha_{-\nu} + \sum_{\nu=-n}^{n} (\alpha_\nu - \beta_\nu)(\alpha_{-\nu} - \beta_{-\nu})$$

$$= \|f\|^2 - \sum_{\nu=-n}^{n} \alpha_\nu \bar{\alpha}_\nu + \sum_{\nu=-n}^{n} (\alpha_\nu - \beta_\nu)(\bar{\alpha}_\nu - \bar{\beta}_\nu)$$

$$= \|f\|^2 - \sum_{\nu=-n}^{n} |\alpha_\nu|^2 + \sum_{\nu=-n}^{n} |\alpha_\nu - \beta_\nu|^2,$$

显然, 当把 β_ν 选为傅里叶系数 α_ν 时, 即当 $\alpha_\nu = \beta_\nu$, 或等价地, $c_\nu = a_\nu, d_\nu = b_\nu$ 时, 上述表达式达到极小值.

利用上面得到的逼近结果, 现在我们能够证明帕塞瓦尔 (Parseval) 定理:

贝塞尔不等式

$$\frac{1}{2} a_0^2 + \sum_{\nu=1}^{n} (a_\nu^2 + b_\nu^2) \leqslant \frac{1}{\pi} \int_{-\pi}^{\pi} f(x)^2 dx,$$

当 $n \to \infty$ 时, 变为帕塞瓦尔等式

$$\frac{1}{2} a_0^2 + \sum_{\nu=1}^{\infty} (a_\nu^2 + b_\nu^2) = \frac{1}{\pi} \int_{-\pi}^{\pi} f(x)^2 dx,$$

适用于任何周期为 2π 的对一切 x 连续的函数.

证明　根据魏尔斯特拉斯关于三角多项式的逼近定理, 我们可选择一个多项式序列 T_n 使得 $f(x) - T_n(x)$ 对 x 一致地趋于零. 于是, 当 $n \to \infty$ 时也有

$$\frac{1}{2\pi} \int_{-\pi}^{\pi} [f(x) - T_n(x)]^2 dx \to 0.$$

但是, 按照我们上述的结果, 在一切 n 阶傅里叶多项式中, 在平均的意义下, 傅里叶多项式

$$S_n(x) = \frac{a_0}{2} + \sum_{\nu=1}^{n} (a_\nu \cos \nu x + b_\nu \sin \nu x)$$

对 $f(x)$ 给出最佳的逼近, 所以

$$\frac{1}{2\pi} \int_{-\pi}^{\pi} [f(x) - S_n(x)]^2 dx \leqslant \frac{1}{2\pi} \int_{-\pi}^{\pi} [f(x) - T_n(x)]^2 dx.$$

从而得到

$$\lim_{n \to \infty} \frac{1}{2\pi} \int_{-\pi}^{\pi} [f(x) - S_n(x)]^2 \, dx = 0.$$

如同第 543 页一样, 平方被积函数, 我们就得到了帕塞瓦尔关系式.

最后, 我们注意到, 如果 $f(x)$ 有几个跳跃间断点, 帕塞瓦尔关系式仍然保持有效. 这里我们省略了这个简单证明.

附 录 I

*A.I.1 周期区间的伸缩变换. 傅里叶积分定理

对我们的周期函数, 可用任何区间 $-B \leqslant x \leqslant B$ 代换基本区间 $-\pi \leqslant x \leqslant \pi$. 用变换 $y = \pi x / B$ 将这个长度为 $2B$ 的区间转换为区间 $-\pi \leqslant y \leqslant \pi$, 并且将周期为 $2B$ 的函数 $f(x)$ 转换为周期为 2π 的函数 $g(y) = f(By/\pi) = f(x)$. 记为复的形式 [见第 524 页公式 (27b)] 的主要定理, 蕴含着

$$g(y) = \sum_{\nu=-\infty}^{\infty} \frac{1}{2\pi} \int_{-\pi}^{\pi} g(t) e^{-i\nu(t-y)} dt.$$

根据这个变换, 于是

$$f(x) = \frac{1}{2\pi} \sum_{\nu=-\infty}^{\infty} \frac{\pi}{B} \int_{-B}^{B} f(s) e^{-i\nu\pi(s-x)/B} ds, \qquad (41)$$

这里积分变量用 $s = Bt/\pi$ 代替.

对于在区间 $-B \leqslant x \leqslant B$ 上每个分段光滑的函数, 关系式 (41) 是有效的.

我们令 $\pi/B = h, \nu\pi/B = \nu h = u_\nu$, 并且将 (41) 写成下述形式

$$f(x) = \frac{1}{2\pi} \sum_{\nu=-\infty}^{\infty} h \int_{-B}^{B} f(s) e^{-iu_\nu(s-x)} ds$$

$$= \frac{1}{2\pi} \sum_{\nu=-\infty}^{\infty} h e^{iu_\nu x} H_\nu,$$

其中 $H_\nu = \int_{-B}^{B} e^{-iu_\nu s} f(s) ds$. 现在就 $B \to \infty$ 或 $\Delta u = h \to 0$ 取极限, 这在形式上的可行性是明显的, 因而得到

$$f(x) = \frac{1}{2\pi} \int_{-\infty}^{\infty} e^{iux} du \int_{-\infty}^{\infty} e^{-ius} f(s) ds. \qquad (42)$$

这就是傅里叶积分公式, 这个公式将在第二卷中对一大类函数 f 给以严格证明. 这个公式可写成明显对称的形式, 把它作为一个函数 $f(x)$ 和它的 '傅里叶变换' $F(u)$ 之间的一对互反的积分关系式:

$$F(u) = \frac{1}{\sqrt{2\pi}} \int_{-\infty}^{\infty} f(s)e^{-ius}ds, \tag{43}$$

$$f(x) = \frac{1}{\sqrt{2\pi}} \int_{-\infty}^{\infty} F(u)e^{iux}dx. \tag{43a}$$

傅里叶积分公式 (42) 可写成不包含虚指数的形式. 我们只需利用表示式

$$e^{iux}e^{-ius} = e^{iu(x-s)} = \cos u(s-x) - i\sin u(s-x).$$

因为 $\sin u(s-x)$ 是 u 的奇函数, 而 $\cos u(s-x)$ 是偶函数, 从 $-\infty$ 到 $+\infty$ 对 u 的正弦项的积分为零, 而积分余弦项得到从 0 到 ∞ 积分值的两倍. 因此

$$f(x) = \frac{1}{\pi} \int_0^{\infty} du \int_{-\infty}^{+\infty} f(s)\cos u(s-x)ds. \tag{43b}$$

*A.I.2 非连续点上的吉布斯现象

在一个跳跃间断点附近的傅里叶级数的收敛性质显示出一个值得注意的特点, 这是吉布斯 (Gibbs) 在考查傅里叶多项式

$$S_n(x) = \frac{a_0}{2} + \sum_{\nu=1}^{n} (a_\nu \cos \nu x + b_\nu \sin \nu x)$$

的图形时发现的. 正如在第七章第 465 页中已经强调过的, 在极限函数的一个间断点的附近, 一个收敛序列的不一致收敛性能够用逼近函数的连续的图形不逼近于这个极限函数的不连续的图形的方法观察到.

在傅里叶展开式中, 这些图形不是简单地逼近增补后的 $f(x)$ 的图形的, 这里的增补是指, 在跳跃位置 ξ 处, 用垂直线段 $x = \xi$ 连接两个端点. 而是这样逼近的: S_n 的图形表示了波动, 这波在接近 ξ 时, 大约以总跳跃的 9% 超出纵坐标 $f(\xi+0)$ 和 $f(\xi-0)$ 的上下两边. 因此, 由近似图形去逼近 $f(x)$ 的图形时, 在 $x = \xi$, 不仅要连接 $f(x)$ 图形上的两个点, 而且要增加超过两个端点的垂直线段. 见第 510 页图 8.4 和图 8.5.

从数学上分析这种情况是简单的, 只需要讨论 8.4d 节的函数 $\chi(x)$ 的间断性就可以了, 第 537 页上的一切跳跃间断都可化为 $\chi(x)$ 的情况.

对于正的 x, 函数 $\frac{1}{2}\chi(x)$ [见第 522 页公式 (23a)] 由下式给出

$$\frac{1}{2}\chi(x) = \frac{1}{2}(\pi - x) = \sum_{\nu=1}^{\infty} \frac{\sin \nu x}{\nu}, \qquad 0 < x < \pi.$$

根据第 516 页公式 (14) 的积分, 我们得到

$$S_n(x) = \sum_{\nu=1}^{n} \frac{\sin \nu x}{\nu} = -\frac{1}{2}\chi + \int_0^x \frac{\sin\left(n + \frac{1}{2}\right)t}{2\sin\frac{1}{2}t}dt,$$

因此余项 $r_n(x) = \frac{1}{2}\chi(x) - S_n(x)$ 取形式

$$r_n(x) = \frac{1}{2}\pi - \int_0^x \frac{\sin\left(n + \frac{1}{2}\right)t}{t}dt + \rho_n(x),$$

式中

$$\rho_n(x) = \int_0^x \frac{2\sin\frac{1}{2}t - t}{2t\sin\frac{1}{2}t}\sin\left(n + \frac{1}{2}\right)t dt.$$

因为表达式 $\left(2\sin\frac{1}{2}t - t\right)\Big/2t\sin\frac{1}{2}t$ 是分段连续并且有分段连续的一阶导数, 第 518 页上的引理就蕴含着对 $0 < x < \pi$, 当 $n \to \infty$ 时, $\rho_n(x)$ 一致地趋于 0. 此外,

$$\sigma_n(x) = \frac{1}{2}\pi - \int_0^x \frac{\sin\left(n + \frac{1}{2}\right)t}{t}dt$$

$$= \frac{1}{2}\pi - \int_0^{(n+1/2)x} \frac{\sin t}{t}dt,$$

当 $n \to \infty$ 时对于每一个各别正的 x 趋于 0 (见第 519 页). 但是收敛是不一致的. 显然, 对于 $k = 1, 2, 3, \cdots$ 在点 $x_k = 2k\pi/(2n + 1)$ 上, $\sigma_n(x)$ 的导数为零. 容易看出, 更确切地, $\sigma_n(x)$ 在点 $x_1, x_3, x_5, \cdots$ 有最小值, 在点 $x_2, x_4, x_6, \cdots$ 有最大值. 此外, 在最小值点 σ_n 的值形成一个递增的序列. 于是, 对于正的 x 值, $\sigma_n(x)$ 以下面这个值作为它的 '绝对' 最小值:

$$\sigma_n(x_1) = \frac{1}{2}\pi - \int_0^\pi \frac{\sin t}{t}dt$$

$$= \frac{1}{2}\pi - \int_0^\pi \left(1 - \frac{1}{3!}t^2 + \frac{1}{5!}t^4 - + \cdots\right)dt$$

$$= \pi \left(\frac{1}{2} - 1 + \frac{\pi^2}{2 \cdot 3 \cdot 3} - \frac{\pi^4}{2 \cdot 3 \cdot 4 \cdot 5 \cdot 5} \right.$$
$$\left. + \frac{\pi^6}{2 \cdot 3 \cdot 4 \cdot 5 \cdot 6 \cdot 7 \cdot 7} - + \cdots \right)$$

$$\approx -0.090 \cdots \pi.$$

当 n 很大时, 余项 r_n 近似地等于 σ_n. 因此, 当 n 很大时, 近似多项式 S_n 超过函数 χ 大约 $(9/100)\pi$, 即约为在原点处函数的右极限和左极限之差的 9%. 因此, $S_n(x)$ 的图形的振荡分支确实超过 $\chi(x)$ 图形的高度并且呈现出上面描述的极限现象.

容易看出, 和数 $S_n(x)$ 的费耶平均值是没有吉布斯现象的.

*A.I.3 傅里叶级数的积分

一般讲, 如我们已看到的 (第 470 页), 如果一个无穷级数是一致收敛的, 它就能逐项积分. 然而, 对于傅里叶级数我们有一个值得注意的结果, 就是逐项积分总是可能的. 我们说: 如果 $f(x)$ 是一个在 $-\pi \leqslant x \leqslant \pi$ 上分段连续的函数, 它具有形式上的傅里叶展式

$$\frac{1}{2} a_0 + \sum_{\nu=1}^{\infty} \left(a_\nu \cos \nu x + b_\nu \sin \nu x \right),$$

则对任意两点 x_1, x_2 有

$$\int_{x_1}^{x_2} f(x) dx = \int_{x_1}^{x_2} \frac{1}{2} a_0 dx + \sum_{\nu=1}^{\infty} \int_{x_1}^{x_2} \left(a_\nu \cos \nu x + b_\nu \sin \nu x \right) dx,$$

就是说傅里叶级数能逐项积分. 此外, 对于固定的 x_1, 右边的级数对 x_2 一致收敛.

这个定理的值得注意的部分是, 不仅不需要假定级数的一致收敛性, 而且甚至也不需要利用它的收敛性.

为了证明定理, 如同第 536 页一样定义

$$F(x) = \int_{-\pi}^{x} \left[f(t) - \frac{1}{2} a_0 \right] dt.$$

$F(x)$ 是连续的并有分段连续的导数. 此外, 它满足条件 $F(\pi) = F(-\pi) = 0$, 于是把它周期地开拓之后它仍是连续的. 因此, $F(x)$ 的傅里叶级数

$$\frac{1}{2} A_0 + \sum_{\nu=1}^{\infty} \left(A_\nu \cos \nu x + B_\nu \sin \nu x \right)$$

一致收敛到 $F(x)$. 利用分部积分法, 当 $\nu \neq 0$, 我们得到傅里叶系数的值

$$A_\nu = \frac{1}{\pi} \int_{-\pi}^{\pi} F(t) \cos \nu t dt = -\frac{1}{\pi} \int_{\pi-}^{\pi} f(t) \frac{\sin \nu t}{\nu} dt = -\frac{b_\nu}{\nu},$$

$$B_\nu = \frac{1}{\pi} \int_{-\pi}^{\pi} F(t) \sin \nu t dt = \frac{1}{\pi} \int_{\pi-}^{\pi} f(t) \frac{\cos \nu t}{\nu} dt = \frac{a_\nu}{\nu}.$$

于是级数

$$F(x_2) - F(x_1) = \sum_{\nu=1}^{\infty} [A_\nu (\cos \nu x_2 - \cos \nu x_1) + B_\nu (\sin \nu x_2 - \sin \nu x_1)]$$

$$= \sum_{\nu=1}^{\infty} \left[-\frac{b_\nu}{\nu} (\cos \nu x_2 - \cos \nu x_1) + \frac{a_\nu}{\nu} (\sin \nu x_2 - \sin \nu x_1) \right]$$

关于 x 一致收敛. 把 $F(x)$ 换成 $\int_{\pi}^{x} \left[f(x) - \frac{1}{2} a_0 \right] dx$, 我们得到关系式

$$\int_{x_1}^{x_2} \left[f(x) - \frac{1}{2} a_0 \right] dx = \sum_{\nu=1}^{\infty} \int_{x_1}^{x_2} (a_\nu \cos \nu x + b_\nu \sin \nu x) dx,$$

这正是所要证明的.

附 录 II

*A.II.1 伯努利多项式及其应用

a. 定义及傅里叶展式

在泰勒级数的推导过程中 (第 391 页), 以 ξ 为参数的 x 的多项式 $P_n(x) = (\chi - \xi)^n/n!, n \geqslant 1$ 起了作用. 这一序列多项式是这样刻画的: 每一个多项式 P_{n+1} 是 P_n 的原函数即 $P'_{n+1}(x) = P_n(x)$, 而且, $P_n(\xi) = 0$ 和 $P_0(x) \equiv 1$.

我们现在按逐次积分来构造另一个重要的多项式序列, 即伯努利多项式序列, 然后我们将把这些多项式开拓为周期函数并展为傅里叶级数.

对 $0 \leqslant x \leqslant 1$, 伯努利多项式 $\phi_n(x)$ 递归地用下列关系式来定义:

$$\phi'_n(x) = \phi_{n-1}(x), \quad \phi_0(x) = 1, \tag{44a}$$

$$\int_0^1 \phi_n(x) dx = 0, \quad \text{当 } n > 0. \tag{44b}$$

对已知的 $\phi_0, \phi_1, \cdots, \phi_{n-1}$, 由条件 (44a) 来确定 ϕ_n, 其中含有一个任意的积

分常数, 这个常数可由条件 (44b) 完全固定. 根据数学归纳法我们立即看到, ϕ_n 是一个具有有理系数的 n 阶多项式. 前几个伯努利多项式是容易计算的:

$$\phi_0(x) = 1,$$

$$\phi_1(x) = x - \frac{1}{2},$$

$$\phi_2(x) = \frac{1}{2}x^2 - \frac{1}{2}x + \frac{1}{12},$$

$$\phi_3(x) = \frac{1}{6}x^3 - \frac{1}{4}x^2 + \frac{1}{12}x,$$

$$\phi_4(x) = \frac{1}{24}x^4 - \frac{1}{12}x^3 + \frac{1}{24}x^2 - \frac{1}{720}.$$

当 $n > 1$, 按 (44a), (44b) 我们有

$$\phi_n(1) - \phi_n(0) = \int_0^1 \phi_n'(t)dt = 0.$$

于是, 多项式函数 ϕ_n 可以从基本区间 $0 \leqslant x \leqslant 1$ 开拓到所有的 x 使其成为以 1 为周期的连续的周期函数 $\psi_n(x)$, 称为伯努利函数, 而函数 $\psi_1(x)$ 同非连续函数 $\frac{1}{2\pi}\phi(2\pi x - \pi)$ 相重合, 并且能够表示为傅里叶级数 (见第 522 页公式 (23b))

$$\psi_1(x) = -\frac{1}{\pi}\left(\frac{\sin 2\pi x}{1} + \frac{\sin 4\pi x}{2} + \frac{\sin 6\pi x}{3} + \cdots\right). \tag{45a}$$

通过逐次积分, 我们就得到

$$\psi_n(t) = (-1)^{(n/2)+1} \cdot \frac{2}{(2\pi)^n}\sum_{k=1}^{\infty}\frac{\cos 2\pi kt}{k^n}, \quad \text{当 } n \text{ 是偶数}, \tag{45b}$$

$$\psi_n(t) = (-1)^{(n+1)/2} \cdot \frac{2}{(2\pi)^n}\sum_{k=1}^{\infty}\frac{\sin 2\pi kt}{k^n}, \quad \text{当 } n \text{ 是奇数}. \tag{45c}$$

在原来的区间 $0 \leqslant x \leqslant 1$ 上, 周期函数 $\psi_n(t)$ 恒等于伯努利多项式 $\phi_n(t)$.

当 n 是偶数时, ψ_n 是偶函数, 当 n 是奇数时, ψ_n 是奇函数, 等价地说

$$\psi_n(-x) = (-1)^n\psi_n(x). \tag{45d}$$

在逐个的伯努利多项式中, 常数项组成一个值得注意的有理数序列

$$b_n = \phi_n(0) = \begin{cases} \psi_n(0), & \text{当 } n \neq 1, \\ -\dfrac{1}{2}, & \text{当 } n = 1, \end{cases} \tag{46a}$$

从傅里叶展式我们立即得到

$$b_n = 0, \quad \text{当 } n = 3, 5, \cdots, \text{为奇数时}, \tag{46b}$$

$$b_n = (-1)^{n/2+1} \frac{2}{(2\pi)^n} \sum_{k=1}^{\infty} \frac{1}{k^n}, \quad \text{当 } n = 2, 4, \cdots, \text{为偶数时}. \tag{46c}$$

而且, 显然当 $n = 2m$ 为偶数时, b_{2m} 的符号交替变换.

代替随 n 的增加而迅速减小的数 b_n, 雅各布·伯努利引入下列多少更合适一点的数:

$$B_m = (-1)^{m-1}(2m)! b_{2m}, \tag{47}$$

我们称它为伯努利数. (数 $B_{2m}^* = (-1)^{m-1}B_m$ 与在第 495 页引入的伯努利数是恒等的, 这在以后将成为明显的.) 特别地,

$$B_1 = \frac{1}{6}, \quad B_2 = \frac{1}{30}, \quad B_3 = \frac{1}{42}, \quad B_4 = \frac{1}{30},$$

$$B_5 = \frac{5}{66}, \quad B_6 = \frac{691}{2730}, \quad B_7 = \frac{7}{6}, \cdots.$$

作为公式 (46c) 的一个结果, 在

$$\sum_{k=1}^{\infty} \frac{1}{k^{2n}} = (-1)^{n-1}(2\pi)^{2n} \frac{1}{2} b_{2n} = \frac{(2\pi)^{2n}}{2(2n)!} B_n \tag{48}$$

里, 当整数 $s = 2n$ 时, 我们通过已知的这些数给出了黎曼 ζ 函数 $\zeta(s)$ 的明确的表达式 (见第 492 页). 例如, 我们得到值得注意的公式如

$$1 + \frac{1}{2^2} + \frac{1}{3^2} + \frac{1}{4^2} + \cdots = \frac{\pi^2}{6} = \zeta(2)$$

及

$$1 + \frac{1}{2^4} + \frac{1}{3^4} + \frac{1}{4^4} + \cdots = \frac{\pi^4}{90} = \zeta(4).$$

当 $n \to \infty$ 时, 数 b_n 和 B_n 分别趋于零和无穷大. 因为, 首先, 我们有

$$1 < \sum_{k=1}^{\infty} \frac{1}{k^{2n}} \leqslant \sum_{k=1}^{\infty} \frac{1}{k^2} = \frac{\pi^2}{6} < 2.$$

于是

$$2(2\pi)^{-2n} < |b_{2n}| < 4(2\pi)^{-2n}.$$

因为 $2\pi > 1$ 并且当 $n \to \infty$ 时 $(2\pi)^{-2n} \to 0$, 我们有 $b_{2n} \to 0$, 而 $b_{2n+1} = 0$. 此外,

$$B_n = (2n)! \, |b_{2n}| > 2(2n)!(2\pi)^{-2n}.$$

容易看出, 右边趋向无穷.

*b. 生成函数. 三角余切和双曲余切的泰勒级数

伯努利数和伯努利多项式以一种漂亮的方式引导到余切和有关函数的泰勒展式. 这些展式最容易由所谓的伯努利函数的生成函数 (generating function) 得到, 即由下面这个函数得到:

$$F(t,z) = \sum_{n=0}^{\infty} \psi_n(t)z^n. \tag{49}$$

这是一个 z 的幂级数, 它的系数是参数 t 的伯努利函数. 根据方程 (45) 的傅里叶展开, 对所有 t 和 $n \geq 2$ 我们有如下估计

$$|\psi_n(t)| \leq \left[\frac{2}{(2\pi)^n} \right] \sum_{k-1}^{\infty} \frac{1}{k^n} \leq \left[\frac{2}{(2\pi)^n} \right] \sum_{k=1}^{\infty} \frac{1}{k^2}$$

$$= \frac{\pi^2}{3(2\pi)^n} < \frac{4}{(2\pi)^n}.$$

因此 $F(t,z)$ 的级数的 n 次项的绝对值小于 $4(|z|/2\pi)^n$. 众所周知, 用级数

$$4 \sum_{n=1}^{\infty} \left(\frac{|z|}{2\pi} \right)^n$$

作比较可得到: 对所有的 t, z 的幂级数的收敛半径至少是 2π.

因为对 $|z| < 2\pi$ 内的一个固定的 z, $F(t,z)$ 的级数具有一个与 t 无关的收敛控制级数, 由一般理论 (见第 470 页) 推知, 对所有的 t, 级数一致收敛. 所以它能够在这个区域内逐项积分. 如果微分所得的级数也是一致收敛的话, 它也能够逐项微分. 我们利用这个事实来确定 $F(t,z)$ 的明显的公式 (见第 474 页). 在 $0 < t < 1$ 中, 对 t 逐项微分 (当 $t=0$ 或 $t=1$ 时, $\psi_1(t)$ 没有导数) 就形式地得到

$$\frac{d}{dt}F(t,z) = \sum_{n=1}^{\infty} \psi_{n-1}(t)z^n$$

$$= z \sum_{n=1}^{\infty} \psi_{n-1}(t)z^{n-1}$$

$$= z \sum_{n=0}^{\infty} \psi_n(t)z^n$$

$$= zF(t,z).$$

这个级数同原来的级数具有相同形式, 因而确实是一致收敛的, 所以逐项微分是

正当的. 因此, 对于在 $|z| < 2\pi$ 内每一个固定的 z 和对于 $0 < t < 1$, 生成函数 $F(t, z)$ 适合微分方程 $dF/dt = zF(t, z)$. 这个微分方程的通解是 $F = ce^{zt}$, 其中 c 是一个因子, 它的值依赖于参数 z (见第 193 页). 为了确定 c, 我们对 t 从 0 到 1 积分 $F(t, z)$ 的级数:

$$\int_0^1 F(t, z)dt = c \int_0^1 e^{zt}dt$$

$$= c\frac{e^z - 1}{z}$$

$$= \int_0^1 \sum_{n=0}^\infty z^n \psi_n(t)dt$$

$$= 1 + \sum_{n=1}^\infty z^n \int_0^1 \psi_n(t)dt = 1.$$

因而, $c = z/(e^z - 1)$, 所以我们得到最后的结果

$$F(t, z) = \frac{ze^{zt}}{e^z - 1}. \tag{50}$$

在这个表达式中令 $t \to 0$, 我们得到函数 $z/(e^z - 1)$ 的泰勒级数:

$$\lim_{t \to 0} F(t, z) = \frac{z}{e^z - 1} = 1 + \sum_{n=1}^\infty b_n z^n.$$

由于 $b_1 = -\dfrac{1}{2}$, 两边加上 $\dfrac{1}{2}z$, 就得到

$$\frac{z}{e^z - 1} + \frac{z}{2} = 1 + \sum_{n=2}^\infty b_n z^n. \tag{51}$$

这个公式附带表明, 数 $B_n^* = n!b_n$ 就是在第 495 页中介绍的伯努利数. 由于 $b_0 = 1$ 和当 n 为奇数时 $b_n = 0$, 我们有

$$\frac{e^z + 1}{e^z - 1} \cdot \frac{z}{2} = \frac{z}{2} \cdot \frac{e^{z/2} + e^{-z/2}}{e^{z/2} - e^{-z/2}}$$

$$= \frac{z}{2} \cdot \frac{2\cosh\dfrac{1}{2}z}{2\sinh\dfrac{1}{2}z}$$

$$= \frac{1}{2}z \coth\frac{1}{2}z = \sum_{n=0}^\infty b_{2n}z^{2n}$$

$$= \sum \frac{B_{2n}^*}{(2n)!}z^{2n}. \tag{52}$$

因此, 我们得到了已在第 495 页给出的双曲余切的泰勒级数. 这些泰勒系数同伯努利数有简单的关系. 现在我们已经证明了, 对所有的 $|z| < 2\pi$ 展式成立.

类似地, 我们得到通常的 (三角的) 余切的泰勒级数. 对 $|z| < 2\pi, 0 < t < 1$, 我们从对生成函数

$$G(t, z) = \sum_{n=0}^{\infty} (-1)^n \psi_{2n}(t) z^{2n} \tag{53}$$

微分两次开始, 我们得出 G 满足微分方程 $d^2G/dt^2 + z^2 G = 0$, 这个方程的通解是 $G = a\cos(zt) + b\sin(zt), a$ 和 b 与 t 无关, 但可能以 z 作为参数. 为了确定 a 和 b, 我们利用两个条件. 首先, 通过逐项积分求出 $\int_0^1 G(t, z)dt = 1$. 其次, 对所有的 z, 通过逐项微分求出

$$\lim_{t \to 0} \frac{dG(t, z)}{dt} = \frac{1}{2} z^2,$$

在微分中我们利用了当 $n > 1$ 时

$$\psi'_{2n}(0) = \psi_{2n-1}(0) = b_{2n-1} = 0.$$

这些条件蕴含着

$$a = \frac{z}{2} \cot \frac{z}{2}, \quad b = \frac{z}{2},$$

所以当 $|z| < 2\pi, 0 < t < 1$ 时有

$$G(t, z) = \frac{z}{2} \frac{\cos(zt - z/2)}{\sin(z/2)}.$$

详细的证明留给读者.

如果在这个公式中令 $t \to 0$, 我们就得到在 $|z| < 2\pi$ 内的余切的泰勒展式 (见第 632 页)

$$G(0, z) = \sum_{n=0}^{\infty} (-1)^n b_{2n} z^{2n} = \frac{1}{2} z \cot \frac{1}{2} z. \tag{54}$$

c. 欧拉 – 麦克劳林求和公式

在 5.4b 节中, 我们利用逐项分部积分得到了泰勒公式. 在下面欧拉的一个著名公式的类似推导中, 伯努利多项式, 或者确切地说, 它们的周期开拓 $\psi_n(t)$ 代替了前面的多项式 $(t-b)^n/n!$. (我们用 0 和 1 代替了第 391 页上的 a 和 b, 借助于把变量 t 变换为变量 s 的变换 $s = (t-a)/(b-a)$, 这总是可能的, 因而这是一个非本质的改变.)

我们以前的泰勒公式的推导是从关系式

$$f(1) - f(0) = \int_0^1 f'(t)dt \tag{55}$$

开始的, 现在我们相应地改变为从关系式

$$\int_0^1 f(t)dt = \int_0^1 f(t)\psi_0(t)dt \tag{56}$$

开始. 这个公式引导出较大的对称性. 因为

$$\psi_0(t) = \psi_1'(t), \quad \psi_1(+0) = -\frac{1}{2},$$

并且 $\psi_1(1-0) = \frac{1}{2}$, 用分部积分公式

$$\int_0^1 udv = uv\Big|_0^1 - \int_0^1 vdu,$$

当 $u = f(t), v = \psi_1(t), f(0) = f_0, f(1) = f_1$, 得到 (见第三章第 311 页)

$$\int_0^1 f(t)dt = \frac{1}{2}(f_0 + f_1) - \int_0^1 f'(t)\psi_1(t)dt,$$

$$\frac{1}{2}(f_0 + f_1) = \int_0^1 f(t)dt + \int_0^1 f'(t)\psi_1(t)dt, \tag{57}$$

这是关于左边的和与积分 $\int_0^1 f(t)dt$ 的偏差的一个显示表达式.

由于 $\psi_1(t)$ 的周期性, 相应的公式对每两个相继整数之间的区间保持有效, 所以我们立即得到

$$\frac{1}{2}f_0 + f_1 + f_2 + \cdots + f_{n-1} + \frac{1}{2}f_n$$
$$= \int_0^n f(x)dx + \int_0^n f'(x)\psi_1(x)dx, \tag{58}$$

或对任何区间 $a \leqslant x \leqslant b, a$ 和 b 为整数, 我们有

$$f_a + f_{a+1} + \cdots + f_{b-1}$$
$$= \int_a^b f(x)dx + \int_a^b f'(x)\psi_1(x)dx - \frac{1}{2}(f_b - f_a). \tag{58a}$$

这样, 我们就得到了关于左边的和 (在增函数情况下就是内接矩形的面积) 同右边的第一项 (曲线下的面积) 之间的差的一个精确的表达式. 公式 (58a) 是欧拉-麦

克劳林求和公式最简明的表示.

很自然可反复用分部积分法去改善这个结果, 令 $u = f'(x), dv = \psi_1(x)dx$, 将表达式 $\int_a^b f'(x)\psi_1(x)dx$ 积出来, 我们得到

$$\int_a^b f'(x)\psi_1(x)dx = f'(x)\psi_2(x)\big|_a^b - \int_a^b f''(x)\psi_2(x)dx.$$

由于

$$\psi_2(b) = \psi_2(a) = \psi_2(0) = b_2,$$

所以第一项形如

$$b_2\left[f'(b) - f'(a)\right].$$

第二项可再用分部积分法, 得到

$$-b_3\left[f''(b) - f''(a)\right] + \int_a^b f'''(x)\psi_3(x)dx.$$

这里, 由于 $b_3 = 0$, 所以第一个表达式等于零. 我们再用分部积分法, 得到

$$b_4\left[f'''(b) - f'''(a)\right] - \int_a^b f''''(x)\psi_4(x)dx.$$

重复这种计算, 一直进行到 ψ_{2k}, 我们就得到欧拉求和公式的一般形式

$$f_a + f_{a+1} + \cdots + f_{b-1} = \int_a^b f(x)dx - \frac{1}{2}[f(b) - f(a)]$$
$$+ \sum_{n=1}^{k} b_{2n}\left[f^{(2n-1)}(b) - f^{(2n-1)}(a)\right] + R_k, \qquad (59)$$

其中余项 R_k 可以写成下列两种形式中的任何一种:

$$R_k = -\int_a^b f^{(2k)}(x)\psi_{2k}(x)dx, \qquad (60)$$

或

$$R_k = \int_a^b f^{(2k+1)}(x)\psi_{2k+1}(x)dx. \qquad (60a)$$

d. 应用. 渐近表达式

收敛展开式. 欧拉的求和公式能够应用于不同的情况. 首先, 如果当 $k \to \infty$ 时 $R_k \to 0$, 则无穷级数

$$\sum_{n=1}^{\infty} b_{2n} \left[f^{(2n-1)}(b) - f^{(2n-1)}(a) \right]$$

收敛, 因而公式给出了一个重要方法, 把相应的级数的和表示成封闭形式, 或者说把确定的函数表示成级数.

非收敛展开式. 其次, 而且更重要的是, 当 $k \to \infty$ 时余项 R_k 可以不趋于零, 上述级数不一定收敛. 虽然最初可以出现当 k 增加时绝对值 $|R_k|$ 减小, 因而 $|R_k|$ 对适当选择的 k 值是很小的, 然而 $|R_k|$ 在后来就开始 (当 k 很大时) 猛烈地增加. 在这种情况下, 对数值计算来说, 求和公式能够是一个重要的工具. 虽然它不能像收敛级数那样获得任意高的精确度, 但是我们仍能够在误差范围内计算左边的值, 这个误差至多等于 $|R_k|$ 的最小值, 而这最小值常常是一个令人很满意的精确度. 我们将考虑这两种现象都存在的例子.

例. 指数函数. 我们首先对某个固定的 z 来考虑函数 $f(x) = e^{zx}$. 取 $a = 0$ 和 $b = 1$, 对任何数 k, 我们得到关系式

$$f_0 = \int_0^1 f(x)dx - \frac{1}{2}[f(1) - f(0)]$$
$$+ \sum_{n=1}^{k} b_{2n} \left[f^{(2n-1)}(b) - f^{(2n-1)}(a) \right] + R_k.$$

因此,

$$1 = \frac{e^z - 1}{z} - \frac{1}{2}(e^z - 1) + \sum_{n=1}^{k} b_{2n} z^{2n-1}(e^z - 1) + R_k$$
$$= \frac{e^z - 1}{z} \cdot \left[1 - \frac{z}{2} + \sum_{n=1}^{k} b_{2n} z^{2n} \right] + R_k,$$

式中

$$R_k = -\int_0^1 z^{2k} e^{zx} \psi_{2k}(x) dx.$$

由于 $|\psi_{2k}(x)| \leqslant 4/(2\pi)^{2k}$ (第 552 页), 从而得到

$$|R_k| \leqslant |z|^{2k} \cdot e^{|z|} \frac{4}{(2\pi)^{2k}} = 4e^{|z|} \left(\frac{|z|}{2\pi} \right)^{2k},$$

或者至少对 $|z| < 2\pi$ 而言 $R_k \to 0$. 因此, 在求和公式中, 对于这些 z 的值我们可以容许 k 无限地增长, 就对函数 $z/(e^z - 1)$ 得到

$$\frac{z}{e^z - 1} = 1 - \frac{1}{2}z + \sum_{n=1}^{\infty} b_{2n} z^{2n}, \tag{61}$$

这个公式已用另外方法求出过 (第 553 页). 我们注意, 收敛区间仍是 $|z| < 2\pi$.

e. 幂级数的和. 伯努利数的递推公式

当收敛的欧拉求和公式右边的级数仅含有限多项, 特别是如果函数 $f(x)$ 是一个 $r \geqslant 1$ 阶的多项式, 从而 $f^{r+1}(x)$ 恒等于 0 时, 就呈现出更为简单的情况. 我们选择 $f(x) = x^r, a = 0, b = n$, 并且 $k > \frac{1}{2}r$. 为简单起见, 我们再次引入以前 (第 553 页) 定义的伯努利数的序列 B_n^*, 对所有的 n 定义为 $B_n^* = n!b_n$. 注意到

$$B_0^* = 1, \quad B_1^* = -\frac{1}{2}, \quad B_3^* = B_5^* = B_7^* = \cdots = B_{2n+1}^* = 0,$$

我们看出, 欧拉公式 (59) 取下述形式

$$1 + 2^r + 3^r + \cdots + (n-1)^r$$

$$= \int_0^n x^r dx + \sum_{\nu=1}^{r} \frac{B_\nu^*}{\nu!} \cdot \left(f^{(\nu-1)}(n) - f^{(\nu-1)}(0)\right)$$

$$= \frac{n^{r+1}}{r+1} + \sum_{\nu=1}^{r} \frac{B_\nu^*}{\nu!} r(r-1) \cdots (r-\nu+2) n^{r-\nu+1}$$

$$= \frac{1}{r+1} \left\{ n^{r+1} + \sum_{\nu=1}^{r} \binom{r+1}{\nu} B_\nu^* n^{(r+1)-\nu} \right\}$$

$$= \frac{1}{r+1} \left\{ \sum_{\nu=0}^{r+1} \binom{r+1}{\nu} n^{(r+1)-\nu} B_\nu^* - B_{r+1}^* \right\}$$

这个公式能够用符号写成下述形式

$$1 + 2^r + 3^r + \cdots + (n-1)^r$$

$$= \frac{1}{r+1} \left\{ (n+B^*)^{r+1} - B^{*r+1} \right\}, \tag{62}$$

式中括号里的项要在形式上用二项式定理展开, 并且诸 "幂" B^{*k} 的每一个要用相应的伯努利数 B_k^* 代替. 例如

$$1 + 2^2 + 3^2 + \cdots + (n-1)^2$$

$$= \frac{1}{3} \left(n^3 + 3n^2 B_1 + 3n B_2 \right)$$

$$= \frac{1}{6} \left(2n^3 - 3n^2 + n \right),$$

$$1 + 2^3 + 3^3 + \cdots + (n-1)^3$$

$$= \frac{1}{4} n^2 (n-1)^2$$

(参看第 51 页).

令 $n = 1$, 公式 (62) 就取下述形式

$$\frac{1}{r+1} \left\{ (1 + B^*)^{r+1} - B^{*r+1} \right\} = 0,$$

或

$$(1 + B^*)^{r+1} = B^{*r+1}, \quad r \geqslant 1. \tag{62a}$$

这正好是在第 495 页给出的 B_k^* 的递推公式.

f. 欧拉常数和斯特林级数

在第二种情况下, 即在发散的情况下, 欧拉–麦克劳林公式应用的一个例是由函数 $f(x) = \frac{1}{x}$ 给出的. 在公式中取 $a = 1, b = n$, 则根据 (58a) 有

$$1 + \frac{1}{2} + \frac{1}{3} + \cdots + \frac{1}{n-1}$$

$$= \int_1^n \frac{dx}{x} + \frac{1}{2}\left(1 - \frac{1}{n}\right) - \int_1^n \frac{\psi_1(x)}{x^2} dx$$

$$= \log n + \frac{1}{2} - \frac{1}{2n} - \int_1^n \frac{\psi_1(x)}{x^2} dx, \tag{63}$$

或

$$1 + \frac{1}{2} + \frac{1}{3} + \frac{1}{4} + \cdots + \frac{1}{n} - \log n$$

$$= \frac{1}{2} + \frac{1}{2n} - \int_1^n \frac{\psi_1(x)}{x^2} dx.$$

因为对所有的 x 都有 $|\psi_1(x)| \leqslant \frac{1}{2}$, 所以当 $n \to \infty$ 时, 右边的积分收敛. 于是这个积分的绝对值总比收敛积分 $\int_1^\infty dx/x^2$ 的值小. 因此, 我们得到下述关系式

$$\lim_{n \to \infty} \left[\sum_{k=1}^n \frac{1}{k} - \log n \right] = \frac{1}{2} - \int_1^\infty \frac{\psi_1(x)}{x^2} dx = C, \tag{64}$$

确定的常数 C, 即欧拉常数, 已在第 461 页中介绍过.

于是我们有两个结果: 调和级数增长的阶和对数增长的阶相同, 两者都发散

到无穷, 而二者之间的差有一个明显的表达式

$$\sum_{k=1}^{\infty} \frac{1}{k} - \log n - C = R_n = \frac{1}{2n} + \int_n^{\infty} \frac{\psi_1(x)}{x^2} dx.$$

我们注意到, 当 $n \to \infty$ 时, R_n 至少是一阶地趋于 0.

当我们在第 555 页的公式 (59) 中令 $f(x) = \log x, a = 1, b = n$, 就得到一个更重要的应用. 这时

$$\log 1 + \log 2 + \cdots + \log(n-1)$$

$$= n \log n - n + 1 - \frac{1}{2} \log n$$

$$- \sum_{m=1}^{k} b_{2m}(2m-2)! \left(1 - \frac{1}{n^{2m-1}}\right)$$

$$+ \int_1^n \frac{(2k)!}{x^{2k+1}} \psi_{2k+1}(x) dx.$$

两边加上 $\log n$, 就得到

$$\log n! = \left(n + \frac{1}{2}\right) \log n - n + c_k + \sum_{m=1}^{k} \frac{(2m-2)!}{n^{2m-1}} b_{2m} - r_k(n), \qquad (65)$$

式中

$$c_k = 1 - \sum_{m=1}^{k} b_{2m}(2m-2)! + \int_1^{\infty} \frac{(2k)!}{x^{2k+1}} \psi_{2k+1}(x) dx,$$

$$r_k(n) = \int_n^{\infty} \frac{(2k)!}{x^{2k+1}} \psi_{2k+1}(x) dx.$$

由于函数 $\psi_{2k+1}(x)$ 是周期的, 因而对所有的 x 是有界的, 所以当 $k > 0$ 时, 上面的反常积分收敛 (见第 267 页). 如果我们根据 (65), 注意到当 $n \to \infty$ 时

$$c_k = \lim_{n \to \infty} \log\left(\frac{n! e^n}{n^{n+1/2}}\right),$$

我们就能够求出常数 c_k 的值. 于是我们从第 441 页的斯特林公式 (14)(或如在第 243 页那样直接从关于 π 的沃利斯乘积推出) 推出 $c_k = \log \sqrt{2\pi}$. 如果我们仍把伯努利数 b_{2m} 表示成 $(-1)^{m-1} B_m / (2m)!$ (见第 550 页公式 (47)), 我们就得到所谓斯特林级数

$$\log\left(\frac{n!}{\sqrt{2\pi} n^{n+1/2} e^{-n}}\right) = \sum_{m=1}^{k} \frac{(-1)^{m-1} B_m}{2m(2m-1) n^{2m-1}} - r_k(n).$$

这个公式是斯特林公式的一种精炼化. 对任何一个固定的正整数 k 和大的 n, 这个和中的项趋于 0, 其阶分别为 $1/n, 1/n^3, 1/n^5, \cdots, 1/n^{2k-1}$ 因为 $\psi_{2h+1}(x)$ 是一个有界函数, 所以余项 $r_k(n)$ 像 $1/n^{2k}$ 一样接近于零. 于是对于固定的 k 和很大的 n, 这个和中的每一项比后面项大得多, 因而余项比和中的所有的项都要小. 因此, 我们得到如下形式的近似公式

$$
\begin{aligned}
\log &\left(\frac{n!}{\sqrt{2\pi} n^{n+1/2} e^{-n}} \right) \\
&= \frac{B_1}{1 \cdot 2} \frac{1}{n} - \frac{B_2}{3 \cdot 4} \frac{1}{n^3} + \frac{B_3}{5 \cdot 6} \frac{1}{n^5} - + \cdots \\
&= \frac{1}{12} \frac{1}{n} - \frac{1}{360} \frac{1}{n^3} + \frac{1}{1260} \frac{1}{n^5} - \frac{1}{1680} \frac{1}{n^7} + \frac{1}{1188} \frac{1}{n^9} - + \cdots .
\end{aligned} \tag{66}
$$

无论如何在同样的见解下, 这个展开式绝不能作为收敛的无穷级数来看待. 它只是在下面的意义上渐近地 (asymptotically) 正确, 即如果我们在某一固定的项数之后, 比如说 k 项之后断开这级数, 则当 n 足够大时, 误差 r_k 同所有剩下的项相比是小的. 对固定的 n, 我们绝不能够通过取越来越多的项来使误差任意地小. 实际上, 无穷级数 (66) 是发散的, 这是我们从第 550 页对伯努利数的估计可以直接看出来的. 对于一个给定的大的 n, 这级数有一个人们可能利用的最优的项数. 例如, 对于适当大的数 n, 就有近似式

$$ n! \approx \sqrt{2\pi} n^{n+1/2} e^{-n+1/12n}; $$

对于很大的 n, 公式

$$ n! \approx \sqrt{2\pi} n^{n+1/2} e^{-n+1/12n-1/360n^3} $$

给出了一个更精确的近似式, 等等.

问 题

8.1 节, 第 505 页

1. 周期函数 f 的基本周期 T 定义为 f 的正周期的最大下界. 证明:

(a) 如果 $T \neq 0$, 则 T 是一个周期;

(b) 如果 $T \neq 0$, 则每一个别的周期是 T 的整数倍;

(c) 如果 $T = 0$ 并且 f 在每一点都是连续的, 则 f 是一常数函数.

2. 证明: 如果 f 有不可通约的周期 T_1 和 T_2, 则基本周期为零. 给出一个非常数函数拥有不可通约周期的例.

3. 令 f 和 g 分别有基本周期 a 和 b. 如果 a 和 b 是可通约的, 也就是说

$a/b = q/p$, 其中 p 和 q 是互素的整数, 则用一例表明, $f + g$ 可有任何值 m/n 作为它的基本周期, 其中 $m = aq = bp$ 并且 n 是任何自然数.

8.5 节, 第 527 页

1. 对于在区间 $0 \leqslant x \leqslant 1$ 上的函数 $f(x) = \pi x$, 求它的一个纯正弦级数和一个纯余弦级数的傅里叶级数.

2. 说明如何把一个定义在任意有界区间上的函数表示为傅里叶级数.

3. 根据关系式 $\cos \pi x = \dfrac{\sin 2\pi x}{2 \sin \pi x}$ 求余弦的无穷乘积.

4. 利用正弦和余弦的无穷乘积, 计算

(a) $\dfrac{2}{1} \cdot \dfrac{2}{3} \cdot \dfrac{6}{5} \cdot \dfrac{6}{7} \cdot \dfrac{10}{9} \cdot \dfrac{10}{11} \cdot \dfrac{14}{13} \cdots$;

(b) $2 \cdot \dfrac{2}{3} \cdot \dfrac{4}{3} \cdot \dfrac{8}{9} \cdot \dfrac{10}{9} \cdot \dfrac{14}{15} \cdot \dfrac{16}{15}$.

5. 把双曲余切表示成部分分式.

6. 确定 $f(x) = f(\pi - x)$ 的偶函数和奇函数的傅里叶展开式的系数的特殊性质.

8.6 节, 第 533 页

1. 研究函数 $-\log 2 \left| \sin \dfrac{x}{2} \right|$ 的傅里叶展开式

$$\cos x + \frac{\cos 2x}{2} + \frac{\cos 3x}{3} + \cdots$$

的收敛性.

8.7 节, 第 537 页

1. 对可有若干间断点的分段光滑函数 f 证明帕塞瓦尔等式.

附录 II.1, 第 548 页

1. 证明

$$\phi_n(t) = \frac{1}{n!} \sum_{k=0}^{n} \binom{n}{k} B_k^* t^{n-k}.$$

2. 对 $n \geqslant 1$ 证明

$$\phi_n(t) = (-1)^n \phi_n(1-t).$$

3. 利用余切的部分分式表达式, 把 $\pi x \cot \pi x$ 展为 x 的幂级数. 同第 553 页给的级数进行比较, 证明

$$\sum_{\nu=1}^{\infty} \frac{1}{\nu^{2m}} = (-1)^{m-1} \frac{(2\pi)^{2m}}{2 \cdot (2m)!} B_{2m}^*.$$

4. 证明

$$\sum_{\nu=1}^{\infty} \frac{1}{(2\nu-1)^{2m}} = \frac{(-1)^{m-1}(2^{2m}-1)\pi^{2m}}{2(2m)!} B_{2m}^*.$$

5. 证明

$$\sum_{\nu=1}^{\infty} \frac{(-1)^{\nu}}{\nu^{2m}} = \frac{(-1)^{m}(2^{2m}-2)\pi^{2m}}{2 \cdot (2m)!} B_{2m}^*.$$

6. 利用正弦和余弦的无穷乘积, 证明

(a) $\log\left(\dfrac{\sin x}{x}\right) = -\displaystyle\sum_{\nu=1}^{\infty} \frac{(-1)^{\nu-1}2^{2\nu-1}B_{2\nu}^*}{(2\nu)!\nu} x^{2\nu};$

(b) $\log \cos x = -\displaystyle\sum_{\nu=1}^{\infty} \frac{(-1)^{\nu-1}2^{2\nu-1}(2^{2\nu}-1)B_{2\nu}^*}{(2\nu)!\nu} x^{2\nu}.$

7. 证明

(a) $\displaystyle\int_0^1 \frac{\log x}{1-x} dx = -\frac{\pi^2}{6};$

(b) $\displaystyle\int_0^1 \frac{\log x}{1+x} dx = -\frac{\pi^2}{12}.$

第九章　关于振动的最简单类型的微分方程

前面曾有几处我们遇到过微分方程 (differential equation), 也就是这样的方程, 有一个未知函数将由之确定, 并且这个方程不仅仅包含这个函数本身, 而且也包含它的导数.

这种类型的最简单问题是求一个给定的函数 $f(x)$ 的不定积分: 求满足微分方程 $y' - f(x) = 0$ 的函数 $y = F(x)$. 此外, 在第三章里, 第 193 页, 我们已经说明过, 形如 $y' = \alpha y$ 的方程为指数函数 $y = ce^{\alpha x}$ 所满足, 我们还用微分方程 (第 272 页) 刻画了三角函数. 正如在第四章里 (例如第 352 页) 所看到的那样, 微分方程的起源与力学问题有关, 并且纯数学的很多分支和大多数的应用数学都的确依赖于微分方程. 在这章里, 不去涉及一般的理论, 我们将考虑关于振动的最简单类型的微分方程. 这些不仅仅有理论价值而且在应用数学中也是非常重要的.

记住下面一般概念和定义将是方便的. 微分方程的解是指这样一个函数, 当我们把它代入微分方程后, 对一切所考虑的自变量值来说它 '同样' 满足这方程. 经常用积分这个术语代替解: 首先, 因为这个问题或多或少是一般的积分问题的推广; 其次, 因为常常碰到的是解, 实际上是由积分求得的.

9.1　力学和物理学的振动问题

a. 简单的机械振动

机械振动的最简单的类型已经在第四章 (第 351 页) 研究过. 在那里我们研究了一个质量为 m 的质点, 它在 x 轴上自由运动, 并且被一个回复力把它拉回到它的初始位置 $x = 0$. 我们把这个回复力的大小取为与位移 x 成比例, 实际上, 它等于 $-kx$, 其中 k 是一个正的常数, 而负号表示这个力总是指向原点. 我们现在假定还有摩擦力, 这个摩擦力与质点的速度 $dx/dt = \dot{x}$ 成比例, 但与之反向. 于是这个力由形如 $-r\dot{x}$ 的表达式给出, 式中带有一个正的摩擦常数 r. 最后, 我们将假定质点受到外力的作用, 外力是时间 t 的函数 $f(t)$. 于是根据牛顿基本定律, 质量 m 和加速度 $\ddot{x}$ 的乘积必定等于总力, 即等于弹性力加摩擦力再加外力. 这可以用方程

$$m\ddot{x} + r\dot{x} + kx = f(x) \tag{1}$$

表示.

　　这个方程支配着质点的运动. 如果我们回想起前面的微分方程的例题, 例如 $\dot{x} = dx/dt = f(t)$ 的积分问题用 $x = \int f(t)dt + c$ 求解, 或用第 351 页上特殊微分方程 $m\ddot{x} + kx = 0$ 的解法, 我们注意到, 这些问题具有无穷个相异的解. 这里我们也将发现有无穷个解, 这个事实是用下面的方法表示出来的. 寻求这个微分方程的一般解或完全积分 $x(t)$ 是可能的, 它的一般解不仅依赖于自变量 t 而且也依赖于两个任意参数 c_1 和 c_2, c_1 和 c_2 称为积分常数. 把这些常数指定特殊值我们就得到一个特解, 并且每一个解都能够通过对这些常数指定特殊的值而得到.

　　这个事实是完全可以理解的 (也参看第 350 页). 我们不能期望单独由微分方程就能完全确定这个运动. 然而, 我们可以合理地设想, 在一个给定瞬间, 譬如说在时刻 $t = 0$, 我们应该能够任意选择初始位移 $x(0) = x_0$ 和初始速度 $\dot{x}(0) = \dot{x}_0$ (简称为初始状态). 换言之, 我们应该能够在时刻 $t = 0$ 给质点以任何初始位置和初始速度使之运动. 这样做了之后, 我们可以期待这个运动的其余一切都完全被确定了. 在一般解里的两个任意常数 c_1 和 c_2 刚好足够使我们能够选择适合这些初始条件 (initial condition) 的特解. 在下节中我们将看到仅能以一种方式这样做.

　　如果没有出现外力, 即如果 $f(t) = 0$, 则称运动为自由运动, 这个微分方程就说是齐次的. 如果 $f(t)$ 不是对一切 t 值来说都等于零, 我们就说运动是强迫的, 并且称微分方程是非齐次的, 偶尔也把 $f(t)$ 项叫做扰动项.

b. 电的振荡

　　上面所描述的这一简单的机械系统在物理上只能近似地实现, 摆就是一个例, 只要它的摆动是小的. 一个磁针的振动, 电话或扩音器膜片中心的振动, 以及其他机械振动都是在一定精确程度内能够用如我们所描述的那样的系统来表示. 但有另外一类现象在很大的精确度上相当于我们的微分方程 (1). 这就是振荡电路.

　　我们来考察画在图 9.1 中的电路简图, 在这个电路中有电感 μ, 电阻 ρ 和电容 $C = 1/\kappa$. 我们还假定有一个外电动势 $\phi(t)$ 作用在线路上, 它是时间 t 的已知函数, 例如由发电机供给的电压或由电波得到的电压. 为了描述在线路里发生的过程, 我们用 E 表示电容器的电压, 用 Q 表示电容器内的电荷量. 于是这些量可以用等式 $CE = E/\kappa = Q$ 联系起来. 电流 I 与电压 E 一样是时间的函数, 它定义为每单位时间内电荷量的变化率, 亦即, 它作为电容器上电量减少的变化率: $I = -\dot{Q} = -dQ/dt = -\dot{E}/\kappa$. 欧姆定律指出电流和电阻的乘积等于电动势 (电压), 亦即, 它等于电容器的电压 E 减去由于自感产生的反电动势, 再加上外电动势 $\phi(t)$. 于是我们得到方程 $I\rho = E - \mu\dot{I} + \phi(t)$ 或 $-(\rho/\kappa)\dot{E} = E + (\mu/\kappa)\ddot{E} + \phi(t)$, 亦即, 线路里的电压满足方程 $\mu\ddot{E} + \rho\dot{E} + \kappa E = -\kappa\phi(t)$. 因此我们得到了恰好是类

型 (1) 的微分方程. 代替质量我们有电感, 代替摩擦力有电阻, 并且代替弹性常数的有电容的倒数, 而外电动势 (不计常数因子) 相当于外力. 如果电动势为零, 则微分方程是齐次的.

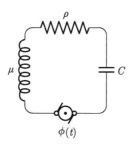

图 9.1   振荡电路

如果我们用 $-1/\kappa$ 乘微分方程的两边并且对于时间进行微分, 我们就得到电流 I 所满足的方程

$$\mu\ddot{I} + \rho\dot{I} + \kappa I = \dot{\phi}(t),$$

它与电压方程比较仅右边不同, 而对于自由振动 ($\phi = 0$) 来说则具有完全相同的形式.

9.2   齐次方程的解法. 自由振动

a. 形式解

我们能够容易得到齐次方程 (1) $m\ddot{x} + r\dot{x} + kx = 0$ 的一个形式为指数表达式的解, 通过决定常数 λ 使表达式 $e^{\lambda t} = x$ 是一个解. 如果我们在微分方程里代入这个试验性质的解和它的导数 $\dot{x} = \lambda e^{\lambda t}, \ddot{x} = \lambda^2 e^{\lambda t}$, 并消去公因子 $e^{\lambda t}$, 我们就得到关于 λ 的二次方程

$$m\lambda^2 + r\lambda + k = 0. \tag{2}$$

这个方程的根是

$$\lambda_1 = -\frac{r}{2m} + \frac{1}{2m}\sqrt{r^2 - 4mk},$$
$$\lambda_2 = -\frac{r}{2m} - \frac{1}{2m}\sqrt{r^2 - 4mk}.$$

两个式子 $x = e^{\lambda_1 t}$ 和 $x = e^{\lambda_2 t}$ 中的每一个, 至少在形式上是微分方程的一个特殊解, 这只要我们反回去算一算就会明白的. 现在可能发生三种不同情况:

1. $r^2 - 4mk > 0$. 这时, 两根 λ_1 和 λ_2 是实的、负的、不相等的, 从而我们得到微分方程的两个解:

$$u_1 = e^{\lambda_1 t} \quad 和 \quad u_2 = e^{\lambda_2 t}.$$

借助于这两个解, 我们能够立即构造一个含有两个任意常数的解. 因为经过微分之后我们看到

$$x = c_1 u_1 + c_2 u_2 \tag{3}$$

也是微分方程的一个解. 在 9.3 节里我们将证明这个式子事实上是方程的最一般的解, 亦即, 只要把 c_1 和 c_2 代入适当数值就能得到方程的每一个解.

2. $r^2 - 4mk = 0$. 这时二次方程有重根. 于是, 若暂且不计常数因子, 我们在开始仅得到一个解 $x = w_1 = e^{-rt/2m}$. 但是在这种情形下, 我们容易验证函数

$$x = w_2 = te^{-rt/2m}$$

也是微分方程的一个解[1]. 因为, 我们求得

$$\dot{x} = \left(1 - \frac{r}{2m}t\right) e^{-rt/2m}, \quad \ddot{x} = \left(\frac{r^2}{4m^2}t - \frac{r}{m}\right) e^{-rt/2m},$$

直接代入就看到它满足微分方程

$$m\ddot{x} + r\dot{x} + \frac{r^2}{4m}x = m\ddot{x} + r\dot{x} + kx = 0.$$

于是式子

$$x = c_1 e^{-rt/2m} + c_2 te^{-rt/2m} \tag{4}$$

重新给出微分方程的一个含有两个任意积分常数 c_1 和 c_2 的解.

3. $r^2 - 4mk < 0$. 我们设 $r^2 - 4mk = -4m^2\nu^2$, 就得到微分方程的两个复形式的解, 由表达式 $x = u_1 = e^{-rt/2m+i\nu t}$ 和 $x = u_2 = e^{-rt/2m-i\nu t}$ 给出. 用欧拉公式

$$e^{\pm i\nu t} = \cos\nu t \pm i\sin\nu t$$

得到复解 u_1 的实部和虚部, 一方面有表达式

$$v_1 = e^{-rt/2m}\cos\nu t, \quad v_2 = e^{-rt/2m}\sin\nu t;$$

另一方面又有表达式

$$v_1 = \frac{u_1 + u_2}{2}, \quad v_2 = \frac{u_1 - u_2}{2i}.$$

---

[1] 我们通过下述的极限过程自然地导出这个解: 若 $\lambda_1 \neq \lambda_2$, 则表达式 $\left(e^{\lambda_1 t} - e^{\lambda_2 t}\right)/(\lambda_1 - \lambda_2)$ 也是一个解. 我们现在令 λ_1 趋于 λ_2 并用 λ 代替 λ_1, λ_2, 这个式子就变成 $d\left(e^{\lambda t}\right)/d\lambda = te^{\lambda t}$.

从这第二种表达形式我们看到 v_1 和 v_2 都是微分方程的 (实) 解. 这可以直接通过求微分和代入来证实, 我们把它做为一个简单习题留给读者.

从这两个特解我们又能构成一个一般解

$$x = c_1 v_1 + c_2 v_2 = (c_1 \cos \nu t + c_2 \sin \nu t) \, e^{-rt/2m}, \tag{5}$$

其中含有两个任意常数 c_1 和 c_2. 也可以把它写成这样的形式

$$x = a e^{-rt/2m} \cos \nu(t - \delta), \tag{6}$$

在这里, 我们写成了 $c_1 = a \cos \nu \delta$, $c_2 = a \sin \nu \delta$, 而 a, δ 是两个新的常数.

我们记起了我们曾经遇到过 $r = 0$ 时的这个特殊情形 (5.4 节) 的解.

b. 解的诠释

在 $r > 2\sqrt{mk}$ 和 $r = 2\sqrt{mk}$ 两种情形下, 解是用指数曲线或用函数 $te^{-rt/2m}$ 的图像给出的, 或者是用这些曲线的叠加给出的, 而函数 $te^{-rt/2m}$ 对于大的 t 值来说与指数曲线相类似. 在这些情形下过程是非周期的, 亦即, 当时间增长时, '距离" x 逐渐地接近于值 0, 在 $x = 0$ 附近无振动. 因此运动没有振动. 摩擦或阻尼的作用是如此之大以至它阻止了弹性力产生振动运动.

当 $r < \sqrt{2mk}$ 时却完全不同, 这里阻尼很小以至产生了复根 λ_1, λ_2. 公式 $x = a \cos \nu(t - \delta) e^{-rt/2m}$ 给出受阻尼的简谐振动. 这些是服从正弦法则和有圆频率 $\nu = \sqrt{k/m - r^2/4m^2}$ 的振动, 但是它的振幅是由 $a e^{-rt/2m}$ 给出的, 不再是常数了. 这就是说, 振幅按指数减小, $r/2m$ 越大, 缩小的速率越快. 在物理文献中, 常常把这个阻尼因子称为这个阻尼振动的衰减常数, 这个术语指出了振幅的对数的减小率为 $r/2m$. 图 9.2 说明了这种类型的阻尼振动. 如同前面一样, 我们称量 $T = 2\pi/\nu$ 是振动的周期而量 $\nu\delta$ 是位相的位移. 对于特殊情形 $r = 0$, 我们再一次得到具有频率为 $\nu_0 = \sqrt{k/m}$ 的简谐振动, 这个频率是无阻尼振动系统的自然频率.

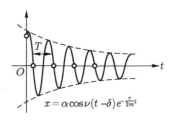

$$x = \alpha \cos \nu(t - \delta) e^{-\frac{r}{2m}t}$$

图 9.2　阻尼简谐振动

c. 满足给定的初始条件. 解的唯一性

我们还需要证明具有两个常数 c_1 和 c_2 的解能够适合于任意预先指定的初始状态, 并且它代表了方程的所有可能的解. 假定我们要寻找一个解, 它在时间 $t = 0$

满足初始条件 $x(0) = x_0, \dot{x}(0) = \dot{x}_0$, 这里数 x_0 和 $\dot{x}_0$ 可以是任意值. 则在 9.2a 节 (第 566 页) 的第 1 种情形下, 我们需令

$$c_1 + c_2 = x_0,$$

$$c_1\lambda_1 + c_2\lambda_2 = \dot{x}_0.$$

这样, 对于常数 c_1 和 c_2 相应地有两个线性方程, 并且它们有唯一的解

$$c_1 = \frac{\dot{x}_0 - \lambda_2 x_0}{\lambda_1 - \lambda_2}, \quad c_2 = \frac{\dot{x}_0 - \lambda_1 x_0}{\lambda_2 - \lambda_1}.$$

在第 2 种情形下, 用同样手续得到两个线性方程

$$c_1 = x_0,$$

$$\lambda c_1 + c_2 = \dot{x}_0 \quad \left(\lambda = -\frac{r}{2m}\right),$$

从这里又能唯一地决定 c_1 和 c_2. 最后, 在第 3 种情形下, 决定这些常数的方程所取的形式为

$$a\cos\nu\delta = x_0,$$

$$a\left(\nu\sin\nu\delta - \frac{r}{2m}\cos\nu\delta\right) = \dot{x}_0,$$

具有解

$$\delta = \frac{1}{\nu}\arccos\frac{x_0}{a}, \quad a = \frac{1}{\nu}\sqrt{\left[\nu^2 x_0^2 + \left(\dot{x}_0 + \frac{r}{2m}x_0\right)^2\right]}.$$

这样一来, 我们就证明了一般解能够使它适合任何的初始条件. 我们还需要证明, 再也没有其他的解. 为此我们只需要证明, 对于一个给定的初始状态, 绝不可能有两个不同的解.

如果存在两个这样的解 $u(t)$ 和 $v(t)$, 使得 $u(0) = x_0, \dot{u}(0) = \dot{x}_0$ 并且 $v(0) = x_0, \dot{v}(0) = \dot{x}_0$, 则它们的差 $w = u - v$ 也是微分方程的一个解, 并且我们有 $w(0) = 0, \dot{w}(0) = 0$. 这个解是对应于静止的初始状态, 亦即对应的状态是, 当时间 $t = 0$ 时质点在静止的位置上并且有零速度. 我们必须证明它绝不会使它自己运动. 为此我们用 $2\dot{w}$ 乘微分方程 $m\ddot{w} + r\dot{w} + kw = 0$ 的两边并且记住 $2\dot{w}\ddot{w} = (d/dt)\dot{w}^2$ 和 $2w\dot{w} = (d/dt)w^2$. 于是我们得到

$$\frac{d}{dt}\left(m\dot{w}^2\right) + \frac{d}{dt}\left(kw^2\right) + 2r\dot{w}^2 = 0.$$

如果我们在时刻 $t = 0$ 和 $t = \tau$ 之间积分, 并且使用初始条件 $w(0) = 0, \dot{w}(0)$, 我

们就有

$$m\dot{w}^2(\tau) + kw^2(\tau) + 2r \int_0^\tau \left(\frac{dw}{dt} \right)^2 dt = 0.$$

然而, 假若在任何一个时刻 $\tau > 0$ 时函数 w 不为 0, 则这个方程将会导出矛盾. 因为我们已经取 m, k 和 r 为正值, 所以方程左边为正, 然而右边为零. 因此 $w = u - v$ 总是等于 0, 这就证明了我们的解是唯一的.

9.3 非齐次方程. 强迫振动

a. 一般说明. 叠加法

在求解出现外力 $f(t)$ 的问题之前, 也就是在求解非齐次方程之前, 我们作如下的说明.

若 w 和 v 是非齐次方程的两个解, 则差 $u = w - v$ 满足齐次方程, 只要代入即可看出. 反之, 若 u 是齐次方程的解而 v 是非齐次方程的解, 则 $w = u + v$ 也是非齐次方程的解. 因此从非齐次方程的一个解[1]加上齐次方程的完全积分, 我们得到非齐次方程的全部解. 因此我们只需要找到非齐次方程的一个解就可以了. 这在物理上意味着: 如果我们有一个由于外力引起的强迫振动, 在它之上叠加一个用齐次方程的一个解所表示的一个任意的自由振动, 那么我们就得到一个现象, 它如同原来的强迫振动一样满足相同的非齐次方程. 若出现摩擦力, 则在振动运动情形下的自由振动由于阻尼因子 $e^{-rt/2m}$ 的缘故, 必定随时间的继续而衰减. 因此对于给定的带有摩擦的强迫振动, 我们叠加什么样的自由振动都是无关紧要的. 当时间继续下去时, 运动总是趋向于相同的最终状态.

其次, 我们注意到, 可以把力 $f(t)$ 进行等效的分解. 这意思就是指: 若 $f_1(t)$, $f_2(t)$ 和 $f(t)$ 是满足

$$f_1(t) + f_2(t) = f(t)$$

的三个函数, 并且若 $x_1 = x_1(t)$ 是微分方程 $m\ddot{x} + r\dot{x} + kx = f_1(t)$ 的解, 而 $x_2 = x_2(t)$ 是微分方程 $m\ddot{x} + r\dot{x} + kx = f_2(t)$ 的解, 则 $x(t) = x_1(t) + x_2(t)$ 是微分方程

$$m\ddot{x} + r\dot{x} + kx = f(t) \tag{7}$$

的解, 当 $f(t)$ 包括任何数目的项时, 相应的叙述当然保持成立. 这个简单但是重要的事实称为叠加原理. 它的证明可以从方程一眼看出. 把函数 $f(t)$ 分成两项或

---

[1] 常称为特殊积分或特解.

更多的项, 我们就能够把微分方程分解成几个方程, 它们在有些情况下可以比较容易处理.

最重要的是具有周期外力 $f(t)$ 的情况. 这样的周期外力可以借助傅里叶级数展式分解成纯周期的分量, 因此[1] 能够用有限个纯周期函数的和去逼近它, 并能达到我们所希望的接近程度. 因此只需要求解右边具有形状为

$$a\cos\omega t \quad 或 \quad b\sin\omega t$$

的微分方程就可以了, 这里 a, b 和 ω 是任意常数.

若使用复的符号来代替这些三角函数, 则能得到更为简洁的解. 我们设 $f(t) = ce^{i\omega t}$, 叠加原理说明我们只需考虑微分方程

$$m\ddot{x} + r\dot{x} + kx = ce^{i\omega t}, \tag{8}$$

其中 c 是任意的实或复的常数. 这样的一个微分方程实际上代表了两个实的微分方程. 我们如果把右边分裂成两项, 例如取 $c = 1$ 并且写成 $e^{i\omega t} = \cos\omega t + i\sin\omega t$, 则由两个实微分方程 $m\ddot{x} + r\dot{x} + kx = \cos\omega t$ 和 $m\ddot{x} + r\dot{x} + kx = \sin\omega t$ 的解 x_1, x_2 的组合而构成了这个复微分方程的解 $x = x_1 + ix_2$. 反之, 如果我们首先求出复形式的微分方程的解, 那么这个解的实部给出函数 x_1, 虚部给出函数 x_2.

b. 非齐次方程的解法

我们用直观自然地启发的一种方案来求解微分方程 (8). 设 c 是实的, 并且 (暂时假定) $r \neq 0$. 现在我们想象, 存在一个运动, 它与周期外力具有相同的节奏. 从而我们试着去求这微分方程的一个形如

$$x = \sigma e^{i\omega t} \tag{9}$$

的解, 这里我们仅需确定与时间无关的因子 σ. 如果我们把这个式子和它的导数 $\dot{x} = i\omega\sigma e^{i\omega t}, \ddot{x} = -\omega^2\sigma e^{i\omega t}$ 代入微分方程, 并且消去公因子 $e^{i\omega t}$, 就得到方程

$$-m\omega^2\sigma + ir\omega\sigma + k\sigma = c,$$

或

$$\sigma = \frac{c}{-m\omega^2 + ir\omega + k}. \tag{10}$$

反过来, 我们看到, 对于 σ 的这个值, 表达式 $\sigma e^{i\omega t}$ 确是微分方程的一个解. 但是, 为了清楚地说明这个结果的意义, 我们必须进行一些变换. 首先, 我们把复因子 σ 写成形式

---

[1] 只要它是连续并且逐段光滑的 (第 534 页), 这是物理中最重要的情形.

$$\sigma = c\frac{k - m\omega^2 - ir\omega}{\left(k - m\omega^2\right)^2 + r^2\omega^2} = c\alpha e^{-i\omega\delta}, \tag{11}$$

其中正 '畸变因子' α 和 '位相位移' $\omega\delta$ 是依据给定的量 m, r, k, 由方程

$$\alpha^2 = \frac{1}{\left(k - m\omega^2\right)^2 + r^2\omega^2},$$

$$\sin\omega\delta = r\omega\alpha, \quad \cos\omega\delta = \left(k - m\omega^2\right)\alpha$$

来表示的. 使用这种记号我们的解取形式

$$x = c\alpha e^{i\omega(t - \delta)},$$

这个结果的意义如下: 力 $c\cos\omega t$ 所产生的相应 '效果' 为 $c\alpha\cos\omega(t - \delta)$, 而力 $c\sin\omega t$ 所产生的相应效果为 $c\alpha\sin\omega(t - \delta)$.

因此我们看到效果与力是属于相同类型的函数, 亦即, 是一个非阻尼的振动. 这个振动不同于代表力的振动之处在于, 振幅按比例 $\alpha : 1$ 增加, 而位相改变了 $\omega\delta$. 当然, 不用复数符号也容易得到相同的结果, 但是要做一些较长的计算.

根据本节开始的一般说明, 依据找到的这一个解, 我们就全部解决了问题. 因为叠加上任何一个自由振动, 我们就能够得到最普遍的强迫振动.

把这些结果收集起来, 我们叙述如下:

微分方程

$$m\ddot{x} + r\dot{x} + kx = ce^{i\omega t}$$

(其中 $r \neq 0$) 的完全积分是 $x = c\alpha e^{i\omega(t - \delta)} + u$, 其中 u 是相应的齐次方程 $m\ddot{x} + r\dot{x} + kx = 0$ 的完全积分, 而量 α 和 δ 是用方程

$$\alpha^2 = \frac{1}{\left(k - m\omega^2\right)^2 + r^2\omega^2},$$

$$\sin\omega\delta = r\omega\alpha, \quad \cos\omega\delta = \left(k - m\omega^2\right)\alpha \tag{12}$$

来确定的.

这个一般解中的常数留给我们一种把解作得适合任何一个初始状态的可能性, 也就是, 对任意指定的值 x_0 和 $\dot{x}_0$ 都能够选取这些常数使得 $x(0) = x_0$ 和 $\dot{x}(0) = \dot{x}_0$.

c. 共振曲线

为了获得对我们已经得到的解和它在应用上的意义的理解, 我们将研究作为 '激发频率' ω 的函数的畸变因子 α, 亦即, 函数

$$\phi(\omega) = \frac{1}{\sqrt{\left(k - m\omega^2\right)^2 + r^2\omega^2}}. \tag{13}$$

这样一种仔细的研究是由于下述事实的推动, 即对于给定的常数 k, m, r, 或如我们所说的对于一个给定的 '振动系统', 我们可以认为这个系统受到圆频率很不相同的周期激发力的作用, 而对这些广泛不同的激发力来考虑微分方程的解是重要的. 为了便于描述这个函数我们引入量 $\omega_0 = \sqrt{k/m}$. 这个数 ω_0 是自由振动系统当摩擦力为零时所应具有的圆频率, 或简短地说, 它是无阻尼系统的自然频率 (参看第 567 页). 由于有摩擦力 r, 自由系统的真实频率并不等于 ω_0, 而是

$$\nu = \sqrt{\frac{k}{m} - \frac{r^2}{4m^2}}.$$

这里我们假设 $4km - r^2 > 0$. (若不是这种情形, 则自由系统没有频率, 它是非周期的.)

当激发频率趋于无穷时, 函数 $\phi(\omega)$ 逐渐趋于零值, 而且事实上它以阶 $1/\omega^2$ 趋于零. 此外, $\phi(0) = 1/k$. 换言之, 一个频率为零和量为 1 的激发力, 亦即, 量为 1 的常力, 使振动系统发生的位移等于 $1/k$. 在 ω 的正值区域内导数 $\phi'(\omega)$ 不可能为零, 除非表达式 $\left(k - m\omega^2\right)^2 + r^2\omega^2$ 的导数为零, 也就是, 除非使

$$-4m\omega\left(k - m\omega^2\right) + 2r^2\omega = 0$$

成立的值 $\omega = \omega_1 > 0$. 为了使得这样一个值能够存在, 显然, 我们必须有 $2km - r^2 > 0$. 在这种情况下

$$\omega_1 = \sqrt{\frac{k}{m} - \frac{r^2}{2m^2}} = \sqrt{\omega_0^2 - \frac{r^2}{2m^2}}.$$

因为函数 $\phi(\omega)$ 处处为正, 对于 ω 的小值来说是单调增加的, 并且在无穷远为零, 所以这个值 ω_1 必定给出一个最大值. 我们称这个频率 ω_1 为系统的 '共振频率'.

把 ω_1 的表达式代入, 我们找到最大值是

$$\phi\left(\omega_1\right) = \frac{1}{r\sqrt{(k/m - r^2/4m^2)}}.$$

当 $r \to 0$, 这个值无限增大. 对于 $r = 0$, 亦即, 对于一个无阻尼振动系统, 函数 $\phi(\omega)$ 在值 $\omega = \omega_1$ 处有一个无穷的间断. 这是一种极限情形, 我们在后面将给以特殊的考虑.

函数 $\phi(\omega)$ 的图像称为系统的共振曲线, 当 $\omega = \omega_1$ 时 (并且因此对于自然频率的邻域内小的值 r 来说) 振幅 $\alpha = \phi(\omega)$ 的畸变特别大, 这个事实是 '共振现象' 的数学表示, 对于固定的值 m 和 k 来说, 当 r 变得越来越小时它变得越来越明显.

在图 9.3 中, 我们简略地画出了一族共振曲线, 都对应于值 $m = 1$ 和 $k = 1$, 因而对应于 $\omega_0 = 1$, 但是具有不同的值 $D = \frac{1}{2}r$. 我们看到, 对于小的 D 值在邻近 $\omega = 1$ 处很好地显示了共振; 在极限情形 $D = 0, \phi(\omega)$ 在 $\omega = 1$ 处没有最大值而有一个无穷的间断. 当 D 增加时最大值向左移动, 并且当值 $D = \frac{1}{\sqrt{2}}$ 时, 我们有 $\omega_1 = 0$. 在最后这种情形, 具有水平切线的点已经移动到原点, 并且最大值已经消失. 如果 $D > 1/\sqrt{2}$, 则 $\phi'(\omega)$ 不为零, 共振曲线不再有最大值, 并且不再发生共振.

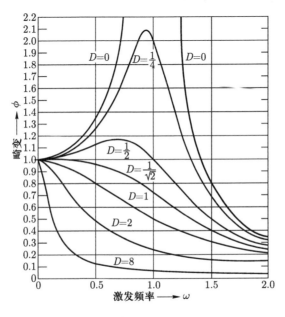

图 9.3　共振曲线

一般来说, 条件

$$2km - r^2 \leqslant 0$$

一旦变成真实的时候共振现象就停止. 在等号成立的情形, 共振曲线在 $\omega_1 = 0$ 处达到最大高度 $\phi(0) = 1/k$. 在这里它的切线是水平的, 并且切线在经历了几乎是水平线的初始过程之后它就向零倾斜.

d. 振动的进一步讨论

然而, 我们不能满足于以上的讨论. 为了真正理解强迫运动的现象, 还应当强调另外一点. 特殊积分 $c\alpha e^{i\omega(t-\delta)}$ 应看作是完全积分

$$x(t) = c\alpha e^{i\omega(t-\delta)} + c_1 u_1 + c_2 u_2$$

的一种极限状态, 这就是随着时间的前进完全积分越来越逼近于特殊积分, 因为叠加在特殊积分上的自由振动 $c_1u_1 + c_2u_2$ 随着时间的流逝而消失. 如果 r 小, 消失将缓慢地发生, 如果 r 大, 消失将迅速地发生.

例如, 我们假设运动开始时 (亦即在时刻 $t = 0$ 时) 这个系统是静止的, 从而 $x(0) = 0$ 和 $\dot{x}(0) = 0$. 从这里我们能够确定常数 c_1 和 c_2, 并且立即看出它们两者不都为零. 甚至当激发频率近似地或精确地等于 ω_1, 从而共振发生时, 最大的振幅 $\alpha = \phi(\omega_1)$ 在开始也不会出现. 相反地, 它将被函数 $c_1u_1 + c_2u_2$ 所掩盖, 而当这个函数消失时, 它才开始出现, 并且 r 增长越小, 它出现得越慢.

对于无阻尼系统 (亦即对于 $r = 0$) 当激发频率等于自然圆频率 $\omega_0 = \sqrt{k/m}$ 时, 我们的解法失效, 因为这时 $\phi(\omega_0)$ 是无穷. 因而关于方程 $m\ddot{x} + kx = e^{i\omega t}$ 我们不能得到形式为 $\sigma e^{i\omega t}$ 的解. 然而, 我们能立即得到形式为 $x = \sigma t e^{i\omega t}$ 的一个特解. 如果我们把这个式子代入微分方程, 并记

$$\dot{x} = \sigma e^{i\omega t}(1 + i\omega t), \quad \ddot{x} = \sigma e^{i\omega t}\left(2i\omega - t\omega^2\right),$$

我们就有

$$\sigma\left(2im\omega - m\omega^2 t + kt\right) = 1.$$

因而, 由于 $m\omega^2 = k$, 我们得到

$$\sigma = \frac{1}{2im\omega}.$$

这样, 当共振发生在一个无阻尼系统里时, 我们有一个解

$$x = \frac{t}{2im\omega}e^{i\omega t} = \frac{t}{2i\sqrt{km}}e^{i\omega t}.$$

使用实的记号, 当 $f(t) = \cos\omega t$ 时, 我们有

$$x = \frac{1}{2}\frac{t}{\sqrt{k/m}}\sin\omega t;$$

而当 $f(t) = \sin\omega t$ 时, 我们有

$$x = -\frac{1}{2}\frac{1}{\sqrt{km}}\cos\omega t.$$

因此我们看到, 我们已经找到一个函数, 它可以看作是一个振动, 但是这个振动的振幅随时间成比例地增大. 叠加上去的自由振动因为是无阻尼的, 所以不会消失. 但是它保留它原来的振幅, 并且与特殊强迫振动的不断增大的振幅相比较变得不重要了. 在这种情形下, 解在随时间的继续而不断增大的正负界限之间作来回地振动, 这个事实表现了一个无阻尼系统共振函数的无穷间断点的实际意义.

e. 关于记录仪器构造的说明

在物理和工程的很多种应用当中, 上面一小节的讨论是极为重要的. 联系很多仪器, 如电流计、地震仪、无线电接收机中的振荡电路, 以及传声器的膜片等, 问题都是要记录由于一个周期外力的作用而产生的振动位移 x. 在这种情形下, 量 x 满足我们的微分方程, 至少对第一次近似是如此.

若 T 是周期外力的振动周期, 则我们能把这个力展成一个富氏级数, 具有如下的形式

$$f(t) = \sum_{l=-\infty}^{\infty} \gamma_l e^{il(2\pi/T)t},$$

或者说得更清楚些, 我们能够认为在充分精确的程度以内把它表示成了仅由有限项组成的三角和 $\sum_{l=-N}^{N} \gamma_l e^{il(2\pi/T)t}$. 根据叠加原理 (第 571 页), 微分方程的解 $x(t)$, 暂且不论叠加的自由振动, 可以表示成一个无穷级数[1] 形如

$$x(t) = \sum_{l=-\infty}^{\infty} \sigma_l e^{il(2\pi/T)t}.$$

或近似地表示成一个有限形式如

$$x(t) = \sum_{l=-N}^{N} \sigma_l e^{il(2\pi/T)t}.$$

根据前面的结果

$$\sigma_l = \gamma_l \alpha_l e^{-i\delta_l(2\pi l/T)}$$

和

$$\alpha_l^2 = \frac{1}{\left(k - ml^2\dfrac{4\pi^2}{T^2}\right)^2 + r^2l^2\dfrac{4\pi^2}{T^2}},$$

$$\tan\frac{2\pi l}{T}\delta_l = \frac{2\pi lr}{T\left(k - m\dfrac{4\pi^2 l^2}{T^2}\right)}.$$

于是我们能够把一个任意周期外力所起的作用用下面的方式加以描述: 如果我们把激发力分解成纯周期的分量, 即傅里叶级数的单项, 那么每个分量都引起它自己的振幅的畸变和位相位移, 然后把分别的效果叠加起来就是总效果. 如果

---

1) 此处将不讨论收敛性问题.

我们仅对振幅畸变感兴趣 (位相位移在应用中的重要性[1]仅是第二位的, 而且也可以用振幅畸变同样的方法进行讨论), 共振曲线的研究给了我们关于记录仪器反映激发外力的运动状态的完全信息. 对于很大的值 l 或 $\omega[=2\pi/T]$, 激发频率在位移 x 上的效果将是几乎不能觉察的. 另一方面, 在 ω_1 的邻域内的所有激发频率, 即 (圆) 共振频率, 都对于量 x 有显著影响.

在物理测量和记录仪器的构造中, 常数 m, r 和 k 由我们自由选择, 至少在一个很大的范围内是这样. 这些常数应当选择得使共振曲线的形状尽可能适合于问题中的测量的特殊需要. 这里有两种考虑起着支配作用. 第一, 我们希望仪器尽可能地灵敏, 即对于问题中的所有频率 ω 来说 α 的值应尽可能地大. 对于 ω 的小值来说, 如我们已经看到的, α 是近似地与 $1/k$ 成比例, 因而对于小的激发频率来说 $1/k$ 是仪器灵敏度的一个度量. 因此灵敏度能够通过 $1/k$ 的增大, 亦即, 通过恢复力的变弱来增大.

另一个要点是需要有抗畸变的相对自由度. 设表达式 $f(t) = \sum\limits_{l=-N}^{N} \gamma_l e^{il(2\pi/T)t}$ 足够近似于激发力. 如果对于所有圆频率 $\omega \leqslant N(2\pi/T)$ 畸变因子都近似地具有相同的值, 那么我们就说仪器带有抗畸变的相对自由度而记录着激发力 $f(t)$. 这个条件是必不可少的, 如果我们想要直接从仪器的性能来推导出关于激发过程的论断, 例如, 要使一个记录器或收音机要再产生与强度近似成比例的高低的音乐声调. 要这种再生相对地 "无畸变" 的这种要求是永远不能精确地满足的, 因为共振曲线上不存在严格的水平部分. 然而我们能够试图用这样方式来选择仪器的常数 m, k, r, 使得没有显著的共振发生, 并且也用这样方式来选择使曲线在开始的时候具有一个水平切线, 从而对于 ω 的小值来说, $\varphi(\omega) = \alpha$ 保持近似于常数. 如同上面我们已经学习过的, 我们能够做到这点, 只要设

$$2km - r^2 = 0.$$

给定常数 m 和常数 k 后, 我们适当调整摩擦 r 就能满足这个要求, 例如, 在电路中插进适当选择的电阻. 于是共振曲线指给我们, 从频率 0 到接近于无阻尼系统的自然圆频率 ω_0 仪器几乎无畸变, 而在这个频率以上阻尼是相当大的. 因此, 先把 m 选得很小, 再把 k 选得很大使得无阻尼系统的自然圆频率 ω_0 大于任何一个在我们所考虑之下的激发圆频率, 然后按照方程 $2km - r^2 = 0$ 选择阻尼因子 r, 这样我们在一个给定的频率区间内就得到了抗畸变的相对自由度.

---

1) 例如, 因为它对于人类的听觉是不可觉察的.